版权声明

Mordern Psychology: A History, 10th Edition
ISBN: 978-1-111-34498-6
Duane P. Schultz & Sydney Ellen Schultz
叶浩生 杨文登 译

Copyright © 2012 by Wadsworth, a part of Cengage Learning.
Original edition published by Cengage Learning. All Rights reserved. 本书原版由圣智学习出版公司出版。版权所有，盗印必究。

China Light Industry Press is authorized by Cengage Learning to publish and distribute exclusively this simplified Chinese edition. This edition is authorized for sale in the People's Republic of China only (excluding Hong Kong, Macao SAR and Taiwan). Unauthorized export of this edition is a violation of the Copyright Act. No part of this publication may be reproduced or distributed by any means, or stored in a database or retrieval system, without the prior written permission of the publisher.

本书中文简体字翻译版由圣智学习出版公司授权中国轻工业出版社独家出版发行。此版本仅限在中华人民共和国境内（不包括中国香港、澳门特别行政区及中国台湾）销售。未经授权的本书出口将被视为违反版权法的行为。未经出版者预先书面许可，不得以任何方式复制或发行本书的任何部分。

ISBN: 978-7-5019-9896-8

Cengage Learning Asia Pte. Ltd.
151 Lorong Chuan, #02-08 New Tech Park, Singapore 556741

本书封面贴有Cengage Learning防伪标签，无标签者不得销售。

Modern Psychology: A History
(10th Edition)

现代心理学史
（第十版）

［美］Duane P. Schultz & Sydney Ellen Schultz◎著

叶浩生　杨文登◎译

中国轻工业出版社

图书在版编目（CIP）数据

现代心理学史：第10版／（美）舒尔茨（Schultz, D. P.），（美）舒尔茨（Schultz, S. E.）著；叶浩生，杨文登译. —北京：中国轻工业出版社，2014.10（2023.8重印）
ISBN 978-7-5019-9896-8

Ⅰ．①现… Ⅱ．①舒… ②舒… ③叶… ④杨… Ⅲ．①心理学史-世界 Ⅳ．①B84-091

中国版本图书馆CIP数据核字（2014）第198866号

责任编辑：孙蔚雯
策划编辑：孙蔚雯　　责任终审：杜文勇
责任校对：刘志颖　　责任监印：吴维斌

出版发行：中国轻工业出版社（北京东长安街6号，邮编：100740）
印　　刷：三河市鑫金马印装有限公司
经　　销：各地新华书店
版　　次：2023年8月第1版第9次印刷
开　　本：850×1092　1/16　印张：33.25
字　　数：418千字
书　　号：ISBN 978-7-5019-9896-8　定价：75.00元
著作权合同登记　图字：01-2013-1619
读者热线：010-65181109，65262933
发行电话：010-85119832　传真：010-85113293
网　　址：http://www.chlip.com.cn　http://www.wqedu.com
电子信箱：1012305542@qq.com
如发现图书残缺请拨打读者热线联系调换
130142Y2X101ZYW

前言

这本书关注的焦点是现代心理学的历史,即开始于19世纪晚期,成为一门从哲学中分离出来的、独立的学科之后的心理学史。尽管我们并不是要忽视在此之前的哲学思想,但我们更注意那些同心理学的建立直接相关的问题。我们描述的是现代心理学的历史,而不是整个的心理学或者在心理学独立之前所有哲学工作的历史。

我们将依据人物、观念和思想学派来叙述心理学的历史。之所以如此安排,是因为自1879年这一领域正式形成以来,心理学的方法和对象随着新观念的产生在发生着变化。这些新的观念在一段时间内吸引了众多的追随者,支配了这一领域的发展。因此,我们的兴趣在于阐述那些支配这一领域的不同研究取向的发展顺序。

我们在讨论每一种思想学派时,都把它看作一场运动,不单单是把它看作独立或孤立的实体,它产生于一定的历史和社会背景中。背景因素包括那一时代的思想精髓,即时代精神以及社会的、政治的、经济的因素。这些因素涵盖了战争的影响、对妇女和少数民族群体的偏见和歧视。

尽管这本书是依照学派组织撰写的,但是我们承认这些学派的体系源于个体学者、研究人员、组织者和倡导者的工作。毕竟是人而不是抽象的力量撰写了文章,操作了实验,提交了论文,宣传了思想观念和培育了下一代心理学工作者。因此,我们将讨论那些塑造着这一领域的关键人物的贡献,指出他们的工作不仅受到他们所处时代的制约,同时也受到他们自己生活经验的影响。

我们将在一定时期的科学观念和研究发现的背景中讨论当时的思想学派。每一个学派都是从现存的秩序中产生的,或者是在反对现存的秩序中产生的;反过来,它所激发出的一些新观点又挑战、对峙并最后取代了它的存在。在回顾历史之际,我们可以发现现代心理学的模式和发展的连续性。

第十版的更新之处

- 对所有主题领域进行了全面更新，尤其是介绍了更多的心理学新动向。
- 在第一章中，通过介绍了两个有关多任务处理问题的实验及其结果的相似性，揭示了在心理学史中过去与现在的关联性。
- 回顾了有关人类的心灵都出现过隐喻：从时钟般的宇宙与自动机器人到当代的计算机。
- 19世纪早期有关神经衰弱症的研究，以及它与多任务处理的关系。
- 有证据显示，早在公元前100年就出现了机械计算器。
- 颅相学的机械化。人们发明了阅读人类头骨凸凹特征的机器，并在当时取得了商业上的巨大成功。
- 威廉·冯特关于"人差方程式"的研究及其与当代的关联。
- 同时发现的现象。
- 查尔斯·达尔文的贡献。
- 新增了关于威廉·詹姆斯、西格蒙德·弗洛伊德、赫伯特·斯宾塞、詹姆斯·卡特尔、阿尔弗雷德·比纳、亨利·戈达德、伊凡·巴甫洛夫、约翰·B.华生、亚伯拉罕·马斯洛、卡尔·荣格及其他重要人物的传记材料。
- 讨论了美国的心理学家在世界心理学中处于优势地位，他们在美国的大学与实验室中用美国人作为被试得出的研究结论，能否推广到其他国家或地区的人们身上？
- 在纽约州艾丽丝岛地区处理美国新移民问题时，有关如何使用智力测试的争议。
- 第一次世界大战时期的心理测验。
- 第二次世界大战后，临床心理学的角色及重要性都发生了令人震惊的转变。
- 莱特纳·威特默与冯特关于如何正确使用内省数据的争议。
- 华生行为主义的养育技术，以及他在自己家庭中使用的效果。
- 布瑞兰德与智慧动物园（猪、小鸡、浣熊、兔子、鸭子、海豚与鲸鱼）的故事，及其对心理学的启示。

- 在弗洛伊德的著作出版前，世界上有关梦与性的早期研究。
- 关于弗洛伊德最著名的病人安娜·O 的新信息。
- 社会自我效能感及其在观察电视与电子游戏暴力事件中的中介效应。
- 变异性假设，或者女性功能性久缺（男人天生的智商高于女人的概念）。
- 电子游戏对梦与行为的影响。
- 嚼口香糖的心理动力学。
- 认知心理学的主题，包括嵌入认知、认知神经科学、神经义肢技术、进化心理学、动物的个性与智力、人工智能及无意识认知。
- 积极心理学的当代发展。

完成本书第一版的多年后，在准备写作第 10 版时，心理学史的动态性再一次让我们深感震惊。历史不是固定或完结了的，它处于持续变化的状态中。大量的学术著作不断产生、被翻译出来或得到重新评价。我们在本版中增加了将近 180 条新资料，一些还是 2010 年最新出版的，我们都基于前一版的资料进行了修订。

在本书中，我们通过网络检索到了许多有关心理学史中的这些人物、理论、运动及研究的附加材料。我们检索了数百个网站，选择了信息量最丰富的、可靠的、与时俱进的出版物。在"原著精选"部分，提供了心理学中关键人物的原始著作，呈现了每个理论家不同的个人风格（当然也有不同的时代风格），展现了他们关于心理学研究方法、对象及任务的独特视角。这些资料已经过再次评估与编辑，更加清晰，也更容易理解。

在每章的开头，我们都设计了一个"片头"，围绕着该章将要介绍的主题，对相关的人物或事件进行简短地陈述。这些内容能迅速界定每章的主题，并告诉学生：历史是关于真实人物与真实情境的。这类话题主要包括：

- 在银盘里吃食、消化与排泄的机械鸭。它在 1739 年的巴黎疯狂流行，衍生出了"人体功能就像一架机器"这一新的概念性隐喻。
- 校园里的小丑与人们的感知。
- 迷惑达尔文的猩猩珍妮，它穿着花边裙，会用茶杯喝茶。
- 为什么冯特不进行多任务处理，这对新心理学又意味着什么？
- 1909 年，美国田纳西州缉毒运动反对使用"致命物质"咖啡因，以及后来心理学家证明了政府是错误的。
- 为什么华生在他年轻漂亮的研究生助手举起婴儿的时候，他却举起了锤子？
- 智慧动物园里名叫普里西拉的可爱的猪，以及名为鲍德·布瑞恩的鸡如何在井字游戏中击败斯金纳。
- 在心理学史上，苛勒在著名的特纳利夫岛上到底做了什么？
- 弗洛伊德儿童时期关于他母亲的梦及其真正意蕴。

新版选取了一些新的照片、图像和图表。各章也包含了大纲、问题讨论和推荐阅读的文献目录。重要的术语都用黑体标示出来了。

D. P. 舒尔茨
S. E. 舒尔茨

目 录

第一章　心理学史研究 / 001

你会看见小丑吗？ / 001

为什么要学习心理学史？ / 002

现代心理学的发展 / 004

历史的数据：重建心理学的过去 / 005

　　历史编纂学：我们怎样研究历史 / 005

　　遗失或受到压制的数据 / 007

　　在翻译中被歪曲的数据 / 009

　　服务于自我的数据 / 010

心理学的背景因素 / 012

　　经济机遇 / 012

　　世界战争 / 013

　　偏见和歧视 / 014

科学史的概念 / 020

　　人格主义观 / 020

　　自然主义观 / 021

现代心理学演化中的思想学派 / 023

这本书的计划 / 026

问题讨论 / 027

第二章　哲学对心理学的影响 / 029

排便鸭与法兰西的荣耀 / 029

机械论的精神 / 030

时钟般的宇宙 / 031

　　决定论与还原论 / 032

　　自动机器人 / 033

　　作为机器的人 / 035

　　能计算的机器 / 036

现代科学的开端 / 038

　　勒奈·笛卡尔（1596—1650）/ 039

笛卡尔的贡献：机械论和心身问题 / 042

　　身体的本质 / 043

　　心身交互作用 / 045

　　观念说 / 045

新心理学的哲学基础：实证主义、唯物主义和经验主义 / 046

　　奥古斯特·孔德（1798—1857）/ 046

　　约翰·洛克（1632—1704）/ 048

　　乔治·伯克利（1685—1753）/ 053

　　大卫·哈特莱（1705—1757）/ 056

　　詹姆斯·穆勒（1773—1836）/ 057

约翰·斯图尔特·穆勒（1806—1873）/ 058

经验主义对心理学的贡献 / 061

问题讨论 / 062

第三章 生理学对心理学的影响 / 063

金尼布洛克的错误：观察者的重要性 / 063

早期生理学中的一些进展 / 066

 对大脑功能研究：来自大脑内部的定位 / 066

 对大脑功能的研究：来自大脑之外的定位 / 067

 有关神经系统的研究 / 071

 机械论精神 / 072

实验心理学的开端 / 072

 为什么是德国？/ 073

赫尔曼·冯·赫尔姆霍茨（1821—1894）/ 075

 赫尔姆霍茨的生平 / 075

 赫尔姆霍茨对新心理学的贡献 / 076

厄尼斯特·韦伯（1795—1878）/ 077

 两点阈限 / 077

 最小可觉差 / 078

古斯塔夫·塞奥多·费希纳（1801—1887）/ 079

 费希纳的生平 / 079

 心灵与身体：一种数量化的关系 / 081

 心理物理学的方法 / 082

心理学的正式建立 / 086

问题讨论 / 086

第四章 新心理学 / 87

不可能的多任务处理 / 087

现代心理学之父 / 088

威廉·冯特（1832—1920）/ 090

 冯特的生平 / 090

 莱比锡的岁月 / 091

 文化心理学 / 093

 意识经验的研究 / 095

 内省法 / 096

 意识经验的元素 / 098

 元素的组织 / 099

 冯特的心理学在德国的命运 / 101

 对冯特心理学的批评 / 102

 冯特的遗产 / 103

德国心理学的其他发展 / 104

赫尔曼·艾宾浩斯（1850—1909）/ 104

 艾宾浩斯的生平 / 105

 关于学习的研究 / 105

 使用无意义音节的研究 / 106

 艾宾浩斯对心理学的其他贡献 / 108

弗兰兹·布伦塔诺（1838—1917）/ 109

 意动的研究 / 110

卡尔·施通普夫（1848—1936）/ 111

 现象学 / 112

奥斯沃德·屈尔佩（1862—1915）/ 112

 屈尔佩与冯特的不同 / 113

 系统实验内省 / 113

无意象思维 / 114
符兹堡实验室中的研究课题 / 115
评论 / 116
问题讨论 / 117

第五章　构造主义 / 117

插橡皮管：大学里的恶作剧？/ 119
爱德华·布莱德弗特·铁钦纳（1867—1927）/ 120
铁钦纳的生平 / 121
铁钦纳的实验主义者协会：不接纳女性！/ 123
意识经验的内容 / 125
内省法 / 128
意识的元素 / 130
对构造主义的批评 / 132
对内省法的批评 / 132
对铁钦纳体系的其他批评 / 135
构造主义的贡献 / 136
问题讨论 / 137

第六章　机能主义：先行的影响 / 139

震惊科学家的猩猩珍妮 / 139
机能主义的抗争 / 140
机能主义的先驱：查尔斯·达尔文（1809—1882）/ 141
达尔文的生平 / 144
经由自然选择的物种起源 / 148

鸣雀的喙：正在进行中的进化 / 151
达尔文对心理学的影响 / 152
个体差异：弗兰西斯·高尔顿（1822—1911）/ 155
高尔顿的生平 / 156
心理遗传 / 158
统计方法 / 161
心理测验 / 162
观念的联想 / 163
心理表象 / 164
用气味计算及其他一些研究 / 164
评论 / 165
动物心理学与机能主义的发展 / 165
乔治·约翰·罗曼尼斯（1848—1894）/ 167
康维·劳埃德·摩根（1852—1936）/ 169
评论 / 170
问题讨论 / 171

第七章　机能主义的建立与发展 / 173

进化时代的神经质哲学家 / 173
进化论在美国的传播：赫尔巴特·斯宾塞（1820—1903）/ 174
社会达尔文主义 / 174
综合哲学 / 176
机器的持续进化 / 176
亨利·霍勒里斯与打孔卡 / 177
威廉·詹姆斯（1842—1910）：机能心理学的先驱 / 178
詹姆斯的生平 / 179

《心理学原理》/ 185
　心理学的研究对象：新的意识观 / 186
　心理学的方法 / 189
　实用主义 / 190
　情绪理论 / 190
　三部分自我 / 191
　习惯 / 191

女性在机能上的不均等 / 192
　玛丽·威顿·卡尔金斯（1863—1930）/ 192
　海伦·布拉德福德·汤普森·乌丽（1874—1947）/ 195
　莱塔·斯泰特尔·霍林沃斯（1886—1939）/ 196

格兰维尔·斯坦利·霍尔（1844—1924）/ 197
　霍尔的生平 / 198
　发展的进化与复演理论 / 202
　评论 / 203

机能主义的建立 / 204

芝加哥学派 / 205

约翰·杜威（1859—1952）/ 205
　反射弧 / 206
　评论 / 207

詹姆斯·罗兰德·安吉尔（1869—1949）/ 207
　安吉尔的生平 / 207

机能心理学的范围 / 208
　评论 / 209

哈维·卡尔（1873—1954）/ 210

机能主义最后的形式 / 210

哥伦比亚大学的机能主义 / 211

罗伯特·赛申斯·吴伟士（1869—1962）/ 211
　吴伟士的生平 / 212
　动力心理学 / 213

对机能主义的批评 / 214

机能主义的贡献 / 214

问题讨论 / 215

第八章　应用心理学 / 217

FDA的突袭，目标：可口可乐！/ 217

实用心理学的发展 / 218
　美国心理学的成长 / 219
　经济对应用心理学的影响 / 221

测量心理 / 223

詹姆斯·麦金·卡特尔（1860—1944）/ 223
　心理测验 / 227
　评论 / 228

心理测验运动 / 228
　比纳、推孟与智力测验 / 228
　第一次世界大战与团体测验 / 230
　来自医学与工程的观念 / 232
　智力上的种族差异 / 232
　女性对测验运动的贡献 / 234

临床心理学运动 / 235

莱特纳·威特默（1867—1956）/ 236
　威特默的生平 / 236

儿童评估诊所 / 238

评论 / 239

临床心理学职业 / 239

工业与组织心理学运动 / 241

沃尔特·迪尔·斯科特（1869—1955）/ 241

斯科特的生平 / 242

广告与人的可暗示性 / 243

选拔雇员 / 244

评价 / 245

两次世界大战的冲击 / 245

霍桑研究和组织问题 / 246

女性对工业与组织心理学的贡献 / 247

胡格·敏斯特伯格（1863—1916）/ 248

敏斯特伯格的生平 / 248

司法心理学与目击者证词 / 251

心理治疗 / 252

工业心理学 / 252

评论 / 253

美国的应用心理学：一种民族的狂热 / 253

评论 / 255

问题讨论 / 257

第九章 行为主义：先行的影响 / 259

神奇的马：数学天才？ / 259

向着行为科学前进 / 260

动物心理学对行为主义的影响 / 262

雅克·洛布（1859—1924）/ 263

老鼠、蚂蚁和动物心灵 / 263

成为一个动物心理学家 / 265

汉斯真的聪明吗？ / 267

爱德华·李·桑代克（1874—1949）/ 268

桑代克的生平 / 269

联结主义 / 270

迷箱 / 271

学习律 / 272

评论 / 273

伊万·彼德洛维奇·巴甫洛夫（1849—1936）/ 274

巴甫洛夫的生平 / 274

条件反射 / 278

埃德文·特维莫（1873—1943）/ 282

评论 / 283

弗拉迪莫·别赫捷列夫（1857—1927）/ 284

联合反射 / 285

机能心理学对行为主义的影响 / 286

问题讨论 / 288

第十章 行为主义的开端 / 289

心理学家、婴儿与锤子：不要在家里这样试！ / 289

约翰·B. 华生（1878—1958）/ 290

华生的生平 / 290

行为主义的发展 / 293

对华生行为主义的反应 / 303

行为主义的方法 / 304

行为主义的研究对象 / 306
　　本能 / 307
　　情绪 / 308
　　阿尔伯特、皮特与兔子 / 308
　　思维过程 / 309
行为主义的公众吸引力 / 310
心理学的高潮 / 313
对华生行为主义的批评 / 314
　　卡尔·拉什利（1890—1958）/ 315
　　威廉·麦独孤（1871—1938）/ 316
　　华生与麦独孤的争论 / 316
华生行为主义的贡献 / 318
问题讨论 / 320

第十一章　行为主义：建立之后 / 321

智力动物园 / 321
行为主义的三个阶段 / 322
操作主义 / 323
爱德华·托尔曼（1886—1959）/ 324
　　目的行为 / 325
　　中介变量 / 326
　　学习理论 / 326
　　评论 / 327
克拉克·赫尔（1884—1952）/ 328
　　赫尔的生平 / 328
　　机械主义精神 / 329
　　客观主义方法论与数量化 / 330
　　内驱力 / 330

　　学习 / 331
　　评论 / 332
B. F. 斯金纳（1904—1990）/ 332
　　斯金纳的生平 / 333
　　斯金纳的行为主义 / 335
　　操作性条件反射 / 337
　　强化的模式 / 338
　　逐次逼近：行为的形成 / 340
　　充气床、教学机器和鸽子引导的导弹 / 341
　　《沃尔登第二》：行为主义者的社会 / 342
　　行为矫正 / 343
　　对斯金纳行为主义的批评 / 344
　　斯金纳行为主义的贡献 / 345
社会行为主义：认知的挑战 / 346
阿尔伯特·班杜拉（1925— ）/ 346
　　社会认知理论 / 347
　　自我效能 / 348
　　行为矫正 / 349
　　评论 / 350
朱利安·罗特（1916— ）/ 351
　　认知过程 / 351
　　控制点 / 352
　　评论 / 354
行为主义的命运 / 355
问题讨论 / 356

第十二章　格式塔心理学 / 357

突然的顿悟 / 357
格式塔革命 / 358

知觉大于眼睛所见 / 359

对格式塔心理学的先行影响 / 361

物理学中变化的时代精神 / 362

似动现象：对冯特心理学的挑战 / 363

马克斯·魏特海默（1880—1943）/ 364

库尔特·考夫卡（1886—1941）/ 366

沃尔夫冈·苛勒（1887—1967）/ 367

格式塔革命的性质 / 369

格式塔的知觉组织原则 / 371

学习的格式塔研究：顿悟与猿的智慧 / 373

    评论 / 377

人的创造思维 / 378

同型论 / 379

格式塔心理学的传播 / 380

    与行为主义的战斗 / 381

    纳粹德国的格式塔心理学 / 382

场论：库尔特·勒温（1890—1947）/ 382

    勒温的生平 / 382

    生活空间 / 383

    动机和蔡格尼克效应 / 384

    社会心理学 / 385

对格式塔心理学的批评 / 386

格式塔心理学的贡献 / 387

问题讨论 / 388

第十三章　精神分析：开端 / 389

这仅仅是一个梦吗？/ 389

精神分析的发展 / 390

精神分析的先行影响 / 391

    无意识心灵理论 / 392

    有关心理病理的早期观点 / 393

    查尔斯·达尔文的影响 / 398

    其他影响 / 399

西格蒙德·弗洛伊德（1856—1939）与精神分析的发展 / 401

    安娜·O 的病例 / 404

    神经症的性基础 / 405

    有关歇斯底里症的研究 / 407

    有关儿童期诱奸的争论 / 407

    弗洛伊德的性生活 / 409

    梦的分析 / 410

    成功的巅峰 / 411

作为一种治疗方法的精神分析 / 418

作为一种人格体系的精神分析 / 421

    本能 / 421

    人格结构 / 422

    焦虑 / 424

    人格的心理性欲发展阶段 / 425

弗洛伊德体系中的机械论和决定论 / 427

精神分析与心理学的关系 / 428

精神分析概念的科学效度 / 429

对精神分析的批评 / 430

精神分析的贡献 / 433

问题讨论 / 435

第十四章　精神分析：建立之后 / 437

当生活给了你柠檬…… / 437

竞争的派系 / 438

新弗洛伊德学派和自我心理学 / 439

安娜·弗洛伊德（1895—1982）/ 439
　　儿童分析 / 441
　　评论 / 442

客体关系理论：梅兰妮·克莱因（1882—1960）/ 442

卡尔·荣格（1875—1961）/ 443
　　荣格的生平 / 443
　　分析心理学 / 446
　　集体无意识 / 447
　　原型 / 448
　　内向和外向 / 449
　　心理类型：机能和态度 / 449
　　评论 / 450

社会心理理论：时代精神的再次冲击 / 451

阿尔弗雷德·阿德勒（1870—1937）/ 452
　　阿德勒的生平 / 452
　　个体心理学 / 453
　　自卑情结 / 454
　　生活风格 / 455
　　自我的创造力量 / 455
　　出生顺序 / 455
　　评论 / 456

卡伦·霍妮（1885—1952）/ 458
　　霍妮的生平 / 458
　　同弗洛伊德的分歧 / 459
　　基本焦虑 / 460
　　神经症需要 / 460
　　理想化的自我意象 / 461
　　评论 / 462

人格理论的进化：人本主义心理学 / 463
　　人本主义心理学的先行影响 / 463
　　人本主义心理学的性质 / 464

亚伯拉罕·马斯洛（1908—1970）/ 465
　　马斯洛的生平 / 465
　　自我实现 / 466
　　评论 / 468

卡尔·罗杰斯（1902—1987）/ 468
　　罗杰斯的生平 / 469
　　自我实现 / 470
　　评论 / 471

人本主义心理学的命运 / 472

积极心理学 / 474
　　评论 / 477

历史中的精神分析传统 / 478

问题讨论 / 479

第十五章　当代心理学的发展 / 481

思想学派展望 / 481

心理学中的认知运动 / 482
　　认知心理学的先行影响 / 483
　　物理学中时代精神的变迁 / 485

认知心理学的建立 / 486

乔治·米勒（1920— ）/ 486
　　认知研究中心 / 487

乌尔里克·奈塞（1928— ）/ 489

计算机隐喻 / 490
　　现代计算机的发展 / 491

人工智能 / 492

认知心理学的性质 / 494
　　认知神经科学 / 495
　　内省的角色 / 496
　　无意识认知 / 496
　　动物认知 / 497
　　动物的个性 / 499
　　认知心理学的现状 / 500

进化心理学 / 502
　　进化心理学的先行影响 / 503
　　社会生物学的影响 / 505
　　进化心理学的现状 / 506
　　评论 / 507

问题讨论 / 508

参考文献 / 509

译后记 / 511

第 一 章

心理学史研究

你会看见小丑吗?

假如你正在校园里走路,遇到了一个衣着像小丑一样的人。他穿着紫黄相间的衣服,装饰着圆点花纹的超大衣袖,红鞋子,眼部化着彩妆,白色假发,大红鼻子,邋遢的蓝袜子,踩着单轮车。我不知道你们那儿的校园怎么样,但在我们的校园里很少能看到小丑。如果有这样的小丑,我们一定会注意到他们,不是吗?我们怎么能不注意到像小丑这么显眼与奇怪的人物呢?美国西华盛顿大学有一个叫艾瑞·海曼(Ira Hyman)的心理学家想要研究它。他要求一个学生扮成小丑,当学校上下课时,在有数百名学生经过的校园主广场中骑单轮车(Hyman, Boss, Wise, McKenzie & Caggiano, 2009; Parker-Pope, 2009)。

当学生快走出广场时,受过训练的观察者询问了其中的151人,问他们是否看到了什么不寻常的事物,比如一个小丑。只有一半的单独行走的学生注意到了小丑。在与他人同行的学生中,有70%以上的学生声称他们注意到了小丑。只有25%的一边走路一边使用手机的学生注意到了小丑。换句话说,在使用电话的学生中,每4个人中有3个人没有注意到他们前面骑单轮车的小丑。他们如此专注于发短信或打电话,根本不能回忆起发生过的奇怪现象。现在,你能想象到那个试图引起人们关注的小丑会有多么失望。但更重要的是,这与心理学史又有什么关系呢?

来思考一下这个实验结果对我们有什么启示。我们可能会发现,这表明,虽然并非不可能,但要在同一时间里注意多个刺激确实是十分困难的。也就是说,人们很难同时关注一件以上的事情。

通常,你可能会问多任务处理到底有什么价值。你可能会认为在写论文时听音乐,或者在吃饭时发送短信,都很正常。但你真的在同时关注这

你会看见小丑吗?
为什么要学习心理学史?
现代心理学的发展
历史的数据:重建心理学的过去
历史编纂学:我们怎样研究历史
遗失或受到压制的数据
在翻译中被歪曲的数据
服务于自我的数据
心理学的背景因素
经济机遇
世界战争
偏见和歧视
科学史的概念
人格主义观
自然主义观
现代心理学演化中的思想学派
这本书的计划
问题讨论

些活动中的两个方面吗？正如研究者在小丑研究中所做的那样，许多科学家研究了多任务处理的效果与用途，但他们的结论并不新颖，同样的结果在150年前就得到了证明。1861年，一位德国心理学家就做了这样一个实验。

1861年的这一实验（将在第四章中进行详细描述）还向我们表明，过去的研究与现在是相关联的，但首先必须了解我们过去做了些什么。历史会告诉我们很多关于当今世界的东西，心理学领域的早期发展可以帮助我们了解21世纪心理学的本质。如果你问自己"为什么我要学习这门课程"，那么这就是答案之一。

为什么要学习心理学史？

我们刚提到了一个例子，认为了解过去是有用的。另一个例子就是在你们学校开设这一门课程的事实。它表明教师们相信学习这一领域的历史是重要的。心理学史课程在1911年就已经出现了，许多学校都认为心理学专业学生需要学习它们。

2005年的一个研究调查了374所学校，发现83%的学校开设了心理学史课程（Stoloff et al., 2010）。另一个对311个心理学系的调查表明，93%的心理学系开设了这一课程（Chamberlin, 2010）。在所有的科学领域中，心理学在这方面是独一无二的。大部分其他学科的系科并没有开设学科史的课程，他们的教师也不认为历史对学生的发展是至关重要的。

心理学史是心理学科研究的一个重要领域，它有自己的期刊，在美国心理学协会有自己的分会（第26分会），同时也在美国俄亥俄州的阿克隆大学有自己的研究中心，即美国心理学史档案馆。

美国心理学史档案馆拥有世界上最全的心理学材料，包括至少50000本书，15000张照片，6000部电影、音频或视频材料，几十万件通信、手稿、讲座笔记、测验设备及实验室设备。创立于1892年的美国心理学协会，也保留着其组织与成员的历史档案。登录该网站可以直接检索到口述历史、照片、传记、讣告及美国国会图书馆收集的相关材料。

在确定这些领域历史的所有学术兴趣是怎样帮助你理解今天的心理学时，思考一下你已经在其他心理学课程中所学到的知识，即心理学没有一种单一的形式、取向或概念是所有心理学家都同意的。你们已经了解，在心理学的职业和科学领域里，在心理学的研究对象方面，存在着巨大的差异，甚至是有分歧的。

某些心理学家关注认知机能，另外的心理学家探讨无意识的力量，也有心理学家仅仅注意外显的行为或生理的、生物化学的过程。现代心理学包含了众多的研究领域，这些领域除了显示出对人类本性和行为的一种宽泛的兴趣，并以某种一般的方式试图显示其科学性之外，没有任何共同之处。

唯一能把这些多样化的领域和取向结合在一起，使其显示出联贯一致的背景的，正是心理学的历史，即多年以来心理学作为一门独立学科的演变过程。只有通过探索心理学的起源和研究它的发展过程，我们才能看清今日心理学的性质。历史知识让无序变得有序，给那些看起来混乱不堪的东西以意义，并把过去组合成某种观点，以解释现在。

许多心理学家使用相似的技术，都同意过去的影响塑造着现在。例如，一些临床心理学家试图通过探索儿童时代的经验来理解成年患者。他们考察那些使患者以某种方式思考和行为的力量和事件。通过收集个案史，临床专家重建了患者的生活演变史。通过这一过程，往往得出了对现在的行为和思维模式的解释。

行为心理学家同样认为过去的影响塑造了现在。他们相信行为是被以往的条件反射和强化经验决定的。换言之，个人现在的状态可以由他自己的历史来解释。我们过去的生活方式可以让我们明白自己现在的某些行为方式。

对于心理学这一领域来说，同样如此。这本教科书将告诉你学习心理学史实际上是整合现代心理学各个领域、各种问题的最系统的方式。这门课程会使你发现各种观念、理论和研究取向之间的联系，并把看似零散的心理学体系组合成一整幅清晰的画卷。你或许可以把这门课程的学习看作个案研究，看成对那些影响今日心理学的人物、事件和经验的探索。

应该说，心理学史本身就是一个引人入胜的故事，充满了悲欢离合、英雄与变革。同时，心理学史上也有许多事件与性、毒品有关，也充斥着各种怪异的行为。尽管存在着种种错误的概念和理论，但整体来讲，我们可以看到一个清晰的演进过程。这个演进过程塑造了当代心理学，为我们解释当代心理学的丰富性提供了充分的依据。

现代心理学的发展

这里还有另一个问题。在研究心理学史时，我们将从哪儿开始？这取决于我们怎么定义"心理学"。要追溯心理学的起源，我们会谈到两个相距2000多年的不同的时代。因此，心理学既是所有学术学科中最古老的，也是最年轻的。

首先，有关人的本性和行为的理念与思考可以追溯到公元前5世纪。柏拉图、亚里士多德及其他古希腊哲学家对其进行了探索，今日的心理学家仍然对这些问题充满兴趣。这些问题包括你们今天在心理学的入门课程中所学到的一些基本主题。它们是：记忆、学习、动机、思维、知觉和变态行为等。似乎很少有心理学家不认同这一观点，即"2500年前的祖先已经设定了一个框架，涵盖了后世几乎所有的工作"（Mandler, 2007, p. 17）。因此，研究心理学史的一个起点是回到古代关于这类问题的哲学著作中，这些观点后来被吸收到今天被我们称之为"心理学"的学科中。

相反，我们也可以选择将心理学看作一个更新的学科领域，从大约200年前开始阐述它的历史。在那个时期，现代心理学从哲学和其他科学领域中脱颖而出，宣称它是一个正式的研究领域，具有独立的身份。

我们怎样在现代心理学（我们这本书主要涵盖的内容）与它的根基（多个世纪以来的思想先驱）之间做出区分呢？它们之间的区别，既在于它们有关人类本性所提出的问题，更在于它们用于寻求答案的方法。恰恰是所使用的方法和技术区分了老的哲学学科和现代心理学，使心理学成为一个独立的、科学的研究领域。

一直以来，哲学家都是基于他们自己经验基础上的猜测、直觉和推论来研究人类的本性的。直至19世纪的最后25年，当哲学家开始使用已经在生物和生理科学领域获得成功的工具和技术来探询人类的本性时，变革就出现了。只有当研究者依赖于精心控制的观察和实验技术去研究人类的心灵时，心理学才开始获得了独立于哲学根源的独特身份。

新兴的心理学科需要精确和客观的方式来处理它的研究对象。与哲学分离之后，心理学的大部分历史，就是为了增加它的精确性和客观性，不断完善工具、技术和方法的历史。在这一过程中，心理学家所询问的问题不仅更加精细，所获得的答案也更臻完善。

我们相信，如果我们试图了解界定并区分出了现代心理学的那些复杂问题，那么应该以19世纪为起点来探索这一领域的发展史。在那个时期，心理学成为一门独立的学科，有了自己独特的研究方法和理论原理。尽管像我们前面指出的那样，柏拉图和亚里士多德等哲学家关心的问题仍然是现在的人们感兴趣的，但是他们探索这些问题的方式，与当今的心理学家截然不同。这些学者并不是当今意义上的心理学家。

一位著名的心理学史家科特·丹兹格（Kurt Danziger）指出，对人类本性问题的早期的哲学研究途径，只是现代心理学的"前历史"。他认为，"当心理学史被当作一门学科出现时，心理学史就被限定在了这个时期内，那种认为心理学在此之前还有一段历史的观点是非常有问题的。（Danziger，引自 Brock，2006，p. 12）"

"生理和生物科学的方法可以用来研究心理现象"这一观念来源于17世纪至19世纪对哲学思想和生理学的探讨。那个令人激动的年代，形成了现代心理学得以诞生的直接背景。我们应该看到，在19世纪的哲学家为对心理功能的实验探讨扫清了道路的同时，生理学家正在从不同的方向，独立地探讨着某些同样的问题。19世纪的生理学家在理解心理过程的生理机制方面取得了重大的进展。他们的研究方法不同于哲学。但最终生理学和哲学这两个独立学科的结合，造就了心理学这一新的研究领域，并很快获得了自己的身份和地位。这一新兴领域迅速发展为今天大学生们最喜爱的科目之一。

历史的数据：重建心理学的过去

历史编纂学：我们怎样研究历史

在我们这本《现代心理学史》中，我们面对的是两个学科，即历史学和心理学。我们用历史学的方法来描绘和了解心理学的发展。我们对心理学演进的描述依赖于历史学的方法，在这里我们简单地介绍一下历史编纂学的概念。**历史编纂学**是指历史研究中所用到的技术与原理。

历史学家要面对许多心理学家不会遇到的问题。历史数据，即历史学

历史编纂学（historiography）：历史研究的原则、方法和哲学问题。

家用以重建过去生活、事件和时代的材料，同科学数据有着极大的差异。科学数据的最典型特征是搜集数据的方式。例如，如果心理学家准备研究一个特定的问题（如：测定在什么条件下人们愿意帮助处于穷困状态的人，或者测定不同的强化时间表对实验室白鼠的行为有何影响，再或者儿童是否会模仿电视节目中的攻击行为），他们将创建某种情境或确立某些条件，以便搜集所需要的数据。

心理学家可以设计一个实验室实验，在控制的真实条件下观察行为、进行调查，或者计算两个变量的相关系数。在使用这些方法时，科学家可以对他们所要研究的情境和事件有某种程度的控制。反过来，科学家在其他时间和地点也可以重建或再造这些事件。因此，这些数据是可以通过确立某些类似于原来研究的条件而进行验证的，观察是可以重复的。

 **相关网站资料**

点击圣智出版社（cengagebrain）网站，在搜索框键入"SCHULTZ HISTORY"，寻找与教材相关的练习或考试材料。

美国心理学史档案馆网站拥有大量的文献和实物，包括著名心理学家的职业论文、实验室设备、传单、幻灯片和电影，等等。

美国心理学协会的历史档案网站帮助你找到位于美国华盛顿的国会图书馆所拥有的美国心理学协会相关的历史档案，以及一些口述历史、照片、传记与讣告等材料。

加拿大多伦多的约克大学心理学家克里斯多夫·格林开设并维护的网站存有完整的教材和图书中的部分章节，以及在心理学的发展史上有着重要地位的论文。用google搜索"约克大学心理学历史与理论问题及答案论坛（York University History and Theory of Psychology Question & Answer Forum）"，你可以提出有关心理学史的问题，也可以回答他人提出的问题，或者仅仅浏览其他人所说的内容。格林还提供了一个博客及每周更新的播客（"一周心理学史"）。

美国心理学协会第26分会（心理学史分会）的官方网站提供学生资源、在线书籍及期刊，零售心理学史上重要人物的海报、T恤、咖啡杯、棒球帽及其他特色物品。

相比较而言，历史的数据既不能重建，也不能再造。每一个情景都发生在过去的某个时间，甚至发生在几个世纪以前。那时的历史学家可能并不想劳神去记录事件的特殊性，或精确地记录所发生事件的细节。

今天的研究者不能参照现在的知识去控制或重建过去的事件。如果历史上的事件本身并没有得到关注，那么就有必要质疑：历史学家会怎样研究它呢？他们使用什么数据去描述历史上的事件呢？他们又怎么能确定过去所发生的事情呢？

尽管历史学家不能重复历史情景去搜集适当的数据，但他们仍然能够利用一些重要的信息去进行思考。过去事件的数据以零零碎碎的方式呈现在我们面前：参与者或目击者的文字描绘、信件、日记、照片、遗留的实验设备、会话记录以及一些官方文件等，都可供我们参考。正是通过这些原始素材和零零碎碎的数据，历史学家尝试着重建过去的事件和生活经历。

这种方法类似考古学的方法。考古学家面对的也是以往文明的碎片，如箭头、陶器的碎片或者人类的骨头。考古学家通过对这些东西的考察去描绘以往的文明。一些考古发掘的文物比另一些文物提供了更多的细节，可以更为精确地重建过去。同样，通过对历史的零碎数据的挖掘，对过去事件的描述也不再有任何疑虑。然而，在其他一些条件下，零碎的数据可能被遗失，或者被歪曲，那么对事件描述的可信度就大大降低了。

遗失或受到压制的数据

在某些情况下，历史上的记录是不完整的，因为数据已经遗失了。以华生为例，他是行为主义学派的创始人。1958年在他去世之前，也就是80岁时，他烧毁了自己全部的信件、手稿及研究笔记，销毁了关于他生活及职业的所有未出版的记录。因此，数据永远遗失了。

有时，一些数据因放错了地方而被埋没。一些重要的个人论文在被发现之前可能被错置在某个地方长达数十年之久。2006年，在英国一户人家的壁橱里，发现了500多页的手稿。它们是1661—1682年英国皇家学会会议的官方记录，由当时最著名的科学家之一罗伯特·胡克记录。手稿记录了早期利用显微镜这一新的科学工具，发现细菌与精子的详细情形。此外，还记录了胡克与牛顿关于重力及行星运行等问题的通信（参见Gelder，2006；Sample，2006）。

1984年，赫尔曼·艾宾浩斯的那篇有关人类学习和记忆研究的论文才被找到，而这距艾宾浩斯逝世已过去75年之久。1983年，心理物理学的建立者格斯塔夫·费希纳的10箱日记才被发现。这些日记覆盖了1828—

1879年这段时间。这段时间对于心理学的早期历史来说，具有极为重要的意义。但是，在此前100多年的时间里，心理学家没有意识到这些日记的存在。许多有关艾宾浩斯和费希纳的书籍都是在没有参考这些重要的个人论文和文件的条件下写出的。

再考虑一下查尔斯·达尔文的事例。有关达尔文的传记大约有200本，因此我们相信有关达尔文生活和工作的文字记录应该相当完整。然而，就是在距现在不远的1990年，即达尔文逝世100多年后，人们发现了达尔文大量的原始材料，包括笔记本、个人信件等。这些东西都是达尔文的早期传记作者没有参考的。一位学者认为，这些新的数据将导致对科学传统和维多利亚时代条件下的达尔文工作的新评价。因此，新的历史数据的发现意味着我们对历史的认识将更为完整。

在一些罕见的奇特案例中，一些历史数据可能被偷窃，以致很多年都不能发现。1641年，一位意大利数学家偷了法国哲学家笛卡尔的70多封信件。其中的一封信于2010年在美国一所大学的一个封装盒里被发现。随后，它被归还给法国（Smith，2010）。

其他一些数据可能被有意隐匿或修改，以保护所涉及人物的声誉。西格蒙德·弗洛伊德的第一个传记作者厄尼斯特·琼斯有意淡化弗洛伊德使用可卡因一事。在一封信中，他评论道："我认为弗洛伊德使用了大于他应该使用的可卡因的量，尽管我没有在传记中提到这一点。（Isbister，1985，p.35）"当我们讨论弗洛伊德的时候（第十三章），我们将会看到，最新发现的数据证实了弗洛伊德使用可卡因的时间，比琼斯在传记中承认的时间要长得多。

当精神分析学者卡尔·荣格的信件出版时，出版者进行了筛选和编辑，以保护公众对荣格及其工作的良好印象。此外，人们发现荣格所谓的自传并不是荣格本人撰写的，而是出自他的一个忠诚的助理之手。荣格的原话"被修改或删除了，以便同他的家人和信徒所喜爱的形象保持一致……那些显示了荣格缺陷的材料已经被剔除了。（Noll，1997，p.xiii）"

同样地，一位学者对格式塔心理学奠基人之一苛勒的论文进行了编目分类。可能是由于对苛勒过于崇拜，他考察了苛勒的所有出版物，然后严格地选择一些信息，以美化苛勒的形象。这些论文"经过了精心挑选，以呈现一个令人喜爱的苛勒的形像"，后来，历史学家回顾了这些论文，确证了历史数据的一个基本问题："也就是说，要判断一系列论文在多大程度上真正代表一个人或者歪曲一个人（不管喜欢还是不喜欢）的难度在于，选择哪些论文并公诸于众往往受个人的偏见左右。（Ley，1990，p. 197）"

这些事例都显示出在评价历史资料时，学者们所面临的困境：那些文件或零碎的数据能精确地代表历史人物的生活和工作吗？这些资料是不是经过了挑选，以令后人形成某种印象，无论这种印象是积极的、消极的还是介于两者之间的？当代的一位传记作者针对这一问题阐述了如下的观点："对人的性格研究得越多，我就越发相信所有的记录、所有的回忆，都或多或少地建立在错觉之上。无论这个扭曲事实的透镜是偏见、虚荣心、情感还是马虎大意，总之，没有绝对的真理。（Morris，引自 Adelman，1996，p.28）"

现在让我们再引用一个数据资料有意被隐瞒的例子。西格蒙德·弗洛伊德逝世于1939年。在他逝世以后的这些年来，他的许多论文和信件已经被出版或展示给学术界。他的大量论文保存在华盛顿的国会图书馆。尽管其中的一些已经于1998年展示给了公众，但是另外一些文件必须在21世纪以后，经过弗洛伊德财产管理委员会的同意才能公诸于众。这一限制的公开理由是为了保护弗洛伊德的父母和家人的隐私，或许也是为了维护弗洛伊德及其家人的声誉。

一位研究弗洛伊德的著名学者注意到，公布这些材料的日期上存在着巨大的差别。例如，弗洛伊德的大儿子寄给弗洛伊德的一封信要到2013年才能启封，另外一封要到2032年。来自弗洛伊德的一位导师的信件在2102年之前都不能公开，而这个时间距弗洛伊德逝世已经177年了。我们不禁要问，这封信究竟有什么重要的内容，要在这么长的时间里保守秘密。心理学家不了解这些档案文件、手稿对我们理解弗洛伊德的生活和工作有怎样的影响。然而，在这些零碎的数据公开之前，我们对这个心理学的关键人物的认识，依然是不完整的，或许还是不准确的。

在翻译中被歪曲的数据

有关历史数据的另外一个问题是历史学家获得的信息是被歪曲的。在这里，数据虽然可见，但已经由某种方式改变了。这种改变可能是在翻译成另一种语言时出了问题，也可能是事件的参与者或观察者在介绍相关事件时有意或无意地进行了歪曲。

我们再次以弗洛伊德为例来阐明错误翻译的影响。没有多少心理学家可以非常流利地阅读弗洛伊德的德文原著。大部分人都依赖于翻译者的译文，由翻译者选择最适当的字词来表述弗洛伊德的术语和思想。但是，译文并不总是能传达原作者的意图。

弗洛伊德人格理论中三个基本概念是本我（id）、自我（ego）和超我（superego）。你在心理学的入门书中就已经熟悉这些术语了。但是，这些字词并不能精确地代表弗洛伊德的观点。这些字词都是弗洛伊德的德语字词的相等物。本我来自德语 Es，直译过来是"它（it）"；自我的德语是 Ich，直译过来是"我（I）"；超我来自德语 Uber-Ich，直译过来是"我之上（above-I）"。

当弗洛伊德使用 Ich（我）时，他想要表达的是某种亲密的和个人的东西，并且区别于 Es（它）。后者外在于并区别于"我"。翻译者不使用"我"和"它"，而是使用"自我"和"本我"，使得这些概念转变为"冷冰冰的技术术语，唤不起任何个人的联想"（Bettelheim，1982，p.53）。因此，对我们来说，"我"和"它"（自我与本我）的区别并不像弗洛伊德原本认为的那样明显。

再来看看弗洛伊德的另一个术语——自由联想（free association）。在这里，自由联想意味着一个观念或思想与另外一个观念或思想的联结，其中的一个仿佛起着刺激作用，以连锁的方式诱发了下一个。实际上，这并非弗洛伊德的本意。在德语中，弗洛伊德的术语是 Einfall，这个词的意思并非联想。直译过来，它的意思是入侵或侵犯。弗洛伊德的本意并不是描述观念的简单联结，而是指来自无意识心灵的某种东西，让它不受控制地侵入或侵犯意识思想。因此，我们的历史数据，即弗洛伊德自己的术语，在翻译活动中被歪曲了。意大利有这样一句谚语：翻译意味着背叛。这句谚语清楚地证明了上述观点。

服务于自我的数据

历史数据同样受到历史参与者本人对事件叙述的影响。这些人有意或无意地提供了一个可能存在偏见的叙述，以保护自己或抬高自己在公众中的形象。例如，行为心理学家 B. F. 斯金纳在其自传中对他在 20 世纪 20 年代后期在哈佛大学的研究生生活做了如下的描述，极力把自己描绘成一个严格自律的学生：

> 我总是在早晨 6 点钟起床，自修到早餐时间，然后去上课、去实验室或者图书馆。在一天中，不列入计划的时间不超过 15 分钟。我的学习在晚上 9 点钟准时结束，然后上床睡觉。我从不看电影和戏剧，极少去听音乐会，几乎没有什么约会。我只读心理学和生理学的书籍，其他什么都不读。（Skinner，1967，p.398）

这一描绘似乎是一个有用的数据，让我们对斯金纳的性格特征有了清楚了解。但是就在他的自传出版 12 年后，所描绘的事件也过去了 51 年，斯金纳否认他的研究生生涯如此艰辛。他写道："我回忆的只是一种理想，而不是我实际经历的生活。（Skinner，1979，p.5）"

尽管斯金纳的学校生涯在心理学史上没有多少重要意义，但是有关他自己学校生活的不同版本描述却揭示了历史学家面临的困境。究竟哪一组数据、哪一个版本的事件更为精确呢？哪一个描述更接近现实？哪一些东西是模棱两可的？哪一些数据受到了服务于自我的记忆的影响？我们怎样进行辨别呢？

在某些条件下，我们可以从他们的同事或事件的见证者那里得到一些验证性的证据。如果斯金纳的研究生生涯对心理学史家来说是重要的，那么心理学史家可以尝试找到斯金纳的同学或者他们的日记、信件等，把对斯金纳的回忆同斯金纳自己的回忆进行比较。一位斯金纳的传记作者就是这样做的。斯金纳以前的一个同学告诉他，斯金纳总是比其他同学都迅速地完成实验室工作，然后打整个下午的乒乓球（Bjork，1993）。

因此，历史中的某些被歪曲的事件是可以通过调查纠正的，一些争议也可以通过寻找其他的信息源而得到解决。这一方法可以应用到弗洛伊德对某些生活事件的叙述上。弗洛伊德喜欢把自己描述成一个精神分析事业的斗士，受到医学和精神病学界的讽刺、拒绝和污蔑。而弗洛伊德的第一个传记作者，厄尼斯特·琼斯在传记中也强化着这个观念。

后来发现的数据揭示出一个完全不同的情景。在弗洛伊德的有生之年，他的工作并没有受到忽视。弗洛伊德中年时，他的思想观念已经对年轻一代的知识分子产生了强有力的影响，他的临床实践面临着繁荣的景象。可以说，他那时是一个名人。弗洛伊德本人有意掩盖了这些历史事实。他所培育的错误印象随后又被几个传记作者强化。几十年来，我们对弗洛伊德在世时所产生影响的理解是不准确的。

有关历史数据的这些问题给我们从事心理学史研究带来哪些启示？最主要的是，它告诉我们对历史的理解是动态的。当新的数据被发现或得到重新解释时，历史的故事就在发生着变化。历史在发展、浓缩，并不断被纠正。因此，历史是未完成的和不完善的。它总是在进步，是一个没有结尾的故事。史学家的叙述可能仅仅是接近或朝向真理，这一过程会随着新的发现和对历史数据新的分析而更加完善。

心理学的背景因素

像心理学这样的学科并不是在真空中发展起来的，仅仅受到内部因素的影响。由于心理学是更丰富的文化的一部分，因此它也受到外部力量的影响。这些外部力量不仅塑造着它的特性，也决定着它发展的方向。因此，对心理学发展史的理解，必须考虑这一学科演进的背景，考虑科学领域的流行观念及那个时代的文化，即**时代精神**或时代的思想氛围，以及那些业已存在的社会经济和政治力量。在这本书中，我们会描绘许多这样的事例，以证明这些背景因素是怎样影响了心理学的过去，并持续塑造着它的现在和未来的。现在让我们看看背景因素的几个例子，包括经济机遇、战争以及偏见与歧视。

> **时代精神（zeitgeist）：**
> 时代的思想和文化气氛。

经济机遇

美国心理学的特性和心理学家所从事的工作类型在 20 世纪早期产生了戏剧性变化，这主要受经济力量的影响。心理学家得到了更多的机会，将他们的知识和技术运用于现实生活当中，解决现实世界的问题。带来这一变化的主要原因是实用性需求，就像一位心理学家所指出的那样："为了糊口，我成为了一名应用心理学家。（H. Hollingworth, 引自 O'Donnell, 1985, p.225）"

19 世纪末时，美国心理学的实验室数量稳步增长，但是心理学家的数量同样增长很快，心理学家不得不为获得一个适当的职位而竞争。到 1900

年，具有博士学位的心理学家的数量是这些实验室需求的3倍。幸运的是，教师职位随着西部和中西部许多大学的建立而不断增长。但又不幸的是，在这种新建的诸多大学中，心理学作为一门最新出现的学科，得到的经济资助是最少的。同其他老牌科系（如物理系和化学系）相比，心理学系在年度拨款榜上一直排在后面。用于研究项目、实验室设备的资金缺乏，员工的工资也缺乏。

心理学家很快地意识到，如果要改善他们的科系，获得更多的预算和收入，他们就不得不向学院的行政领导和所在州的立法者证明，心理学在解决社会、教育、工业问题方面是有用的。对心理学科系最终价值的判断要看它的实用性。

同时，由于美国社会人口组成的变化，心理学家也获得了更多令人振奋的机会去应用他们的技能。大量的移民拥入美国、出生率的大幅提高使得公众教育行业不断膨胀。1890—1918年，美国公立学校的注册率增长了700%，高中的建设速度几乎达到每天一所。与国防及福利计划相比，国家将更多的钱投入在了教育事业上。

许多心理学家利用这个机遇，将他们的知识和研究方法积极地应用于教育。这一倾向标志着美国心理学研究重心的根本性改变，即开始从原来的实验室学术研究上转向，试图将心理学应用于教学与学习之中。

世界战争

战争因给心理学家提供了工作机会而成为塑造现代心理学的另一个背景因素。美国心理学家在参与第一次和第二次世界大战的过程中获得的经验加快了应用心理学的发展。在战争中，心理学家把他们的影响扩展到了人员选拔、心理测验、工程心理等领域。这些工作向心理学界、向全体大众显示了心理学的效用。

第二次世界大战也改变了欧洲心理学的面貌和命运。德国（实验心理学的发源地）和奥地利（精神分析诞生的地方）的心理学更是如此。在20世纪30年代，许多著名的研究者和理论家逃离了纳粹的威胁，他们中的大部分人定居美国。这些人的被迫流亡标志着心理学的中心最终由欧洲转移到了美国。

战争同样对几个重要的理论家的思想观念产生个人冲击。例如，目睹了第一次世界大战的血腥屠杀之后，弗洛伊德认为攻击是人格的一个重要动力因素。艾里克·弗罗姆，人格理论家和反战活动家，把他对变态行为的兴趣归结于所目睹的狂热现象。这种狂热现象在战争期间席卷了整个德国。

偏见和歧视

另外一个背景因素是种族、宗教和性别带来的歧视。许多年以来，这些偏见影响着人们对一些基本问题的看法，如谁可以成为心理学家，他们在何处可以找到工作。

针对女性的歧视

广泛传播的针对女性的偏见一直存在于心理学的整个历史中，我们将指出一些事例。这些事例表明校方曾拒绝接纳女性为研究生，或者将其从教师的岗位上剔除出去。即使一些女性获得了这类任命，她们所得到的薪水也比男性低，并在升职方面面临许多障碍。多年以来，对女性开放的典型学术工作是在女子学院，这些学院又在实践着自己对女性的独特偏见，即拒绝雇用已婚的女性。其理由是：一个已婚女性无法同时照顾好丈夫并完成自己的教学工作。

以艾丽娜·吉布森（Eleanor Gibson）为例，她曾因在知觉发展和学习方面的杰出工作获得了美国心理学协会颁发的几个奖项，获得过几个名誉博士学位和美国科学奖章。但是，在20世纪30年代，当她向耶鲁大学女性研究生院提出申请时，她被告知灵长目动物实验室主任不会允许女性出现在他的员工中；弗洛伊德学派讨论会也因为她是女性而拒绝了她。而且，女性甚至不能使用研究生图书馆和咖啡屋，因为它们仅仅对男性开放。

30年之后，歧视妇女的情况并没有多少改观。桑德拉·斯卡尔（Sandra Scarr），一位女性发展心理学家，回顾了1960年她到哈佛大学研究院提出入学申请时面谈的情景。著名人格心理学家G. W. 奥尔波特告诉她，哈佛大学不喜欢接纳女性。他说："你们中间75%的人会结婚、生孩子，不能完成自己的学业，而剩下的也不会取得任何成就！"斯卡尔写道：

> 我结了婚，并在读研的第三年有了一个孩子。果然，我立刻被注销了学籍。没有人能严肃认真地把我看作一个科学家，

没有人愿意为我做任何事情,如写信或帮我找份工作。没有人相信一个带着婴儿的女性能完成任何工作。在我找到工作之前,一切只能依赖自己。直到10年之后,我发表了许多文章,我的同事才认真地把我看作一个心理学家。(Scarr,1987,p.26)

然而,尽管存在着这些明显的歧视事例,心理学在公平对待男性和女性方面比其他学术和职业领域开明多了。到20世纪初,已经有20位女性在心理学领域获得了博士学位。在1906年版的《美国科学工作者》(*American Men of Science*)参考书中,所列举的心理学家中有12%是女性,考虑到当时女性在研究生教育中遇到的障碍,这个比例已经很高了。这些女性心理学家受到积极的鼓励,加入了美国心理学协会。

心理测验运动(第八章)的先驱人物,詹姆斯·麦金·卡特尔在敦促心理学接受女性方面起了领头作用。他提醒男性同事不应该在性别上划界线(未发表的信件,引自Sokal,1992,p.115)。1893年,在美国心理学协会的第二次年会上,卡特尔提名了两位女性为会员。主要由于他的努力,美国心理学协会成为了第一个接纳女性的科学协会。1893—1921年这段时间,美国心理学协会接纳了79位女性为会员,占那一时期新会员总数的15%。到1938年,《美国科学工作者》上所列举的心理学家有20%是女性;在美国心理学协会的会员中,女性已经占到1/3。到1941年,已经有1000多位女性在心理学中获得了研究生学位,在具有博士学位的心理学家中有1/4是女性(Capshaw,1999)。

早在1905年,玛丽·威敦·卡尔金丝(Mary Whitor Calkins)就成为了美国心理学协会的第一位女性主席;2007年,莎朗·布瑞姆(Sharon Brehem)成为美国心理学协会的第11位女性主席。而其他职业社团许多年来却一直拒绝女性的参与。美国医学协会在1915年才开始接纳女博士(Walsh,1977)。直到1918年,美国律师协会才允许女律师加入;直到1995年,美国律师协会才选出了第一位女性主席(Furumoto,1987;Scarborough,1992)。

基于种族起源的歧视

直到20世纪60年代,犹太血统的人在进入大学和研究生院时,仍然有名额限制。一个针对当时三所顶级大学(包括哈佛大学、耶鲁大学与普林斯顿大学）的研究发现，对犹太人的歧视正在广泛传播。招生官员与大学校长经常说要将"犹太人入侵"保持在可控范围内。1922年，耶鲁大学的招生主管曾写了一篇文章报道"犹太人问题"。他将犹太人描述为"外来的、肮脏的成分"（Friend，2009，p. 272）。在1920年，哈佛大学的政策是每个自然班级不得接收超过10%～15%的犹太人。进入精英大学的犹太人通常被排挤，不得参加兄弟会、进入著名的餐饮店或社交俱乐部。犹太人学生过高的比例被视为一种威胁，一个研究者曾被告知，"犹太人会毁了普林斯顿大学"（Karabel，2005，p. 75）。

那些获得入学资格，甚至最终获得心理学博士学位的犹太人，一直经历着反犹主义遭遇，要想取得一份学术工作也是十分困难的。19世纪后期，马里兰州巴尔的摩的约翰·霍普金斯大学，以及处于马萨诸塞州伍斯特的克拉克大学建立了，两者都是心理学早期历史上的重要学院。他们的教职岗位是排除犹太人的。在其他大学，提供给犹太心理学家的学术工作也是非常罕见的。一位著名的人格理论家朱利安·洛特，在1941年就获得了博士学位。他回忆道："有人告诫我说，不管取得什么样的学位，犹太人都不可能获得学术性工作。（Rotter，1982，p.346）"因此，他的职业生涯不是从大学开始的，而是从做州精神病院的医生开始的。

伊萨多·克列车夫斯基（这个名字带有犹太色彩）博士毕业以后，无法在大学中找到一个教师岗位，因此，他改名为大卫·克莱克（David Krech）。他后来在社会心理学领域取得了杰出成就。当他快要退休的时候，他回忆道："因为克列车夫斯基这个名字，我不知受了多少苦。（Krech，1974，p.242）"

大卫·巴克诺维斯基20世纪40年代毕业于依阿华大学，他被告之再也不可能获得学校职位了。"他前进的道路被堵住了，一些教师成员认为依阿华大学已经毕业了太多的犹太学生。（Weizmann & Weiss，2005，p. 317）"接下来，他将自己的名字改为巴卡恩（Bakan），从此开始了卓越的职业生涯。

哈里·以色列的名字使他成为了明显的歧视对象。他在斯坦福大学的两位研究生教授都建议他改名（Vicedo，2009）。当他们将以色列推荐到一所好大学担任教职时，该大学的系主任回复："他的资历没有问题，我不能接受的仅仅是他的名字。（Leroy & Kimble，2003，p. 280）"以色列接下来采用了他父亲的中间名，在心理学方面获得了非凡的成就，这个人的名字就是哈里·哈洛（Harry Harlow）。

亚伯拉罕·马斯洛在威斯康星大学读书时，他的教授敦促他把第一个名字改掉，不要听起来那么犹太化，这样会有更多的机会找到一个学术性工作（Hoffman，1996，p.5）。但是，马斯洛拒绝了。

1931年，丹尼尔·哈里斯从哥伦比亚大学博士毕业。因人类动机的动力理论而著名的心理学家罗伯特·吴伟士告诉他说，他不能成为自己的助手，因为他是个犹太人。吴伟士告诉哈里斯，他的学术生涯不会有多少希望（Harris，引自Winston，1996，p.33）。

在描述自己的一个研究生时，哈佛心理学家E. G. 波林指出："他是个犹太人，因此，我们很难把他放到学院的心理学教席上，因为许多学术圈子对犹太人都存有个人偏见，心理学更是如此。(引自Winston，1998，p.27-28)"这类事件使得许多犹太心理学家不得不从事临床心理学的工作。在临床心理学领域，他们不需要徒劳地寻求学术生涯，能获得更多的工作机会。

1945年，《临床心理学杂志》（*Journal of Clinical psychology*）主编提议，在这一专业领域，应该限制犹太人申请毕业实习。他争论，让任何一个群体"管控"一个领域都不明智，假如允许太多的犹太人变成临床心理学家，这将对公众接受临床服务产生危害。幸运的是，心理学界的大多数人都强烈地反对了这一提议（Harris，2009）。

非裔美国人也面临着来自主流心理学相当大的偏见。1940年，美国仅有4所非裔人学院有心理学的本科教育。当一些非裔人得到允许进入欧裔人占优势的大学读书时，在做出成就方面，他们又面临着各种各样的障碍。20世纪三四十年代，许多学院根本不允许非裔学生在校园里居住。弗兰西斯·萨墨是第一个获得心理学博士学位的非裔人。1917年，在申请读研究生时，他的指导教师在推荐信中给了他在当时来看相当积极的评价。他的指导老师是这样描绘他的："他是有色人种，但是相对来说，在身心方面，他没有多数人难以接受的品质。（Sawyer，2000，p.128）"当萨墨被克拉克大学接纳为研究生以后，校方在餐厅给他单独安排了一张桌子，因为极少有学生愿意同他一起用餐。

给非裔学生提供心理学教育的主要是华盛顿的霍沃德大学。在20世纪30年代，这所大学被认为是"黑色哈佛"（Phillips，2000，p.150）。在1930—1938年，除美国南部之外，仅仅有36个非裔学生被大学接纳为心理学的研究生，而他们中的大部分都在霍沃德大学。在1920—1950年，有32个非裔学生获得了心理学博士学位。在1920—1966年，美国10个最有名气的心理学系仅仅培养了8个非裔博士，而同期获得心理学博士学位的学生总数是 3700（Guthrie, 1976; Russo & Denmark, 1987）。

肯尼斯·克拉克曾因种族隔离对儿童影响的研究而著称。1935 年他在霍沃德大学毕业，获得心理学的学士学位。由于他的种族特征，华盛顿地区的餐馆经常拒绝为他服务。1934 年，他组织学生示威，抗议种族隔离政策。他因此被捕，被指控有不轨行为。他指出，这是他作为一个反对种族隔离的社会活动家的开始（Phillips, 2000）。克拉克曾经申请康奈尔大学的研究生项目，但是因为他的人种而被拒绝了。他被告知，博士研究生要"发展一种亲密的人际关系与社会关系，与教授紧密联系，但他们确信我是令人不舒服的，我将在那种情境中感到尴尬"（Clark, 引自：Nyman, 2010, p. 84）。1940 年，他变成了第一个从哥伦比亚大学获得博士学位的非裔美国人，并获得了纽约城市大学的终身教授职位（Philogene, 2004）。

玛尼娅·菲普丝·克拉克同样也在哥伦比亚大学获得了博士学位。她不仅面临着种族歧视，还面临着性别歧视。她写道："当我毕业后，我就明白，在 20 世纪 40 年代的纽约，一个具有心理学博士学位的非裔女性是不必要的异数。"尽管她的丈夫肯尼斯·克拉克被纽约城市大学聘为教师，她却被排斥在学术工作之外。她找的一份工作是帮助一个博士毕业的心理学家分析研究数据。这是一份卑微的工作，她认为这对一个心理学博士来说"是让人感到羞耻的"（M. P. Clark, 引自 Guthrie, 1990, p.69）。

同他的丈夫一起，玛尼娅开了一个临街的服务中心，给儿童提供包括测验在内的心理学服务。他们的努力取得了成效，该中心后来成为美国北部著名的儿童发展中心。1939—1940 年，他们进行了一个重要的研究计划，研究非裔儿童的种族身份和自我概念的问题。其研究结论于 1954 年被美国最高法院结束公立学校的种族隔离政策时引用。该决定具有里程碑意义，被许多历史学家和法学家认为是最高法院在 20 世纪做出的最重要的决定。1971 年，肯尼斯·克拉克被推选为美国心理学协会主席。他是被推选到此位置上的第一个非裔美国人。

尽管他取得了巨大成就，克拉克一直认为他的生活是一系列"重大的失败"。在 78 岁时，他说："现在的我比 20 年前的我更加悲观。（K. Clark, 引自：Severo, 2005, p. 23）"

获得博士学位对于非裔人来说只是跨过了第一道坎，接下来就是找到一个合适的工作。极少有大学愿意接受非裔人为教师，而大多数雇用应用心理学家的商业组织（女性心理学家在这里能找到更多的工作）会毫不留情地拒绝非裔美国人。历史上的非裔人学院是非裔美国人找工作的主要地方，但是那里的工作条件极其恶劣,根本就无法支持他们从事研究工作,更谈不上在心理学领域做出成就,从而引人注目。1936年,一位非裔人学院的教授这样描绘了那里的情景:

> 实际上,经济匮乏、过多的工作和其他不愉快的因素使得他根本不可能在纯粹学术方面做出任何杰出的东西。他自己不能大量购买书籍,他也无法从学校图书馆里找到它们——非裔人学校里根本没有一个像样的图书馆。或许最重要的障碍还是他周围缺乏学术氛围。在大多数这类学校中,根本就没有这样的诱因,当然也没有钱用于研究。(A. P. Davis,引自 Guthrie,1976,p.123)

从20世纪60年代起,美国心理学协会做出决定,要增加多样性,努力为少数民族人士提供上大学读书或在大学里教书的机会。尽管有了这些努力,少数民族博士在大学教师中的比例一直跟不上非裔美国人或西班牙裔美国人在普通人群中的比例。比如,根据2007年美国心理学协会提供的数据,66%的心理学博士毕业生是欧裔人,7.4%是非裔人,7.6%是西班牙裔,6%是亚裔。

当我们考察作为背景因素的偏见限制了女性和少数民族人士在心理学领域受教育和被雇用的机会时,指出下面这点是很重要的:由于女性和少数民族人口受到的歧视,在我们这本和其他的教科书中的确很少提到他们对心理学发展史所做的贡献。然而,我们同样要指出,相对于在这一领域欧裔人的数量,我们挑选出来进行重点介绍的人的比例更少。这并不是有意歧视的结果,而是在任何领域里撰写历史的方式使然。

> 像心理学史这样的学科史,所涉及的是在一个国家或国际的时代精神背景下描述重要的发现,解释面临的主要问题,以及发现"伟大人物"。那些在学科中从事日常工作的人是不可能在学科史中找到他的位置的。那些在背后把才智贡献给学科发展的心理学家,即那些授课、接待病人、从事实验、与同事分享数据的人除了在他们的小圈子里外,很少能得到公众的承认。
> (Pate & Wertheimer,1993,p.xv)

因此，历史忽略了大部分心理学家的日常工作，而这与他们的民族、性别或种族起源无关。

科学史的概念

有两种方式看待科学心理学的历史发展，即人格主义观和自然主义观。

人格主义观

人格主义观（personalistic theory）：认为科学史的变化和进步可归因于伟人的观念的观点。

科学史的**人格主义观**聚焦于特定个体的成就和贡献。依照这种观点，科学发展的进步和变化都直接归因于个人的特殊气质和意愿，他们自己就改变了历史进程。这一理论认为，拿破仑、希特勒或者达尔文是重要事件的主要动力和塑造者。个人决定论的概念意味着如果没有这些里程碑式人物的出现，事件就决不会发生。事实上，依照这一观点，是人物决定了时代。

乍看起来，这一点似乎很清楚。科学是那些有智慧的、有创造性的和精力旺盛的男性和女性所做出的工作。他们可以单独决定科学的发展方向。通常，我们会以某个人的名字命名一个时代。这些个人的发现、理论或者其他贡献标志着这个时代的开始。我们谈论"后爱因斯坦"的物理学，或者"后米开朗基罗"的雕刻术。很明显，在科学、艺术和大众文化中，那些个体造就了戏剧性的、有时是创伤性的变革。这些变革改变了历史的进程。

因此，人格主义观具有显著的价值。但是，它足以解释科学或社会发展的全部吗？事实并非如此。科学家、艺术家和学者的贡献在他们有生之年经常被忽视或受到压制，很久以后才得到承认。这些事例意味着，时代思想、文化和精神的氛围决定着某一观念能否被接受，决定了它是受到赞扬还是遭到讽刺。科学历史记载的正是那些曾被时代所拒绝的思想和观念的故事。即使是那些最伟大的思想家和发明者也受到时代精神（那一时代的氛围）的限制。

因此，接受或运用一个伟人的发现或观念可能受制于社会主流思想。

但是对一个时代或地点来说极不正统的思想可能在下一代或一个世纪之后被人们所接受。缓慢的变革通常是科学进步的规则。

自然主义观

那么，我们可以看出，个人决定时代的观点并不是完全正确的。或许像历史的**自然主义观**所建议的那样，时代决定了个人，或者至少使得个人所说的东西得到承认。除非时代精神和其他的背景因素支持了新探索，否则，新观点就得不到倾听，甚至被排斥，以致最后消逝。社会的反应也取决于时代精神。

自然主义观（naturalistic theory）：认为科学史的变化和进步都可归因于时代精神，时代精神使得文化接受某些观念而拒绝另外一些观念。

我们来看看达尔文的例子。自然主义观认为，如果达尔文在年轻的时候就逝世的话，也总会有某个人在19世纪中期提出进化论，因为当时的思想氛围已经为接受这样一种解释人类物种起源的方式做好了准备。（的确有人在同一时间提出了同样的理论，在第六章我们会看到有关的阐述。）

时代精神的抑制和拖延效应不仅在广义的文化水平上起作用，在科学自身的水平上也发挥着重要影响，而且其作用可能更为显著。1763年，苏格兰的科学家罗伯特·魏特就提出了条件反射的概念，但是没有人对此感兴趣。一个世纪以后，当研究者采纳了更为客观的研究方法以后，俄罗斯生理学家，伊万·巴甫洛夫精致化了魏特的观察，把这个原理扩展为一个新的心理学体系的基础。因此，一种发现通常需要等待它的时代。一位心理学家明智地指出："在这个世界上没有什么新的东西。在当代被看作发现的东西只不过是某个科学家对早已确立的现象的再发现而已。（Gazzaniga，1988，p.231）"

有关同时发现（simultaneous discovery）的事例也印证了科学史的自然主义观点。在地理上相距遥远的不同个体同时有了类似的发现，且双方并不相互了解。1900年，三个互不相识的研究者极为巧合地重新发现了奥地利植物学家乔治·孟德尔的工作。孟德尔有关遗传的论文被忽视了35年之久。

另一些同时被发现的科学问题包括：微积分、氧气、对数、太阳黑子、能量转换，以及彩色照相机、打印机的发明。所有这些几乎都是至少两位研究者同时发现或发明的（Gladwell，2008；Ogburn & Thomas，1922）。

但是，在科学领域中处于统治地位的观点可能严重抑制或打压人们对新观点的思考。一种理论可能影响深远，被大多数科学家所接受，以至于任何有关新问题和新方法的研究都可能被扼杀。

一种业已确立的理论可能决定着数据的组织和分析方式，它甚至可以左右主流科学杂志刊登什么样的研究结论。那些同当时的思维相左或对立的发现可能被杂志的编辑拒绝。这些编辑起着科学门卫或检查员的作用，通过拒绝或淡化那些革命性的或不同寻常的观念而维护着思想的一致性。

有人对1890—1920年这30年间来自美国与德国的两本心理学期刊上发表的论文进行了分析，分析每篇论文在出版时与出版一段时间后的重要性。重要性水平的衡量标准是它们在后来出版物中的引用率。通过这种测量标准，研究结果清楚地表明，论文的科学重要性水平依赖于"研究主题是否是当时科学关注的焦点问题"（Lange, 2005, p. 209）。那些与当前理念不一致的问题被认为不怎么重要。

在20世纪70年代，心理学家约翰·卡西亚试图发表一个研究结论。这个研究结论挑战了当时流行的刺激与反应学习理论。尽管卡西亚的研究被认为设计得当、结论可靠，得到了业界的认可，但主流杂志拒绝接受这篇文章。卡西亚这位拉丁美洲的后裔后来被推选为实验心理学家协会的主席，并因他的这一研究获得了美国心理学协会颁发的杰出科学贡献奖。他的研究发表在一个不太知名、发行量不大的杂志上，没能让他的观点得到迅速传播。

科学中的时代精神对研究方法、理论观点和该学科研究对象的概念有抑制性的效应。在后面的章节中，我们会描绘早期心理学史上心理学家关注意识和人性主观方面的倾向。直到20世纪20年代之后，就像有人开玩笑说的那样，心理学最终"失去了心灵"，然后又"失去了意识"。但是半个世纪之后，在新的时代精神的冲击下，心理学恢复了对意识的研究，意识重新成为心理学研究中一个可以接受的问题，而这是回应了时代思想氛围的需要。

如果以生物物种的进化为比喻，我们更容易理解这个情况。科学和物种都发生着变化，以适应环境的需要。长久以来，物种发生了什么变化？可以说，只要环境基本上保持不变，物种几乎就没有什么变化。然而，当环境条件改变以后，物种就必须给予适当的回应，否则就面临着灭亡。

同样，一门科学也存在于一定的环境背景（时代精神）下；它也必须回应时代精神的变化。时代精神是思想的，而不是物质的，但是就像物理环境那样，它也产生着变化。在整个心理学的发展史上，我们可以发现这种演化过程的证据。当时代精神崇尚思辨、静思和直觉，认为这些是通向真理的途径时，心理学同样崇尚这些方法；后来，当时代的思想氛围规定了观察和实验方法是通向真理的途径时,心理学的研究方法也向着那个方向产生了变化。在20世纪初期,一种形式的心理学移植到了另外一种思想的土壤中,于是出现了两种不同的心理学。(当侨居国外的心理学家回国时,把原来的德国心理学带到了美国,并矫正它,使之成为了独特的美国心理学。)

我们对时代精神的强调并不否认科学史的人格主义观的重要意义,不能否认科学伟人的重要贡献,但是它需要我们在时代背景中考察观念的意义。达尔文或者玛丽亚·居里不可能仅凭纯粹的智慧力量改变历史,他们之所以能有如此成就,是因为时代已经为接受他们的观点扫清了道路。

所以,尽管时代精神扮演着主要角色,我们这本书是从人格主义观和自然主义观两方面考察心理学的历史发展的。当科学家所倡导的新观念过于脱离已被广泛接受的思想和文化观点时,他们的观念可能会在误解中消亡,个人的创造性工作不可能像一座灯塔,它更像一个折光的棱镜,起着聚焦、放大的作用。然而请记住,人格主义观和自然主义观对于我们都是有帮助的。

现代心理学演化中的思想学派

在19世纪的最后25年里,即心理学作为一门独立的学科最初诞生的时期,新心理学的方向是由威廉·冯特把握的。冯特本来是位德国生理学家,他界定了这门新学科是什么,他决定了这门学科的任务、对象、研究方法和研究的课题。在这一方面,他受到了那个时代的时代精神以及哲学与生理学中流行思想的影响。然而,冯特作为时代精神的代言人综合了哲学和科学的思维。尽管心理学的产生是必然的,但冯特作为一个强有力的推动者,使得心理学在一段时间里都受他观点的左右。

可是,不久以后,不断涌现的心理学家就开始彼此争吵。新的社会和科学观念出现了。代表现代思想意识的某些心理学家反对冯特版的心理学,倡导他们自己的心理学。大约到1900年,就出现了几种思想体系和思想学派并存的局面,它们的关系并不是那么和谐,对于心理学的本质有不同的定义。

"思想学派"这一术语是指一群心理学家,他们从观念上联系紧密,有时也来自相同的地方，往往存在着一个运动的领导者。典型的情况是，思想学派的成员共同接受一种理论体系或取向，研究类似的问题。各种思想学派此消彼长、一个学派被另一个取代的情况是心理学发展史上的一大特色。

科学发展的这样一个阶段，即学科被分成不同的思想学派，曾经被称为"前范式"（范式是一种模型或模式，它是在一个学科中公认的思维方式，给学科提供了基本问题和答案）。科学演进中的"范式"概念是由托马斯·库恩提出的。库恩是一个科学史家，1970 年，他出版了一本书，名字为《科学革命的结构》(*The Structure of Scientific Revolutions*)，这本书已经售出了 100 多万册。

更为成熟或更为先进的科学发展阶段是不再具有这些相互竞争的思想学派，即大多数科学家在理论问题和方法论的问题上达成一致意见。在这个阶段，一个共同的范式或模型界定了整个领域。

在物理学史中，我们可以看到范式的作用。在大约 300 多年的时间里，伽利略—牛顿的力学概念得到公认，在那段时间里，所有的物理学研究都在那个框架中进行。然后，当大多数物理学家转而接受爱因斯坦的模式（一种全新的看待物理学的视角）时，伽利略和牛顿的方法就被取代了。一个范式取代另一个范式的过程，被库恩看成是科学革命。

心理学还没有到达范式阶段。在整个心理学的发展史中，科学家和实践者一直在寻找、支持或反对各种心理学概念。没有一个学派或观点在统合各种观点方面是成功的。认知心理学家乔治·米勒评论道："没有一种标准的方法或技术综合了整个领域。似乎也没有任何的科学原理可以与牛顿的力学定律和达尔文的进化理论相媲美。(Miller，1985，p.42)"

在米勒说出这番话的 15 年之后，心理学的状态没有什么明显的改观。学者们把这一领域的历史看作"一系列失败的范式"(Sternberg & Grigorenko，2001，p.1075)。著名史学家卢笛·本杰明写道："当今的心理学家有一个共同感叹……心理学领域正沿着分裂和破碎的道路越走越远，各式各样的、独立的心理学已经无法相互沟通，或者在不久的将来就会无法相互沟通(Benjamin，2001，p.735)。"

另一个当代心理学家称这一领域"不是一个统一的学科，而像是心理学科学研究的集合"(Dewsbury，2009，p. 284)。另一个学者也承认，心理学内部"分裂，高度专业化，理论、研究领域及方法论明显不能相互通约"(Hunt，2005，p. 358)。

因此，心理学现在可能比历史上任何时候都更为零乱无序，每一个学派都信奉自己的理论和方法论的原理，使用不同的方法和技术进行着关于人的研究，构筑特殊的术语、期刊和思想学派的陷阱，以起到巩固自身的作用。

心理学中的每一个早期思想学派都源自一场抗议运动，是一场反对当时占优势地位的理论观点的革命。每一个学派都大声疾呼，称自己看到了旧体系的弱点，并提出新的定义、概念和研究技术，以纠正他们所看到的失误。当一个新的思想学派获得了这一科学领域的某些人的注意之后，这些学者就开始拒绝以往的观点。典型的情况是，旧观点和新观点的思想冲突总是充斥着极端的狂热。

有时，旧思想学派的领导者决不会相信新体系的价值。通常，这些心理学家的年龄越老，在思想和情感上对他们的理论观点就越投入，越难改变。年轻一些的学者对旧学派投入不多，更易被新观念所吸引，成为新观点的支持者。那些仍然坚持旧传统的人则变得越来越孤独。德国物理学家麦克斯·普朗克写道："新的科学真理取得胜利的方式并非说服它的反对者，使他们恍然大悟；新观点之所以胜利，只是因为它的反对者最终去世了，熟悉新观点的新一代成长了起来。（Planck，1949，p.33）"在年轻的时候，查尔斯·达尔文写道："如果每一个科学伟人能在60岁的时候死去，那将是一件多么好的事情，因为过了一定的年龄之后，他必定会反对所有新的思想 Darwin，引自 Boorstin，1983，p.468）。"

在心理学发展的历史进程中，出现了不同的思想学派。每一个学派都极力反对它之前的学派，而且抗议富有成效。每一个新的学派都在与旧学派的斗争中势头大增。每一种观点都声称它多么不同于已经确立的理论体系。随着新体系的发展，它吸引着众多的支持者，有了影响力，然后它又激起了反对的声音，因而战斗又重新打响了。随着斗争的胜利，曾经的先驱性的、咄咄逼人的革命，变成了另外一个确立下来的传统，等待它的则是更年轻一代的革命。成功浇灭了活力。一场运动因对手而有了生命力，当对手被击败以后，曾经的那种活力和激情就消失了。

我们正是根据思想学派的历史发展来描述心理学的历史发展的。伟人曾经做出了振奋人心的贡献，但是只有把他们的贡献纳入当时的学科背景中，去考察它之前的观念、它赖以建立的那些思想和这些贡献所激发出来的更新的观念，才更容易理解它们。

这本书的计划

在第二章和第三章中，我们将描述实验心理学的哲学和生理学先驱。威廉·冯特的心理学（第四章）和**构造主义**（第五章）学派正是在这些哲学和生理学的传统中产生的。

构造主义之后是**机能主义**（第六、七、八章）、**行为主义**（第九、十、十一章）和**格式塔心理学**（第十二章）。这几个学派要么根源于构造主义，要么是在反对构造主义中起家的。尽管在方法论的问题上有所不同，**精神分析**（第十三、十四章）与上述学派大致是同时诞生的，它来源于对无意识特性的思想观念和心理疾病的医学治疗实践。

在精神分析和行为主义之后又出现了一些亚学派。20世纪50年代，**人本主义心理学**在反对行为主义和精神分析（第十四章）的过程中诞生了，它吸收了格式塔心理学的某些原则。大约在1960年，**认知心理学**挑战行为主义，再次修改了心理学的定义。认知理论的主要焦点是回过头来研究意识过程。这些思想与进化心理学、认知神经科学、积极心理学等当代的发展一起，构成了第十五章的主要内容。

构造主义（structuralism）：铁钦纳的心理学体系。它研究的是依赖于经验者的意识经验。

机能主义（functionalism）：心理学的体系之一，它关心心灵在有机体适应环境过程中的作用。

行为主义（behaviorism）：华生的行为科学；它只研究那些能用客观术语描绘的可观察行为。

格式塔心理学（Gestalt psychology）：心理学的体系之一，主要关注学习和知觉问题，认为感觉元素的组合产生具有新性质的整体，那些新性质不存在于个别的元素中。

精神分析（psychoanalysis）：弗洛伊德的人格理论和心理治疗体系。

人本主义心理学（humanistic psychology）：心理学的体系之一，强调对意识经验和人性整体的研究。

认知心理学（cognitive psychology）：一种关注认识过程的心理学体系，它研究心灵怎样积极地组织经验。

问题讨论

1. 描绘思想学派诞生、繁荣，然后衰败的循环过程。

2. 描绘科学史中的人格主义观和自然主义观的不同。解释同时发现的事例支持了哪一种观点？

3. 描述女性、犹太人和非裔美国人在从事心理学的工作中遇到的障碍。

4. 为什么在任何领域撰写历史时必然要限制挑选出来加以介绍的人数？怎样限制？

5. 历史的数据与科学的数据有什么不同？举例说明历史数据可以以怎样的方式被歪曲。

6. 背景因素以什么方式影响了现代心理学的发展？

7. 我们能从研究心理学史中学到什么？

8. "思想学派"的含义是什么？心理科学有没有达到范式阶段？为什么？

9. 什么是时代精神？时代精神怎样影响了科学革命？把物种的进化同科学的成长进行比较。

10. 为什么心理学家声称心理学既是最古老的学科，又是最新的学科之一？解释为什么现代心理学是19世纪和20世纪思想的产物。

第 二 章

哲学对心理学的影响

排便鸭与法兰西的荣耀

它看起来像只鸭子，它的叫声也像鸭子。当饲养员伸手给它谷物时，它会抬起自己的脚，向前伸出脖子，用嘴啄食谷物并咽下，就像鸭子一样。然后，它又将谷物排泄在银盘里。它仅仅是像只鸭子吗？它确实不是一只鸭子，至少不是一只真实的鸭子。它是一只机械鸭，一部装满了杠杆、齿轮和弹簧的机器。它能运动起来，模仿鸭子的动作。单一个翅膀就包括400多个部件。它被认为是那个时代最伟大的奇迹之一。

鸭子的发明者是雅克·德·沃康松。他收着相当于一个人一星期薪水的钱作为入门券，让人来看那个时代的奇迹。结果是，他迅速变富，机械模式也变成了"所有沙龙热聊的话题，国家的领导者们在讨论它是怎么工作的，它对政治、哲学及生活本身有何意义"（Singer, 2009, p. 43）。关于这只排便鸭，人们有太多的问题要问了！

那一年是1739年，地点是法国巴黎。排便鸭引来了欧洲其他国家的人们前来参观。大家对发明者能制造出如此栩栩如生的产品感到震惊。他们看着它移动、吃食、吞咽与排便，在敬畏中感叹这部光荣而神奇的机器已经变成了现实。即使是伟大的哲学家伏尔泰，在见到鸭子后也写道："没有那只大便鸭，似乎就没有什么可使我们想起法兰西的光荣。（Voltaire，引自Wood, 2002, p. 27）"100多年后，伟大的科学家赫尔姆霍茨（参见第三章）将这只鸭子称作"上世纪的奇迹"（引自Riskin, 2004, p. 633）。

好了，你可能会问，这又有什么了不起？为什么这个机械玩具会被认为是一个奇迹？今天，我们可以在任意一个主题公园，看到远比它更为复杂与逼真的东西。但记住，这是在18世纪，这种奇妙的机械在当时非常罕见。公众对这只令人惊奇的法国鸭的巨大兴趣，只反映机械魅力的冰山一

排便鸭与法兰西的荣耀
机械论的精神
时钟般的宇宙
决定论与还原论
自动机器人
作为机器的人
能计算的机器
现代科学的开端
勒奈·笛卡尔（1596—1650）
笛卡尔的贡献：机械论和心身问题
身体的本质
心身交互作用
观念说
新心理学的哲学基础：实证主义、唯物主义和经验主义
奥古斯特·孔德（1798—1857）
约翰·洛克（1632—1740）
乔治·伯克利（1685—1753）
大卫·哈特莱（1705—1757）
詹姆斯·穆勒（1773—1836）
约翰·斯图尔特·穆勒（1806—1873）
经验主义对心理学的贡献
问题讨论

角，在科学、工业与娱乐界的广泛使用中，各式各样的机械更是得到了不断创新与完善。

机械论的精神

在整个英国与西欧，大量机械进入到人们的日常生活，延伸了人类肌肉的力量。水泵、杠杆、滑轮、起重机、由车轮和齿轮带动着的水力与风力磨坊，完成了磨谷粒、锯木头、织衣物等形式的劳动密集型工作，解放了欧洲社会对人类发达肌肉的依赖。从农民到贵族，机器为所有社会阶层所熟悉。很快，机械成为了人们日常生活中不可或缺的一部分。

在那个年代的皇家花园里，人们利用机械设备创建了一种古怪的娱乐形式。水通过地下管道操纵着机械人，机械人执行着各种各样的任务：演奏乐器，发出听起来像字词那样的声音。当人们不经意间踏上压力板时，压力板就被激活，把水通过管道送到推动机械人的装置中，于是机械人就开始活动。然而，在所有这些新的装置中，机械钟对科学思想产生的影响最大。

你可能奇怪，这一技术上的重大进展同现代心理学史有什么关系呢？毕竟我们现在所谈的事情发生于科学心理学正式建立之前的200年，所涉及的是与人性研究相距极其遥远的物理学、力学等学科。然而，它们之间的关系是直接和不容置疑的，体现于17世纪的这些嘀嘀地或铿锵作响的机械、机械人和时钟中的那些原理，决定了新心理学的发展方向。

机械论（mechanism）：这种学说认为自然过程是力学性质的，可以用物理学和化学的定律进行解释。

17世纪到19世纪的时代精神是孕育新心理学的思想土壤，而17世纪的基础哲学观念（基本的背景因素）是**机械论**精神。机械论的精神把宇宙视为一个巨大的机械装置，依据这一观点，所有的自然过程从力学上讲，都是被决定的，也都可以通过物理学和化学的定律得到解释。

机械论的观念起源于物理学。那时，人们称物理学为自然哲学。物理学的创立应归功于意大利物理学家伽利略（1564—1642）和英国物理学家、数学家牛顿（1642—1727）的工作。牛顿曾经接受过制造钟表的训练。依照这种观念，存在于宇宙中的每一种事物都是由处于运动中的物质分子组成的。根据伽利略的观点，物质由离散的微粒或原子组成；这些微粒或原子通过直接的接触而相互影响。牛顿修改了伽利略的机械论观点，认为运动的传输并不是通过直接的物理接触，而是通过那些吸引和排斥的"力"。牛顿的观念虽然在物理学上占有重要地位，但是并没有使机械论观点产生多大变化，也没有对心理特性问题的研究方式产生多大影响。

如果宇宙由运动中的原子构成，那么每一个物理效应（每一个原子的运动）都有直接的原因（碰撞它的那个原子的运动）。由于效应是可以测量的，因而是可以进行预测的。物理宇宙的运行被认为是有序的，就像一个平稳运转的时钟或任何其他完善的机械，宇宙由神设计。在17世纪，科学家把"原因"和"完美"都归于神。科学家们相信，一旦掌握了世界运转的定律，人们就可以决定未来的世界将怎样运转。

在这段时间里，科学方法和科学发现与技术同步发展，两者是有效地交融在一起的。观察和实验成为科学的显著特点，测量紧随其后。学者们尝试通过赋予数量值来界定和描绘现象。测量过程在对机械般的宇宙的研究中，被认为是必不可少的。温度计、湿度计、滑尺、测距仪、摆钟和其他一些测量用具得以完善，这些都强化了这样一个概念，即自然宇宙的每一个方面都是可以测量的。以往人们认为时间是不能被分解为较小的单位的，现在也可以得到精确的测量了。

时间的精确测量既具有科学的意义，又产生了实践上的结果。"如果没有精确的计时装置，也就不能精确地记录两个观察之间微小的时间差异，因而也就无法巩固那些在望远镜和显微镜的帮助下取得的科学进展"（Jardine，1999，p.133–134）。除此之外，天文学家和航海家也需要精确的时间测量装置去精确地记录天体的运动。这些数据对于判断船只在大海上的位置是至关重要的。

时钟般的宇宙

机械钟是17世纪机械论精神的理想象征。历史学家丹尼尔·布斯丁把钟比作"机器之母"（Boorstin，1983，p.71）。在17世纪，时钟是工业技术上值得骄傲的东西，就像20世纪后期的计算机一样。没有其他任何机械装置对社会的各个阶层有这样大的影响。在欧洲，大量的、各式各样的时钟被造了出来。

值得指出的是，早在公元10世纪的时候，中国人就设计了巨大的机械钟。有可能是这类发明的消息刺激了西欧时钟的发展。但是，欧洲人对时钟机械的改进，以及对于设计精致的、甚至富于幻想的时钟的热情，是其他人不可比拟的（Crosby，1997）。

一些很小的时钟可以镶嵌在桌面上，甚至直接带在人们身上。随着技术的进步，便携式的时钟变得非常小，方便携带。最初，人们用链子将钟穿起来，戴在脖子上，成为人们财富的象征。它们还变成了在教派中地位的符号。"为避免这种炫耀式的显摆，时钟被装入人们的口袋。因此怀表诞生了，直到20世纪，它都非常流行。（Newton，2004，p. 62）"

大时钟可以安装在教堂的塔尖顶部和政府的建筑物上，周围几公里的居民都可以看到和听到。这样，不管社会阶层和经济条件如何，每个人都可以利用时钟。但同时，人们也开始依赖时间，被时间管理着。人类首次将严格遵守时间变成了日常生活的一部分，活动也被切分为时间单位进行测量。生活被"规则化且变得更有秩序"，当然也更可预测（Shorto，2008，p. 208）。

由于时钟的规律性、可预测性和精确性，科学家和哲学家们开始把它看成物理宇宙的模型。或许世界本身就是一架由神制造和设定的巨大时钟：诸如英国物理学家罗伯特·波勒、德国天文学家约翰尼斯·开普勒、法国哲学家笛卡尔等人同意这个观点，认为宇宙的和谐、有序可以依照时钟的规律性而得到解释。时钟的节律是钟表制造者设定的，而宇宙的节律是神设定的。

这种理念也成了建立美国与发展美国政治的一种模式。一位200年后的评论者观察了美国的开国元勋们，认为"他们受牛顿物理学，以及将神视为宇宙时钟的制造者这一自然神学理念的影响，模仿了他们所看到的太阳系时钟机器，设计了三权分立的政治体系来达到制衡"（Will，2009，np）。因此，时钟式宇宙的理念改造了人类经验的方方面面。

决定论与还原论

若宇宙（由神创造并推动其运动）被看作时钟般的机器，在没有任何外力干扰的条件下，它将持续有效地运转。因此，宇宙的时钟隐喻包含着**决定论**的观念。决定论相信每一个动作都是被决定的或者是被过去的事件引发的。换言之，我们可以在时钟的运行中预测将要发生的变化，也可

决定论（determinism）：指的是行为由过去的事件决定的那种观点。

以预测宇宙中将要发生的变化，因为我们了解了组成它的各种成分运转的秩序和规律性。

了解时钟的结构和工作原理并不困难。任何人都可以拆开一架时钟，精确地了解时钟的发条和齿轮怎样运作。这就使得科学家普遍持有一种**还原论**的观念，可以通过把钟表这类机器还原为其组成部件而了解其工作原理。

同样，我们也可以通过把物理宇宙还原为它的最简单成分（分子或原子）来理解它的运作原理，毕竟宇宙仅仅是另外一种机器。还原论最终被贯彻到每一门科学中，也包括新心理学。

由此产生的明显问题是：如果钟表的比喻和科学的方法可以解释物理宇宙的运作，那么它们是不是也适用于对人性的研究呢？如果宇宙是一架机器，即有序、可预测、可观察且可测量，是不是也可以用同样的方式看待人？人，甚至动物，同样是某种类型的机器吗？

> **还原论**（reductionism）：这种学说在解释一种水平的现象（如复杂观念）时根据的是另外一种水平的现象（如简单观念）。

自动机器人

在17世纪学术圈和社会上的贵族们的水动力花园机械人身上，已经体现了自动机器人的思想，时钟的广泛传播也给其他人提供了类似的模型。随着技术的不断完善和发展，更为复杂的机械人被建造了出来，供大众娱乐。这些机械人可以模仿人的动作和活动，被人们称为"自动机器人"。这些自动机器人可以精确、有规律地做出令人惊叹和逗人的动作。

早在17世纪之前，自动机器人就已经被发明出来了。古希腊和阿拉伯的手稿就包含了对机械人的描绘。在建造自动机器人方面，中国也占据着领先的地位。中国古文献中记载着机械动物、机械鱼和机械人，它们可以斟酒、送茶、唱歌、跳舞和演奏乐器。在公元6世纪的时候，巴勒斯坦人就建造了一个很大的时钟。当时钟报时的时候，一组精致的机械人就开始活动。结果，建造自动机器人的艺术很快传播到伊斯兰世界的大部分地区（Rossum，1996）。但是，1000多年之后，当17世纪的西欧科学家、知识分子和艺术家设计自动机器人时，他们认为这是新的创造发明。早期文明做过的那些基础工作已经遗失了。

在欧洲，两个最复杂和最神奇的自动机器人是前文所述的排便鸭和一位栩栩如生的笛子演奏者。后者装配着"许多线与链条，使其手指可以活动，就像活生生的人伸缩自己的肌肉一样。毫无疑问，机器的制造者借鉴了关于人类解剖学的知识"（Riskin，2003，p. 601–602）。笛子演奏者可以演奏流行的音乐玩具发出的声音。它不仅能发出乐音，实际上还能演奏乐器。它站起来有 1.67 米高。那个时代的人平均也就是这个高度。这个自动化的机械物包含着一些机械部件，这些部件模仿了用于吹笛子的那些肌肉和韧带。

依据 12 个音调中需要哪一个发出声音，9 个风箱把不同量的气体输送到这个机械人的胸膛。气体都是通过单一的管道（与人的气管一致）进入嘴巴中的，舌头和嘴唇控制着进入笛孔的气流。这样一来，给人的印象是这个机械人在吹笛子。手指在笛子的各个孔上开启和关闭，使笛子发出准确的声响。鸭子和笛子演奏者这两个自动机器人"模糊了人与机器的界限，也模糊了有生命物和无生命物的界限"（Wood，2002，p.xvii）。

另一个音乐自动机器人，即所谓的"音乐夫人"，她能在大键琴上演奏 5 首不同的乐曲。她的机械眼睛会随着机械手指在键上的移动而移动，并伴随着音乐一起呼吸。还有一个奇迹是一个坐在桌子旁的小男孩，他能按设定程序移动自己的手，就像在写字一样。

今日在欧洲许多城市的中心广场都可以看到自动机器人的影子。这些机械物在城市的钟塔上循环走动，或者每隔 15 分钟用锤子击鼓或敲钟。在法国的斯特拉斯堡大教堂，一个宗教人物定时向圣母玛丽亚的塑像鞠躬，同时，旁边的一只机械公鸡会张开嘴巴，伸出舌头，拍拍翅膀，发出啼鸣声。在英国的威尔士大教堂，两个穿着盔甲的骑士模仿战斗形式对峙着循环走动，每当时钟报时的时候，其中一个骑士就会把另一个打下马来。德国慕尼黑的巴伐利亚国家博物馆有一个 40 厘米高的机械鹦鹉。当时钟敲击时，鹦鹉会发出尖叫声，拍动它的机械翅膀，张开眼睛，并且从它的尾部掉下一只小钢球。

那个时代的哲学家和科学家相信，这类机械技术可以实现他们创造机器人的梦想。许多早期的自动机器人也给人留下了这个清晰印象。我们可以把这些自动机器人看成那个时代的迪斯尼人物。它也使我们很容易明白为什么当时的人们得出了这样一个结论，即人类不过是另一种类型的机器。

作为机器的人

看看照片中那个机械僧侣的内部工作原理，人们可以对其进行细致考察，并清楚地了解使其运动的齿轮、杠杆和棘轮等其他装置的功能。一位英国哲学家托马斯·霍布斯（1588—1679）写道："心脏就是一些弹簧，神经就是许多细线，关节就是齿轮，驱使着整个躯体产生运动。（Hobbes，引自 Zimmer，2004，p.97）"

笛卡尔和其他哲学家把这些自动机器人当作人类的模型，认为不仅宇宙是一个时钟般的机器，宇宙中的人也是机器。笛卡尔写道：这一观念"对于那些熟悉由人类工业制造出的不同的自动机器人或者运动的机器的人来说，似乎并不那么陌生……这些人将把人的身体看作由神之手制造出来的机器，只不过比人类发明的任何机器安排得更为合理，更加适合运动罢了。（Descartes，1637/1912，p.44）"人或许比钟表制造者制造出来的机器更完善、更有效，但他们仍然是机器。

因此，时钟和自动机器人为人们接受这样一种观念扫平了道路，即人的心理与行为是受机械定律控制的，那些在揭示物理宇宙秘密方面获得如此成功的实验和数量化研究方法同样也可以应用于人性研究上。1748年，法国医生拉美特利（Julien de La Mettrie，死于服药过量）报告了他在发高烧时的一个幻觉。这个梦促使他相信尽管人有智慧，但也只不过是机器。人就像一架可以自己上发条的钟表（Mazlish，1993）。

这样一种观念在一个相当长的时间里，成为科学和哲学中时代精神的驱动力，改变了传统的人性形象，甚至普通大众也受到了这种观念的影响。例如，在美国南北战争期间（1861—1865），一位北方的军事将领在评价朋友的死亡时写道：他什么也没有留下，留下的"只是曾经被灵魂驱动的一架残破机器"（Lyman，引自 Agassiz，1922，p.332）。

人类的机械形象充斥于19世纪和20世纪初的小说和儿童文学等文献中。人们相信，机器可以再造出来一个有生命的机械人。这样一种观念深深吸引着普通大众。丹麦短篇小说家汉斯·克里斯丁·安德森（Hans Christian Anderson）在《夜莺》（*The Nightingale*）中描绘了一只机械鸟。英国小说家玛丽·沃斯顿克莱特·舍勒（Mary Wollstonecraft Shelley）经久不衰的畅销书《弗兰肯斯泰因》（*Frankenstein*）描述了一个毁灭了自己的创造者的机器魔鬼。

因此，17世纪至19世纪留下了这样一笔思想遗产，即人的运作就像一架机器，以及人类的心灵可以通过科学方法来加以研究这样一些观念。身体类似于机器，科学观占据主导地位，而生命服从于机械定律。这样一种机械论的精神被应用于对心理功能的探讨中，其结果就是人成为了一架有思维的机器。

能计算的机器

当查尔斯·巴贝基（Charles Babbage，1791—1871）还是个孩子的时候，钟表和自动机器人对他就具有特别大的吸引力。他特别喜欢一个会跳舞的女机械人，向往有一天能把它买下来。巴贝基在数学方面具有不同寻常的天赋和智慧。青年时期，他系统自学了数学。当他进入剑桥大学读书时，他失望地发现他比老师懂得还要多。后来，他成为剑桥大学的数学教授和英国皇家协会的会员。当时，英国皇家协会是世界最为著名的知识团体之一。巴贝基毕生的追求是建造一个能进行计算的机器。这种机器可以执行比人的计算更快的数学操作，并能打印计算的结果。在实现这一目标的过程中，巴贝基奠定了现代计算机基本原理的基础。

我们注意到，巴贝基可能不是第一个发明计算机的人。1900年在希腊安提基特拉岛海域的一艘沉船上发现的"安提基特拉计算机"就是公元前100年的机械。这个小玩意和现代笔记本电脑大小相当，内含37个齿轮，它能够在不同的时间说出当时有关太阳、月亮及其他行星的信息（Seabrook，2007）。

上面讨论的自动机器人模仿了人类的物理活动，但是巴贝基的计算机器模仿的是心灵的活动。除了能把数值列成图表以外，这个机器还可以进行下棋等其他娱乐活动。它甚至具有记忆功能，能记住中间的步骤，直到完成一个特定的计算过程。巴贝基称这个计算机器为"差异机（the difference engine）"，称自己为"编程者（the programmer）"。差异机由2000多个精细加工过的铜和钢的部件——轴承、齿轮和圆盘组成。这些部件都由一个手柄驱动。这个机器现在仍然可以操作。它标志着今后复杂计算机发展的开始。在尝试模仿人类思维、展现人工智能方面，它代表着一次重要的突破（参见第十五章）。

巴贝基的一个传记作者指出："这架机器的重要意义再怎么描绘也不过分，通过驱动手柄，即通过施加一个物理量，人类第一次获得了过去只有通过心灵的努力（思维）才能得到的结果。这是有史以来的第一次。这是人类在无生命的机器中第一次成功地尝试外化思维的功能。（Swade，2000，p.83）"

巴贝基计划向那个时代最有影响力的人物展示他的新机器，以便获取支持，建造更为先进的装置。他在伦敦的家中举行了一场规模盛大的晚宴，邀请了学术界、政治界和社会上的300多位精英。查尔斯·达尔文和查尔斯·狄更斯都应邀出席了晚会。这些重要人物也都渴望在这位充满智慧的知名发明家的家中一睹巴贝基本人和他神奇机器的风采。然而，完整的机器过于庞大，无法在家中展示，因此，巴贝基把机器一部分的工作模型展示给参观者。这个模型0.76米高，长和宽都是0.61米。

10年之后，政府撤销了对巴贝基的支持，由于费用远远超支，巴贝基被迫放弃了他的"差异机"。一位英国官员说，假如这个机器真的完成了，应该"首先用它来算算建造它花掉了多少钱"（引自Green，2001，p.136）。

巴贝基转而开始设计一个更大的机器，他称之为"分析机（the analytical engine）"。这架机器通过使用打孔卡来编辑程序。分析机具有独立的记忆和信息加工能力。它同样具有输出的能力，打印计算的结果。这架分析机被喻为"一般目的的数字计算机器"（Swade，2000，p.115）。不幸的是，巴贝基不得不放弃他的计划，因为此前一直资助巴贝基工作的英国政府由于连续不断的超支取消了对他的资助。

巴贝基的一位忠诚支持者，也是很少几位能理解计算机器的操作原理的人中的一个，是18岁的数学奇才劳弗莱斯伯爵夫人艾达（Ada Lovelace，1815—1852）。巴贝基称她是他的"数学魔女"，她则认为自己是"科学的新娘"（Babbage，引自Johnson，2008，p.76）。艾达是一个任性的孩子，她的母亲试图通过规定其进行数据研究来管理她的野性。结果她变成了一位数学天才。在她生活的后期，她的情绪极端起伏不定，沉溺于鸦片与吗啡，并因为赌博输掉了大量的金钱（Lewis，2009）。

在那样一个时代，对于一位女性来说，能受到这样的数学教育是极不寻常的。当时人们认为女性过于脆弱，不足以应付这样的科目。艾达的教育是在家里进行的，因为那个时代不允许女性进入大学学习。艾达对巴贝基的机械非常着迷，她发表文章，清楚地解释了计算机器的工作原理，并且指出了计算机器的潜在效用和哲学意义。她也是第一个看出这个"思维机器"的基本局限性的：就其本身来说，它不能产生和创造任何新的东西。机器只能做人教它做的事情，或者按照人编入的程序工作。

有趣的是,她的父亲就是著名诗人拜伦(Lord Byron)。他著名的诗句包括"这很奇怪,但却真实;真实的事通常都奇怪,比小说更奇怪。"1980年,美国国防部就将用于军事计算机控制系统的程序语言命名为"艾达"。

巴贝基从来没有明确地说他的机器会思考,但他没有劝阻其他人做出这种断言。一位历史学家观察到,巴贝基一直都将他的机器的活动视为"取代"或"替换"某种类型心理活动的发明,比如它能比人类更快地进行数学计算(Green, 2005)。

当政府撤回对巴贝基工作的资助以后,他变得非常沮丧。艾达37岁时过早离世,使他变得更加怨天尤人,怪话连篇。他宣称,在他一生中,从来没过过一天幸福的生活。他"恨一般的人类,尤其是英国人,最恨英国政府与手风琴演奏者"(Morrison & Morrison, 1961, p. xiii)。他对手风琴演奏者及其他街头音乐演奏者的反对,使他在伦敦人中臭名昭著,许多人将其描述为"疯子"。他经常写抗议信给报纸,投诉街头刺耳的噪声抑制了他的创造力,干扰了他的工作。

总之,巴贝基认为他在发展一台计算机器方面的努力已经被人遗弃了,他的贡献的重要性将永远不会得到承认。但是,巴贝基的确因他的工作得到了众多的赞誉。1946年,当第一台自动计算机在哈佛大学建造出来以后,一位计算机的先驱人物称这项成就实现了巴贝基的梦想。1991年,为了纪念巴贝基诞辰200周年,一组英国科学家根据巴贝基的计算机器的原始图,复制了巴贝基梦想的那台机器。它由4000多个组件构成,重达3吨,可以准确无误地进行计算(Dyson, 1997)。

巴贝基的思想典型地代表了19世纪认为人是机器的观念,因此,他超越了他的时代。他的计算机器是现代计算机的先驱,标志着复制人类认知过程和发展出某种人工智能研究的第一次成功尝试。巴贝基时代的科学家和发明家曾经预测到,机器在执行人所设计的功能方面以及在执行类似于人类的功能方面的发展前景是没有限制的。

现代科学的开端

我们注意到,科学在17世纪得到了广泛发展。之前,哲学家们不得不从过去、从亚里士多德和其他古代学者的著作中,从宗教经典中寻找问题的答案。研究的主流势力奉行教条主义，一切由权威人物说了算。到 17 世纪的时候，一股新的势力开始彰显其重要意义，这就是**经验主义**。经验主义认为知识是通过观察和实验获得的，那种认为知识只能承袭自祖辈的观点开始受到怀疑。科学发现和科学思维照亮了 17 世纪的黄金时代，反映出科学研究特性的改变。

> **经验主义**（empiricism）：通过对自然的观察获得知识的方法，它把所有的知识都归因于经验。

有许多学者的创造性可以象征那个时代。其中，法国数学家笛卡尔对现代心理学的发展做出了直接的贡献。他的工作使科学研究从那种古老、严格的神学思想信念的控制中解脱出来。笛卡尔是向现代科学的过渡的标志性人物，他把机械观念应用到人的身体上。由于这个原因，我们可以说，他开创了现代心理学。

勒奈·笛卡尔（1596—1650）

勒奈·笛卡尔（René Descartes）1596 年 3 月 31 日出生于法国。他从父亲那里继承了大量钱财，这些钱可以用于追求知识和旅行。1604—1612 年，他在一所教会学校读书，在那里，他学习数学和人文科学。在哲学、物理学和生理学方面，他也展现出杰出的天赋。由于健康原因，学校的领导允许他不参加早晨的宗教服务活动，并且允许他躺在床上，直到中午。这一习惯笛卡尔保持了一生。在这些寂静的早晨，笛卡尔进行着他最富有创造性的思考。

笛卡尔

完成了正规教育之后，笛卡尔选择了去巴黎享受愉快的生活。但是他很快发现巴黎的生活令人厌倦，于是他选择隐居，过平静的生活，以便从事数学研究。21 岁的时候，他到荷兰、巴伐利亚和匈牙利的军队作了一名绅士志愿兵。在那里，他因出色的剑术和喜欢冒险出名。他喜欢跳舞和赌博。事实也证明他是一个成功的赌客，因为他精于数学。

笛卡尔被一个斜视的女人吸引，在此基础上，他对坠入爱河做出了如下解释。他写道："当我还是一个男孩时，我与一个有严重斜视的姑娘谈恋爱了，此后很长一段时间，当我见到有斜视的人，我都会体验到一种爱的感觉……所以如果我们爱一个人，但不知道为什么，我们可以假设这个人一定和我们在过去爱过的某个人相似，即使我们并不能准确地知道为什么会这样（Descartes，引自 Buckley，2004，p. 107–108）。"

笛卡尔仅有的一次较为持久的恋爱关系是同一位荷兰妇女海伦·珍尼斯三年的恋爱。海伦给他生了个女儿，取名为弗兰西尼。笛卡尔非常喜这个孩子，当这个孩子5岁那年死在笛卡尔的怀抱中时，笛卡尔伤透了心。一位传记作者写道：笛卡尔无比悲伤，体验到"有生以来最深重的悲切"（引自 Rodis-lewis, 1998, p.141）。在随后的岁月里，笛卡尔一直保持独身。

笛卡尔对将科学知识运用于实践的问题十分感兴趣。他曾经研究了多种方式，以使他的头发不变得灰白。他对轮椅进行了多次实验，试图增加轮椅的可控性。他还比巴甫洛夫早200年预测到了狗的条件反射（参见第九章）。据一位传记作者讲述，笛卡尔在1630年告诉他的一位朋友，"在小提琴的声音停止之后鞭打狗，6或8次后，小提琴的声音将使狗发出呜咽声并害怕得发抖"（引自 Watson, 2002, p.168）。

在军队服役的时候，有几个梦改变了笛卡尔的生活。他曾经回忆说，某年11月10日，他是在一个有暖炉的房间度过的。在房间中，他沉浸于他的数学和科学思考中，不知不觉睡着了。后来他解释说，在梦中，他为他的懒惰而受到指责。"真理之灵"占据了他的心灵，劝说他把毕生贡献给数学。"真理之灵"告诉他，数学原理可以应用到各门科学之中，使知识变得更为精确。因此，笛卡尔决心怀疑现存的一切，特别是那些沿袭自过去的教条的学问，只相信那些他可以绝对确保正确的知识。

返回巴黎以后，他再次发现那里的生活令他分心。这时，他卖掉了从父亲那里继承的房产，有足够的钱在荷兰的农村购买房子。他独居的需求如此强烈，以至于在20年的时间里，他换了13个城镇的24个居所。除了对他的亲密朋友外，他的地址一直对外保密。他经常给那些最亲密的朋友写信。他仅有的一个明确要求是居住地要接近罗马天主教堂和一所大学。按照一位传记作者的说法，笛卡尔的格言是："隐居的人生活得最好"（Gaukroger, 1995, p.16）。

最近的一位传记作者，描述了笛卡尔在这一阶段的生活：

> ……一个极其自尊并拥有巨大野心的男人……一个骄傲、兴奋、任性的小人。他对自己的观点极为教条，他指责每个不同意他观点的人，认为他们误解了他，或本身就是愚蠢的。他多疑，非常容易生气与发怒，要很长时间才能平复情绪。他坚持认为他不会被人身攻击所影响，但从来没有忘记过侮辱、蔑视或所受的伤。（Watson, 2002, p.165, 187–188）

笛卡尔在数学和哲学方面写下了许多作品。由于这些作品，他的名声日盛，并因此吸引了20岁的瑞典女王克里斯蒂娜的注意。克里斯蒂娜要求笛卡尔来教她哲学。笛卡尔极不情愿，不想放弃自己的自由和隐居生活，也担心会死在瑞典，但是他极为尊重皇家的请求。

1649年9月7日，笛卡尔搭乘一艘船，"穿着他新制的绿色丝绸西装、白色的衣领、花边手套、卷曲假发及脚尖高高翘起的靴子"，准备开始他为期一个月的奔赴斯德哥尔摩的旅程（Watson，2002，p. 290）。然而，他在宫廷里建立的形象并不成功。女王坚持早晨5点钟在一个暖气设备不好的图书馆里上课。这年的冬天又极为寒冷。"我一点也不能适应这里的生活。"笛卡尔在给一位朋友的信中写道："我需要的只是稳定和安静"（引自Rodis-Lewis，1998，p.196）。在极端寒冷的冬天的早晨，脆弱的笛卡尔忍受了近4个月，最终患上了肺炎。1650年2月11日，笛卡尔去世了。

我们看到，笛卡尔生前致力于对身体和心灵关系问题的研究，但关于他死后的遗体处理，却有一些有趣的事值得写上几笔。笛卡尔逝世16年之后，他的朋友认为应该把他的遗体运回法国。他们送了一口棺材到瑞典，但是这口棺材太短，容不下笛卡尔的身躯，瑞典当局的解决方法是砍下了笛卡尔的头颅，在有其他的安排之前先埋在原地。

当遗体的其余部分准备起程回国的时候，法国驻瑞典大使认为，他应该留下一个纪念物，于是他砍下了遗体右手的食指。缺少头颅和一根手指的遗体被运回了巴黎，还举行了隆重的葬礼。一段时间以后，瑞典的一个军事将领把笛卡尔的头颅挖了出来，当作纪念品保存起来。在150年的时间里，笛卡尔的头颅从一个收藏家的手里转到另一个收藏家的手里，直到最后被埋葬在巴黎。

笛卡尔的笔记本和手稿在他死后走水路被运往巴黎。但是船只在靠岸的时候沉没了。他的遗物在水下浸泡了3天才被打捞上来。后来人们花费了17年的时间才恢复了这些文稿，使它们得以出版。在笛卡尔死后200年，一位意大利数学家偷了他的72封信，带到英国，为历史上数据的丢失再添一例。直至2010年，仅有45封信件被复原（Cohen，2010）。幸运的是，人们对笛卡尔思想的传承比对他的遗体与著作的处理要好得多。

笛卡尔的贡献：机械论和心身问题

心身关系问题（mind-body problem）：心理性质和物理性质的区别问题。

笛卡尔为现代心理学的发展所做的最重要的工作是他尝试解决**心身关系问题**。世人就这一问题争论了几个世纪。多少年以来，学者们一直在讨论心灵或者心理特性怎样同身体和其他生理特性相区别。这一基本的、看似简单的问题是：心灵和身体，即精神世界和物质世界可以相互区分吗？几千年以来，学者们采取的是二元论的观点，认为心灵（灵魂或精神）和身体具有不同的性质。然而，如果接受这样一种二元论的观点，又势必引起其他问题：如果心灵和身体具有不同的特性，它们的关系是怎样的？它们是怎样交互作用的？它们是相互独立的，还是会彼此影响？

在笛卡尔之前，有关这些问题的公认理论是：心灵和身体之间的互动基本上是单向的。心灵对身体可以施加巨大的影响，但是身体对心灵几乎没有什么作用。一位历史学家曾经建议用这样一个类比来解释两者之间的关系：身体和心灵的关系就像木偶和操纵木偶的人之间的关系，心灵像操纵木偶的人，拉动控制身体的细线。

笛卡尔接受了这种观点，认为心灵和身体的确具有不同的本质。但是通过重新界定两者之间的关系，笛卡尔偏离了传统的观点。在笛卡尔的心身交互作用理论中，心灵影响身体，身体也对心灵产生了比以前认为的更大的影响。这种关系不是单向的，而是彼此交互作用的。这一观念在17世纪时是非常激进的，它对心理学具有重要的意义。

笛卡尔发表他的论断后，同时代的许多学者都决定不再支持传统的观念。依照传统的说法，心灵是两个实体中的主人，是拉动细线的木偶控制者，从功能上几乎完全独立于身体。现在这种观点不再受到支持。其结果是，科学家和哲学家赋予生理的或者物质的身体以更多的功能。以前被认为属于心灵的许多功能现在被归于身体了。

例如，以前人们认为心灵不仅对思维和反应负责，而且也要对生殖、知觉和运动负责。笛卡尔反对这种信念，认为心灵只有一个功能，那就是思维。对笛卡尔来说，其他的都是身体的功能。

因此，在古老的心身问题上，笛卡尔引入了一种新的观点。这一观点把人们的注意引导到一种生理—心理的二元论上。在这一过程中，他使得学者们从关注神学的灵魂概念转到对心灵和心理过程的科学研究上。其结果是，研究方法由主观形而上学分析变为注重客观观察和实验。对于灵魂，人们只能推测其存在及其特性，但是对于心理活动与心理过程，人们是可以进行实际观察的。

因此，科学家接受了心身是两个独立实体的观点。物质——身体物质实体——具有广延性（因为它占有空间），并且依照机械原则进行运作。然而，心灵是自由的，它没有广延性，缺乏物质成分。笛卡尔观点的革命性在于：心灵和身体尽管不同，但是可以在人的机体内部相互作用。心灵可以影响身体，身体也可以影响心灵。

身体的本质

笛卡尔讨论身体，是由于身体由物质组成，它必然具有所有的物质都具有的那些特性，即在空间上具有广延性，具有运动能力，等等。如果身体是物质的，那么解释物理世界运动和活动的物理学和力学定律就可以解释身体。因此，身体就像一架机器，它的运作可以用那些控制空间中所有物体运动的机械定律来解释。笛卡尔就是按照这种思路，根据物理学的原理来解释身体的生理功能的。

前面我们描绘了机械钟和自动机器人，这些都反映了那个时代的精神。笛卡尔就是受到了那个时代机械精神的影响。当他居住在巴黎时，他曾经被安装在皇家花园中的令人惊叹的机械装置吸引。他在花园中流连忘返，不时地踏动压力板，让喷射的水激活机械人物，使它们活动起来，发出声响。

当笛卡尔描绘人类的身体时，他直接参照了他所见到的机械人。他把身体的神经比作水流过的管道，把身体的肌肉和肌腱比作发动机和发条。自动机器人的运动并非由于它自己的意志活动，而是由于诸如水压这样的外物的作用。笛卡尔认为，这种运动具有不随意性，因为身体的运动经常是在无意识中产生的。

从这种观点出发，他得出了无意反射（undulatio reflexa）的概念，指的是不受意识控制或决定的运动。由于这样一个概念，笛卡尔经常被人们称为**反射活动理论**的创始者。这一理论是现代行为主义的刺激—反应（S-R）心理学的前身。在行为主义的刺激—反应理论中，外部对象（刺激）导致了一个不随意反应。例如，当医生用木锤敲击你的膝盖时，腿就会产生

反射活动理论（reflex action theory）：这种观点认为外部对象（如刺激）可以导致不随意反应。

一个突然的弹射。反射行为与思维及其他认知过程无关,它似乎是机械自动的。

笛卡尔的工作也支持了科学界的一个逐渐成长起来的观念,即人类的行为是可预测的。似乎只要知道刺激是什么,机械身体的运作就是可以期待或预期的。在一个具体的事例中,笛卡尔把控制肌肉运动同他在教堂中看到的管风琴进行了比较:

> 如果你曾因为好奇而考察过教堂中的管风琴,你就会知道空气是怎样被推入风箱的。你会看到空气怎样从风箱中进入这个或那个管道,这取决于管风琴手的手指在键盘上的运动。你可以想象出身体机器心脏和动脉,它们合力把动物精气(animal spirits)推入脑的孔穴。这个过程就像空气被推入管风琴的风箱。外部对象刺激了某个神经,使得储存在孔穴中的动物精气进入各个特定的孔,这个过程就像管风琴手的手指,按下某个键,使得空气从风箱进入某个特定的管道。(引自 Gaukroger, 1995, p.279)

笛卡尔在当时的生理学中找到了支持人类身体工作原理机械解释的证据。1628年,英国医生威廉·哈维(William Harvey)揭示了身体中血液循环的一些基本事实。其他一些生理学家也研究了消化过程。科学家们断定,身体肌肉的功能是颉颃成对的。感觉和肌肉运动在某种程度上依赖于神经。

尽管在描述人类身体功能和过程方面,研究者获得了巨大的进展,但是这些发现往往是不精确和不完整的。例如,神经被认为是中空的管道,液体状的动物精气顺着管道流过,就像通过管道给机械人提供动力的水。然而,在这里我们关心的不是17世纪的生理学是否精确和完整,而是它对身体的机械解释的支持。

根据教堂公认的教义,动物并没有灵魂,因此,它们被认为是自动机器人。这种观念保持了人和动物的基本差别,而这一点对于基督教思想来说很重要。如果动物是自动机器人,没有灵魂,那么它们就没有感受。因此笛卡尔时代的研究者在麻药发明之前,可以对活的动物进行研究。一位作者描述了"面对动物的哀号时的愉悦,因为那只不过是水压发出的嘶嘶声和机器的颤动"(Jaynes, 1970, p.224)。因此,动物完全属于物理现象的范畴。它们没有思想和感情，没有自由意志。它们的行为完全可以用机械术语进行解释。

心身交互作用

依照笛卡尔的观点，心灵是非物质的，即它缺乏物质。但是心灵可以进行思维和其他认知过程。因此，心灵给人提供了外部世界的信息。换言之，尽管心灵不具备物质的特性，但是它的确可以进行思考。正是这样一个特性，使心灵区别于物质或物理的世界。

由于心灵具备思维、知觉功能并具有意愿，它必然以某种方式影响着身体，或被身体影响。例如，当心灵决定从一个位置向另一个位置移动时，这一决定的贯彻是由身体的肌肉、肌腱和神经来完成的。同样，当身体受到刺激时，例如受到光和热的刺激，正是心灵觉察和解释了这些感觉数据的意义，并且做出适当的反应。

如果笛卡尔要完成他有关心灵和身体相互作用的理论，他就需要在身体中找到一个实际的物理位置，来安排心灵和身体的互动。他认为心灵是一元的，这意味着心灵和身体只能在一点上交互影响。他同样相信心身的互动发生在大脑之中的某个地方，因为已有研究证明感觉会传输到大脑，而运动在大脑中起源。对于笛卡尔来说，大脑明显是心理功能的焦点。大脑中唯一的一个单一、一元（不是以对称的方式分布在两个半球）的结构是松果体。于是，笛卡尔就选择了松果体作为交互影响的位置。

笛卡尔使用机械术语描述心灵和身体是怎样交互影响的。他认为，神经管中的动物精气运动给松果体留下印象，由于这样一个印象而使心灵产生感觉。换言之，一定量的物理运动（动物精气的流动）导致了一个心理特性（感觉）的产生。相反的过程也成立，即心灵也可以给松果体造成一个印象（在某种意义上，笛卡尔从来没有把这一点讲清楚），通过这一方向或那一方向的倾向性，印象影响着流向肌肉的动物精气的运动，于是产生了一个物理的或身体的动作。

观念说

笛卡尔的观念说也深深影响了现代心理学的发展。他认为心灵有两种

衍生观念和固有观念（derived and innate ideas）：衍生观念是由外部刺激直接导致的，而固有观念来源于心灵或意识，独立于感觉经验或外部刺激。

观念，即衍生观念和固有观念。**衍生观念**是外部刺激直接作用的结果，如听到的铃声或看到的树。因此，衍生观念（对铃声或树的观念）是感觉经验的产物。**固有观念**不是由外部世界的对象所引发的感觉，而是从意识或心灵自身发展而出的。尽管固有观念是潜在的，独立于感觉经验，但是在适当经验的作用下，人能觉察到它们的存在。在固有观念中，笛卡尔指出了神、自我、完善和无限这几个观念。

在后面的章节中，我们会指出固有观念这一概念怎样导致了知觉的天赋理论。根据这一理论，知觉的能力是固有的，而不是习得的。固有观念这一概念也影响了格式塔心理学学派。除此之外，固有观念说的重要意义也体现在它激发了早期经验主义者（如洛克）的反对。同时也激起了后来的经验主义者赫尔曼·冯·赫尔姆霍茨和威廉·冯特的反对。

笛卡尔的工作对许多将融入新心理学的理论取向都起到了催化剂的作用。他的非凡理论贡献包括如下几个方面：

- 身体的机械论概念
- 反射活动理论
- 心身交互作用
- 心理功能定位于大脑
- 固有观念说

在笛卡尔那里，我们看到了应用于人类身体的机械论观念。机械论哲学对于那个时代的时代精神产生了如此广泛的影响，以至于不可避免地会有某个人把这一观念应用于人类的心灵。现在我们就转向这一重要事件，即把人的心灵还原为机器。

新心理学的哲学基础：
实证主义、唯物主义和经验主义

奥古斯特·孔德（1798—1857）

到 19 世纪中期，也就是笛卡尔逝世 200 年之后，前科学心理学的漫长时期已接近尾声。在这段时间里，欧洲哲学思维里已经弥漫着一种新的精神，这就是**实证主义**。这一术语和概念是法国哲学家奥古斯特·孔德(Auguste Comte)提出的。当孔德得知他就要死亡时，他认为他的死亡对于这个世界来说是个不可挽回的损失。

> 实证主义（positivism）：这种学说只承认可以客观观察的自然现象和事实。

孔德对人类所有的知识进行了系统研究。为了使这项雄心勃勃的工作变得更为可行，他决定把他的工作限制在那些无可争议的事实上。也就是说，这些事实完全是通过科学方法得到的。因此，他的实证主义方法指的是那种完全建立在可客观观察和无可争议的事实上的理论体系。任何思辨的、推论的和形而上学性质的知识都是虚幻的，因而是被拒绝的。

孔德相信，物理科学已经到了实证主义阶段，因为它们不再依赖于不可观察的力量和宗教信念去解释自然现象。然而，对于社会科学来说，若要达到更高的发展阶段，它们也必须抛弃形而上学的问题和解释，完全建立在可观察的事实的基础之上。孔德的观念影响力甚广，以至于实证主义成为了19世纪晚期欧洲的时代精神中流行和占支配地位的势力。"每一个人都是实证主义者，至少每个人都如此公开宣称。（Reed，1997，p.156）"

考虑到孔德的经济和情绪的问题，他能产生如此重要和持续的影响的确令人吃惊。例如，孔德从来没有获得过一个正式的学术职位。他撰写的文章仅仅够糊口，还必须靠演讲和崇拜者偶尔送给他的礼物补给。他很聪明，但是有许多麻烦，经常要同间歇性痴呆症进行抗争。他的一位传记作者对这些插曲做了这样的描绘：

> 他经常畏缩在门后，其行为与其说像人，不如说更像动物……每天的午餐和晚餐时，他都宣称自己是来自沃尔特·斯哥特（Walter Scott）小说的苏格兰高地人，把他的刀子插在桌子上，要一块带汁的猪肉，背诵荷马史诗……有一天，他母亲来同他和他的妻子一起用餐，突然他们争吵起来，孔德于是用刀割伤了自己的喉咙。此后，这个伤疤伴他终生。（Pickering，1993，p.392）

在他职业生涯的早期，孔德支持男女平等的理念，其原因与其他女权主义者差不多。但当他与一个意志坚强、高智商的女人结婚后，他改变了自己的观念。他描述他的婚姻是一辈子中最大的错误（他经营实证主义思想，远比经营他的个人生活要好）。

对实证主义的广泛接受意味着学者们将考虑两种类型的命题。一位历史学家是这样描绘这两种命题的："一个命题参照的是感觉的对象，这是科学的命题，另外一个则是胡说八道。（Robinson，1981，p.333）"那些由形而上学和神学中得到的知识就是"胡说八道"。只有那些来自科学的知识才是有效的。

唯物主义（materialism）：这种学说认为宇宙中的事实可以使用物理学的术语，根据物质的存在和属性进行解释。

哲学中的其他观念也支持了反形而上学的实证主义。**唯物主义**学说指出：宇宙中的事实是可以用物理术语进行描述的，可以用物质属性和能量来进行解释。唯物主义者认为，即使人的意识也可以根据物理学和化学的原理来理解。唯物主义者对心理过程的研究集中于物理属性上，即大脑的解剖和生理结构方面。

第三组哲学家倡导的是经验主义。这一组哲学家关心的是心灵怎样获得知识。他们认为，所有的知识都来自感觉经验。实证主义、唯物主义和经验主义成为新心理学的哲学基础。在这三种哲学倾向中，经验主义扮演着主要角色。经验主义探讨心灵的成长过程，即心灵怎样获得知识。依照经验主义的观点，心灵的成长是通过感觉经验的不断积累实现的。这一观点同笛卡尔的天赋论观点形成了鲜明的对照，笛卡尔认为某些观念是固有的。下面我们将介绍几个主要的英国经验主义者：约翰·洛克、乔治·伯克利、大卫·哈特莱、詹姆斯·穆勒和约翰·斯图尔特·穆勒。

约翰·洛克（1632—1704）

约翰·洛克

约翰·洛克（John Locke）是一位律师的儿子。他先后在伦敦西敏中学和英国牛津大学学习，于1656年获得学士学位，不久以后又获得硕士学位。开始，他是一个冷漠的学生，他自得其乐，好消遣，他会"阅读、谈情说爱和写轻浮的信件给他从未真正追求过的女性。他还发展了一种对于医学的业余兴趣，在笔记本上写满需要刺猬油脂和切割小狗的处方。他还曾经将一只青蛙的心挖出来，看着这只可怜的动物蹦跳着直到死去。洛克做这些事情更多是为了打发无聊的时间，而不是以实践新科学为借口。（Zimmer，2004，p.241）"

毕业几年后，他最终表现出了对一个领域的认真的兴趣：自然哲学。他在牛津大学待了几年，教授希腊语、写作和哲学，然后又从事医学实践。他逐渐对政治产生了兴趣，1667年到了伦敦，成为萨夫兹堡伯爵的秘书。

最终，他与这位有争议的政治家成为了知己。

萨夫兹堡伯爵在政府中的影响逐渐衰落。1681年，在参与了一场反对查尔斯国王二世的阴谋失败之后，萨夫兹堡伯爵逃往荷兰。尽管洛克并没有参与这场阴谋，但是他同伯爵的关系使他受到牵连。因此，他也逃往荷兰。几年之后，洛克才返回英国，被任命为申述专员，并撰写了有关教育、宗教和经济方面的许多著作。他关心宗教自由的问题和个人控制自身的权力问题。他的著作给他带来许多声誉，并且产生了广泛的影响。整个欧洲都知道他是政府中的一位自由主义斗士。他的某些著作对美国独立宣言的作者也产生了影响。

对心理学来说，洛克最主要的著作是他的《人类理解论》(*An Essay Concerning Human Understanding*, 1690)。这是他20年研究累积的成果。到1700年时，这本书已经出了4版，并被译成法语和意大利语。它标志着英国经验主义运动的正式开始。

心灵怎样获得知识

洛克关心的主要是认知功能，即心灵获得知识的方式。在探讨这些问题时，他反对笛卡尔的观点，否认固有观念的存在。他认为，人类在出生时没有任何知识。在多少世纪以前，亚里士多德曾经持类似的观点，认为心灵在出生时是一块白板，经验在上面刻上印记。洛克承认，某些诸如神之类的观念对我们成人来说看起来是天赋的，但是这仅仅是因为在儿童时代我们被灌输了这些观念，我们无法记得是什么时间获得这些观念的。因此，洛克用学习和习惯解释了那些看起来与生俱来的观念。那么，心灵到底是怎样获得知识的呢？洛克就像先前的亚里士多德那样，认为心灵是通过经验获得知识的。

感觉和反省

洛克鉴别出两种类型的经验：一种来源于感觉，另一种来源于反省。源于感觉的观念，即那些由环境中的物理对象而导致的直接感觉输入是简单的感官印象。这些感官印象可对心灵产生影响；心灵同样也对感觉产生影响，通过对这些感官印象的反省也能形成观念。这些心理的或者认知的反省功能同样依赖于感觉经验。因为由心灵的反省产生的观念建构在那些通过感官经验到的印象的基础上。在人的发展过程中，感觉最先出现。它们是反省的必要先行者，因为首先必须有众多的感觉印象，在此基础之上，心灵才可以反省。在反省时，我们回忆过去的感觉印象，并把它们结合起来，形成抽象的、更高水平的观念。因此，所有的观念都源于感觉和反省，但是这一切归根结底还是源自感觉经验。

你可能奇怪为什么要让你们阅读300多年之前洛克所写的东西。毕竟你已经在教科书里读过有关洛克的故事，并且你们的老师也在课堂上介绍过洛克了。然而请记住，教科书的作者和老师提供给你们的信息是他们自己的版本和自己的理解。为了便于教学，他们必须对历史的原始数据进行还原、抽象、归纳和筛选。在这样一个过程中，原著中某些独一无二的形式、风格，甚至某些内容可能丢失了。

对于任何思想体系，若要完整理解，就必须阅读历史上的原始资料。教科书的作者和教师正是在这些原始资料的基础上进行工作的。当然，在实践中，这几乎不可能。这就是为什么我们有选择地摘取了原始资料的某些部分提供给你们的原因，用理论家自己的话来阐明他们的观点。这些摘录将告诉你理论家是怎样表述他们的观念的，并且使你熟悉这些理论家的解释风格，而这些都是以往的学生需要了解的。

○ 原著精选

经验主义的原始资料：摘自《人类理解论》（1690）

约翰·洛克

那么，像我们所说的那样，让我们假定心灵是一张白纸，没有任何文字，也没有任何观念；但是它是怎样被装备起来的呢？它从何处获得了广博的知识储备？哪一位神通广大的圣人在上面写下了文字，使其如此光怪陆离？它具有的一切理性和知识的材料来自何处？对此的回答只有一个词，那就是来自经验。因为，所有的知识都建构在经验上，其他的一切都源于此。我们的判断要么使用着来自外部的、感官对象的资料，要么使用着心灵的内部过程所提供的资料，以便进行知觉和反省，增进我们的理解。这两者是知识的源泉，所有的观念均来源于此。

第一，熟悉特定感觉对象的感官的确可以给心灵提供对不同事物的独特知觉。但是其提供的方式受到外在对象本身的影响方式制约。由此，我们得到了诸如黄、白、热、冷、软、硬、苦和甜等观念。所有这些我们称之为可感觉的性质。当我谈到感官传输这些可感觉的性质到心灵的时候,我指的是它们从外部对象传输给心灵知觉到的东西。大多数观念起源于此,它们完全依赖于我们的感官,由此而达到理解,我称这一过程为感觉。

第二,经验以观念充实理解的另外一个源泉——在我们内部的心灵操作。它使用着已经获得的观念:灵魂反省和思考的确以另外一组观念充实着我们的理解。这一心灵的过程不可能凭空进行。它们是知觉、思维、怀疑、相信、推理、认识、意愿和其他心灵的活动。这些心灵的活动是我们可以意识到的,是在我们内部可以观察的。从这些活动中的确可以获得观念,就像我们可以从影响身体的感官那里获得观念一样。这一观念源完全在人类的内部。尽管它不是感官,同外部对象没有任何联系,但是它的确就像感官,我们或许可以称它们为"内部感官"。但是就像我称前面说的那些为"感觉",我称这些为"反省",由此种方式获得的观念是心灵通过对它自己操作的反省得到的。因此,我所说的反省应该被理解为心灵从自己的操作中获得观念。这两个过程,即作为感觉对象的外部的、物质的东西和作为反省对象的内部心灵操作对我来说就是所有观念起源的地方。

简单观念和复杂观念

洛克区别了简单观念和复杂观念。**简单观念**既可以来自感觉,也可以来自反省,它们是心灵被动接受的。简单观念是一些基本的元素,它们不能被分解或还原为更简单的观念。然而,通过反省过程,心灵把简单的观念结合起来,积极地创造着新的观念。这些新的、衍生出来的观念就是洛克所说的复杂观念。**复杂观念**由简单观念复合而成。因此,复杂观念可以被分析或分解为更为简单的组合观念。

简单观念和复杂观念 (simple and complex-ideas):简单观念是元素性的观念,产生于感觉和反省;复杂观念是衍生的观念,经由简单观念复合而成,因而可以被分析或还原为它的简单成分。

联想理论

把观念组合起来的思想以及反过来分解它们的思想标志着在联想问题上的心理化学方法的形成。按照这样一种观点,简单观念可以被联系或联结起来变成复杂观念。当时所谓的**联想**也就是今天所说的学习过程。把心理生活还原或分解为简单的观念或元素以及这些观念的联想后来成为新的

联想 (association):源于联结的知识,或者把简单观念组合成复杂观念的过程。

科学心理学主要研究的东西。就像时钟和其他机械可以被拆卸、还原成它的组成部件，然后再重新组装起来成为一台复杂的机器一样，对人的观念的研究也可以采取这种方式。

在洛克那里，心灵的运作方式似乎同自然宇宙的规律是一致的。心理世界的基本粒子或原子是简单观念。这些简单观念从概念上类似于伽利略和牛顿的机械宇宙中的物质原子。心灵的这些元素不能被分解成更为简单的元素，但是就像物质世界中它们的对应物那样，它们可以结合起来，或通过联想联结起来，形成一个更为复杂的结构。因此，就像身体被看作机器是人对身体认识的一个重要阶段一样，联想理论在考察心灵方面也是人类认识上的一个。

第一性和第二性的质

> **第一性的质和第二性的质（primary and secondary qualities）**：第一性的质存在于物体本身，不依赖于人们是否知觉到它们；第二性的质是色彩、气味等物征，它们只存在于人们对物体的知觉中。

对于早期心理学产生重要影响的另外一个命题是洛克在研究简单感觉观念时对第一性和第二性的质的界定。**第一性的质**存在于客体本身，无论我们是否知觉到，它们都是如此。一栋建筑物的大小和形状是第一性的质，而建筑物的色彩是第二性的质。色彩并不内在于物体本身，而是依赖于对它有经验的人，且并不是所有的人都是以同样的方式知觉一个特定色彩。**第二性的质**，如色彩、气味、声响、味道并不存在于物体之中，而是存在于人对物体的知觉中。羽毛给人的瘙痒感并不存在于羽毛之中，而存在于我们接触羽毛时的反应。刀子割伤引起的疼痛并不存在于刀子中，而存在于我们对伤口反应的体验之中。

由洛克所描绘的一个通俗实验证明了这些观念。准备3盆水，一盆冷，一盆温热，一盆烫。把左手放到冷水中，把右手放进烫水中，然后把两只手都放到温水中。这时一只手感觉水是暖的，另一只手感觉水是凉的。对于两只手来说，水的温度都是同样的。它不可能同时既是暖的，又是凉的。第二性的质或者暖和凉的体验存在于我们的知觉中，而不是存在于物体（这里指的是水）中。

再举另外一个例子。如果我们不品尝苹果，苹果的味道就不存在。第一性的质，如苹果的大小和形状不论我们是否知觉它们都是存在的。第二性的质（如味道）则仅仅存在于我们的知觉活动中。

洛克并非第一个区分第一性的质和第二性的质的学者。伽利略曾经提出了基本类似的概念：

我认为，如果去除耳朵、舌头和鼻子，事物的大小、数量和运动（第一性的质）依然存在，但是，气味、味道和声响（第二性的质）就不存在了。我认为后者只不过是从生命存在中分离出来的一些名称而已。（引自 Boas，1961，p.262）

第一性和第二性的质的区分同机械论的观点是一致的。根据机械论的观点，运动中的物质构成了唯一的客观存在。如果物质是唯一的客观存在，那么我们对任何其他事物的知觉，如色彩、气味和味道等，必定都是主观的。只有第一性的质可以独立于知觉者而存在。

在区分客观的特性和主观的特性的过程中，洛克看出了人类知觉的许多主观性质。这种观念刺激了他，激起他研究心灵和意识经验的愿望。他提出第二性的质，其目的是为了解释在物理世界和我们对它的知觉之间存在的不一致性。

一旦学者们接受了第一性的质和第二性的质之间的理论区别，即那些存在于现实中的和仅仅存在于我们知觉中的东西的区别，就不可避免地会有某个人询问它们之间是否真的存在差异。或许所有知觉的存在方式都是第二性的，即都是主观的和依赖于观察者的。询问和回答这一问题的哲学家就是乔治·伯克利。

乔治·伯克利（1685—1753）

乔治·伯克利（George Berkeley）出生在爱尔兰，同时也在那里接受教育。他是一个虔诚的教徒，24 岁时就被任命为教堂的执事。之后不久，他出版了两本后来对心理学产生影响的哲学书籍，就是他的《视觉新论》（*An Essay Towards a New Theory of Vision*，1709）和《人类知识原理》（*A Treatise Concerning the Principles of Human Knowledge*，1710）。这两本书是他对心理学仅有的贡献。

伯克利游遍了欧洲。他在爱尔兰做过几项工作，其中包括在都柏林的特里尼蒂学院任教。他在一次晚会上认识了一位女士，这位女士给了他一笔可观的钱作为礼物，这使他能在经济上独立起来。在美国罗得岛的新港度过三年之后，伯克利把他的房子和图书馆捐赠给了耶鲁大学。在他生命的最后岁月里，他在爱尔兰克罗因担任了大主教。他逝世以后，根据他的遗愿，身体被停放在床上直至开始腐烂。伯克利相信腐烂是死亡的唯一确凿的标志。他不希望过早被埋葬。

伯克利的名声（至少他的名字）在当今的美国依然为人知晓。1855年，耶鲁大学的一位神父，里弗恩德·亨利·杜兰特（reverend Henry Durant）在加利福尼亚建了一所学院，这所学院以伯克利的名字命名，以纪念这位优秀的主教。

知觉是唯一的现实

洛克认为所有的知识都来自经验，伯克利同意这一点。但是伯克利并不同意洛克在第一性的质和第二性的质之间所做的区分。伯克利认为，没有第一性的质，所存在的只有洛克所说的第二性的质。对于伯克利来说，所有的知识都是经验者或知觉者的作用，都依赖于经验者。几年之后，伯克利称他的这一观点为**心灵主义**，以彰显对纯粹心理现象的强调。

心灵主义（mentalism）：这种学说认为所有的知识都是心理现象的机能，依赖于个人的知觉或个人的经验。

伯克利认为，知觉是我们可以确定的唯一现实。我们并不能绝对肯定经验世界中物理对象的特性。经验世界来源于且建构在我们自己的经验上。我们能确切知道的所有的一切就是怎样知觉和体验这些对象。因此，知觉是主观的，在我们自己的内部，它并不反映外部世界。物理对象只不过是同时体验到的感觉的累加，由于习惯而使它们在心灵中联合在一起。根据伯克利的观点，经验世界是感觉的总和。

因此就没有我们能确定的物质实体了，因为如果去除了知觉，物质的性质就消失了。因此，若没有我们对色彩的知觉，就没有颜色，没有我们对形状和运动的知觉，就没有形状和运动。

伯克利并不是说现实事物只有当它们被知觉到时才存在于物理世界中，而是说由于所有的经验都存在于我们内部，都相对于我们自己的知觉，因而我们决不能精确地认识物体的物理性质。我们只能依赖于对它们的知觉。

然而他承认物质世界中的物体的稳定性和一致性，并且认为物体的存在独立于我们对它的知觉。因此，他不得不找到某种理由对此做出解释。他把这一切归因于神。毕竟伯克利是一位大主教。神作为对宇宙中所有事物的永久知觉者而发挥着作用。如果森林中的一棵树倒下了，它会发出声响，即使没有人在场听到，声响仍然是存在的，因为神永远在知觉着它。

感觉的联想

伯克利应用联想原理来解释我们是怎样认识现实世界中的事物的。有关现实世界的知识基本上是把简单观念（心理元素）通过联想的"灰泥"结合在一起而形成的，知识本质上是简单观念的复合。通过感官获得的简单观念结合在一起就形成了复杂观念。他在《视觉新论》里解释道：

> 坐在我的书房里，听到沿街过来一辆马车；通过窗户，我看到了它；我走出去，进到马车中。因此，大家都会认为，我听到、看到和触到的是同一事物……即马车。然而，每一种感官接纳的观念是极为不同的，彼此相互区别；但是由于这些观念经常连续被观察到，人们在谈论时，就把它们当作同一事物了。
> （Berkeley, 1709/1957a）

关于马车的复杂观念是通过石头路面上轮子的声响、对它的框架的稳定感觉、皮革座椅的新鲜气味，以及箱子般形状的视觉表象组合而成的。心灵通过把这些基本的心理"积木"（简单观念）堆砌在一起而构建了复杂观念。"构建"和"积木"这样一些词汇的使用所体现的机械性的类比并不是一种巧合。

伯克利也使用联想解释了视深度知觉。鉴于人的眼睛只有二维的视网膜，因此他对我们怎样知觉第三个维度（深度）的问题进行了考察。他的回答是，我们知觉到的第三个维度，即深度，是经验的结果，视觉印象与触觉和运动觉联合起来造成了深度知觉。我们把视觉印象同眼睛在不同距离注视物体时进行的调节而产生的感觉结合起来，同做趋近或离开运动看到的物体结合起来。换言之，趋近物体时连续不断的感觉经验，加上来自眼球运动的感觉，两者联系在一起，造成了深度知觉。当一个物体接近眼睛时，瞳孔做辐合或会聚的运动，当物体离得较远时，会聚就减少。因此，深度知觉并不是一个简单的感觉经验，而是必须通过学习而获得的观念的联想。

伯克利尝试通过感觉的联想解释一个纯粹的心理或认知过程，这样一来，他延续了经验主义哲学中不断发展的联想主义倾向。他的解释精确地预示了深度知觉的现代观点。现代有关深度知觉的解释同样考虑了调节和辐合等生理线索。

大卫·哈特莱（1705—1757）

大卫·哈特莱（David Hartley）本来准备走他父亲的道路，做一名牧师，但由于他经常与公认的教义发生争论，因而他明智地转向了医学。尽管他从来没有获得医学学位，但作为医生，他过着平静和安稳的生活。后来，他自学了哲学。1749年，他出版了《对人的观察，其结构、责任与期待》（Observations on Man, His Frame, His Duty, and His Expectations）一书。这本书被许多学者认为是第一本系统论述联想的著作。

通过接近和重复形成的联想

哈特莱的基本联想定律是接近律。他尝试使用接近律来解释记忆、推理、情绪、随意和不随意运动等过程。同时或相继发生的观念或感觉联合在一起，因而其中之一发生时就会导致另外一个的发生。此外，哈特莱还认为，感觉和观念的**重复律**也是联想形成的必要条件。

哈特莱同意洛克的观点，认为所有的观念和知识都来自通过感官获得的经验。没有什么固有的联想，也没有出生时就存在的知识。随着儿童的成长和感觉经验的累积，复杂的心理联结得以形成。通过这种方式，到成人阶段时，较高级的思维系统就得以建立了。这种高级心理生活，如思维、判断、推理等，可以被分解或还原为组成它的心理元素或简单感觉。哈特莱是应用联想理论去解释所有类型心理活动的第一人。

机械论的影响

像他之前的其他哲学家那样，哈特莱以机械论的观点看待心理世界。在这一方面，他超过了其他经验主义者和联想主义者。哈特莱不仅尝试根据机械论的原则解释心理过程，而且试图用类似的方法解释心理过程的生理基础。

牛顿曾经宣称，在物理世界中，冲动的一个特征是它们具有振颤。哈特莱用这个观念来解释人的大脑和神经系统的功能。他提出，神经是一种固体结构（而不是像笛卡尔认为的那样是中空的管道），神经的振颤把冲动由身体的一个部分传导到另一个部分。这些振颤激发了大脑中的微颤，这些微颤是观念的生理副本。哈特莱的这一思想对心理学的重要性在于，它

重复律（repetition）：联想律之一，认为两个观念越是经常在一起发生，两者越是容易形成联想。

是用机械宇宙的科学观念为模型来理解人的本性的另一种尝试。

詹姆斯·穆勒（1773—1836）

詹姆斯·穆勒（James Mill）出生在苏格兰，父亲是个鞋匠，一般来说，这会理所当然地限制他的工作前景。但是，他的母亲拒绝承认这一点。她"从一开始，就对小穆勒有着勃勃雄心，穆勒一直觉得自己是杰出的，是人们注意的焦点"（Capaldi，2004，p. 1）。她坚持让儿子远离其他孩子，花时间来学习。这完全是一种斯巴达式教育，詹姆斯·穆勒之后也对自己的儿子采用了同样的教育方式。

穆勒在苏格兰的爱丁堡大学接受教育，之后在短时间内做了一名牧师。当他发现在自己布道时没有人能理解他所说的东西以后，他就离开了苏格兰教堂，成为了一名作家。他最重要的文学著作是《大英印度史》（*History British India*）。这本书花费了他 11 年的时间才完成。他对心理学最重要的贡献是《对人类心理现象的分析》（*Analysis of the Phenomena of the Human Mind*，1829）一书。

作为机器的心灵

詹姆斯·穆勒以一种很少有的方式把机械论的学说直接、广泛地应用到人类的心灵上。他的明确意图是摧毁主观和精神活动的错觉，以便证明心灵不过是一架机器。穆勒认为，那些仅仅声称心灵在操作上类似于机器的经验主义者走得还不够远。他认为，心灵就是机器。它的运作就像时钟那样，机械又可预测。它被外部的力量启动，内部的力量则驱使其运转。

按照这种观点，心灵完全是被动的实体，它接受外部刺激对它的作用，并自动地对这些刺激做出反应；我们不能自发地行动。穆勒没有在他的理论中给自由意志留下任何位置。这样一种观念以后持续存在于那些直接来自机械论传统的心理学派，其中最著名的便是 B. F. 斯金纳的行为主义。

就像《对人类心理现象的分析》一书的书名所揭示的那样，他认为心灵是可以通过分析的方法进行研究的。换言之，可以把心灵还原成它的构成元素。你会看出，这就是机械论的思想。为了理解复杂的现象，例如，无论在心理世界还是物理世界，无论对观念还是时钟，把它们分解成最小的元素部件都是必要的。穆勒写道："若要对元素复合而成的东西有一个精确的概念，对其构成元素的清晰认识就是必不可少的。（Mill，1829，Vol.1，p.1）"

对穆勒来说，感觉和观念是唯一存在的心理元素。在人们熟悉的经验主义-联想主义的传统中，一切知识都开始于感觉，较高水平的复杂观念则是从感觉开始并经过联想过程获得的。联想通过彼此接近或同时发生而形成，它可以是同时的，或者是相继的。

穆勒相信，心灵没有创造性的功能，因为联想是被动和自动的过程。以某种次序同时发生的感觉将会作为观念而被机械地复制。这些由感觉形成的观念也可以像它们相应的感觉那样，以同样的次序发生。换言之，联想是机械的，通过联想而形成的观念仅仅是个别心理元素的累积或总和。

约翰·斯图尔特·穆勒（1806—1873）

约翰·斯图尔特·穆勒

詹姆斯·穆勒同意洛克的观点，认为人的心灵在出生时就像一块白板，经验在上面写下各种文字。当他的儿子约翰·斯图尔特·穆勒（John Stuart Mill）出生时，穆勒发誓要由自己决定用什么经验来填充儿子的心灵，因此，他制订了一套严格的家庭教学计划。他每天用5小时的时间教他的孩子希腊语、拉丁文、几何、地理、逻辑、历史和政治经济学，不断地询问年幼的约翰，直到他回答正确为止（Reeves, 2009）。

老穆勒也是极力避免让其他孩子分散儿子的注意力，经常劝说与矫正儿子所犯的错误，从来不会为儿子的成就而表扬他。小穆勒曾描述他的父亲"极其严厉，哪怕是微不足道的错误也逃不掉他的法眼。如果没有某类批评或惩罚，事情就不会结束"（引自Capaldi, 2004, p. 10）。

在他的自传中，约翰·斯图尔特·穆勒这样写他的父亲，"不仅要求我做到最好，而且还要求我根本不可能做到的事情……他不允许我有任何假期，唯恐努力学习的习惯被打断，而让我尝到懒惰的滋味。（J. S. Mill, 1873/1909, p. 10, 27）"虽然他经受着严厉的教养，但他成功地学到了他父亲认为他应该学到的东西。

3岁时，约翰·穆勒已经能阅读柏拉图的希腊语原著。11岁时，他撰写了第一篇学术论文。到12岁的时候，他已经掌握了标准大学课程的主要内容。18岁的时候，他描述自己是一架"逻辑机器"。21岁那年，他得了严重的抑郁症。对于心灵的崩溃，他写道："我处在一种迟钝的神经状态中……我生命的整个基础都倒塌了……似乎没有什么东西能让我为之活下去。（Mill, 1873/1909, p.83）"几年之后，他才逐渐恢复了自我价值感。在生命的后期，他责怪父母让他的心理备受困扰，他的父亲过于严格，而母亲从来没有关心过他。"因此，我成长在缺少爱的环境中，一直处于恐惧的状态中。(J. S. Mill, quoted in Kamm, 1977, p. 15)"

约翰·穆勒曾经为东印度公司工作，处理英国对印度进行管理的日常信件。"他是一个工作狂人，他靠记忆写作，工作起来就变得非常狂热，甚至会一件件脱掉自己的衣服，不穿背心与裤子，严肃地坐在椅子上。他的同事都将其视为呆板的维多利亚时代的奇迹。(Gopnik, 2009, p. 86)"

在 25 岁那年，他爱上了一位漂亮、聪明的已婚妇女哈丽特·泰勒（Harriet Taylor）。这位泰勒夫人对穆勒的工作产生了重要的影响。两人发展了一种亲密的友谊并互相倾慕，以致众所周知。即使以今天的标准来衡量，这也是一种不寻常的关系。在丈夫的一再要求下，泰勒夫人与之达成妥协，不再花更多的时间与穆勒交往。她与穆勒的交往仍能继续，但她必须与丈夫一起生活，发誓对两个男人都忠诚，不再与他们中的任何一个发生性行为。这种情形持续了 20 年，她的丈夫逝世，在社会可接受的两年哀悼期之后，她与约翰·穆勒结了婚。

约翰·穆勒的工作得到了她很大的帮助，以至于把她看作"对我的存在的最大祝福"（Mill, 1873/1909, p.111）。几年之后哈丽特去世，这令约翰·穆勒悲痛欲绝。他给自己建了一所农舍，从这里，他可以看到她的坟墓。他写道："无疑，我永远也无法再承担任何公共或私人事务……我生命的弹簧被折断了。(引自 Capaldi, 2004, p. 246)"这一引文很重要，因为穆勒使用了一个机器作为象征。弹簧是引擎，是时钟或自动机器人的驱动力，通常也是人类的驱动力。在 52 岁时，他又在哈丽特 27 岁的女儿海伦身上找到了新的"弹簧"。海伦一直陪伴着他，直到生命的尽头。在信中，他将她视为自己的女儿，但实际上，她扮演的角色更像一位家庭教师。"他喜欢被泰勒夫人管着，同样也享受海伦的管教。(Kamm, 1977, p. 133)"

穆勒后来发表了一篇题为"女性的征服（The Subjection of Women）"的文章。这篇文章是在海伦的建议下写成的，同样也是由于受到了哈丽特及其第一任丈夫婚姻生活经验的激励。穆勒对女性没有金钱和财产权力而感到震惊。他把女性的困境同其他处在不利地位的群体进行比较。他诅咒那种认为妻子应不管自身的意愿，都无条件服从丈夫的性要求的观念。他也反对那种不允许以性格不合为理由提出离婚的习俗。他建议，婚姻应该更多地是两个平等的人的伙伴关系，而不是主人和奴隶的关系（Rose, 1983）。西格蒙德·弗洛伊德后来把穆勒有关女性的文章译成了德文。在一封给未婚妻的信中，弗洛伊德对穆勒主张的两性平等的观念嗤之以鼻。弗洛伊德写道："女性的地位就应该像它现在的这个样子：在青年时代，她是受宠的情人；在成年时期，她是男人心爱的妻子。（Freud，1883，p.76）"我们能看到，在这一问题上，穆勒比弗洛伊德更为进步。

心理化学

通过他在各种论题上的著述，约翰·穆勒成为了新心理学的一个影响卓著的贡献者，而这门新科学不久以后就要正式建立了。约翰·穆勒反对他父亲詹姆斯·穆勒的机械论观点。詹姆斯·穆勒认为心灵是被动的，是受外部刺激作用的。对于约翰·穆勒来说，心灵在观念的联想中扮演着积极的角色。

约翰·穆勒认为，复杂观念并不仅仅是经由联想过程而形成的简单观念的总和。复杂观念要大于它的个别部分（简单观念）的总和。为什么？因为复杂观念具有了新的性质，而这些新的性质在组成它的简单观念中并不存在。例如，如果你把蓝色、红色、绿色以适当的比例混合，你得到的结果是白色，这是一个全新的性质。按照这样一种观点——后来人们称之为**创造性综合**——心理元素的适当结合总是会造就一些独特的性质。这些独特的性质是单一元素所不具备的。

因此，约翰·穆勒的思维受到了化学研究的影响，化学研究给他提供了完全不同于物理学和力学的另外一种模型，而物理学和力学恰恰是他的父亲以及其他经验主义和联想主义者的思想背景。化学家论证了综合的概念，在这一概念中，化学复合物所展现的特点和性质是不存在于它的成分或元素之中的。例如，氢元素和氧元素的适当混合产生了水，而水所具有的特性在氢元素和氧元素中是不存在的。同样，由简单观念的结合而形成的复杂观念具有了新的特性，这些新的特性在组成它的元素中也是不存在的。穆勒称他的这一观念联想法为"心理化学"。

约翰·穆勒对心理学还有一个重要贡献。他认为，对心灵是可以进行科学研究的。在他那个时代，许多哲学家，如著名的奥古斯丁·孔德，都否认了对心灵的科学考察的可能性。此外，穆勒提出了一个新的研究领域，即"性格学（ethology）"。这一新的领域探讨了影响人格发展的各种因素。

创造性综合（creative synthesis）：由简单观念形成的复杂观念具有新的性质；心理元素组合创造出来的东西大于或不同于原有元素的总和。

经验主义对心理学的贡献

经验主义产生以后，许多哲学家抛弃了以往探索知识的方法。尽管所关心的问题没有太多的变化，但是他们考察这些问题的方法变成了原子论的、机械论的和实证主义的。

经验主义的原则是：

- 强调感觉过程的根本作用
- 把意识经验分解成元素
- 通过联想过程把元素综合成复杂的心理经验
- 关注的焦点在意识过程上

经验主义在塑造新的科学心理学方面所发挥的重要作用很快就显示出来了。我们会看到经验主义所关心的东西构成了心理学的基本研究对象。

到19世纪中期时，哲学家已经为研究人性的自然科学奠定了理论基础。为了把理论转变为现实，接下来所需要做的就是针对同一研究对象的实验研究。由于生理学家的工作，这一点很快就要实现了。生理学家为新心理学提供了这种实验方法，促进了新心理学的建立。

问题讨论

1. 比较哈特莱、詹姆斯·穆勒和约翰·穆勒对联想的解释。

2. 比较并对比詹姆斯·穆勒和约翰·穆勒在心灵特性上的观点。哪一种观点对心理学产生了更为持久的影响?

3. 界定实证主义、唯物主义和经验主义。它们各自对新心理学有哪些贡献?

4. 描述洛克的经验主义定义。讨论他的感觉和反省的概念以及简单观念和复杂观念的概念。

5. 解释机械论的概念。机械论怎样被应用于对人的解释?

6. 伯克利的观念怎样挑战了洛克对第一性的质和第二性的质所做的区分?伯克利的"知觉是唯一的现实"的含义是什么?

7. 笛卡尔是怎样解释人的身体和心灵的功能和交互作用的?"松果体"的作用是什么?

8. 笛卡尔是怎样区分固有观念和衍生观念的?

9. 笛卡尔有关心身问题的观点与以往的观点有什么不同?

10. 哈特莱的工作怎样超越了其他经验主义者和联想主义者?哈特莱怎样解释联想?

11. 钟和自动机器人的发展与决定论和还原论观念有怎样的联系?

12. 什么是联想的心理化学方法?它同心灵像机器这一观念有哪些联系?

13. 巴贝基的计算机器对新心理学有什么意义?描绘艾达·劳弗莱斯对巴贝基工作的贡献。

14. 为什么1739年排便鸭在巴黎会引发如此大的轰动?它与心理学的发展又有何关系?

15. 为什么人们把时钟作为物理宇宙的模型?

第三章

生理学对心理学的影响

金尼布洛克的错误：观察者的重要性

大卫·金尼布洛克（David Kinnebrook）每天晚上都把鞋子擦得很亮，这是他打发时间的唯一方式。事实上，他的工作单调、乏味且要求苛刻。他必须一周七天待在同一栋建筑里，从早晨 7 点工作到晚上 10 点。此外，他的卧室狭小，夜里常会响起闹铃，叫醒他起来工作。而他只能得到非常少的薪水和一天三顿饭。哦，对了，他还有一双闪亮的鞋子。

这份令人"梦寐以求"的工作有何职位要求呢？其中一个曾操作该机器的科学家写道："我要一个不知疲倦、努力工作且服从命令的劳力。他必须能够享受成天用眼与手来观察机器的活动，并在枯燥的计算过程中能够坚持下来。（引自 Croarken, 2003, p. 286）"

在金尼布洛克最终离开这一工作后，他的继任者如此描述这份工作：

> 没有什么工作比在这个地方做助手更加乏味与无聊，远离整个社会，除了偶尔可能看到一只可怜的耗子从墙洞里爬出来外……被遗弃在这里，伴随着同样无聊的计算机，一天天、一周周、一月月地耗着，没有一个朋友能共同打发这些无聊的时间，也没有一个灵魂能与之对话。（引自 Croarken, 2003, p. 285）

这就是 1795 年的英国格林威治天文台。金尼布洛克担任天文学家尼维尔·马斯基林（Nevil Maskelyne，1732—1811）的助手。在被解雇前，他已经在那里工作了 1 年 8 个月零 22 天。他从不知道他这次被解雇，对于新

金尼布洛克的错误：观察者的重要性
早期生理学中的一些进展
对大脑功能研究：来自大脑内部的定位
对大脑功能的研究：来自大脑之外的定位
有关神经系统的研究
机械论精神
实验心理学的开端
为什么是德国？
赫尔曼·冯·赫尔姆霍茨（1821—1894）
赫尔姆霍茨的生平
赫尔姆霍茨对新心理学的贡献
厄尼斯特·韦伯（1795—1878）
两点阈限
最小可觉差
古斯塔夫·塞奥多·费希纳（1801—1887）
费希纳的生平
心灵与身体：一种数量化的关系
心理物理学的方法
心理学的正式建立
问题讨论

心理科学的诞生有如此重要的作用。

英国格林威治天文台旧貌

一切开始于一个 1/2 秒的差异。这对你来说可能不算什么，但对皇家天文学家而言，它就太长了。马斯基林注意到，金尼布洛克观察一个星体通过某个点的时间，比他观察到的要慢一些。马斯基林斥责了他的助手所犯的错误，警告他要多加小心。金尼布洛克努力纠正这个错误，但是差异却更大了。马斯基林写道：

> 我认为有必要提一提我的助手大卫·金尼布洛克先生。他在1794年和随后的那一年里，对恒星和行星的运动的观察一直令我满意，同我的观察保持着一致，但是从那年的8月份开始，其观察星体通过的时间总是比我的观察迟半秒钟，到1796年的1月

份，这一误差增加到 8/10 秒。

> 由于在我没有注意到的相当长的时间里，这个错误一直存在，而且在我看来他似乎无法改正错误，重拾正确的观察方法，因而尽管他非常勤奋，对我来说是个有用的助手，但是我仍然很不情愿地解雇了他。（引自 Howse, 1989, p.169）

金尼布洛克从他的岗位上被赶了下来。他又找到了一份工作，担任小学校长，直至14年后逝世。他在拥挤的人群逐渐变成了一个默默无闻的人，他并不知道自己根本就没有犯任何错误。

在随后 20 年的时间里，金尼布洛克事件一直为人们所忽略。后来，一位德国天文学家弗伦德里西·威尔海姆·贝塞尔（Friedrich Wilhelm Bessel, 1784—1846）对这一现象进行了调查。贝塞尔对测量中的差错感兴趣。他怀疑，马斯基林的助手所谓的错误可能是个体差异引起的。个体差异即人与人之间的个人差异，这种差异是个人无法控制的。贝塞尔推理道：如果事实真的如此，那么所有的天文学家在观察时间上都存在差异。后来，这一现象被称为"人差方程式（personal equation）"。贝塞尔对这一假设进行了验证，结果发现他的假设是正确的。即使在最有经验的天文学家之间，差异也是普遍存在的。

贝塞尔的发现引出了两个结论：(1)天文学家不得不考虑观察者的特性，因为个人的特质和个人的知觉将不可避免地影响所报告的观察结果；(2)如果天文学不得不考虑观察者的作用，那么其他任何依赖于观察法的学科也必然应该考虑这一问题。

洛克和伯克利等经验主义哲学家曾经讨论过知觉的主观特性，认为大自然和我们对它的知觉并不总是一致的，这种不一致有时甚至经常出现。贝塞尔的工作提供了一种来自"硬"科学，即天文学的数据，解释并支持上述观点。因此，科学家不得不注意观察者的角色，以便于全面解释实验的结果。这样一来，科学家开始研究人类的感官，了解我们接收外界信息的生理机制，探讨感觉和知觉过程的心理机制。一旦生理学家以这种方式研究感觉，那么距离科学心理学就只有一步之遥了，而且迈出这一步也就不可避免了。

早期生理学中的一些进展

激励和指导新心理学的生理学研究是19世纪后期科学发展的产物。就像其他科学那样，生理学也具有一些先行的研究，即一些早期的工作。正是在这些早期工作的基础之上，生理学在19世纪30年代成为一门有实验倾向的科学，而这一切都是在德国生理学家约翰内斯·缪勒（Johannes Müller, 1801—1858）的影响下完成的，是缪勒倡导使用实验方法。缪勒是柏林大学解剖学和生理学的知名教授。他极为多产，平均每7周就发表一篇学术论文。这种出版速度他保持了38年。后来，他由于抑郁症自杀了。

他最有影响的著作是《人类生理学手册》（*Handbook of the Physiology of Mankind*）。该书分为几卷，出版于1833—1840年。这套书概括了那个时期的生理学研究，对大量的生理学知识进行了系统化整理。它也引用了大量新的研究，显示出生理学领域实验工作的飞速发展。1838年，该书的第一卷被翻译成英语；1842年，该书的第二卷也被翻译出版。这证明了德国之外许多国家的科学家都对生理学研究很感兴趣。

缪勒同样因为他的特殊神经能理论而在生理学和心理学领域驰名。他认为，刺激一个特定的神经会导致一个特定的感觉，因为每一种感觉神经都有它自己特殊的"能"。这一观念激起了大量研究。这些研究都意图在神经系统中确定神经功能的定位，都试图在有机体的外周系统中找出感觉接收器的机制。

对大脑功能研究：来自大脑内部的定位

几位早期的生理学家通过对大脑组织的直接实验而对大脑功能的研究做出了重要贡献。他们的努力构成了大脑功能定位研究最初的尝试。换言之，是他们首先进行了测定工作，测定控制不同认知功能的大脑特殊部位。这项工作对于心理学之所以重要，不仅是因为它确定了大脑的特殊区域，而且它完善了后来在生理心理学领域广泛使用的研究方法。

在反射行为方面的一个先驱人物是M·霍尔（Marshall Hall, 1790—1857）。他是一位在伦敦工作的苏格兰医生。M·霍尔观察到，被切除头颅的动物在神经末梢受到刺激时，仍然能持续运动一段时间。由此他得出结论，大脑和神经系统的不同部位可导致不同水平的行为。具体地说，M·霍尔认为，随意运动依赖于大脑，反射运动依赖于脊髓，不随意运动依赖于肌肉的直接刺激，呼吸运动依赖于延髓。

皮艾里·弗洛伦斯（Pierre Flourens，1794—1867）是法国巴黎一所学院的自然历史教授。他系统地切除鸽子的大脑和脊髓的不同部分，并观察其结果。他得出的结论是，大脑皮层控制着高级心理过程，中脑控制视觉和听觉反射，小脑控制协调，延髓控制心跳、呼吸以及其他一些关键的生理功能。

一般来说，M·霍尔和弗洛伦斯的研究结论是有效的。但是在我们看来，相对于他们所使用的**切除法**，其研究结论处在次重要的地位。在使用切除法时，研究者通过去除或毁坏大脑的某个特殊部分，观测动物行为上相应的变化来确定大脑特殊部位的功能。

19世纪中期，大脑研究的另外两种实验方法出现了，它们是临床法和电刺激技术。法国医生保罗·布罗卡（Paul Broca，1824—1880）发展了**临床法**。布罗卡是巴黎附近一家精神病院的外科医生。1861年，他对一个多年来一直存在语言障碍的病人做尸体解剖，临床的考察发现，病人的大脑皮层左半球第三额叶回处有损伤。布罗卡命名大脑的这个区域为语言中枢。后来人们称之为布罗卡区。

临床法是对切除法的一种有效的补充，因为获得一个同意切除大脑某些部分的人类被试是十分困难的。作为一种"死后切除法"，临床法提供了考察大脑受损害部分的机会。在病人活着的时候，由于受损害区域的存在，病人才产生了那样一种行为状态。（布罗卡自己的大脑被保存在巴黎的一所博物馆里。）

大脑研究的**电刺激技法**首先是由古斯塔夫·弗里奇（Gustav Fritsch）和爱德华·希奇格（Eduard Hitzig）提出的，这项技术涉及使用微电流刺激大脑皮层。弗里奇和希奇格发现，刺激兔子和狗的皮层的某些区域可引起运动反应，如前腿和后腿的运动。随着不断复杂化的电子设备的出现，电刺激法已经成为脑功能研究的富有成效的技术。

> **切除法**（extirpation）：通过切除或捣毁动物大脑的某个部分，观测动物的行为变化，从而确定大脑这个部分功能的技术。

> **临床法**（clinical method）：对过世的人的大脑结构进行考察，以便找出在病人逝世之前为他的行为负责的那个受伤的大脑区域。

> **电刺激法**（electrical stimulation）：使用微弱电流刺激大脑皮层，观察运动反应的一种技术。

对大脑功能的研究：来自大脑之外的定位

在众多从内部进行脑功能定位研究的科学家中，有一位德国医生，名字叫弗朗兹·约瑟夫·高尔（Franz Josef Gall，1758—1828），他对死亡的动物和人的大脑进行了解剖工作。这项工作确证了大脑中白质和灰质的存在，发现大脑的一侧同脊髓的另一侧有神经纤维相连，两半球之间也有神经纤维相连。

完成这项辛苦的研究计划以后，高尔把他的注意转向了脑的外部。他的问题是：脑的大小和形状提供了哪些有关脑功能的信息？在脑的大小方面，他有关动物的研究证明了这样一种趋向，即脑越大，其智慧行为就越多。然而，当他开始探讨脑的形状时，高尔陷入了一个引起争论的领域。他引领了一场称为头盖学的运动，后来这一学说被称为颅相学。颅相学宣称，从人的头盖骨形状可以看出人的智慧和情绪特征。在推广这一观念的过程中，高尔的名誉被彻底地毁掉了。他不再被他的同事看作一位受人尊敬的科学家，而是被看成了江湖庸医和骗子。

高尔相信，当某个心灵特征（如良心、慈爱或自尊）得到较好的发展时，控制这一特征的脑区域的头盖骨表面就会有相应的隆起或凸出。如果那一能力比较微弱，则那处头盖骨就会凹陷下去。经过对许许多多人的头盖骨的考察之后，高尔绘制出35种人类特性在头盖骨上的位置（参见图3.1）。

高尔的一个学生，约翰·施普茨海姆（Johann Spurzheim）和苏格兰的一位颅相学家乔治·库姆（George Combe）在宣传颅相学方面做了大量的工作。他们遍游整个欧洲和美国，进行演讲，宣传颅相学。他们的成功迅速被奥森·福勒（Orson Fowler）与洛伦佐·福勒（Lorenzo Fowler）两兄弟所超越。福勒兄弟是纽约北部一个农场主的儿子，受过良好教育，在读过施普茨海姆和库姆的著作后，他们发展了一种令人惊奇的成功商业模式。数百万人检测了他们的头颅，由福勒兄弟及其助手解读他们头骨的隆起或凹陷。

> 在19世纪30年代后期，他们在纽约、波士顿及费城创办了临床诊所。他们还通过培训颅相学家和提供颅相学资料，以特许经营的方式，把他们的生意扩展到了其他城市……出售协助展示与教学的物品，比如测量不同尺寸的卡尺、墙上的挂图、销售手册，或者为颅相学家提供便于携带工具与资料的箱子。
> （Benjamin & Baker，2004，p. 4–5）

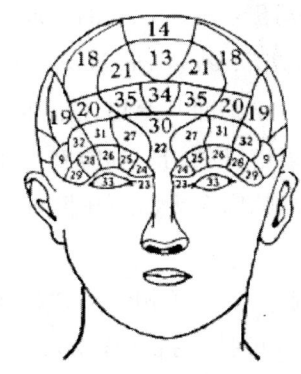
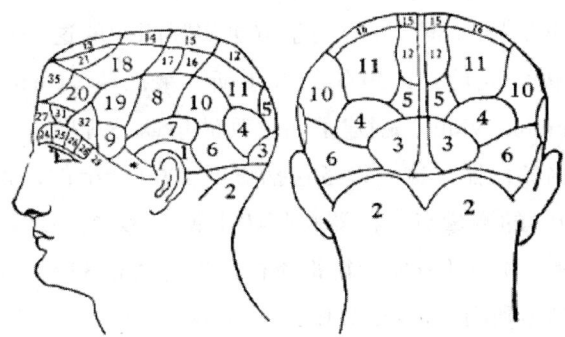

感情的官能		理智的官能	
倾向	情操	知觉	思考
? 生存欲	10. 谨慎	22. 个性	34. 比较
* 饮食欲	11. 认可	23. 外形	35. 因果
1. 破坏性	12. 自重	24. 大小	
2. 多情性	13. 仁爱	25. 重量及抵抗力	
3. 慈爱性	14. 尊敬	26. 颜色	
4. 友情	15. 坚决	27. 地位	
5. 乡土情	16. 良心	28. 次序	
6. 好斗性	17. 希望	29. 计算	
7. 秘密	18. 惊异	30. 结局	
8. 占有欲	19 理想	31. 时间	
9. 建设性	20. 愉快	32. 音调	
	21. 模仿	33. 语言	

（来源：J. Spurzheim. Phrenology, or the Doctrine of Mental Phenomena, 1834.）

图 3.1 心灵的 35 种特性及其相应的位置

进入 20 世纪后，他们的公司仍然有着惊人的利润。1838 年，他们创建了《美国颅相学杂志》（*American Phrenological Journal*），并出版发行了 70 多年。顾客如此之多，他们的工作场面甚至堪比嘉年华狂欢。从一个城镇到另一个城镇，颅相学家"在集市日到访，临时在一个地方摆地摊，提供收费服务……他们卖书与图表，就像今天滚石乐队在演唱会上卖 T 恤与海报一样。（Sokal, 2001, p. 25）"

有关颅相学的协会也建立起来了。颅相学的"相面"术传播得如此广泛，以至于许多美国公司使用这项技术挑选雇员。颅相学的实践者宣称，他们可以使用这项技术评估儿童的智力水平和为那些婚姻存在问题的夫妻进行咨询。因此，正是颅相学可被应用于解决实际问题的这一信念使得颅相学在美国获得了极大成功。1929 年，查尔斯·莱瓦瑞（Charles Lavery）与弗兰克·怀特（Frank White）创建了明尼阿波里斯心理图形公司，发明了一种直接解读人脑的机器。这一设备包括将近 2000 个组件，紧贴顾客的头骨，测量 32 个独立的测量点。机器将打印出关于 32 个心理特征（从自尊到攻击性）的分数。颅相学机器变得很流行，当时共有 33 台这样的机器，此后多年获得了丰厚的利润（Joyce & Baker, 2008）。

对高尔头盖学理论最有力的批评来自皮艾里·弗洛伦斯的大脑实验研究。通过系统地毁坏动物的大脑（使用切除法），弗洛伦斯发现颅骨的形状与下面脑组织的轮廓并不匹配。此外，脑组织也非常软，不至于导致颅骨表面的凸起和凹陷。弗洛伦斯和其他一些生理学家也证实，高尔为特定心理功能所划定的区域也是错误的。因此，尽管现在你可以感觉你的颅骨上某个部位的凸起，但是它不能提供有关你的理智和情感功能的任何东西。

高尔从外部定位脑功能的尝试失败了。但是他的观念强化着科学家们不断增强的一个信念，那就是通过切除法、临床法和电刺激法，可以找到特定脑功能的位置。

颅相学初期的成功与后期的失败，给我们提供了一个适用于所有时期、所有运动的启示：一种理念、趋势或思想流派的流行，与其正确性并没有必然的联系。著名心理学史家丹尼尔·鲁宾逊（Daniel Robinson）观察到，"高尔的颅相学的盛行，和理论与假说充斥大量学术期刊的精神分析一样……影响力本身不能证明工作的正确性与充分性。（Robinson, 2003, p. 200）"也就是说，流行的事物并不一定是正确的。

有关神经系统的研究

在这段时间里,许多学者对神经系统的结构和神经活动的性质进行了研究。我们可以回忆一下早期有关神经活动的两种描绘:笛卡尔的神经管理论和哈特莱的神经振动理论。

到18世纪末时,意大利研究者卢吉·加尔伐尼(Luigi Calvani,1737—1798)提出,神经冲动是电性质的。加尔伐尼的工作为他的侄子乔伐尼·艾尔笛尼(Giovanni Aldini)所继承。一位历史学家是这样描绘艾尔笛尼的:"(他)把严肃的研究同技巧表演混合在一起。艾尔笛尼最令人恶心的演出之一是使用两个罪犯的人头来显示电刺激的效应,受到电刺激后,两个新近被砍下的人头显示出来自肌肉的痉挛。(Boakes,1984,p.96)"

这类实验研究发展得如此迅速,以至于到19世纪中期时,作为一种事实,科学家接受了神经冲动的电性质。科学家们现在相信,神经系统基本上是电冲动的传导器,中枢神经系统的作用就像一个转换站,把冲动或者分流至感觉神经纤维,或者分流至运动神经纤维。

尽管这一观点相对于笛卡尔的神经管理论和哈特莱的神经振动理论是一个巨大的进步,但是从概念上讲还是类似的。因为不管是新观点还是旧观点都是反射性的,即来自外界的某个东西(一个刺激)在感官上造成冲击,诱发了神经冲动。神经冲动传至大脑或中枢神经系统某个适当的部位。在那个部位上,作为对这个传入冲动的反应,产生了一个新的冲动,且这个新的冲动沿着神经传出,激发了有机体的行为反应。

西班牙医生圣地亚哥·拉蒙-卡扎尔(Santiago Ramón y Cajal,1852—1934)揭示了神经冲动在大脑和脊髓中传播的方向。拉蒙-卡扎尔是西班牙萨拉戈萨大学医学院的解剖学教授和萨拉戈萨博物馆的主任。由于他的这一发现,1905年他获得柏林皇家科学院颁发的赫尔姆霍茨奖章,1906年获得诺贝尔奖。然而,由于在他那个时代的科学杂志上不使用西班牙语,因而拉蒙-卡扎尔无法同科学界交流他的研究成果。"他只能悲伤地阅读着英语、德语和法语杂志上的所谓新发现,而这些新发现不过是他很早以前用西班牙语发表的研究结果的再发现而已。(Padilla,1980,p.116)"他的这一事例再次证明了那些处在主流文化之外的科学家们所面临的困境。

研究者们同样探讨了神经系统的解剖结构。他们发现,神经纤维是由独立的神经结构(神经细胞)组成的,神经细胞在特殊的点(突触)连接在一起。这些发现同人的机械论形象是一致的。科学家们相信，像心灵那样，神经系统也是由原子结构组成，丁丁点点的物质组合起来，构成了复杂的神经系统。

机械论精神

就像那个时代的哲学那样，19世纪的生理学中机械论精神占据着主导地位。在德国，这一点表现得最为明显。在19世纪40年代，一些科学家建立了柏林物理学协会。这些科学家大多20几岁，大部分都是约翰内斯·缪勒以前的学生。他们的一个共同信念是：所有的现象都可以用物理学的原则来进行解释。

他们所希望的是把生理学同物理学联系起来，换言之，要在机械论的框架之下发展生理学。根据一个戏剧般的传说，有4位科学家举行了一场隆重的宣誓，并用自己的鲜血写下了誓言。在誓言中他们指出，活跃于有机体中唯一的力是普通的物理化学力。这样一来，19世纪的生理学就把唯物主义、机械论、经验主义和实验与测量方法的各种精神汇聚到了一起。

早期生理学取得的这些进展支持了心理研究的科学取向，为心理学的科学取向提供了可资利用的方法和技术。此时，哲学家已经为心灵的实验研究扫清了道路，而生理学家正在利用实验技术探讨心理现象的生理机制。下一步就是利用实验方法研究心灵自身了。

英国经验主义者曾经指出，感觉是知识的唯一源泉。天文学家贝塞尔证明了感觉和知觉上的个体差异对观察的影响。生理学家探讨了感官的结构和功能。现在是用实验和数量化的方法探讨通向心灵深处之路的时候了，也就是说，用实验和数量化方法探讨感觉的主观、心理那一面的时机成熟了。探讨身体的技术已经存在，现在要做的就是把它应用到对心灵的探讨上。实验心理学已经准备就绪了。

实验心理学的开端

把实验方法应用于心灵（新心理学的研究对象）的探讨可归功于赫尔姆霍茨、韦伯、费希纳和冯特。他们4位都是德国科学家，都曾经接受生理学的训练，而且深刻地意识到了现代科学的进展。

为什么是德国？

科学在19世纪的西欧大部分国家都得到了发展，特别是在英国、法国和德国。没有一个国家能垄断人们对于发展科学的热情。科学家们相信，科学工具可以应用于对各种各样问题的研究，人们对此非常乐观。那么，为什么实验心理学开始于德国，而不是英国、法国或其他国家？答案在于德国的某些独特性。这些独特性使得德国成为新心理学更为肥沃的温床。

德国对科学的态度

一个世纪以来，德国的思想史已经为心理的实验科学铺平了道路。实验生理学已经被牢固确立，其被接受的程度是法国和英国不能比拟的。德国的氛围非常适合生物学、动物学和生理学所需要的那种精细分类和描述工作。法国和英国的科学家喜爱演绎、数学的方法，而注重仔细、全面搜集可观察事实的德国科学家更欣赏归纳的方法。

由于生物和生理科学无法进行推演出事实的宏大推论，因而英国和法国的科学家迟迟不肯接受生物学为科学。与此形成鲜明对照的是，信奉分类和描述法的德国人热烈欢迎生物学进入科学的大家庭。

此外，德国人对科学的界定比较宽泛，而在法国和英国，科学则被限制于物理学和化学，因为它们可以使用数量化的方法。德国的科学包括了语音学、语言学、历史学、考古学、伦理学、逻辑学，甚至文学批评等领域。法国和英国的学者对把科学方法应用于复杂的人类心灵充满怀疑。德国人则不同，他们毫不犹豫地把科学工具应用于探讨和测量心理生活的各个方面。

德国大学中的改革运动

在19世纪初期，一股教育改革的浪潮席卷了整个德国大学，改革的目的是贯彻学术自由的原则。大学的教授们受到鼓励，可以不受任何干涉地讲授他们想教的任何东西，进行他们想做的任何课题的实验。学生们可以自由地选择他们喜欢的课程，不受固定课程的限制。这一自由是法国和英国的大学所没有的，它扩展到了科学研究的新领域，如心理学这样的学科。

德国大学的风格为科学研究的繁荣提供了理想的环境。教授们不仅可以讲授他们感兴趣的东西，而且可以在装备良好的实验室指导学生进行实验研究。再没有别的国家会积极地支持这样一种对待科学的态度。

德国同样为学习和实践新的科学技术提供了更多的机会。在这里，我们看到了经济条件（背景因素之一）的影响。德国有许多大学。1870年前，即德国成为具有中央政府的统一民族的那一年之前，德国是由许多自主的王国、领地、城堡组成的一个松散联邦。而每一个这样的区域都有自己的大学。这些大学财政状况好，教师的工资高，实验室装备精良。

而在那个时候，英国只有两所大学，即牛津大学和剑桥大学。但是这两所大学没有促进、鼓励或者支持任何学科的科学研究。此外，它们反对在课程设置中添加任何新的研究领域。1877年，剑桥大学否决了讲授实验心理学的请求，因为"把人的灵魂放到量表上会侮辱宗教"（Hearnshaw，1987, p.125）。在随后的20年里，实验心理学的教学在剑桥大学是被禁止的。牛津大学到1936年以后才允许讲授这门课程。在英国从事科学研究的唯一方式是绅士—科学家模式的，即必须依赖自己独立的收入，就像查尔斯·达尔文和弗兰西斯·高尔顿（第六章）那样。法国也存在类似的情况。

1876年美国约翰·霍普金斯大学在马里兰州的巴尔的摩建立之前，美国也没有一所大学支持科学研究。这所新的大学采取的是德国模式，其主要目标是将科学研究当作培养学生的核心与关键任务。事实上，巴尔的摩被认为是"坐落在美国东部沿海的小德国"。据心理学家与哲学家杜威（参见第七章）讲述，"在霍普金斯大学俱乐部的房子里，教师与学生一起喝着德国啤酒，唱着德国歌"（引自Martin, 2002, p.56）。

霍普金斯大学的创立被认为是"美国高等教育伟大变革的开端"，它建立了20世纪初美国其他大学效仿的模式（Cole, 2009, p.20）。

但是，在那个年代，德国存在着比其他任何地方都更多的科学研究机会。一个人在德国可以作为研究型的科学家而谋生。但是在法国、英国和美国却不行，即使到达顶尖位置，经济依然是十分成问题的。但是在德国成为一个收入高、受人尊敬的教授的机会比其他任何国家都多。那些有前途的大学科学家都需要进行科学研究，且这些研究要被同行评价为做出了重要的贡献。在这里，科学研究比一篇典型的博士论文要重要得多。因此，大多数留在大学工作的人都是极富才智的人，而一旦这些人加入了教师的行列，出版成果的压力就近乎残酷了。

尽管竞争激烈、要求严格，但是有丰厚的回报。只有那些最优秀的人才能在19世纪的德国科学界脱颖而出，其结果是，各门科学出现了一系列的突破，这也包括了新心理学。因此，那几位对科学心理学的发展做出了直接贡献的人都是德国大学的教授,这绝不是什么巧合。

赫尔曼·冯·赫尔姆霍茨(1821—1894)

赫尔曼·冯·赫尔姆霍茨(Hermann von Helmholtz)是19世纪最伟大的科学家之一。在物理学和生理学领域,他是一个多产的研究者。心理学在他对科学的贡献中,排在了第三位。然而,他的工作与费希纳和冯特的工作共同促成了新心理学的发端。赫尔姆霍茨强调了一种机械论和决定论的方法,他假定人的感觉器官就像机器那样工作。他也喜欢技术性的类比,例如,他把神经冲动的传播比作电报(Ash,1995)。

赫尔姆霍茨的生平

赫尔姆霍茨出生在德国的波茨坦城,他的父亲在波茨坦的一所大学预科学校教书。由于身体弱,赫尔姆霍茨是在家中完成他的初等教育的。17岁那年,他进入柏林一所医学院学习。这所学院不用交学费,条件是学生同意在毕业以后到军队从事外科医生的工作。赫尔姆霍茨在军队服役了7年。在这期间,他继续从事数学和物理学方面的研究,并且发表了几篇论文。在一篇论述能量不可毁灭的论文中,他用数学公式表达了能量守恒定律。离开军队以后,他到柯尼斯堡大学担任生理学副教授。在随后的30年里,他先后在波恩大学和海德堡大学担任生理学方面的学术职务,在柏林大学从事物理学方面的教学和科学工作。

赫尔曼·冯·赫尔姆霍茨

富有充沛精力的赫尔姆霍茨在几个学术领域同时从事着研究工作。在生理光学的研究中,他发明了一种眼科仪器,这种仪器在检查眼底视网膜时仍在被使用。这一具有革命性突破的仪器使得对视网膜疾病的诊断和治疗成为可能。由于这一原因,赫尔姆霍茨的名声"快速传遍学术界和公众领域,他一下子获得了职业的成功和世界性的声望"(Cahan,1993,p.574),而那时,赫尔姆霍茨不过才30岁。

在生理光学方面,赫尔姆霍茨出版了3卷本的巨著《生理光学手册》(*Handbook of Physiological Optics*,1856—1866)。这一著作的影响如此持久,以至于在出版60年之后仍然被翻译成了英文。他也对听觉问题进行了研究，1863年出版了《论声调感觉》(On the sensations of Tone)一书。这本书概括了他自己的发现和其他人的一些研究成果。他同样撰写了许多其他著作和文章，对各种各样的问题阐述自己的观点，如后像、色盲、阿拉伯-波斯音节、眼球运动、冰河、几何学公理以及黑死病，等等。在后来的岁月中，他也对无线电和收音机的发明做出了间接的贡献。

1893年秋天，他去美国参加了在芝加哥举行的世界博览会，在返回的途中登船时，他跌了一跤，不到一年之后，他陷入半清醒和狂言呓语状态。他的妻子写道："他的思维混乱，分不清现实生活和梦境，搞不清时间和场景，所有的一切在他的脑海里都是一片模糊……仿佛他的灵魂在美丽的理想王国里逐渐远去，只有科学和永恒的定律可以左右灵魂之船的飘荡。（引自 Koenigsberger，1965，p.249）"

赫尔姆霍茨对新心理学的贡献

赫尔姆霍茨对心理学最主要的贡献是关于神经冲动速度的发现，以及对于视觉与听觉的研究。科学家们曾经假定，神经冲动是瞬间的，或者至少是因为太快而无法测量。赫尔姆霍茨第一次利用蛙腿神经和肌肉对传导的速度进行了经验测量。他精心安排了实验，以便精确地记录刺激的那一刻和导致运动的那一刻之间的时间间隔。他使用不同长度的神经进行实验，记录肌肉附近的神经受刺激的时间和随后的肌肉反应，然后再把刺激的部位渐渐移远，观察肌肉反应的时间差异。这些测量提供了神经冲动的传导速度，即每秒27米。

赫尔姆霍茨同样使用人类被试对感觉神经的反应时间进行实验。他研究了从感官刺激到所导致的运动反应之间的完整环路。研究结果显示出个体之间存在很大的差异，同一个体在不同的时间的反应也存在差异，导致赫尔姆霍茨最终放弃了这项研究。

赫尔姆霍茨证明，神经冲动的传导速度并不像原来认为的那样，是瞬间的。这些研究显示出思想和随后的运动之间有可以测量的时间间隔，并非瞬间完成的。然而，赫尔姆霍茨所感兴趣的是测量本身，而不是测量结果的心理学意义。后来，这一研究对心理学的意义被其他学者意识到。这些学者继续从事这类研究，使得反应时实验成为一个富有成果的研究路线。但是赫尔姆霍茨的研究工作是对心理生理过程进行实验和测量的最早的研究之一。

他对视觉的研究影响了新心理学。赫尔姆霍茨研究了眼睛外部的肌肉和眼睛内部肌肉调节眼球聚焦的机制。他修改和扩展了 1802 年托马斯·扬（Thomas Young）提出的颜色视觉理论。现在，这一理论被称为扬－赫尔姆霍茨颜色视觉理论。赫尔姆霍茨有关听觉的研究也具有同等的重要性。他研究了声调知觉，探讨了谐音和不和谐音以及回声等问题。现在，他的研究仍然被心理学的教科书所引用，这说明了他的观念和实验的持久影响。

赫尔姆霍茨同样注意到科学研究的应用和实践效益问题。他反对那种做实验仅仅是为了积累数据的观点。在他看来，科学家的使命是搜集信息，并扩展或应用不断增长的知识去解决实际问题。我们会看到这一取向在心理学的机能主义学派中的进一步发展。机能主义学派后来在美国扎下根来（见第七章和第八章）。

赫尔姆霍茨并非心理学家，心理学也不是他感兴趣的主要领域，但是他在人类感官研究方面做出了大量重要贡献。因此，他的工作推动了实验方法在心理学研究中的应用，而这是新心理学得以创建的关键。

厄尼斯特·韦伯（1795—1878）

厄尼斯特·韦伯（Ernst Weber）出生于德国的维腾贝尔格，父亲是一位神学教授。1815 年，他在莱比锡大学获得博士学位。从 1817 年至 1871 年退休，他一直在这所大学讲授解剖学和生理学。他主要的研究兴趣是感官生理学，在这一领域，他做出了杰出的贡献。由此，他应用生理学的实验方法研究了心理学性质的问题。在他之前有关感觉器官的研究几乎都集中于视觉和听觉，而韦伯探讨了一个新的领域，即皮肤感觉和肌肉感觉。

厄尼斯特·韦伯

两点阈限

韦伯对新心理学的一个重要贡献是他对皮肤上两点辨别精确性的实验测定，即测定两点之间需要有多大的距离，被试才能报告出有两个不同点的感觉。在被试没有看到测试仪器的条件下，让被试报告触及皮肤的是一个点还是两个点。测试用的仪器类似于圆规，当刺激的两点非常接近时，被试报告仅仅有一个点的感觉；随着两个刺激源距离的增加，被试开始报告

两点阈限（two—point threshold）：两个刺激点可以被区别开来的阈限值。

不能确定究竟感觉到一点还是两点；最终，在一个距离上，被试报告有两个清晰的触觉点。

这一程序论证了**两点阈限**，即在某一点上，被试可以区分出两个独立的刺激源。韦伯的研究标志着有关阈限概念（在那一点上，某个心理效应开始显现）的第一次系统的实验论证。这一概念从开始至现在，在心理学领域得到了广泛的使用。（在第十三章，我们会讨论应用于意识的阈限概念，即在那一点上，心灵中的无意识观念变成了有意识的。）

最小可觉差

最小可觉差（just noticeable difference）：在两个物理刺激之间可以觉察到的最小差异。

韦伯的研究带来了心理学第一个数量化定律。他想要测定**最小可觉差**，即两个重量之间能被觉察到的最小差异。他让被试提起两个重物，一个是标准重量，另一个是用于比较的重量，然后报告其中一个是否比另一个重一些。当差异较小时，被试报告没有差异，当差异较大时，被试报告了差异的存在。

随着研究计划的深入，韦伯发现两个重量之间的最小可觉差是个恒定的比率，即 1∶40。换言之，41 克是被试刚刚能觉察出它与 40 克的标准重量不同的重量，而 82 克是与 80 克标准重量的最小可觉察重量。

韦伯随后研究了肌肉对辨别大小不同的重物的作用。他发现，当被试自己提起重物时（获得手和膀臂的肌肉感觉），比实验者把重物放到他们的手上时，做出的辨别更为精确。实际上，提起重物时触觉和肌肉感觉都起作用，而把重物放在手上时，只能体验到触觉。

由于被试自己提起重物（1∶40 的比率）时比把重物放在他们的手上（1∶30 的比率）时能觉察到重物之间更小的差异，因而韦伯得出结论认为，内部肌肉感觉必然对被试的辨别能力产生影响。

从这些实验中，韦伯得出结论，认为在不同的感觉间，最小可觉差的辨别并不依赖于两个重物的绝对差异，而是依赖于它们之间的相对差异或比率。他在对视觉的辨别实验中发现，其比率比在肌肉感觉实验中得到的比率更小。然后，韦伯对两个刺激的最小可觉差提出了一个恒定的比率，这个比率可适用于人的每一种感觉。

韦伯的研究证明，在物理刺激和我们对它的知觉之间并没有一个直接的对应关系。然而，像赫尔姆霍茨那样，韦伯感兴趣的仅仅是生理过程，并没有注意到这一工作对心理学的意义。他的研究为探讨身体和心灵（刺激和相应的感觉）的关系提供了一种方法。这是一个至关重要的突破。接下来所需要的就是某个人来利用这一研究的重要意义了。

韦伯的实验刺激了另外的研究，使得以后的生理学家注意到了实验方法在研究心理现象方面的效用。韦伯有关阈限的研究和对感觉的测量对于新心理学有着至关重要的意义，实际上对那个时代心理学的每一个方面都产生了影响。

古斯塔夫·塞奥多·费希纳（1801—1887）

古斯塔夫·塞奥多·费希纳（Gustav Theodor Fechner）在他充满活力的一生中，有多种不同的学术追求。他当了7年生理学家，15年的物理学家，14年的心理物理学家，11年的实验美学家和40年的哲学家——其中病了12年。在所有这些追求中，他在心理物理学方面的工作给他带来了最大的声誉，虽然他并不希望后人以这种方式记住他。

费希纳的生平

费希纳出生于德国东南部的一个农庄，其父亲是位牧师。1817年，他开始在莱比锡大学学医，在这期间，他经常听韦伯的生理学课。他的一生是在莱比锡度过的。

从医学院毕业以前，费希纳的人文主义观点就反叛了他所接受的科学训练中流行的机械论观点。他用"米塞斯博士"这一笔名写了一些讽刺性的文章，讥讽当时的医学和科学。他的个性中既有对科学的兴趣，又有对形而上学的兴趣，这两个方面的冲突贯穿于他的一生。他明显对科学中流行的元素主义方法不满，他赞同他称之为"光明说（day view）"的理论，认为宇宙可以从意识的立场来加以说明。他的这一观点同当时流行的"黑暗说（night view）"是相对立的。根据那种观点，包括意识在内的宇宙只不过是由惰性物质组成的。

古斯塔夫·塞奥多·费希纳

完成了医学学习以后，费希纳开始在莱比锡大学从事物理学和数学工作。他也翻译了一些法文的物理学和化学的手册。到1830年，他已经翻译了十几本著作。这一活动给他在物理学方面带来了巨大声誉。1824年，他开始在大学中讲授物理学，并从事自己的实验研究。在19世纪30年代末，他开始对感觉的问题产生兴趣。在探讨视觉后像问题时，他使用彩色的玻璃直接观察太阳，因而使他的眼睛受到了极大伤害。

1833年，他在莱比锡大学获得了令人尊敬的教授职位，但是从这时开始，他患上了抑郁症，并且持续了好几年。他抱怨说，总是感到精疲力竭，睡眠困难、消化不良，即使身体处在饥饿状态时，也没有一点食欲。他对光极度敏感，大部分时间都待在一个黑暗的房间里，房间的四壁也被涂成了黑色。他的母亲在狭窄的门缝外读书，他静静地聆听着。

他尝试着花时间散步，起初只是在晚上没有光亮的时候，后来尝试在白天，但是眼睛要蒙起来。其目的是通过这种方式排解寂寞和压抑。作为一种精神的宣泄，他编谜语、写诗歌。他尝试了各种医疗技术，如使用泻药、电击疗法、蒸汽治疗、拔火罐，但是这些都没有产生疗效。

费希纳的疾病本质上可能是神经症。而他那古怪的痊愈方式似乎支持了这一观点。他的一位朋友做了一个梦。在梦中，这位朋友为费希纳准备了一份主食。主食是由浸泡在莱茵河葡萄酒和柠檬汁中的生辣火腿组成的。第二天，这位朋友准备了这样的食物，送给费希纳。他尝了尝，有点勉强，但是以后他越吃越多，并宣称感觉好起来了。但是这一状态并没有保持多久，6个月以后，他的症状加重，令他十分担心自己精神是否健全。费希纳写道："我有了一种清晰的感觉，除非我能阻止紊乱的思绪，否则我的心灵不知会奔向何方。那些烦琐的细枝末节只是以这种方式困扰着我，使我不得不花费数小时甚至数天时间去摆脱这些烦恼。（引自 Balance & Bringmann，1987，p.42）"

依照某种职业疗法的要求，费希纳强迫自己做一些日常琐事，但是这些工作只能是那些不需要动脑筋和使用眼睛的事情。"我编绳子、制绷带、做蜡烛……卷纱布；在厨房帮厨，摘豆子、洗菜、做面包屑、磨糖粉。我也去给胡萝卜削皮……多少次，我都不想再活着了。（引自 Balance & Bringmann，1987，p.43）"

最终，费希纳对周围世界的兴趣又复活了，他一直保留着葡萄酒浸泡火腿的食谱。他曾经做过一个梦，梦中出现了77这个数字。这使他相信77天以后他就会痊愈，结果当然如此。他的抑郁转变成一种自我陶醉和虚幻的尊贵感。他宣称神选择了他去揭开这个世界的奥秘。从他的这一经验中，他形成了愉快原则的观念，而这一观念在多年之后影响了弗洛伊德的工作（第十三章）。

费希纳活到 86 岁，身体状况一直很好，对科学做出了重要贡献。但是早在 40 多年之前，莱比锡大学就已经宣布他不再能胜任他的工作，此后一直到费希纳逝世，莱比锡大学每年都会付给费希纳一笔退休金。

心灵与身体：一种数量化的关系

在心理学史上，1850 年 10 月 22 日是个重要的日子。那天早晨，当费希纳躺在床上的时候，他突然闪过一个有关心灵和身体关系的念头：我们可以用数量化的关系把心理感觉同物质刺激联系起来。

费希纳思考道：刺激强度的增加不会导致感觉强度上一对一的变化。两者的关系是：刺激以几何级数增长，感觉以对数级数增长。例如，在一个正在作响的铃声上增加 1 贝尔的音量，比在 10 个正在作响的铃声上增加 1 贝尔的音量，感觉强度的增加要大得多。因此，刺激强度效应不是绝对的，而是相对于业已存在的感觉的量。

这一简单但却充满智慧的观念的意义是：感觉量（心理品质）依赖于刺激量（物理品质）。若要测量感觉的变化，就必须测量刺激的变化。因此，形成心理世界和物理世界之间的数量化或数字关系是可能的。这样一来，费希纳从经验上把心灵和身体联系起来，跨越了身体和心灵之间的障碍，使得对心灵的实验成为可能。

对于费希纳来说，这一概念是清晰的。但是，怎样贯彻这一想法呢？研究者不得不既要精确地测定主观的东西，也要精确地测定客观的东西；既要测量心理感觉，又要测量物理刺激。测量刺激的物理强度，如光亮度、标准重物的重量等并不困难。但是怎样测量感觉？怎样测量当被试受到刺激时报告的意识体验呢？

费希纳提出以两种方式测量感觉。首先，我们可以判断一个刺激是否存在，或者判断是感觉到还是没有感觉到。其次，我们可以测定这样一种刺激强度，在这个强度上，被试报告产生了感觉。这就是感觉的**绝对阈限**，即低于这一强度点时，被试没有感觉的产生，高于这一点时，被试确实产生了感觉。

绝对阈限的概念是有用的，但是却具有局限性，因为仅仅测定了一个感觉值，而且是它的最低值。若要把两个强度联系起来，我们必须能详细地列举刺激值及其相应感觉值的全距。为了完成这个任务，费希纳提出了**差别阈限**的概念。差别阈限指的是能引起感觉变化的最小的刺激量。例如，必须增加或减少多少重量，被试才能感觉到重量的变化？换言之，必须增

绝对阈限（absolute threshold）：感受性的某一点，在这一点之下没有感觉体验，而在这一点之上就产生了感觉体验。

差别阈限（differential threshold）：感受性上的一点，在这一点上，刺激上最微小的变化造成了感受上的变化。

加或减少多少重量，被试才能产生感觉上的最小可觉差？

若要测量一个人怎样感觉一个特定的重物（被试感觉它有多重），我们不能使用对物体重量的物理测量。但是，我们可以把物理测量作为测量感觉的心理强度的基础。首先，测量重量在强度上必须减少多少，被试才刚刚能辨别出差异。其次，改变物体的重量到它的较低值，且再次测定差别阈限的大小。由于两个重量的变化对于被试来说都是刚刚能觉察到的，因而费希纳认为两者在主观上是相等的。

这个过程可以重复进行，直到物体恰好能为被试所感觉到。如果重量上的每一次减少在主观上都是相等的，那么重量必须减少的数量，即最小可觉差的量，就可以用来作为对感觉的主观强度的客观量度。利用这种方式，我们可以测定能够引起两个感觉之间差异所必须的刺激值。

费希纳认为，对人的每一种感觉来说，刺激的某种相对增加总是能导致感觉强度上可以观察到的变化。因此，感觉（心灵或心理品质）和刺激（身体或物理品质）是可以测量的。两者的关系可以用这样一个等式来表示，即 $S = K \log R$，其中，S 是感觉强度，K 是常数，R 是刺激强度。它们的关系是对数性质的，即一个级数是按算术方式增加的，另外一个级数是按几何方式增加的。

尽管在莱比锡大学时，费希纳听过韦伯的课，而且几年之前韦伯也发表过关于这个问题的文章，但在后来的作品中，费希纳认为他所描述的心身关系的这一观念并不是受了韦伯工作的启示。费希纳坚持认为，直到他对自己的假设进行实验检验之前，他并不知道韦伯的工作。一直到一段时间之后，费希纳才意识到，他用数学形式表示的原理基本上是韦伯已经证实了的东西。

心理物理学的方法

心理物理学(psychophysics)：对心理和物理过程关系的科学研究。

费希纳的这一顿悟直接导致了他的**心理物理学**研究。正像这一术语的构成那样，心理物理学研究的是精神（心理）世界和物质（物理）世界的关系。在这一研究的过程中，通过提起重物、视觉明度、视觉距离、触觉距离的实验，费希纳创立了心理物理学的三个基本方法之一，并系统化了另外两个。这些方法在当今的心理物理学中仍然使用着。

均差法，或称调节法，是让被试调节一个可变刺激，直到他们感觉它与常定标准刺激是相等的为止。经过多次尝试以后，标准刺激与被试所设定的可变刺激之间差数的平均数或平均值就可以代表被试的观察误差。这项技术在测量反应时、听觉和视觉辨别方面是有用的。从更广泛的意义上说，它对于大部分心理学研究来说，都是基本的。每当我们计算平均数时，实际上都在使用着均差法。

常定刺激法涉及两个常定刺激，其目的是测量两个常定刺激的差异，而这个差异是做出一定比例的正确判断所需要的。例如，被试首先提起一个 100 克的标准重量，然后提起用于比较的重量，如 88 克、92 克、96 克、104 克或者 108 克。被试必须判断第二个重量与第一个重量相比，究竟是重，是轻，还是相等。

在极限法中，给被试呈现两个刺激（例如，两个重量），其中一个刺激增强或减弱，直至被试报告他们觉察到了差异。然后从多次实验中获得许多数据，计算出最小可觉差的平均数，确定差别阈限。

费希纳的心理物理学研究计划持续了 7 年。他于 1858 年和 1859 年发表了两篇短论文，并于 1860 年出版了完整的《心理物理学纲要》(*Elements of Psychophysics*)。这是一本有关精确科学的教科书，它描述了"物质的和精神的，生理的和心理的世界的机能依存关系"(Fechner, 1860/1966, p.7)。这本书对于科学心理学的发展是一个杰出的、创造性的贡献。在他那个时代，费希纳有关刺激强度与感觉之间的数量化关系的论断被认为与万有引力定律的发现具有同等重要的意义。

下列素材取自费希纳的《心理物理学纲要》。在这里，费希纳讨论了物质和心灵之间的差异、刺激及其所导致的感觉之间的差别。在下面这段文字中，费希纳也区分了他所谓的"内部"的心理物理学和"外部"的心理物理学。内部的心理物理学涉及感觉与伴随的脑和神经活动之间的关系。在费希纳那个时代，精确地测量这些生理过程是不可能的。因此，他探讨的是外部的心理物理学。就像他的心理物理法所测量的那样，外部心理物理学涉及刺激与感觉的主观强度之间的关系。

○ 原著精选

有关心理物理学的原始资料：摘自《心理物理学纲要》(1860)

古斯塔夫·费希纳

在这里，心理物理学应该被理解为有关身体的和灵魂的，或者从更为一般的意义上说，是有关物质的和精神的、生理的和心理的世界的函数依存关系的精确理论。

我们把所有能被内省观察所把握,以及从内省观察中抽象出来的东西,称为精神的、心理的,或者从属于灵魂的;而把所有从外部的观察所把握的和抽象出来的东西看作身体的、肉体的、物理的或物质的。这些名称涉及的仅仅是现象(appearance)世界中显现出来的那些方面,心理物理学所关心的正是这些现象之间的关系。当然,只有在日常语言的意义上理解了内部观察和外部观察的含义,你才能理解什么是从实在到现象的那些活动。

无论如何,心理物理学的所有讨论和研究,仅仅同物质世界和精神世界中显现出来的现象相关,同那个直接通过内省或者通过外部观察而获得的世界相关。这个世界或者通过它显现出来的东西推演而得知,或者经由现象关系、范畴、联想、演绎或定律而把握。简要地说,心理物理学是在物理学和化学的意义上谈论"物理的",在经验心理学的意义上谈论"心理的",而不是在形而上学的意义上谈论身体或灵魂的性质。

一般来说,我们称心理的东西是物理的东西的依变量(函数),称物理的东西是心理的东西的依变量(函数)。就它们之间存在着一种恒定的和有规律的关系而言,其中之一改变了,我们可以推理另一个也会改变。

就一般的意义上说,身体和心灵之间存在着函数关系,这一点是无法否认的,但是对这一事实的原因及其解释,以及它的作用范围还存在着无法解决的争论。

对于这一争论的解决,我们不需要求助于形而上学。因为形而上学更关心本质而不是具体的现象。心理物理学所要做的是尽可能精确地测定身体和心灵两种现象模式之间的函数关系。

在物质世界和精神世界中,什么东西在数量上和性质上是结合在一起的呢?什么东西既是遥远的,又是接近的?控制它们在同一方向和相反方向变化的那些规律是什么?这些都是心理物理学询问和尝试着予以精确回答的一般问题。

换言之(但是意义是同样的),在事物的内部和外部的现象模式中,哪些是一致的?它们各自的变化存在着哪些规律呢?

就联系身体和心灵的函数关系而言,实际上没有东西可以阻碍我们从函数依存关系的角度理解和认识它们。利用数学的函数关系,我们可以有效地解释它们,我们可以在变量 x 和 y 之间确立一种等式关系。在这种等式关系中,一个变量是另外一个变量的函数,每一变量的变化都依存于对方。然而，心理物理学有理由认为，在心灵和身体的依存关系上，心理物理学方法更倾向于将心灵依存于身体，而不是相反。这是因为，恰恰是由于生理的那些方面是便于我们测量的，心理方面的测量只有通过物理方面的测量才能获得……

从本质上讲，心理物理学可分为外部的心理物理学和内部的心理物理学，前者关注的是心理的方面同身体的外部方面的关系，而后者关注的是心理的方面同那些与心理相关的内部机能之间的关系。

心理物理学的所有基本证据只能从外部心理物理学的领域获得，因为这一部分是直接经验可以达到的。因此，我们的出发点必须是外部的心理物理学。然而，考虑到身体的外部世界只有身体内部世界为中介才能与心灵产生函数联系，因此，如果不时时关注内部心理物理学，外部心理物理学的发展就无从实现……

从名称上，就可以看出心理物理学同心理学和物理学的关系。心理物理学一方面要以心理学为基础，另一方面要可以为心理学提供数学基础。从物理学那里，外部心理物理学可以得到方法论的帮助。内部心理物理学可以从生理学和解剖学那里得到更多的东西，特别是在神经系统方面，我们需要了解的东西更多。

感觉依赖于刺激的作用，一个较强的感觉依赖于较强的刺激。然而，刺激只有通过身体内部的某些中介过程才能导致感觉。如果说我们可以发现感觉和刺激之间的规律性关系，那么，这种规律性的关系必然包括刺激和内部生理活动的规律性关系，而后者同身体过程互动的一般规律是一致的，因而为我们得到有关这个内部活动的本质的一般结论提供了基础。

除了对内部心理物理学的重要意义外，这些由外部心理物理学确立的规律性关系具有它自身的重要性。就像我们将会看到的那样，以此为基础，物理测量导致了对心理的测量，而心理测量成为我们立论的基础，其本身具有着重要意义。

在19世纪初期，德国哲学家康德曾坚持认为，因为对心理过程的实验或测量是不可能的，因而心理学永远不会成为科学，但是费希纳却使得对心理现象的测量成为可能。正是因为费希纳的工作，人们开始对康德的断言产生怀疑。冯特之所以能提出实验心理学的计划，也主要是因为费希纳在心理物理学方面所做的工作。费希纳的方法在应用于心理学研究方面，

比他自己想象得要宽广得多。最重要的是，他为心理学赋予了那种若要称为科学就必须具备的东西，那就是精确和精致的测量技术。

心理学的正式建立

到19世纪中期时，自然科学的方法被应用于研究纯粹的心理现象。此时，研究心理的技术、仪器出现了，相关的重要书籍出版了，人们对心理学产生了广泛的兴趣。英国经验主义哲学家和天文学家们强调了感官的重要性，德国科学家对感官的工作原理进行了描绘。时代的思想氛围，即时代精神促进了这两股思想潮流的汇聚。然而，现在所需要的是某个人把这些结合在一起，去"建立"这门新科学。最终，威廉·冯特完成了这项工作。

问题讨论

1. 描述高尔头盖学方法以及由此产生的颅相学的流行。科学是怎样拒绝它的？

2. 描述韦伯对两点阈限和最小可觉差的研究。这些研究对心理学的重要意义是什么？

3. 讨论科学家用来定位脑功能的方法。

4. 如果没有费希纳或韦伯的工作，你认为实验心理学会诞生吗？为什么？

5. 解释生理学的发展如何与英国的经验主义结合起来，共同促成了新心理学的诞生。

6. 为什么实验心理学在德国而不是其他国家诞生？

7. 早期生理学的发展怎样支持了人性的机械论形象？

8. 内部心理物理学和外部心理物理学的差别是什么？费希纳更关注哪一个？为什么会这样？

9. 赫尔姆霍茨对神经冲动速度的研究有什么重要意义？

10. 公式 $S = K \log R$ 所代表的刺激强度和感觉强度之间的关系是什么？

11. 费希纳使用了哪些心理物理学的方法？心理物理学怎样影响了心理学的发展？

12. 在新心理学的发展中，大卫·金尼布洛克起了什么作用？

13. 1850年10月22日，费希纳产生了什么顿悟？费希纳是怎样测量感觉的？

14. 柏林物理学协会的根本目标是什么？

15. 贝塞尔的工作对新心理学的意义是什么？他的工作与洛克、伯克利等经验主义哲学家的思想有什么联系？

第 四 章

新心理学

不可能的多任务处理

冯特从没有听说过多任务处理。即使他听说过，他也不会相信，人们可以同时注意一个以上的刺激，或者同时从事两种及两种以上的心理活动。这就像校园里的学生，他们在用手机发短信的同时，还要注意到小丑一样。当然，19世纪中期，没有人听说过多任务处理，那时没有任何形式的电话，更不用说发信息、电子邮件、视频游戏及其他需要同时你去注意的电子游戏。

那是1861年，美国南北战争开始了。在德国，雄心勃勃的冯特还是一个29岁的生理学研究者，他在海德堡大学做兼职教员。冯特的同事说他"心不在焉""爱做白日梦"，当时正给本科学生讲授基本的实验室技术。他在家里临时搭建了实验室，试图开展研究以刺激心理学这门新科学的发展。

近来，冯特一直在思考德国天文学家弗里德里希·贝塞尔所称的"人差方程式"问题。1796年，天文工作者金尼布洛克因为测量的错误而被解雇。正如一个心理学史家的描述，冯特受到这一事件的启发：两个天文学家测量恒星通过望远镜的网格线的时间存在系统差异。金尼布洛克与马斯基林的测量差异仅为半秒钟，这一差异实际上取决于天文学家将注意力放在运行的行星上，还是放在计时设备上（Blumenthal, 1980, p. 121）。

如果观察者先看到恒星，他会得到一个数据；如果他先看到网格线，他又会得到另一个有轻微差异的数据。对于观察者来说，要同时将注意力集中在两个物体上是很难的。冯特对这个问题感兴趣，他后来改造了钟摆计时器，使它同时呈现声音与视觉刺激。在这种情况下，被试要对铃声及钟摆通过固定的点同时做出反应。他将这一工具叫作哥丹科梅塞

不可能的多任务处理
现代心理学之父
威廉·冯特（1832—1920）
冯特的生平
莱比锡的岁月
文化心理学
意识经验的研究
内省法
意识经验的元素
元素的组织
冯特的心理学在德国的命运
对冯特心理学的批评
冯特的遗产
德国心理学的其他发展
赫尔曼·艾宾浩斯（1850—1909）
艾宾浩斯的生平
关于学习的研究
使用无意义音节的研究
艾宾浩斯对心理学的其他贡献
弗兰兹·布伦塔诺（1838—1917）
意动的研究
卡尔·施通普夫（1848—1936）
现象学
奥斯沃德·屈尔佩（1862—1915）
屈尔与冯特的不同
系统实验内省
无意象思维
符兹堡实验室中的研究课题
评论
问题讨论

（Gedankenmesser），意思是"思想的量尺"或"思维计量器"，试图用它来测量知觉两个刺激的心理过程。

作为这个实验中唯一的被试，他得出这样的结论：一个人同时把注意力集中在两件事情上是不可能的。他要么只能注意到铃声，要么只能注意到钟摆通过固定的点。他的测量结果表明，要按顺序地注意这两种不同的刺激，期间有 1/8 秒的差异。对于一般的观察者，刺激看起来似乎是同时出现的，但对接受过训练的研究者而言，他们就能看出这一差别。

冯特关于我们不能同时注意或聚焦在一件以上的事情的研究发现，在当代仍有很多的应用。越来越多的文献表明，开车时发短信会干扰驾驶。比如，用一个作家的话说，多任务会"让你愚蠢"，因为我们不能同时有效地管理多个认知任务（参见 Gorlick, 2009；Hosking, Young, & Regan, 2009；Lin, 2009；Richtel, 2010；Shellenbarger, 2004）。

因此，冯特遥遥领先于他的时代。他写道："意识只拥有一个思想、一种感觉。它看起来似乎同时有几个知觉，实际上只不过是我们被其快速的更替欺骗了罢了。（引自 Diamond, 1980b, p. 39）"根据这一发现，冯特测量了心灵。确实，费希纳在他之前已经做过，但明显地，冯特是想用实验法来为一门新的科学奠定基础（而金尼布洛克甚至从来不知道他在这一过程中所起的作用）。

现代心理学之父

冯特是新心理学的建立者。在他的领导之下，心理学成为一门正式的学术学科。他建立了第一个实验室，主编了第一本杂志，确立了作为科学的实验心理学。他研究的那些领域，即感觉和知觉、注意、感情、反应时和联想等，都成为了过去和未来心理学教科书的基本章节。尽管冯特之后的心理学发展史是以反对他的心理学观点为特征的，但是这丝毫无损他作为心理学建立者的成就。

为什么建立新心理学的荣誉给了冯特，而没有给费希纳呢？费希纳的《心理物理学纲要》出版于 1860 年，大约比冯特开始创立一门新心理学早 15 年。冯特自己写到，费希纳的工作代表了实验心理学的"第一场战役"（Wundt, 1888, p.471）。当费希纳逝世的时候，他的论文留给了冯特，冯特据此写下了葬礼上的悼词。此外，冯特的信徒铁钦纳（E. B. Titchener）把费希纳看作实验心理学之父（Benjamin, Bryant, Campbell, Luttrell, & Holtz, 1997）。历史学家承认费希纳的重要性，某些人甚至怀疑，如果不是费希纳的工作，心理学是否会出现。可是，为什么历史学家不把心理学的建立归功于费希纳呢？

答案在于建立思想学派这一过程的性质里。建立是有意识和有目的的活动。它涉及个人的能力和特质，而这些能力和特质不同于做出杰出科学贡献所需要的东西。建立需要综合以往的知识，需要对新近组织的材料进行推广和宣传。一位心理学史家写道：

> 当所有的核心概念产生以后，某个发起者把它们聚集并组织起来，同时添加上那些看起来必须的东西，写文章、做宣传，争论和争辩，概括地说，就是"建立"一个学派。（Boring, 1950, p.194）

近来一篇评论文章评论了创立学说的本质，谈到了向科学界兜售理念的必要性，"要为知识做出重大贡献，确保一个理念具有重大的影响力，跟理论本身的原创性一样重要，成功兜售一种理念甚至可能是更重要的"（Berscheid, 2003, p. 110）。

冯特对建立现代心理学的贡献并不是因为他做出了任何独特的科学发现，而是由于他对系统实验方法的热切倡导。建立毕竟不同于创造。当我们指出冯特是建立者而不是新心理学的创造者时，并不是想贬低冯特的功劳。建立者和创造者对于一门新科学的形成都是必要的，就像盖房子一样，设计者和建筑师都是必不可少的。

记住了这个区别，我们就可以理解为什么费希纳没被看作心理学的建立者。简单地说，他并没有尝试去建立一门新科学。他的目标是理解精神世界和物质世界的关系。他试图描绘一个心灵和身体的统一概念，并为这个概念寻找一个科学的基础。

然而冯特却是有意识地尝试着建立一门新科学。在《生理心理学原理》（*Principles of Physiological Psychology*）（1873—1874）第一版的序言里，他写道："在这里，我呈现给公众的是标示出一门新科学领域的努力。"冯特的目标是推动心理学成为一门独立科学。然而，我们在这里需要再次指出的是，尽管冯特建立了心理学，但是他没有创造心理学。我们已经看到，心理学是在经过了长时期的创造性努力之后而产生的。

在19世纪的后半段里，时代精神已经为将实验方法论应用于心灵问题做好了准备。冯特是这场正在形成的运动的富有激情的代表，是一个应运而生的杰出倡导者。

威廉·冯特（1832—1920）

冯特的生平

威廉·冯特

冯特在德国曼海姆附近的一个小镇度过了他的童年。他的儿童时代有点孤独，因为他的哥哥住在寄宿学校。这个时期，他经常沉溺于成为著名作家的幻想之中。他上小学一年级的学习成绩不好。他的父亲是位牧师。尽管在别人看来，他的父母都喜欢社交，但是冯特对父亲的记忆却不怎么愉快。冯特记得，有一次他的父亲到了学校，因为他没有注意听讲，父亲给了他两个耳光。从二年级开始，教育冯特的任务被移交给了他父亲的一个年轻助手。冯特同他父亲的这位助手建立了深厚的感情，以至于这位助手搬到邻近一个城镇时，冯特非常难过。他的父母不得不允许他同那位助手住在一起，这种情况一直持续到他13岁。

在冯特的家族中，有很强的学术研究传统，他的祖祖辈辈几乎遍及了每一个学术领域，而且颇有名望。然而，这一传统到了年轻的冯特那里，似乎无法继续了。冯特花费了更多的时间沉溺于幻想，而不是用于学习。在大学预科的第一年，他非常失败。与同学不能融洽相处，并遭到老师的讥讽。但是慢慢地，冯特学会了控制自己的空想，甚至逐渐变得受他人欢迎。尽管他一直不喜欢学校，但是他努力培养自己的学术兴趣和能力。19岁毕业的那一年，他已经为大学的学习做好了准备。

冯特决定成为一名医生，以便于实现既工作于科学领域，又养家糊口的双重目的。他在蒂宾根大学和海德堡大学接受医学训练。在海德堡大学，他学习了解剖学、生理学、物理学、医学和化学。他逐渐意识到，医学实践并非他喜爱的东西，因此，他转到了生理学专业。

他在柏林大学跟随约翰内斯·缪勒学习了一个学期，之后返回海德堡大学，并于1855年在那里获得博士学位。1857—1864年，他担任了海德堡大学的生理学讲师一职，并成为了赫尔姆霍茨的实验助理。但是冯特感觉在实验室里指导本科生那些最基本的东西实在乏味，因此他辞去了实验助理的职位。1864年，他被提升为副教授，在随后的10年里，他一直在海德堡大学任教。

在潜心于生理学研究的同时，冯特开始设想作为一门独立实验科学的心理学研究计划。在1858—1862年分部分出版的《感官知觉理论的贡献》（*Contributions to the Theory of Sensory Perception*）一书中，他初步概括了自己的想法。在这本书中，他描绘了自己在家中的一个临时实验室里所做的一个原始实验，提出了他认为适合于新心理学的方法，并第一次使用了"实验心理学"这个术语。这本书同费希纳的《心理物理学纲要》（1860）一起，被认为标志着一门新科学从文献方面的诞生。

在随后的那一年，冯特出版了《人类与动物心理学讲义》（*Lectures on the Minds of Men and Animals*，1863）。这本书在30年之后再版，并被翻译成英文，即使在冯特逝世之后，仍然在不断地重印，彰显出这本书的重要意义。在这本书中，冯特讨论了诸如反应时、心理物理学等许多问题，这些问题多少年以来一直吸引着实验心理学家的注意。

从1867年开始，冯特开始在海德堡大学讲授生理心理学。这是世界上第一次正式讲授这类课程。这门课的讲稿组成了另一本重要的书籍，即《生理心理学原理》。这本书分为上下两册，分别出版于1873年和1874年。在37年中，冯特6次再版修订了这本重要著作，最后一次是在1911年。无疑，作为冯特的大师之作，《生理心理学原理》一书牢固确立了心理学的科学地位，使心理学成为一门具有自己的问题和实验方法的独立实验科学。

许多年以来，不断再版的《生理心理学原理》为实验心理学家提供了一个信息库，记录了心理学的进步。书名中的"生理心理学"可能导致误解。在那个时代，"生理的"这一词汇同德语中的"实验的"一词是同义的。冯特实际上讲授和撰写的都是实验心理学，而不是现在我们所说的生理心理学（Blumenthal，1998）。

莱比锡的岁月

1875年，冯特开始了他职业生涯中最长、也是最重要的一个时期。这一年，他成为莱比锡大学的哲学教授。在莱比锡，他工作了45年。在到达莱比锡之后不久，他就在那里建立了实验室。1881年，他创办了《哲学研究》(Philosophical Studies)杂志。该杂志是新实验室和心理学这门新科学的官方出版物。冯特曾经打算把杂志叫作《心理学研究》(Psychological Studies)，但是后来改变了主意，因为当时已经有了一本叫这一名称的杂志，而那个杂志探讨的是超自然和唯灵论的问题。1906年，冯特才把他的杂志改名为《心理学研究》。现在，新心理学有了一本手册、一个实验室和一本学术杂志，它的发展步入了正轨。

冯特的实验室和他不断增大的名声吸引了大批学生来到莱比锡同他一起工作。其中很多人都成为了心理学各个领域的先驱者，他们各自把自己理解的心理学传播给了新一代的心理学学生。这其中也包括几个美国人，他们大部分返回了美国，建立了自己的实验室。因此，莱比锡实验室对现代心理学的发展产生了巨大的影响，为新实验室的建立和持续的心理学研究提供了一种榜样作用。"冯特在莱比锡大学的心理学实验室成为了世界著名的、杰出的现代性研究机构，它为新的实验心理学提供了卓越的示范。(Muhlberger, 2008, p. 169)"

除了这些在美国建立的实验室之外，冯特的学生也在意大利、俄国和日本等建立了实验室。在冯特作品的译本中，被翻译成俄文的最多。俄国人对冯特的崇拜导致莫斯科的心理学家在1912年建造了一个几乎是复制品的冯特式的实验室。1920年，即冯特逝世的那一年，他的日本弟子在东京大学也复制了这样的实验室，但是这个实验室在20世纪60年代的学潮中被毁掉了。

冯特是一个受学生欢迎的教师。曾经有一次，听课注册的学生超过了600人。他的学生铁钦纳在第一次聆听了他的讲课之后，在1890年所写的一封信中这样描述了他的课堂教学风格：

> 教室管理员打开了房门，冯特走了进来。当然，从皮靴到领带，全是黑色。他的肩膀很窄，身材瘦削，对着学生俯了一下身，给人以身材很高的印象，但实际上我怀疑他不会超过1.8米。
>
> 他笨拙地（没有其他更好的词）从边上的走道踏上讲台，啪嗒、啪嗒，仿佛他的鞋底是木头做的。那声音在我听起来似

乎不雅，但是似乎没有人注意到这一点。

　　他站到了讲台上，这样我就可以更好地看到他了。他头发是铁灰色的，但是不多，除了头顶中部以外。但中部的那几缕头发也是从边上小心地梳理上去的。

　　在讲课时，冯特并不参照教案，尽管在他的两肘之间放着几页纸，就我所看到的而言，他从未低头翻看……

　　在讲课时，冯特的手臂并不闲着，他的两肘固定在讲台上，但是手和手臂不停地挥动，以某种神秘的方式起到说明和解释的作用……

　　下课铃声一响，他立刻停止讲课，略微弯腰，然后又像进来的时候那样，啪哒、啪哒地走了出去。如果不是那晦涩的啪嗒声，我将会对整个授课过程抱以崇敬之情。（Baldwin，1980，p. 287–289）①

　　在冯特的个人生活中，他是一个沉默和谦虚的人。他的每一天都是周密安排好的。早晨，他撰写书或文章，阅读学生的论文，编辑他的杂志。下午，他对学生进行考试，或者去实验室。一位美国学生回忆说，冯特在实验室不会超过 5 ~ 10 分钟。显然，尽管他信奉实验研究，"但他自己不是一个实验室的工作者"（Cattell，1928，p.545）。

　　在一天的晚些时候，冯特会一边散步，一边在内心里准备着他的讲课稿。他习惯于在下午 4 点钟授课。晚上的时间通常用于音乐和政治。在他较年轻的时候，他经常从事维护学生和工人权益的活动。他的家里雇有仆人，家庭生活非常和谐。

文化心理学

　　在建立了实验室和创办了杂志之后，冯特一边指导着大量的实验研究，一边开始把他的精力转向哲学。1880—1891 年，他写了大量有关伦理学、逻辑和系统哲学的作品。1880 年，他出版了《生理心理学原理》的第二版，

---

① 引自："纪念冯特"，W. G. Bringmann and R. D. Tweney (eds.) *Wundt Studies: A Centennial Collection*, p. 280-308. Reprinted by permission of the American Psychological Association.

1887年出版了第三版，同时，他也不断地给他的杂志撰写文章。

展现冯特卓越才能的另一个领域在他的第一本著作中已经勾画了出来，这就是社会心理学的创建。当他重新关注这一领域以后，他撰写了10卷本的著作《文化心理学》(Cultural Psychology)。这一著作出版于1900—1920年。（书名被不精确地翻译为《民族心理学》）。

文化心理学研究展现了语言、艺术、神话、社会风俗、法律和道德中的人类心理发展的各个阶段。这一著作的出版本身比其内容对心理学具有更为重要的意义。因为它的出版把新心理学分成了两个部分：实验的部分和社会的部分。

冯特相信，简单的心理机能，如感觉和知觉，必须通过实验室方法进行研究。但是对于高级心理过程，诸如学习和记忆等，实验方法就无能为力了，因为这些过程是受语言和文化训练的其他方面所制约的。对于冯特来说，高级思维过程只能通过社会学、人类学和社会心理学的非实验方法来进行研究。社会力量在认知过程的发展中起重要作用的这一观点仍然为人们所接受，但是对这些过程的研究不能使用实验方法的这一结论很快就受到了挑战，并且被证明是错误的。

冯特花费了10年的时间来创建他的文化心理学，但是他所设想的这一领域对美国心理学几乎没有产生什么影响。一项调查表明，90多年以来，在《美国心理学杂志》(American Journal of Psychology)发表的文章中，对冯特的这一著作的引用不到4%，而对《生理心理学原理》的引用却占到了61%(Brozek, 1980)。

美国心理学家对冯特的文化心理学缺乏兴趣的一个可能原因是它出版的时间，即1900—1920年这一时期。就像我们将会看到的那样，在这段时间里，一种新心理学在美国迅速繁荣昌盛，这种新心理学同冯特的心理学极为不同。此时的美国心理学对自己的思想观念的信心日盛，并建立了自己的心理学教育机构，感觉自己已经没有必要关注欧洲心理学的发展了。那个时代的一位著名研究者指出，人们之所以对文化心理学不感兴趣，是因为它"到来的那个时期，恰逢美国心理学已经开始成熟，同19世纪八九十年代相比，美国的心理学工作者已经对来自国外的东西不那么开放了"(Judd, 1961, p.219)。

冯特持续地进行着他的系统研究和理论工作，直至他1920年去世。同他富有规律的生活方式一致的是，就在他逝世之前不久，他努力完成了他的心理学工作回忆录。对这位多产心理学家的分析表明，在1853—1920

年，冯特的作品共有 54000 多页，平均每天要写 2.2 页（Boring，1950；Bringmann & Balk，1992）。他儿童时代成为一个著名作家的幻想实现了。

意识经验的研究

冯特的心理学依赖于自然科学的实验方法，特别是生理学家所使用的技术。冯特改造了这些科学的研究方法，使之适合新心理学，并且以物理科学家处理其研究对象的方式处理心理学的研究对象。因此，生理学和哲学中的时代精神共同塑造了新心理学的研究方法和所要研究的问题。

简单地说，冯特心理学的研究对象就是意识。从广泛的意义上讲，19世纪经验主义和联想主义的影响部分地反映到了冯特的体系中。在冯特的理论中，意识包括了许多不同的部分，对它的研究可以采用还原或分析的方法。冯特写道："因而对某一事实研究的第一步必须是对组成其整体的个体元素的描绘。（引自 Diamond，1980，p.85）"

但是，冯特的方法同大多数经验主义和联想主义者的相同点仅此而已。依据经验主义和联想主义的观点，意识的元素是静态的（所谓的心灵原子），这些静态的元素通过机械的联想过程而被动地结合在一起。冯特反对这种观点，他认为，在组织其内容方面，意识的作用是积极的。因此，对意识的元素、内容和结构的研究仅仅提供了一个开端，在理解心理过程的道路上还有很长的路要走。

意志主义

由于冯特关注心灵的自我组织能力，因而他把自己的理论体系称为**意志主义**。意志主义这一术语是从意志（volition）一词衍生而来的。其含义是指意愿（willing）的活动或力量。意志主义指的是组织心灵内容成为高级思维过程的意志的力量。冯特的重点并不像英国经验主义和联想主义那样（或者像冯特的学生铁钦纳后来所做的那样），在元素本身，而在积极地组织和综合这些元素的过程。然而，记住这一点是很重要的，即尽管冯特声称意识的心灵具有综合元素成为高级认知过程的力量，但是冯特承认意识的元素是基本的。如果没有这些元素，心灵的组织作用也就成了无米之炊。

意志主义（voluntarism）：这种观点认为心灵具有把心理内容组织成高级思维过程的能力。

间接经验和直接经验

依照冯特的观点，心理学家应该关注直接经验的研究，而不是**间接经**

间接经验和直接经验（mediate and immediate experience）：间接经验提供了有关某种事物的信息，而没有提供那种经验的元素；直接经验则不会受到解释的影响。

验的研究。间接经验提供了有关某一事物的知识或信息，而不是经验的元素。这是我们通过经验获得关于周围世界知识的寻常方式。例如，当我们观察一朵玫瑰且说"玫瑰是红色的"时，这一陈述意味着我们的主要兴趣在于花，而不在于我们感觉到了所谓的"红色"这一事实。

然而，观察花的**直接经验**并不在这一对象本身，而在于感受到红色的那种体验。对于冯特来说，直接经验是无偏见的和没有受到个人解释影响的。例如，如果根据花这一对象本身来描述自己对玫瑰红的体验，那就是对直接经验的玷污了。

同样地，当我们描述来自牙疼的不舒服感受时，我们报告的是直接经验。但是如果我们仅仅说："我牙疼"，那么涉及的就仅仅是间接经验了。

在冯特看来，人的基本经验，如红的体验、不舒服的感受，等等，组成了意识状态（心理元素），心灵积极组织的正是这些元素。冯特的目标是把心灵分析成它的元素和它的组成部分，就像自然科学家分解他们的研究对象物理宇宙那样。

俄国化学家门捷列夫（Mendeleev）在建立化学元素周期表时表现出来的思想支持了冯特的观点。历史学家曾经认为，冯特曾努力去建造一个心灵的"元素周期表"（Marx & Cronan-Hillix，1987）。

内省法

冯特描述他的心理学是意识经验的科学，因而科学心理学的方法必然涉及对意识经验的观察。但是只有具有这种经验的人才能观察到这种经验。因此，冯特断定心理学的观察方法必然离不开**内省**，即对自己的心理状态的考察。冯特把这种方法叫作内部知觉。内省法并不是由冯特创造的，这一方法的使用可以追溯到苏格拉底（Socrates）。冯特的发明在于应用精确的实验条件控制内省的操作。

> **内省**（introspection）：对自己的心灵进行考察，以便报告自己的思想和情感。

在物理学中，内省曾经被用于研究声和光。在生理学中，内省被应用到对感官的研究上。例如，为获得关于感官的信息，研究者实施一个刺激，然后请被试报告刺激造成的感觉。你会识别出，这类似于费希纳的心理物理学方法。当被试比较两个重量，并且报告孰轻孰重时，他们是在内省，也就是说，他们报告了自己的意识体验。

在莱比锡大学冯特的实验室中实施的内省法或内部知觉方法有明确的条件限制：

- 观察者必须能知道内省过程什么时候开始；
- 观察者必须处在准备好的状态中，注意集中；
- 观察必须能重复数次；
- 必须能根据刺激的控制条件改变实验条件。

最后一个条件涉及实验方法的本质，即改变刺激情景并观察被试所报告的相应变化。冯特相信，他的这种形式的内省，即内部知觉为研究心理学感兴趣的问题提供了原始数据，它同外部知觉给天文学和化学等科学提供的数据是同样的。在外部知觉中，注意的中心在观察者的外部，例如，星体或试管中化学元素混合产生的反应，等等，而在内部知觉时，注意的中心在观察者的内部，即他的意识经验。

把内部知觉置于严格的实验控制中是为了获得可以重复进行的精确观察。外部知觉为自然科学提供的观察是可以由其他的研究者独立重复进行的。为了实现这个目的，冯特坚持认为他的观察者必须接受仔细和严格的训练，以便于正确地进行内部知觉。观察者必须经过上万次的内省观察，其报告的数据才被认为是妥当和有意义的，才能为实验室的研究所采用。

通过这种持续、重复的训练，被试才能机械地进行观察，并且可以迅速地集中注意于所要观察的意识经验。从理论上讲，受到冯特训练的被试在内省时将不会停顿，也就是说，他不需要思考或反省这一过程，因为这样有可能引入个人的解释。他需要做的就是直接地和自动地报告他们的意识经验。因此，在观察的动作和直接经验的报告之间的时间间隔是非常小的。

冯特极少接受质化的内省，因为这种内省只是简单地描述内部经验。冯特所寻求的内省报告涉及的主要是被试对大小、强度、各种物理刺激持续时间的意识判断。这些都是在心理物理学研究中所使用的数量化的判断。冯特的实验室研究中仅仅有很少的一部分使用了主观或质化的内省报告。这类研究往往涉及刺激的愉快特性、意象的强度或者感觉的性质。冯特的大部分研究都是在复杂仪器设备帮助下的客观测量，而在其中，以量化方式记录的反应时测量占了很大一部分。

一位历史学家调查了冯特对质化和量化数据的使用。他发现"在1883—1903年，在冯特的《哲学研究》上，在180篇实验研究报告中，仅有4篇使用的是质化内省数据"（Danziger, 1980, p.248）。当积累了足够多的客观数据以后，冯特就可以从中推演出意识经验的元素和过程了。

意识经验的元素

在为他的新心理学界定了研究对象和研究方法之后，冯特勾画了他的基本目标：

- 把意识过程分析成它的基本元素；
- 发现这些元素是怎样综合或组织起来的；
- 确定这些元素结合的定律。

感觉

冯特认为，感觉是经验的两种基本形式之一（另一个是感情）。当感官受到刺激时，产生感觉，且相应的冲动就会传至大脑。感觉可以通过强度、持续性、感官通道来加以分类。冯特认为在感觉和表象之间没有基本差别，因为表象也同大脑皮层的兴奋相联系。

感情

感情（feelings，有时也译为感受）是经验的另一种基本形式。感觉和感情是直接经验同时产生的不同方面。感情是感觉的主观补充，但是感情不是来自任何感官的。感觉由某种感情性质伴随。当感觉结合起来，形成一种更为复杂的状态时，就会导致某种感情性质的产生。

情感三维说（tridimensional theory of feelings）：冯特对情感状态的解释，认为情感有三个维度：愉快/不愉快、紧张/松弛、激动/压抑。

以他自己个人的内省观察为基础，冯特提出了**感情三维说**。他使用一个节拍器（一种能有规律地发出滴答声的装置）。他报告说，在体验到一系列的滴答声之后，他感受到某些节律比另外一些更悦耳、更让人感到愉快。由此得出结论认为，对任何声音模型的经验都是一种愉快或不愉快的主观感受（注意，这种主观感受是跟与滴答声相联系的物理感觉同时产生的）。所以冯特认为，这种感情状态是处于从高度的愉快到高度的不愉快之间的连续体中的。

随着实验的进行，当冯特注意倾听节拍器的滴答声时，冯特注意到第二种感情，即在期待着相继出现的滴答声时，有了一丝紧张感，而当那个期待的滴答声响过之后，又出现了一点松弛感。由此他得出结论，认为除了愉快和不愉快的维度外，感情中还存在着紧张和松弛的维度。此外，当增加滴答声的频率时，他感受到中等程度的兴奋，而当减少滴答声的频率时，就有了较为平静甚至压抑的感受。

因此，通过不断改变节拍器的速率，对其进行内省，然后报告直接的意识体验（他的感觉和感情），冯特得到了感情的三个独立的维度，即愉快/不愉快、紧张/松弛、兴奋/抑制。每一种基本感情都可以通过它在一个三维的空间中的位置而得到有效的描绘，也就是说，每一种感情都可以在不同的维度上找到自己的位置。

由于冯特认为情绪是基本感情的复杂结合物，因此，如果能在三维系统中确定基本的感情，那么情绪就可以还原为这些心理元素。然而，尽管他的感情三维说在那个时代的莱比锡和欧洲其他实验室激起了大量研究，但这一学说最终没能经受住时间的考验。

元素的组织

尽管冯特强调了意识经验的元素，但是他承认，当我们观察现实世界的物体时，我们的知觉是整体的和统一的。例如，当向窗外看时，我们看到的是一棵树，而不是受过训练的观察者在实验室中报告内省结果时报告的个别感觉和亮度、色彩与形状的意识经验。现实世界中的视觉经验把树理解成一个单元，而不是理解成组成这一棵树的基本感觉和感受。

这统一的意识体验是怎样从它的基本部分产生的呢？冯特使用了**统觉**来解释这一现象。组织心理元素成为一个整体的过程是一种创造性综合（也称为心理组合定律）。这种创造性综合的过程从元素的结合中形成了新的性质。冯特写道："每一个心理复合物的特征都决不是这些元素特征的简单相加而能解释的。（Wundt，1896，p.375）"你可能已经听说整体不同于部分的总和，这是格式塔心理学家倡导的观点（参见第十二章）。这种创造性综合的概念在化学中有其对应的东西。化学元素的结合导致的化合物包含着其原有成分没有的新性质。

统觉（apperception）：组织心理元素的过程。

对于冯特来说，统觉是一个积极的过程。意识决不仅仅受到我们体验到的基本感觉和感情的作用。相反，心灵作用于这些元素，以一种创造性的方式形成一个整体。因此，冯特并不像大多数英国经验主义和联想主义者那样，认为联想的过程是被动和机械的。

○ 原著精选

有关心理组合定律和创造性综合原则的原始资料：摘自《心理学大纲》(*Outline of Psychology*，1896)

威廉·冯特

心理组合定律表现了这样一个事实，即当确定了组成心理复合物的元素之后，元素的特性的确可以解释复合物的某些特性，但是这决不意味着它们仅仅是这些元素特性的总和。一个复合的铿锵声在其观念和情感的性质上并不仅仅是各种单一声调的集合。在空间和时间的观念中，空间和时间的安排当然受到组成这一观念的元素结合方式的限制，但是这一安排决不能被看成感觉元素本身的性质。朴素主义理论所持的就是这样一种观点，他们使自己陷入矛盾而无法自拔。除此之外，就他们承认原先的空间知觉和时间知觉中随后的变化这一点来讲，他们至少在某种程度上承认了新性质的产生。

最后，在统觉功能和想象与理解活动中，这一定律以更加清晰的方式表现了出来。由统觉综合作用整合起来的那些元素在结合起来的新观念中不仅获得了新的意义（这些新的意义在孤立元素中是不存在的），而且更为重要的东西是，这一结合起来的观念本身就是一个新的心理内容。当然，这个新的心理内容是以元素的存在为先决条件的，但是这个新的心理内容决不意味着会包含在那些元素之中。这一点在更为复杂的创造性综合中表现得最为显著，例如，在艺术工作中、在逻辑思维链中都是如此。

因此，心理组合定律表现了这样一个原理，即从其结果来看，可以称之为创造性综合原则。这一原则在高级心理过程中，早已为人们所认可，但是一般说来没有应用到其他心理过程。事实上，由于把它同心理因果定律混淆到了一起，它已经被完全颠倒了。

同样的混淆也要为这样一种观念负责，即认为精神世界中的创造性综合原则与自然世界中的一般定律，特别是能量守恒定律是矛盾的。但是这样一种矛盾一开始就是不可能的，因为自然科学和心理学并不是研究着经验的不同内容，而是研究从不同的角度所看到的同一内容。

物理测量与客观的物质、力量和能量有关。在判断客观经验时，这些都是我们不得不使用的概念，为我们的判断起着补充作用。从经验中推演出来有关它们的一般定律在任何单一经验中必然是不矛盾的。而心理测量涉及的是心理成分及其组合物的比较。这种测量与主观价值和目的相关。一个整体的主观价值在与其成分的主观价值进行比较时，可能会增加。在与其相关的物质、力量和能量不变的条件下，整体的目的可能不同于、高于其成分的目的。外部意志行为的肌肉运动，即伴随感官知觉、联想与统觉的物理过程都不变地遵循能量守恒原则。但是这些能量所代表的心理值和目的即使在能量值保持不变的条件下，在数量上可能也是非常不同的。

冯特的心理学在德国的命运

尽管冯特的心理学迅速传播开来，但是它并没有在德国直接和完全地改变学术心理学的性质。在冯特生前，甚至在他逝世20年之后的1941年之前，德国大学中的心理学基本上仍然是哲学的一个分支。造成这一现象的部分原因是某些心理学家和哲学家反对分离心理学与哲学。但是另外一个很重要的原因是背景因素的作用，即那些负责给德国大学提供经费的政府官员没有看出心理学有什么实际价值，值得花钱去建立一个独立的系科和实验室。

1912年，当实验心理学协会在柏林开会时，德国心理学家正式请求政府官员给心理学提供更多的财政支持。柏林市市长回答说，他首先要做的是从所有这些心理学研究中，看出某些实用的结果。其传达的明显信息是："如果心理学想得到更多的支持，那么它的代表就必须证明心理学对社会的效用。（Ash，1995，p.45）"

困难的问题是，由于冯特的心理学关注的是描绘和组织意识的元素，因而并不适合解决现实世界的问题。或许这也就是为什么冯特的心理学没有在美国实用主义的环境中扎根的原因。冯特把心理学当成一门纯粹的学术学科，他对应用心理学解决实际问题一点也不感兴趣。因此，尽管许多其他国家的大学接受了心理学，但是冯特的心理学在德国却迟迟没有成为一门独立的学科。

到 1910 年时，即冯特逝世前的 10 年，德国心理学已经发行了 3 本杂志，出版了几本教科书，也建立了几个实验室，但是仅仅有 4 位学者在官方的注册目录上登记自己为心理学家而不是哲学家。到 1925 年时，也只有 25 位学者称自己为心理学家，在 23 所大学中只有 14 所大学单独设立了心理学系（Turner，1982）。

而在美国的同一时间里，有更多的心理学家和心理学系科。心理学的知识和技术被应用于商业和教育等实践问题。但是我们将会看到，这一对冯特心理学的偏离仍然起源于冯特自己的观点。

对冯特心理学的批评

像任何发明创造者那样，冯特的观点面临着批评。特别是他的内部知觉，即内省法是最脆弱的地方。批评者们质问道：当不同的观察者通过内省得到不同的结果，怎样确定他们谁是正确的呢？使用内省技术的实验并不总是能提供一致的结果，因为内省的观察是一种自我观察，观察的对象是私有的经验。因此，通过重复的观察并不能解决结果上的不一致问题。冯特承认这一缺陷，但是相信通过更多的训练，增强观察者的经验，这一方法可以得到改善。

冯特个人在政治问题上的观点同样给批评者提供了靶子，像一位历史学家所描述的那样，这也解释了为什么"冯特的心理学在两次世界大战之间（1918—1939）突然陨落……冯特的大量研究和作品一夜之间从说英语的世界中消失了"（Blumenthal，1985，p.44）。一些学者推测说，造成冯特心理学消失的原因与冯特公开发表对第一次世界大战的评论有关。冯特指责英国发动了这场战争，他把德国对比利时的入侵说成自卫行动。这些观点都是自私错误的，它使得许多美国心理学家转而反对冯特及其心理学（参见 Benjamin，Durkin，Link，Vestal，& Acord，1992；Muhlberger，2009；Sanua，1993）。

他的政治立场使他丧失了诺贝尔奖。冯特曾在 1907 年、1909 年两度获得提名，并在 1915 年成为 6 个决赛者之一。尽管他是"当时最知名的心理学家，拥有相当可观的成就"，他还是没有获得诺贝尔奖（Benjamin，2003，p. 735）。第一次世界大战发生的第二年，当时抗德情绪很高。冯特对祖国近乎刻薄的保护，使他错失了这一奖项。

随着第一次世界大战的进行，冯特的体系在德语世界也有了竞争。在冯特的晚年，兴起于欧洲的另外两个学派消弱了他的影响：德国的格式塔心理学与奥地利的精神分析。在美国，机能主义与行为主义的出现也使冯特的心理学逊色不少。

此外，居于支配地位的经济因素和政治背景力量也推动了冯特的心理学在德国的消失。第一次世界大战战败后的德国在经济上陷于崩溃的边缘，德国的大学因此几乎破产。莱比锡大学甚至没有经费为图书馆购买冯特的新版图书。冯特的实验室曾经培养了第一代心理学家，但是在第二次世界大战中，它毁于英国和美国1943年12月4号对德国的一次空袭。由此，冯特心理学的性质、内容、形式，甚至于它的家园都消失了。

冯特的遗产

冯特开创了一个新的科学领域，在实验室中从事着他为这个目的而设计的实验。他在自己的杂志上发表研究的结果，尝试着创建人类心灵的系统理论。他的学生建立了许多这样的实验室，用冯特提出的方法和技术持续进行着心理学的实验。因此，冯特为心理学提供了现代科学所必须具备的那些东西。

当然，时代已经为接受冯特的心理学做好了准备。它是生理科学在德国的大学中发展的自然结果。虽然冯特的工作是这一发展的顶点，却不能说是这一发展的起源。然而，这丝毫无损他的贡献。建立心理学的确需要巨大的精神投入和勇气。冯特的努力代表着这样一种巨大的成就，以至于他在现代心理学的发展中起到了独一无二的作用。冯特逝世70年之后一次对49位美国心理学史家的调查表明，冯特一直被认为是最重要的心理学家。这对于一位其学术体系早已陨落的学者来说，是非常难得的荣誉（Korn，Davis，& Davis，1991）。

冯特之后的大部分心理学史记载的都是对冯特心理学的反叛，但是这并不能贬低冯特对心理学的里程碑式的贡献。我们甚至可以这样说，后来的这些发展实际上提高了冯特的声望。革命需要一些靶子，需要一些东西去抗争，作为这种靶子，冯特的工作为现代实验心理学提供了一个无与伦比的良好开端。

德国心理学的其他发展

冯特对新心理学的垄断仅仅持续了很短的一段时间。这门新科学同样在德国的其他实验室发展起来。尽管在心理学的早期岁月里,冯特无疑是最重要的组织者和指挥者,但其他一些人物也在这一领域的早期发展中发挥了作用。那些与冯特观点相悖的研究者倡导了不同的观念,但是他们所有的人都参与到一个共同的事业中,那就是扩展心理学,使之成为一门科学。他们的工作与冯特的工作一起,使德国成为新心理学运动无可争议的中心。

英国与此相关的一些发展将给心理学带来完全不同的主题与方向(参见第六章)。达尔文倡导进化论,高尔顿(Francis Galton)进行了有关个体差异心理学的研究。这些观念传到美国以后,影响了心理学的发展方向,它甚至超过了冯特的先驱性工作的影响。

此外,早期的美国心理学家大都到德国莱比锡大学在冯特的指导下学习过。但是当他们返回美国以后,他们把冯特式的心理学变成了美国式的心理学。在后面的章节中我们将讨论这些发展,而现在我们要强调的是,就在冯特建立心理学之后不久,心理学开始分裂了。冯特的心理学因此成为几种心理学中的一个。

赫尔曼·艾宾浩斯(1850—1909)

冯特曾经声称,高级心理过程是不可能进行实验的,但是就在几年之后,一位远离任何心理学学术中心而单独工作的德国心理学家成功地对高级心理过程进行了实验研究。赫尔曼·艾宾浩斯(Hermann Ebbinghaus)成为学习和记忆实验研究的第一位心理学家。在这一过程中,他不仅证明冯特在这一点上是错误的,而且改变了对联想或学习的研究方式。

艾宾浩斯的生平

1850年,艾宾浩斯出生在德国波恩附近。他先是在波恩大学开始他的大学教育,然后转到哈雷和柏林的大学。在大学读书期间,他的兴趣从历史和文学转向了哲学,1873年大学毕业。在此之前,他还在军队服役了一段时间,参加了法国与普鲁士的战争。他花费了7年时间在英国和法国进行独立研究,但是在这段时间,他的兴趣再次转变,这次他开始转向科学。

冯特在德国莱比锡大学建立第一个心理学实验室之前的3年,艾宾浩斯在伦敦的书店买了一本旧书,即费希纳的《心理物理学纲要》。这本书对他的思维方式产生了深刻的影响,并最终改变了心理学的方向。

赫尔曼·艾宾浩斯

费希纳采用数学方法研究心理现象给了艾宾浩斯令其振奋的启示。艾宾浩斯决心用费希纳研究心理物理学的方式研究心理学,即采用严格和系统化的测量方法。他的目标就是要应用实验方法研究高级心理过程。极有可能是因为受到了英国联想主义观点的影响,艾宾浩斯选择了在人类学习领域进行他的开创性研究。

关于学习的研究

在艾宾浩斯开始他的研究工作之前,研究学习的通常方式是考察已经形成的联想。这是英国联想主义的研究方法。在某种意义上,研究者采用的是追溯方式,尝试着测定联结是怎样建立的。

艾宾浩斯的关注点不同。他从联想的最初形成过程来开始他的研究。利用这种研究方式,他可以控制观念链形成的条件,因而使对学习的研究更为客观。

艾宾浩斯在学习和遗忘方面的工作曾被认为是实验心理学领域最富有创造性的成就之一。它是在真正的心理学问题领域里取得的第一个突破。他所研究的问题不是生理学的一个部分,而冯特所研究的很多问题都带有这种色彩。因此,艾宾浩斯的突破性研究极大地扩展了实验心理学的范围。我们可以回忆一下,此前人们从来没有用实验方法研究过学习和记忆,而且,那时已经非常著名的冯特宣称对学习和记忆的研究不能使用实验方法。尽管艾宾浩斯没有学术岗位,没有从事这一工作的大学环境,没有老师和学生，也没有实验室，但是他决心从事这项工作。在 5 年的时间里，以自己作为唯一的被试，他进行了一系列严密控制的综合性的实验研究。

对于基本的学习测量，艾宾浩斯采纳并改善了来自联想主义的技术。联想主义曾经倡导以联想的频率作为回忆的条件。艾宾浩斯推论道：对材料学习的困难程度可以使用联想的频率来进行测量，即计算材料的完整再现所需要的重复次数。在这里，我们看到了费希纳的影响。费希纳是通过测量造成感觉上的最小可觉差所需要的刺激强度来间接地测量感觉的。艾宾浩斯以类似的方式测量记忆，即计算学习材料所需要的尝试或重复的次数来间接地测量记忆。

对于所要学习的材料，艾宾浩斯设计了一些类似、但各不相同的音节。他重复多次进行学习和记忆，直到对精确的记忆充满信心。以这种方式，他在不断的尝试中去除了一些错误，获得了一个平均的量度。艾宾浩斯的实验过程非常系统和规范，以至于他要为此调整自己的生活习惯，尽可能地按照不变的程序进行实验。他总是在每一天的同一时间学习那些需要记忆的材料。

使用无意义音节的研究

无意义音节（nonsense syllables）：以无意义的方式呈现的音节，用以研究记忆过程。

对于他研究的对象，即学习和记忆的材料，艾宾浩斯发明了今天我们称之为**无意义音节**的东西。无意义音节的发明对学习的研究起到了革命性的作用。冯特的学生铁钦纳（第五章）曾经指出，无意义音节的使用标志着自亚里士多德时代以来在学习领域最重要的进展。

由于艾宾浩斯意识到使用故事或诗歌作为刺激材料固有的困难，因此他决定寻找某种不同于日常用语的材料作为他研究的基础。日常语言中的词语已经为熟悉这种语言的人们所了解，其意义为人们所熟悉，并在此基础上形成了众多的联想。这些已经存在的联想可以促进对材料的学习。由于实验开始之前这些联结已经存在，因而是实验者无法控制的。艾宾浩斯想要使用的是这样一种材料，他没有对这种材料建立过任何联想，在性质上完全一致，同等的陌生，与过去业已形成的联想没有任何联系。因此，艾宾浩斯创造了无意义音节。典型的无意义音节通常由两个辅音字母和一个处于其中间的元音字母组成，如 lef、bok 或者 yat 等。这些无意义音节满足了艾宾浩斯的标准。艾宾浩斯在卡片上写下了辅音字母和元音字母所有可能的结合方式，制造出 2300 多个无意义音节，从中随机选择学习的刺激材料。

后来的历史数据为我们认识艾宾浩斯的无意义音节提供了新的理解（Gundlach，1986）。这些新的历史数据是一位德国心理学家提供的。他阅读了艾宾浩斯所有出版物和实验手册中的注释，并且把艾宾浩斯的原作与英文的翻译进行了比较。他揭示出，无意义音节并不总是由3个字母组成，这些音节也不都必然无意义。

通过考察艾宾浩斯的原作，这一对历史数据的审慎而仔细的研究揭示出，无意义音节有时是由4个、5个或者6个字母组成的。更重要的是，艾宾浩斯把"无意义的音节系列（meaningless series of syllables）"作为研究的对象，但是在英文翻译中却不正确地译成了"无意义音节的系列（series of nonsense syllables）"。对艾宾浩斯来说，并不是每一个单独的音节无意义，而是整个刺激词的系列无意义，也就是说，他有意地设计这样的系列，使其摆脱过去的联想或联结。

这一对艾宾浩斯作品的新解释也揭示出艾宾浩斯精通英语、法语和德语，并且学过拉丁文和希腊文。因此，在创造这些绝对无任何意义的音节时，他可能面临着许多困难。这位研究者得出结论说："艾宾浩斯的某些追随者徒劳无益地奋争着，努力寻找着绝对无意义和摆脱任何联想的音节（Gundlach，1986，p.469–470）。

艾宾浩斯设计了几个实验，使用无意义的音节系列测定各种实验条件对人类学习和记忆保持的影响。其中一项实验研究的是记忆一系列音节的速度与记忆一些具有明显意义的材料的速度的差异。艾宾浩斯首先背诵了拜伦（Byron）的诗歌。每一段诗歌有80个音节。他发现大约需要读9次才能背诵一段。然后，他又背诵了有80个音节的无意义的音节系列，发现完成这一任务大约需要重复80次。由此，他得出结论认为，记忆无意义的或没有联想的材料的难度大约是记忆有意义材料的9倍。

艾宾浩斯同样研究了材料长度对学习的影响，测定完整再现一定长度的材料所需要的重复次数。他发现，材料越长，所需要重复的次数越多，因而需要的学习时间也越长。当艾宾浩斯增加所要学习的音节的数量时，记忆一个音节平均所需要的时间也随之增加。这一研究结果与一般的预测是一致的，即所要学习的东西越多，花费的时间就越多。艾宾浩斯这一工作的意义在于其对实验条件的严密控制，在于他对数据的数量化分析，也在于他有关平均每个音节的学习时间和总的学习时间都随着材料的增加而增长的研究结论。

艾宾浩斯也研究了他认为影响学习和记忆的其他变量。例如，过度学习的影响（比实际需要的重复次数更多次的重复）、音节序列内的联想、对材料的回忆、学习和回忆的时间间隔，等等。他有关时间效应对记忆影响的研究带来了著名的艾宾浩斯遗忘曲线。根据这一曲线，在学习后的几小时以内，材料的遗忘速度最快，此后遗忘速度就慢多了（参见图4.1）。

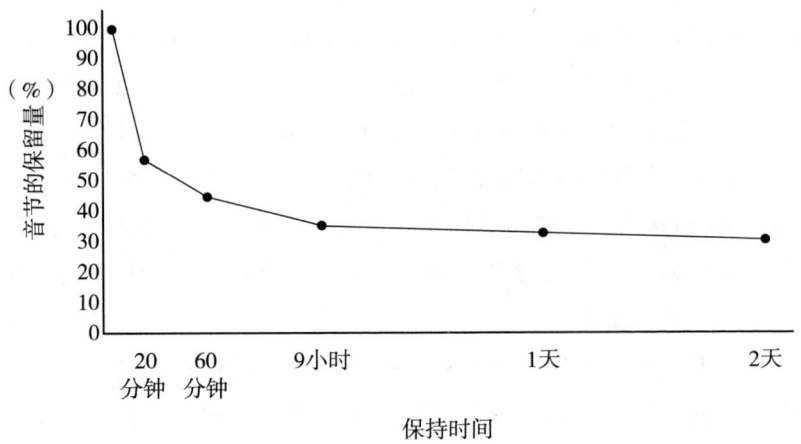

图 4.1 艾宾浩斯无意义音节的遗忘曲线

艾宾浩斯在《论记忆——对实验心理学的贡献》(*On Memory: A Contribution to Experimental Psychology*, 1885)一书中，发表了他的研究结果。他的这一研究可以说是实验心理学历史上最精巧的单一研究。艾宾浩斯开创了一个新的实验研究领域，这一领域今天仍然有着重要地位。他的研究也是一个技巧的典范、毅力的典范和创造性的典范。在心理学的历史中，我们无法再找到一个像他那样的心理学家在孤独的状态下，进行着如此辛劳的实验研究。这一研究如此精确、彻底，如此系统，以至于仍然为一个世纪之后的心理学教科书所引证。

艾宾浩斯对心理学的其他贡献

1890年，艾宾浩斯与物理学家阿瑟·考尼格（Arthur König）创办了一个杂志，刊名称为《心理学与感官生理学杂志》(*Journal of Psychology and Physiology of the Sense Organs*)。这本杂志在德国受到了欢迎，因为那个时候冯特的杂志主要用于刊登来自莱比锡实验室的研究报告，无法包容所有其他的研究。在冯特创办他的杂志仅仅9年之后就需要一本新的杂志，这一事实是心理学研究在数量和种类上有惊人增长的有力证明。

在创刊号上，艾宾浩斯和考尼格针对杂志名称中的两个学科，即心理学和生理学，提出了一个大胆的论断。他们认为，这两个领域"已经在一起成长……成为一个整体，它们相互促进并相互制约，因而成为了一门综合科学中的两个平等的成员"（引自 Turner, 1982, p.151）。这一论断的提出仅仅是在冯特建立第一个实验室之后的第 11 年。这也证明冯特有关心理学是一门科学的观念已经为人们所接受。

1902 年，艾宾浩斯出版了一本成功的心理学教科书，书名是《心理学原理》（The Principles of Psychology）。这本书是奉献给费希纳的。1908 年，他出版了《心理学概要》（A Summary of Psychology），这是写给普通大众的。这两本书都经过几次再版。艾宾浩斯在 1909 年因患肺炎去世以后，这两本书经其他学者修订后，再次出版发行。

艾宾浩斯对心理学没有做出理论贡献。他没有创立正式的体系，没有任何信徒，没有建立任何学派，他似乎从未想建立任何学派。然而在心理学历史上，他是一个重要人物。这不仅是因为他开创了学习和记忆的研究，同样也因为他对实验心理学的整体做出了贡献。

衡量一位科学家整体历史价值的一个指标是他的观点能否经受住时间的考验。从这个标准来看，艾宾浩斯比冯特更有影响。艾宾浩斯的工作给学习的研究带来了客观性、数量化与实验方法。这一课题在 20 世纪的大部分时间里在心理学中都占据着中心的地位。正是由于艾宾浩斯的眼光和奉献，对联想的探讨由对其特性的推论发展到正式的科学研究。他有关学习和记忆特性的许多研究结论，在提出了一个世纪之后的今天，仍然是有效的。

弗兰兹·布伦塔诺（1838—1917）

大约在 16 岁那年，弗兰兹·布伦塔诺（Franz Brentano）开始了作为牧师的训练。他先后在柏林大学、慕尼黑大学和蒂宾根大学读书，1864 年从蒂宾根大学获得了一个哲学学位。两年之后，他开始在符兹堡大学讲授哲学，写作和讲解亚里士多德的著作。1870 年，因为反对罗马梵蒂冈教会接受教皇无过错的教义，于是他辞去了教授职务，并正式脱离了教会。

弗兰兹·布伦塔诺

布伦塔诺最著名的著作是《从经验观点看心理学》(*Psychology from an Empirical Standpoint*)，出版于1874年。而这一年恰好是冯特的巨著《生理心理学原理》第二卷出版的那一年。布伦塔诺的书直接与冯特的观点产生了矛盾。这也证明了新心理学中日益明显的分歧。也是在同一年，布伦塔诺被任命为维也纳大学的哲学教授，他在奥地利工作了20年。在这段时间，他的声望大增。他是一个受学生欢迎的老师。在他的学生中，有些人后来成为了心理学的名人，如埃伦费尔斯（Christian von Ehrenfels）和弗洛伊德等人。弗洛伊德跟随布伦塔诺学习过5门课程，他后来称布伦塔诺为"天才"和"那个该死的聪明家伙"（Gay，1988，p.29）。1894年，他从教学岗位上退休，但是仍然继续从事研究和写作，在瑞士和意大利继续生活和工作。

由于布伦塔诺兴趣广泛，他成为心理学早期的重要人物之一。我们将会看到，他是格式塔心理学和人本主义心理学的先驱。他同冯特一样力图实现让心理学成为一门科学的目标。冯特的心理学是实验的，而布伦塔诺的心理学是经验的。依照布伦塔诺的观点，心理学的基本方法应该是观察而不是实验。当然，他并不完全拒绝实验方法。他认为经验方法更为一般，应用范围更广泛，因为经验方法既承认来自观察和个体经验的数据，也接受实验方法提供的数据。

意动的研究

意动心理学（act psychology）：布伦塔诺的心理学体系，它关注心理活动，而不是心理内容。

布伦塔诺反对冯特有关心理学应该研究意识经验内容的基本观点。他认为，心理学的适当研究对象是心灵的活动，如看的心理动作，而不是所看到的心理内容。因此，布伦塔诺的**意动心理学**质疑了冯特有关心理过程涉及内容或元素的观点。

布伦塔诺认为，在作为结构的经验和作为意动的经验之间应该有一个界限。例如，在观察一朵红花时，红色的感觉内容不同于体验或感觉红色的意动。对布伦塔诺来说，体验红色的意动是心理学真正的研究对象。他指出，色彩是一种物理性质，但是看色彩的活动是一种心理性质或心理活动。当然，意动必然涉及一个对象。对于心理活动来说必然有某种心理内容的存在，没有某种东西可看，那么看的活动就没有任何意义了。

布伦塔诺对心理学研究对象的这一新的定义必然要求不同的研究方法。

因为与感觉内容不同，意动通过冯特及其弟子在莱比锡实验室所使用的内省法或内部知觉是不能触及的。意动的研究在更大的程度上需要的是观察（自我观察）。在这里我们看到，对于他的意动心理学来说，在经验方法和实验方法的选择上，布伦塔诺更偏爱经验方法。当然，他并不倡导返回思辨哲学。请记住，布伦塔诺的方法论不是实验的，但是他的确依赖系统观察方法。

布伦塔诺提出了以两种方式研究意动：

1. 通过记忆，即回忆涉及某一心理状态的心理过程；
2. 通过想象，即通过想象一种心理状态，观察伴随的心理过程。

尽管布伦塔诺的观点吸引了部分追随者，但冯特的心理学维持着它的优势地位。由于冯特的文章和著作比布伦塔诺要多得多，因而冯特的观点更为著名。同样，心理学家也承认，使用心理物理学的方法研究感觉或意识内容要比使用观察研究稍纵即逝的意动容易得多。

卡尔·施通普夫（1848—1936）

由于出生在德国巴伐利亚的一个医学家庭，卡尔·施通普夫（Carl Stumpf）很小就对科学颇为熟悉了。但是，施通普夫却对音乐产生了兴趣。7岁那年，他开始学习小提琴，并最终掌握了5种乐器。到10岁的时候，他已经开始作曲了。在符兹堡大学读书时，他对布伦塔诺的工作产生了兴趣，开始把注意力转向哲学和科学。在布伦塔诺的建议下，他转到哥廷根大学，并于1868年在那里获得博士学位。在随后的一段时间，施通普夫曾经在几所大学从事学术工作，并不断地从事新心理学的研究。

1894年，施通普夫在柏林大学得到了德国心理学中最荣耀的教授职位。在柏林大学工作的这段时间是他最多产的时期。在那里，他把原来由3个小房间组成的实验室建设成为一个大型且重要的心理学机构。尽管他的研究计划在规模上从没有赶上冯特，但是施通普夫却被人们认为是冯特的主要竞争对手。施通普夫培养了许多弟子，其中有两位后来建立了格式塔心理学（第十二章）。格式塔心理学是在反对冯特心理学的过程中起家的。

施通普夫早期的心理学作品是有关空间知觉的。但与他毕生对音乐的兴趣一致的是，他最有影响的著作是他的《音调心理学》(*Psychology of Tone*)。这是一个两卷本的著作，分别出版于1883和1890年。这一工作以及后来他对音乐的研究使得他在听觉领域赢得了仅次于赫尔姆霍茨的地位。这些研究被认为是音乐心理学研究中的先驱性工作。

现象学

由于受到布伦塔诺的影响，施通普夫采用的方法与冯特所认为的合适的方法相比显得不那么"严格"。施通普夫认为，心理学的基本数据是现象（phenomena）。施通普夫所赞赏的方法是现象学。**现象学**是一种内省法，它指的是对经验无偏见的考察。也就是说，它考察的经验是自然发生的经验。他不同意冯特的观点，因为冯特把经验分解为元素。施通普夫认为，通过还原，把经验分解为内容或元素会使得经验变成人为和抽象的，因而不再是自然的经验。施通普夫的学生胡塞尔后来倡导了现象学哲学，被认为是格式塔心理学的先驱。

在一系列文章中，施通普夫和冯特就音调的内省问题展开了激烈的争论。施通普夫在理论水平上挑起了这场争论，但是冯特把争论染上了更多的个人色彩。问题的实质是：哪一个内省者的报告更可信？当报告乐音的体验时，是应该接受冯特训练有素的实验室观察者的报告，还是接受专家型的音乐家的内省结果呢？施通普夫不愿意接受冯特莱比锡实验室的有关研究结果。

在连续不断地撰写关于音乐和声学方面的东西的同时，施通普夫也开始搜集世界各地的原始音乐记录，并为此建立了一个研究中心。他建立了柏林儿童心理学协会。他还出版了有关情绪理论的文章和著作，试图把感情还原为感觉。这一观点同当代的情绪认知理论是有关联的。因此，施通普夫是独立于冯特的极力扩展心理学的研究范围的德国心理学家之一。

> **现象学**（phenomenology）：一种对意识经验进行公正、无偏见地描绘的知识观，反对把意识经验分析或还原为元素。

奥斯沃德·屈尔佩（1862—1915）

奥斯沃德·屈尔佩（Oswald Külpe）最初是冯特的追随者，后来，他领导了一群学生掀起了一场抗议运动，反对他从冯特的心理学中看到的那些局限。在他的整个心理学生涯中，屈尔佩关注的都是冯特的心理学所忽视的问题。

1881年，屈尔佩开始了他在莱比锡大学的学习。最初，他计划学习历史，但是在冯特的影响下，他转向了哲学和实验心理学，而那时实验心理学还只不过处在婴儿期。毕业以后，他成为冯特的助教和助手，在心理学实验室里从事研究工作。有一位学生称他为冯特实验室里的"慈祥母亲"，因为他总是愿意帮助学生解决各种各样的问题（Kiesow, 1930/1961, p.167）。

屈尔佩写了一本导论性的教科书《心理学大纲》（*Outline of Psychology*, 1893），并把它奉献给冯特。在这本书中，屈尔佩定义心理学为经验事实的科学，但这种经验依赖于经验者的经验。

1894年，屈尔佩接受了符兹堡大学的一个教授职位。两年之后，他在那里建立了一个心理学实验室。这个实验室很快就成为冯特实验室的竞争对手。在被吸引到符兹堡大学的学生中间，有几个美国人，其中包括詹姆斯·罗兰德·安吉尔（James Rowland Angell）。安吉尔后来成为机能主义思想学派（第七章）发展的关键人物。在屈尔佩的一生中，他把自己的一切都奉献给了他的学生和他的研究。他没有结婚，并且喜欢用"科学就是我的新娘"这句话解释他没有结婚这一事实（引自Ogden, 1951, p.4）。

屈尔佩与冯特的不同

在《心理学大纲》中，屈尔佩并没有讨论思维过程。因为那个时候他的观点与冯特的观点是一致的，都认为高级心理过程是不能实验的。但是仅仅几年之后，屈尔佩就开始相信，思维过程的确可以进行实验研究，毕竟艾宾浩斯正在研究另外一个高级心理过程，即记忆。如果记忆可以在实验室里进行研究，为什么思维不能呢？这样一些问题明显意味着对冯特心理学所设定范围的挑战。

系统实验内省

符兹堡大学和莱比锡大学的心理学的另外一点不同是关于内省法的。屈尔佩发展了一种他称为**系统实验内省**的方法。这种方法首先要求被试执

系统实验内省（systematic experimental introspection）：屈尔佩的内省法。这种方法使用被试在完成实验任务后对认知过程的内省报告。

行一项复杂任务，如建立概念之间的逻辑联系等，然后要求被试做出关于他在完成任务期间认知过程的怎样进行的回顾报告。换言之，被试进行某种心理过程，如思维或判断，然后被试考察他们是怎样进行思维和判断的。冯特在他的实验室中是禁止使用这类回顾性报告的。冯特研究那些进行中的意识经验，而不是在进行之后对它的回忆。因此，冯特对屈尔佩的方法极为不满，以至于他把屈尔佩的方法看成"假冒的"内省。

屈尔佩的方法是系统的，因为整个经验首先被分成了几个时间段，然后再精确地描述它。多次重复同样的任务，使得内省的报告可以得到更正、验证和扩展。通过附带的一些提问也可以补充这些内省报告，这些提问起到指引被试的注意力于特定细节的作用。

屈尔佩与冯特所使用的内省法还存在着其他的不同。冯特反对让被试详细地描述主观意识经验。他的大部分研究关注的是客观的、数量化的测量，如反应时或心理物理学研究中的重量判断等。与之相比，屈尔佩的系统实验内省强调的是被试对思维过程特性的详细的、主观的、定性的内省报告。屈尔佩期待他的被试不止是对刺激强度进行简单判断。他要求被试描述他们在完成实验任务期间进行的复杂的心理操作。

你可以看到，在屈尔佩的系统实验内省中，实验者在研究过程中承担着更为积极的角色。在冯特的实验室里，实验者的作用被限制在提供刺激材料和记录被试的观察结果上。因此，冯特的实验者并不干涉实际的观察。然而，在屈尔佩的研究中，实验者直接地询问有关的问题，指引观察者对实验刺激做出具体反应。

在这样一些询问的过程中，实验者要求被试尽量仔细和精确地描述他们所体验到的复杂心理事件。屈尔佩从被试那里想要得到的信息远不止反应时、重物与轻物的判断，或者其他数量化的测量。一位历史学家认为，屈尔佩真正克服了冯特的内省形式的狭隘，扩展了内省法的应用范围（Danziger，1980）。

因此，屈尔佩的方法的直接目标是研究被试在意识经验期间心灵中所发生的那些事件。他明确指出，他的目标是扩展冯特心理学的研究范围，把高级心理过程包括进来，完善内省方法。

无意象思维

屈尔佩所发动的这场扩展心理学的研究对象、完善心理学研究方法的战役取得了哪些成果呢？冯特试图把意识经验还原为其元素性的组成部分，即感觉和意象（image）。冯特指出，所有的经验都是由感觉和意象组成的。但是屈尔佩对思维过程的直接内省却支持了与此相反的观点。屈尔佩发现，思维可以在没有任何感觉和意象内容的条件下发生。这一发现被称作无意象思维。**无意象思维**代表了这样一种观念，即思维过程中的意义并不必然涉及具体的意象。屈尔佩的研究揭示出了意识的非感觉一面。

无意象思维（imageless thought）：屈尔佩的一种观点，认为思维中的意义可以在没有任何感觉或意象的条件下产生。

有趣的是，在这里可以提一下同时代的另一个事例。美国心理学家吴伟士（参见第七章）及法国心理学家比纳（参见第八章）几乎在同一时间也独立地提出了无意象思维。

符兹堡实验室中的研究课题

屈尔佩和他的学生对各种课题进行了实验研究。其中一个重要贡献是卡尔·马尔比（Karl Marbe）有关重量比较判断的研究。马尔比发现，尽管在进行重量判断期间感觉与表象是实际存在的，但是其在判断的过程中似乎不起任何作用。被试并不能报告他们是怎样获得孰轻孰重判断的，这一发现同那些公认的观点相矛盾。依据那些公认的观点，进行这类判断时，被试保持着有关第一个物体的心理意象，并且把它与第二个物体的感觉印象进行比较。

亨利·瓦特（Henry Watt）的研究证明，在字词联想任务中（请被试对刺激词做出反应），被试无法报告任何与判断的意识过程相关的信息。这一发现更进一步支持了屈尔佩有关意识经验不能仅仅被还原为感觉和意象的观点。瓦特的被试在做出反应时，即使没有觉察到任何反应的意愿，也能正确地做出反应。瓦特得出结论认为，任务开始之前，在听到和理解了指令的时候，意识的工作已经完成了。

一旦理解了指令，瓦特的被试就明显建立了一种无意识定势或"决定倾向"，使得被试可以以一种理想的方式做出反应。当被试理解了任务的规则，形成了决定倾向，那么实际任务的操作就不需要任何意识努力了。这一研究表现出，从意识中产生的定势或倾向能以某种方式控制意识活动。这样一来，经验不仅依赖于意识元素，而且同样依赖于无意识决定倾向。这显示出，无意识心灵对人类行为有一定影响。这一观念后来被弗洛伊德采纳，并建立了精神分析学派。

评论

我们可以看到，就在心理学正式建立之后不久，分裂和争论就席卷了整个心理学领域。然而，尽管存在着分歧，早期的心理学在建设独立的心理科学这一目标上是一致的。尽管冯特、艾宾浩斯、布伦塔诺、施通普夫和其他一些人在心理学的研究对象和研究方法上有着不同的观点，但他们的工作不可逆转地改变了人性研究的性质。一位作者指出，由于这些学者的努力：

> 心理学不再是对灵魂的研究，而成为了利用观察和实验对人类有机体的某种反应进行的研究，这样一些研究没有包含在其他任何学科中。在这种意义上，尽管有许多分歧，德国心理学家从事着一个共同的事业。他们的能力，他们的事业，他们共同努力的方向，所有这些使得德国的大学成为新心理学运动的中心。（Heidbreder，1933，p. 105）

但是德国并没能长久地保持这一新运动中心的地位。不久以后，冯特的学生铁钦纳把这位建立者的心理学带到了美国。

问题讨论

1. 描述艾宾浩斯对学习和记忆的研究。他的工作是怎样受到费希纳的影响的?
2. 描述在科学中"建立"和"创造"有什么区别。
3. 描述冯特的文化心理学,说明它怎样导致了心理学的分裂?
4. 描述冯特关于内省的方法与原则,他更喜欢量化的内省还是质化的内省?为什么?
5. 尽管存在一定差异,冯特、艾宾浩斯、布伦塔诺与施通普夫的工作之间有何相同之处?
6. 区分内部知觉和外部知觉。统觉的目的是什么?
7. 直接经验与间接经验之间的区别是什么?
8. 冯特的统觉概念同詹姆斯·穆勒和约翰·穆勒的工作有什么联系?
9. 施通普夫与冯特在内省以及将经验还原为元素方面有何不同?
10. 无意象思维的概念怎样挑战了冯特的意识经验概念?
11. 布伦塔诺的意动心理学同冯特的心理学有什么不同?
12. 德国生理学家和英国的经验主义者怎样影响了冯特?描述意志主义的概念。
13. 冯特认为一个人不能同时进行一种以上的心理活动,他是基于什么原则?
14. 追溯冯特的心理学在德国的命运。冯特的理论在什么背景上受到批评?
15. 什么是意识元素?它们在心理生活中的作用是什么?
16. 什么是屈尔佩的系统实验内省?屈尔佩的方法怎样不同于冯特?
17. 为什么文化心理学对美国心理学没有什么影响?
18. 为什么是冯特,而不是费希纳,被认为是新心理学的建立者呢?

第五章

构造主义

插橡皮管：大学里的恶作剧？

你是否自愿吞一个橡皮管，一直插到你的胃里？然后再往管子里倒热水？再然后，又倒冷水？而所有这一切，全部只不过是为了一种心理学研究的荣誉？你是否需要更多的时间做出回答？

如果你是20世纪美国纽约州北部康奈尔大学的一名心理学毕业生，那么你可能会被问到，或者被迫做到，上面说的那个实验。做这个实验的人，名叫铁钦纳，一个令人敬畏的教授。他以科学的名义，要求他几乎所有的学生都答应他提出的粗暴要求。学生将为他正在发展的心理学系统提供数据。怎么样？他们正在承担一种内省的研究。

内省是那个年代康奈尔大学一项严肃的事业，铁钦纳的毕业生都必须为这项事业做奉献。比如那个胃管，他们被要求吞下橡皮管，以研究他们内部器官的敏感性。他们在早晨吞下管子，一整天都要放在里面。你能想象，当有一个管子通过你的咽喉，其他普通的活动也将变得不那么容易。许多学生在管子放进去之前就已经呕吐了出来。在全天指定的时间，学生要来到实验室，将热水倒入管子，然后报告他们经验的感觉，然后再重复倒入冷水。在另一个实验里，学生们要带着笔记本来到厕所，以便随时记录他们大小便时的感觉与情感。

之后还有性的研究，这是多年后被发现的另一个历史数据丢失的事例。结婚了的学生被要求记录他们在性活动过程中基本的情绪与情感，还要附带测量设备，以记录他们身体的生理指标。这项研究在当时并没有公开发表。1960年，铁钦纳的一个学生科拉·弗里德兰（Cora Friedline），在弗吉尼亚州林奇堡市兰都府－玛根学院的一次讲座中，揭示了这一事实。但当时，在康奈尔大学校园里，的确人人都知道这回事，而心理学实验室也因

插橡皮管：大学里的恶作剧？
爱德华·布莱德弗特·铁钦纳（1867—1927）
铁钦纳的生平
铁钦纳的实验主义者协会：不接纳女性
意识经验的内容
内省法
意识的元素
对构造主义的批评
对内省法的批评
对铁钦纳体系的其他批评
构造主义的贡献
问题讨论

此被看成一个不道德的地方。女生宿舍的女舍监在天黑以后不允许学生到心理学实验室去。当人们听说研究生吞噬的胃管上附着保险套时，宿舍里的学生们都认为实验室"对于任何人都不是一个安全的地方"。

爱德华·布莱德弗特·铁钦纳（1867—1927）

爱德华·布莱德弗特·铁钦纳

尽管爱德华·布莱德弗特·铁钦纳（Edward Bradford Titchener）声称自己是冯特的忠实追随者，但是当他把冯特的心理学从德国带到美国时，他戏剧性地改变了冯特的心理学体系。铁钦纳提出了他自己的方法，称之为构造主义。但他仍然称它代表着冯特的心理学。事实上，两个体系大相径庭。"构造主义"这一标签或许只适合于铁钦纳的心理学。构造主义在美国非常引人注目，在20年的时间里，它一直非常流行，直到后来才被其他新的运动推翻。

冯特承认意识元素的存在，但是冯特压倒一切的目标是元素的组织，即元素怎样通过统觉综合成较高水平的认知活动。在冯特看来，心灵具有一种力量，这种力量随意地组织着心理元素。这一观点同英国经验主义和联想主义所赞赏的被动、消极解释形成了鲜明的对照。

铁钦纳关注的是意识的元素或内容，以及这些元素或内容通过联想过程而形成的机械联结。他抛弃了冯特的统觉学说，关注的仅仅是元素本身。在铁钦纳看来，心理学的基本任务就是去发现元素性的意识经验的特性，亦即把意识分析成各种元素成分，并由此而决定意识的构造。

铁钦纳最富有成果的那些年是在纽约的康奈尔大学度过的。他总是穿着英国牛津大学的学者礼服来到课堂，每一节课都非常富有成效。他的助手在他的监督下仔细地准备好讲台上的一切。那些资历较浅的教员被要求听他全部的讲课，但只能从一扇门进入，在前排找一个位置，而铁钦纳则从另一扇门进入，直接走向讲台。尽管他师从冯特只不过两年，但是他在许多方面都类似他的指导老师，模仿老师的贵族风格、讲课形式，甚至连胡子的样式也酷似冯特。

铁钦纳的生平

铁钦纳出生于英国的奇彻斯特，出身于一个破落贵族家庭。他依靠杰出的智慧能力赢得了一笔奖学金，才进了大学。他先在英国马尔文学院读书，后来转到牛津大学。在那里，他学习哲学和古典文学，并且担任了生理学的研究助理。他赢得了许多学术奖励，被认为是具有语言天赋的学生，他懂得拉丁语、希腊语、德语、法语与意大利语。一位牛津大学的教授曾让他读一篇用荷兰语写的研究论文，要求他一星期内读完。铁钦纳拒绝了他，说他不懂荷兰语。教授告诉他，要他学习，结果铁钦纳真的做到了。

他逐渐对冯特的心理学产生了兴趣，但在牛津大学里，既没有人分享对心理学的热情，也没有人鼓励这一兴趣。很明显，如果他想在冯特的指导下学习心理学，就不得不去莱比锡这一科学朝圣者的"麦加圣地"。1892年，他在莱比锡获得博士学位。在读书期间，铁钦纳同冯特及其家庭建立了亲密的友谊。他经常被邀请到冯特家里做客，至少有一年的圣诞节是与冯特全家在山里的别墅度过的（Leys & Evans, 1990）。

一旦获得了博士学位，铁钦纳就希望成为冯特的新实验心理学的英国先驱。然而，当他返回牛津大学后，他发现他的同事仍然对使用所谓的科学方法研究他们所喜爱的哲学问题充满怀疑。仅仅几个月之后，铁钦纳就意识到，对他来说更好的机会不在英国，而在其他地方。因此，他离开英国，来到美国的康奈尔大学讲授心理学和指导实验室的工作。那时，他只有25岁。此后，他一直在康奈尔大学，直到60岁那年因脑肿瘤去世。他的大脑被保存在一个玻璃罐里，作为始于1889年的对大脑特征进行差异研究的收藏品的一部分，陈列在康奈尔大学的展馆里（Young, 2010）。

1893—1900年，铁钦纳的主要精力用于建立实验室，进行实验研究和撰写学术论文。最终，他发表了60多篇文章。随着他的心理学吸引了更多的学生来到康奈尔大学，他不再参与具体的实验研究，而是指导他的学生从事具体的实验工作。因此，通过指导他的学生进行研究，他的系统理论观点发展到了顶峰。在康奈尔大学的35年中，他指导了50多位心理学博士研究生。这些学生的博士论文大都带有他思想观念的印记。在课题的选择上，铁钦纳行使了绝对的权威，他把与自己的好奇心相关的课题分配给学生。以这种方式，他建立了自己的构造主义体系。后来，他把自己的体系称作"值得使用这一名称的唯一的科学心理学"（引自Roback, 1952, p.184）。

铁钦纳把冯特的著作从德文翻译成英文。当他完成了冯特的《生理心理学原理》第三版的翻译时，冯特已经出版了第四版。铁钦纳赶快又翻译了第四版，但是不知疲倦的冯特又出了第五版。

铁钦纳自己的书包括《心理学大纲》（*An Outline of Psychology*，1896）、《心理学初级读本》（*Primer of Psychology*，1898b）和四卷本的《实验心理学：实验室实践手册》（*Experimental Psychology: A Manual of Laboratory Practice*，1901—1905）。这四卷本的手册刺激了美国心理学实验室工作的增长，影响了一代实验心理学家。铁钦纳的教科书得到广泛的使用，并且被翻译成俄语、意大利语、德语、西班牙语和法语。

像冯特一样，铁钦纳的课通常能引起好多人的注意，上课的教室经常人满为患，他本人也被赞誉为一位杰出的教师。当波林来听铁钦纳的第一节课时，他发现学生们"挤到所有相邻的教室，我没有夸大讲座的魅力……我记得那次是令我特别兴奋的关于音乐节奏的讲座，想着那种音乐节奏，就非常兴奋！我当时还是一个学工程的学生，是我对这些讲座的记忆，使我在五年后转向了心理学"（Boring，1927，p. 494）。

随着年龄的增长，铁钦纳的业余爱好分散了他在心理学方面的时间和精力。他每个星期日晚上都会在家中举行一个小型的音乐会，在音乐系正式成立之前的许多年里，他被称为康奈尔大学"负责音乐的教授"。他搜集钱币的嗜好让他学习了中文和阿拉伯语，以便于破译钱币上的文字和字母。他经常与同事通信，这些信件是用打字机打出的，但是附注是用手写的。

最后，铁钦纳从社会和学校生活中退了出来。他成为康奈尔大学一个活的传奇，尽管许多员工从没有碰到甚至见到过他，因为他喜欢在家中的书房工作。1909年之后，他只在春季学期的星期一晚上授课。他的妻子筛选着所有的电话，防止他被打扰。学生们都知道，如果不出现紧急情况，就不能给他打电话。

尽管保持着典型的德国教授的贵族风格，但只要他的学生和同事给他以他认为应该得到的尊敬和尊重，铁钦纳就对他们非常和蔼，并且愿意提供帮助。据说夏天的时候，年轻的教师和他的研究生会到他家里帮助他洗车和安装窗帘，之所以这样做并不是因为铁钦纳的请求，而是因为对铁钦纳的敬仰。

铁钦纳以前的一个学生，卡尔·达伦巴克（Karl Dallenbach）曾经引证铁钦纳的话说："一个男人若不会抽烟就不要指望成为心理学家。（Dallenbach，1967，p.85）"因此，许多学生开始学习抽雪茄，至少在铁钦纳的面前如此。达伦巴克第一次抽雪茄的时候，几乎呛昏过去。

铁钦纳的另外一个博士研究生,科拉·弗里德恩(Cora Friedline)曾经报告了她与铁钦纳的这样一次经历:

> 她在铁钦纳的办公室里正在与铁钦纳讨论她的研究计划,突然,铁钦纳永远叼着的雪茄烧了他的胡子。那时,铁钦纳正在高谈阔论,其投入的程度令科拉不忍打断他。之后,她对铁钦纳说道:"对不起,铁钦纳博士,你的鬓角着火了。"火被扑灭后他们才发现,火已经烧坏了他的衬衫和内衣。[①]

当学生离开康奈尔大学以后,铁钦纳对学生的关心并没有结束,而是仍然影响着学生的生活。达伦巴克博士毕业以后,原准备去医学院,但是铁钦纳为他在俄勒冈大学找了教师的位置。本来他以为铁钦纳会赞同他去医学院,但是他想错了。"我不得不去俄勒冈,因为铁钦纳不想浪费对我的训练和工作。(Dallenbach,1967,p.91)"

铁钦纳的学生,E. G. 波林曾经回忆,并非所有的学生都喜欢铁钦纳对他们生活的干涉。"他的一些能力较强的学生会抱怨铁钦纳的干涉,他们试图控制自己的生活,反叛铁钦纳,但是很快会发现自己落到了圈子之外。铁钦纳断绝了与他们的任何交往,再回头也是不可能的了。(Boring,1952,p.32-33)"

铁钦纳同他圈子以外的心理学家的关系有时也有点紧张。1892年,他被推选为美国心理学协会的特权会员,但是不久以后就因为协会拒绝开除一个铁钦纳认为有抄袭行为的会员而辞职了。据说他的一位朋友多年来一直替铁钦纳交会费,以便让铁钦纳的名字能保留在会员名单中。

铁钦纳的实验主义者协会:不接纳女性!

1904年,一群称自己为"铁钦纳实验主义者"的心理学家定期聚会,讨论他们的研究笔记。课题和参加会议的人都是铁钦纳选定的,无疑,铁钦纳支配着这个聚会。他的规则之一是不允许女性参加。波林报告说,铁钦纳想要的是"那些可以被打断、有争论价值和能被批评的口头报告,这些报告在充满烟尘的房间里进行,里面没有妇女……因为妇女太纯洁了,

---

[①] 这一材料来自美国心理学史档案馆。

以致不能忍受烟雾"（Boring，1967，p.315）。

一些来自宾夕法尼亚州的女学生试着参加这个会议，但是立刻被命令离开。有一次，她们在会议期间藏在桌子下面，而波林的未婚妻和另外一位女性则在旁边一个房间，"半开着门，想听一听这些大男人心理学家到底在干些什么。"波林回忆，她们似乎也没有听到什么令她们震惊的东西（Boring，1967，p.322）。

克里斯汀·莱德·弗兰克琳（Christine Ladd-Franklin，1847—1930）写信给铁钦纳，要求给她一个机会，参加实验主义者协会1912年的会议，宣读她在德国哥廷根大学缪勒的实验室和柏林大学赫尔姆霍茨的实验室所从事的色觉研究报告。在此之前，她在霍普金斯大学已经修完了数学方面的哲学博士课程，完成了论文，但是因为她是一位女性，霍普金斯大学拒绝授予她学位。当然，44年之后，霍普金斯大学的校方发了善心，补授了弗兰克琳博士的学位。

但是，铁钦纳拒绝了她参加1912年会议的请求。莱德·弗兰克琳写道："我震惊地得知，在这种年月，你仍然排除女性参加实验心理学的会议。这是一个多么陈旧的观点！"（引自Furumoto，1988，p.107）然而，莱德·弗兰克琳争取参加会议的战役并没有结束，多年来她一直在抗议着，称铁钦纳的政策是不道德和非科学的。

在给朋友的一封信中，铁钦纳写道："由于我没有让女性参加这个会议，我一直因莱德·弗兰克琳的纠缠而苦恼。她威胁要当面和写文章质问我。或许，她能成功地捣毁我们的聚会，逼迫我们不得不像兔子那样转到地下某个昏暗的地方来举行我们的会议。（引自Scarborough & Furumoto，1987，p.126）"

尽管铁钦纳一直排斥女性参加他的实验主义者协会的会议，但是他鼓励和支持女性在心理学中的发展。在康奈尔大学，他接收女性读他的博士研究生，而在同一时期，哈佛大学和哥伦比亚大学是拒绝接纳女性研究生的。在铁钦纳指导的56名博士研究生中，有1/3是女性（Furumoto，1988）。在授予女性博士学位方面，铁钦纳比那个时代的任何一个男性心理学家都多（Evans，1991）。铁钦纳同样支持雇用女性教师。在这一点上，连他的同事都认为他太激进了。有一次，他不顾系主任的反对，坚持雇用了一位女教授。

在心理学中，第一个获得博士学位的女性是玛格丽特·弗洛伊·沃斯伯恩（Margaret Floy Washburn）。她也是铁钦纳的第一个博士研究生。她曾经回忆道："他并不太知道怎样与我相处。（Washburn，1932，p.340）"沃斯伯恩毕业以后，在比较心理学方面写了一本重要的书，即《动物心灵》（*The Animal Mind*，1908）。她成为第一个被推选进美国科学院的女性心理学家，她也当选过美国心理学协会主席。

我们简要地提及沃斯伯恩的成功，以说明铁钦纳对心理学中女性的持续支持。尽管铁钦纳没有允许女性参加他的实验主义者协会的会议，但是他的确对女性敞开了大门，而这扇门在大多数男性心理学家那里，一直是紧闭的。

玛格丽特·弗洛伊·沃斯伯恩

直到1929年，即铁钦纳逝世两年之后，实验主义者协会才废除了拒绝女性参加会议的政策。这个组织今天仍然存在，是实验心理学家协会的前身。这一新组织接受女性成员（沃斯伯恩就是两位女性创始人之一），当前它还每年举行年会，讨论那些获邀参加的研究（参见 Goodwin，2005）。在2004年，实验心理学家协会在康奈尔大学举行了100周年大会，康奈尔大学的一个教师成员为会议带来了一件礼物：铁钦纳的大脑（Benjamin，2006a，p. 137）。

意识经验的内容

依据铁钦纳的观点，心理学的研究对象依赖于经验者的经验。这种经验不同于其他科学家所研究的经验。例如，物理学和心理学都研究光和声。物理学家从光和声所涉及的物理过程的角度考察这些现象，而心理学家则从人类对这些现象的观察和体验的角度来研究这些现象。

其他科学是独立于体验着的人的。从物理学的角度，铁钦纳列举了温度的例子。比如说一间房子中的温度是85°F（约等于29.4℃）。无论有没有人在房间中体验这种温度，这个温度都是一样的。然而，当把一个观察者置于房间之内，这个观察者报告他感觉太热时，这个温度是依赖于那个体验着的个体的，即在房间中的人。对于铁钦纳来说，这种类型的意识经验是心理研究唯一适当的关注点。在1909年的《心理学教科书》（*A Textbook of Psychology*）中，铁钦纳描绘了独立经验和依赖经验的差别。

○ 原著精选

有关构造主义的原始资料：摘自《心理学教科书》（1909）

E. B. 铁钦纳

人的所有知识都来自经验，没有其他的知识来源。但是就像我们了解的那样，对人的经验可以从不同的立场进行考察。假定我们采取两种尽可能不同的观点，我们就会发现，在这两种条件下，经验是什么样的。首先，我们认为经验完全独立于特定的个人，我们假定，无论有没有人在那里体验这种经验，这种经验都是持续存在的。其次，我们认为经验完全依赖于特定的个人，我们假定，只有当某个人在那里体验它，这个经验才是存在的。我们几乎无法找到比这两种观点差别更大的观点了。从这两种观点来看，经验有什么不同呢？

首先，我们选择在物理学中你最先知道的三种东西，即空间、时间和物质。物理空间，即几何学的、天文学的和地质学上的空间，是恒定的，它在任何地方都是同一的。空间的单位是厘米，而每一厘米，不管应用于何时何处，都是完全等值的。物理时间同样是恒定的，它的恒定单位是秒。物理物质也是恒定的，它的单位是克，而且时时刻刻都会保持同一。在这里，我们有了空间、时间和物质的经验，这些经验都被认为是独立于体验它们的人的。

其次，我们转到另外一种观点上，把体验着的人考虑进去。图5.1中的两条直线在物理上是同一的，以厘米作为单位来测量是相等的。对于观察它们的你来说，它们却不相等。你花费在农庄车站的候车室的时间和你花费在看一场令人捧腹的演出上的时间在物理上是相等的，以秒作为单位来测量是等值的。但是对于你来说，一种时间过得很慢，另一种时间却过得很快，它们并不相等。取两种不同直径的圆纸盒（如直径2厘米和直径8厘米）放沙子，直到两者的重量都是50克。两种物质的重量在物理上是相等的，放在天平的两个盘子上，它们会保持平衡。但是你如果用两手把它们拿起来，或者用一只手轮流拿起它们，那个较小直径的纸盒会明显地感觉重一些。在这里，我们又有了空间、时间和物质的经验，这些经验是依赖于体验着的人的。我们刚才讨论的经验都是同样的经验，但是第一种观点给了我们物理学的事实和定律，第二种观点给了我们心理学的事实和定律。

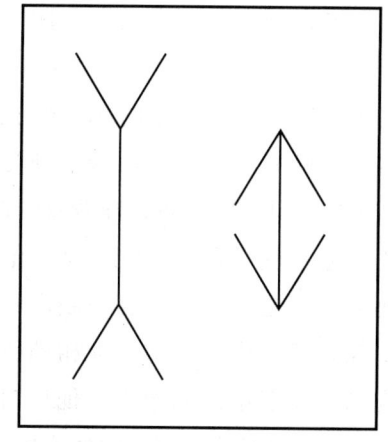

图 5.1

现在，我们举物理学教科书上讨论过的另外三个问题，即热、声和光。物理学家告诉我们，普通的热是分子运动的能。也就是说，热是由物体内部分子运动而产生的能的形式。辐射热和光一样属于所谓的辐射能。这种辐射能是由充满空间的光以太的波动传播的。声是由物体的振动而产生的能量形式，是由某些弹性介质，即固体、液体或气体的波动传播的。概括地说，热是分子的跳跃，光是以太的波动，声是空气的波动。

物理世界的这些经验类型被认为是不依赖于经验着的人的。物理世界既不温暖，也不寒冷；既不黑暗，也不明亮；既不安静，也不吵闹。仅仅是因为从依赖于某个人的角度进行考察时，才有了温暖和寒冷、黑色和白色、彩色和灰色，也才有了乐音、丝丝声和砰砰声。

而这些就是心理学的研究对象。

在对意识经验的研究中，铁钦纳警告说，不要犯所谓的"**刺激错误**"。刺激错误是指混淆了心理过程和被观察的对象。例如，看到一只苹果，然后就把这个对象描述为苹果，而不是报告体验到的色彩、亮度和形状等经验元素。这就是犯了刺激错误。观察的对象不能用日常语言来加以描绘，而是要根据基本的意识经验内容来做出报告。

若观察者注意的是刺激对象，而不是意识内容，他们就无法在过去得知有关这一对象的知识（例如，它被称为苹果）和自己的直接经验之间做出区分。作为一个观察者，他真正知道的所有东西就是它是红色的、亮亮的和圆形的。如果他们描绘的不是这些色彩、亮度和空间特性，那么他们

刺激错误（stimulus error）：把被研究的心理过程同观察到的刺激或物体混淆起来。

就是在解释这一对象,而不是观察这一对象。这样一来,他们面对的就是间接经验,而不是直接经验。

铁钦纳把意识界定为存在于某一特定时间的经验的总和,而把心理界定为整个生命过程中累积经验的总和。意识和心理是类似的,但是意识所涉及的是产生于特定时刻的心理过程,而心理涉及的是这些过程的总体。

由铁钦纳所看到的构造心理学是一门纯科学。他并不关心心理学知识的应用。他指出,心理学并不是用来医治病态心理和改革社会的。心理学的唯一合法目标就是发现心理结构的事实。他相信科学家应该避免对自己工作的实践价值进行推测。基于这样的原因,他反对儿童心理学、动物心理学和那些不能适合于他的意识经验内容的内省实验心理学的所有领域。

内省法

铁钦纳的内省法或自我观察法依赖于受过严格训练的被试。这些被试描述意识状态的元素而不是用一个熟悉的名称报告观察或体验到的刺激。铁钦纳意识到,每一个人都倾向于根据刺激来描述经验,如称一个红色、闪亮和圆形的东西为苹果。因为在日常生活中这样做是有益的,也是必要的。然而,在心理学的实验室中,这一实践却是要不得的。

铁钦纳采用了屈尔佩的标签,即系统实验内省来描述自己的方法。像屈尔佩那样,铁钦纳使用了被试在内省活动期间对心理活动详细、定性和主观的报告。他反对冯特那种客观、量化测量的方法,因为他认为冯特的方法不利于揭示意识的基本感觉和意象,而这恰恰是他心理学的核心。

换言之,铁钦纳不同于冯特,因为铁钦纳的兴趣在于将复杂的意识经验分析为元素性的组成成分,而不在于通过统觉而进行的元素综合。铁钦纳强调的是部分,而冯特强调的是整体。铁钦纳同大部分英国经验主义者和联想主义者是一致的,那就是致力于发现所谓的心灵原子。

很明显,在前往莱比锡跟随冯特学习之前,铁钦纳的内省方法就已经形成了。一位历史学家认为,当铁钦纳还在牛津大学读书的时候,他就受到了詹姆斯·穆勒著作的影响(Danziger, 1980)。

铁钦纳同样受到机械主义精神的影响,从他看待观察者的方式中我们可以清楚地看出这一点。在铁钦纳看来,观察者就是在实验室中提供研究数据的东西。在铁钦纳发表的研究报告中,被试被称为"催化剂(reagents)"。在化学家那里,催化剂指的是某种物质,这种物质因为具有某种反应能力，而被用来测试、考察或测量其他的物质。催化剂往往是被动的，它的作用是诱发或促进来自某些其他物质的反应。

由于以这样一种方式看待观察者，因而我们可以看出，铁钦纳是把被试当作机械的记录仪，客观地报告他们观察到的刺激特征，机械地做出反应。被试不过是一台无偏见、客观的机器。同冯特一致的是，铁钦纳认为受过训练的被试会变得非常机械化和习惯化，以至于他们的操作变成了无意识的过程。铁钦纳写道：

> 在集中注意于所要观察现象的时候，心理学的被试就像物理学的被试那样，完全忘掉了自己的观察状态……就像我们知道的那样，观察者已经受到了足够的训练，观察状态已经机械化了。（Titchener, 1912a, p.443）

如果实验室中的观察者被认为是机器，那么就很容易使人认为所有的人都是机器。这一思维方式显示出伽利略—牛顿机械宇宙观的持续影响。这种影响并没有随着构造主义的最终消亡而停止。随着心理学史的展开，我们会看到人作为机器这一形象在20世纪上半期一直是实验心理学的特征。

在心理学的内省观察中，铁钦纳倡导了一种实验的步骤。他一丝不苟地遵循着科学实验法的规则。他指出：

> 实验是一种可被重复、孤立和加以改变的观察。你越是能经常地重复一个观察，你越有可能清楚地看到被观察的东西，因而也越有可能精确地描绘你所看到的东西。孤立观察的条件越是严格，观察的任务就变得越容易，你被无关条件引入歧途和把重点放到错误点上的危险就越小。改变观察的范围越是广泛，经验的一致性就显示得越清晰，发现规律的机遇也就越大。（Titchener, 1909, p.20）

铁钦纳实验室的被试要对大量的刺激进行内省，对经验元素进行长期而细致的观察。举例来说，在钢琴上弹出一个和音，这个和音是三个不同的音符一起构成的。被试要报告他们能区分出多少单个的音符、声音的心理特征，以及他们能检测到的意识的任何其他基本的元素。

另一个实验包括一个大声读出来的给定的词。当铁钦纳描述它时,他要求被试"观察意识产生于刺激的效应:这个词如何影响你,它引发了什么思考,等等"(Titchener, 1910, 引自 Benjamin, 1997, p. 174)。你能从这些实验中看到,为什么铁钦纳实验室的内省者要经过完整的培训,他们的判断又必然是那样的主观与定性。

意识的元素

铁钦纳为心理学设定了三个基本问题:
1. 把意识过程还原为最简单的元素成分;
2. 确定这些意识元素结合的定律;
3. 把这些元素同它们的生理条件联系起来。

因此,铁钦纳构造主义心理学的目标同自然科学的研究目标是一致的。科学家决定了要研究自然界的哪一部分之后,他们便开始探索组成这个部分的元素,论证这些元素怎样组合为复杂的现象,并且提出支配这些现象的定律。铁钦纳的大部分研究涉及的都是第一个问题,即发现意识的元素。

铁钦纳界定了三种基本的意识状态,即感觉、意象和情感状态。感觉是知觉的基本元素,发生在声音、光线、味道以及由实际上存在于环境中的物理对象引起的其他经验中。意象是观念的元素,可以在那一时刻实际上没有呈现的经验过程中找到它们,如对过去经验的记忆。情感状态,或情感是情绪的基本元素,可以在爱、恨和伤心这样一些经验中找到它们。

在1896年的《心理学大纲》一书中,铁钦纳开列了经他的研究所发现的意识元素的清单。这一清单包含了接近44500种个别的感觉性质,其中,32820属于视觉范畴,11600种属于听觉范畴。每一种元素都被认为是有意识的和区别于其他元素的,同时也可以与其他元素结合在一起形成知觉和观念。

心理元素尽管是基本的和无法进一步还原的,但是就像化学元素那样,是可以进行分类的。这些元素尽管简单,但是仍有一些特性使其与其他的元素相区别。铁钦纳在冯特的性质和强度两个特征之外,又给心理元素增加了另外两个特征,即持续性和清晰度。他认为这四个特征是所有的感觉都具有的，因为在某种程度上，它们呈现于所有的经验中。

- 性质（quality）指的是"冷的""红的"这样一些特征，这些特征使得每一个元素区别于其他的元素。
- 强度涉及感觉的力量，如虚弱、响亮或明亮等。
- 持续性指的是感觉的时间过程。
- 清晰性涉及注意在意识经验中的作用。那些处在意识中心的经验比那些没有得到注意的经验更清晰。

感觉和意象具有这四个特征，但是情感状态仅仅有这四个特征中的三个，即性质、强度和持续性。情感状态缺乏清晰度这个特征。为什么呢？铁钦纳认为注意是不可能指向情感或情绪元素的。当我们把注意指向伤心或愉快这样一些情感性质时，它们也就消失了。某些感觉过程，特别是那些涉及视觉和触觉的，具有另外一个特征，即广延性，因为它们占有空间。

所有的意识过程都可还原为上述特性之一。来自符兹堡大学屈尔佩实验室有关无意象思维的发现并没有使得铁钦纳改变自己的观点。他发现在思维的过程中有某些说不清楚的性质，但是他认为这些仍然属于感觉和意象。对于铁钦纳来说，屈尔佩的被试明显犯了所谓的刺激错误，因为这些被试更多地注意了刺激对象，而不是他们的意识过程。

康奈尔大学的研究生们就情感状态问题进行了大量的实验。实验的结论使得铁钦纳拒绝了冯特的感情三维说。铁钦纳认为，情感仅有一个维度，那就是愉快/不愉快。他否认了冯特的紧张/松弛和兴奋/抑制这两个情感维度。

在他晚年时，铁钦纳开始从基础上改造他的构造心理学，并试图对他的体系进行全新的解释。大约在1918年，他在讲课时就放弃了心理元素的概念，认为心理学研究的不应该是基本元素，而是心理生活的更大维度和心理过程。这些维度或过程包括性质、强度、持续性、清晰度和广延性等。过了几年之后，他在给一位研究生的信中写道："你必须放弃根据感觉和情感进行思维的方式。10年之前那些都是正确的，但是现在……它已经完全过时了……你必须学会根据维度而不是根据诸如感觉那样的系统概念进行思考。（Evans，1972，p.174）"

到1920年的时候，铁钦纳开始对"构造心理学"这一术语产生疑虑，而改称他的理论体系为"存在心理学（existential psychology）"。他开始重新思考他的内省方法，赞成一种现象学的方法。现象学的方法考察自然发生的经验，而不是尝试把经验破解为它的元素。

这些都显示出铁钦纳理论观点的戏剧性变化。如果铁钦纳能活得更久一些，去贯彻这些观点，那么或许会彻底改变构造心理学的面貌和命运。这些观念显示出科学家所具备的那种开放性和灵活性。历史学家经过对铁钦纳的信件和讲义的仔细考证，搜集和整理了这类变化的证据（Evans，1972；Henle，1974）。尽管这些观念并没有被正式纳入铁钦纳的体系，但是它们显示出铁钦纳的发展方向。他的去世使这一目标无法实现。

对构造主义的批评

人们往往因为挑战一种传统的观点而在历史上崭露头角，但是在铁钦纳那里，情形恰好相反。当其他人都超越了他时，他丝毫不为所动。到20世纪的第二个十年的时候，美国和欧洲心理学的学术思想氛围已经完全改变了，但是有关铁钦纳体系的正式出版物依然保持不变。其结果是，许多心理学家都把铁钦纳的构造心理学看成顽固坚持已被废弃原则和方法的一种无用的努力。心理学家詹姆斯·吉布森（James Gibson）在铁钦纳逝世之前的一段时间拜访了这位伟人。吉布森写道："尽管铁钦纳令人敬畏……但是我们这一代已经不再需要他的理论和方法。他的影响在逐渐衰退。（Gibson，1967，p.130）"

铁钦纳相信他为心理学建立了一种基础，但是他的努力被证明仅仅是心理学史的一个阶段。铁钦纳逝世以后，构造主义的时代就结束了。它之所以维持如此长的时间，全是因为铁钦纳威严的人格。

对内省法的批评

对内省法的直接批评更多地与铁钦纳和屈尔佩实验室中实践的那种观察法有关，而不是指向冯特所使用的内部知觉方法。铁钦纳和屈尔佩进行的那种观察涉及的是意识元素的主观报告，而冯特的方法更多地涉及对外部刺激的客观和量化反应。

广义的内省法很久以前就开始使用了，对这一方法的批评也并非新的东西。早在铁钦纳的一个世纪之前，德国哲学家康德就曾经写到，任何内省的尝试都必然改变被研究的意识经验，因为内省把一个观察变量引入了意识经验的内容。

实证主义哲学家奥古斯丁·孔德（Auguste Comte）曾经攻击内省法，认为如果心灵能观察自己的活动，它就不得不把自身分成两个部分：一部分进行观察，另外一部分则被观察。孔德认为，这根本就是不可能的（Wilson，1991）。

> 除了它自身之外，心灵可以观察所有的现象……在这里，观察的器官和被观察的器官是同一的，因而它的作用不可能是纯粹和自然的。为了进行观察，你的思想必须从活动中暂停，然而，你想要观察的恰恰就是这个活动。如果你不能停止这种活动，你就无法观察；如果你停止了这个活动，你就没有什么东西可以观察。这种方法的研究结果同这种方法的荒谬性成正比。（Comte，1830/1896，Vol.1，p.9）

对于内省法的另外一个批评来自英国医生亨利·马兹里（Henry Maudsley）。依据心理病理学，他写道：

> 内省主义者不能达成任何一致意见。在那些能达成一致意见的地方，又是因为这样一个事实，即内省主义者受过极其细致的训练，因而具有了一种建构于观察之中的偏见……由于心灵本身的缺陷，自我报告几乎是不可相信的。（Maudsley，1867，p.11）

因此，即使在铁钦纳矫正和完善内省法使之符合科学的要求之前，对内省法就已经存在着实质的怀疑。然而，尽管铁钦纳的内省法变得更为精确，但对这一方法的攻击仍然持续着。

一种批评是针对内省法的概念。在精确地定义内省法方面，铁钦纳有明显的困难。他尝试通过把内省法与特定的实验条件联系起来定义内省法：

> 观察者遵循的路线随被观察的意识的性质、实验的目的和实验者的指示语而在细节上有所不同。因此，内省是一个一般的术语，包含着极其众多的具体方法程序。（Titchener, 1912b, p.485）

构造主义的内省者接受训练，形成某种习惯，而这恰恰是铁钦纳方法论所遭到的第二个批评。作为观察者，铁钦纳的研究生必须学会忽略某种类型的词语（所谓的意义词），但这些词语早已成为他们词汇库中一个固定的成分。例如，诸如"我看见一张桌子"这类句子对于构造主义者来说就没有任何科学意义。因为"桌子"是一个意义词，它以过去形成的和普遍认为的关于感觉的一种特殊结合知识为基础，我们已经学会了使用"桌子"这一词语来称呼感觉的这种特殊结合物。"我看见一张桌子"这样一种观察不能给构造心理学家提供任何有关观察者意识经验方面的知识。构造主义者对于概括意义词中的感觉集合物并不感兴趣，他感兴趣的是特定的基本经验形式。那些声称"我看见一张桌子"的观察者犯了所谓的刺激错误。

但是，如果从词汇库中剔除了日常词语，那么受过训练的被试怎样描绘他们的经验呢？这样一来，就不得不发展一种内省语言。因此铁钦纳和冯特都强调必须小心地控制实验的外部条件，以便精确地确定意识的内容，这样一来，两个观察者便应该有同样的经验，亦即他们的结果应该能彼此相互验证。由于在控制条件下出现的这些经验极其相似，因而从理论上讲，建立一种摆脱意义词的工作词汇是有可能的。毕竟日常生活中的经验具有共同性，因而我们对熟悉的词语能取得一致的理解。

但是，建立一种内省语言这一观点从未实现。即使当实验的条件得到最严格的控制时，观察者也经常产生分歧。不同实验室的观察者报告了不同的结果，甚至针对同一刺激材料的同一实验室的被试也经常不能得出类似的观察结论。然而，铁钦纳认为，最终的一致是可以达到的。或许在内省结果上如果有足够的一致性，那么构造主义学派就可能持续更长的时间了。

批评者们同样指责内省法实际上是回顾（retrospection）的一种形式，因为在经验本身与报告经验之间必然经历一段时间间隔。我们记得艾宾浩斯曾经证明，紧随一个经验之后的遗忘速率是最快的，因此，极有可能在进行内省和内省报告之前某些经验已经被遗忘了。构造心理学家以两种方式回应了这种指责：首先，观察者是在最短的时间间隔后进行报告的；其次，他们认为存在一种基本的心理意象。这种心理意象一直把经验保持到观察者进行报告的时候。

前面我们曾经指出，以内省的方式考察经验本身就以某种方式改变了这种经验。例如，设想一下对愤怒的意识状态进行内省所面临的困难。在注意和尝试分解愤怒经验成为它的基本成分的理智过程中，愤怒可能已经平息或消失了。然而，铁钦纳坚持他的信念，认为一个训练有素的内省者经过持续的实践训练可以自动完成观察任务，而不让意识改变这种经验。

弗洛伊德在20世纪初时提出的无意识心灵概念促成了对内省法的另外一个批评。如果像弗洛伊德声称的那样，部分心理功能是无意识的，那么在探索无意识的过程中，内省法是毫无用处的。一位历史学家写道：

> 内省分析的基础是这样一种信念，即所有的心理功能都是可以进行有意识观察的。因为除非人的思维和情绪的各个方面都可以进行观察，否则内省法提供的至多是对心理功能的一种不完全的、零零碎碎的描述。如果意识仅仅是海洋中冰山可见的一角，心灵的大部分区域都永远地遮挡在强大的防御屏障之后，那么内省法的命运就清楚地注定了。（Lieberman, 1979, p.320）

对铁钦纳体系的其他批评

内省并非唯一的靶子，构造主义运动同样因为尝试把意识过程分析为元素而被指责为人为和枯燥无味的。批评者们指出，把元素性的成分结合或联合在一起，并不能恢复意识的整体性。他们认为，经验呈现给我们的并不是个别的感觉、意象或情感状态，而是一个统一的整体。任何分析意识经验的人为努力都不可避免地从意识经验中丢掉了某种东西。格式塔心理学派正是有效地利用了这一点，发起了一场反对构造主义的革命。

构造主义的心理学概念也受到攻击。到铁钦纳晚年时，心理学的范围已经包含了受到构造主义排斥的一些领域。这些领域由于不符合构造主义的心理学观念，一直为构造主义所排斥。我们曾经指出，铁钦纳根本就不认为动物心理学和儿童心理学属于心理学的范畴。他的心理学概念过于狭隘，以至于无法包容心理学家所从事的新工作和探索的新方向。心理学正在超越铁钦纳，而且其速度非常迅速。

构造主义的贡献

尽管存在着这些批评，历史学家还是肯定了铁钦纳和他的构造主义心理学的贡献，并给予了适当的评价。构造主义者的研究对象，即意识经验，界定得非常清楚。他们的研究方法建筑在观察、实验和测量的基础之上，隶属于最高的科学传统。由于意识最完善的知觉来自具有这种意识经验的人，因而研究这一经验和这一对象的最适当方法就是自我观察法。

尽管构造主义者的研究对象和目标已经不再具有生命力，但是如果我们从广义上界定内省法，把内省法看作基于经验的语言报告，那么这种方法在当今心理学的许多领域仍然在使用着。心理物理学的研究者让被试报告第二个声调是否听起来比第一个声调更强或者更弱。那些暴露于非同寻常环境（如空间飞行中失重状态）中的人们，被要求进行自我报告。来自病人的临床报告，对人格测验和态度量表进行的反应等在本质上都是内省的。

涉及推理等认知过程的内省报告在当今的心理学中仍然经常使用着。例如，工业和组织心理学家从公司的雇员那里得到一些内省报告，了解他们与计算机终端互动的情况。这些信息被用来设计一些方便使用者的计算机部件和符合人体工程学原理的座椅。这样一些基于个人经验的语言报告是搜集数据的一种合理形式。由于认知心理学恢复了对意识过程研究的兴趣，它也赋予了内省法以更大的合法性（第十五章）。因此，尽管已经不同于铁钦纳的那种内省法，但是内省法在今天仍然具有很强的生命力。

构造主义的一个重要贡献是它起到了靶子的作用。构造主义提供了一个公认的正统学说，为了反对这种正统性，心理学中的其他新兴运动奋起抗争。这些新兴的思想学派之所以兴起，在很大程度上应归功于对构造主义观点的进步性改造。我们已经指出，科学需要某种东西与之抗争。心理学把构造主义作为一种抗争的对象。在这一过程中，快速地超越了铁钦纳最初的界限。

问题讨论

1. 根据铁钦纳的观点，心理学适合的研究主题是什么？与其他科学的研究主题有哪些区别？
2. 比较铁钦纳与冯特的心理学方法。
3. 按照铁钦纳的观点，心理学合适的研究对象是什么？这种研究对象与其他学科的研究对象有什么不同？
4. 描述铁钦纳关于心理学中女性地位的矛盾观点。他对女性的心理学职业是提供了帮助还是歧视？
5. 描述铁钦纳的内省法。它同冯特的内省法有什么不同？
6. 描述铁钦纳提出的三种基本意识状态和心理元素的四个特征。
7. 铁钦纳怎样区分了检查（inspection）和内省？
8. 在他职业生涯的后期，铁钦纳以怎样的方式修改了他的理论？
9. 人们对铁钦纳的内省法有何批评？对此，铁钦纳又是怎么回答的？
10. 除了对内省法的批评之外，对铁钦纳的构造主义还有哪些批评？铁钦纳的构造主义对心理学有哪些贡献？
11. 在铁钦纳之前，人们对内省法提出了什么批评？
12. 铁钦纳使用"催化剂"这一术语说明了什么？这一术语怎样表明了他对被试和一般人的看法？
13. 铁钦纳怎样划分了意识和心理的界限？
14. 举例说明什么是刺激错误？在铁钦纳看来，应该如何避免刺激错误？
15. 依据铁钦纳的观点，内省在心理学研究中的作用是什么？
16. 为什么铁钦纳的研究生要吞橡皮管、带笔记本上厕所并记录性活动过程中的感觉？

第 六 章

机能主义：先行的影响

震惊科学家的猩猩珍妮

珍妮的衣着与行为都同其他两岁小孩一样，人们蜂拥而来参观她。他们惊奇甚至敬畏地看着她，她如此孩子气，如此像人类。但实际上，她只是一只猩猩，即大多数人所称的"猿猴"。珍妮被关在长颈鹿笼里，在伦敦动物园里展出。那是 1838 年。

英国甚至整个欧洲，都很少有人见过这样的动物。那些前来参观的人都感到好奇，有时甚至因她过于像人的行为而惊呆。珍妮穿着褶边的小女孩穿的裙子，坐在桌子边，用勺子从盘子里舀食物，用杯子喝茶，似乎能听懂饲养员的话。她似乎知道自己是谁，知道哪些事情不能做。

一位参观者写道：

> 饲养员给她看了一个苹果，但不给她。于是她滚到地上，又踢又哭，就像个顽皮的孩子。饲养员说："珍妮，如果你做个好孩子，不哭不闹的话，我就给你苹果。"她竟然能理解每一个字的意思。像个孩子一样，她要费很大的工夫才会停止哭闹，而且最后得到了苹果（引自 Aydon, 2002, p. 128）。

显然，珍妮让这位参观者想起了他的两个孩子。几个月后，他又回到动物园，带着一个口琴和镜子。他在珍妮的笼子前吹口琴，然后从栅栏外把口琴递给她。她马上把口琴放到嘴边，就像参观者一样。然后，参观者又递给她一面镜子，她一直看着镜子里的自己，一遍又一遍，仿佛对自己的行为感到惊讶，就像小孩第一次见到镜子一样。

他看到珍妮从另一个游客那里拿到一个面包，她先看了一下饲养员，

震惊科学家的猩猩珍妮
机能主义的抗争
机能主义的先驱：查尔斯·达尔文（1809—1882）
达尔文的生平
经由自然选择的物种起源
鸣雀的喙：正在进行中的进化
达尔文对心理学的影响
个体差异：弗兰西斯·高尔顿（1822—1911）
高尔顿的生平
心理遗传
统计方法
心理测验
观念的联想
心理表象
用气味计算及其他一些研究
评论
动物心理学与机能主义的发展
乔治·约翰·罗曼尼斯（1848—1894）
康维·劳埃德·摩根（1852—1936）
评论
问题讨论

要得到同意才敢吃。但是，珍妮也有任性和调皮的行为。她经常会：

> ……做已被告知不要做的事。当饲养员不看她，她就知道自己做错了，把自己藏起来。当她认为饲养员要打她了，她会用稻草或毯子盖在身上，将自己藏起来。（引自 Keynes, 2002, p. 50）

珍妮的行为给这位参观者留下了深刻的印象。他在笔记本上写了下面的评论："人们参观驯化的猩猩，看着它们的智慧……然后他们会夸耀自己多么了不起。傲慢的人类认为自己才是最伟大的，具有神的地位。但我认为，人类要更谦虚地接受自己是从动物进化而来的这一观点。（引自 Ridley, 2003, p. 9）"

这个对珍妮留下了深刻印象的著名参观者是谁呢？你肯定听过他的名字：查尔斯·达尔文（Charles Darwin）。

机能主义的抗争

达尔文及其进化论，将新心理学关注的焦点从意识的"结构"转向了意识的"功能"。紧接着，机能主义心理学派就不可避免地发展起来了。

顾名思义，机能主义关心的是心灵怎样发挥它的功能，或者有机体怎样利用心灵去适应环境。机能心理学运动关注的是一个很实际的问题：心理过程完成了什么？机能主义并不从构成的观点研究心灵，也就是说，它不关心心理的元素或结构，而是把心灵看作各种机能和过程的汇聚或累积，它关注心灵在现实世界中所导致的实际结果。铁钦纳和冯特所进行的研究对于了解心理活动的结果和成就不能起到任何作用，因此，那不符合机能主义的目标。机能主义的这种功利主义的目标与心理学中的纯科学方法是不一致的。

作为第一个独特的美国式的心理学体系，机能主义有意识地对抗冯特的实验心理学和铁钦纳的构造心理学。在机能主义看来，这两种心理学的范围都过于狭隘，它们都无法回答机能主义者提出的问题，即心灵做什么？心灵怎样工作？

由于强调心理功能的研究，因而机能主义者对人们怎样发挥功能、怎样适应环境这样一些日常生活中的问题产生兴趣。应用心理学在美国早期的迅速发展被认为是机能主义运动最重要的遗产。

在这一章中，我们考察机能心理学运动的根源，包括达尔文、高尔顿的工作和动物行为的早期研究等。值得指出的是机能主义先驱们阐述他们思想的时间同新心理学之间的关系：或者在新心理学建立之前的那个时期，或者在新心理学正在形成的过程中这段时间。

达尔文在进化论方面做出了开创性的工作，他的著作《论物种的起源》(*On the Origin of Species*, 1859) 出版的时间比费希纳的《心理物理学纲要》（1860）早了一年，比冯特在德国的莱比锡建立心理学实验室早了 20 年。高尔顿 1869 年开始研究个体差异问题，而冯特在 1873—1874 年才出版了他的《生理心理学原理》。动物心理学的实验研究早在 19 世纪 80 年代就开始了，这个时间也早于铁钦纳从英国到德国师从冯特学习心理学的时间。

因此，有关意识的机能、个体差异和动物行为的研究早就在进行之中了，但是冯特和铁钦纳却把这些领域排除在他们的心理学概念之外。直到心理学家把这门新科学带到了美国，心理机能、个体差异和动物实验才在心理学中占据了优势地位。

机能主义的先驱：查尔斯·达尔文（1809—1882）

进化的理念不是始于达尔文。到 1859 年，达尔文出版了自己的进化论，它确实不存在什么新的东西（参见 Gribbin, 2002）。进化论的基本观念是生物随时间的变化而变化。早在公元前 5 世纪，就有了这一思想观念的雏型，但是直到 18 世纪晚期才有人在这一方面进行了系统研究。英国生理学家伊莱斯莫斯·达尔文（Erasmus Darwin），即查尔斯·达尔文和高尔顿的祖父，曾经写到，一切热血动物都是由一种活的丝虫进化而来的，造物主给了它们活力。

伊莱斯莫斯·达尔文相信，存在一个神，它最初创造了生命，并推动了地球的运动，但之后他不再干预，让动物与植物不断改变并产生新的物种。他认为，动物形态的改变，是根据自然法则发展的，物种持续地发展以适应环境的改变。

顺便说一下，伊莱斯莫斯·达尔文是个又高又胖的人，在体重达到

150公斤以后，他再也不愿意称体重了。他是位医生，在前往病人房间的时候，他的司机总是走在他的前面，以确定地板能承受得住。他写过一些诗歌，有两个妻子和14个孩子。

1809年，法国自然学家拉玛克（Jean-Baptiste Lamarck）提出了行为的进化理论。拉玛克强调动物躯体上的变异是由于有机体努力适应环境形成的。拉玛克认为，这些变异通过遗传而被有机体的后代继承。例如，长颈鹿的长颈是由于好多代的长颈鹿要从越来越高的树枝上获取食物形成的。

19世纪中期，英国地理学家查理斯·利耶尔（Charles Lyell）提出了地理理论中的进化概念。他指出，地球今日的构造是许许多多发展阶段累积的结果。1844年，一本400多页的《自然创造史的遗迹》（*Vestiges of the Natural History of Creation*）出版了，描述了动植物生命的演化。该书认为人类起源于灵长类，迅速成为欧美最畅销的书之一。读者包括美国的林肯总统，英国的维多利亚女王，以及许多著名的哲学家、科学家与神学家。理所当然，这一主题引发了广泛的争议，将进化观念传播到社会的各个角落（Caton，2007）。

多少世纪以来，人们一直接受《圣经》中关于创世纪的解释，为什么学者们这个时候开始寻求另外的解释了呢？其中的一个原因是，科学家们越来越多地了解了生活在地球上的其他物种。探险者们发现了以往人们没有见过的动物生命形式。因此，一些人不可避免地要询问，《圣经》中的诺亚怎么能把每一种动物都成双成对地放入他的方舟内呢？所发现的物种实在太多，以至于使学者们无法继续相信《圣经》中的那个故事。

早在1501年，在经过环南美洲海岸的第三次航行之后，意大利探险家阿默里格·维斯普西（Amerigo Vespucci）写道："我不知道该怎样形容那种类繁多的野生动物：数不清的美洲豹、美洲狮和野猫，这些动物并不像西班牙的那些动物，有些可能恰恰相反；那里有许许多多的狼、红色的鹿、猴子和类似于猫的动物，以及许多种类的小猴子和大蟒蛇。这么多的物种不可能都进入诺亚的方舟。（引自Boorstin，1983，p.250）"

19世纪30年代，英国和欧洲大陆上的人们第一次看到了那些令人不安、类似于人类的动物物种。在那个时期之前，只有少数勇敢的探险者曾经见到过猩猩或类人猿这类动物。1835年，即达尔文从为期5年的探险航行中返回的前一年，一个被称作"托米"的类人猿在伦敦动物园展出了。1837年，动物园给公众展示了一只黑猩猩，两年之后，另一只黑猩猩在动物园公开展示。19世纪50年代，一只雄性黑猩猩被运往英格兰和苏格兰的各个城市进行巡回展览。展览的目的是宣传猩猩的智慧行为一点也不比人类逊色。

1853年，大英博物馆把一具大猩猩的骨骼和人的骨骼放到一起展览，其类似性令人如此震惊，以至于许多参观者称他们感到难过。这时候，他们还能坚持认为人是独一无二的，与其他物种完全不同吗？答案或许是否定的了。

探险家也同样发现了一些动物的骨骼和化石，这些骨骼和化石与现存的物种无法匹配。这些骨骼和化石明显属于那些曾经徘徊在地球上但已经从地球上灭绝的动物。这些发现既吸引了科学家，也吸引了普通民众。许许多多的人开始搜集化石。

> 在18世纪的英国，拥有和展示所搜集的化石是高贵的标志和高雅的嗜好。这些物品本身不仅是稀有的和漂亮的……而且拥有这些物品暗示了一种对知识的渴望，显示了对自然哲学的意识和对地球各种神秘过程的深邃理解。（Winchester, 2001, p.106）

人们渴望了解这些骨骼和化石对于提示人类起源的意义。对于科学家来说，这类物品的逐渐积累意味着生命形式不能再被看作有始以来静止不变的，而是从属于变化和变异。旧的物种无疑灭绝了，新的物种又出现了，其中某些物种改变了它们原有的形式。大自然中的每一个物种都是变异和变化的结果，而且仍然处于进化的过程之中。

不仅思想和科学领域体验到物种变化观的冲击，日常生活也受到变化观的影响。社会的时代精神已经被工业革命改变了。随着大量的人口从农村地区和小城镇迁移到飞速发展的城市制造业中心，多少世代以来一直保持不变的价值、关系和文化规范突然瓦解和破碎了。

科学的影响不断增长，人们的态度更多地受到科学的影响。人们不再满足于《圣经》和古典权威对人性和社会所做的解释，而是愿意甚至渴望转变原有的信仰，把信念建立在科学的基础之上。

变化是那个时代的主旋律，它影响到农民的生活。农民的生活不再仅仅受到季节的影响，而是不得不适应机器的韵律。科学家更是如此，他们花费许多时间，困惑地思索着，推测着新出土的骨骼的意义。时代的思想氛围使得进化的观念不仅成为科学上令人尊敬的思想，而且成为社会发展所必须的东西。然而，长时期以来，科学家们思索、推测，形成了各种假设，但是却没有提供任何支持性的证据。此时，达尔文的《论物种的起源》出版了，它提供的数据如此富有说服力，以至于人们再也不能忽视进化理论了。时代精神需要这样一种理论，达尔文成为时代精神的代言人。

达尔文的生平

达尔文是历史上最幸运的人之一。他的祖父与外祖父是英国最著名男人中的两个。在他很小的时候，就习惯于与聪明而富有艺术素养的人为伴。他成长在舒适的家境中，家庭充满着爱，他的想象力可以随意飞翔。他的父亲是个有钱人，在他青少年的时候，他就意识到，他从来不必做他不想做的任何事。在他接下来的人生中，他果真只做他所喜欢做的。在他即将去世的日子里，他同样被爱与支持包裹着，就像一个孩子那样。（Aydon, 2002, p. xxiii）

查尔斯·达尔文

儿童时代的达尔文一点也没有显示出日后世界所熟悉的那种思想敏锐、勤恳努力的科学家的迹象。少年时代的达尔文顽皮、粗暴，喜欢恶作剧，经常说谎，有时甚至偷窃以获得他人的注意。他的传记作者报告说，达尔文早期的记忆之一是怎么从房间破窗而出。他因过错而受到惩罚，被反锁在房间里（Desmond & Moore, 1991）。他的父亲，一位富裕的医生，对他非常失望，以致焦虑地认为年轻的达尔文会玷污家族的名誉。

在学校里，达尔文成绩很差，但是他显示出对自然历史和搜集硬币、贝壳和矿石的兴趣。他的父亲把他送到爱丁堡大学学习医学，但是不久之后他就宣称医学太乏味。于是，他的父亲认为他应该成为一名教士。达尔文在剑桥大学学习了三年。他认为在剑桥的三年是浪费时间，至少从学术的角度看来是如此。然而，从社会生活的角度看来，这段时间是他整个生活中最快活的时期。他的全部时间都花在饮酒、唱歌和打牌上。他描述同他一起玩乐的那些人是放荡的和低能的。在那段时间，他也在搜集和制作昆虫标本。

达尔文的一位指导老师，著名植物学家亨斯洛（John Stevens Henslow）为达尔文争取到一个机会，让达尔文作为一个博物学家乘当时英国政府准备做环球科学航行的贝格尔号船进行科学考察。这次著名的航行从1831年持续到1836年，从南美洲水域开始，到大溪地和新西兰，经亚森新岛和亚速尔群岛返回英国。然而，由于达尔文鼻子的形状，他差点被拒绝登船。船长罗伯特·菲茨罗伊（Robert Fitzroy）骄傲地认为他可以通过一个人的面部特点判断一个人的性格。他坚持认为达尔文的鼻子表明达尔文是个懒惰的人。因此，达尔文不得不设法改变这一印象。菲茨罗伊是一个宗教信仰十分强烈的人，他想找一个博物学家在航程中寻找支持《圣经》创世纪理论的证据。但是他选错了对象。

这次旅行为达尔文观察各种各样的植物和动物提供了一个独一无二的机会，他可以利用这个机会，搜集各种标本和大量的数据。这次旅行似乎也改变了达尔文的性格。他不再是一个受兴趣驱使的业余爱好者，当他返回英国时，他已经成为全身心投入的科学家。现在他的爱好只有一个，那就是建立进化论。

达尔文1839年结婚。三年以后，他与妻子迁到距伦敦26公里的一个农庄。在那里，他可以集中精力工作，而不会受到城市生活的侵扰。由于达尔文的身体一直都不太好，因而各种生理疾病开始困扰达尔文。他经常呕吐，肠胃不适，还有脓肿、皮肤疱疹、头昏、颤抖，并不时经历抑郁。他的家"成了一个疗养院，家中人都不是那么健康。在这里，疾病成为规范，健康倒成了令人奇怪的苦恼"（Desmond，1997，p.291）。

达尔文的各种症状在起因上明显属于神经症，任何对他的刻板生活的侵扰都会引起这些症状的出现。一旦外部世界干扰了他的生活，使得他无法继续工作，这些疾病就降临了。在这里，疾病倒成了一个有用的工具，使得达尔文可以摆脱日常琐事，全身心地投入到理论的创建过程中。一位作家把达尔文的这种状态称为"创造性病症"（Pickering，1974）。

> 他割断与外部世界的联系，躲避晚会，拒绝会见外人；他甚至在书房的窗户上安装了一个反射镜，窥视着那些沿着车道走来的来访者。一天又一天，一周又一周，肠胃病折磨着他……他是一个焦躁不安的人。（Desmond & Moore，1991，p.xviii-xix）

达尔文的焦躁不安有着充分的理由。教会中保守的权威人物正在抨击着进化的观念，甚至在学术圈子中也是如此。那些教士们认为进化观点在道德上是堕落和破坏性的，如果人被描绘为与动物没有什么不同，那么其行为也会相应如此。这样一来文明必然被彻底摧毁。

达尔文把自己称为"魔鬼的牧师"。他告诉一位朋友说，进化理论的创建工作就像在坦白杀人的罪恶。达尔文深知，当他的著作最终出版以后，他会被诅咒为"异教徒"。他也意识到，对自己这一工作的关切是他持续生理不适的原因之一。用他自己的话来说，"肉体只是疾病的主要继承者"（引自 Desmond, 1997, p.254）。在把自己的观点呈现给公众之前，达尔文等待了 22 年，他要确定在著作出版以后，进化理论会得到不可否认的科学证据的支持。因此，在理论的创建过程中，达尔文的进展极为缓慢，他小心谨慎地论证着他的观点。

1842 年，达尔文写出了 35 页的进化理论概要，两年以后，他又把它扩充为 200 页的论文。但是他仍然感到不满意。对于自己的大部分工作，达尔文一直保守着秘密，仅仅在私下里告诉了最亲密的朋友，即地理学家利耶尔和植物学家约瑟夫·胡克尔（Joseph Hooker）。此后，达尔文又用了 15 年的时间，加工、整理、思索着他的数据，不断地对自己的理论进行修改、补充和完善。他坚持认为，他的观点的所有方面都应该是无懈可击的。

如果不是在 1858 年 6 月收到了一封令达尔文感到震惊的信，没有人知道达尔文还会耽搁多久才出版他的著作。这封信来自阿弗里德·罗素·华莱士（Alfred Russel Wallace）。华莱士是一位博物学家，比达尔文小 14 岁。华莱士曾经因疾病在东印度疗养，以在东印度的经验为基础，华莱士勾画了进化理论的轮廓，其观点非常类似于达尔文的理论。当然，他的观点并没有像达尔文的观点那样，有众多积累的数据的支持。对于达尔文来说更为糟糕的是，华莱士说他的理论观点的形成只用了 3 天时间。华莱士的一位传记作者写道：

> 在两个小时的时间间隔里，一会儿感觉非常寒冷，一会儿热得汗如雨下（疟疾的症状）。华莱士说，尽管他身体精疲力竭，但他设计了整个自然选择的理念，并在一个晚上初步勾勒了出来。这是华莱士多年实验与思考所积累的思想火花的迸发，在接下来

的两个晚上,他就完整地将这一理论写了出来。(Slotten, 2004, p. 144)

在他的信中,华莱士询问达尔文的意见,并请达尔文帮忙发表自己的研究。多年以后,华莱士写到,他的那篇短文"几乎令达尔文惊呆了",华莱士的传记作者写道:"达尔文仿佛在阅读自己的理论。""他在这一观点上的优先权消失了,他的创造性被埋没了。(引自 Raby, 2001, p.137)"

像大多数科学家那样,达尔文也具有极高的抱负和雄心。他在日记中写道:"我多希望我把徒有其表而无实际价值的名誉看得轻一些……我讨厌为获得优先权而写作,然而,如果其他人在我之前发表了我的思想观点,那的确会令我烦恼。(引自 Merton, 1957, p.647-648)"达尔文告诉他的朋友利耶尔,如果自己帮助华莱士发表了他的论文,那么,这么多年以来的艰苦努力,更为重要的是提出进化理论这一荣誉,就全部丧失了(Benjamin, 1993)。

当达尔文痛苦地思索着他应该怎样帮助华莱士和是否应该尽快出版自己的著作时,达尔文 18 个月的儿子不幸死于猩红热。在绝望之中,达尔文反复掂量着华莱士信件的意义和摆在自己面前的选择。最后,他以一种略带忌妒的公正感决定:"我将失去多年以来在这一观念上的优先权,这对我来说是非常难过的,但是这并不会影响这件事情的公正解决……对我来说,在这个时候发表我的观点是不光彩的。(引自 Merton, 1957, p.648)"

利耶尔和胡克尔建议在 1858 年 7 月 1 号召开的林耐协会 [以瑞典博物学家林耐(Linnaeus)的名字命名的一个协会] 会议上宣读华莱士的论文和达尔文那本即将问世的著作的若干章节。至于其他一切就留给历史评判了。达尔文的《论物种的起源》第一次印刷的 1250 本书在出版的当天即一售而空。这本书立刻让舆论哗然,并引起了广泛的争论。虽然达尔文成为了被严厉批判的对象,但是他赢得了那种他并不珍视的"徒有其表而无实际价值的名誉"。

这本著作出版以后,达尔文又被新的疾病所困扰。他描绘这种疾病是"长时间令人恐怖的呕吐,思绪翻腾,令人难以平静,感觉极为难过,内心撕裂般的痛苦"(引自 Desmond, 1997, p.257)。他不得不逃到英格兰北部的一个温泉,在那里隐居了两个月之久。

华莱士提出了与达尔文类似的观点,但是他没有获得像达尔文那样的声誉,然而华莱士从来没有因为这一点而表达过任何悲伤情绪。事实可能恰恰相反，当他得知他的工作和达尔文的工作共同在林耐协会上公布以后，华莱士认为他得到了比自己值得得到的更多的声誉和信任。他对他寄给达尔文论文感到满意，他"以一种无意识的方式促使达尔文集中于进化论的研究工作"（Wallace，引自 Raby，2001，p. 141-142），从而加速了这本历史上最有影响的书籍之一的完成。在 2000 年 4 月 15 日，林耐协会修葺了华莱士的坟墓，以纪念他的成就。他的坟墓在英格兰多塞特郡的博瑞德斯顿公墓，树立了一个 2 米多高的墓碑。

在读了达尔文的书之后，华莱士写信给他的朋友："我不可能达到他这本书的完整性，它广泛的证据积累，其压倒性的论点、令人钦佩的语气和精神……达尔文创建了一个新的科学。"在给达尔文的一份私下留言里，华莱士向达尔文表达了类似的赞美，并在他的论文中保存了达尔文的答复。达尔文说："似乎高贵与自由是人类的通病。但你的说法实在过于谦虚了，你如果有我这么多空闲，你可以做得同样好，甚至比我做得更好。（Slotten，2004，p. 172–173）"。

经由自然选择的物种起源

达尔文的进化理论已为人们所熟知，因此在这里，我们仅概括这一理论的几个基本观点。从同一种系的个体成员之间存在着明显差异这一事实出发，达尔文推理道：这种自然的差异是通过遗传获得的。在大自然中，自然选择过程让最能适应环境的那些有机体生存下来，那些不能适应环境的有机体则被淘汰，从而导致灭亡。生存斗争持续发生着，那些存活下来的恰恰是成功地适应或调节所处的环境条件的生命形式。概括地说，那些不能适应环境的有机体无法生存下来。

在阅读了马尔萨斯（Thomas Malthus）的《人口论》（*Essay On the Principle of Population*，1789）之后，达尔文提出了生存斗争和最适者生存的观念。马尔萨斯是一位经济学家。他指出，世界上的食物供应呈算术级数增长，而人口却呈几何级数增长。因此，一个不可避免的结果是——马尔萨斯称它"具有阴郁色彩"——许多人将生活在接近饥饿的状态。只有那些最强有力、最聪明和最能适应环境的才能生存下去（华莱士也曾从马尔萨斯那里获得启示）。

达尔文把马尔萨斯的原理扩展到所有的生命有机体，建立了他自然选择的概念。他认为，那些在生存斗争中存活并成长起来的生命形式倾向于把那些使得它们得以生存的特殊技能和优点遗传给它们的子孙后代。既然变异是遗传的一种一般定律，那么在它们的后代中将显示这些变异。也就是说，某些后代将具有一些有用的品质，因而可以发展到比它们的父母更高的阶段。这些品质倾向于留存下来，经过很多代，可以形成形态上的巨大变化。这些变化如此广泛，以至于可以解释当今在同一物种之间所见到的差异。

自然选择并非达尔文所发现的进化的唯一机制，达尔文同样赞同拉马克的观点。拉马克曾经提出，动物一生由经验所产生的形态变化可以遗传给以后的子孙后代。

赫胥黎与有关进化论的争论

进化论的传播导致了许多争论，许多领域的学者开始支持这一理论，也有一些人反对这一理论，贬斥这一理论为异端邪说。达尔文本人始终身居幕后，对参与这一不断扩大的争论不感兴趣。进化论的一位热情辩护者是托马斯·亨利·赫胥黎（Thomas Henry Huxley，1825—1895）。赫胥黎是一位雄心勃勃的生物学家，也是英国科学发展的推动者。他渴望参与到有关进化论的争论中去。

达尔文称赫胥黎是"进化论传播的优秀和善良的代言人"（引自Desmond，1997，p.xiii），赫胥黎总是毫不畏惧地同科学的敌人展开争斗——这一次面对的是进化论的敌人。他是一个雄辩和富有魅力的演说者，在大众中具有很强的感染力，特别是在蓝领工人中间更是如此。在这些工人中间，赫胥黎把科学描述为一种新的宗教和获得拯救的一个新的途径。赫胥黎的传记作者写道："留着胡子、手上带着水疱的工人蜂拥而至，倾听他的演讲……他对人群的吸引力仿佛是个福音传播者，或者今日的摇滚歌手。（Desmond，1997，p.xvii）"人们在大街上拦住他，请他签名，出租马车的人也不愿意收取他的乘车费用。

《论物种的起源》出版后还不到一年，英国科学发展协会在牛津大学举办了一次有关进化论的辩论会。达尔文的支持者和他的朋友都敦促达尔文参加，但是达尔文无法想象自己不得不在一个公众场合为自己辩护的场景。他的朋友坚持要他参加，并由此与他产生了激烈的冲突。达尔文的传记作者写道：最终，"他的肠胃拯救了他，在辩论会的前两天，他的健康状况恶化，从没有一种疾病比这更受欢迎"（Browne，2002，p.118）。

在辩论会上，发言的人是赫胥黎，他为达尔文和进化论辩护；为《圣经》辩护的是主教塞缪尔·维勃福司（Samuel Wilberforce）。

> 提及达尔文的思想，维勃福司庆幸他自己……不是一只猴子的后代。赫胥黎的回答是："如果必须选择，我宁愿是一只可怜的猴子的后代，而不愿意是那种利用自己的知识和口才来曲解献身于寻求真理者的那种人的后代。"（White，1896/1965，p.92）

在牛津辩论会上的另一个发言者是罗伯特·菲茨罗伊，即带达尔文进行科学考察的贝格尔号船的船长。菲茨罗伊谴责自己支持了达尔文的研究，因为他同意达尔文在船上担任了博物学家。在发言时，菲茨罗伊情绪激动，并且为给达尔文提供了一个机会，搜集支持其理论的证据表达了一种深深的歉意和忏悔。但是没有人对他的忏悔感兴趣。"屋子里一片沉默"，达尔文的传记作者写道。菲茨罗伊"垂头丧气地返回他的座位，几乎没有人听见他说什么"（Browne，2002，p.123）。

5年以后一个星期天的早晨，这位内疚的船长用刮胡刀片割断了自己的喉咙。达尔文的妻子写到，达尔文感觉"对菲茨罗伊非常抱歉，但是一点也不感到奇怪。他记得在贝格尔号时，菲茨罗伊就曾经表现出精神的不健全"（引自 Browne，2002，p.264）。后来达尔文给菲茨罗伊贫困的妻子送去了一大笔钱。

达尔文的其他工作

他在进化方面第二个主要的报告是《人类的祖先》（*The Descent of Man*，1871）一书。在这本书中，他搜集了大量有关人类是从低等生命形式进化而来的证据，强调在动物和人的心理过程之间的类似性。这本书很快就非常受欢迎。一位著名的杂志作家评论道："这本书可以与最新的小说进行竞争，但它也使科学家、道德学家和神学家产生了同样的困惑。无论从哪一方面，它都激起了交织在一起的愤怒、好奇和崇拜的暴风雨。（引自 Richards，1987，p.219）"

达尔文对人与动物的情绪表现进行了深入细致的研究。他认为作为代表主要情绪状态的手势与姿态的变化可以用进化的术语进行解释。在1872

年出版的《人类与动物的情绪表现》(*The Expression of the Emotions in Man and Animals*)一书中,他认为情绪表现是曾经发挥实际功用的动作的附属。情绪表现随着时间的推移而演变,只有那些被证明有用的才能留存下来(参见 Hess & Thibaut, 2009;Nesse & Ellsworth, 2009)。

达尔文争辩说,面部表情和所谓的身体语言都是内部情绪状态固有的、无法控制的表现形态。例如,痛苦通常伴随着面部肌肉的抽动,愉快伴随着微笑。达尔文建议,人和其他动物的这些情绪表现都是通过进化的方式产生的。达尔文的传记作者写道:"对他来说,这些在人类面部展现的表情都是人具有一个动物祖先的日常的、活生生的证据。(Browne, 2002, p.369)"

达尔文同样在儿童心理学文献方面做出了较早的贡献。他写下了他儿子婴儿时期的日记。在日记中,他仔细记载了这个孩子的成长,并且在《心灵》(*Mind*)杂志上发表了题为《一个婴儿的传略》(1877)的文章,公布了记录的素材。以日记的方式记载儿童的成长是向发展心理学迈出的重要一步。它展示了达尔文的一种观点,即儿童经历了平行于人类进化阶段的一系列发展阶段。

在网上可以看到达尔文的书、论文及通信,可以看到达尔文的出版物、手稿、传记、讣告、回忆录、收藏标本的图片,及一些可以下载的音频文件,其中包括他乘贝格尔号航行时写的日记。

鸣雀的喙:正在进行中的进化

当达尔文在南美洲海岸的加拉帕戈斯群岛考察的时候,他就观察了物种之间和同一种系之间的变异。他观察到同一种系的动物怎样为适应不同的环境条件而向不同的方向进化。

遵循达尔文的路线,美国普林斯顿大学的生物学家彼得·格兰特(Peter Grant)和罗斯玛丽·格兰特(Rosemary Grant)带领一群勤奋的研究生再次考察了加拉帕戈斯群岛,观察 13 种鸣雀怎样适应剧烈的环境改变,以及其后代所产生的适应性变化。这一研究计划开始于 1973 年,持续时间长达 20 多年之久。研究者目击到正在发生的进化过程,观察到一代鸣雀与另一代鸣雀之间的差异。两位格兰特得出结论认为,达尔文低估了自然选择的力量。就鸣雀这一事例来说,进化过程比人们期望得更快。

他们观察到，在严酷的干旱条件下，一种鸣雀开始产生变异，因为干旱严重影响了鸣雀的食物供给，使它们的食物只剩下了坚硬带壳的种子。只有那些长着厚厚的鸟喙（约占这一种鸣雀的 15%）的鸣雀才能啄开硬壳，获得里面的种子作为食物。那些长着细长鸟喙的鸣雀，由于无法破开种子，很快就死了。因此，在这种干旱的条件下，厚厚的鸟喙是适应环境的必要工具。

当那些厚鸟喙的鸣雀生育后，它们的后代通过遗传获得了这个特征，其鸟喙比干旱前的祖先的鸟喙平均大出 4%~5%。仅仅经过了一代，自然选择就发挥了作用，产生了能更好地适应环境的一代。

然后那个地方开始下雨，暴雨和洪水冲击着这个群岛，冲走了那些较大的种子，鸣雀的主要食物源仅仅剩下了那些微小的种子。现在厚鸟喙的鸟开始处在不利地位，无法获得足够数量的食物。很明显，细长的鸟喙对于生存是必要的了。你可以猜测接下来发生的事情。彼得·格兰特写道：

> 自然选择的钟摆已经向另一个方向摆动，开始对那些鸣雀产生不利影响。长着大鸟喙的鸟面临着死亡。有细长鸟喙的鸟却繁荣起来。自然选择在循环发生作用。（引自 Weiner，1994，p.104）

到随后的一代，鸣雀喙部的平均长度明显变小了。这一种系再次进化，适应着环境中所发生的变化。就像达尔文所预测的那样，只有那些最能适应环境的物种才能生存下来。

达尔文对心理学的影响

达尔文在 19 世纪后半期所做的工作对当代心理学产生了如下影响：

- 关注动物心理，形成了比较心理学的基础。
- 强调对意识机能的研究而不是对意识构造的研究。
- 促使心理学接受来自许多不同领域的数据和方法。
- 关注对个体差异的描绘和测量。

进化论提出了在人和低等动物心理机能之间存在连续性的有趣问题。如果人的心灵是从更为原始的心灵进化而来的,那么动物和人的心灵之间不是存在着类似的特点吗?两个世纪之前,笛卡尔曾经坚持认为,动物和人之间存在着不可逾越的鸿沟。现在这个结论应该改变了。

心理学家意识到,动物行为的研究对于人类行为的理解具有至关重要的意义。因此,心理学家关注动物心理机能的研究,为心理学的实验室研究引入了一个新的课题。对动物心理的研究将对心理学的发展产生深远的影响。"早期的机能主义与行为主义心理学家坚持认为,对动物的实验研究最终都适用于几乎所有形式的人类心理与行为的研究。(Greenwood,2008,p. 103)"

进化论同样导致了心理学研究对象和研究目标的变化。构造主义学派的关注点是对意识内容的分析。达尔文的工作促使部分在美国工作的心理学家开始考虑意识所发挥的作用。对于许多研究者来说,探究意识的作用或机能似乎比揭示所谓的意识结构因素更为重要。这样一来,随着心理学家越来越多地关注适应环境过程中的人和动物,那种关于心理元素的烦琐研究——由冯特和铁钦纳开始的——失去了吸引力。"机能主义不仅受到达尔文进化论的影响,而且开始了为心理学建立一种新的科学基础的激进尝试。(Green,2009,p. 75)"

达尔文的思想观念对心理学的影响之一是扩展了心理学的方法论,使得这门新科学有了更多的正当方法。在德国莱比锡冯特的实验室中所使用的方法主要来源于生理学,使用得最多的是费希纳的心理物理法。达尔文的方法所揭示的研究结论既可以应用于人类,又可以应用于动物,这种方法与以生理学为基础的方法没有任何的类似性。达尔文所搜集的数据来源于许多渠道,如来自地质学、考古学和人口学;来自对野生和圈养动物的观察;来源于动植物的培育。来自所有这些领域的信息为达尔文的理论提供了有力支持。

这些都是科学家可以使用不同的方法和技术,而不是使用实验内省法来研究人性的强有力证据。按照达尔文的研究模式,那些接受进化论、关注的焦点在意识机能的心理学家在研究方法上变得更为中立,扩大了心理学家搜集数据的范围。

进化论对心理学的另一个影响是心理学越来越关注个体差异。在贝格尔号上航行的期间,达尔文观察到许多物种,因此,达尔文确信在同一物种的成员中存在着变异这一事实。如果物种的每一代都与它的祖辈相同,那么就不会有进化。因此，变异，即个体差异是进化论的重要原则。

因此，当构造主义心理学家持续不断地探究支配所有心灵的一般定律的时候，受达尔文影响的心理学家开始研究个体心灵在哪些方面有所不同，而且在不久以后，他们就发明了测量个体差异的技术。

下面，我们放松一下。我们从达尔文的自传中选择了一些素材。这些素材讨论的并非他的研究或理论，而是他的自我形象和他对促使他成功的个人品质的看法。

○ 原著精选

有关进化论的原始资料：选自《达尔文自传》（*The Autobiography of Charles Darwin*，1876）

查尔斯·达尔文

我的书主要在英国销售，但是已经被翻译成许多语言，且在国外已经再版多次。据说，著作在国外的成功一般是它具有不朽价值的最好证据，对此我有一些怀疑。但是如果以这个标准来看，我的名字应该能流传一些年头。因此，尽管我意识到没有人能正确地分析自己，但是花上一点时间，分析那些促使我成功的心理品质和条件或许是有价值的。

我并没有那种敏锐的智慧和理解能力，而这些品质在赫胥黎等一些聪慧的人那里是非常明显的。因此，我是一个可怜的评论家，每当第一次阅读一部书或一篇文章时，一般都使我激动，激发我的崇拜，只有当经过反复的思考之后，我才能发现其中的弱点和不足。我那种长时间、纯粹的抽象思维的能力非常有限，因此在形而上学和数学方面我决不会取得任何成功。我的记忆是广泛的，但却是模糊的。它仅仅以模糊的方式提醒我，告诉我我所观察到或阅读到的某种东西同我得到的结论一致或者相悖；或者在经过一段时间之后，让我能回忆起在哪里能找到我的根据。在某种意义上，我的记忆是如此可怜，以至于从来没有记住一个日期或一行诗歌超过几天……

就有利的一面来说，我认为在那些不易引起常人注意的细微末节方面，以及在对这类事物进行精细的观察方面，我的能力是他人所不能及的。在观察和事实的搜集方面,我的勤勉可以与任何人相比。更为重要的是,我对自然科学的热爱是坚定而热切的。这种纯粹的热爱又加强了我的雄心,我渴望得到同行的尊敬。从青年时代的早期开始,我就有一种强烈的欲望,去理解和解释我观察到的东西,即把我观察到的事实归纳在某些一般的定律之下。这些都给了我耐心,使我能对任何无法解释的问题苦思冥想数年之久。根据我的判断,我不易对其他人产生盲从。我一直努力不给自己的心灵设置任何的束缚,以便于放弃任何假设。不管这个假设多么惹人喜爱,只要事实证明与之相反,我就会毫不犹豫抛弃它。的确,我必须采取这种方式,没有其他的选择,因为在我的记忆中,没有任何最初提出的假设在经过了一段时间之后不被放弃或者加以较大程度的修改。这自然导致了我对所有一切的不信任。另一方面,我并不是一个怀疑论者。我认为怀疑论对于科学的进步是有害的。对于一个科学家来说,充满怀疑是明智的,因为它可以避免时间的巨大浪费,但是我曾经碰到过许多人,我感觉他们因为对一切充满怀疑,因而不愿意进行实验或观察,而实际上观察和实验已被直接或间接地证明是有用的……

我的习惯是系统和秩序,这对我的工作极为有益。最后,我也有充足的业余时间,不需要为糊口而工作。即使我那可怜的健康已消耗了我生命的一些年头,但是却使我摆脱了社交和娱乐的分心和困扰。

因此,根据我的判断,我作为科学家所取得的成功是由复杂、多种多样的心理品质和条件决定的。在这些品质和条件中,最重要的是对科学的热爱,是那种对任何问题进行长时间思索的巨大耐心,是在观察和搜集事实方面的勤勉。就我这样一个仅仅具备中等水平能力的人来说,对科学家在某些重要问题上的信念能产生如此大的影响实在令人惊奇。

个体差异:弗兰西斯·高尔顿(1822—1911)

弗兰西斯·高尔顿(Francis Galton)在心理遗传、能力的个别差异方面的工作把进化论的精神有效地带给了新心理学,对新心理学产生了重要的影响。在高尔顿之前,个体差异现象很少被认为是一个适宜的研究课题。

认识到在能力和态度方面存在着个体差异的早期科学家之一是西班牙医生朱安·胡阿特(Juan Huarte, 1530—1592)。在高尔顿于这一领域开始他的研究的300年之前,胡阿特就出版了一部书,书名为《天才个体的考察》(*The Examination of Talented Individuals*)。在这部书中,他提出人类的能力存在着广泛的个体差异(引自 Diamond, 1974)。胡阿特建议,对儿童的研究在生命的早期就应该开始,以便于根据个体状况,有计划地安排与他们能力一致的教育。例如,在经过适当的评估以后,那些在音乐方面有着较高能力的学生应该得到在音乐及其相关领域学习的机会。

胡阿特的书在当时受到一定的欢迎,但是他的思想观念却没有得到有效贯彻,直到高尔顿时代,这一状况才有了改变。尽管韦伯、费希纳和赫尔姆霍兹在他们的实验研究结果中报告了个体差异,但是他们没有系统地研究这一问题。而冯特和铁钦纳甚至并不认为个体差异是心理学的一个合法部分。

高尔顿的生平

弗兰西斯·高尔顿

高尔顿具有超群的智慧,其智商估计有200。在他的头脑中,总是具有丰富的新观念。他所研究过的课题有:指纹(被警方采纳,用于鉴别的目的)、时尚、地理分布的美学、举重和祈祷的有效性。他发明了早期的电传打字机、一种开锁装置和一种潜望镜,这种潜望镜在观看游行时,可以跃过人群的遮挡。

高尔顿1822年出生于英国伯明翰附近。他是家里9个孩子中最小的一个。他父亲是个富裕的银行家,其家族是由那些富有且具有显赫社会地位的各种势力范围内的重要人物组成,包括政府官员、教会人士和军事领袖等。高尔顿是一个早慧的孩子,学习东西非常快。一位传记作者写道:

> ……12个月的时候,高尔顿就认识所有字母;18个月的时候,他喜欢与英语、希腊语的字母表相处,如果把它们移开,他就开始哭泣;在2岁半时,他开始阅读第一本书;在5岁时,他已经对荷马的著作非常熟悉。(Brookes, 2004, p. 18)

16 岁的时候，在他父亲的坚持下，高尔顿开始在伯明翰总医院学医，开始了他的医学训练。他发放药丸、学习医学书籍、接骨、截手指、拔牙、给儿童接种疫苗，且时常通过阅读文学经典调节生活。然而，就整体来说，这里的生活经历并不是那么令人愉快，只是由于他父亲连续不断的压力，才使他没有离开那里。

在他学医期间所发生的一件事可以看出高尔顿的好奇心。由于他想了解药房中各种药物的效果，高尔顿开始以系统的方式从字母 A 开头的每一种药物中取出小剂量亲自尝试，并记录自己的反应。这一科学的探险结束于以字母 C 开头的药物，当他尝试了一种烈性泻药巴豆油时，引起了剧烈的腹泻。他的科学探险不得不结束了。

在医院学习了一年之后，高尔顿在伦敦皇家学院继续接受医学教育。但是到了下一年，他改变了计划，注册到剑桥三一学院继续他的医学学习。在那里，在牛顿半身塑像的注视之下，他进行了他感兴趣的数学学习。尽管在这期间由于严重的精神疾病而不得不中断学习，但是他为获得学位进行了最大努力。然后他又返回到他所讨厌的医学院学习，直到他父亲去世，他才从那个职业中最终解脱出来。

一个颅相学者告诉高尔顿，他脑袋的开关说明他不适应学术活动，但适于积极的户外生活。为了检测这一理念，旅行与探索吸引了高尔顿的注意。他游历了整个非洲，去过一些少有欧裔人去过或访问的艰苦与危险的地方。他发现这是非常令人兴奋与愉悦的，可能除了他的传记者所说到的一起事故：

> 孤独与远离家乡的滋味使高尔顿克服了他害羞的情绪，获得了一个妓女的服务。他的勇气得到了回报，那就是一种在接下来岁月里经常间歇发作的性病。不管真相到底如何，在 1846 年以后，高尔顿对女性的态度突然变得非常冷漠。那一年真的是值得怀疑的。（Brookes, 2004, p. 60）

当他回到英国后，他出版了一部游记。这本游记使他获得了皇家地理学会的奖章。在 19 世纪 50 年代，他停止了旅行，其原因据他自己声称是为了婚姻和健康，但他还是维持着对探险的兴趣，并且写出了一本受欢迎的旅行指导手册，书名为《旅行的艺术》(*The Art of Travel*)。这本书非常成功，在随后的8年中印刷了8次，而且在2001年时再次重印出版。高尔顿还组织了探险队，对士兵宣讲军营生活，训练他们适应海外的工作。

他那不知疲倦的精神使他又转向气象学，并设计了测定气候资料的仪器。在这一领域的工作导致他发明了气象图，这种气象图今天仍在使用。高尔顿把他的研究成果概括在一本书中，这本书被认为是绘制大规模气象模型的第一次尝试。

当他的表兄达尔文出版《论物种的起源》时，高尔顿被这一新的理论所吸引。他写道："就像它在人类思想的一般领域所发挥的作用那样，这本书在我自己精神的发展中开创了一个新的纪元。（引自Gillham, 2001, p.155）"进化的生物学方面首先吸引了他的注意，他研究了兔子之间输血的效应，想通过这种研究确定获得的特性是否可以遗传。尽管进化的遗传方面并未使他产生长久的兴趣，但是他在随后的工作中更关注这一理论的社会意义，因而决定了他在现代心理学中的影响。

心理遗传

高尔顿对心理学产生影响的第一部著作是《遗传的天才》(*Hereditary Genius*, 1869)。当达尔文读了这本书以后，他写信给高尔顿说，这是他读到的最有意思和最富创意的书。高尔顿试图证明，环境的影响通常并不能单独说明家族中出现的伟人或天才。概括地说，他认为杰出的人会有杰出的儿子（在那个时代，除了嫁给一个重要人物外，女儿几乎没有机会出名）。

《遗传的天才》一书中记载的大多是一些传记研究。这些传记研究大多数所报告的都是他对他同时代的有影响的科学家和医生的祖先的调查。所提供的数据显示，每一个杰出的人不仅通过遗传获得了才能，而且获得的是一种特殊形式的才能。例如，在一个杰出的科学家的家族中早已有人在科学上有过杰出的成就。

高尔顿的目标是鼓励那些在社会上更为杰出或更能适应的人生育，而阻止那些不能适应的人生育。为了实现这个目标，他建立了"优生学（eugenics）"。优生学这个词是他创造出来的。他写道：优生学研究的是与"希腊语中的'优种'有关的问题。所谓的优种指的是天资优良、通过遗传获得了高品质的物种"（引自Gillham, 2001, p.207）。高尔顿试图改善人类的遗传品质。他认为人就像家畜一样，可以通过人工选择而加以改善。如果选择有相当才能的男女，一代一代加以匹配，其结果就是造就天资极高的人种。他倡导智力测验,以便于挑选杰出的男女进行选择性的生育。他提议说,那些在智力测验上得分高的人应该得到财政支持,鼓励他们结婚和生孩子。高尔顿自身没有孩子,这可能是因为他在非洲感染了疾病,抑或是他可能有遗传学上的问题。

为了验证他的优生学理论,高尔顿研究了测量和统计中的一些问题。在他的《遗传的天才》一书中,他把统计概念应用于遗传问题,把他取样中的杰出人士根据在人口中表现的能力水平进行分类。他的数据显示出,杰出的人士比普通人在生育杰出的儿子方面具有更大的可能性。他的样本包含了977个著名人士,这种人在4000人中才有1人。在随机选择的基础上,这个样本中预计仅有1个重要的亲戚,但是实际的数量是332个。

在某些家庭中,杰出人物的概率并没有高到足以让高尔顿认真地考虑任何优越的环境、良好的教育机会或者社会优势可能带来的影响。他认为杰出,或者缺乏杰出,都完全是遗传的作用,而不是机会的作用。

在此之后,高尔顿又出版了《英国科学家》(*English Men of Science*,1874)、《自然遗传》(*Natural Inheritance*,1889)和30多篇有关遗传问题的论文。他创办了《生物统计学》(*Biometrika*)杂志,在伦敦大学建立了优生学实验室,并且建立了一个组织,以便推广他改善人类心理品质的观念。在下面这段摘录于《遗传的天才》的文字中,高尔顿讨论了由遗传带给我们每一个人的生理和心理发展上的局限性。他指出,无论一个人在生理或心理上怎样努力,他都不能超越其遗传的禀赋。

○ 原著精选

选自高尔顿的《遗传的天才》(1869)

弗兰西斯·高尔顿

在那些意图教育儿童的故事和传说中,人们偶然地或含蓄地表达着这样一种假设,即婴儿生来都是一样的,造成儿童与儿童、成人与成人之间差异的是一些后天的力量和个人道德上的努力。然而,我对这样的假设没有丝毫的兴趣。我毫不犹豫地宣称,我反对那种自然禀赋平等的假设。托儿所、学校、大学和职业生涯所获得的经验似乎都同我的主张相反。我也承认教育和社会影响在增强心灵的积极力量上的巨大作用,就像我承认铁匠膀臂的使用增强了膀臂上的肌肉一样。但是这些实践和应用上的作用仅此而已。不管铁匠怎样劳动,他总会发现力量上的局限性,而那些局限对于大力神来说却不在话下。大力神尽管久坐不动,其力量却是无与伦比的。

每一个进行体育锻炼的人都会精确地发现他的肌肉有多大的力量。当他开始竞走、划船、使用哑铃,或者跑步的时候,他愉悦地发现,随着时间的推移,他肌肉的力量和忍耐疲劳的程度不断得到改善。只要他是一个新手,他就可以高兴地发现对肌肉的训练几乎没有什么明确的界线。但是,每天获得的进步很快就变得很小了,最后则完全消失了。最大程度的操作变成了一个固定不变的量值。当达到训练的最高状态时,他精确地了解了自己究竟能跳多高、多远,也充分认识了自己在一个压力计上究竟能施加多大的力量。他可以用拳击冲击仪,让冲击仪上的指针达到某个刻度,但是要超过这个刻度,他就无能为力了。在跑步、划船、竞走和其他各种形式的体育运动中同样如此。每一个人的肌肉力量都有一个固定的限度,这个限度是教育和训练不能超越的。

这一点同学生所获得的心理能力方面的经验是极其一致的。当那些渴望获得知识的学生初入校时,尽管面临智慧上的困境,但是对自己的进步感到惊奇。他为自己新近发展的心理能力和不断增长的应用知识的能力而备感荣耀,他或许甚至会相信自己有朝一日可以成为对世界历史产生影响的英雄之一。随着时间的流逝,他不断地在中学和大学中与他的同伴竞争着,很快就找到了自己的位置。他知道他能击败哪些对手,也知道自己和哪些人打个平手,更了解了有些人是他永远不能及的……

因此,带着他重新燃起的希望和22岁年龄的所有雄心,他离开大学,进入了一个更大的竞争领域。在那里,同样的经历在等待着他,让他重复体验过去的体会。那里有很多机会,机会面前人人平等,但是他发现自己却抓不住这些机会。在许多工作面前,他尝试着,或者被别人尝试着。几年之后,除非他被自我欺骗所蒙蔽,否则他就会精确地了解他能做什么和不能做什么。当他变得成熟以后,他的自信仅仅表现在某些领域,他知道,或者说应该知道了自己有哪些弱点和哪些力量,和这个世界对他的判断一致起来。此时,他不再沉溺于那些被过度虚荣心错误推动的毫无希望的努力,而是把要做的事限制在力所能及的范围之内,他认为自己从事的工作是他的本性(nature)许可的,是他的能力所能及的。

统计方法

除非能以某种方式量化所获得的数据和从统计学上进行分析，否则高尔顿就不会对问题的解决产生满意感，如果必要，他甚至自己设计统计的方法。

比利时统计学家阿道夫·奎特莱特（Adolph Quetelet，1796—1874）是第一个使用统计方法和常态分布曲线分析生物和社会资料的学者。常态曲线曾经被用于分析科学观察中测量和误差的分布情况，但是直到奎特莱特证明 10000 个被试身高的测量接近于常态曲线以后，常态曲线才应用于分析人类的变异性。他提出了"一般人（the average man）"这一术语，用来表示这样一种发现，即大多数生理测量所获得的数据都聚集在平均数附近或处在分布曲线的中部，趋向两端的较少。

奎特莱特的数据给了高尔顿深刻的印象。高尔顿认为，心理特征的分布也呈同样的状况。例如，高尔顿发现大学考试中的分数也符合常态曲线。由于常态曲线的简洁性以及它在许多特性方面的一致性，高尔顿建议任何大组测量，或者人的特征的数值都可以从意义上由两个数来描绘：分布的平均值（算术平均数）和离中趋势或距这一平均值的偏离范围（标准差）。

高尔顿在统计学方面的工作导致了科学上最重要的量数之一相关系数的产生。他称之为"相关"的第一个报告出现于 1888 年。决定测验信度和效度的现代统计技术以及因素分析方法是高尔顿有关"相关"研究的直接结果，而相关是他从这样的观察中得到的，即遗传特征倾向于回归到它们的平均数。他指出，一般来说，高个子的人身高的平均数不如他们的父亲高，而个子矮的人的孩子，平均高于他们的父亲。他使用图示法来表示相关系数的基本性质，并且为计算相关系数设计了一个公式，尽管现在人们已经不再使用这一公式了。

在高尔顿的鼓励之下，他的学生卡尔·皮尔逊（Karl Pearson，1857—1936）提出了计算相关系数的一个公式（皮尔逊积差相关系数），这个公式目前仍在使用。相关系数的符号是 r，它取自 regression 这个单词的第一个字母，表示承认高尔顿的发现，即人类遗传特征有回归到平均数的趋势。皮尔逊很多年前就担心他的科学声望，可能仅仅总是一个"公式的脚注……这种担心在很大程度上变成了现实"（E. Baumgartner，2005，p. 84）。

相关是社会和行为科学的基本工具，也是工程和自然科学的一个基本方法。此外，其他一些统计技术也源于高尔顿的先驱工作。

心理测验

心理测验这个术语是詹姆斯·麦金·卡特尔（James McKeen Cattell）发明的。卡特尔是高尔顿的美国信徒和冯特的学生（参见第八章）。然而，心理测验的概念是高尔顿发明创造的。高尔顿认为，可以依据一个人的感觉能力测量人的智力，智力越高，感觉机能的水平就越高。他的这一观念是从洛克的经验主义中推衍出来的。洛克曾经提出，所有的知识都来源于感觉。如果洛克是正确的，其必然的结论就是最聪明的人将具有最敏锐的感觉。

为了达到这个目的，高尔顿需要发明一些仪器，以便于能快速和精确地对大量的人进行感觉测量。例如，为了测定听觉范围内的最高频率，他发明了一种哨子，可以用于动物和人的听觉能力的测量。他把哨子固定在空心拐杖上，拐杖的一端有一个橡皮球。在伦敦动物园漫步的时候，他挤压橡皮球，激活哨子，观察动物的反应。高尔顿哨一直是心理学实验室中标准的实验设备，直到1930年之后，才为更复杂的电子哨取代。

高尔顿所使用的其他仪器包括：光度计，用于测量被试匹配两个色彩的精确程度；分度钟摆，用以测量被试对声和光的反应速度；一系列不同重量的物体，让被试依据重量的秩序进行排列，测量被试的运动和肌肉的敏感性。高尔顿还制作了带有可变距离标度的棒，用以测量对视觉广度的估计。他还设计了一套盛有不同物质的瓶子，用以测量嗅觉辨别力。高尔顿的大多数测验都成为后来的心理学实验室所使用的标准设备的原型。

由于有了这些新的测验，高尔顿因而可以搜集大量的数据。1884年，他在国际卫生展览会上建了一个人体测量实验室，后来这个实验室又迁到伦敦南部的肯新顿（Kensington）博物馆。在以后的6年里，这个实验室一直很活跃，高尔顿从9000多人中采集了各种数据。在实验室中，进行人体和心理测量的各种仪器放在一张长桌子上，长桌放在一个宽1.8米、长11米的狭长房间的一头。只要付一点注册费，人们就可以沿着长桌，接受服务人员的各种测量，并把数据记录在一张卡上。

除了上面所提到的各种测量外，实验室的工作人员还记录了高度、重量、肺活量、拉力和握力、拳击的速度、听觉、视觉和色觉，等等。每个人一共要接受17项测验。高尔顿进行大规模测验的目标几乎不低于整个英国人口的范围，测定了英国人口的集体心理资源。

心理测验（mental tests）：对运动技能与感觉能力的测验；智力测验用更复杂的方法测量心理能力。

一个世纪之后，美国的一组心理学家分析了高尔顿的数据（Johnson et al., 1985）。结果他们发现这些测验的重测信度很高。这表明高尔顿所获得的数据在统计学上是可靠的。此外，高尔顿的数据提供了所测人口的儿童期、青春期和成熟期发展趋势的有关信息。诸如重量、臂长、肺活量和握力这样一些测量所获得的数据同现代心理学文献中所报告的数据是类似的。当然，这些数据也显示出高尔顿时代人们的发展速度略微慢于现代人。现代心理学家的结论是，高尔顿的数据现在仍然具有意义。

观念的联想

在联想领域中，高尔顿研究了两个问题：一是观念联想的多样性问题，二是反应时间，即联想所需的时间问题。在研究联想的多样性方面，高尔顿的方法之一是沿着帕尔大道（这条大道位于伦敦，在特拉法加广场和圣雅各宫之间）走410米，在走路的时候集中注意于一个物体，直到产生一个和两个联想的观念为止。

第一次尝试的结果令他感到震惊。在这一过程中，他注意了大约300个物体，所产生的联想的数量令他感到十分惊奇。在这些联想中，许多都是对过去经验的回忆，其中包括一些他认为早已忘记的事件。几天之后他再次走这条大道，他发现许多联想与第一次行走时的联想产生了重复。这样一来，他对这一问题丧失了兴趣，而开始转向对反应时间的实验。这一实验产生了更有用的结果。

高尔顿准备了75个单词，并把每个单词单独写在一张纸片上。一个星期之后，他每次看着一个单词，并使用计时器记录产生两个联想所需要的时间。他的许多联想都是单词，但是某些联想是表象或心理图像。这些表象或心理图像需要用几个单词才能加以描绘。下一步的工作是测定这些联想的起源。他发现，40%的联想可以追溯到儿童和青少年时代。他的这一研究较早地论证了儿童早期经验对成人人格的影响。

在研究中，许多他认为早已忘记的事件浮现到了意识的层面，这使他对无意识思维过程产生了深刻的印象。他指出，他开始相信"大脑最完善的工作完全独立于意识"（引自 Gillham, 2001, p.221）。在一篇文章中，他指出了无意识的重要意义。这篇文章发表在1879年的《大脑》（*Brain*）杂志上。弗洛伊德在无意识的重要性方面有他自己的看法。但是在维也纳，弗洛伊德订阅了这本杂志，明显地受到了高尔顿有关这一研究的影响。

高尔顿研究联想的实验方法比他的研究结果更具有重要意义。现在他的这一研究方法被称为"字词联想测验"。就像我们在第四章中谈到的那样，冯特在他的莱比锡实验室中改造了这一实验技术，把被试的反应限制于一个单词。分析心理学家卡尔·荣格（Carl Jung，第十四章）完善了这一技术，发展了他自己的字词联想测验，用于人格研究。

心理表象

高尔顿对心理表象的研究标志着心理问卷的第一次广泛使用。在高尔顿的研究中，要求被试回忆一个场景，例如回忆那天早晨的餐桌等，尝试形成它的表象。要求被试报告表象是否清晰或模糊，明亮或阴暗，有无色彩，等等。让高尔顿惊奇的是，他的第一组被试，即一些科学界的熟人，报告说没有产生任何清晰的表象。某些人甚至不能确定高尔顿在说些什么。

当选用其他行业的人作为被试时，高尔顿才获得了清晰、轮廓分明、富有色彩和细节表象存在的报告。妇女和儿童所描绘的表象更为具体和细致。通过统计分析，高尔顿认定，就像人的其他许多特征那样，心理表象在人口中的分布状况也符合常态曲线。

150多年后，两位美国心理学家重复了高尔顿的实验，对比了科学家与大学本科生的心理表象。他们发现，两者之间并无明显差异。科学家（物理学家与化学家）在回答高尔顿问题的时候显示出丰富的视觉表象，比如早晨时，他们对早餐桌就有丰富的表象（参见 Brewer & Schommer-Aikins, 2006）。

高尔顿有关心理表象的工作与他持续不断地论证遗传类似性有关。他发现，兄弟姐妹之间比没有亲属关系的人之间，更有可能产生表象的类似性。

用气味计算及其他一些研究

高尔顿的多才多艺表现在他研究的丰富性上。为了了解偏执性精神病病人的心理状态，他想象着所看到的每一个人和每一个物体都在监视着自己。一位历史学家指出，当高尔顿早晨散步时，进行这样的想象，其结果是"似乎每一匹马都直接或令人怀疑地注视着他，但又有意地伪装成心不在焉的样子"（Watson, 1978, p.328-329）。

那时，达尔文的进化论与原教旨主义神学的争论正处在白热化的状态。高尔顿用典型的客观方法研究了这一问题，得出结论认为，尽管大量的人有强烈的宗教信仰，但是这并不足以证明这些信仰的有效性。

他研究了祈祷者在结果上的有效性问题，得出结论认为，在医生治愈病人、气象学家预测天气变化等方面，祈祷是没有任何效用的。他相信，在人们究竟能活多久，他们怎样与其他人打交道，或者怎样处理自己的问题方面，有宗教信仰的人和无宗教信仰的人没有任何差异。高尔顿表达了这样一种希望，即一种更为有效的信仰应该以科学为基础。他认为应该通过优生学来促进人类的进化和发展，这才是社会的目标，而不应该把希望寄托在天堂上。

高尔顿热衷于数量化和统计分析，这一点经常表现在他对计数的喜爱上。在讲课和在剧院的时候，他观察并记录着听众打呵欠、咳嗽的次数。他描绘这些结果为测量厌烦的指标。有一次，一位画家为他画像，在这一过程中，他记录了画笔点击画面的次数，即大约有20000次。他决定用气味进行计算，而不是用数字，因此，他训练自己忘记数字的意义。他赋予薄荷等气味以量值，通过思考这些气味而进行加减。从他的这些思维训练中，他写了题为"通过嗅觉进行的计算"的论文。这篇论文发表在美国的《心理学评论》（*Psychological Review*）杂志的第一卷上。

评论

高尔顿花费了15年的时间研究心理学的问题。尽管他并非一个真正的心理学家，但是他的努力对新心理学的发展方向产生了重要冲击。他智慧超群，其才能和气质并没有为任何单一的学术领域所限制。他的兴趣领域和方法包括了适应、遗传对环境、物种的比较、儿童发展、问卷方法、统计技术、个体差异和心理测验。我们将会看到，高尔顿的工作比心理学的建立者冯特对美国心理学的发展产生了更大的影响。

动物心理学与机能主义的发展

有证据表明，达尔文的进化论刺激了动物心理学的发展。在达尔文出版《论物种的起源》之前，科学家没有任何理由关注动物心灵，因为动物被认为是自动机器人，没有心理或灵魂。毕竟笛卡尔曾经强调，动物与人类没有类似的特性。

达尔文的工作改变了这个令人惬意的观点。由他的证据可以得到这样的结论，即在人的心灵和动物心灵之间并不存在泾渭分明的界线。因此，科学家们可以设想在人与动物的心理和生理的各个方面之间都存在着连续性，因为人类是在经过连续的进化发展过程后从动物衍生而来的。达尔文写道："在心理官能方面，人和高等哺乳动物之间没有基本的差别。（Darwin, 1871, p.66）"他相信低等动物也能体验到愉快和痛苦、幸福和悲伤。它们也具有生动的梦境，甚至也有一定程度的想象。达尔文写到，即使对于蠕虫来说，在摄取食物时也表现出愉快，同时也表现出性的激情和一些社会性的感受。这些都是某种形式的动物心灵存在的证据。

如果能证明动物存在着心理能力，如果动物心灵和人的心灵之间存在连续性的假设能得到证明，那么就可以否证笛卡尔所倡导的人与动物的两分法。因此，科学家受到挑战，必须寻求动物智慧的证据。

在《人类与动物的情绪表现》（1872）一书中，达尔文捍卫了他有关动物智慧的观点。在这本书中，他认为人的情绪行为产生于过去对动物有用而现在与人无关的那种行为的遗传。关于这个问题，达尔文提出的例证之一是，人在显示轻蔑的时候，嘴唇会向上。达尔文认为这是狂怒的动物露出牙齿的一种残迹。

《论物种的起源》出版之后，动物智慧不仅在科学家那里，而且在公众领域都成为一个热门话题。在19世纪六七十年代，许多人写文章给科学杂志和通俗杂志，报告一些动物行为的事例，支持动物心理能力的假设。一些故事也广泛传播着，描绘了宠物猫、狗、马、猪、蜗牛和鸟在智慧方面令人惊叹的技艺。

即使是伟大的实验主义者冯特也没能完全摆脱这种倾向。1863年，也就是在冯特成为世界上第一个心理学家之前，冯特就从甲虫到海狸等多种动物的智慧能力问题写下了许多文字。他认为即使那些仅仅具有最小的感觉能力的动物也有判断和意识推理能力。的确，不应该认为动物是自卑的，它们与人类的差别与其说在能力方面，不如说是因为它们受到了较少的教育和训练。30年之后，在赋予动物智慧方面，冯特就不那么慷慨了，但是在一段时间里，冯特的确支持了那种认为动物与人在心理方面具有同样天赋的观点。

乔治·约翰·罗曼尼斯（1848—1894）

英国生理学家乔治·约翰·罗曼尼斯（George John Romanes）系统化和形式化了动物智慧的研究。当他还是个孩子的时候，父母认为他"不可救药的愚蠢"（Richards，1987，p.334）。长大之后，达尔文的著作给年轻的他留下了深刻印象。后来，两人成为朋友。达尔文把他有关动物行为的笔记送给了罗曼尼斯，意图让罗曼尼斯去继承他的工作，即应用进化论去研究心灵问题，就像达尔文自己把进化论应用于身体方面的问题那样。罗曼尼斯是一个值得信任的继承者。由于家庭富裕，他不需要为糊口发愁。他唯一的工作是爱丁堡大学的业余讲师，而这个工作仅需要他每年工作两周的时间。冬天他在伦敦和牛津度过，夏天在海边度过。在海边，他建了一个私人的实验室，实验室的装备不亚于大学的实验室。

1883年，罗曼尼斯出版了《动物的智慧》（*Animal Intelligence*）一书，被认为是比较心理学的第一本著作。他搜集了有关原生动物、蚂蚁、蜘蛛、爬虫、鱼、鸟、大象、猴子和家畜等各种动物的行为资料。他的目的是论证动物有着高水平的智慧以及证明动物智慧同人类心理功能的类似性，以便解释心理发展的连续性。正如罗曼尼斯所说，他力图证明"螃蟹的推理行为与人的任何推理行为在种类上没有任何的差异"（引自 Richards，1987，p.347）。

他设计了一个他称之为"心理阶梯"的图表。在这个图表上，他把各种种系的动物按照心理功能高低的顺序进行安置（表6.1）。你会看到，他甚至赋予海蛰、海胆和蜗牛等这样一些低等生命形式高级的心理功能。他这些令人吃惊的观点是通过**逸事法**搜集资料而形成的。逸事法的特点是使用那些经常是偶然的、随意的观察报告或叙事来描述动物的行为。罗曼尼斯所接受的许多报告都来自不加鉴别的和未受训练的观察者，这些人的观察可能是粗心和充满偏见的。

逸事法（anecdotal method）：动物行为研究中的观察报告方法。

表 6.1 罗曼尼斯的心理功能阶梯

种系	智慧发展水平
类人猿、狗	模糊的道德感
猴子、大象	工具的使用
鸟类	辨别图画、理解字词
蜜蜂、黄蜂	观念的交流
爬虫类	人的识别
大虾、螃蟹	推理
鱼类	类似联想
蜗牛、乌贼	接近联想
海星、海胆	记忆
海蛰、海葵	意识、愉快、痛苦

类比内省（introspection by analogy）：一种研究动物行为的技术，这种技术假定发生于观察者心灵中的心理过程同样发生于动物心灵中。

罗曼尼斯利用一种奇特的，但最终被抛弃的技术来分析他通过逸事观察而获得的动物智慧方面的发现。他的这一技术被称为**类比内省**。在使用这一技术时，研究者假定发生于自己内心的心理过程同样也发生于被观察的动物心灵中。因此，一种特定的心理过程存在与否，可以通过观察动物的行为进行推论，通过类比的方法，即假定在人类已知的心理过程和动物心灵中发生的事件的一致性关系，确定动物的心灵中也存在着同样的心理过程。

> 从对自己个人心理操作和由这些操作激发的各种心理活动的主观了解出发，从其他有机体所表现的可被观察的活动中进行类比，我推知了这样一个事实，即某些心灵的操作伴随着这些活动，或者这些可被观察的活动是以某些心理操作为基础的。（Romanes，引自 Mackenzie，1977，p.56-57）

利用类比内省技术，罗曼尼斯得出结论，认为动物能像人那样进行同样的思维、形成观念、复杂的推理、加工信息和解决问题。他的某些追随者甚至认为动物的智慧水平要高于人类智慧的平均数。

罗曼尼斯相信，除了猴子和大象之外，猫是所有的动物中最聪明的。他写了许多属于他的驾驶员的一只猫的故事。通过一系列复杂的动作，这只猫可以打开门栓，来到马厩。经过类比内省，罗曼尼斯得出结论：

> 在这种条件下，猫对门的机械性质具有非常明确的观念。

它们知道怎样打开门，甚至当门栓打开以后，知道需要推门一下……首先，这些动物必然观察到，需要抓住门栓，拉开它，门才能打开。接下来，动物必须进行这样的推理，即既然一只手可以完成这样的工作，为什么一只爪子不能呢？……因此，那种压住门栓，用后腿推门必定是推理的结果。（Romanes，1883，p.421-422）

可以看出，罗曼尼斯的工作缺乏科学的严格性。在他的数据中，事实和主观解释之间的界线经常是模糊的。然而，尽管科学家看出了罗曼尼斯的数据和方法中的缺陷，但是罗曼尼斯仍然受到尊敬，因为他的先驱性的努力刺激了比较心理学的发展，为动物行为的实验研究奠定了基础。我们已经看出，在许多科学领域中，对观察数据的依赖先于更为复杂的实验方法论的发展。正是罗曼尼斯开创了比较心理学的观察阶段。

康维·劳埃德·摩根（1852—1936）

康维·劳埃德·摩根（Conwy Lloyd Morgan）清楚地认识到逸事法和类比内省所固有的缺陷。他曾经是罗曼尼斯指定的继承人，也曾经是赫胥黎的学生，担任过英国布里斯托尔大学的心理学和教育学的教授。他也是那个城市第一个骑自行车的人。他同样对地质学和动物学感兴趣。为了对抗赋予动物过度智慧的流行趋势，他提出了**吝啬律**，又称为摩根定律。依据吝啬律，当动物的行为可以依据较低的心理过程解释时，就不要解释它为高级心理过程的结果。1894年，摩根提出了这个观点，也有可能他是受了冯特的影响。两年之前，冯特描绘了一个类似的吝啬律。冯特曾经指出："只有当更为简单的原理已被证明不充分时，才能使用复杂的原理进行解释。（Richards，1980，p.57）"

摩根的意图并非完全排除动物行为报告中的拟人论（anthropomorphism）方法。他的目的是减少拟人论的使用，为比较心理学的方法奠定一个更为科学的基础。摩根同意罗曼尼斯的观点，认为主观报告是不可避免的，但是在他的工作中，摩根力争把逸事性的推理减少到最低限度。摩根写道：

关于罗曼尼斯对逸事的搜集……我的观点同他的观点一样，

吝啬律或摩根定律（law of parsimony or Morgan's Canon）：当动物的行为可以根据较低级的心理过程进行解释时，就不必归因于高级心理过程。

康维·劳埃德·摩根

认为一门科学的比较心理学不能建筑在这类逸事的基础上。这些故事中的大部分仅仅是一种随意的记录，伴之以一个匆忙的观察者的业余解释，这些观察者的心理学训练几乎为零。因而我怀疑从动物的心灵中是否能获得一门科学所必须的数据。
（Morgan, 1930/1961, p.247-248）

从本质上讲，摩根遵循的是罗曼尼斯的路线：观察动物的行为，然后通过对自己心理过程的内省考察来对动物的行为进行解释。但是，由于使用吝啬律，当动物的行为可以用较低过程进行解释的时候，摩根就可以不再把高级心理过程赋予动物了。

摩根相信动物的大部分行为源于以感觉经验为基础的学习或联想。较之理性思维和观念形成，这种类型的学习是一个低水平的过程。由于有了摩根的吝啬律，类比内省方法得到了一些改善。这类研究提供了一些有用的数据，但是最终，这种方法被其他更为客观的方法取代了。

摩根是第一个大规模地从事动物心理实验研究的科学家。尽管他的研究并没有像今天的科学研究那样处在严格的条件控制之下，但是这些研究的确包括对动物行为的仔细观察，而且这些观察大都是在人为干预的自然环境中进行的。尽管这些研究没有像实验室实验那样有严格的控制条件，但是对于罗曼尼斯的逸事方法来说，这是一个重要的进展。

评论

比较心理学最初的工作是在英国进行的，但是这一领域的领导却很快转到了美国。罗曼尼斯在40多岁的时候死于脑肿瘤，摩根则由于担任了学校的行政职务而放弃了比较心理学方面的研究工作。

达尔文提出，在人与动物之间存在着连续性，这一观点一方面令学者们激动，另一方面又引起了广泛的争论。比较心理学正是在这样的背景下产生的。达尔文观点中最基本的观念是机能。达尔文宣称，随着种系的进化，这一种系的生理结构是由其生存所必须的条件决定的。这一假设使得生物学家把解剖结构看作整个生命和适应系统中的机能或功利主义的元素。当心理学家以同样的方式考察心理过程时，它就为一个新的运动，即机能心理学，奠定了基础。

问题讨论

1. 描述逸事法和类比内省。罗曼尼斯的心理阶梯是什么?
2. 描述赫胥黎在推动达尔文进化论方面起到的作用?
3. 描述朱安·胡阿特的工作对高尔顿研究有何启示?
4. 解释雀喙的研究怎样支持了进化理论?
5. 解释伊莱斯莫斯·达尔文与拉玛克的进化理论。
6. 达尔文的进化论怎样刺激了动物心理学的发展?冯特对这一发展的最初反应是什么?
7. 高尔顿怎样研究了观念的联想?他是怎样进行智力测验的?
8. 旅行与探险不断增多,人们迷上了化石,这些事件怎样影响了大众对待进化论的态度?
9. 摩根怎样限制类比内省的使用?在下列技术中,摩根使用了哪一种技术研究动物心灵:(a)搜集逸事;(b)实验研究;(c)根除法;(d)电刺激法?
10. 马尔萨斯的人口和食物供应学说怎样影响了达尔文的自然选择概念?
11. 洛克的经验主义观点怎样影响了高尔顿有关心理测验的工作?
12. 达尔文的数据和观念以怎样的方式改变了心理学的研究对象和研究方法?
13. 机能主义为什么反对冯特的心理学和铁钦纳的构造主义?
14. 机能主义处理了意识的哪些方面?
15. 当达尔文把自己称为"魔鬼的牧师",并认为他的工作像在坦白杀人的罪恶时,达尔文的真实意图是什么?
16. 高尔顿创立了怎样的统计工具用于测量人类的特征?描述高尔顿有关遗传天才的研究。
17. 为什么说19世纪中期进化论的提出和社会的接受是不可避免的?时代精神怎样促进了达尔文观点的成功?
18. 为什么一些人看到伦敦动物园里的猩猩珍妮会感到不安?猩猩的行为怎样影响了达尔文?

第 七 章

机能主义的建立与发展

进化时代的神经质哲学家

他是世界上最著名的人之一。他经常带着耳罩走在伦敦街头，避免人们发出的声音会影响他的思想。每当有噪声侵入耳朵，他就觉得天要塌下来了。达尔文称他为"我们的哲学家"。他经常漫无目的地游荡，"无法集中注意力，不能写作，甚至不能阅读"（Coser, 1977, p. 104-105）。

在家里，他把装有大量藏书的书架放在窗帘背后，以免自己受到书名的打扰。当他乘火车出行时，他会把自己的书稿用绳子别在腰上，他要随时可以看到手稿在他的外套下摆动。无论何时，他只要觉得有必要，就会直接停住他的马车。即使在拥挤的伦敦街头也是这样，根本无视由此引发的交通堵塞（Francis, 2007）。

1882年，62岁的他来到美国，美国人像接待民族英雄那样接待了他。美国大富豪、钢铁工业"巨头"安德鲁·卡耐基（Andrew Carnegie）在纽约会见了他。卡耐基盛赞这位哲学家为救世主。在美国商业、科学、政治和宗教界的许多领导人眼中，这位古怪的先生的确是救世主般的人物。他受到隆重的接待，为他举行的宴会接连不断，各种荣誉和赞赏接踵而至。但他"大半生都是半残疾者与心理障碍患者。他患有敏感性失眠症，有时还试图用大剂量的鸦片来镇定。此后，他一天的工作不能超过几个小时，如果工作时间更长，就会导致他的神经过度兴奋。（Coser, 1977, p. 104-105）"尽管被誉为当时杰出的思想家，他却处于"接近绝望的边缘"，孤独、失望而且抑郁（Werth, 2009, p. ix）。

在他丧失工作能力之前，他一直是19世纪最多产的作家之一。他写了很多书，许多著作是他在打网球中间休憩的时候，或者在游艇上歇息的时候口授给秘书的。通俗杂志连载他的著作，他的书售出成千上万册。大学

进化时代的神经质哲学家
进化在美国的传播：赫尔巴特·斯宾塞（1820—1903）
社会达尔文主义
综合哲学
机器的持续进化
亨利·霍勒里斯与打孔卡
威廉·詹姆斯（1842—1910）：机能心理学的先驱
詹姆斯的生平
《心理学原理》
心理学的研究对象：新的意识观
心理学的方法
实用主义
情绪理论
三部分自我
习惯
女性在机能上的不均等
玛丽·威顿·卡尔金斯（1863—1930）
海伦·布拉德福德·汤普森·乌丽（1874—1947）
莱塔·斯泰特尔·霍林沃斯（1886—1939）
格兰维尔·斯坦利·霍尔（1844—1924）
霍尔的生平
发展的进化与复演理论
评论
机能主义的建立
芝加哥学派
约翰·杜威（1859—1952）
反射弧
评论

詹姆斯·罗兰德·安吉尔（1869—1949）
安吉尔的生平
机能心理学的范围
评论
哈维·卡尔（1873—1954）
机能主义最后的形式
哥伦比亚大学的机能主义
罗伯特·赛申斯·吴伟士（1869—1962）
吴伟士的生平
动力心理学
对机能主义的批评
机能主义的贡献
问题讨论

里几乎所有的学科，都在讲授他的哲学体系。

毫无疑问，如果不是他的神经官能症限制了每天的工作时间，他还会出版更多的著作。在35岁时，我们的哲学家不仅失眠，而且出现心悸和消化系统紊乱。就像达尔文一样，正当他开始建立他为之奉献终生的理论体系时，生理问题出现了。他的体系影响了美国新心理学的发展方向。他的名字叫赫尔巴特·斯宾塞（Herbert Spencer）。

进化论在美国的传播：
赫尔巴特·斯宾塞（1820—1903）

给斯宾塞带来荣誉和声望的哲学是达尔文主义，即进化和最适者生存的观念。但是斯宾塞大大地扩展了达尔文工作的范围。

在美国，人们对达尔文的进化论产生了强烈的兴趣，人们如饥似渴地吸收着达尔文的思想观念。不仅大学和学术圈热爱进化论，通俗杂志，甚至某些宗教出版物也表现出对进化论的兴趣。

社会达尔文主义

赫尔巴特·斯宾塞

斯宾塞强调指出，宇宙所有方面的发展，包括人的性格、社会风俗等，都在进化，都遵循"最适者生存"（斯宾塞创造了这个词组）的原则。他的这一思想被称为"社会达尔文主义"，即把进化论应用于人性和社会。吸引美国人的正是这种社会达尔文主义的思想。

从斯宾塞乌托邦式的观点来看，如果让最适者生存原理自由发挥作用，那么只有那些最优秀者才能生存下来。这样一来，只要不采取行动干涉事物的自然秩序，人类将不可避免地趋向完善。在这种体制中，最关键的是个人主义和自由的经济体系，政府调节工商业和福利（甚至对教育、住房和穷人的资助）的任何举动都是不被允许的。

人们和社会组织以自己的方式发展自身，就像其他物种适应自然环境、促进自身发展那样。来自国家的任何干涉都会打乱这个自然进化过程。

那些不能适应的人、规划、商业或机构无法生存下去，为了社会的整体利益，应该允许它们自然灭亡（或灭绝）。如果政府持续资助那些经营不善的企业，那么这些企业就会存在下去，最终削弱了社会，违反了最强壮、最能适应者才可以生存的自然基本定律。斯宾塞强调，只有确保那些最优秀者生存下来，社会才能发展和完善。

这些思想观念同美国个人主义精神是一致的。因此，"最适者生存""生存斗争"很快成为美国民族意识的一个部分。铁路业"巨头"詹姆斯·希尔（James J. Hill）反复强调了斯宾塞的观念，认为"铁路公司的命运是由最适者生存定律决定的"。约翰·洛克菲勒也认为，"一个大企业的发展仅仅表现了最适者生存的道理"（均引自 Hofstadter, 1992, p.45）。上述这些言辞清楚地反映了 19 世纪晚期的美国社会。可以说，美国是斯宾塞思想实施的一个活生生的例证。

美国是由那些吃苦耐劳的人们开拓的。他们信奉自由、自强和独立，不愿意接受政府的支配。从日常生活中，他们深深理解了最适者生存的道理。那些有勇气、精明和有能力的人可以自由地得到土地，并以此来养活自己和家人。自然选择的道理在日常生活的经验中表现得非常明显，特别是在西部地区，生存和成功完全依赖于个人怎样适应充满敌意的环境。那些不能适应的人无法生存下去。

美国历史学家弗莱德里克·杰克森·特纳（Frederick Jackson Turner）用这样一些词语描绘了那些生存下来的人：

> 粗犷、有力，伴之以精明和敏锐；讲求实用、富有创造精神和追求简便易行；熟练把握实质性的东西……有效地实现伟大的目标；好动、精力充沛和支配欲强的个人主义。（Turner, 1947, p.235）

美国人的倾向是讲求实际、有效和功能性。在这个开拓阶段，美国心理学也反映了这些品质。基于这些原因，美国比其他任何民族更愿意接受进化理论。美国心理学之所以成为机能心理学，因为进化和机能精神符合美国人的基本气质。由于斯宾塞的观点与美国精神是一致的，因而他的哲学体系影响了学习的每一个领域。亨利·沃德·比彻（Henry Ward Beecher）在给斯宾塞的信中写道："美国社会的特定条件使得你的作品在这里比在欧洲更有成效、更迅速地为人们所接受。（引自 Hofstadter, 1992, p.31）"

综合哲学

综合哲学(synthetic philosophy):斯宾塞的观点,认为知识和经验都可以根据进化原则进行解释。

斯宾塞称自己的理论为"**综合哲学**"。在这里,综合的含义是组合或结合,而不是指某种人为的、非自然的东西。他的整个体系基于进化原理对人类知识和经验的应用。他的这些思想都包含在一部10卷本的系列著作中。这10本著作在1860—1897年陆续出版。这些著作被那个时代的许多主要学者看作天才的作品。摩根写信给斯宾塞指出,"没有一个人比你的思想对我影响更大"。华莱士以斯宾塞的名字给他的第一个孩子命名。在阅读了斯宾塞的一本著作之后,达尔文指出,斯宾塞"要比我优秀许多倍"(引自Richards,1987,p.245)。

综合哲学中的其中两卷构成了《心理学原理》(*The Principles of Psychology*)。它出版于1855年,后来,威廉·詹姆斯把它作为在哈佛开设的第一门心理学课程的教材。在这部书中,斯宾塞提出了这样一种观点,即心灵之所以呈现这种形式,是世世代代适应各种环境的结果。他强调了神经系统和心理过程的适应特性,认为经验和行为逐渐增强的复杂特性是常规进化过程的一部分。有机体若要生存,就必须适应它的环境。

机器的持续进化

在第二章中我们曾经指出,人类创造的机器既能模仿人类的运动(回忆"自动机器人"部分的内容),也能模仿人类的思维(如巴贝基的计算机)。机器可以进化到人或动物那样更高的形式吗?当达尔文的理论在1859年出版时,对人类生活的机械隐喻已经被知识界与社会各界所广泛接受。这个问题也似乎不可避免。

最早提出这个问题,并扩展了机器的进化理论的人,是塞缪尔·巴特勒(Samuel Butler,1835—1902)。他是一个古怪的作家、画家和音乐家,在1859年时,移民到新西兰饲养绵羊。巴特勒和达尔文有大量的通信。

在一篇名为"机器中的达尔文"的文章中,巴特勒写到,机器的进化已经发生。我们只要将杠杆、滑轮、楔子等原初的机器,与工业时代的复杂机械及由大蒸汽机驱动的机车和远洋轮船一比较就知道了。

巴特勒指出，导致机械进化与导致人类进化的因素是一样的，都是自然选择与生存斗争。发明家为获得竞争优势，不断创造新的机器。新机器淘汰了旧的、劣质的机器，因为它们不能适应或胜任生存斗争（分享市场份额）。结果是，过时的机器就像恐龙一样消失了。

技术的快速发展使巴特勒更为清楚地认识到，机器的进化比动物进化的步伐要快得多。他预测机器终有一天能够模拟人类的心理过程，即具有某种类型的智力。巴特勒还活着的时候，他的预言就成为了现实。至少在进行计算这样一个心理过程方面就已经成功了。

到了 19 世纪末，巴贝基类型的计算机已经不够用了。人类与机械计算器需要更加合适、高度进化的机器。1890 年，美国的一个人口普查事件强化了这种需求。

10 年之前曾经进行过人口调查。那次调查非常复杂，以至于花费了整整 7 年的时间。1500 个工作人员利用手工统计着每一位（他们希望如此）美国公民的年龄、性别、种族起源、居住地和其他一些特征，调查的结果汇集在一份长达 21000 页的报告中。而从调查开始到统计结束的这个时段里，美国的人口急速增长。因此，统计和调查的程序明显需要改进。否则，只有到了 1900 年的下一轮调查开始以后，1890 年的调查结果才能出来。设计一种新的、经过改进的信息加工机器成为必须的工作。

亨利·霍勒里斯与打孔卡

亨利·霍勒里斯（Henry Hollerith，1859—1929）是一位工程师，他发明了一种新的、经改进的加工信息方式。追溯计算机起源的两位历史学家这样记录了霍勒里斯的创造性方法。霍勒里斯的方法是：

> 把每一个人返回的数据记录在一个打孔的纸带上，内容不同，孔的排列模型也不同。这有点像那个时代在一串打孔的卡上记录音乐符号。然后可以使用机器自动计算孔的数量并制成图表。（Campbell-Kelly & Aspray，1996，p.22）

霍勒里斯使用了 5600 万张卡片记录了从 6200 万人那里获得的结果。每一卡片上储存了 36 个 8 位数的二进制信息（Dyson，1997）。

这样一来，1890年的人口普查所获得的信息比以往任何一次人口普查都要丰富，而且统计工作仅仅用了两年的时间，比人工计算的方法节约了500万美元的经费开支。霍勒里斯的打孔卡系统彻底改变了这类信息的加工方式，使人们再一次对机器有朝一日会复制人类认知功能产生希望（或者恐惧）。通俗杂志《科学美国人》(*Scientific American*)上的一篇文章的副标题是这样写的："纸带怎样赋予无生命机器以它们自己的大脑。(Dyson, 1997)"

1896年，霍勒里斯开办了自己的公司——制表机器公司。1911年，他卖掉了这个公司，新的公司1924年取名为"计算-制表-记录公司"。这就是我们今天所知道的"IBM"公司。

威廉·詹姆斯（1842—1910）：机能心理学的先驱

威廉·詹姆斯（William James）及其在美国心理学中的角色有许多自相矛盾的地方。他的工作无疑是美国机能心理学的主要先驱，同时，他也是美国新科学心理学的前辈。他逝世80年后对美国心理学史家的一次调查表明，在心理学的重要人物中，他仅次于冯特而排在第二位，并且被认为是美国最主要的心理学家之一（Korn et al., 1991）。著名的哲学家、心理学家约翰·杜威称詹姆斯为"最最伟大的美国心理学家……在任何国家……也许在任何时代"。行为主义的创始人华生称赞詹姆斯，认为他是"有史以来世界上最杰出的心理学家"（均引自 Leary, 2003, p. 19-20）。

然而，詹姆斯的一些同事却把他看作科学心理学发展中的一种消极力量。他公开表示了对心灵感应、千里眼、招魂术、同去世的人沟通以及其他一些神秘事件的兴趣。包括铁钦纳和安吉尔在内的许多美国心理学家批评詹姆斯，因为詹姆斯对一些唯灵论的和超自然的现象表示了极端的热情。而作为一个实验心理学家，他们在努力把这样一些现象排除在心理学的范围之外。

詹姆斯没有建立任何正式的体系，也没有训练出任何信徒，更没有所谓的詹姆斯学派。尽管他尝试着把他所从事的心理学形式尽量科学化和实验化，但他自己在态度和行为上都不是一个实验主义者。他称心理学为

"令人作呕的小科学",他不像冯特和铁钦纳,将心理学当作毕生的追求。

他在心理学领域中工作了一段时间,然后就转向别处了。在他生命的后期,这位对心理学做出如此巨大贡献、富有人格魅力、复杂的人物背离了心理学(一次,他在普林斯顿大学讲学,他请求不要把他介绍为心理学家)。他甚至坚持认为心理学仅仅是将一些"显而易见的事实精致化"。尽管他放弃了在心理学中的领导地位,任心理学自行发展,但是他在心理学发展史上的地位是重要和毋庸置疑的。

美国心理学带有浓重的机能主义色彩,虽然詹姆斯并没有建立机能心理学,但是他在机能主义的氛围中清楚、有效地阐明了自己的观念。在这一过程中,他激发了随后一代的心理学家,从而影响了机能主义运动。

詹姆斯的生平

詹姆斯出生于纽约城市宾馆的阿斯特大楼。他的家庭极其富有,同时又声名显赫。那时,他的父亲在美国富人排行榜上名列第二。对于孩子的教育,他的父亲给予了极大的关注,为此他让孩子们在欧洲和美国之间交替接受教育。因此,詹姆斯早期的学校教育是在英国、法国、德国、意大利、瑞士和美国完成的。这些令人刺激的经验让他对英国和欧洲其他国家的思想和文化有了清楚的了解。

在他的一生中,詹姆斯经常到国外旅行。如果家庭的成员生病,他父亲热衷于送他去欧洲,而不是去医院。他的母亲也只有当孩子们生病以后,才给予关心和注意。这样一来,詹姆斯的健康状况从来没有好过也就不足为怪了。

尽管老詹姆斯并不期望他的子女关注今后怎样谋生,但是他的确鼓励詹姆斯对科学的早期兴趣。他给了詹姆斯一套化学实验工具,包括"一只燃烧器和几瓶神秘的液体,詹姆斯把这些液体加以混合、加热、换位。这些液体沾在他的手指和衣服上,让他父亲感到烦恼的是,有时甚至引起了惊人的爆炸"(Allen,1967,p.47)。

18岁那年,詹姆斯决定成为一个艺术家。他在画家威廉·亨特(William Hunt)的工作室学习半年之后,亨特劝告詹姆斯说,尽管他的技术不错,但是若要成为一个真正的艺术家,他还缺乏足够的天赋。因此,詹姆斯决定进入哈佛的劳伦斯理工学院读书。那时,美国的南北战争开始了。后来,詹姆斯说,他曾经想加入军队,但是他的父亲阻止了他。他的父亲告诉他,没有什么政府或事业值得詹姆斯牺牲自己的生命。据了解，威廉的哥哥，小说家亨利也没有投身战争中，但他的两个弟弟都参军了。

到哈佛大学后不久，他的健康状况开始恶化，情绪也很低落。他陷入了一种给他带来极大麻烦的神经症状态。此后，神经症的症状伴随了他一生大部分时间。他放弃了对化学的爱好，因为他无法满足实验室工作的细致要求。于是，他转到了医学院。然而，他对医学没有一点激情。他指出：

> 在那里，有许多欺骗行为……除外科有时完成一些有积极意义的事情外，医生所做的主要事情就是在精神方面对病人及其家属施加影响，而不是做些其他有意义的事情。他们还会从病人那里榨取钱财。（引自 Allen，1967，p.98）

詹姆斯中断了他的医学学习，到动物学家路易丝·阿加西斯（Louis Agassiz）的探险队帮助考察巴西亚马逊河流域，搜集海洋动物的标本。这次旅行给了詹姆斯一个尝试生物学生涯的机会，但是很快他就发现，他无法忍受严谨的搜集和分类工作，也不能适应这一工作对身体素质的要求。在给家人的一封信中，他坦诚道："我来到这里是个错误，现在我相信，我更适合思辨，而不是活跃的生活"（引自 Simon，1998，p.93）。他对化学和生物科学工作的反应预示了他日后对心理学领域实验方法的厌恶。

尽管医学学习并不比他 1865 年去巴西探险之前更有吸引力，但是詹姆斯勉强恢复了他的医学学习，主要原因是没有什么其他学科可以吸引他。他经常生病，心情压抑、消化紊乱、失眠、有视觉障碍和背部虚弱。"每个人都能明显看出，他在美国感到痛苦，唯一的治愈方法是去欧洲。（Miller & Buckhout，1973，p.84）"

在德国的温泉中，他的健康有所恢复。他沉浸于文学中，给他的朋友写下长长的信件，但是他的抑郁在持续。他在柏林大学听了生理学的讲座。这些讲座让他感觉到或许"心理学成为一门科学的时候到了"（引自 Allen，1967，p.140）。那时他也指出，如果他能从疾病中痊愈而活过那个冬天，他或许有兴趣从著名的赫尔姆霍茨和某个叫作冯特的人那里更多地学习心理学。詹姆斯的确活过了那个冬天，但那个时候他没有会见冯特。然而，他曾经听说过冯特这一事实表明，在冯特建立实验室之前的 10 年，詹姆斯就觉察到了科学和思想领域的发展趋势。

1869 年，詹姆斯从哈佛大学获得医学学位，但是他的焦虑和抑郁加重了。无名的恐怖骚扰着他，他甚至想到自杀。他的恐惧如此强烈，以至于夜晚不敢单独出门。他躲到马萨诸塞州的萨默维尔的一个避难所，但是无论怎样治疗都不能减轻他的症状。一位传记作者指出，那时候，詹姆斯是"一个极其爱抱怨的人。在 1870—1871 年，我们没完没了地听他抱怨着自己的眼睛、后背、精神不振以及漫无目的的生活"（Richard，2006，p.128）。但在那个时代，詹姆斯并不是唯一遭受这种痛苦的人。

神经衰弱的流行

美国神经学家乔治·比尔德（George Beard）发明了"神经衰弱（neurasthenia）"这个术语，它指的是一种美国特有的神经质状态。神经衰弱的各种症状是：失眠、忧郁、头痛、皮疹、神经衰竭以及某种称为"脑崩溃"的东西（Lutz，1991）。詹姆斯称这些症状是"美国式的"（Ross，1991）。

> 19 世纪下半叶，许多观察者称之为"神经衰弱"的疾病席卷了社会的上层……从字面上讲，神经衰弱指的是神经力量的缺乏，即一种僵化的抑郁和意志的丧失。那些受过最好教育和具有自我意识的人最有可能患上这种疾病。职业选择的延迟成为一种普遍的体验，体现在中产阶级家庭中的那些丧失能力的儿子们身上。（Lears，1987，p.87）

比尔德还指出，神经衰弱症最常发生在"脑力劳动者身上，多出现在北部和东部各州，结果往往会耗尽一个人的神经能量"。比尔德将它与时钟的迅速发展关联起来，即人们对时间表的日益强调，时间的压力持续增加，尤其是在工作场所。比尔德写道："与拖延相比，神经压力是更大的窃贼。我们经常处在时间的压力中，几乎是无意识的，在睡眠和清醒的时间，去哪里或做什么，都要有一个明确的时间表"（引自 Freeman，2009，p. 78）。

斯宾塞 1882 年在纽约著名的餐馆德莫尼科发表的演讲中，强调了工作节奏过快对心理健康有害这一理念。他告诉包括美国各大商业与工业"巨头"在内的听众，"对于美国人来说，工作已经成为一种病态的迷恋。美国人通过加班来危害自己的身心健康"（引自 Shapin，2007，p. 75）。值得指出的是，斯宾塞是在我们当前应对多重任务压力，每天工作 24 小时，每周工作 7 天这样的压力之前很久，就已经提到了这一点。

无论如何，在 19 世纪初，神经衰弱的症状已经在美国广泛传播。詹姆斯的许多朋友、亲戚、同事都有这些衰弱的症状。他的一位朋友写道："我在想，在美国新英格兰是否有谁到 35 岁的时候没有想到过自杀。"詹姆斯也指出："我认为在受过教育的人中，没有谁从来没有产生过自杀的念头。（引自 Townsend，1996，p.32-33）"这类疾病的发病范围在美国社会富裕和受到高等教育的人中如此流行，以至于一本通俗的出版物就起名为《没有人没有神经衰弱》（Miller，1991）。很明显，在对疾病的体验上，詹姆斯并不孤独。

莱克塞尔医药公司充分利用了神经衰弱疾病带来的机会。这个公司生产了一种高效药物，称为"美式万灵药（Americanitis Elixir）"，推荐其用于治疗神经功能紊乱、衰竭和其他美国特有的疾病（Marcus，1998）。女性疾病患者通常是些知识分子和女权主义者，这些人被劝告"卧床 6 个星期或者更多的时间，工作、读书或社交都别做，吃营养丰富的食物，增肥。"男性不需要这样限制自己的生活方式，他们的治疗方案包括"旅行、探险，进行大量的体育锻炼"（Showalter，1997，p.50，66）。

发现心理学

在 1869 年那些忧郁的日子里，詹姆斯开始建构一种生活哲学。之所以如此，并不是由于追求知识的好奇心，而是出于对生活的绝望。他阅读了许多哲学书籍，包括查理士·雷努维耶（Charles Renouvier）论自由意志的文章。这使得詹姆斯相信自由意志的存在。他断定，他的自由意志的第一个行动就是相信自由意志。接下来，他决心通过相信自由意志的力量治愈他的抑郁。很明显，在一定程度上，他获得了成功。因为在 1872 年，他接受了哈佛大学的一个生理学教学职位。他如此评论这件事："承担某种有责任的工作对于一个人的精神是件高贵的事情。（James，1902，p.167）"然而，仅仅过了一年之后，他就请假去意大利旅游了，但是他后来的确又返回了教学岗位。

大约在同一时间，詹姆斯开始对某些可以改变心灵状态的化学药品产生了兴趣。他读了一些有关在亚硝酸氧化钠（所谓的微笑气体）和亚硝酸盐影响下而体验到的所谓"启示"。这些化学药品影响大脑的氧气供应，可令人感到激动。他决定自己尝试这些药物。他的传记作者写到，这是

"詹姆斯进行的许多有关改变意识状态实验中的第一个,詹姆斯对此十分感兴趣,因为他想了解身体变化影响意识的方式"(Croce,1999,p.7)。

在1875—1876年的教学工作期间,詹姆斯开设了第一门心理学课程。他称这个课程为"生理学和心理学的关系"。因此,哈佛大学成为美国第一个讲授新实验心理学课程的大学。詹姆斯从来没有学过一门心理学课程,他所参加的第一个心理学讲座是他自己主讲的。为了教学,他向大学申请经费购买实验室设施和心理学实验的演示设备,学校给了他300美元。

1878年,詹姆斯的生活中发生了两个重要事件:一是他同爱丽丝·吉本斯(Alice H. Gibbens)结婚,婚姻是他父亲做的主;二是他同亨利·霍尔特(Henry Holt)签订了出版合同。这让他写出了心理学的经典著作之一。完成这本书花费了他12年的时间,而这本书的写作在他的蜜月旅行时就开始了。

完成这本书之所以花费了他这么多年的时间,其原因之一就是他对旅行难以抑制的热爱。通常的情况是,如果他不在欧洲,就是在美国纽约州或新罕布什尔州的深山里。

> 他的信件给人这样的印象,即家庭关系让人感到疲惫,他经常感觉到独处的需要。对付这种让人疲倦的家庭关系的重要方式就是去旅行。每一个孩子出生以后,他都给自己安排一次旅行,当然,过后又会感到内疚。在圣诞节、元旦、生日等节日里,人们经常找不到他……詹姆斯对家庭的逃避实际上是对人际纠缠的逃避,他需要回归大自然,需要独处,需要神秘的信仰。(Myers,1986,p. 36-37)

对于像詹姆斯这种气质敏感的人来说,孩子的出生是他最难以忍受的。这时候,他感觉无法工作,抱怨他的妻子只关注那个新生儿。第二个孩子出生以后,他在国外过了一年,从一个城市到另一个城市,到处漫游。

他在意大利的威尼斯给他的妻子写信,告诉她,他同一个意大利女子陷入了爱河。他告诉他的妻子说:"你会习惯于我的这些激情,并且对这些激情产生好感。(引自Lewis,1991,p.344)"但是爱丽丝却感到厌恶。她称詹姆斯具有同一切熟人和家里的仆人调情的倾向。当詹姆斯告诉她,他曾经吻过一个女仆时,爱丽丝变得怒不可遏。然而詹姆斯却认为他的多情应该令妻子感到高兴。他解释说，他经常具有亲吻他人的欲望（引自 Simon，1998，p.215-216）。

如果他在家，他就经常去哈佛大学教学。1885 年，他被提升为哲学教授。4 年以后，他又转成心理学教授。到那时，詹姆斯已经会见了许多欧洲心理学家，其中包括冯特。他称冯特给他"留下了愉快的印象，他的声音悦耳，时刻准备表现他的微笑"。但是几年之后，詹姆斯又指出，冯特"并不是一个天才，他仅仅是一个教授，一个职责是了解一切事物和对一切发表看法的教授"（James，引自 Allen，1967，p. 251，304）。

詹姆斯的著作《心理学原理》（*The Principles of Psychology*）最终在 1890 年出版，共两卷。它获得了巨大的成功，被证明是对心理学的重要贡献。它出版近 80 年之后，一位心理学家写道："无疑，詹姆斯的《心理学原理》是英语或其他任何语言中内容最广博、最令人兴奋，同时也是最富有知识性的心理学著作。（MacLeod，1969，p.iii）"对于几代心理学的学生来说，《心理学原理》都是心理学中最有影响的著作。时至今日，人们还会在没有任何外力要求的情况下读着这本著作。

并不是每个人都称赞这本书。冯特和铁钦纳就不喜欢它，因为詹姆斯在这本书中批评了他们的观点。冯特写道："这是文学作品，写得很漂亮，但它不是心理学。（引自 Bjork，1983，p.12）"冯特一直对詹姆斯的心理学工作持批评的态度。根据冯特莱比锡实验室中的美国学生加德（C. H. Judd）的记述：

> 那里对那些没有在莱比锡受过训练的美国心理学领袖没有任何的尊敬。对詹姆斯更是有一种公开的厌恶。詹姆斯所做的事情被认为极端出格，这不仅是因为詹姆斯批评了冯特，而且是因为詹姆斯采取了一种幽默的挖苦形式。这太过分了……在这里，詹姆斯没有被看作一流的思想家。（Judd，1930/1961，p.215）

詹姆斯对自己这本书的反应同样也不积极。在给出版商的一封信中，他描绘书稿"令人厌烦、充满水分、臃肿、凌乱，不过证明了两件事情：首先，根本就没有科学心理学这样一种事物；其次，詹姆斯是个无能之辈"（引自 Allen，1967，p.314-315）。

《心理学原理》出版以后，詹姆斯认为在心理学方面他已经没有更多的东西要说了。此外，他对领导哈佛大学的心理学实验室也不再有兴趣。他安排了德国弗莱堡大学的休格·敏斯特伯格（Hugo Münsterberg）担任哈佛大学心理学实验室的主任，并讲授心理学课程。但是敏斯特伯格从来没有完成詹姆斯期望他完成的角色。詹姆斯期望他领导哈佛大学的心理学实验研究。但是敏斯特伯格感兴趣的是各种现实问题，对实验室不感兴趣。他对心理学的重要性表现在他宣传了心理学，并使得心理学成为更注重应用的学科（参见第八章）。

尽管詹姆斯建立和装备了哈佛大学的心理学实验室，但他不是一个实验主义者。他从来没有相信过实验室工作的价值，个人也不喜欢实验室工作。他曾经说过，美国大学有太多的实验室。在《心理学原理》中他评论说，实验室工作的结果与实验室工作付出的艰苦努力不成比例。因此，他对心理学没有贡献任何重要的实验工作也就不足为怪了。

詹姆斯花费了他生命的最后20年来完善他的哲学体系。到19世纪90年代的时候，他已经被公认为美国主要的哲学家。在他出版的主要哲学著作中有一本是《丰富多彩的宗教经验》（*The Varieties of Religious Experience*，1902）。他的那本《给教师的谈话》（*Talks to Teachers*，1899）标志着教育心理学的开始。在这本给教师的书中，他阐述了将心理学怎样应用于课堂学习的思想。

《心理学原理》

为什么有那么多的学者认为詹姆斯是美国最伟大的心理学家呢？在这里，我们为他在心理学中的重要地位和压倒一切的影响提供三种理由。首先，詹姆斯的写作风格在科学界是少见的。他的作品自然、迷人，富有吸引力。其次，他反对冯特心理学的目标，即把意识分析为元素。最后，詹姆斯提出了另外一种心理观。这种心理观同心理学的机能主义方法是一致的。概括地说，美国心理学的时代精神已经为接受詹姆斯的学说做好了准备。

在《心理学原理》中，詹姆斯所提供的东西最终成为美国机能主义的中心命题，即心理学的目标并不是发现经验元素，而是研究活生生的人怎样适应环境。意识的机能服务于生存所必须的目的。在复杂的环境中，复杂的存在需要意识的指导作用，意识对于这些复杂的存在是必要的。没有意识，人类的进化就是不可能的。

詹姆斯同样强调了人性的非理性一面。人既具有思维和理性，也具有情绪和激情。即使在讨论纯粹的理性过程时，詹姆斯也强调非理性的存在。他指出，思想受到身体的生理条件的影响，信念是由情绪因素决定的，理性和概念的形成受到人的欲望和需要的影响。因此，詹姆斯并不认为人是一个纯粹的理性存在物。

心理学的研究对象：新的意识观

詹姆斯在《心理学原理》一开头就指出："心理学是心理生活的科学，包括它的现象和条件。（James，1890，Vol.1，p.1）"就心理学的研究对象来说，关键词是现象和条件。现象一词的含义是，应该在直接经验中发现心理学的研究对象；条件指的是身体在心理生活中的重要性，特别是大脑的重要性。

根据詹姆斯的观点，意识的生理结构构成了心理学的一个基本部分。意识必须在它的自然构造中加以考察，这个自然构造就是生理的人。他的这种生物学意识，即强调脑对意识的影响，是詹姆斯心理学的一个典型特征。

詹姆斯反对冯特心理学的人为性和狭隘性。他相信意识经验就是意识经验，它是自然的，并不是元素的组合或聚集。通过内省分析发现的那些分离元素并不能证明这些元素独立于受过训练的观察者。心理学家通过内省所发现的经验可能仅仅是他们的理论告诉他们的东西，而不是经验本身。

受过训练的品味师学会了在一种味道中辨别出个别的元素，但是没有受过训练的人却无法辨别。未受训练的人体验到的是各种味道元素的融合物，无法进行分析。同样地，在心理学实验室中，某些人分析了他们的意识经验，但是这并不意味着他们报告的在意识中存在的元素可以出现在任何其他处在同样条件下的人的意识中。詹姆斯认为这种假设是"心理学家的谬误"。

为了击中冯特心理学的要害，詹姆斯宣布，简单的感觉并不存在于意识中，而仅仅是某些循环推理或抽象的结果。詹姆斯坦率而又雄辩地写道：

没有人曾经有过单一的简单感觉。从我们出生开始，意识就是一个对象和关系的多重交织物。我们称之为简单感觉的不过是辨别性注意的结果，同时，这个结果又经常地被夸大了。（James, 1890, Vol. 1, p.224）

为了代替对意识经验的人为分析和还原，詹姆斯呼吁心理学确立一种新的规划。心理生活是一个整体，是变化着的总体经验。意识在连续不断地流动，任何把意识分成独立的、暂时的阶段的尝试都注定会扭曲意识。詹姆斯创造了"**意识流**"这个词组来表示这一观念。

由于意识总是在变化着，因而我们不能重复体验同一个思想和同一感觉。我们可以在不止一个场合思考一个对象和受到同一刺激的作用，但是我们的思维在每一次都是不一样的，因为介于其中的经验是不同的。因此，意识是累积的，而不是循环的。

心理同样是连续的。在意识流中，没有突然的中断。我们可能注意到意识在时间上的间隙，例如在我们睡眠时，但是当我们醒来以后，意识的流动又毫无困难地连接在一起。此外，心理是具有选择性的。由于我们仅仅能注意经验世界中很小的一个部分，因而心灵在众多的刺激中进行着选择。它过滤着一些经验，结合或分离一些经验，选择或拒绝另外一些经验。最重要的选择标准是相关性。心灵选择相关的刺激，以便于意识的操作符合逻辑。因此，一个系列的观念导致了理性的结论。

从总体上讲，詹姆斯强调了意识的机能或目的。他相信，意识必定具有某些生物学上的效用，否则它就不会存在下来。意识的机能通过给予我们选择能力，而使我们适应环境。为了贯彻这一思想观念，詹姆斯在意识选择和习惯之间做出区分。他相信习惯是不随意和无意识的。当我们遇到一个新问题，需要选择新的应对方式时，意识的作用就产生了。对目的的强调反映了进化论的影响。

意识流（stream of consciousness）：詹姆斯的观点。认为意识是连续不断的流动过程，任何还原意识为元素的努力都会扭曲意识。

○ 原著精选

有关意识的原始资料：选自詹姆斯的《心理学简明教程》（1892）

威廉·詹姆斯

意识处于连续不断的变化之中。这句话的意思并不是说任何心理状态都没有持续性。我在这里强调的意思是，没有一种产生过的状态可以重现，可以与以往的状态完全一样。我们一会儿观察、一会儿倾听、一会儿推理、一会儿有意愿、一会儿回忆、一会儿期待、一会儿爱、一会儿恨，这些心理活动也可以以其他数百种方式交替进行。但是有人可能会说，所有这些心理活动都是复杂状态，是由简单的状态组合而成的；难道简单的状态遵循着与复杂状态不同的规律？例如，我们从同一对象获得的感觉难道不总是一样的吗？同一琴键，用同样的力量，我们听到的声音不是一样的吗？难道同样的绿草给我们的不是同样的绿色感觉，同样的天空不是同样的蓝色吗？难道无论多少次我们用鼻子闻同一瓶物质得到的不是同一种气味吗？如果说不是的话，似乎有点形而上学的诡辩。然而，对这些事件的深入考察揭示出，没有什么证据证明同一电流可以给我们的身体造成两次同样的感觉。

我们两次得到的只是同一个对象，而不是同一个感觉。我们反复听同一音调，看到同样的绿色、嗅同一种芳香，或者体验相同的痛苦。我们相信现实是永久存在的，无论这种现实是抽象的还是具体的；是精神的，还是物质的，似乎都持续不断、反反复复地来到我们的思想中，导致我们假定有关它们的观念也是同样的观念……从窗口向外望去，绿草在阳光下和在树阴处看起来都是一样的绿色，但是画家为了获得真实的感觉效应，却不得不把一部分画得阴暗一些，另一部分画得明亮一些。经常的情况是，我们一点也注意不到，同一事物在不同的距离或在不同的条件下看起来、听起来或嗅到的，是不一样的。事物的同一性是我们主观认定的，一旦我们认定事物是同一的，那么由此而产生的感觉就被认为是同样的了。

这就是有关不同感觉的主观一致性的一些随意的证据。这些证据如此随意，以致在作为证据方面可能没有什么价值。整个感觉研究的历史都证明了我们无法判断将两个感觉特性分开是完全一样的。引起我们注意的是在同一时间两个不同印象的比率问题。当所有的物体都是黑暗的，那么那个不太黑暗的就被我们感觉成白色。赫尔姆霍茨推测到，在一幅画中代表月光照射的白色大理石，当从日光下进行观察时，比在真正的月光下要明亮 10～20 倍。

这样一些差异是不能从感觉上体验到的，如果要想了解这一点，就必须间接地予以推论。这样一来就使我们相信，我们的感受性一直处在变化中，因此，同样的对象很难给予我们两次同样的感觉。当我们处在睡眠状态或者处在清醒状态，饥饿状态或吃饱以后，精力充沛时或疲劳不堪时，或者在夜晚或清晨；夏日或冬天，我们对事物的感觉是不一样的。除此之外，儿童时代、成人以后和进入老年期以后，对事物的感觉也会不同。但是我们从来没有怀疑我们可以以同样的敏感性来认识这个世界。感受性的差异在不同的情绪状态下，或在不同的心境下表现得最为明显，原来欢快和激动的事物变得乏味、平常和没有意义。鸟的歌声变得枯燥无味，微风变得凄凄惨惨，天空令人悲伤……

显而易见的事实是，心理状态不完全相同。从严格的意义上讲，我们对每一个特定事实的每一个思维都是独一无二的，它们只是与其他同一事实的思维有一些类似。当同一事实重新出现时，我们必然以一种新的方式思考它，从不同的角度观察它，在不同的关系中理解它。用于认识它的思维是一种处在一定关系的思维，这种思维里浸透着所有模糊的背景因素。在同一问题上，我们自己也会对前后观点的奇怪差异感到震惊。我们也奇怪上个月为什么会对一件事形成那样的观点。现在，我们已经超越了那种思维方式，但是我们并不知道是怎样超越的。一年一年过去了，我们看问题的方式发生着变化。原来假的东西现在真实了，原来激动人心的现在乏味了，原来我们关心的朋友、原来神圣的那个姑娘、星星、树林、河流，现在怎么都变得如此平淡和普通！

心理学的方法

由于心理学研究的是个人和直接的意识经验，因而内省法必然是基本的方法。詹姆斯写道："内省观察是我们首先要依赖的方法，它是心理学持久和根本的方法……内省法让我们深入心灵，报告我们在那里发现的一切。每一个人都同意，我们在那里可以发现意识状态。（James，1890，Vol.1，p.185）"詹姆斯意识到内省法的困难，他承认内省法是一种不够完善的观察方法。然而，通过测查和不同观察者之间的比较，可以验证内省的结果。

尽管詹姆斯没有广泛地使用实验方法，但是他承认实验是获得心理学知识的一条重要路径，特别是心理物理学研究、对空间知觉的分析和记忆研究提供了更有用的知识。

为了补充内省和实验方法，詹姆斯推荐使用比较方法。他认为，通过研究不同人口和种系，如动物、婴儿、原始人或情绪紊乱的病人，心理学可以揭示心理生活上有意义的差别。

詹姆斯在《心理学原理》中引证的方法体现了构造心理学和机能心理学的差异。机能主义运动并不把自己局限在一种方法上，例如，铁钦纳和冯特都把方法限制在内省上。机能主义也愿意接受和应用其他的方法。这种方法中立的取向极大地扩展了美国心理学的范围。

实用主义

詹姆斯强调了**实用主义**对心理学的价值。实用主义的基本信条是主张观念或概念的效度是由它的实际结果决定的。实用主义观点的通俗表达就是"只要有效就是真的"。

> **实用主义（pragmatism）**：这种学说认为观念的意义存在于其实际的结果。

实用主义是19世纪70年代由查理士·皮尔斯（Charles S. Peirce）提出的。皮尔斯是一位数学家和哲学家，也是詹姆斯一生的挚友。但是直到詹姆斯1907年撰写了《实用主义》（*Pragmatism*）一书之前，人们并没有注意到皮尔斯的著作。詹姆斯的《实用主义》一书促成了实用主义运动的正式开始。（皮尔斯是第一个介绍新心理学的人。他于1869年撰写了一篇文章，向美国学者介绍了费希纳和冯特的新心理学。）

情绪理论

詹姆斯于1884年在一篇文章中提出了他的情绪理论，后来在《心理学原理》一书中，又对这一理论做了进一步的阐述。他的理论在情绪状态的性质方面与流行的观点相反。心理学认为，情绪的主观心理体验先于身体表现或行动。传统的范例是：我们看到一只野生动物，因而感到恐惧，所以我们逃跑。依据传统的观点，情绪（恐惧）先于身体反应（逃跑）。

詹姆斯颠倒了这个秩序。他指出，生理反应的唤醒先于情绪的出现，特别是对于他称之为"粗糙"的情绪，如恐惧、愤怒、悲伤、爱等，更是如此。例如，我们看到野生动物，我们逃跑，然后才体验到恐惧的情绪。"对身体变化的感觉就是情绪"（James，1890，Vol.2，p.449）。

为了支持他的观点，他引证了内省观察的例子。他指出，如果没有急速的心跳、喘粗气和肌肉紧张，就没有情绪的发生。詹姆斯的情绪观点激起的许多争论，同时也刺激了大量研究。1885年，丹麦生理学家卡尔·兰格（Carl Lange）发表了与詹姆斯同样的理论。两个理论的类似性导致人们称这种情绪理论为"詹姆斯－兰格情绪理论"。

三部分自我

詹姆斯指出，一个人的自我意识由三个方面或成分构成：

（1）物质自我（material self）。包含一切我们称之为自己独有的东西，比如我们的身体、房子、家庭或衣着风格。詹姆斯认为我们选择的服装尤其重要。他写道："老话说，人由三部分构成，即灵魂、身体和你穿的衣服。这并不只是一个玩笑。我们欣赏自己的衣服，并通过衣服来识别自身（James, 1890, Vol. 1, p. 292）。"

（2）社会自我（social self）。它将我们与其他人区别开来。詹姆斯指出，我们有许多社会自我。在不同的人面前呈现出不同的自我。例如，在父母面前的你，可能与在熟人或情人面前表现的就不一样。每个人都会看到你不同的方面。

（3）精神自我（spiritual self）。即我们内在的或主观的自我。

心理学家认为，我们选择的衣服和穿着方式，影响的不仅是我们的物质自我，它还像詹姆斯所相信的那样，反映着我们的社会自我与精神自我。而且，我们如何被其他人感知、认识与判断，可能全部由我们的穿着决定。

因此，衣着是一种自我表达的方式。詹姆斯似乎深知这一点。他穿的衣服，明显不同于与他地位和社会阶层相当的人。他喜欢带圆点的领结，穿色彩鲜艳的花格裤，绝对"偏离礼貌的标准"（Watson, 2004, p. 218）。人们认为他"衣服相当引人注目"，与当时的流行标准截然不同。显然，他是想在人群中脱颖而出。

习惯

《心理学原理》中有关习惯的那一章再次表现了詹姆斯对生理作用的兴趣。詹姆斯指出，所有的动物都具有"众多的习惯"（James, 1890, Vol.1, p.104）。重复和习惯性的活动影响到神经系统，起到增强神经物质可塑性的作用。其结果是，习惯使得行动变得更加自然而然，不再需要较多的有意注意。

习惯有巨大的社会意义。下面这段话阐述了这一观点:

> 习惯……使我们把自己限制在条例的范围之内……它使我们按照教养为我们指定的或我们早年选择的道路奋斗到底,就是对于不适宜的事业也要尽力而为,因为我们已经不适宜做其他的事情了,改弦更张已经太迟了……
>
> 你会看到,在25岁的时候,那些年轻的商业旅行者、医生、牧师、律师已经表现出职业风格。你可以从他们的性格、思维的技巧和偏见中看出一条主线,你不要指望他们能突然产生什么新的风格,就整体上来说,他们最好不要脱离原来的风格。这样对这个世界和我们大家都有利。不管怎么说,到30岁的时候,性格已经像凝固的石膏那样,不可能再软化了。(James,1890, Vol.1. p.121)

《心理学原理》对美国心理学产生了重要影响,对它的赞誉即使在它出版的一个世纪之后仍然没有中断(Donnelly, 1992;Johnson & Henley, 1990)。它影响了成千上万个美国学生,促使心理学家远离构造主义的观点,并促进了机能主义学派的正式建立。

女性在机能上的不均等

玛丽·威顿·卡尔金斯(1863—1930)

詹姆斯支持了玛丽·威顿·卡尔金斯(Mary Whiton Calkins)的研究生教育,帮助她克服了对妇女的偏见和歧视。后来,卡尔金斯发明了记忆研究中的配对联想技术,对心理学做出了重要而长久的贡献(Madigan & O'Hara, 1992)。她成为美国心理学协会的第一个女性理事长。1906年,她在50个美国最重要的心理学家中排名第12位。对于一个曾经被博士学位拒之门外的人来说，这是来自同行很高的荣誉了。

哈佛大学从来没有正式接纳过卡尔金斯。但是詹姆斯欢迎她参加他的学术讨论会，并督促哈佛大学给予她学位。当遭到校方的拒绝后，詹姆斯给卡尔金斯写信，告诉她，"这足以让你和所有的女性感到无法接受，我希望和相信你的申请能冲破这个障碍，我将尽我所能帮助你"（引自Benjamin, 1993, p.72）。尽管詹姆斯竭尽努力，但是哈佛大学拒绝授予女性博士学位。詹姆斯和其他一些老师对卡尔金斯进行了一个非正式的考试，考试的结果是称卡尔金斯为哈佛大学的博士生考试中成绩最优者，但是校方仍然不改初衷。

玛丽·威顿·卡尔金斯

7年以后，当卡尔金斯成为威利斯大学的教授，并开始了自己的记忆研究以后，哈佛大学表示愿意从莱德克里夫学院授予卡尔金斯一个学位。莱德克里夫学院是哈佛大学为女性本科教育而设立的。这遭到了卡尔金斯的拒绝，因为她已经在哈佛大学完成了获得博士学位所需要的一切，而不是在莱德克里夫读的本科。哈佛大学歧视她，仅仅因为她是个女性。但是哈佛大学忽视了她为自己应该获得的学位的不断呼吁。最终，哥伦比亚大学授予了她名誉博士学位（Demark & Fernandez, 1992）。另一方面，哈佛大学直到1963年才授予女性博士学位。

卡尔金斯的经历说明了高等教育中对女性的歧视。这种状况一直持续到20世纪以后。即使如此，与以往的女性相比，卡尔金斯还算是幸运的。因为以往的女性根本不可能进入大学的大门。在欧洲和美国的大多数学术领域，都排除了女性进入学院或大学的可能性。哈佛大学在1636年建立的时候，不接收女学生。一直到1830年以后，美国的某些学院才放松了对女性的限制，开始接女性为本科生。

设制这一限制的主要原因是人们一般认为男性在智力上具有自然的优越性。根据这一观点，即使女性得到了教育机会，女性在智力发展上的劣势也使得她们不可能从受到的教育中获益。达尔文等19世纪的著名科学家和那个时代的大部分美国心理学家都认同这一观点。

今天，在心理学学科中获得博士学位的研究生大部分都是女性。硕士研究生和本科生的情况也是如此。然而，我们已经看到，心理学的发展史是由男性支配的。前面我们曾经提到，仅仅因为是女性，玛格丽特·沃斯伯恩被拒绝接收为哥伦比亚大学的学生。一直到1892年之后，耶鲁大学、芝加哥大学和其他几个机构才同意接收女性研究生。在心理学作为一门科学正式建立之后的近20年里，女性在成为心理学家方面面临着障碍，她们

变异假设（variability hypothesis）：认为男性比女性在生理和心理方面显示出更大的差别；认为女性的能力更为平均。

没有机会对这一领域的发展做出重要贡献。

认为男性在智慧上具有优越性的神话源自所谓的**变异假设**。变异假设是以达尔文的雄性变异性观念为基础的（Shields，1892）。达尔文发现，在许多种系中，雄性在生理特征和能力上，都比雌性有更大程度的发展。雌性的特征和能力大多处在平均值的水平。雌性处在平均值水平的倾向被认为是女性不能从所受到的教育中获益，因而不大可能在思想和学术领域做出成就的原因。从这种观点出发，就很容易得出这样一个结论，即女性的大脑在进化上不如男性。因为男性显示出更大范围的才能，他们可以适应多变的环境，并从中获益。因此，在成功适应环境方面，女性被认为在生理方面和心理机能方面都不如男性。这样一来，人们就广泛地接受了两性在机能上不均等的观念。

人们普遍认为，"在成年时期，因女性的大脑和神经系统方面的限制，她们没有能力来支撑更高级的心理机能，尤其是客观的理性与真正的创造力"（Shields，2007，p. 96）。甚至伪科学的颅相学也支持男性智力优势的观点。"女性的脑子更小，灰质颜色更浅，皱褶数量更少，所有这些都证明，女性在智力方面处于劣势，本质上就像个儿童。（Appignanesi，2008，p.110）"

与此相关的一个流行观点认为，如果女性的教育超出了基础教育的范围，那么这些女性就容易出现生理上和情绪上的紊乱。某些心理学家认为，对女性实施教育会伤害她们的母性素质，因为过多的教育会扰乱她们的月经，遏制她们的女性冲动。一位心理学家写到，如果女性要受教育，"那么应该教育她们怎样做一个母亲"（G. S. Hall，引自 Diehl，1986，p.872）。

哈佛大学医学院的一位教授写到，对于女性的教育将导致"巨大的脑和瘦弱的身体；过度积极的大脑活动和过于虚弱的消化系统；流动的思想和闭塞的内脏"（引自 Scarborough & Furumoto，1987，p.4）。这位教授同时警告说，"让两性接受完全相同的教育是在神和人性面前的犯罪"（Clarke，1873，p.127）。

20世纪的早期，两位女性心理学家成功地挑战了两性机能不均等的观念。利用机能心理学的经验技术，乌丽和霍林沃斯论证了达尔文和其他一些人在认识女性方面的错误。

海伦·布拉德福德·汤普森·乌丽（1874—1947）

海伦·布拉德福德·汤普森（Helen Bradford Thompson）1874年出生于芝加哥，她的父母支持对女性的教育。因此他们家的三个女儿都上了大学。1897年，海伦在芝加哥大学获得本科学士学位，1900年获得博士学位。她的导师是詹姆斯·罗兰德·安吉尔和约翰·杜威。杜威称她是最聪明的学生之一（引自 James, 1994）。在巴黎和柏林从事过博士后工作以后，她担任了马萨诸塞州一所学院的心理学实验室主任。

海伦·布拉德福德·汤普森·乌丽

她的丈夫保罗·乌丽（Pual Woolley）是位医生，结婚以后，她随丈夫去了菲律宾。他的丈夫在那里是一个实验室的主任。1908年，夫妻二人迁到了俄亥俄州的辛辛那提。海伦·乌丽在那里担任了公立学校系统职业局的指导，负责儿童福利工作。她有关童工效应的研究促进了州劳动法的改变。（那时，在美国的许多州，年仅8岁的儿童一周要工作6天，每天工作10个小时。在年龄、工作时间和儿童的最低工资方面，几乎没有哪个州有保护性的规定。）

1921年，海伦·乌丽担任了美国职业指导学会的理事长。同一年，乌丽迁到密西根的底特律。在那里，她加入了默瑞尔-帕默研究所，并创办了一所幼儿园，以便研究儿童发展和心理能力。1924年，她成为哥伦比亚大学儿童福利研究院的主任，继续从事她在儿童早期学习、职业指导、学校指导咨询方面的工作。

达尔文曾经提出，从生物学上讲，女性不如男性。在当时，这个观念似乎显而易见，不需要任何科学研究。乌丽的博士学位论文第一次对这一问题进行了实验验证。她的实验被试是25个男性和25个女性，测量的是运动能力、感觉阈限（包括味觉、听觉、痛感和视觉等）、思维能力和人格特征等。

研究结果显示出，在情绪功能上，两性没有差异；在思维能力上差异极小。所得的数据同样显示出，在记忆和感知觉方面，女性稍微优于男性。乌丽的解释一反传统，认为这些差异是社会和环境因素造成的。她分析指出，造成这种差异的原因主要是儿童的培养实践和社会对男孩和女孩的期待不同，而不是由生物因素决定的（Rossiter, 1982）。

在《性别的心理特征：男性和女性正常心理的实验研究》（*The Mental Traits of Sex: An Experimental Investigation of the Normal Mind in Men and Women*,

Thompson，1903）一书中，乌丽发表了她的研究结果。她的研究结论在男性的学术心理学中并没有受到欢迎。斯坦利·霍尔指责她对数据进行了女权主义的解释（Hall，1904）。由于乌丽是一位女性，她的研究结论又证明女性在生物学上并不比男性差。这样一来，一些人就认为研究结论受到了污染，带有女性的偏见（James，1994）。后来，乌丽为著名的《心理学公报》（*Psychological Bulletin*）撰写了两篇有关性别差异心理学研究文献的综述（woolley，1910，1914）。

在30年的时间里，乌丽一直在儿童发展和教育领域担任着教师、研究者和指导者。后来，健康原因和令人痛苦的离婚事件，迫使她早早地退休了，她将对女性心理的关注留给了其他人。

莱塔·斯泰特尔·霍林沃斯（1886—1939）

莱塔·斯泰特尔·霍林沃斯

莱塔·斯泰特尔·霍林沃斯（Leta Stetter）出生于美国的尼布拉斯加州，家境贫穷。她家住茅草房，在只有一间屋子的学校上学。母亲在她3岁的时候去世了，父亲又离开了她，她由祖父母抚养长大。10年后，父亲与继母再度出现。继母虐待她。莱塔终生都没有原谅她的父亲。尽管她有着灰暗的童年，但她还是考上了内布拉斯加大学，1906年毕业时获得美国大学优等生的荣誉（Phi Beta Kappa honors）。然后她在一所高中教了两年书。在此期间，她的未婚夫哈里·霍林沃斯（Harry Hollingworth）在哥伦比亚大学的卡特尔的指导下获得了心理学博士学位。1908年他们两人结了婚。哈里到纽约市的巴那得大学教书。但是，按照法律规定，已婚的妇女不能在公立学校教书，莱塔对此十分吃惊和懊悔，只好辞职回到家中。

莱塔·霍林沃斯于是转向文学创作。但是她发现连短篇小说也无法发表。因此，夫妇两人的生活过得非常拮据。哈里不得不接受了一份咨询工作，以便于存下足够的钱，让莱塔去研究院读书。1916年，她在爱德华·桑代克的指导下从哥伦比亚大学的师范学院获得了博士学位。然后，她作为一个心理学家在纽约市民事服务中心工作。5年以后，她对妇女心理学的贡献被收录在《美国科学家》（*American Men of Science*）杂志中。

莱塔·霍林沃斯对所谓的"变异性假设"进行了广泛的实验研究。根据这一假设，在生理、心理和情绪机能方面，女性比男性更显示出一致性和均等的特点，相互之间显示出较小的差异。霍林沃斯在1913—1916年利用各种各样的被试，从生理和感觉运动机能，以及思维能力方面对这个假设进行了研究。她的被试包括婴儿、男性和女性大学生、月经期的妇女（因为那时人们相信这个自然的生理过程会影响女性的心理和情绪状态）等。她的研究获得的数据表明，变异性假设和其他一些女性劣势观念是站不住脚的。例如，她发现月经周期同知觉、运动机能和思维能力上的操作缺陷之间并没有联系。长期以来，人们一直认为两者之间有直接的关系。

莱塔·霍林沃斯也对母性固有本能的概念提出挑战。她认为女性只有通过抚养孩子才能获得满足的传统观点是站不住脚的。她也斥责了这样一种观念，即女性在婚姻和家庭之外的领域获得成就的愿望是变态和不健康的。她认为是社会和文化的态度，而不是生物因素导致了女性无法成为对社会有重要贡献的成员（Benjamin & Shieds, 1990；Shields, 1975）。霍林沃斯同时告诫那些职业指导和咨询者不要劝女性把自己的雄心限制在抚养儿童和家政等社会认可的领域。因为在这样的领域里，你无法成为杰出和著名的人物。她写道："没有人知道谁是美国最优秀的家庭主妇，著名的家庭主妇不会也不可能存在。（引自 Benjamin & Shields, 1990, p.177）"

莱塔·霍林沃斯对临床、教育和学校心理学也做出了重要贡献。特别是在对天才儿童的教育和情绪需要的研究方面，她做了大量的工作。尽管她的研究领域宽广，并具有较高的质量，但是她从来没有获得过研究基金的资助（Hollingworth, 1943）。她积极参与了争取妇女选举权的运动，为争取妇女投票的权力进行了不懈努力，她经常参加在纽约举行的争取妇女权益的游行和示威。莱塔·霍林沃斯在年仅53岁时就因胃癌逝世了，"不知何故，她向所有人隐瞒了病情，默默忍受着病痛，长达10年的时间"（Stanley & Brody, 2004, p.4）。

格兰维尔·斯坦利·霍尔（1844—1924）

虽说詹姆斯是第一个真正值得注意的美国心理学家，但在1875—1900年美国心理学快速发展的这段时间内，詹姆斯注定不是孤独的。在美国心理学的历史中，还有一个与詹姆斯同样有影响力且值得关注的杰出人物，那就是格兰维尔·斯坦利·霍尔（Granville Stanley Hall）。

在美国心理学中，霍尔拥有一系列"第一"的杰出纪录。他是在美国第一个获得心理学博士学位的人；他声称自己是世界上第一个心理学实验室建立的第一年中的第一个美国学生（后来的历史数据揭示出，他实际上是冯特实验室中的第二个美国学生，参见 Benjamin, Durkin, Link, Vestal, & Acord, 1992）。他创建了美国的第一个心理学实验室；他创办了第一份美国心理学杂志；他是美国克拉克大学的第一任校长；他组织了美国心理学协会，并且成为第一任主席；他也是第一批应用心理学家之一。

霍尔的生平

格兰维尔·斯坦利·霍尔

霍尔出生在马萨诸塞州的一个农民家庭，他的母亲是一个虔诚、善良、温顺的女人，而他的父亲则严厉而苛刻，有时会体罚他。14岁的时候，霍尔的父亲给了他一大巴掌后，他"愤怒地后退了一步——部分是真实的，部分是想装装样子（我记得很清楚）——我握紧双拳，双眼直瞪着他，就好像真的想要反击他。我永远不会忘记，他惊讶地看着我。此后，我再也没有挨过打"（Hall, 引自 Hulbert, 2003, p.53）。

从很小的时候起，霍尔就野心勃勃。14岁的时候，他发誓"要为这个世界做点什么，并成为世界上的重要人物"（引自 Ross, 1972, p.12）。17岁的时候，美国南北战争爆发了，他的父亲花钱免除了他的军役，这让他感到无比的羞耻。霍尔指出，他感到一种赎罪的需要，想通过苦行为自己没有在军队中履行职责而赎罪（Vande Kemp, 1992）。

1863年，他进入威廉学院读书。到他毕业的时候，他已经赢得了不少荣誉，并被推举为班级中最聪明的学生。他对哲学产生了强烈的兴趣，特别是进化论。后来，进化论对他的心理学生涯产生了深深的影响。霍尔写道："我年轻的时候一听到'进化'这个词，就陶醉了，对我来说，它就像音乐一样。（Hall, 1923, p.357）"毕业以后，由于不清楚自己应该选择什么职业，他进了纽约的联合神学院。但是他缺乏成为牧师的强烈愿望，他在进化论方面的兴趣显然对他不利。很快他就明白了，宗教的正统性显然不可能令他出名。据说，当霍尔第一次在教师和学生面前尝试布道的时候，神学院的校长跪了下来，为霍尔的灵魂祈祷。

在亨利·沃德·比彻的劝说下，霍尔去了德国伯恩大学学习哲学和神学。后来，他又到柏林大学学习生理学和物理学。在这段时间里，他经常去剧院和酒吧，挑战那些正统的教育规范。当他看到一位神学教授礼拜天在酒吧喝酒时，他记录了自己的惊讶之情。他同样也记录了一些罗曼蒂克的插曲，指出这些动情的事件揭示出自己的一些内在能力，即"迄今为止一直处在休眠和压抑状态下的那些能力，同时这也使得生活变得更加丰富、更有意义"（引自 Lewis，1991，p.317）。很明显，霍尔的欧洲之旅是非常自由的。

1871 年，他极不情愿地返回了美国。他的一位传记作者认为，返回的原因是他的父母不再给他任何资助（White，1994）。那时候，霍尔已经 27 岁了，没有获得任何学位，却背了一身债务。他完成了神学学习，然后去一个农村教堂当了 10 个星期的牧师。在作为私人教师工作了一年以后，他在俄亥俄州的安提克学院获得了一个教职。在那里，他讲授英国语言文学、法国和德国语言文学、哲学，当图书管理员，带领唱诗班，并且在一所教堂布道。

1874 年，冯特的《生理心理学原理》一书唤起了他对这门新科学的兴趣，再次令他为自己的职业生涯产生了困惑。他离开了安提克学院，定居于马萨诸塞州的剑桥，到哈佛大学教授英语。后来，他开始读研究生，在哈佛大学医学院从事研究。1878 年，他提交了有关空间知觉的博士论文，因而获得了美国心理学的第一个博士学位。

一获得学位，他就又去了欧洲，先是在柏林学习生理学，然后又到莱比锡成为冯特的学生。在莱比锡，他与费希纳住隔壁。实际上，在莱比锡期间，霍尔与冯特在一起工作的时间并不多，尽管霍尔认真听冯特的课，并在实验室中做被试，但是他自己的实验更生理学化。霍尔后来的生涯也证明，从根本上讲，冯特对他没有多少影响。

两年以后，当霍尔返回美国以后，他发现就业的前景并不好。然而，在 10 年之内，他就名震全国。霍尔发现，满足自己雄心的机会在于把心理学应用于教育。1882 年，他在全美教育学会上发表演讲，认为儿童心理研究应该是教学工作的一个主要成分。他利用一切机会重申他的这一主张。哈佛大学校长邀请他做一个系列讲座，每个星期天上午就教育问题发表演讲。这个讲座提高了霍尔的知名度，他因此被霍普金斯大学邀请去担任兼职教师。5 年之前，霍普金斯大学兴建于巴尔的摩，它是美国的第一个研究生院。

霍尔在哈佛大学的讲座获得了巨大成功，霍普金斯大学因此聘请他担任教授。1883 年，他在霍普金斯大学正式建立了（通常被认为是）美国的第一个心理学实验室。他称这个实验室是"心理生理学实验室"（Pauly，1986，p.30）。在他培养的学生中，有些后来成为美国著名心理学家，如约翰·杜威和詹姆斯·麦金·卡特尔。

1887年，霍尔创办了《美国心理学杂志》(American Journal of Psychology)。这是美国心理学的第一本刊物，即使在今天，仍然是美国心理学的重要出版物。它为理论和实验理念的发表提供了一个平台，也显示了美国心理学的独立和团结一致。出于过度的热情，该刊物第一期的印量过高，以至于用了5年时间才收回第一期的出版费用。

接下来的这一年，霍尔成为克拉克大学的第一任校长。克拉克大学位于马萨诸塞州的伍斯特市。在上任之前，他到国外广泛旅行，考察欧洲大学，为这所新的学校招募员工。在叙述克拉克大学100年的历史时，一位作者写到，霍尔的旅行实际上是"为他还没有开始的工作而进行的一次公费旅游……他停留的地方许多都与所要进行的工作没有任何关系，如俄国军校、古希腊历史遗址，等等"(Koelsch，1987，p.21)。

霍尔雄心勃勃地想要按照霍普金斯大学和德国大学的模式，把克拉克大学建成研究型而不是教学型的大学。他既担任校长，又担任心理学教授，在研究生院从事教学工作。他用自己的钱创办了《教育学评论》(Pedagogical Seminary)杂志，现在该杂志的名称为《发生心理学杂志》(Journal of Genetic Psychology)，用于发表儿童研究和教育心理学的成果。1915年，他建立了《应用心理学杂志》(Journal of Applied Psychology)。这样一来，美国心理学的杂志达到了16本。

由于霍尔的不懈努力，1892年美国心理学协会成立了。在他的邀请下，大约有12个心理学家聚集在他的家中，讨论建立一个组织。这些心理学家选举霍尔为第一任主席。到1900年的时候，美国心理学协会已经有了127个会员。

霍尔也是最早对弗洛伊德(Sigmund freud)的精神分析产生兴趣的心理学家之一。美国人对弗洛伊德的早期兴趣主要是由于霍尔的原因。1909年，为了庆祝克拉克大学成立20周年，霍尔邀请了弗洛伊德和荣格参加庆祝大会。这次邀请是个大胆的举动，因为那时许多科学家对精神分析持怀疑的态度。霍尔也邀请了他以前的老师冯特，但是冯特谢绝了，因为他年事已高，也因为他已计划在莱比锡大学500周年庆祝会上发表特别演讲。

在霍尔的领导下，克拉克大学的心理学迅速发展。霍尔在克拉克大学的36年间，有81个人在心理学专业上获得了博士学位。他的学生都记得每个星期一的早晨在霍尔家中举行的那令人筋疲力尽但却令人兴奋的讨论会。在讨论会上，霍尔和其他老师以及研究生们对那些博士候选人进行着测试。在每次长达4个小时的讨论会以后，家中的仆人都会提来一大桶冰激凌。

霍尔对学生论文的评价有可能是毁灭性的，刘易斯·推孟（Lewis Terman）回忆道：

> 霍尔会以他渊博的知识和丰富的想象力做出概括，这经常令我们吃惊，使我们感觉到他随手拈来的想法也比学生辛辛苦苦地埋头工作几个月所获得的观点不知道要优越多少倍。回到家以后，我总是陶醉在刚刚经历的场景中，往往不得不洗个热水澡以安抚自己紧张的神经，然后花数小时在床上翻来覆去，在脑子中重现刚才的场面，想象着我该讲出但是没有讲的话。（Terman, 1930/1961, p.316）

只要学生尊重他，霍尔就极力地栽培学生。他经常是慷慨和友好的。有一段时间，据说大部分美国心理学家都或者在克拉克大学或者在霍普金斯大学与霍尔联系。当然，这并不是说大部分美国心理学家都是在霍尔的鼓励下才走上心理学的道路的。霍尔个人的影响力可以从这样一个事实上反映出来，即霍尔 1/3 的博士生最终像霍尔一样走上了高校行政领导岗位。

在接收女性、少数民族学生方面，霍尔使得克拉克大学比那个时代美国的任何其他大学都更开放。尽管他也像大部分美国人一样，不赞成男女在本科阶段共同受教育，但是他的确接纳女性研究生，并且吸收女性加入教师队伍。他采取不同寻常的步骤，鼓励日本学生到克拉克读书，并且拒绝限制雇用犹太人教师，而那个时候的其他大学是不可能雇用犹太人的。霍尔同样也鼓励非裔人接受研究生教育。

第一个在心理学中获得博士学位的非裔美国人是弗兰西斯·萨默（Francis Sumner）。他是霍尔的学生。萨默后来成为华盛顿霍华德大学心理学系的主任。在霍华德大学，萨默引介了许多非裔学生进入心理学领域（Dewsbury & Pickren, 1992）。此外，萨默从德语、西班牙语和法语杂志中翻译了几千篇文章，把它们做成摘要，发表在美国的心理学杂志上。

1920 年霍尔从克拉克大学退休以后，他仍然继续写作，4 年之后逝世。在他逝世前的几个月，他刚刚被第二次推选为美国心理学协会主席。有人对霍尔对美国心理学的贡献进行了问卷调查，在收到的 120 份问卷中，99 个人把霍尔列入世界上前 10 位心理学家。许多人都赞扬了霍尔的教学才能和推进心理学发展方面的贡献，也称赞了他对传统的蔑视和挑战。但是，他们和其他一些霍尔的熟人对霍尔的个人品质也提出了批评。这些人描绘霍尔在人际关系上是令人困扰的和不值得信任的，且放荡不羁、极度自私。威廉·詹姆斯称霍尔是"我所认识的人中伟大和渺小的最奇怪结合体"（引自 Mayers，1986，p.18）。但是，即使是他的批评者也不得不同意调查的结论，即"霍尔所写的东西和所进行的研究比这一领域的其他任何三个人的总和都要多"（引自 Koelsch，1987，p.52）。

发展的进化与复演理论

尽管霍尔的兴趣是多方面的，但是他在学术领域漫游时的主题是单一的，即围绕着进化论。他的工作都围绕着这样一种信念，即心灵的正常发展都经历了一系列进化阶段。

霍尔经常被称为发生心理学家（a genetic psychologist），因为他关心的是人与动物的发展及其相关的适应问题。在克拉克大学，霍尔对发生心理学的兴趣使他走向儿童心理研究，这是他的心理学的核心。1893 年在芝加哥世界博览会的演讲中，他指出："迄今为止，我们一直去欧洲寻找心理学；现在，让我们把儿童放在注意的中心，以便建立美国自己的心理学。（引自 Siegel & White，1982，p.253）"霍尔倾向于把他的心理学应用到真实世界中的儿童身上。他以前的一个学生在回忆他时十分恰当地描述道："似乎儿童成为了霍尔的实验室"（Averill，1990，p.127）。

在他的研究中，霍尔广泛使用了问卷调查法。这一方法是他在德国学到的。克拉克大学儿童研究的历史证明，霍尔和他的学生设计和实施了 194 种问卷，覆盖了许多问题（White，1990）。在美国，这一方法一度与霍尔的名字联系在一起，尽管这一技术实际上是很早以前由高尔顿发明的。

儿童的早期研究激起了公众极大的热情，导致儿童研究运动的形成。然而，几年之后这一运动就消失了，因为研究质量存在着问题。被试的样本不充分，问卷设计不规范，数据搜集者没有受过严格训练，数据分析不正确，以至于这些努力被看作"极为糟糕的心理学，不精确、不一致和误导性的"（引自 Berliner，1993，p.54）。尽管这些批评是正确的，但是儿童研究运动推动了对儿童的实证研究，确定了心理发展的概念。

霍尔最重要的著作是两卷本、1300 多页的《青春期——心理学及其与生理学、人类学、社会学、性、犯罪、宗教和教育的关系》（*Adolescence: Its Psychology, and Its Relations to Physiology, Anthropology, Sociology, Sex, Crime, Religion, and Education*, 1904）。这一百科全书式的著作全面论述了霍尔的心理发展的**复演论**。霍尔认为，本质上讲，儿童个人的发展重复了人类种族的生活史，即从婴儿和儿童时期的近乎野蛮状态到成年时代的理性的文明人状态。

> **复演论**（recapitulation theory）：霍尔的学说。霍尔认为儿童的心理发展重复了人类种族的历史。

《青春期》这本书激起了巨大争论，因为心理学家认为这本书过度和过于热情地关注了性的问题。霍尔被指责为具有色情的兴趣。在一篇书评中，心理学家桑代克（E. L. Thorndike）写道："这本书以一种在英语科学中史无前例的方式讨论了源于性的正常和病态的行动和情感。"在给同事的一封信中，桑代克的批评更为严厉，他指出，霍尔的书"充满着错误、手淫……他简直疯了"（引自 Ross, 1972, p.385）。霍尔计划在克拉克大学就性的问题发表一系列演讲。即使他不允许妇女参加，他的这一行为也被看作丑闻。最终，他的演讲没有举行，因为"有太多校外的人涌入，甚至在门外偷听"（Koelsch, 1970, p.119）。安吉尔在给铁钦纳的信中写道："难道没有什么其他的东西可以转移他对性的好奇吗？在我看来，从道德上讲，这是不良行为；从学术上讲，不需要对此如此地滔滔不绝"（引自 Boakes, 1984, p.163）。实际上，霍尔的心理学同事不需要如此焦虑，多产和能量充沛的他很快就将注意转到了其他兴趣上。

随着年龄的增长，霍尔自然开始对人生较晚的发展阶段产生好奇。78岁的时候，他出版了《衰老》（*Senescence*）一书。这本书第一次对老年心理问题进行了大规模的探讨。在他生命的最后几年中，霍尔写了两本自传，一本是《一个心理学家的再造》（*Recreations of a Psychologist*, 1920），另一本是《一位心理学家的生活和自白》（*The Life and Confessions of a Psychologist*, 1923）。

评论

曾经有一次，一位主持人在听众面前介绍霍尔是心理学界的达尔文。霍尔显然对此很高兴。这反映了他在整个工作中展现的那种雄心和态度。在另一个场合，他被介绍为"儿童研究方面最高的权威"，据说霍尔也认为这个赞扬是恰当的（Koelsch, 1987, p.58）。在他的第二本自传中，他写道："我的全部积极的意识生活是由一系列爱好和狂热构成的，有些强，有些弱；有些持续很久……其他的则昙花一现。（Hall, 1923, p.367-368）"这是一段中肯的评价。霍尔是勇敢、多才多艺和富有雄心的，他经常与同事产生分歧，但是他从来不会消沉。

机能主义的建立

与机能主义建立有联系的学者并没有创建一个新思想学派的野心。他们反对冯特版本的心理学和铁钦纳构造主义的局限和限制，但是他们并不想以另外一种"主义"取代它们。之所以如此，不是由于意识形态的原因，而是个人的原因。机能主义心理学的主要倡导者没有一个声称自己具有建立类似于冯特和铁钦纳那样一种体系的雄心。最终，机能主义的确具有了作为一个学派应该具有的许多特征，但是这并不是机能主义领导人的目标。他们似乎满足于矫正现存的体系，而不是去积极地取代它。

因此，机能主义从来没有像铁钦纳的构造主义那样是一个严格的和有着明确界限的理论体系。构造主义心理学是唯一的，但是机能主义心理学从来就不是唯一的。几种机能主义心理学是同时存在的。但是，尽管相互之间有些不同，但是它们在研究意识的机能方面有共同的兴趣。此外，由于机能主义强调心理机能的研究，因而机能主义者对心理学的应用感兴趣，他们关注在适应不同环境的过程中，意识究竟发挥了什么作用这样一些日常生活中的问题。应用心理学在美国的飞速发展可被看作机能主义运动留下的最重要遗产（参见第八章）。

令人不可思议的是，机能主义抗议运动的形成是由构造主义心理学的建立者铁钦纳推动的。当铁钦纳在"构造主义心理学的公设"一文中，把"构造的"和"机能的"两个词对立起来时，他间接地成为了机能心理学的建立者。这篇文章发表在1898年的《哲学评论》(*Philosophical Review*)上。在这篇文章中，铁钦纳指出了"构造的"心理学与"机能的"心理学的不同，认为构造主义是唯一适当的心理学形式。

通过确立机能主义作为他的对立面，铁钦纳无意识地给了机能主义身份和地位。如果不是铁钦纳，或许机能主义不能达到它今天的身份和地位。"被铁钦纳攻击的那个事物事实上本来没有一个名字，是铁钦纳给了它一个名称。因此，是铁钦纳推动了这场运动，在把机能主义这个术语引入心理学方面，铁钦纳的功劳比任何一个人都大。（Harrison, 1963, p.395）"

芝加哥学派

机能心理学的建立并不全是铁钦纳的功劳，但是有一点是肯定的，那就是被称之为机能心理学建立者的人至多是些不情愿的建立者。有两位心理学家在机能主义学派的建立方面做出了直接的贡献，他们是约翰·杜威和詹姆斯·罗兰德·安吉尔。1894年，他们两人来到新建立的芝加哥大学，后来，这两人都出现在著名的《时代》（*Time*）杂志的封面上。恰恰是威廉·詹姆斯后来宣称杜威和安吉尔是一个新体系的建立者。詹姆斯称这个新体系为"芝加哥学派"（参见 Backe, 2001, p.328）

约翰·杜威（1859—1952）

约翰·杜威（John Dewey）的早年生活没有什么突出的地方，直到进入美国佛蒙特大学以后，他在学术上才表现出一点希望。从大学毕业以后，他在高中教了几年书，并且自学了哲学，撰写了几篇学术文章。后来，他进入了霍普金斯大学的研究生院，1884年获得博士学位，开始在密歇根大学和明尼苏达大学从事教学工作。1886年，他出版了美国新心理学方面的第一本教科书，书名称为《心理学》（*Psychology*）。这本书非常受欢迎，直到1890年詹姆斯出版了《心理学原理》之后，才略显逊色。

在芝加哥大学，杜威工作了10年的时间。他建立了一所实验学校，进行教育方面的激进改革。这所实验学校成为进步教育运动的基石。杜威与他的妻子是备受尊重的进步主义的父母。他们的孩子对他们可以直呼其名。而且，他们还实施裸体教育，让孩子知道人体没什么害羞的。

1904年，他到了纽约哥伦比亚大学。在哥伦比亚大学，他继续从事把心理学应用于教育和哲学问题方面的工作。他的这些工作再一次显示了许多机能心理学家的实用倾向。杜威是个有才气的人。但是他并不是一个好老师，他的一个学生回忆道：他总是带着一顶绿色的贝雷帽：

他来到教室，在讲台前坐下，把他的绿色贝雷帽摆到他的

约翰·杜威

正前方，然后就以一种枯燥的声调对着贝雷帽开始讲课……如果有什么东西可以令学生昏昏欲睡，那就是他的课。但是如果你能注意这个家伙讲的内容，那么就非常有价值了。（May, 1978, p.655）

反射弧

杜威的"心理学中的反射弧概念"一文发表于《心理学评论》（1896）。这篇文章被认为是机能主义心理学的起点。一位心理学史家称这篇文章为机能主义心理学的"发令信号"（Bergmann, 1956, p.268）。这篇文章受到热烈的欢迎，以至于被推选为"在 50 卷的《心理学评论》中最有影响的文章"（Backe, 2001, p. 329）。

反射弧（reflex arc）：感觉刺激与运动反应之间的联结。

在这篇重要的文章中，杜威批判了反射弧概念上的分子主义、元素主义和还原论。这些观点都认为**反射弧**在刺激和反应之间有着明显的区别。杜威认为，行为和意识都不像冯特和铁钦纳声称的那样，可以还原为元素。因此，杜威攻击的是铁钦纳和冯特心理学方法的核心。反射弧概念的倡导者认为，行为的任何单位都结束于对刺激的反应，例如，当儿童从火苗上缩回手时，一个反射弧就结束了。杜威认为，由于儿童知觉到火苗的变化，因而火苗起到了一个不同的作用，因此，与其说是形成了一个反射弧，不如说是形成了反射的环。

最初，火苗吸引了儿童，但是感觉到火苗的效应以后，儿童被火苗吓退。这个对火苗的反应改变了儿童对刺激（火苗）的知觉。因此，知觉和运动（刺激与反应）必须被看作一个整体，而不是个别的感觉和反应的合成物。

因此，杜威认为反射性反应中的行为在意义上不能再分成基本的感觉—运动成分，正像意识不能从意义上再分析为它的基本构成成分一样。

对行为进行人为的分析与还原会使行为失去一切意义，最后留下来的只不过是存在于心理学家头脑中的抽象而已。杜威指出，不应该把行为当作人为的科学概念，而应该根据它在有机体适应环境中的意义加以研究。因此，杜威得出结论认为，心理学的适当研究对象是环境适应过程中的整个有机体。

评论

杜威的观念受到进化论的强烈影响。在生存斗争的过程中，意识和行为都对有机体发挥着作用；意识造就了适当的行为，适当的行为才使得有机体获得生存的机会。因此，机能心理学研究的是环境适应过程中的有机体。

有趣的是，杜威从来没有称他的心理学为机能主义。很明显，尽管他攻击构造主义的基本前提，但是他显然不相信能将构造和机能有效分离。声称机能主义和构造主义是两种对立形式的是安吉尔和其他心理学家。杜威对心理学的重要意义在于他对心理学家和其他学者的影响，也在于他为这个新的思想学派奠定了哲学基础。当他1904年离开芝加哥大学以后，机能主义运动的领导任务就落到了安吉尔肩上。

詹姆斯·罗兰德·安吉尔（1869—1949）

詹姆斯·罗兰德·安吉尔（James Rowland Angell）将机能主义运动塑造成一个发挥效力的思想学派。他使芝加哥大学心理学系成为那个时代最有影响的心理系科，成为机能主义心理学家的主要训练营地。

安吉尔的生平

安吉尔出生于美国佛蒙特的一个书香人家。他的祖父曾经担任罗德岛的布朗大学的校长。他的父亲是佛蒙特大学的校长，后来还担任了密歇根大学的校长。在密歇根大学师从杜威学习的同时，他也阅读了威廉·詹姆斯的《心理学原理》。他曾经说过，詹姆斯的这本书比他读过的其他任何书对他的影响都要大。后来，他到哈佛大学与詹姆斯一起工作了一年，并且于1892年在那里获得硕士学位。

然后安吉尔去了德国的哈雷大学和柏林大学继续他的研究生学习。在柏林，他听了艾宾浩斯和赫尔姆霍茨的课。他希望能到德国莱比锡去学习，但是恰好那一年冯特无法再接收更多的学生。在哈雷大学，他无法完成他的博士论文工作，因为他用德语写出的论文在语言上不够规范，只有用德

詹姆斯·罗兰德·安吉尔

语重新修改了以后才能被校方接受。如果在那里进行修改，他就没有任何经济来源。因此，他决定接受美国明尼苏达大学的任命。虽然在明尼苏达大学的工资不高，但是对于一个想要结婚的年轻人来说，有工资总比什么都没有好。他已经订婚4年了，不能再拖下去了。安吉尔从来没有获得博士学位，但是他授予了许多人博士学位。在他的职业生涯中，他还获得了23个名誉博士学位。

在明尼苏达大学工作了一年之后，他又接受了芝加哥大学的聘请，在那里工作了25年。按照家族的传统，后来他成为耶鲁大学的校长，帮助耶鲁大学建立了人际关系研究所。1906年，他被推选为第15届美国心理学协会主席。从学术岗位退下来以后，他任职于美国广播公司（NBC）的董事会。

《时代》杂志这样描述安吉尔：就像其他人所了解的那样，他是一个"爽朗的、有耐力的小男人"，是"聚会中的灵魂"。他在芝加哥大学的昵称就是"阳光的吉姆"。大家都知道，与他一起步行或开车是不明智的。因为"他有根深蒂固的习惯，总是在街头乱穿马路，红灯对他毫无意义。他开起车来也用同样不计后果的方式，以及他那不可思议的技术"（引自Dewsbury，2003，p.66–69）。

机能心理学的范围

安吉尔1904年出版了名为《心理学》（*Psychology*）的教科书，这本书表现出机能主义取向。这本书如此成功，以至于在4年中出了4版。这也体现了机能主义观点的号召力。在这本书中，安吉尔指出，意识的机能是完善有机体的适应能力。心理学的目标是研究心灵怎样帮助有机体适应环境。

1906年，安吉尔担任了美国心理学协会主席。在就职演说中，他勾画了机能主义心理学的范围。后来他的演讲发表在《心理学评论》上。前面我们曾经指出，只有同某个正在流行的观点相关联，或者与之相对抗，一个新的运动才能获得生命力和动力。安吉尔在新理论和旧理论之间画下了明确的分界线，但是他的结论是谦虚的："我正式宣布放弃任何开始一个新计划的意图；我要做的是一种对实际条件不带任何偏见的总结和概括。（Angell，1907，p.61）"

安吉尔指出，机能心理学并不是一种新的东西，从最早的时候开始，它就是心理学的一个重要部分。倒是构造主义心理学离开了心理学较古老的、真正普遍存在的机能形式。安吉尔描绘了机能主义运动的三个基本主题:

1. 同构造主义相比,机能主义心理学是心理操作的心理学,而不是心理元素的心理学。铁钦纳的元素主义方法仍然有许多追随者,因此,安吉尔与铁钦纳直接对立,推进机能主义。机能主义的任务是发现心理操作的过程是怎样进行的,它完成了什么,以及心理过程是在什么条件下产生的。
2. 机能主义心理学是意识基本工效的心理学。因此,从效用的精神来看,意识的作用是协调有机体的需要和环境要求之间的关系。有机体既有构造的因素,又有机能的因素,两者的存在使有机体适应了环境,因而可以生存下来。安吉尔指出,既然意识存在了下来,那么它必然对有机体产生了一些基本的作用。机能主义心理学需要去发现这些作用究竟是什么,这不仅是为了了解意识,也是为了了解更为特殊的心理过程,如判断和意志等。
3. 机能主义心理学是心理物理关系(心身关系)的心理学。它关注有机体与环境的整体关系。机能主义研究所有的身心机能,并且认为心身之间并没有真正的区别。它认为心身属于同一序列,两者之间可以很容易地实现相互沟通。

评论

安吉尔演说的时间恰恰是在机能主义精神普遍为人们所接受的时候。安吉尔把这种精神塑造成为一种引人注目的、积极的运动。他建立了实验室,搜集了大量数据,组织了一支富有激情的教师队伍,形成了一个热心奉献的研究生培养中心。在指导机能主义成为一个正式学派的过程中,安吉尔为机能主义心理学设定了目标,使机能主义心理学变得更富有成效。然而,他一直坚持认为,机能主义并没有真正构成一个独立的思想学派,也不应该被认为只限于芝加哥大学的那种心理学。尽管如此,机能主义心理学在美国繁荣起来,并且经常被称作"芝加哥学派",因而永久地与芝加哥大学所教授和实践的那种心理学联系在了一起。

哈维·卡尔（1873—1954）

哈维·卡尔（Harvey Carr）的大学生涯是在美国印第安那州的德普大学和科罗拉多大学度过的。他所学的专业是数学，由于他喜欢讲授心理学课程的那位教授，因此他对心理学产生了兴趣。他写道："我决定成为一个心理学家，尽管实际上我对这门学科的性质一点也不了解（Carr，1930/1961，p.71）。"科罗拉多大学没有心理学实验室，因此，卡尔转到了芝加哥大学。在芝加哥大学，他在实验心理学中所学的第一门课程是年轻的助教安吉尔讲授的。

在芝加哥大学学习的第二年，卡尔担任了实验室助理，与约翰·B. 华生一起工作。那时，华生是那里的教师，后来，华生成为行为主义学派的创始人。华生指导卡尔学习了动物心理学。

1905年获得博士学位以后，卡尔到得克萨斯州的一所高中教书，之后又到了密歇根的州立师范学院。1908年，他返回芝加哥大学，代替华生的位置。那时，华生接受了霍普金斯大学的邀请。最终，卡尔接替安吉尔成为芝加哥大学心理学系主任。在卡尔担任系主任期间（1919—1938），芝加哥大学心理学系授予了150多个人博士学位。

机能主义最后的形式

卡尔完善了安吉尔的理论观点。他的工作所代表的机能主义已经停止了对构造主义的讨伐，其本身已成为一个公认的观点。在卡尔的领导下，芝加哥大学的机能主义作为一个正式的体系达到了它的顶峰。卡尔认为，机能主义心理学就是美国心理学。

由于卡尔1925年出版的教科书《心理学》（*Psychology*）以最完善的形式介绍了机能主义，因此我们在这里考察这本书的两个主要观点是有意义的：

- 卡尔把心理学的研究对象界定为心理活动，如记忆、知觉、感情、想象、判断和意志等过程。
- 心理活动的机能在于获得经验、确定经验、保持经验和评价经验，并利用这些经验来决定行动。卡尔把心理活动出现于其中的那种特殊活动形式称为"适应的"或"调节的"行为。

在卡尔的思想观点中，我们看到了熟悉的那种倾向，即机能主义心理学对心理过程的强调，而不是对意识元素或意识内容的强调。我们也看到，对心理活动的描绘是根据它完成了什么，即在有机体适应环境的过程中，心理活动究竟起到了什么样的作用。到1925年，这些问题已经成为一种事实，不再需要为此而争论不休。此时，机能主义已经成为心理学的主流。

哥伦比亚大学的机能主义

我们曾经指出，构造主义心理学是单一的，但是机能主义心理学却不是单一的。尽管机能主义学派的建立和发展主要是在芝加哥大学，但是在哥伦比亚大学，还存在着机能主义的另外一种取向。哥伦比亚大学的机能主义以罗伯特·吴伟士为代表。此外，哥伦比亚大学也是另外两个具有机能主义倾向的心理学的学术基地。一是以詹姆斯·麦金·卡特尔为代表，他在心理测验方面的工作体现了美国机能主义精神（参见第八章）；另一个以桑代克为代表，桑代克有关动物学习的研究强化了机能主义的客观化倾向。

罗伯特·赛申斯·吴伟士（1869—1962）

在形式上，罗伯特·赛申斯·吴伟士（Robert Sessions Woodworth）并不属于安吉尔和卡尔传统下的机能主义学派。他不喜欢任何思想学派给成员施加的思想限制。然而，吴伟士所写出的东西大部分都体现了芝加哥学派的机能主义精神，而且他也为机能主义添加了一些重要观点。

吴伟士的生平

罗伯特·赛申斯·吴伟士

作为一位研究者、受学生喜爱的老师、作家和编辑，吴伟士在心理学中活跃了 60 多年的时间。从马萨诸塞州的阿姆荷斯特学院获得学士学位以后，他先是在一所高中讲授物理，然后又到了一所较小的学院讲授数学。在那段时间里，有两件事改变了他的生活。第一，他听说著名心理学家斯坦利·霍尔要来这里发表演讲；第二，他读了威廉·詹姆斯的《心理学原理》。因此，他决定成为一名心理学家。

他进入了哈佛大学学习心理学，在那里获得了硕士学位，然后又进入了哥伦比亚大学。1899 年，在卡特尔的指导下，他获得博士学位。毕业之后，吴伟士到纽约市立医院讲授生理学。在那里工作了三年之后，又到了英国与生理学家谢林顿（C. S. Sherrington）一起工作了一年。1903 年，他返回哥伦比亚大学，在那里，他一直工作到 1945 年第一次退休。他的讲课非常受学生欢迎，直到他 89 岁那年第二次退休之前，他继续为大班学生讲课。

他的一个学生，加德纳·墨菲（Gardner Murphy）回忆到，吴伟士是他所学过的心理学课程中最好的老师。就像墨菲描绘的那样，吴伟士"穿着一身松松垮垮的旧西服，脚上穿着军用皮靴走进教师"。他走到黑板前，"所讲出的话充满无与伦比的智慧，这些话被记在笔记本上，在随后的 10 年里都不会被忘记"（Murphy, 1963, p.132）。

在他的几篇文章和《动力心理学》（*Dynamic Psychology*, 1918）、《行为动力》（*Dynamics of Behavior*, 1958）两本书中，吴伟士描绘了他的心理学观点。1921 年，他撰写了《心理学》。这是一本引论性的心理学教科书，在 25 年的时间里再版了 5 次。据说，他的这本教科书的销售量超过了那个时代其他任何心理学教科书。他的《实验心理学》（*Experimental Psychology*, 1938, 1954）同样成了经典教科书。1956 年，"作为心理学知识的综合者和组织者，由于在塑造科学心理学的命运方面做出了无与伦比的贡献"，吴伟士被美国心理学基金会授予金质奖章。

动力心理学

吴伟士认为，他的心理学所采取的方法并不新颖，实际上，即使在心理学成为一门科学之前，一个好的心理学家在探讨心理学问题时，也在遵循与他的方法同样的步骤。心理学知识的获得必然开始于对刺激和反应性质的研究，也就是说，心理学研究始于客观、外部的事件。但是当心理学家解释行为时，如果仅仅考虑刺激和反应，那么他们就会错过研究中最重要的部分，即有机体本身。刺激并非一个特定反应的全部原因。有机体自身的能量水平、他现在和过去的经验，都决定着反应。

在刺激和反应之间，心理学必须考虑有机体的作用。因此，吴伟士建议，心理学的研究对象必须既包括意识，也包括行为。这一观点后来为人本主义心理学和社会学习理论所采纳。

外部刺激和有机体的外显反应是可以进行客观观察的，但是有机体内部发生的东西只有通过内省才能得知。因此，除了观察和实验方法外，吴伟士也接受内省法作为一种有用的工具。

吴伟士把**动力心理学**引入了机能主义。动力的概念是吴伟士从杜威和詹姆斯那里得来的。杜威早在 1884 年，詹姆斯在 1908 年就在心理学的问题上使用了"动力"的概念。动力心理学研究的是动机。吴伟士的心愿是建立一门他所说的"动力学（motivology）"。

尽管我们可以在吴伟士的观点和芝加哥学派的机能主义之间发现一些类似之处，但是吴伟士强调了行为背后的生理事件。他的动力心理学关注的是行为的因果关系。他的主要兴趣是发现驱动或促动人的力量。他相信心理学的目标应该是测定人们为什么有这样而不是那样的行为。

吴伟士并没有依附在一个单一的体系上，他也不想建立自己的思想学派。他的观点不是建立在反对其他体系的基础上。他从不同的取向中进行着选择，选择那些他认为适当的东西，然后再进行扩展、完善和综合，从而建立自己的理论。

动力心理学（dynamic psychology）：吴伟士的心理学体系，关心的是情感和行为中的因果因素和动机。

对机能主义的批评

构造主义者迅速地、充满义愤地对机能主义运动发起了攻击。美国的新心理学第一次分裂成两个战斗的阵营，即康奈尔大学的构造主义阵营和芝加哥大学的机能主义心理学。相互的非难、指控和反指控穿梭于两个敌对的阵营之间，每一方都充满着正义感，相信只有自己才占有真理。

铁钦纳及其追随者声称，机能主义根本就不是心理学。为什么呢？因为机能主义没有坚持构造主义的研究对象和研究方法！因此，在铁钦纳看来，任何一种心理学，只要它偏离了对意识元素的内省分析，就不是真正的心理学。当然，这一定义恰恰是机能主义所反对的。

批评者们同样指责机能主义心理学家对实践问题的兴趣，这样一来，再次唤起了长久以来存在于纯科学和应用科学之间的争论。构造主义者不屑于心理学知识在现实世界中的任何应用，而机能主义者对维持一门纯科学的心理学一点也不感兴趣，因此从来没有为自己对实践的兴趣而表示歉意。

卡尔与其他机能主义者认为，纯科学和应用科学都可以坚持同样严格的科学程序，在工厂、办公室、课堂和大学实验室中进行的研究都具有同样的效度。恰恰是方法，而不是对象决定了任一研究领域的科学价值。现在，有关纯科学和应用科学之间的争论在美国心理学中已经不像以前那么激烈了，这主要是由于应用心理学已经渗透到了每一个领域。把心理学的知识应用于解决现实生活中的问题是机能主义最重要的和最持久的贡献。

机能主义的贡献

机能主义对构造主义的强有力对抗对心理学在美国的发展产生了重要的冲击。从重构造到重机能的转变对美国心理学的发展产生了长远影响。其结果之一就是动物行为成为心理学的研究领域之一，而这一领域并非构造主义的一个部分。

机能主义扩展了心理学的范围，包容了对婴儿、儿童、有心理缺陷者的研究。机能主义心理学家用其他方法获得的数据补充了内省法,其方法包括了生理研究、心理测验、调查问卷和对行为的客观描绘。这些方法都是为构造主义者拒斥的,经过机能主义心理学家的努力,这些方法成为心理学中受人尊重的信息源。

到 1920 年冯特逝世和 1927 年铁钦纳逝世的时候,他们的心理学方法在美国已经变得不那么引人注目了。到 1930 年的时候,机能主义实际上已经获得了完全的胜利。在第八章中我们会看到,机能主义在美国心理学中留下了深刻的烙印,而这种烙印主要是通过把心理学的方法和发现应用于解决实际问题而留下的。

问题讨论

1. 根据安吉尔的观点,机能主义的三个基本主题是什么?卡尔认为什么样的研究方法适合于机能心理学?

2. 据詹姆斯的观点,个人的自我感是如何构成的?我们所穿的衣服在自我感中具有怎样的地位?

3. 比较机能主义和构造主义各自对心理学的贡献。

4. 描述霍勒里斯使用机器加工信息的方法。

5. 描述斯宾塞的社会达尔文主义。

6. 描述变异性假设及其对男性优越观念的影响。乌丽和霍林沃斯的研究怎样反驳了这些观念?

7. 描述吴伟士的动力心理学和他对内省的看法。吴伟士是否认为自己是机能主义心理学家?为什么?

8. 詹姆斯的意识观与冯特的意识观有什么不同?依据詹姆斯的观点,意识的目的是什么?

9. 对男性和女性神经衰弱的治疗方法有什么不同?

10. 霍尔的工作怎样受到了达尔文的影响?描述霍尔的复演论。

11. 在什么意义上可以说铁钦纳和杜威都对机能主义心理学的建立做出了贡献?为什么不像单一的构造主义那样,没有一个单一的机能主义?

12. 美国心理学有哪些"第一"可以归功于霍尔?人们为什么称霍尔为发生心理学家?

13. 描述神经衰弱的症状。19 世纪的哪个时期美国社会最可能感染这种疾病?

14. 詹姆斯认为什么方法适合于意识的研究?实用主义对新心理学的价值是什么?

15. 谁将达尔文关于心灵进化的观点拓展到了机械领域?描述这个人关于机器进化的观点。

16. 为什么应用心理学在机能主义,而不是在构造主义中发展起来?

17. 为什么说詹姆斯是美国最重要的心理学

家?描述他对实验室工作的态度。

18. 为什么 19 世纪中期由巴贝基发明的计算机器到 19 世纪末期时不再适用了?

19. 为什么社会达尔文主义在美国如此受欢迎?

第八章

应用心理学

FDA 的突袭，目标：可口可乐！

1909 年 10 月 20 日傍晚，美国联邦特工在田纳西州的查塔努加高速公路上叫停了一辆卡车。他们遵照最近颁布的《联邦食品和药品法案》，正在进行一个缉毒行动。他们的目标是一批 40 大桶和 20 小桶的货物，它们含有一种政府声称的"有毒和上瘾物质"。桶里的糖浆是可口可乐的原料；而致命的、令人上瘾的成分则是咖啡因。

如果被判有罪，可口可乐公司将会遇到很大的麻烦。他们不惜一切代价进行了准备，这个案子终于在 1911 年迎来了审判。随着审判日期越来越近，公司律师意识到他们没有证据可以证明饮料中咖啡因的含量不会对人类的行为或思维过程产生有害影响。他们需要聘请一位心理学家，进行一项富有说服力的研究，并期待结果会证明他们的观点。

一开始，他们询问了当时美国最著名的心理学家之一卡特尔，但卡特尔对此不感兴趣。其他一些心理学家也没有这个意向。但有一个人非常渴望接受这一挑战，他将之视为一个难得的机会。他的名字是哈里·霍林沃斯（Harry Hollingworth）。

"我接受这个工作有双重动机。"他写道："我需要钱，而且还有机会从事我的专业工作。其中不仅包括调查费用，还有令人难以拒绝的报酬。（引自 Benjamin, Rogers, & Rosenbaum, 1991, p. 43）"

当时霍林沃斯正在纽约市巴纳德学院教学，薪水刚够维持最低生活水平。他的妻子莱塔·斯泰特尔·霍林沃斯无法从事教学工作（因为她已婚），其写作的短篇故事也卖得不好。她希望去读研究生，但付不起学费。多亏了可口可乐的项目，她被任命为项目的助理主任，和丈夫一起赚了足够的钱，以支持她完成研究生课程。

FDA 的突袭，目标：可口可乐！
实用心理学的发展
美国心理学的成长
经济对应用心理学的影响
测量心理
詹姆斯·麦金·卡特尔（1860–1944）
心理测验
评论
心理测验运动
比纳、推孟与智力测验
第一次世界大战与团体测验
来自医学与工程的观念
智力上的种族差异
女性对测验运动的贡献
临床心理学运动
莱特纳·威特默（1867–1956）
威特默的生平
儿童评估诊所
评论
临床心理学职业
工业与组织心理学运动
沃尔特·迪尔·斯科特（1869—1955）
斯科特的生平
广告与人的可暗示性
选拔雇员
评价
两次世界大战的冲击
霍桑研究和组织问题
女性对工业与组织心理学的贡献
胡格·敏斯特伯格（1863—1916）
敏斯特伯格的生平
司法心理学与目击者证词

心理治疗
工业心理学
评论
美国的应用心理学：一
  种民族的狂热
评论
问题讨论

尽管是为了金钱，但哈里·霍林沃斯一直坚持着最高的道德标准。他不同意只提供公司期望的答案。可口可乐同意了他的条件。允许他发表即使是不利于公司的研究成果，反过来，公司还同意，无论他的研究结果对公司多么有利，也不会用它来做广告。

研究项目集中进行了 40 天。像在当时最好的大学装备的最好的实验室里所进行的研究一样，实验严谨而复杂，共测量了约 64000 个人。他们提供了不同剂量的咖啡因，记录了被试一系列的运动机能与心理机能，结果发现，咖啡因并无有害的影响或显著的机能下降。

可口可乐公司赢得了诉讼，尽管这一判决后来又被最高法院推翻。但这一事件对霍林沃斯乃至对整个心理学界的影响都非常大。他们证明，在没有行政命令或其他偏见的情况下，实验研究也可由一些重要的企业资助。更为持久的影响是，心理学家可以在不违背职业诚信的情况下，在应用心理学领域获得颇为丰厚的经济收益。

实用心理学的发展

到 19 世纪末期时，进化思想及其由此产生的机能主义心理学迅速在美国扎根。我们已经看到，美国心理学更多地受到达尔文和高尔顿（而非冯特）思想的影响。这看起来有点奇怪，甚至有些荒谬。因为第一代美国心理学家大都接受了冯特式的心理学训练。但他们极少把冯特的思想观点带回美国。冯特的这些弟子，即这些新心理学家回国以后，着手建立的心理学与冯特所教给他们的东西几乎没有任何相似之处。因此，就像一个生物物种那样，这门新科学正在改变自身，适应着新的环境。

冯特的心理学和铁钦纳的构造主义不能以它原来的形式在美国的思想氛围中生存下来，它必须适应美国的时代精神，因此，它进化为机能主义。冯特和铁钦纳的心理学不是一种实用心理学，他们不研究使用中的心灵，因此不能解决日常生活中的问题，不能满足日常生活的需要。而美国文化趋向的是实用，人们看重的是那些能发挥作用的东西。美国应用心理学的先驱斯坦利·霍尔写道："我们需要的是一种有用的心理学，冯特式的思维决不会适应这里的环境，它们与美国的精神和气质是相抵触的。(Hall, 1912, p.414)"

新的美国心理学家以一种好胜的美国方式改革了德国种系的心理学。他们不是研究心灵是什么，而是研究心灵做什么。当詹姆斯、安吉尔和卡尔等美国心理学家在学术实验室中建立机能主义时，其他心理学家开始把心理学应用于大学以外的情境。这一面向实用心理学的运动与机能主义作为一个独立思想学派的建立发生在同一时间。

应用心理学家把心理学带入了现实世界，带到了学校、工厂、广告公司、法庭、儿童指导诊所、心理健康中心等多种场合。这一过程就像机能主义的学术建立者那样，彻底改变了美国心理学的性质。那一时期的职业文献就反映了这种影响。大约在1900年的时候，发表在美国心理学刊物上的25%的研究论文涉及应用心理学，不到3%的论文使用的是内省法（O'Donnell, 1985）。冯特和铁钦纳的心理学，就其本身来说新近还被称作"新"心理学，但是很快就被更新的心理学所取代。甚至铁钦纳这位伟大的构造主义心理学家也察觉出了这股横扫美国心理学的变化。1910年，他写道："如果请某个人用一句话概括在过去10年中美国心理学的趋势，那么这个人的回答会是这样的：心理学正在坚定地向着应用方向发展。（引自Evans, 1992, p.74）"

美国心理学的成长

在美国，心理学不断地成长和繁荣，1880—1900年，美国心理学的飞速发展是科学史上引人注目的事件。

- 1880年，美国没有心理学的实验室；到1900年，已经有了41个实验室，而且在装备上比德国的实验室更好。
- 1880年，美国心理学没有自己的杂志；到1895年，有了3个心理学杂志。
- 1880年，美国人不得不到德国学习心理学；到1900年，大部分美国人选择在国内读心理学研究生。
- 1882—1904年，美国心理学界有100多人获得博士学位，除化学、动物学和物理学外，这是获博士人数最多的学科。
- 1910年，在心理学刊物上发表的论文中，超过50%使用的是德语，英语论文仅占30%；到1933年，所发表的论文中52%使用的是英语，德语论文仅占14%（Wertheimer & King, 1994）。到20世纪末，英语已经成为国际会议和出版的文献中占支配地位的语言。美国心理学协会的《心理学摘要》（*Psychological Abstracts*）杂志不再收录非英语的文献（Draguns, 2001）。

- 英国1913年出版的《科学名人》（*Who's Who in Science*）指出，在心理学方面，美国占据优势地位。在世界上主要的心理学家中，美国占了84位，比德国、英国、法国的总和还要多。

心理学在欧洲开始以后的短短20年，美国心理学就成为这一领域无可争议的领头羊。在1895年美国心理学协会主席的就职演说中，卡特尔报告说：

> 在过去的5年里，美国心理学的学术成长几乎是史无前例的……在本科课程中，心理学是一门必修课……在大学的课程中，在吸引学生的数量和出版的学术著作方面，心理学都可以与其他主要学科进行竞争。（Cattell, 1896, p.134）

随着越来越多的学生被吸引到心理学中，心理学实验室的数量也开始飞速增长。1900年的时候，美国的41所心理学实验室代表了世界上主要的心理学实验室，而欧洲国家的心理学实验室总数不超过10个（Benjamin, 2000a）。因此，在课堂、实验室和现实世界中，美国心理学正在稳步发展。

> 公众对这门羽翼未丰的学科迅即表现出狂热的兴趣。学生们开始大量涌入本科和研究生课堂，大众杂志刊出专栏文章，介绍这门学科充满希望的新发现……期待它在教育、工业和医学等领域的实践应用。（Fuller, 2006, p. 221）

在1893年的芝加哥世界博览会上，心理学第一次出现在翘首以盼的美国公众面前。美国心理学家组织了一个研究设备和实验室测验的展示会，在这个展示会中，参观者只要付一点点费用就可以测量他们的感觉能力。人们高兴地看到：

> 报刊杂志报道了这次展示会，热情地赞美着心理学实验室，

其中陈列大量从未集体在美国展出的仪器和器械,堪称本届世博会之最,也是本次博览会最大的教育上的贡献。心理学第一次在这种国际展会上进行官方展示,这说明这一学科终于获得了大众的认可(Shore, 2001, p. 72, 83)。

1904年,在密苏里州的圣路易丝市举行的一个更大规模的贸易展会上,更多的心理学设备展示给了公众。这次活动还邀请了那个时代的一些主要心理学家,如铁钦纳、摩根、皮亚杰、霍尔、华生等。这些心理学家如明星一样吸引着观众。心理学的这些展示活动是不可能得到冯特支持的,当然也不可能在德国举行。心理学的大众化反映了美国人的气质,它有力地促进了冯特式的心理学转变成机能主义心理学,使心理学远远超出了实验室的范畴。

因此,美国人以极大的热情接纳了心理学,并迅速地欢迎心理学进入大学课堂和日常生活中。今天,这一领域远远超出了它的建立者所能想象的范围,甚至也超出了他们的理想。一位当代的评论者写道:"心理学研究已经被美国所统治",即使美国的人口只有全世界人口的5%,美国心理学家的贡献也比其他所有国家加起来所做的工作还要多(Arnett, 2008, p. 602)。

经济对应用心理学的影响

尽管美国的时代精神,即那一时代的精神和思想氛围孕育了应用心理学,但是其他实用性的背景力量也起到了不可忽视的作用。在第一章中,我们曾经讨论了在美国心理学从纯科学研究到应用研究的发展过程中,经济因素所发挥的作用。在19世纪末期,在心理学实验室的数量不断增加的同时,心理学中获得博士学位的美国人的数量也在不断增加,甚至增加得更快。这些新的博士学位获得者,特别是那些没有独立收入来源的人,不得不在大学以外,寻找着新的收入来源,否则就无法生存,就像哈里·霍林沃斯为可口可乐工作一样。

霍林沃斯为许多公司进行过应用心理学研究。例如,他曾为军火制造商及箭牌口香糖选择最有效的广告策略。他认为口香糖使紧张的肌肉放松,能帮助人们减压(Hollingworth, 1939)。他曾告诉朋友,他"从未认为他的研究属于应用心理学领域，他将其作为发现某些事实与关系的本质的努力"（参见 Poffenberger，1957，p. 139）。

在这一方面，霍林沃斯并不是唯一的一个。应用心理学的其他一些先驱人物进入这一领域也是出于经济的需要。这当然并不意味着他们在实用性的工作中没有遇到挑战和刺激。他们也热爱实用性的工作，认为对人的行为和认知活动的研究在学术实验室和现实世界中都可以有效进行。同样，某些心理学家选择在应用领域里工作完全是出于发自内心的愿望，但是美国第一代应用心理学家中的许多人的确是为了避免生活的窘迫而被迫放弃纯学术实验研究的梦想的。

那些在美国中西部和西部地区获得资助较少的大学中教书的心理学家面临的情况更加糟糕。1910 年时，1/3 的美国心理学家处在这样的位置上。随着心理学家数量的增加，从事实用性工作的压力也越来越大。心理学家必须向学校的行政领导和所在州的立法者证明，心理学具有某些经济上的价值。

1912 年，鲁克米克（C. A. Ruckmick）调查了美国心理学家，得出结论认为，尽管学生们喜爱心理学课程，但是心理学在大学和学院中受重视的程度不高。心理学课程得到的资金支持偏低，实验室设备贫乏，而且看起来几乎没有改善的希望。似乎改善心理学系财政状况和增加员工工资的唯一方式就是向校领导和政客证明心理科学可以帮助社会治愈"疾病"。

霍尔劝说中西部的同事们，要把心理学的影响推向"大学以外的地方，免得那些不负责任和感情用事的人和政党在立法委员会上批评心理学"。卡特尔敦促同事，"从事实践应用，建立一种应用心理学的职业"（引自 O'Donnell，1985，p.215，221）。

解决问题的方法很明显：通过应用，使心理学变得更有价值。但是把心理学应用到何处呢？幸运的是，人们很快找到了答案。美国公立学校的入学率正在急速增加，在 1870—1915 年，入学人数从 700 万人增长到 2000 万人。政府花在公立教育上的经费从 6300 万美元增加到 6 亿 500 万美元（Siegel & White，1982）。教育成为一个庞大的事业，这引起了心理学家的注意。

霍尔声称，"心理学的一个主要和直接的应用领域是教育"（引自 Leary，1987，p.323）。威廉·詹姆斯并不是一个应用心理学家，但是他也写了一本书，书名为《给教师的谈话》，内容是有关心理学在课堂中的运用的（James，1899）。到 1910 年的时候，超过 1/3 的美国心理学家表达了把心理学运用在教育方面的兴趣。而在那些称自己为应用心理学家的人当中,有 3/4 的人已经在这一领域工作了。心理学在现实世界中找到了自己的位置。

在这一章中,我们将讨论 4 位应用心理学家的生涯和贡献。他们把心理学这门新科学应用于工业、测验、犯罪和司法系统,以及心理健康诊所。这些心理学家在德国莱比锡接受过冯特的训练,本来可以成为一位学术心理学家,但是当他们开始了在美国大学的职业生涯以后,他们都偏离了冯特的教诲。他们提供了一些明显的例证,证明美国心理学更多地受到达尔文和高尔顿的影响,而不是受到冯特的影响。这些事例也证明,冯特的心理学移植到美国的土壤之中后,被彻底地改造了。

测量心理

卡特尔的生活和工作同样很好地体现了美国机能主义的精神。在心理过程的研究方面,卡特尔倡导了一种实用的、测验取向的方法。卡特尔的心理学关心的是人的能力,而不是意识的内容,因此,在这一方面,他更接近于机能主义者。

詹姆斯·麦金·卡特尔(1860—1944)

詹姆斯·麦金·卡特尔(James Mckeen Cattell)出生于宾夕法尼亚州的伊斯顿。1880 年,他在拉法耶特学院获得学士学位。他的父亲是这所学院的院长。根据当时的习惯,他去欧洲读了研究生,先是到了哥廷根大学,然后又去了莱比锡,到了冯特那里。

他的一篇哲学方面的论文赢得了霍普金斯大学的注意。1882 年,他成为那里的研究员。这时候,他的主要兴趣还在哲学。他在霍普金斯大学的第一个学期时,还没有开设心理学课程。卡特尔对心理学产生兴趣是由于他自己的一个药品实验。他尝试了各种物质,发现这些结果既具有个人的意义,又具有职业的意义。某些药品令他感到极度兴奋,因而缓解了他的压抑。在一本杂志上,他发表了药品对他的认知功能影响的研究。

詹姆斯·麦金·卡特尔

后来，卡特尔写道："我感觉自己正在做出科学和哲学方面的杰出发现。我唯一的担心是，早晨醒来以后，我能否记得它们。阅读变得十分枯燥，我强迫自己长时间地阅读，但是却一直心不在焉，我要花费很长的时间才能写下一个单词。这令我感到十分困惑。（引自 Sokal，1981，p.51，52）"然而，卡特尔还没有困惑到不能发现各种药物的心理学意义。他观察着自己的行为和心理状态，并且对自己的研究越来越痴迷。"我似乎是两个人，其中的一个对另一个进行着观察，甚至对另一个进行着实验"（引自 Sokal，1987，p.25）。

卡特尔在霍普金斯大学的第二个学期时，斯坦利·霍尔开始在那里讲授心理学课程。卡特尔跟着霍尔学习了实验课程。他选择的实验是反应时实验，这一实验测量的是不同心理活动之间的时间差异。这一实验工作的结果强化了他成为心理学家的愿望。

1883年，卡特尔返回冯特的莱比锡实验室。有关这一事件，心理学史上有一个传说。这个传说也是另外一个有关历史数据被扭曲的事例。卡特尔声称，他出现在莱比锡的心理学实验室，大胆地向冯特宣称："尊敬的教授，你需要一个助手，而我就是你需要的那个人。（Cattell，1928，p.545）"卡特尔清楚地告诉冯特，他将选择他自己的研究课题，这就是个体差异。个体差异是冯特的心理学不太关注的一个问题。据说冯特评价卡特尔和他的研究计划是"典型的美国风格"。对个体差异的兴趣是关注进化论观点的一个自然结果。这一直是美国心理学的特征，而不是德国心理学的特征。

同样，人们认为卡特尔给了冯特一台打字机，这是冯特的第一台打字机。冯特的大部分著作都是用这台打字机写出的。由于这一礼物，卡特尔的同事嘲弄卡特尔，说他"对冯特造成了严重的伤害……因为它使得冯特写出的著作比原来可能写出的多了两倍"（Cattell，1928，p.545）。

对于卡特尔的信件和杂志的档案研究揭示出，这些故事和传说可能并不是真实的（参见 Sokal，1981）。那些信件和杂志文章并没有支持卡特尔在事件发生多年以后所作的叙述。实际情况是，冯特非常看重卡特尔，1886年任命他为实验室助理。没有任何证据表明在那个时候卡特尔想研究个体差异问题。卡特尔告诉冯特怎样使用打字机，但是并没有送给冯特打字机。

作为冯特的学生，卡特尔从来不缺乏自信。他在写给父母的一封信中说道："我猜你们不会认为我是傲慢的，我认为我比冯特更了解反应时……我非常确信我所做出的努力的价值，比冯特及其学生所做工作的价值加起来还要大……冯特教授似乎也很喜欢我，欣赏我非凡的天才。（引自

Benjamin, 2006a, p. 64, 65)"

1886年获得博士学位以后，卡特尔返回美国宾夕法尼亚州大学讲授心理学。他也到过英国剑桥大学进行演讲，在那里，他遇到了高尔顿。他们两人对个体差异有同样的兴趣。那时，高尔顿的声名如日中天。他"给卡特尔指出了一个科学目标，那就是对人与人之间心理差异的测量"（Sokal, 1987, p.27）。

卡特尔羡慕高尔顿兴趣的广泛性和他对统计与测量的重视。在高尔顿的影响之下，卡特尔成为强调数量化、等级法、评估方法的第一批美国心理学家之一，虽然卡特尔个人的数学非常的糟糕，在加减法上也会犯简单的错误（Sokal, 1987, p.37）。卡特尔发明了被广泛使用的等级评定法（order-of-merit ranking method，在这一章的后面会加以描述）。他也是第一位讲授实验结果统计分析的心理学家。

冯特并不喜欢统计技术，因此卡特尔重视统计技术显然是受了高尔顿的影响。后来，重视这一方法成为新的美国心理学的一个典型特征。这一方法也解释了为什么美国心理学家关注大样本的研究，因为只有使用大样本，才能进行统计比较，而不是像冯特那样仅仅关注个体被试。

19世纪末时，高尔顿、艾宾浩斯、霍尔和桑代克也经常使用数据的图示显示法。相关系数计算公式的发明人，英国统计学家卡尔·皮尔逊（Karl Pearson）1900年发明了卡方检验。这两种统计技术在美国都比在英国得到了更加广泛的应用。1907年，斯坦福大学的心理学家约翰·埃德加·科弗（John Edgar Cover）第一个倡导使用实验组和控制组（Dehue, 2000; Smith, Best, Cylke, & Stubbs, 2000）。

除了统计学之外，卡特尔同样对高尔顿的优生学表示了兴趣。他认为应该对罪犯和"有缺陷"的人实施绝育手术，并认为如果健康和聪明的人相互通婚的话，应该受到鼓励。他许诺他的七个孩子，如果谁与大学教授的孩子结婚的话，可以得到1000美元的奖励（Sokal, 1971）。

1888年，卡特尔被宾夕法尼亚州大学任命为心理学教授。这项任命是他父亲安排的。当得知哲学系的系主任准备提拔到学校任职以后，他的父亲找到学校主管，也是他的一个老朋友，进行游说，为他的儿子争取这个教授的岗位。他父亲同时敦促卡特尔发表更多的文章，以便提高职业声望。卡特尔甚至到了德国冯特那里，得到冯特的推荐信。他的父亲告诉学校主管，由于家庭比较富裕，工资并不重要。因此，卡特尔得到了这项任命，但是薪水非常低（O'Donnell, 1985）。后来，卡特尔声称，这是世界上第一个心理学教授岗位，但实际上这项任命是哲学的，而不是心理学的。卡特尔在宾夕法尼亚州大学仅仅工作了3年的时间，然后他就去了哥伦比亚大学。在那里，他担任了心理学教授和心理学系主任，并在那里工作了26年。

由于对霍尔创办的《美国心理学杂志》不满，1894年他与马克·鲍德温（Mark Baldwin）一起创办了《心理学评论》（*Psychological Review*）。后来，他从贝尔（A. G. Bell）那里接手了《科学》（*Science*）周刊。这个杂志由于经费问题正准备停刊。5年以后，这份杂志就成为了美国科学促进会的官方杂志。1906年，卡特尔编纂了一系列大型参考书，包括《美国科学家》（*American Men of Science*）、《教育领导人》（*Leaders in Education*）等。1900年，他购买了《通俗科学月刊》（*Popular Science Monthly*），1915年，他卖掉了刊物的名称，改名《科学月刊》（*Scientific Monthly*）后继续出版。1915年，他还创办了另一个周刊，即《学校与社会》（*School and Society*）。尽管卡特尔创刊并出售了这些刊物，但他的妻子约瑟芬一直为这些期刊做着幕后的"管理编辑"（Sokal, 2009, p. 99）。

卡特尔在哥伦比亚大学任职期间，在这里获得心理学方面博士学位的人比美国其他任何一所学校都要多。卡特尔倡导独立工作，给他的学生以充分的自由去选择他们自己的研究。他认为作为一名教授应该与学校事务保持一定距离，因此，他把家安排在距学校65公里远的地方。他在家中建了一个实验室和一个编辑部，每周只有几天到学校去处理各种事务。

这种对学校事务的冷淡是他与学校行政领导关系紧张的原因之一。他主张教师参与决策，认为应该是学校的教师而不是行政人员对学校的管理进行决策。为了实现这个目标，他同其他人合作建立了美国大学教授协会。很明显，他没有处理好与哥伦比亚大学校领导的关系，因而被那些人描述为"难以交往的、粗鲁的、无可救药和缺乏礼貌的"（Gruber, 1972, p.300）。

卡特尔的传记者写到，他"经常表现出自以为是的自大，这使他期望别人听从他的观点，他对他不能成为中心的群体感到不耐烦"。他也被看作难以相处、令人不愉快和喜欢讽刺的人（Sokal, 2009, p. 90）。

1910—1917年，哥伦比亚大学的董事会曾三次考虑迫使卡特尔退休。第一次世界大战爆发以后，卡特尔写信给美国国会议员，抗议美国派兵参战，这种观点在当时是很不得人心的。因此，校方以对国家不忠的名义开除了卡特尔。他控告校方诽谤，尽管他得到了40000美元（在当时这是很大的一笔钱）的年薪，但是职位却没有恢复。

此后，卡特尔远离他的同事，写了一些讽刺校方的小册子，变得愤世嫉俗，对别人冷嘲热讽，因而树敌很多。他再也没有回到以前的学术生活。他把大部分精力都放在他的刊物出版上，并参加美国科学促进会和其他一些学会的活动。这些活动提高了心理学的地位，使得这门新科学在科学社团中站稳了脚跟。

1921 年，卡特尔实现了他的雄心之一，即推进应用心理学成为一种商业。他组建了心理学公司，由美国心理学协会的成员购买该公司的股票。这个公司的宗旨是为工业、心理学群体和公众提供心理学服务。最初，这个公司的经营是失败的。在前两年中，公司仅仅得到了 51 美元的利润。在卡特尔主持该公司期间，经营状况一直都没有得到改善。然而，到 1969 年，该公司销售额已经达到 500 万美元，出版商哈考特·布莱斯（Harcourt Brace）买下了该公司。10 年之后，该公司报告说销售额已经达到 3000 万美元。

心理测验

在 1890 年发表的一篇文章中，卡特尔使用了"心理测验"这个术语。在宾夕法尼亚大学期间，他给学生进行了一系列这样的测验。卡特尔写道："除非建立在实验和测量的基础上，否则心理学就无法达到物理科学那样的精确性和确定性。朝向这一方向发展的步骤之一是把一系列心理测验和测量应用于大量的个体。（Cattell，1890，p.373）"这正是卡特尔想要做的事情。在哥伦比亚大学，他持续不断地实施着他的测验计划，从几个新生班级搜集数据。

在尝试测量能力的范围和差异的过程中，卡特尔所使用的测验方法与后来心理学家使用的智力和认知能力测验是不同的。后来的智力测验要求被试在心理能力方面完成更为复杂的任务。像高尔顿那样，卡特尔的测验主要是对基本的感觉运动能力的测量，包括握力、运动速度、皮肤两点阈限、前额耐痛力、重量的最小可觉差、对声音的反应时、色彩命名反应时，等等。

到 1901 年的时候，卡特尔已经采集了足够的数据，因而可以进行测验分数和学生学业成绩之间的相关统计分析。但是，就像各个测验之间的相互关系那样，测验分数与学业之间的相关程度异常低。由于在铁钦纳的实验室中，所得到的结论与这个结论类似，因此卡特尔得出结论认为，在预测大学生的学业成就，或者说在预测学术能力方面，这种类型的测验是无效的。

评论

卡特尔对美国心理学的最重要影响主要是通过他作为心理科学和实践的组织者、执行者和行政管理者而发挥作用的。他在心理学和其他科学社团之间建立了牢固的联系,充当了心理学的"大使",发表文章,编辑杂志,促进了这一领域的实践应用。

以高尔顿的工作为基础,卡特尔使用等级评定方法研究了科学能力的性质和起源。根据对每个刺激项目的一系列判断的平均数,安排刺激项目的最后等级。这种方法被应用于评定美国科学家的知名度。即由每一个科学领域中有成就的人评定这一领域中的杰出的同事,把这些人依次定出等级。《美国科学家》就是应用这种方法的结果。在这本杂志中,同样也包含女性科学家。在1910年的《美国科学家》中,有19位女性心理学家,大约占所列举的心理学家的10%。

卡特尔也通过培养的学生对心理学的发展做出了贡献。我们曾经指出,在哥伦比亚大学期间,他培养的心理学研究生比美国其他任何大学都要多。其中有几位,包括罗伯特·吴伟士和桑代克后来都成为这一领域的名人。通过他对心理测验、个体差异的测量和对应用的推进,卡特尔有力地强化了美国心理学的机能主义运动。当卡特尔逝世的时候,心理学史家波林(E. G. Boring)在给卡特尔的孩子的信中写道:"在我看来,你的父亲比威廉·詹姆斯对美国心理学的贡献还要大,因为他使得美国心理学有了自己的特色,使它不同于德国心理学,而美国心理学原来是从德国心理学中产生的。(引自 Bjork,1983,p.105)"

心理测验运动

比纳、推孟与智力测验

尽管卡特尔创造了"心理测验"这个术语,但是第一个真正的心理能力测验却是由阿尔弗雷德·比纳(Alfred Binet,1857—1911)发明的。比纳出生在一个富裕的家庭，是一位自学成才的法国心理学家。他写过的文章和著作有 200 多种，并且创作了 4 部话剧。这些话剧都曾在巴黎剧院公演。通过使用比卡特尔更为复杂的测量方法，比纳为人类认知能力的测量提供了一种有效方法，标志着现代智力测验运动的开始。比纳虽然因为在智力测验方面的工作而著称，但是他在发展、实验、教育和社会心理学领域也同样进行了大量研究。

比纳不同意高尔顿和卡特尔的方法，因为他们用感觉运动过程来测量智力。比纳相信，对记忆、注意、想象和理解等认知机能的评价可以更为有效地测量智力。他的这一结论是通过对两个女儿的研究得出的。最初，他使用了高尔顿和卡特尔同样的感觉运动测量方法，但是他发现在这些方面，他的孩子与成人没有太大的差别。因此，他转向对认知能力的测量。对于这类任务，他的确发现了他的女儿与成人被试之间存在的显著差异。

1904 年，由于实践的需要，比纳得到了一个证明他的观点的机会。法国公众教育部任命了一个委员会，研究那些在学校中学习困难儿童的能力问题。比纳和西蒙（Théodore Simon，是一位精神病学家）也是这个委员会的成员。他们两人一起研究了不同年龄阶段的大多数儿童能完成的智力工作。从这些特定年龄阶段大多数儿童能完成的智力工作中，他们设计了一个智力测验。这个智力测验由 30 个问题组成，按照难度由浅而深安排。这一测验重在考察三种认知机能，即判断、理解和推理。

阿尔弗雷德·比纳

3 年以后，他们修改并扩充了这个测验，并引入了**心理年龄**的概念，指的是中等能力儿童可以完成某项特殊任务的年龄。例如，如果一个 4 岁的儿童能通过 5 岁儿童应该通过的所有测验条目，那么这个 4 岁儿童的心理年龄就是 5 岁。

心理年龄（mental age）：一般能力的儿童可以完成某种任务的年龄。

1911 年，这个测验进行了第三次修订。但是比纳逝世以后，智力测验的重心转到了美国。比纳的工作在美国比在法国更受欢迎。直到 1940 年之后，大规模的智力测验才在法国被人们广泛接受。

1908 年，美国心理学家亨利·戈达德（Henry Goddard，1866—1957）把比纳的智力测验翻译和引入了美国。戈达德是霍尔的学生，他在新泽西州的一所私人学校里教智力落后的儿童。戈达德称比纳的这个智力测验为"比纳-西蒙智力测量量表"。在他有关智力测验的论文中，他同样引入了"轻度低能（moron）"这个词，这个词是从希腊语借用的，意思是"迟钝（slow）"。

1916 年，霍尔的一个学生，刘易斯·推孟（Lewis M. Terman）推出了

智商（intelligence quotient，简称 IQ）：一个用来表示智力水平的数字，计算公式为：（心理年龄/实际年龄）×100

刘易斯·推孟

一种测验。这一测验现在已经成为标准的智力测验。推孟称这个测验为斯坦福－比纳智力测验。推孟是斯坦福大学的老师。在他推出的这个智力测验中，他使用了"**智商**"的概念。智商指的是心理年龄与实际年龄的比率，德国心理学家威廉·斯特恩最早进行了智商的计算工作。推孟的斯坦福－比纳智力量表经历了多次修订，现在仍在被广泛使用。

第一次世界大战与团体测验

1917年美国加入第一次世界大战的那一天，铁钦纳的实验心理学家协会的一次会议在哈佛大学举行。当时的美国心理学协会主席罗伯特·耶基斯（Robert Yerkes）敦促这个协会考虑怎样帮助美国赢得这场战争。铁钦纳拒绝参与，因为他认为自己是一个英国公民。铁钦纳拿起自己的椅子，退出了会场，不愿意卷入关于战争的讨论。实际上，铁钦纳对此缺乏热情的可能原因是，他不喜欢把心理学应用于实践问题。因为他担心心理学会"为了技术而出卖科学"（O'Donnell，1979，p.289）。

随着美国军队的总动员，军事领导人面临着评估大量新兵智力水平的问题，以便对这些新兵进行分类，分配给他们合适的任务。斯坦福－比纳智力测验是个体的智力测验。主试必须受过严格培训才能正确实施这一测验。很明显，在短时间内需要测量这么多人，这个测验是无法胜任的。因此，军队需要的是团体测验，需要测验简单易行。

在一个军事委员会的带领下，耶基斯召集了40位心理学家，准备设计一个团体的智力测验。他们审查了送来的一些测验，认为没有一个可以广泛使用。最后，他们选择了阿瑟·奥蒂斯（Arthur S. Otis）准备的一个测验作为他们工作的基础。奥蒂斯曾经是推孟的学生，他对测验最重要的贡献是多重选择问卷。在耶基斯的带领下，这些心理学家编制了"军队 α"和"军队 β"测验。军队 β 测验是为不懂英语的人和文盲准备的，它不使用口头指示语，而是使用图示或动作表情进行说明。

这一计划进行得非常缓慢，直到战争结束的前三个月，才下达了对新兵实施测验的正式命令。最终，有一百万人接受了测验，但是那个时候军队已经不再需要测验的结果了。然而，尽管这一计划对于战争的努力没有产生任何直接的影响，但是它对心理学的影响是巨大的。它提高了心理学的知名度，有助于心理学地位的提高，而且这一军队测验成为后来许多测验的原型。

心理学家为战争所做的工作同样激起了人们把团体测验应用于人格特征测量的兴趣。以往，仅仅有少数人尝试过评估人格。19 世纪末期，冯特的一个学生，德国精神病学家埃米尔·克里佩林（Emil Kraepelin）曾经使用了他称之为"自由联想测验"的方法评估人格。这个方法要求病人使用所想到的第一个词对刺激词做出反应（高尔顿发明的技术）。1910 年，卡尔·荣格（Carl Jung）设计了一个类似的方法。他使用字词联想测验测定病人的人格情结（参见第十四章）。这两种方法都是个体的人格测验。当军方对筛选新兵中的神经症患者表现出兴趣时，吴伟士编制了一个个人数据表（Personal Data Sheet），表中列举了神经症的症状，要求填写表格的人指出哪些症状与自己相符。像军队 α 和军队 β 测验一样，个人数据表也为团体测验的进一步发展提供了一种原型。

在战争中，心理测验赢得了自己的胜利，即赢得了公众的接受。上百万的雇员、学龄儿童和大学入学申请者都被实施了这类测验。这些测验结果决定了他们今后的生活道路。在 1920—1930 年，每年所售出的智力测验大约有 400 万份，其中大多数都是在公立学校使用。1923 年，推孟的斯坦福－比纳智力测验卖出了 50 万个副本。在美国，公众教育系统围绕着智商的概念进行了重新组织。智商成为衡量学生的最重要标准。

最终，许多心理学家发现应用这些心理测验有利可图（Bottom，2009）。某些企业型的心理学家甚至希望使用测验去发掘潜在的棒球手。著名棒球运动员巴贝·鲁斯（Babe Ruth）同意在哥伦比亚大学的心理学实验室接受测试，以便测定使他成为杰出棒球手的那些特征。测验者测定的是他的感觉和运动机能。这些测验与高尔顿、卡特尔使用的类似（Fuchs，2009）。这一工作并未成功，但正如一个历史学家所指出的：

"心理学能成为一门非常成功的科学"这一信仰，证明了心理学家在建立这门学科公众认同感方面的成功，也告知了大众，这门科学有能力解答他们的疑问。（Fuchs，1998，p. 153）

测验如流行病一般席卷了整个美国。但是在匆匆忙忙地回应商业和教育的需求时，某些粗制滥造的测验必然导致令人失望的结果。导致许多组织有一段时间放弃了对心理测验的使用。

来自医学与工程的观念

为了给这一新的事业增加权威性和科学可信度,智力测验的从业者们采用了来自医学和工程等其他更为成熟学科的术语。他们的目的是说服人们相信心理学就像其他传统学科那样是合法的、科学的和基本的。

心理学描绘那些接受测验的人并不是被试,而是病人。测验类似于体温计,在那个时候,体温计只有受过训练的医生才能使用。因此,就像没有受过训练的人不能使用体温计一样,没有受过严格的训练的人也不能从事测验工作。这些人把测验夸大为像X光机器那样,使心理学家可以看穿人的心灵,对病人的心理机制进行解剖。"心理学家听起来越像个医生,公众越是愿意把他们像医生那样看待。(Keiger,1993,p.49)"

来自工程的一些比喻也被采用。学校被说成教育工厂,测验是检查工厂产品(学生的智力水平)的一种方式。社会就像一所大桥,智力测验就是一种科学工具,通过检查桥的最脆弱的部分(智力低下的公民)而保护大桥的实力。甄别出的智力低下者被从社会中排除出去,接受专门的教育。

智力上的种族差异

智力测验的发展在社会上引起了激烈争论,这一争论今天仍然没有结束。1912年,翻译比纳智力测验的戈达德拜访了纽约的艾丽丝岛。艾丽丝岛是上百万欧洲移民到达美国的第一站。戈达德相信,测验将是一个有用的筛选工具,防止那些"有智力缺陷"的人进入美国。

在戈达德第一次访问艾丽丝岛时,选择了一个年轻的移民作为测验对象。他认为这个年轻人看起来属于那种智力有缺陷的人,然后他在一个翻译的帮助下对这个年轻人实施了比纳智力测验。尽管翻译指出,他在最初到达美国时,也不能回答这些问题,因此,这些测验对于非英语国家的人和不熟悉美国文化的人是不公平的,但是戈达德坚持自己的观点,通过测验确证了这个年轻人在智力上的确存在缺陷。

亨利·戈达德

后来的移民测验(所有这些测验都对英语的掌握没有多少要求)显示出,大部分移民——87%的俄国人,83%的犹太人,80%匈牙利人,79%的意大利人——都有不同程度的智力低下。这些人的心理年龄不到12岁(Gould,

1981）。测验所得的这些数据后来被用于支持一项联邦立法。这项立法规定，限制那些在智力上低下的种族群体向美国移民。

1921年，当参加第一次世界大战新兵的智力测验结果公开以后，智力的种族差异的观念得到了更多的支持。这些数据显示出，非裔人和来自地中海国家、拉丁美洲国家的移民智商低于欧裔人。只有那些来自北欧国家的移民与美国欧裔人的智商相等。这些测验结果在科学家、政客和新闻记者之中引起了疑问。如果其公民都智力低下，那么通过民主选举选出的政府怎么能生存下去呢？该不该允许低智商的人参加选举？政府应该不应该允许来自低智商国家的人移民美国？人天生平等的观念还有没有意义？

早在19世纪80年代，美国人就提出了不同种族之间存在智力差异的问题。当时，许多人呼吁对来自地中海和拉丁美洲国家的移民实行限额。认为美国非裔人智力低下的观念早在智力测验发明之前就已经为人们所接受了。

霍勒斯·曼·邦德（Horace Mann Bond，1904—1972）对这一观念提出了明确的批评。邦德是一位非裔美国学者，也是宾夕法尼亚州林肯大学的校长。他从芝加哥大学获得教育学的博士学位，出版了一些书籍和文章，认为任何欧裔人与非裔人智商上所记录到的差异都是由环境造成的，而不是遗传而来的。他的研究显示出，来自美国北部的非裔人在智力测验上得分比来自南部的欧裔人要高。这一研究结果有力地抨击了非裔人天生卑下的观点（Jackson，2004）。

许多心理学家也参与了这一问题的争论，认为测验是有偏见的，但是最终这一争论慢慢地被人们遗忘了。然而随着1994年《钟型曲线》（*The Bell Curve*, Herrnstein & Murray，1994）一书的出版，这个问题再次引起了人们的关注。《钟型曲线》的作者坚持认为，根据智力测验的分数，非裔人在智力上就是不如欧裔人。大量的证据显示出，正确编制的智力测验并没有显著的文化偏见（Rowe，Vazsonyi，& Flannery，1994，Suzuki & Valencia，1997）。此外，52位主流测验专家同意这样一个结论："智力测验对于美国非裔人、印第安人和其他说英语的美国人并没有文化的偏见，相反，智商的分数对于所有这些美国人都是极为平等的，不管他们的种族和社会阶层如何。（Gottfredson，1997，p.14）"

美国心理学协会科学事务委员会的一份报告认为，今天的认知能力测验并不歧视少数民族群体，但是在量上，反映了社会多年积累而成的歧视（Neisser et al.，1996）。

女性对测验运动的贡献

我们曾经指出,在心理学史的大部分时间里,女性都被排斥在大学教席的岗位之外。基于这一原因,许多女性心理学家都在应用领域寻找就业机会。在临床和咨询心理学、儿童指导和学校心理学等助人的职业里,有很多女性在那里找到了工作。在这些领域中,女性发挥了重要作用,特别是在心理测验的编制和应用领域,女性更是做出了重要贡献。

弗洛伦斯·古迪纳夫(Florence L. Goodenough)1924年从哈佛大学获得博士学位以后,编制了图画测验,现在称为古迪纳夫-哈里斯图画测验(Goodenough-Harris Drawing Test)。这是为儿童设计的非语言智力测验,已经得到了广泛的应用。作为测验设计方面的先驱,古迪纳夫在明尼苏达大学的儿童发展研究所工作了20多年。她曾经对测验运动的历史进行了详细的回顾,并且写出了几本著作,讨论儿童心理学的问题。

玛德·梅里尔·詹姆斯(Maude Merrill James)是加利福尼亚儿童心理诊所的主任。1937年,她与刘易斯·推孟一起修订了斯坦福-比纳智力测验。这个测验就是后来人们熟知的推孟-梅里尔测验(Terman-Merrill test)。特尔玛·格温·瑟斯顿(Thelma Gwinn Thurstone)1927年从芝加哥大学获得博士学位后,与L. L.瑟斯顿结婚。像许多其他与丈夫一起工作的女性一样,她发现她的贡献被人们忽略了,没有得到应该得到的名誉。她是北卡罗来纳大学的教育学教授和心理测量实验室的主任。她帮助她的丈夫编制了基础心理能力测验,这个测验属于团体智力测验。他的丈夫描绘她是"测验编制方面的天才"(Thurstone, 1952, p.317)。

普绪咯·卡特尔(Psyche Cattell)是詹姆斯·麦金·卡特尔的女儿。1927年,她从哈佛大学获得教育学博士学位。她对测验运动的贡献包括向下扩展了斯坦福-比纳测验的年龄范围。她编制了卡特尔婴儿智力量表(Cattell Infant Intelligence Scale)。这个量表可用于对3个月大婴儿的智力测量。

安妮·阿纳斯塔西(Anne Anastasi,1908—2001)在福特海姆大学工作了很长时间。她是心理测验方面的权威。在青少年时代,她就非常成功。15岁时进入大学,21岁时获得博士学位。由于受到哈里·霍林沃斯教授的影响,她决定成为一名心理学家。阿纳斯塔西写了150多种书籍和文章,包括非常受欢迎的心理测验教科书(Anastasi, 1988, 1993)。1971年,安妮·阿纳斯塔西成为美国心理学协会主席。她获得了许多职业荣誉,包括全美科学奖章。一项调查认为阿纳斯塔西是英语国家中最著名的女性心理学家（Gavin, 1987）。

在25岁那年，也就是阿纳斯塔西结婚后1年，她被诊断出患有子宫癌。治疗让她无法生育孩子，但她认为癌症同时也是"她成功的一个主要原因。她那一代的女性，经常不得不在家庭妇女与职业生涯之间做选择。生病让她选择了这个不能不做的选择，她可以自由地专注于自己的事业，没有冲突或负罪感"（Hogan, 2003, p. 267）。

尽管女性在测验这样一些领域获得了成功，但是在应用心理学领域工作给女性带来了许多不利。非学术机构的工作很少能为研究提供充足的时间和财政上的支持。在这里从事研究工作也没有研究生作为你的工作助手，而这一点对于从事研究、撰写学术论文和提高职业的知名度是非常必要的。在商业机构或者在诊所里工作，一个人的贡献和影响往往很难超出工作的小圈子。

因此，应用心理学在美国的飞速发展（心理学机能主义学派的遗产）给女性提供了就业的机会，但是这也意味着她们远离了主流的学术心理学，而大部分理论、研究和思想学派都是在学术心理学中发展起来的。

许多学术心理学家对应用工作都持否定态度，认为应用工作是低下和没有价值的。诸如咨询这样的一些应用领域，被一些人轻蔑地称为"女孩子的工作"。公开出版的心理学史倾向于低估应用心理学和女性心理学家的贡献，因为这些女性心理学家大都在医院、诊所、商业、研究机构、军队和政府部门工作。有趣的是，尽管1941年时，美国应用心理学协会的会员有1/3是女性（Rossiter, 1982），但是从来没有一个女性被推选为协会的主席。此外，到1941年的时候，在教育和临床领域工作的心理学家中，有接近一半是女性（Gilgen, Gilgen, Koltsova, & Oleinik, 1997）。

临床心理学运动

卡特尔把心理学应用到心理能力的测量方面，对美国心理学的本质产生了永久的改变。卡特尔和冯特的一个学生把心理学应用到变态行为的评估和治疗上。就在冯特界定和建立新的心理科学的17年之后，他以前的一个学生再次以特殊的方式使用了心理学。这种方式同冯特的意愿是不一致的。

莱特纳·威特默（1867—1956）

莱特纳·威特默

莱特纳·威特默（Lightner Witmer）在宾夕法尼亚大学讲授心理学。他在卡特尔去了哥伦比亚大学以后，填补卡特尔的位置。威特默被他人描述为好斗的、反社会和自负的。他建立了他称之为"临床心理学"的领域。1896年，他开设了世界上第一个心理诊所。

在他的诊所中所实践的那种心理学并非今天我们所知道的临床心理学。威特默没有实践过心理治疗。他讨厌心理治疗技术，对此也一无所知（Taylor, 2000, p.1029）。他所感兴趣的是评估和治疗学校儿童的学习和行为问题。这一应用领域现在被称为学校心理学。作为一个独立的研究领域，当代临床心理学面对的是不同年龄层次从轻微到严重的各种心理疾病。尽管威特默在临床心理学建立的过程中发挥了作用，并且自由地使用着临床心理学这个术语，但是这一领域已经变得比他能想象的要大得多。

威特默在大学中第一个开设了临床心理学课程，创办了临床心理学的第一份杂志《心理诊所》（*Psychological Clinic*），主编这份杂志达29年之久。他也是心理学的机能主义取向的先驱之一。他相信这门新科学应该帮助人们解决问题，而不是研究意识的内容。

威特默的生平

威特默1867年出生于美国费城，父亲是一个富裕的药商，但是非常重视教育。1884年，威特默从宾夕法尼亚大学毕业，然后在费城的一所私立学校讲授历史和英语。后来，他又返回宾夕法尼亚大学学习法律课程。很明显，那个时候他从来没有考虑过从事心理学的工作，但是后来由于经济方面的原因改变了决定。他想找一个有工资的助理工作，而心理学系的卡特尔恰好需要一个助手。在这里，我们再次看出经济因素的作用。威特默的传记作者写道：

威特默之所以进入心理学，部分原因是由于获得额外收入

的最基本需要，助理工作给他提供了这个机会。（Mcreynolds, 1997, p.34）

威特默开始研究反应时上的个体差异，打算在宾夕法尼亚大学获得博士学位。但是卡特尔有另外一套打算。他非常看重威特默，并打算让他作为自己的继承人。对于这个年轻人来说，这是一个非常好的机会。然而卡特尔提出的条件是，威特默必须去德国莱比锡从冯特那里获得博士学位。由于德国的博士学位具有很高的声誉，威特默同意了。

在德国，威特默与冯特和屈尔佩一起工作，铁钦纳是他的同学。但是威特默并不看重冯特的研究方法。他曾经描绘冯特怎样迫使铁钦纳重复一个观察，"因为铁钦纳获得的结果并不是冯特所期待的"（引自 O'Donnell, 1985, p.35）。

后来威特默曾经说过，他在德国莱比锡除了获得博士学位外什么也没有学到。冯特拒绝他继续从事他早已同卡特尔一起开始的反应时研究，把威特默的研究限制在对意识元素的内省研究方面。

然而，1892年夏天，威特默的确获得了博士学位。他返回宾夕法尼亚大学，获得了一个新的岗位。那一年，铁钦纳也获得了博士学位，到了康奈尔大学。冯特的另外一个学生，敏斯特伯格在威廉·詹姆斯的邀请下，也在那一年到了哈佛大学。此外，霍尔也是在那一年建立了美国心理学协会，威特默是其中的主要成员之一。从这些事件我们可以看出，机能、应用的精神开始占领美国心理学。

在随后的两年时间里，威特默一直作为实验心理学家工作着。他从事各种实验研究，撰写了有关个体差异和痛觉心理的文章。同时，他也在寻找机会，把心理学应用于变态行为。1896年3月，机会降临了。这个机会来自那个时代的经济因素。为了提高经济上的竞争力，美国政府决定增加教育投入。

许多州的教育委员会都在学院水平上设置了教育学系，开设教学方法和教学原理的课程。心理学家被邀请去为教育学专业的学生和那些准备获得更高学位的公立学校教师讲授心理学。政府敦促心理学家从实验室研究中走出来，把关注点放在学生的培训上，让学生成为教育心理学家。这样一来，心理学系的经费大大增加了，因为无论过去和现在，系科经费的多少都取决于学生的入学率。

威特默在宾夕法尼亚大学为公立学校的教师开设了一些心理学课程。

1896年，其中一位名叫玛格丽特·马圭尔（Margaret Maguire）的公立学校教师就一个14岁儿童的问题咨询威特默。尽管这个学生在一些科目上能取得进展，但是在拼写方面存在着困难。心理学能帮助解决这个问题吗？威特默写道："在我看来，如果心理学对我和其他人有一点价值的话，那么它应该在帮助这个智力发育迟滞儿童方面发挥一些作用。（引自 McReynolds，1997，p.76）"

于是，威特默建了一个临时诊所，开始了毕生为之献身的工作。在几个月之内，威特默就开始准备有关怎样治疗心理上有缺陷、视觉障碍和行为紊乱儿童的方法课程。他在《小儿医学》（*Pediatrics*）杂志上发表了一篇文章，题目是"心理学中的实践工作"，主张心理学可以应用于实际问题的解决：

> 心理学的实践一面值得职业心理学家给予认真的注意。心理学的实践就像医学实践那样，是一种必须经过培训才能进行工作的职业。（引自 McReynolds，1997，p.78）

就这一问题，他向美国心理学协会年度会议提交了一篇论文，第一次使用了"临床心理学"这个术语。1907年，他创办了《心理诊所》杂志，这是临床心理学领域第一个也是许多年中间唯一一份杂志。在杂志的创刊号上，威特默倡导了临床心理学这一新的职业。第二年，他创办了一所寄宿学校，接收发育迟缓和行为紊乱的儿童。1909年，他把他的大学心理诊所转变成了一个独立的行政单位。

威特默一直在宾夕法尼亚大学从事着临床心理学的教学和实践工作，着力促进临床心理学的发展。1937年他从该大学退休，1956年去世，享年89岁。他是斯坦利·霍尔于1892年创办美国心理学协会时聚集在霍尔书房中的心理学家中最后一个离世的。

儿童评估诊所

作为世界上第一个临床心理学家，威特默没有榜样或先例可以借鉴，因此，他发展了自己所需要的诊断和治疗方法。"由于没有任何可供学习的原理，我不得不直接投身于对这些儿童的研究，以便找到我需要的方法"

（Witmer，1907/1996，p.249）。

被送往威特默诊所的那些儿童显示出多种多样的问题。他们中的某些人被诊断为多动症、学习障碍、语言和运动发育不全，等等。随着经验和信心的不断增强，威特默建立了标准的评估和治疗计划，并在诊所的员工中增加了医生、社会工作者和心理学家等。

威特默认识到，情绪和认知机能会受到生理问题的影响，因此，他首先请医生对这些儿童进行检查，确定是否是由于营养不良、视觉或听觉缺陷导致了儿童行为上的困难。然后再由心理学家和社会工作者对他们进行测验和访谈，根据其家庭背景，准备患者的个案资料。

最初，威特默认为，遗传因素应该为行为和认知障碍负主要责任，但是后来他认识到，环境因素更为重要。他预见到在儿童生命的早期，应该为儿童提供丰富的感觉经验。他相信应该让家庭和学校加入到对患者的治疗中，认为如果家庭和学校的生活条件改善了，儿童的行为也会得到相应的改善。

评论

不久以后，许多心理学家开始追随威特默的脚步。到1914年，有接近20个心理诊所在美国开业，大部分诊所采取的都是威特默的模式。此外，威特默培养的学生传播着他的方法，培养了临床工作新一代的学生。威特默的影响也传播到了特殊教育领域。他的一个学生，莫里斯·维特莱斯（Morris Viteles）扩展了威特默的工作，建立了职业指导中心。这是美国第一所这种类型的机构。威特默的其他一些追随者则把他的临床方法应用于成人患者。

临床心理学职业

除了威特默把心理学应用于变态行为的评估与治疗之外，另外两本书也为这一领域的发展提供了动力。克里福德·比尔斯（Clifford Beers）曾经是一位心理疾病患者，1908年，他出版了《发现自身的心灵》（*A Mind That Found Itself*）一书。这本书受到公众极大的欢迎，使公众的注意指向怎样以人道的方式治疗精神疾病患者。胡格·敏斯特伯格1909年出版了《心理治疗》(*Psychotherapy*)一书。这本书广为流传。它描述了各种心理疾病的治疗技术。敏斯特伯格通过描述帮助心理疾病患者的特殊方式,提升了临床心理学的地位,推动了临床心理学的发展。

1909年,芝加哥精神病学家威廉·希利(William Healey)建立了第一个儿童指导中心。随后,更多的这类机构也纷纷出现。这类机构的目的是尽早地治疗儿童的疾病,以便于早期的问题不会演变为成年时期更为严重的障碍。这些中心使用威特默的会诊方法,在这种方法中,医生、心理学家、精神病学家和社会工作者相互合作,评估患者所面临的问题的各个方面。

弗洛伊德(Sigmund Freud)的观点对于临床心理学的发展起到了关键的作用,使得这一领域超越了威特默诊所实践的范围。弗洛伊德的精神分析同时吸引与触怒了心理学的临床分支和美国公众。他的观点为临床心理学家提供了最初的心理治疗技术。

然而,作为一个职业的临床心理学发展得异常缓慢。直到1918年,也就是弗洛伊德访问美国的8年以后,临床心理学方面没有招收过研究生。即使到了1940年,临床心理学仍然是心理学领域中的"小弟弟"。在那些已经建立的治疗机构中,很少有为成人患者服务的。其结果是,临床心理学家的工作机会少得可怜。临床心理学的培训规划也十分有限。临床心理学家的工作也不过就是对患者进行几项测验。

然而,当1941年美国加入第二次世界大战以后,情况就完全变了。大量的被征入伍者导致"在征兵站,出现了很多严重焦虑、抑郁、反社会行为、愤怒失控和心理不稳定的报告。他们曾是尿床儿童、辍学的学生和长期不合群的人"(Engel, 2008, p. 43–44)。直至1945年战争结束,有将近200万人因心理问题被拒绝入伍。在入伍军人中,100万人因为他们在执行任务的过程中出现心理障碍,不得不接受住院治疗。另外,还有50万人也因同样的理由退伍。军方领导人迅速得出结论,很多人需要帮助,但没有足够的心理学家或心理健康顾问来做这项工作。这一刺激促成了这一特殊的动态应用领域。军队发起了培训数百个临床心理学家的项目,以让他们解决军事人员的情绪困扰。

战争过后,对于临床心理学的需要甚至变得更大。美国荣誉军人管理委员会(现在的美国荣誉军人事务部)发现,它必须为被诊断患有精神疾病的4万多荣誉军人负责。300多万其他的荣誉军人需要职业咨询和个人咨询，以便于顺利回归平民的正常生活。大约 31.5 万多残疾荣誉军人需要帮助。对于心理健康职业的需求远远超出了这个职业能承受的范围。

为了适应这些需求，荣誉军人管理委员会在大学设立了研究生培养规划，为那些愿意毕业后到荣誉军人管理委员会下辖的医院、诊所工作的研究生提供学费。这些规划的结果之一就是临床心理学家面对的不再仅仅是儿童，而是不同类型的病人。在战争之前，大多数临床心理学家工作的对象都是有行为或适应问题的儿童。但是现在他们面对的将是更为严重的情绪障碍问题。今天，荣誉军人事务部仍然是美国心理学家的最大雇主。

现在，临床心理学家在心理健康中心、商业、私人诊所等领域工作。临床心理学是心理学中最大的应用领域。在心理学所有的研究生中，超过 1/3 的人在临床心理学领域。

工业与组织心理学运动

沃尔特·迪尔·斯科特（Walter Dill Scott），是冯特在莱比锡的另一位学生。但他离开了纯粹的内省心理学，在广告界和商界应用这门新科学。斯科特把他的大部分精力贡献给了心理学的应用研究，尝试怎样令市场和工作场所更有效，以及商业领袖怎样调动员工的积极性和吸引消费者。

沃尔特·迪尔·斯科特（1869—1955）

斯科特的工作反映了心理学的机能主义学派对实践问题的关心。一位心理学史家指出：

> 从冯特的莱比锡实验室返回到世纪之交的芝加哥以后，斯科特的著述由德国式的理论转到了美国式的应用。他不是一般性地解释动机和冲动，而是关注怎样影响他人，包括消费者、听众和工人。（Von Mayrhauser, 1989, p.61）

斯科特有许多令人印象深刻的第一。他第一个应用心理学于员工选择、管理和广告，也是这一领域第一本著作的作者；第一个拥有应用心理学教授的头衔；第一个心理咨询公司的建立者；以及第一个从美国军队获得杰出服务勋章的心理学家。

斯科特的生平

沃尔特·迪尔·斯科特

斯科特出生于美国伊利诺伊州的一个农场家庭。一次，他正在田里犁地的时候，突然想到了工作的效率问题。由于他的父亲经常患病，12岁的他承担起农场的大部分工作。有一天，他在犁地时停下来让他的两匹马休息。他出神地望着远方伊利诺伊州诺莫尔大学的校园建筑，突然意识到，如果他准备在这个世界上获得点什么成就，他就不能再这样浪费时间了。在犁地的时候，他每小时歇马的时间有10分钟，每天就是1.5小时。这个时间他完全可以用于学习。因此，斯科特决定随身带着书本，利用休息的每一分钟来进行阅读。

为了挣够大学的学费，他摘黑刺莓，罐装出售，打捞废铁和做其他临时工作。得到的钱除了存起来的之外都用于买书了。19岁的时候，他进入诺莫尔大学，开始了他摆脱农场的长远旅程。两年以后，他获得了一笔奖学金，进入了西北大学读书。在那里，他兼职家教工作，获得额外的收入。他参加了学校的球队，并且遇到了安娜·米勒。安娜后来成为了他的妻子。

他同样选择着自己未来的职业。他曾经学过心理学课程，喜爱这门学科，也曾经读过介绍冯特莱比锡实验室的杂志文章。奖学金的节余、家教的收入和勤俭节约的风格使他存下了几千美元，足够他赴莱比锡和结婚之用。

1898年7月21日，斯科特同他的新娘同赴欧洲。他在莱比锡大学跟冯特学习，他的妻子安娜在哈雷大学学习文学，两人相距32公里。他们经常仅在周末见面。两年以后，两人都获得了博士学位。斯科特回到美国西北大学担任了心理学和教育学的教师。这显示出他已经受到把心理学应用于教育的趋势的影响。

几年以后，斯科特的兴趣改变了。一位广告商邀请他尝试把心理学原理应用于广告，以便让广告产生更大的效果。这一理念激起了他的兴趣。

随着他将心理学应用于现实生活问题，他离冯特的心理学越来越远，而与美国机能主义的精神保持着一致。

1903 年，斯科特出版了《广告的理论与实践》(*The Theory and Practice of Advertising*)一书。这是有关广告方面的第一本著作。此后，他又写了其他一些书籍和文章。很快，他在商业领域的专业知识、名望和关系都得到了有效扩展。他同样把注意指向员工选择和管理问题。1905 年，斯科特被提升为教授，1909 年，他成为西北大学商学院的广告学教授。1916 年，他被任命为应用心理学教授和位于匹兹堡的卡耐基技术大学销售研究办事处主任。

当 1917 年美国加入第一次世界大战以后，斯科特愿意提供他的技能为军队选择军事人员服务。最初，人们对他的建议并没有多少兴趣，因为并不是每个人都相信心理学的实用价值。与斯科特打交道的军事将领极为愤怒，对斯科特表示了不信任。"他认为我根本就不可能取得任何进步，他指出，我们正在与德国进行战争，没有时间受这些实验的愚弄。(引自 Von Mayrhauser, 1989, p.65)"斯科特想方设法使他平静下来，与他一起共进午餐，劝说他相信他的选择方法的价值。很明显，斯科特是成功的。后来，军队授予了他杰出服务勋章。

战后，斯科特开办了自己的公司，称之为斯科特公司。这个公司为那些希望在人员选择和工作效率方面得到帮助的公司服务。1920—1939 年，他担任了西北大学的校长。这所大学的斯科特厅就是以他和他的妻子命名的。

广告与人的可暗示性

斯科特接受过冯特生理学取向的实验心理学的训练。这种训练在斯科特身上留下了不可磨灭的印记。同时，斯科特又尝试把在冯特那里学到的东西应用于实际问题的解决。这两种倾向都反映到了他有关广告的作品上。例如，他指出，人的感官是

> 灵魂的窗口。我们从物体中获得的感觉越多，我们就越是能更好地了解这个物体。神经系统的机能是使我们觉察到环境

中物体的视觉、声音、感受、味道等。那些不能对声音或其他感觉品质做出反应的神经系统是有缺陷的。

广告有时被人们称为商业世界的神经系统。那些不能唤起声音表象的乐器广告是有缺陷的广告……就像神经系统可以提供给我们来自物体的所有可能的感觉，与神经系统一样发挥作用的广告必须能在广告的阅读者那里唤起与物体本身所能激发的同样多的不同种类的表象。（引自 Jacobson, 1951, p.75）

斯科特认为，由于消费者的行为并不总是理性的，因而他们易于受到影响。他认为情绪、同情、多愁善感等因素强化了消费者的可暗示性。像那个时代人们经常认为的那样，他同样也相信女性比男性更容易被说服。依据他的可暗示性定律，他建议使用直接的要求销售产品。他推荐使用返回式赠券，因为这种方式要求消费者采取一些直接的行动，如从报纸上撕下赠券，填上自己的姓名和住址，邮寄回公司以便获得样品等。这些技术都被广告商采纳了，到1910年，这些技术得到了全面的推广。

选拔雇员

为了选择更好的雇员，特别是选择最合适的销售人员、商业经理或军官，斯科特设计了分类评估量表和团体测验，并首先对那些在这个领域已经获得成功的人员进行了测量。

像威特默一样，斯科特没有先例可以借鉴。他询问军官和商业经理，请他们就下属的外貌、行为举止、认真负责特性、工作效率、性格和对组织的价值进行评估。然后斯科特就该项工作所需要的品质对申请者进行评价。这个程序与今天使用的方法类似。

斯科特编制了心理测验去测量智力和其他能力，但他不是评估个体申请者，而是对群体进行测试。当短时间内有大量的申请者需要加以评估时，群体的测验就更有效、更节省精力。

斯科特的测验不同于卡特尔和其他应用心理学家所设计的测验。斯科特不仅测量一般的智力，而且他也对一个人怎样使用智力感兴趣。换言之，他想要理解人们怎样加工信息和在日常生活中智力是怎样发挥作用的。他对智力的界定不是根据特定的认知能力，而是使用一些实用的术语，如判断、敏捷性、精确性，等等。这些特征都是完善地从事一项工作所需要的。他把申请者的测试分数与那些成功雇员的测试分数进行比较，而对于测验分数所代表的心理元素方面的意义不感兴趣。

评价

像威特默那样，斯科特在心理学史中获得注意的时间很短。对他的这种相对忽视有这样几个原因。就像大多数应用心理学家那样，斯科特没有提出任何理论，也没有建立任何思想学派，更没有训练出忠实的追随者去继续他的工作。他几乎没有做什么实验研究，在主流刊物上也没有发表过什么文章。他为私人公司和军队所做的工作都是以解决问题为宗旨的。许多学术心理学家，特别是那些在重点大学和设备精良实验室拥有固定工作的教授们，瞧不起应用心理学家的工作，因为他们认为应用工作对于作为科学的心理学的发展没有什么贡献。

斯科特和其他应用心理学家反对这样一种观点。他们认为在心理学的应用和心理学作为科学的发展之间并不存在冲突。应用心理学家认为，让公众了解心理学更证明了心理学的价值，反过来能促进人们对学术实验室中心理学研究的承认。因此，应用心理学的这些先驱们体现了美国机能主义的精神，使心理学变得对人们更为有用。

两次世界大战的冲击

第一次世界大战促进了工业心理学的发展，使得工业心理学在研究范围上进一步扩展，声望有了进一步提高。我们曾经指出，斯科特志愿为美国军队服务，他以对商业领袖的评估为基础，编制了选择军官的评估量表。战争结束时，他已经对300万战士进行过评估，这再一次证明了心理学的实用价值，并引起了公众的广泛注意。因此，战争结束以后，商业和工业组织、政府部门都强烈要求工业心理学家的服务，帮助他们重新组织人事程序，使用心理测验帮助他们选择最合适的雇员。

第二次世界大战再次把心理学家带入战争中。心理学家编制测验，对新兵进行筛选和分类。此外，这个时候的战争武器，如高速飞行器等，已经越来越复杂，需要技能更加娴熟的人去操作它们。鉴别这类军事人员，测量这类人员是否具备掌握这类技能的能力，以便于完善选择和训练程序，就成为心理学家的重要任务。

战争的这些需要促进了工业心理学中一些新的专业领域的产生，如工程心理学、人类工程学、人的因素工程学或者工效学。工程心理学家与武器系统工程师紧密合作，提供有关人的能力和局限方面的信息。他们的工作直接影响了军事装备的设计，使得这些装备更符合使用这些装备的人员的能力。今日的工程心理学家不仅参与军事硬件的设计工作，同时，他们也参与到诸如计算机键盘、办公室家具、家用电器和汽车仪表板等消费产品的设计工作中。

霍桑研究和组织问题

20世纪20年代时，工业心理学家关心的主要问题是工作申请者的选择和安置问题，即为合适的工作寻找合适的人员。1927年，由西部电器公司在伊利诺伊州的霍桑工厂进行的一项创造性的研究大大扩展了这一领域的研究范围（Roethlisberger & Dickson, 1939）。这项研究超出了选择和安置的范围，使人们更加注意到人际关系、动机和士气等问题。

这项研究在开始时就是调查物理工作环境，如照明和温度条件，对雇员工作效率的影响。研究的结果令心理学家和工厂管理者感到吃惊。他们发现工作场所的社会和心理因素比物理条件对工人产生了更重要的影响。

例如，研究人员：

> 对2万个工人进行了访谈。他们发现，不是访谈的内容，而恰恰是访谈本身（例如，给予注意、审查、调查、看、听），使他们的怨气得到平复，让他们变得更加温顺，得到"更好的调整"。（Lemov, 2005, p. 65）

换句话说，仅仅是作为这一研究中的一部分的提问与观察，说服了许多工人，认为他们的老板对他们个人真正感兴趣，而不仅仅把他们当作一个大工业机器上的螺丝钉。

霍桑研究使得心理学家开始关注社会—心理工作环境，包括领导者的行为、非正式工作群体、员工态度、工人与管理者之间的交流模式以及其他一些影响动机、生产效率、满意度的因素。企业的领导者很快就认识到这些因素对雇员的影响，愿意接受这种理论观点。今日的心理学家研究组织的不同类型、这些组织的交流和组织风格，以及组织中的正式和非正式社会结构。由于意识到组织因素的重要性，美国心理学协会工业心理学分会改名为工业与组织心理学协会。

女性对工业与组织心理学的贡献

从历史上讲，作为职业的工业与组织心理学为许多女性提供了就业机会。在这一领域第一个获得博士学位的是丽莲·吉布莱斯（Lillian M. Gilbreth，1878—1972）。她 1915 年从布朗大学获得博士学位。她与她的丈夫弗兰克·吉布莱斯（Frank Gilbreth）一起，提出了时间—运动分析技术，改善工作效率。然而，那个时代的许多企业领导人拒绝接受女性心理学家为雇员。

当丽莲和弗兰克合作写出了有关工业效率的著作后，出版商拒绝让丽莲的名字出现在封面上，并解释到，女性的名字会降低这本书的可信度。而当她自己写出了一本管理心理学的著作后，她必须使用名字的缩写（L. M. 吉布莱斯），出版商才同意出版。出版商认为，如果人们看到一个女性的名字，就不会买这本书。吉布莱斯克服了许多诸如此类的障碍，成功地在这一领域工作了很长时间（Kelly & Kelly，1990）。她的肖像甚至出现在美国的邮票上。

吉布莱斯在养育 12 个孩子的同时完成了这一切工作。"1905—1922 年，吉布莱斯生育了 13 次，平均每次间隔 15 个月；一个孩子在他 5 岁的时候夭折。（Lepore，2009，p. 88）"她一直保持着良好的状态，工作到 90 多岁，主要关注工作管理的方式，以及在家里或在组织里工作的效率。比如，打开你家的冰箱门，会看到里面的架子，那就是吉布莱斯的主意。因为有了架子，冰箱有更大的容量和更高效的设计。直至今天，在工业与组织心理学中，超过一半的博士研究生都是女性。

胡格·敏斯特伯格（1863—1916）

胡格·敏斯特伯格

胡格·敏斯特伯格（Hugo Münsterberg）这位刻板的德国教授一度在美国心理学和美国公众眼中代表着令人羡慕的成功。他为通俗杂志撰写了几百篇文章，并完成了 24 本著作。他经常前往白宫，拜会罗斯福总统和塔夫脱（W. H. Taft）总统，是总统的座上宾。敏斯特伯格是企业和政府领导人的一个有影响力的顾问。他有许多朋友，包括了德国皇帝威廉二世（Kaiser Wilhelm）、钢铁"巨头"安德鲁·卡耐基（Andrew Carnegie）、哲学家罗素（Bertrand Russell），以及各类名人和知识分子。在这些人的心目中，敏斯特伯格是一位富有且有声望的人物。

敏斯特伯格曾经是哈佛大学的荣誉教授，并曾经被推选为美国心理学协会和美国哲学协会的主席。他是美国和欧洲应用心理学的建立者，也是被指控为"间谍"的两个心理学家之一。

敏斯特伯格曾经被描绘为"应用心理学的一位多产的宣传者"（O'Donnell，1985，p.225）。依据他的传记作者描述，敏斯特伯格同样是一个成功的时事评论家。"他具有超人的天赋，整个生命可以被看作由一系列'推动'所组成，即推动自身，推动科学，推动祖国（德国）"（Hale，1980，p.3）。

在敏斯特伯格生命的晚期，他变成了一个冷嘲热讽、尖酸刻薄的人物，成为报纸和漫画丑化的对象，成为他服务多年的美国的一个尴尬人物，也成为"美国最令人憎恨的人物之一"（Benjamin，2000b，p.113）。当他 1916 年逝世的时候，没有任何颂词留给这位曾经的美国心理学巨人。

敏斯特伯格的生平

1882 年，当他 19 岁的时候，敏斯特伯格离开了他的出生地——德国的丹茨格，到了莱比锡大学。他打算在这所大学学习医学。但是，当听了冯特的心理学课程以后，他改变了主意。心理学这门新科学令他激动和振奋，所展示出的前景是医学研究或医学实践所没有的。1885 年，他在冯特的指导下获得博士学位。两年之后，他又从海德堡大学获得医学的博士学位。他希望两个学位可以为他在学术研究领域寻找工作提供更好的机会。

他接受了弗莱堡大学的一个教师岗位，并且在自己的家中建了一个实验室，当然一切花销都是自己支付的，因为大学缺乏合适的设备。

敏斯特伯格撰写了有关心理物理学方面的研究论文，但是受到了冯特的批评，因为冯特认为这些研究探讨的是心灵认知的内容，而不是感觉状态。但是敏斯特伯格的工作吸引了许多追随者。不久以后，来自欧洲各地的学生就挤满了他的实验室。他晋升教授的前景十分看好，有望成为受人尊敬的学者。

1892年，威廉·詹姆斯诱使敏斯特伯格离开这个岗位，高薪邀请他到哈佛大学担任心理学实验室的主任。为了让敏斯特伯格到哈佛大学任职，詹姆斯说了许多好话。他写信给敏斯特伯格，告诉他哈佛大学是美国最好的大学，他们需要一个天才来主持实验室工作。按照敏斯特伯格的意愿，他想留在德国，但是事业心使他接受了詹姆斯的邀请。

从德国迁到美国，从纯粹的实验心理学到应用心理学，是件困难的工作。最初，敏斯特伯格并不赞成应用心理学领域的扩展，他指责校方付给学者们的工资太少，以至于他们不得不从事一些实用性的工作。他批评那些为普通大众写文章的美国心理学家，指责那些给企业领导人讲课赚钱的学者，或者那些从事服务工作而收费的人。然而，不久以后，敏斯特伯格就开始了同样的工作。

在哈佛大学工作了10年之后，或许是由于意识到德国的任何大学都不可能再聘用他为教授了，敏斯特伯格撰写了他的第一本英文著作《美国的特质》(*American Traits*，1902)。这本书是对美国社会的心理、社会和文化的分析。他是一个天才的作者，写书的速度非常快。他可以在不到一个月的时间里，口授给秘书一本400页的书。詹姆斯评论说，敏斯特伯格的大脑从来没有疲劳过。

公众对于敏斯特伯格著作的热烈反应促使他把随后的作品直接指向普通大众，而不是心理学的同事。他为通俗杂志撰写了大量的文章，而心理学杂志却受到了他的冷落。他放弃了对心理内容的心理物理学研究，转而探讨心理学家所能解决的日常生活问题。他的文章内容覆盖了法庭审判、司法系统、消费产品的广告、职业咨询、心理健康、心理治疗、教育、商业和工业中的问题，甚至包括了动画心理。就学习和商业方面的问题，他准备了函授课程。他还制作了一些有关心理测验的电影片，在全美的电影院放映。

敏斯特伯格永远都处在争论的中心。在一个轰动一时的谋杀审判中，他对一个已经坦白的杀人犯实施了近100个心理测验。这个嫌疑犯指控劳工领袖花钱雇用他杀人。以测试的结果为基础，敏斯特伯格宣称，即使在陪审团还没有就劳工领袖的罪名做出决定之前，杀人犯的坦白已经意味着劳工领袖的罪名是成立的。当陪审团宣布劳工领袖无罪后，敏斯特伯格的信誉被彻底毁了。报纸授予他"怪胎教授"的称号。

1908年，敏斯特伯格卷入了反对禁酒运动的事件。他反对禁止酒精饮料的销售。他以一个心理学专家的身份，认为适度的酒精饮料对人是有益的。德裔美籍啤酒酿造者阿道弗斯·布希（Adolphus Busch）和格斯塔夫·帕布斯特（Gustave Pabst）非常高兴得到了敏斯特伯格的支持，捐助给敏斯特伯格一笔可观的钱用于提高德国在美国的形象。在敏斯特伯格撰写了一篇反对禁酒运动的文章的几个星期之后，布希捐助给敏斯特伯格5万美元，用于建造德国式的博物馆。选择这个时间捐款的动机十分可疑，两者之间的巧合在新闻媒体上受到了广泛的注意。

敏斯特伯格关于女性的观点也引起了许多争论。在哈佛大学，他支持了几位女研究生的教育，包括卡尔金斯（Mary W. Calkins）等人（参见第七章）。但是敏斯特伯格认为，研究生的工作对于女性来说过于苛刻。他宣称不应该训练女性成为职业工作者，因为这样一来就使她们远离了家庭。女性也不应该在公众学校做教师，因为女性教师无法给男孩子树立合适的榜样。而且他还认为女性不能进入陪审团，因为她们不能进行理性的思考。这一评论后来成为国际上许多报纸的头版头条。

哈佛大学校长和敏斯特伯格的大多数同事都对他就热点问题对媒体发表耸人听闻的言论不太满意。他们也不赞成敏斯特伯格在应用心理学方面的兴趣。第一次世界大战期间，当敏斯特伯格明确地为他的祖国德国进行辩护时，他与美国人的紧张关系达到了白热化的程度。美国的舆论明显是反对德国的。德国在这场已经夺去几百万人生命的战争中是侵略的一方。但是作为一个德国公民，敏斯特伯格公开为德国辩护。

报纸报道说，敏斯特伯格是一个隐蔽的特务，是个间谍，是一个高级德国军官。舆论要求敏斯特伯格从哈佛大学辞职。伦敦的一家报纸称他是克莱舍·威尔海姆派到美国的特工。他的邻居怀疑敏斯特伯格的女儿在后院养的鸽子是用来在间谍中间传递信息的。哈佛大学的一个校友声称，如果哈佛开除敏斯特伯格，他就给学校捐赠1000万美元（Spillmann & Spillmann, 1993）。

同事们都斥责敏斯特伯格。他甚至收到了一封对其进行死亡威胁的信件。公众充满恶意的攻击和排斥使他的精神崩溃了。但是，1916年12月16日，报纸上刊登了一些有关和平谈判的推测。敏斯特伯格告诉他的妻子说，"春天的时候，和平就会降临了"（Münsterberg, 1922, p.302）。然后，他踏着厚厚的积雪，步行到学校上早晨的课。到达讲课大厅的时候，他已经精疲力竭了。走进教室，他开始授课。"大约半小时以后，他似乎犹豫了一下，然后朝讲台伸出右手，仿佛想支撑自己的身体"（New York City Evening Mail, December 16, 1916）①。他无声地跌倒在地板上，由于心脏病而溘然长逝了。

司法心理学与目击者证词

司法心理学研究的是心理学和法律的一些问题。敏斯特伯格为一些杂志撰写文章，探讨预防犯罪、使用催眠法审讯疑犯、使用心理测验测查罪犯以及目击证词的可信度等问题。他对后一问题特别感兴趣，论述了目击犯罪事件和随后对这一事件的回忆的不可靠性。

他对模拟犯罪进行研究。在这一过程中，目击者在目睹了犯罪之后，要直接描述所发生的事件。即使事件刚刚发生过后，被试在细节问题上仍然争论不休。敏斯特伯格然后问到，如果这个事件发生在几个月之前，那么在法庭上的目击证词又有多大的精确性呢？

1908年，他出版了《论目击者证词》（*On the Witness Stand*）一书。该书描述了有可能影响审判结果的心理因素，包括假口供、对目击者交叉询问中暗示的作用、生理测量（心率、血压、皮肤电阻抗）在测定疑犯和被告紧张情绪状态中的效用，等等。由于对他所提出的这些问题再次产生兴趣，这本书在出版近70年之后，于1976年，又被重新印刷出版（参见Loftus, 1979；Loftus & Monahan, 1980）。也是在那个时候，美国心理学—法律学会也建立起来了。这个学会隶属于美国心理学协会，它的宗旨是促进司法心理学的基础和应用研究。

---

① 感谢本杰明博士（Ludy T. Benjamin, Jr.），他在对波士顿公共图书馆存放的敏斯特伯格论文进行研究的基础上，提供了这一信息。

心理治疗

1909年，敏斯特伯格出版了《心理治疗》（*Psychotherapy*）一书，探讨了心理学的另一个应用领域。他在心理学的实验室，而不是在诊所里治疗病人，而且从不收费。他坚持认为，他的位置给了他某种权威，使他有权就怎样治愈病人提出直接的建议。他认为，心理疾病是一种行为适应不良方面的问题，而不像弗洛伊德主张的那样，是无意识冲突的结果。敏斯特伯格宣称："没有什么潜意识。（引自 Landy，1992，p.792）" 1909年，应斯坦利·霍尔的邀请，弗洛伊德访问克拉克大学的时候，敏斯特伯格离开了美国，避免与弗洛伊德碰面。弗洛伊德返回欧洲以后，他才从国外回来。

敏斯特伯格的这本有关心理治疗的著作极大地促进了公众对临床心理学的注意。但是威特默对此评价却不高，因为威特默在几年之前就已经在宾夕法尼亚州大学开设了心理诊所。威特默从没有获得过公众给予敏斯特伯格的喝彩声。在他创办的《心理诊所》杂志上的一篇文章中，威特默抱怨敏斯特伯格"廉价化"了这一职业。敏斯特伯格推销心理治疗有些像市场上的沿街叫卖。他认为敏斯特伯格比那种"信则灵"的庸医好不了多少，因为"这位哈佛大学的心理学教授以华而不实的方式在美国招摇过市，声称在他的心理实验室中治愈了上百种这样或那样形式的神经疾病"（引自 Hale，1980，p.110）。

工业心理学

敏斯特伯格同样也是工业心理学的推动者。1909年，他开始从事这一领域的工作，撰写了"心理学与市场"一文，论述了心理学可以有所作为的几个领域，包括职业指导、广告、人事管理、心理测验、员工动机、疲劳和单调对工作绩效的影响，等等。

他担任了几个公司的顾问，为这些公司进行了一系列实用研究。在《心理学与工业效率》（*Psychology and Industrial Efficiency*，1913）一书中，他出版了他的研究成果。这本书的对象是普通大众，成为当时的畅销书之一。敏斯特伯格认为，增加工作效率、提高生产率和员工满意度的最佳方式是为员工选择适合他们心理和情绪能力的岗位。怎样做到这一点呢？他认为就是要编制一些适当的心理选择技术，如心理测验和工作模拟，用来评估申请者的知识、技能和能力。

敏斯特伯格对众多的职业进行了研究，如船长、公交司机、接线员、销售商等，以此来证明他的选择技术怎样提高了工作绩效。他的研究显示出，在工作时间谈话会降低工作效率。他的解决方法不是去禁止工人之间的谈话，因为那样会引发敌意。他建议重新设计工作场所，让工人难以相互交谈。他提议增加车间中机器的间距，用隔板隔开办公室工作人员的办公桌。可以说，他是现代小隔间办公室的先行者。

评论

敏斯特伯格没有提出任何理论，也没有建立任何思想学派，成为一位应用心理学家以后，就再也没有从事过学术研究。他的研究服务于企业，其性质是实用的，目的在于以某种方式帮助他人。尽管他受的是冯特内省法的训练，但是他批评那些不愿意使用其他方法和研究成果服务于改善人性的心理学同事。敏斯特伯格光辉而富有争议生涯的全部特征就是认为心理学是有用的。尽管他具有德国人的气质，但他却是美国机能主义心理学家中的佼佼者，他的工作反映了那个时代的时代精神。

美国的应用心理学：一种民族的狂热

第一次世界大战中，心理学家的贡献"着实让心理学家风光了一番"（Cattell，引自 O'Donnell，1985，p.239）。霍尔写到，战争"成为应用心理学家的巨大动力，就整体上来说，对整个心理学的发展都有利……我们一定不要太学术化"（Hall，1919，p.48）。在战争期间，诸如《实验心理学杂志》等刊物停止出版发行，但是《应用心理学杂志》却越办越红火。1918年战争结束的时候，应用心理学在整个职业领域中已经变得更令人尊敬。桑代克宣布，"应用心理学是科学工作，让心理学为商业、工业和军队服务比让心理学为其他心理学家服务要困难得多，这需要更高的才智"（引自 Camfield，1992，p.113）。

学术心理学同样得益于战争中应用心理学的成功。多年来，大学里的心理学家第一次有了足够的工作岗位和经费支持。新的心理学系科、新的建筑和新的实验室得以建立。更多的基金可以用于提高教职员工的薪水。美国心理学协会的会员增加了3倍，从1917年的336人，增加到1930年的1100人（Camfield，1992）。但是，大多数学术心理学家仍然瞧不起应用心理学。编制斯坦福-比纳智力测验的莱维斯·推孟曾经回忆说，"许多老脑筋的心理学家以轻蔑的眼光看待智力测验运动……我有这样一种感觉，我几乎不能算是一个心理学家"（Terman，1961，p.324）。

1919年，由心理学的学术分支控制的美国心理学协会修改了会员入会条件，规定申请者必须发表过实验研究报告。事实上，这就排除了大部分应用心理学家入会的可能性，女性心理学家同样如此，因为女性心理学家大都在应用领域工作。

尽管在学术心理学家方面存在着对应用心理学的这种消极态度，应用心理学在大众中受欢迎的程度仍然是前所未有的。它甚至演变为一种"民族的狂热"（Dennis，1984，p.23）。人们相信，心理学家可以搞定一切事情——从婚姻的不和谐到对工作的不满意；可以帮助售出一切商品——从汽车到牙刷。一些新杂志的出现也推进了这一领域的发展。其中，最受欢迎的是《现代心理学家》（*The Modern Psychologist*），另外一个杂志的名称听起来更加令人振奋，即《心理学：健康、幸福和成功》（*Psychology: Health, Happiness, Success*，Benjamin & Bryant，1997）。《纽约时报》1923年的一篇编者按指出，"新心理学正在进入人类活动的一个又一个领域，不断地证明着它的价值"（引自Dennis，2002，p.377）。

不断增强的解决现实问题的呼吁也使得更多的心理学家离开学术研究，投身到应用领域。卡特尔在1923年版的《美国科学家》中，所列举的心理学家有75%是从事应用工作的，而1910年的时候，这个数字是50%（O'Donnell，1985）。20世纪20年代早期，在美国心理学协会纽约分会的会议上，代表们提交的论文中探讨应用问题的论文数量要大大高于第一次世界大战之前（Benjamin，1991）。

然而，20世纪30年代世界经济的大萧条让应用心理学处在受攻击的地位。应用心理学的批评者们指责它没有实现诺言。企业领导人抱怨说，工业心理学家并没有治愈公司的各种疾病。例如，所设计的员工选择测验过于糟糕，通过这种方法选择的员工不能胜任工作。

或许是对心理学的期望过高，或许是由于心理学客户对心理学家的期待太大，不管是什么原因，最终，人们对应用心理学的幻想破灭了。一个强有力的批评者是格雷斯·亚当斯（Grace Adams），她是铁钦纳的学生。在一本通俗杂志上题为"美国心理学的陨落"的文章中，亚当斯认为心理学已经"抛弃了它的科学根基，因而只有个别的心理学家或许可以获得拥戴和成功"（引自 Benjamin，1986，p.944）。《纽约时报》和其他一些有影响的报纸批评心理学家过度夸大自己的能力，没有治愈经济萧条所带来的不适。公众对心理学的关注度迅速下降。直到 1941 年，心理学的形象才开始恢复，那时，美国加入了第二次世界大战。这样一来，我们再次看到了战争是影响心理学发展的一个背景因素。

第二次世界大战给心理学提出了一系列不同的问题，复苏并扩展了这一领域的影响。25% 的美国心理学家努力直接参与到战争之中，其他许多人也通过研究和著述间接地做出了贡献。女性心理学家没有机会参与战争，她们中的许多人参与了社区志愿者工作。在美国军队中服务的 1006 名心理学家中，仅有 33 名女性（Gilgen et al.，1997）。"第二次世界大战改变了美国人生活的环境，导致了心理学的每个领域都以几何级数发展，同时也创建了这个国家历史上从未有过的对职业心理学家的巨大需求"（Pickren，2007，p. 279）。

20 世纪下半叶，应用心理学超过了多年来一直居于支配地位的学术和研究倾向的心理学。昔日那种大多数心理学家工作在大学中、从事实验研究工作的景象再也不存在了。在第二次世界大战之前，心理学中的博士学位获得者几乎 70% 属于实验心理学的领域，而到了 1984 年，这个数字减到了 8%（Goodstein，1988）。战争之前，75% 的具有博士学位的心理学家在学术机构工作，而 1996 年，这个数字是 34%（Borman & Cox，1996）。当前，65% 的心理学家仍然在应用心理学领域工作。

这一趋势的结果之一是美国心理学协会中权力的转变。在现在的美国心理学协会中，应用心理学家（特别是临床心理学家）承担着领导的责任。1988 年，一群学术和研究倾向的心理学家站出来挑战这一趋势，他们建立了自己的组织，即美国心理协会（American Psychological Society，简称 APS）。

评论

自从霍尔、卡特尔、威特默、斯科特和敏斯特伯格在德国师从冯特学习，并把那种心理学带到美国以来，美国心理学的性质已经发生了翻天覆地的变化。心理学不再局限于教室、图书馆和实验室，而是扩展到日常生活的许多领域。今天，应用心理学在测验、教育心理学、学校心理学、临床与咨询心理学、工业与组织心理学、司法心理学、社区心理学、消费心理学、人口与环境心理学、健康与康复心理学、家庭服务、锻炼与运动心理学、军事心理学、媒体心理学、成瘾行为、宗教、文化和对少数民族群体的关怀等领域都在发挥重要作用。

如果心理学依然关注意识经验的心理元素或心理内容，那么所有这些领域都是不可能存在的。本书第六章到第八章所讲述的机能主义思想学派的人物、观念和事件促使美国心理学超越了冯特莱比锡实验室的局限。

请考虑下列因素的作用：
- 达尔文的适应和机能概念；
- 高尔顿的个体差异测量
- 美国人对实用和有用事物的关注；
- 由詹姆斯、安吉尔、卡尔、吴伟士所引领的，在学术实验室中从内容研究到机能研究的转变
- 经济和社会因素与战争的力量

所有这些因素合力孕育了积极、自信、令人向往、富有影响力并改变了我们的时代的心理科学。美国心理学中这一朝向实用性的运动又被心理学革命中的下一个思想学派所强化，它就是我们所知的行为主义。

问题讨论

1. 比较卡特尔和比纳的智力测验方法。
2. 比较应用心理学在20世纪20年代、30年代和第二次世界大战后的成长和繁荣状况。
3. 界定心理年龄与智商的概念。它们是怎样计算的?
4. 描述敏斯特伯格对司法心理学的贡献。
5. 描述第一次世界大战对心理测验的冲击。
6. 讨论女性在智力测验运动中的作用。为什么从事测验方面的工作使女性处在不利地位?
7. 讨论斯科特和敏斯特伯格在工业与组织心理学起源方面的作用。
8. 卡特尔的工作怎样改变了美国心理学的性质?他怎样推进了公众对心理学的认识?
9. 经济因素怎样影响了应用心理学的发展?若没有这些因素,你认为应用心理学会发展吗?
10. 威特默和敏斯特伯格的工作怎样影响了临床心理学的发展?
11. 在怎样看待临床心理学方面,威特默和敏斯特伯格有什么不同?
12. 霍桑研究和战争怎样影响了工业与组织心理学的发展?
13. 美国的智力测验怎样被用于支持智力种族差异和移民智力低下的观点?
14. 1880—1900年,美国的心理学是以什么方式成长与繁荣的?
15. 以你的观点,智力测验对少数民族人群的测试存在偏见吗?为你的观点辩护。
16. 可口可乐测试及霍林沃斯的研究对心理学发展有何重要意义?
17. 在工业与组织心理学的发展过程中,女性起到了什么样的作用?
18. 为什么在1920年心理测验流行的同时,一些组织却放弃了它?
19. 为什么冯特和铁钦纳的心理学没有在美国发展起来?
20. 为什么敏斯特伯格的直言不讳常常不得人心?他是怎样把自己变成在一般公众中受轻视的人的?

第 九 章

行为主义：先行的影响

神奇的马：数学天才？

聪明的汉斯是整个心理学史上最著名的马。当然，它似乎也是心理学史上唯一的一匹马，显然这并没有让它获得非凡的光辉成就逊色。在20世纪早期，西方世界几乎每一个有文化的人都读到过一个名字叫汉斯的神奇马的故事。它是世界上最著名的马，甚至也是曾经活着的所有四蹄动物中最聪明的一个。

聪明的汉斯居住在德国柏林，可以说是整个欧洲和美国的"名人"。广告商用这匹马的名字推销产品。它的成就激发人们写了许多相关的歌曲、书籍和杂文。著名的数学家测试了它非凡的知识，断定它的数学推理能力相当于一个典型的14岁大的男孩。

这匹马可以做加法和减法，可以使用分数和小数，能阅读、识别硬币、玩卡片游戏、拼写、认识很多物体，并且可以进行惊人的记忆活动。一位《纽约时报》的作者写到，汉斯"能形成一些句子，并在第二天还能记住它们。它还能识别12种颜色与明暗度"（1904年8月14日）。它回答问题的方式是蹄子轻击地面特定的次数，或者向正确的物体点头。

"这里有多少绅士带着草帽？"人们询问这匹马。

聪明的汉斯用右脚点击出答案，它小心地去除了戴草帽的女士。

"那位女士手里拿着什么？"

汉斯点击出"Schirm"，意思是阳伞，它指出了组成阳伞的每一个字母图案。汉斯总是能成功地区别手杖和阳伞，也能区

神奇的马：数学天才？
向着行为科学前进
动物心理学对行为主义的影响
雅克·洛布（1859—1924）
老鼠、蚂蚁和动物心灵
成为一个动物心理学家
汉斯真的聪明吗？
爱德华·李·桑代克（1874—1949）
桑代克的生平
联结主义
迷箱
学习律
评论
伊万·彼德洛维奇·巴甫洛夫（1849—1936）
巴甫洛夫的生平
条件反射
埃德文·特维莫（1873—1943）
评论
弗拉迪莫·别赫捷列夫（1857—1927）
联合反射
机能心理学对行为主义的影响
问题讨论

别草帽和毛毡制成的帽子。

更重要的是，汉斯可以自己进行思考。当人们询问它一个全新的问题，如一个圆形中有多少角时，它把头摇来摇去，表示没有。（Fernald, 1984, p.19）

没有什么奇迹比这更令人感到困惑，没有什么奇迹能令汉斯的主人，威尔海姆·冯·奥斯顿（Wilhelm von Osten）更加高兴。奥斯顿是一位退休的数学教师。他已经花费了几年的时间教汉斯人类智慧的最基本知识。此前，他曾试图训练猫与熊，但没有成功。

奥斯顿并没有利用汉斯赚钱。当他在自家院子里见证了汉斯的辉煌后，他从来没收过一分钱。后来，他也没有在公众宣传中获利。他如此努力的动机是纯科学的。他的目标是要证明达尔文观点的正确性。达尔文曾经认为，人与动物具有类似的心理过程。奥斯顿相信，马和其他动物之所以看起来没有人类聪明，其唯一的原因是没有受到足够的教育。他确信，通过正确的训练，可以证明这匹马是智慧动物。因为他的努力，西方世界的很多人真的相信了！

但也存在一些质疑者与怀疑者，他们怀疑汉斯或任何其他动物是否真的有那么聪明。其中可能存在骗术。一些人认为那是一个丑闻的世纪。你相信可能教一个动物来正确地回答这些问题吗？动物的智力是真实的吗？所有这些与心理学史有联系吗？后来，我们将会看到，最终解开了这个谜团的真的是一位心理学家！

向着行为科学前进

到 20 世纪第二个十年的时候，也就是冯特正式建立心理学之后还不到 40 年时，心理学这门学科已经发生了翻天覆地的变化。并非所有的心理学家都还相信内省的价值，许多人开始对心理元素的存在、纯科学的心理科学观产生怀疑。机能主义心理学正在重写心理学的规则，其从事心理学研究的方式往往是莱比锡大学和康奈尔大学无法接受的。

机能主义运动与其说是革命性的，不如说是进化的。机能主义者并没有有意地摧毁冯特和铁钦纳所经营的一切。机能主义者只是想对其进行改造，在这里增加一点，在那里改变一些，因而随着时间的推移，一种新形式的心理学产生了。机能主义更多的是从内部蚕食，而不是从外部攻击。

机能主义运动的领导人并不热切地希望理论化自己的观点。他们认为自己的任务并非打破旧的传统，而是把自己的理论建筑在传统观点的基础上。因此，由构造主义向机能主义转变的过程并不是那么引人注目。在20世纪第二个十年的美国心理学中，机能主义逐步成熟，但构造主义的势力依然强大，虽然它已经不再是独一无二的了。

但是到1913年的时候，一个新的观点产生了。它公开向构造主义和机能主义宣战。它是一场有意识的对抗运动，其目的就是要彻底摧毁传统的观点。这一新运动的领导人既不想对传统的观点进行矫正，更不想与其妥协。这一革命运动就是我们所知的行为主义。它的领导人是35岁的心理学家约翰·华生。就在10年之前，华生在芝加哥大学从师于安吉尔，获得了博士学位。芝加哥大学是机能主义心理学的中心，而华生想要摧毁的两个目标之一就是机能主义。

华生行为主义的基本宗旨非常简单、直接和大胆。他呼吁建立一种科学的心理学。这种科学的心理学研究的是能用"刺激""反应"这些术语进行客观描绘的、可观察的行为动作。此外，华生的心理学拒绝一切心灵主义的概念和术语。那些由过去的心灵哲学继承而来的词语，如"表象""感觉""心灵""意识"等，对于华生所倡导的心理科学没有任何的意义。

华生坚决地拒绝意识概念。他认为意识对行为主义心理学没有任何价值。此外，他指出，意识"从来没有被观察、触摸、嗅、品尝或者推动过，它不过是一种假设，就像传统的灵魂概念那样无法证明"（Watson & McDougall，1929，p.14）。对于行为科学来说，假定了意识过程存在的内省法也没有任何实际的意义。

行为主义运动的基本观念并非华生的创造。这些观念在心理学和生物学中早已经存在一段时间了。像所有的创立者那样，华生把那些早已为时代精神所接受的观念和问题组织成一体，加以宣传和推广，从而创建了行为主义。因此，我们将考察促进华生提出行为主义心理学理论体系的那些主要因素，包括客观主义和机械主义的哲学传统、动物心理学以及机能主义心理学。

强调心理学的客观性具有悠久的历史。它可以追溯到笛卡尔。他对身体操作的机械论解释是人类朝客观科学方向迈进的第一步。在客观主义的历史中，一位更为重要的人物是法国哲学家孔德。孔德是实证主义运动的建立者。实证主义强调实证的知识（事实）和那些无可争议的事实（参见第二章）。依据孔德的观点，唯一有效的知识是社会性的和可以客观观察的知识。这样的标准排除了内省法，因为内省依赖于个人的私有意识，不能客观观察。

到20世纪早期的时候，实证主义已经成为科学时代精神的一部分。华生在其作品中极少提到实证主义，那个时代的大多数心理学家也是如此。但是正如一位心理学史家指出的，华生和那些心理学家的"行为方式像实证主义者，虽然他们并不使用这个标签"（Logue，1985，p.149）。因此，到华生开始他在行为主义方面的工作时，客观主义、机械主义和唯物主义的影响已经深深地渗透到思想和学术领域了，以至于不可避免地导致了一种新形式的心理学。这种心理学没有意识、心灵或者灵魂，它关注的仅仅是能被观察、倾听或触摸的东西。其结果就是一种行为的科学，一种把人看作机器的科学。

动物心理学对行为主义的影响

华生对动物心理学与行为主义的关系做了清楚的论述。在他看来，"行为主义是20世纪初期动物行为研究的直接结果"（Watson，1929，p.327）。因此，我们可以说，华生行为主义的最重要的前提是动物心理学。动物心理学是从进化论发展出来的。进化论导致人们尝试证明（1）低等动物心灵的存在；（2）动物心灵和人的心灵是连续的。

在第六章中，我们曾经指出动物心理学的两个先驱人物，即乔治·约翰·罗曼尼斯和康维·劳埃德摩根的工作。摩根的吝啬律和更加依赖实验而不是逸事技术的倾向使得动物心理学变得更加客观，尽管意识仍然是它的关注对象。虽然研究对象并没有改变，但是动物心理学从方法论上已经变得更为客观了。

例如，1889年，阿尔弗雷德·比纳出版了《微生物的心理生活》（The Psychic Life of Micro-Organisms）一书。在这本书中，比纳认为单细胞原生动物具备对物体的知觉和辨别能力，并且表现出有目的的行为。1908年，弗兰西斯·达尔文（Francis Darwin，查尔斯·达尔文的儿子）讨论了植物的意识，探讨了意识对植物的作用。在美国动物心理学的早期岁月里，人们对动物的意识过程一直存在着兴趣。罗曼尼斯和摩根的影响持续了很长时间。

雅克·洛布（1859—1924）

在动物心理学向客观化发展的过程中，雅克·洛布（Jacques Loeb）做出了重要贡献。洛布是德国生理学家和动物学家。他的一个嗜好是在下雨天浇灌他的草坪。他曾经在美国的几所机构工作，其中包括芝加哥大学。他反对拟人论的传统和类比内省法。洛布以**向性**概念为基础，提出了一种新的动物行为理论。向性是一种不随意的被迫运动。洛布相信，动物对刺激的反应是直接和自动的。因此，行为反应是被迫的，是被刺激迫使的。对行为的解释不需要根据所谓的动物意识。

向性（tropism）：一种不随意的力量运动。

尽管洛布的工作代表了那个时代动物心理学中最客观和机械的方法，但是洛布并没有全部抛弃动物心理学的传统。他并不拒绝在进化的阶梯上处在较高水平上的人和某些动物的意识（loeb, 1918）。洛布认为，**联想记忆**揭示了动物意识的存在。也就是说，动物学会了以某种理想的方式对某个刺激做出反应。例如，当动物学会了对它的名字或者某个特殊的声音做出反应，反复到某个地方获得食物时，就说明它具有了某种心理联结，即联想记忆。因此，即使在洛布的机械主义方法中，他仍然没有放弃意识的观念。

联想记忆（associative memory）：指的是刺激和反应之间的联想，被用来表明动物的意识。

华生在芝加哥大学听过洛布的课。他希望在洛布的指导下从事研究工作，显示出对洛布机械主义观点的好奇。安吉尔和神经学家唐纳森（H. H. Donaldson）劝说华生放弃这个计划，他们认为洛布是个危险的人。"危险"这个词可以做很多种解释，但是这或许显示了他们不赞成洛布的客观主义。

老鼠、蚂蚁和动物心灵

20世纪初，实验动物心理学呈现一派繁荣景象。1900年，罗伯特·耶基斯（Robert Yerkes）开始使用许多种类的动物进行实验研究。他的研究强化了比较心理学的地位，加强了比较心理学的影响。

同样是在1900年，克拉克大学的威利亚德·斯莫尔（Willard Small）引入了白鼠迷宫（图9.1）。白鼠和迷宫成了研究学习的标准方法。然而，

罗伯特·耶基斯

即便使用白鼠跑迷宫的方式研究动物行为，动物心理学家们仍然没有放弃意识。在解释白鼠的行为时，斯莫尔使用心灵主义的术语，写出了白鼠的观念和表象。

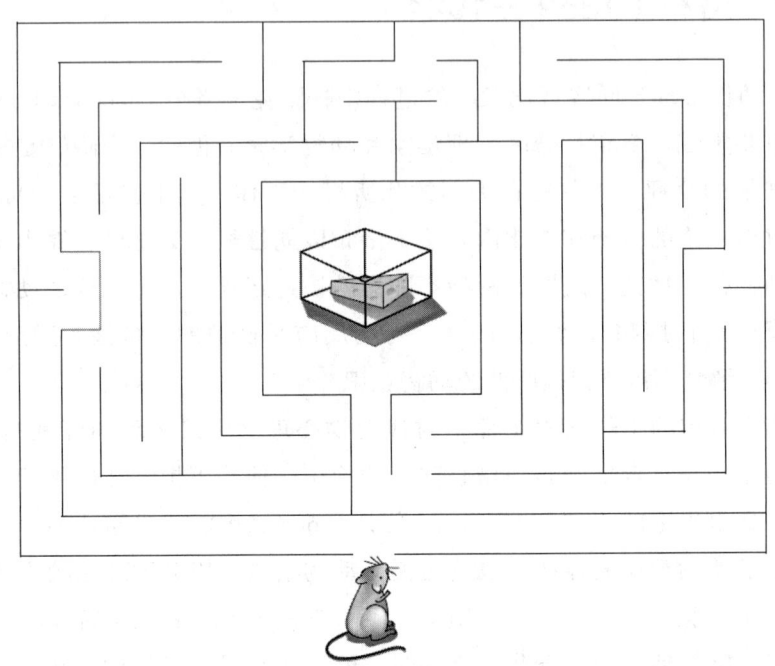

图 9.1 研究白鼠使用的迷宫图。把一只饥饿的白鼠被放入迷宫中，它到处寻找通往食物的路径。

尽管较之罗曼尼斯式的拟人化研究，斯莫尔的结论更为客观，但是却反映了动物心理学家对心理过程和心理内容的关注。即使在华生职业生涯的早期，他也受到这一趋势的影响。他 1903 年完成的博士论文的其题目是"动物教育——白鼠的心理发展"。1907 年的时候，他还在讨论白鼠的意识经验问题。

1906 年，还在芝加哥大学读研究生的亨利·特纳（Henry Turner, 1867—1923）发表了一篇文章，题为"蚂蚁行为初探"。华生在心理学的著名刊物《心理学公报》上评论了这篇文章，给予其高度赞扬。在这篇评论文章中，由于受到特纳的启发，华生首次使用了"行为"这个词语。这或许是华生在公开的出版物中首次使用行为这个词语，尽管此前他在申请基金时曾经在申请报告中使用过它（Cadwallader, 1984, 1987）。

特纳是非裔美籍学者，1907 年从芝加哥大学获得动物学方面的博士学位。尽管他是在动物学方面获得学位的，但是他在心理学的刊物上发表了许多动物心理学和比较心理学的研究报告，以至于心理学家会把他看作自己的同事。也许你们还记得，对于少数民族心理学家来说，工作机会是非常少的,特纳只能在美国密苏里州和乔治亚州的学院教书。

到1910年的时候,美国已经出现了8个比较心理学的实验室,其中最早的出现在克拉克大学、哈佛大学和芝加哥大学。其他许多大学也开设了这方面的课程。铁钦纳的第一个博士研究生玛格丽特·沃斯伯恩(Margaret F. Washburn)在康奈尔大学讲授动物心理学。1908年,她出版了《动物心灵》一书。这本书是在美国出版的第一本比较心理学教科书。

我们可以注意到沃斯伯恩这本书的书名,即《动物心灵》。在这本书中,动物仍然被赋予了意识,且通过对人的心灵类比来内省动物心灵的研究方法也仍然存在。沃斯伯恩指出:

> 我们不得不承认,所有对动物行为的心理解释必然以人类经验的类比为基础……当我们揣测动物心灵中所发生的事件时,我们必定是拟人化的。(Washburn, 1908, p.88)

尽管沃斯伯恩的书在那个时代是对动物心理学研究最全面的论述,但是它也标志着那个时代的结束。

> 在这本书之后,其他任何教科书都不再使用由行为推测心理状态的方法。那些由赫尔巴特·斯宾塞、摩根和耶基斯所关心的问题已经过时了,其中大部分已经从出版的文献中消失了。之后,这一领域几乎所有教科书在倾向上都是行为主义的了,所关心的问题都是学习方面的了。(Demarest, 1987, p.144)

成为一个动物心理学家

无论研究心灵还是研究行为,作为一个动物心理学家都是不容易的。州立法者和学校的行政当局总是关注基金的使用情况,不愿意考虑那些没有实用价值的领域。哈佛大学的校长认为,"耶基斯式的比较心理学没有前途,它名声不好,且花费太多,与实用的公共服务似乎没有任何关系"(Reed, 1987a, p.94)。耶基斯写道:

> 人们温和且巧妙地劝告我说……教育心理学为我升为教授提供了更为广阔和直接的路径，它比我的比较心理学更能增加学术的效用，我或许应该实现这种转变。（Yerkes，1930/1961，p.390-391）

耶基斯在他的实验室中培养出来的学生不得不到应用领域寻找工作，因为他们无法找到一个比较心理学的岗位。而那些在大学里找到了职位的人非常明白，他们是心理学系中最不稳定的人员。一旦有经费难题，动物心理学家最有可能被解雇。

华生在他职业生涯的早期也面临着同样的问题。他写信给耶基斯说，"现在，我的研究面临着重重障碍，我们根本就没有空间存放动物；如果有了空间，又没有经费运营这个'流动动物园'"（引自 O'Donnell，1985，p.190）。1908 年，仅有 6 篇动物研究报告发表在心理学刊物上，仅占那一年所有心理学研究的 4%。接下来的那一年，在美国心理学协会的会议上，当华生向耶基斯建议邀请所有的动物心理学家在一起聚餐时，他知道一张桌子就足够了，因为只有 9 个人。1910 年的《美国科学家》列举了 218 位心理学家，其中仅有 6 个人声称积极参与了动物研究，职业的前景非常渺茫。然而，由于那些坚守在这一领域的学者的奉献精神，这一领域最终得到了扩展。

1911 年，《动物行为杂志》（*Journed of Animal Behavior*）开始出版发行，后来，这一刊物又改名为《比较心理学杂志》（*Journal of Comparative Psychology*）。1906 年，《科学》杂志重印了巴甫洛夫（Ivan Pavlov）的一篇演讲稿，把巴甫洛夫的工作介绍给了美国公众。耶基斯和一个俄罗斯学生塞吉厄斯·莫古里斯（Sergius Morgulis）发表了一篇更为详细的文章，介绍巴甫洛夫的方法论及其研究结果。这篇文章发表在 1909 年的《心理学公报》上。

巴甫洛夫的研究支持了一种客观的心理学，特别是华生的行为主义心理学。因此，动物心理学的地位稳固了，并且在研究对象和研究方法上走向客观化。1904 年发生在德国的聪明的汉斯事件，支持了动物行为客观化研究这一趋势。正是那一年，德国政府组成了一个委员会，专门考察聪明汉斯的能力，判断其中是否存在着欺骗和诡计。这个委员会包括一个马戏团经理、兽医、驯马人、一位贵族、柏林动物园主任和来自柏林大学的心理学家卡尔·施通普夫（Carl Stumpf）。

汉斯真的聪明吗？

1904 年 9 月，在经过了长时间的调查之后，委员会得出结论认为，汉斯并没有从它的主人那里得到任何有意识的信号或线索。不存在虚假，也不存在欺骗。但是施通普夫对此并不完全满意。他对这匹马为什么能回答如此众多的问题感到奇怪。他把这个问题交给了一个名字叫奥斯卡·藩格斯特（Oskar Pfungst）的研究生去解决。藩格斯特用一个实验心理学家的严谨方式开始了对这个问题的探讨。

业已证明，即使训练者不在场，这匹马也可以正确回答问题。因此，藩格斯特设计了一个实验来测试这个现象。他把给马提问题的人分成两组，一组知道问题的答案，一组不知道答案。结果证明，只有当提问题的人知道答案时，马才能做出正确反应。很明显，无论谁给它提问题，汉斯都从他那里获得了某种信息，即使提问题的是个陌生人。

经过一系列设计周密的实验之后，藩格斯特得出结论认为，汉斯已经被他的主人无意识地条件化了，换言之，马的主人奥斯顿无意识地使他的马形成了某种条件反射。一旦当它知觉到奥斯顿的头出现最轻微的向下运动，它就开始敲击它的蹄子。当敲击的次数达到正确的数字时，奥斯顿的头会自动抬起，马的行为立刻停止。藩格斯特证明，每一个人，即使是那些从来没有接触过马的人，当同马说话的时候，都会有这种难以觉察的头部运动。

因此，心理学家证明了汉斯并没有知识的储存库。它只是被训练得每当它的提问者做出某种动作时，它就开始敲击蹄子，或者把头转向某个物体。而当提问者做出相反的动作时，它就停止了敲击。在训练的时候，每当马做出正确的反应以后，奥斯顿就会给马胡萝卜或糖块，从而强化了汉斯的反应。随着训练过程的进展，奥斯顿发现他不再需要强化每一个正确的行为，因此，他开始偶尔地给汉斯的正确反应提供奖赏。行为主义心理学家斯金纳后来证明了在条件反射形成的过程中，这种部分的或间歇强化的效用。

奥斯顿怎样看待藩格斯特的报告呢？他极端地困惑和惊愕！

他感到被欺骗和利用了，患了重病。但是他并没有把愤怒指向藩格斯特，而是对汉斯感到愤怒。他相信汉斯以某种方式欺骗了他。奥斯顿说，这匹马的欺骗行为让他感到十分难受。奥斯顿的确患了重病，医生诊断其患了肝癌。（Candland, 1993, p.135）

奥斯顿再也没有原谅汉斯的背叛。他诅咒这匹马，发誓要让它拉灵车度过它的余生。在藩格斯特揭示了真相的两年以后，奥斯顿去世了。在他逝世前，他仍然认为这匹忘恩负义的马应该为他的疾病负责。很显然，他还是认为汉斯具有智慧能力。

聪明汉斯的新主人是一位富有的珠宝商，名叫汉斯·克劳尔（Hans Krall）。克劳尔让汉斯和另外两匹马进行大众表演，让它们敲打出问题的答案。马的答案通常都是正确的，克劳尔称它们为"马精灵（Wizard Horses）"。它们以自己的能力征服了观众。它们会很多技巧，甚至能够计算数字的平方根（参见 Kressley-Mba, 2006）。显然，大部分公众并没有听说或注意藩格斯特的研究，也不知道汉斯所谓的能力并不神秘，只不过是一种反应的学习。

聪明汉斯的事例展示出实验方法对动物行为研究的价值与必要性。它使得心理学家对那种声称动物具有智慧的主张产生更多的怀疑。然而，它同样也显示出，动物可以进行学习，通过条件反射改变它们的行为。因此，人们逐步认识到动物学习的实验研究比早期的那种对动物心灵的推测更有用。藩格斯特的实验报告为华生所关注。华生写了一篇评论文章，刊登在《比较神经学和比较心理学杂志》上。藩格斯特的研究结论影响了华生，使得华生更倾向于建立一种心理学，这种心理学仅仅研究行为，而不关注意识（Watson, 1908）。

爱德华·李·桑代克（1874—1949）

爱德华·李·桑代克（Edward Lee Thorndike）是动物心理学发展史上最重要的研究者之一。他提出了一种机械、客观的学习理论。这一理论所关注的仅仅是外显的行为。桑代克相信，心理学必须研究行为，而不是心理元素或者意识经验。因此，桑代克强化了由机能主义者所开创的客观化倾向。他不以主观的方式解释学习，虽然他允许对意识和心理过程的某些参照，但是他主要是根据刺激和反应之间的具体联结来对学习进行解释的。

桑代克与巴甫洛夫的工作再次为独立的、同步发现理论提供了一个例子。桑代克在1898年提出了效果律，巴甫洛夫在1902年也提出了类似的强化律。

桑代克的生平

桑代克是在美国完成全部教育的首批心理学家之一。在美国完成全部的教育对于美国心理学家来说是一个重要进展。因为他们不再需要远赴欧洲去从事研究生的学习，而这一切反发生在心理学正式建立之后的20年里。就像其他许多心理学家那样，当阅读了威廉詹姆斯的《心理学原理》之后，桑代克对心理学产生了兴趣。那时他还是康涅狄格州韦斯勒延大学的本科生。后来，他到了哈佛大学，在詹姆斯的指导下学习心理学，开始了他有关学习的研究。

爱德华·李·桑代克

桑代克本来打算使用儿童做被试进行学习的研究，但是校方禁止这样做。因为校方仍然为一桩丑闻而心有余悸。在那桩丑闻中，一位人类学家脱掉儿童的衣服测量他们的身体。当桑代克得知他无法使用儿童作为被试时，他选择了小鸡。摩根曾经描绘过他使用小鸡进行的研究，桑代克听了摩根的课，受到了启发。

桑代克用书籍堆起临时的迷宫，训练小鸡从中穿越。曾经有这样的传说，桑代克无法找到一个地方存放他的小鸡。女房主不允许他把小鸡放在卧室里。因此，桑代克请求詹姆斯帮忙。詹姆斯在实验室或者在学校的博物馆里也无法找到一个空间供桑代克使用，因此，他把桑代克和小鸡迁到了他自家的地下室中。这让詹姆斯的孩子非常高兴。

桑代克在哈佛大学没有完成他的教育。由于他感觉一位年轻的姑娘没有回报他对她的兴趣，他向哥伦比亚大学的卡特尔提出申请，以便离开波士顿地区。卡特尔给他提供了全额奖学金，因此桑代克带着他两只训练得最好的小鸡到了纽约。在哥伦比亚大学，他继续从事动物研究。他自己设计了迷箱，以猫和狗作为实验对象。1898年，他获得博士学位。他的论文题目是"动物智慧——动物联想过程的实验研究"。这篇论文发表在《心理学评论》上，是使用动物为被试的第一篇博士论文（Galef, 1998）。在此之后，桑代克发表了大量有关小鸡、鱼、猫和狗的联想学习的实验研究。

桑代克的野心大，好胜心强。在给未婚妻的信中，他写道："我决定用5年的时间达到心理学的顶峰，再用10年从事教学，然后就急流勇退（引自 Boakes, 1984, p.72）。"他作为动物心理学家并没有太长的时间。他承认，他对动物心理学并没有多少兴趣，之所以一直在进行动物研究，是因为想完成他的学位和确立自己的声望。动物心理学对于一个雄心勃勃的人来说，并不是一个合适的领域。就像我们前面指出的，应用领域比动物研究领域具有更多的工作机会。

桑代克成了哥伦比亚大学教师学院的教师。在那里，他使用人类被试研究学习问题，改造他的动物研究方法，使之符合儿童和青年人的研究（Beatty, 1998）。后来，他转向教育心理学和心理测验，写出了几本教科书。1910 年，他创办了《教育心理学杂志》(*Journal of Educational Psychology*)。1912 年，他达到了心理学的顶峰。这一年，他被推选为美国心理学协会主席。他编制的测验和撰写的教科书给他带来了不少的版税收入，使他变得富裕起来。1924 年的时候，他的年收入接近 70000 美元。在当时，这几乎是个天文数字（Boakes, 1984）。

桑代克在哥伦比亚大学的 50 年极为多产，几乎是心理学发展史上出版成果最多的人。他出版的书和文章的目录有 507 条。尽管他在 1939 年就退休了，但是他仍然坚持工作，直到 10 年之后去世。

联结主义

联结主义（connectionism）：桑代克的学习方法，它建立在情境和反应之间联结的基础上。

桑代克称他的联想研究实验方法为**联结主义**。他写到，如果他要分析人的心灵，他就会去寻找：

> 在以下两者之间强度不同的联结，即（a）情境、情境的元素和情境的复合物，以及（b）反应、反应定势、易化、抑制和反应的方向。如果所有这些都能够完全地归类编目，理清在每一种可以想象的情况下，他会想什么和做什么，什么令他满意，什么令他烦恼，那么对我来说似乎就没有漏掉什么了……学习就是联结，心灵就是人的联结系统。（Thorndike, 1931, p.122）

这一观点是对传统联想哲学思想的直接扩展（参见第二章），但是有一点重要的差别：所谈的不是观念的联结，而是可以客观验证的情境和反应的联结。

尽管桑代克在一种更为客观的参照框架下形成了他的理论，他仍然继续参照着心理过程。当讨论实验动物的行为时，他提到了满意、烦恼和不适等，这些术语都带有较多的心灵主义色彩，与行为主义的观点是不一致的。因此，桑代克保持了罗曼尼斯和摩根的影响。他对动物行为的分析经常吸收一些有关动物意识经验的主观判断。

但是我们曾经指出，同洛布一样，桑代克并没有像罗曼尼斯那样毫不吝啬地赋予动物以高水平的意识和智慧。我们可以看出，动物心理学从开始至桑代克时代，意识的重要性在逐步减少，而应用实验方法研究行为的趋向逐步增强。

尽管桑代克的工作带有心灵主义的色彩，但他的方法毫无疑问属于机械主义传统。他认为必须把行为还原为最简单的元素，即刺激—反应的单位。他同构造主义和英国经验主义一样，采取了一种机械、分析和原子论的观点，认为刺激—反应的单位是行为（不是意识）的基本元素，复杂的行为是由简单行为复合而成的。

迷箱

桑代克使用旧的条木箱和木棒设计和建造了基本的迷箱，用于他对动物学习的研究（图 9.2）。为了跳出迷箱，动物不得不学会操作一个门栓。用迷箱作为动物学习研究工具这一思想观念是受了罗曼尼斯和摩根的启发。他们在一个逸事报告中提到动物的这一行为，描述了猫和狗怎样打开门栓，跳出了笼子。

在一系列的实验中，桑代克把一只被剥夺食物的猫放到一个石板做成的迷箱中。迷箱外面放着食物，如果猫从箱中跳出来，就可以获得食物奖赏。这只猫必须拉动一个杠杆或者一条链子，或者必须进行一系列动作才能拉动门栓，打开箱门。

最初，这只猫展示出随机行为，拨弄、嗅、抓，试图获得食物。最终，猫做出了正确的行为反应，打开了门。在第一次尝试期间，其行为完全是偶然性的。在随后的尝试中，它的随机行为越来越少，直到最后完成学习的过程。此时猫一旦进入迷箱中，就表现出了适当的行为。

为了记录数据，桑代克使用了学习的数量化测量方法。其中一种方法是记录错误行为的次数，即记录在逃出迷箱之前那些不成功的行为。在一系列实验中，这种行为逐步减少。另一种方法是记录动物从进入迷箱到逃出迷箱所花费的时间。随着学习过程的进展，这个时间也逐渐缩短。

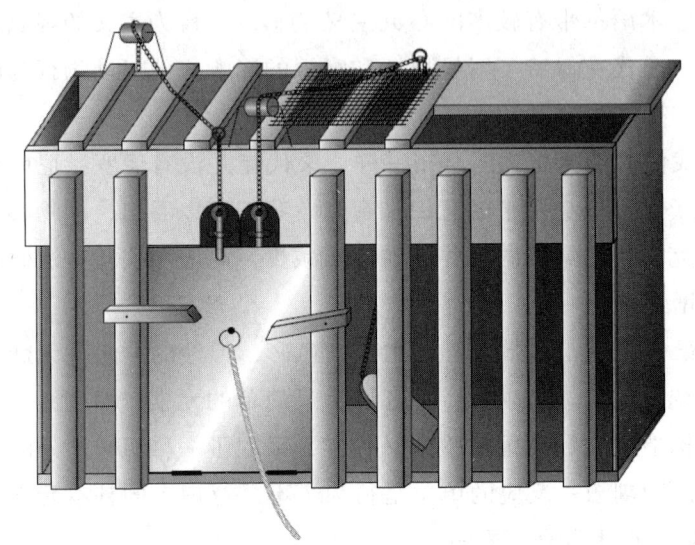

图 9.2　桑代克迷箱

桑代克写到，一种反应倾向究竟是"留下印记"还是"抹去印记"依赖于它产生有利的结果还是不利的结果。那些不成功的反应倾向，即那些在使动物逃出迷箱方面没有帮助的行为反应倾向于消失，在经过一系列尝试之后被抹掉了。而那些导致成功的反应倾向在经过一系列尝试之后留下了印记。这种类型的学习被称为**尝试与错误学习**，而桑代克更喜欢称之为尝试与偶然成功（trial-accidental-success）。

尝试与错误学习（trial-and-error）：一种类型的学习，以导致成功反应倾向的重复为基础。

学习律

在正式表述他有关一种反应倾向究竟是留下印记，还是抹去印记这一思想时，桑代克提出了**效果律**。

效果律（law of effect）：在一个特定情境中导致满足的行动，倾向于同那个情境联结起来，当这一情境再次出现时，这一行动也可能再次出现。

任何一个动作在一个特定的情境导致了满意感，就会与这个情境联结起来，因而当这一情境再次出现时，那个动作也就比以往更容易再次出现。反过来，任何动作在特定的情境中导致了不适，那么这个动作就与这个情境产生了分离的趋势，因

而当这个情境再次出现时，这个动作较之以往就更不容易发生。（Thorndike, 1905, p.203）

一个伴随的定律是**练习律**或者使用和失用律。依据这一定律，在特定情境下做出的反应就同这个情境联系起来。反应在这一情境中使用的越多，则它与这一情境产生的联系也就越强。反之，若这个反应长期不使用，两者之间的联系就趋于减弱。

换言之，在一个特定的情境中简单地重复一个反应加强了这一反应。但进一步的研究使得桑代克相信，对反应的结果给予奖赏（导致满足的情境）比对一个反应的简单重复，在效果上要更明显。

通过以人为被试的深入细致的研究，桑代克后来重新考察了效果律。研究结果显示出，奖赏一个反应的确加强了反应的力量，但是惩罚一个反应并没有导致类似的副效果。因此，桑代克修改了他的理论，更加强调奖赏的作用，而给予惩罚较少的重视。

练习律（law of exercise）：在特定的情境中一个动作或反应使用得越多，它与这一情境的联结越紧密。

评论

桑代克有关人和动物学习的研究是心理学发展史上最重要的研究之一。桑代克的工作标志着美国心理学中学习理论的兴起。桑代克在他的研究中所表现出的客观主义精神是对行为主义的重要贡献。华生写到，桑代克的研究为行为主义奠定了基础。巴甫洛夫同样感谢桑代克：

> 以我们的新方法开始工作若干年之后，我得知一些类似的实验已经在美国进行了，而且这些实验不是生理学家，而是心理学家主持的……我必须承认，在这条道路上迈出第一步的荣誉应该属于E. L. 桑代克。他的实验先于我们的实验两到三年的时间。无论是就它对于一项巨大任务提出的大胆看法，还是其研究结果的精确性，他的书都应该被看作经典。（Pavlov, 1928；引自 Joncich, 1968, p.415-416）

伊万·彼德洛维奇·巴甫洛夫（1849—1936）

伊万·彼德洛维奇·巴甫洛夫（Ivan Petrovitch Pavlov）有关学习的研究促进了联想主义的转变。传统上，联想主义重视的是主观的观念，由于巴甫洛夫的工作，联想主义转而开始重视诸如腺体分泌和肌肉运动等客观、量化的生理事件。其结果是，巴甫洛夫的工作为华生提供了研究对象，进而尝试控制和矫正行为的有效方法。

巴甫洛夫的生平

伊万·巴甫洛夫

巴甫洛夫出生于俄国中部的瑞亚湛镇。他的父亲是位乡村牧师，他是11个孩子中最大的一个。在这样的一个大家庭中处在这样的位置促使他很早就形成了责任意识和努力工作的动力。他一生中都保持着这种特点。他上学的时间耽误了几年，因为他7岁的时候在一次事故中头部受了伤。因此，他的父亲在家中指导他学习。后来，他进入了神学院，准备做个牧师，但是读了达尔文的理论之后，他改变了主意。他决定去圣彼德堡大学学习动物生理学，他步行了几百里路，到了圣彼德堡大学。

由于有了大学的训练，巴甫洛夫成为知识分子中的成员。知识分子是当时的俄国社会新出现的一个阶层，它既区别于贵族阶层，也区别于农民阶层。一位历史学家指出：

> 巴甫洛夫对于他出身的农民阶层来说，受到太多的教育且具有太多的智慧，但是对于他无法进入的贵族阶层来说，他又太普通、太贫穷了。这些社会条件经常会造就特别具有奉献精神的知识分子，这种知识分子的整个生命都围绕着学术追求，只有这样才能证明自己的存在。因此，正是俄罗斯农民的那种坦率和能量使巴甫洛夫几乎发狂般地献身于纯科学和实验研究工作。（Miller，1962，p.177）

1975年，巴甫洛夫获得了大学的学位，并且开始了他的医学训练。但是他从事医学训练并不是为了当医生,而是为了在生理学研究中从事一项工作。他到德国学习了两年,然后回到圣彼德堡,做了几年实验室助理。

巴甫洛夫完全投入到他的研究工作之中。他拒绝为工资、衣着、生活条件等实际问题分心。他于1881年结婚,他的妻子萨拉为他做出了牺牲,承担了一切家务,使他免受世俗琐事的干扰。在结婚时,他们二人约定,萨拉处理一切日常事物,不会允许任何琐事干扰巴甫洛夫的工作。作为回报,巴甫洛夫许诺不酗酒或打牌,只在星期六和星期天晚上才进行一些社会活动。巴甫洛夫严格地遵守工作计划,从9月至次年5月每周工作几天,夏天则在农村度过。

有这样一个故事可以看出巴甫洛夫对实际问题的忽视,即萨拉不得不经常提醒巴甫洛夫领取他的工资。萨拉说,她不相信巴甫洛夫会为自己买一件衣服。在巴甫洛夫70多岁的时候,有一次他乘电车去实验室。由于过于激动,他不等电车停下来就跳了下去,结果摔断了腿。"站在他旁边的一位妇女看到他跳了下去,说道:'这是一个天才,但是他竟不知道该怎样下车才不至于摔断腿'。(Gantt, 1979, p.28)"

在1890年之前,巴甫洛夫一家人都生活得非常窘迫。1890年,也就是在巴甫洛夫41岁的时候,他被圣彼德堡军事医学科学院聘为药理学教授。在几年之前,他还在准备博士论文的时候,他的第一个孩子出生了。医生告诉他,除非母亲和孩子住到农村去,否则这个脆弱的婴儿活不了几天。最终,巴甫洛夫借了一些钱,准备把母子送到农村,但是一切都太迟了,孩子已经病死了。当第二个孩子出生的时候,母子住到了亲戚家,而巴甫洛夫住到了实验室的窄床上,因为他付不起一套房子的租费。

巴甫洛夫的一些学生知道他的经济窘境之后,以请他讲课付讲课费为借口,给了他一笔钱。但是巴甫洛夫没有把钱留给自己,而是把钱花在实验室的狗身上。他似乎从来没有在意生活的艰辛,据说他从不为此而烦心。

尽管实验室研究是巴甫洛夫高于一切的兴趣,但他极少自己动手亲自进行实验。他通常监督着其他人从事这一工作。1897—1936年,有大约150多位研究者在巴甫洛夫的指导下进行工作,共写出500多篇科学论文。一位学生写道:"整个实验室工作起来就像一只不会停止的钟表"(Todes, 2002, p. 107)。

巴甫洛夫把研究者组织成一个类似于工厂的体系。他基本上是把这些人作为自己的手臂和眼睛:他给他们指定课题,提供给他们适当的研究技术,指导他们进行研究,解释所得到的研究结果,仔细地编辑着他们写出的东西。(Todes, 1997, p.948)

巴甫洛夫的坏脾气是非常出名的。他经常对他研究助手发出长时间、言辞激烈的评价。在1917年俄国革命期间,他严厉训斥一个助手,因为这个助手的实验迟了10分钟,而那个时候外面到处是枪声。街道上的枪声并不是借口,他不能允许任何对实验研究工作的干扰。通常,那些激烈的言辞很快就会被巴甫洛夫忘掉了。他的研究者知道巴甫洛夫期待什么,因为巴甫洛夫会毫不犹豫地告诉他们。在与他人的关系上,如果说巴甫洛夫考虑的不是那么周到,但他是诚实和坦率的。巴甫洛夫很清楚自己的这种坏脾气。一次,一位实验室工人再也无法忍受他的无礼,请求辞职。"巴甫洛夫回答说,自己的这种暴躁行为仅仅是一种习惯……不能构成从实验室辞职的理由"(引自Windholz, 1990, p.68)。实验的任何失败都会令巴甫洛夫变得压抑,但是成功会使巴甫洛夫非常高兴,他不仅会为此祝贺他的助手,而且还会祝贺那条实验用的狗。

他试图尽可能人道地对待实验室的狗,他认为在科学研究中,狗不得不遭受痛苦的外科手术,但这不可避免:

> 我们必须痛苦地承认,正是为了伟大的知识发展,人类驯化得最好的动物——狗——往往成为了生理实验的受害者。狗是不可替代的,而且,它有非常敏锐的触觉。它几乎就是实验的参与者,它的理解与遵从性,将大大地促进研究的成功。(巴甫洛夫,引自Todes, 2002, p. 123)

1935年,在巴甫洛夫的实验室前,建立了一块狗的纪念碑,一个华丽的喷泉。"在喷泉中央,一条大狗坐在那里,基座上雕着实验室场景和巴甫洛夫的名言。在顶部还有8条狗的半身像,水从它们的嘴里喷涌而出,就像分泌着它们令人致敬的唾液一般"(Johnson, 2008, p. 136–137)。

一位来自波兰的心理学家杰西·科诺斯基(Jersey Konorski)一直在巴甫洛夫的实验室里工作,他回忆说,巴甫洛夫的学生把巴甫洛夫当王子般看待。科诺斯基写道:

> 对于谁与巴甫洛夫最亲密，在他的学生中间明显存在着一种嫉妒。如果巴甫洛夫能长时间地与谁讲话，那么这个人就会感觉很荣耀……巴甫洛夫对任何一个人的态度决定了这个人在这个群体中的地位。（Konorski，1974，p.193）

有一个名叫W. H. 甘特（W. H. Gantt）的美国学生，后来将巴甫洛夫的作品翻译成了英文。他写到，他第一次见巴甫洛夫的那一天，是"他一辈子都不会忘记的一天"（引自Kosmachevskaya & Gromova，2007，p. 303）。

巴甫洛夫是俄罗斯很少的几位允许女性和犹太人在自己实验室工作的科学家之一。任何反犹太人的提议都会使他愤怒。他具有良好的幽默感，知道怎样从笑话中获得享受，即使这个笑话针对的是自己。在他接受英国剑桥大学荣誉学位的仪式上，坐在楼厅上的学生用绳子吊了一条玩具狗，放到了巴甫洛夫的膝盖上。巴甫洛夫一直把这个玩具狗放在家中的书桌上。

那时还是耶鲁大学博士研究生的希尔加德（E. R. Hilgard）曾于1929年听过巴甫洛夫在第九届国际心理学大会上的演讲。那次大会是在美国康涅狄格州的纽黑文市召开的。巴甫洛夫用俄语进行演讲，并不时地停顿下来，以便翻译把他的话译成英文。后来那位翻译告诉希尔加德说，"巴甫洛夫会停下来，告诉我说，'你知道我说了什么，请把这些告诉其他人，我继续说下去，谈一些其他的事情'"（引自Fowler，1994，p.3）。

巴甫洛夫同苏联政府的关系很不好。他公开批评1917年的俄国革命和前苏联的政治和经济体系。直到1933年之后，他才承认前苏联取得了某些成功。尽管如此，巴甫洛夫一直可以接到来自前苏联政府的慷慨资助。他可以自由地从事研究，而不受政府的干扰（参见Zagrina，2009）。

巴甫洛夫一直保持着一个科学家的态度。每次生病，他都会进行自我观察，即使在他逝世的那一天也没有例外。肺炎让他非常虚弱，他唤来了医生，描述自己的症状："我的大脑似乎不好使了，一些强迫性的感受和不随意运动不时出现，死亡似乎就要降临了。"他同医生谈论了一会儿自己的状态，然后就睡着了。当他醒来以后，他坐了起来，开始寻找衣服，似乎就像他平时那样富有精力。"是起床的时间了。"他高声说道："来帮帮我，我必须穿衣服！"说完之后，他就倒向枕头，永远地离开了人世（Grantt，1941，p.35）。

条件反射

在他的杰出生涯中,巴甫洛夫解决了三个问题。第一个与心脏神经的功能有关,第二个涉及主要的消化腺。有关消化的研究给他带来了世界性的声誉,赢得了1904年的诺贝尔奖。使他在心理学发展史中占有重要地位的第三个研究领域是有关**条件反射**的研究。

> **条件反射**(conditioned reflexes):指的是那些有条件的或者依赖于联想的形成、刺激和反应之间联结的反射。

就像许多科学突破那样,条件反射的发现纯属偶然。在研究狗的消化腺时,巴甫洛夫使用了外科暴露的方式,让消化分泌物流出体外,以便进行观察、测量和记录(Pavlov, 1927/1960)。这一工作的一个方面是探讨唾液的功能。每当食物放入狗的嘴巴中,唾液就会自动分泌出来。巴甫洛夫注意到,有时即使在提供食物之前,唾液也会分泌。看到食物,或者听到那个规律性地给它提供食物的人的脚步声都导致了唾液分泌。非习得性的分泌反应以某种方式与以前和喂食相联系的那些刺激联结到了一起。

心理反射

巴甫洛夫最初称这些反射为心理反射。这些在实验室中的狗身上产生的心理反射不是由原始物(如食物),而是由刺激引起的。巴甫洛夫推测,之所以产生这样的反应,是因为这些刺激(如关于喂食者的视觉和声音)经常与进食联系到一起。

由于受到动物心理学中占优势地位时代精神的影响,巴甫洛夫最初像桑代克、洛布和他之前的其他动物心理学家那样,主要关注实验室动物的心理体验。我们可以从他最初使用的"心理反射"这一术语看出这一倾向(后来他才改称其为"条件反射")。巴甫洛夫写下了许多有关动物的愿望、判断、意志等方面的材料,以主观的和人类的术语解释动物的心理事件。最终,巴甫洛夫放弃了这种心灵主义的倾向,转而接受一种更为客观和描述的方法。

> 最初,在我们的心理实验中……我们通过想象动物的主观状态而尽职尽责地尝试着解释研究的结果。但是除了徒劳无功的争论和无法达成一致的个别观点之外,我们一无所获。因此,我们除了在一种纯粹客观的基础上进行研究外,别无选择。

（引自 Cuny, 1965, p.65）

在巴甫洛夫那本经典著作《条件反射》(*Conditioned Reflexes*, 1927)的英文版中，他把反射的概念追溯到 300 多年之前的笛卡尔。他指出，笛卡尔的神经反射概念就是他研究的起点。

巴甫洛夫使用狗的第一个实验非常简单。他在手里拿着一块面包，在给狗吃之前，先让狗看到。最终，狗只要一看到面包，唾液就开始分泌。把食物放到嘴中以后产生的分泌反应是消化系统的自然反应；它的发生不需要学习。巴甫洛夫称这种反应为固有的或无条件反射。

然而，看到食物后的分泌反应并不是无条件反射，而是需要学习的。巴甫洛夫现在称这种反应为有条件的反射（而不是以往所称的心理反射），因为它依赖于狗在对食物的视觉和随后的进食之间形成的联想或联结。

在把巴甫洛夫的著作从俄文翻译成英语的过程中，巴甫洛夫的美国信徒甘特使用了"条件化的（conditioned）"，而不是使用"有条件的（conditional）"。甘特后来对他的这一修改感到后悔，但是条件反射已经成为一个公认的术语。

巴甫洛夫和他的助手们发现，任何刺激都可以引起实验室动物的条件分泌反应，只要那个刺激能够引起动物的注意而不至于让它害怕或愤怒。他们测试了蜂鸣器、光线、哨子、音调、沸腾的水和节拍器，等等，都取得了类似的效果。

巴甫洛夫研究计划的完善和精确可以从他用以搜集唾液的复杂设备上得到证实。一条橡皮管同狗的面颊上的一个外科手术开口相联结。唾液经过橡皮管流到一个平台上。这个平台下面是一个灵敏的弹簧。当每滴唾液落到平台上时，就激活了旋转鼓上的一个标记器。这种安排使得精确地记录唾液的滴数和落下时的精确时间成为可能。它只是巴甫洛夫遵循科学方法的艰苦努力的范例之一。换言之，巴甫洛夫花费了巨大的努力，力图使他的研究具有标准化的实验条件，严格地进行实验控制，去除产生错误的根源。

沉寂之塔

巴甫洛夫对研究的信度非常关心，他重视防止外部的干扰，因此，他设计了特殊的隔间：实验动物在这一隔间里，实验者在另一隔间里。研究者可以操作各种条件刺激、搜集唾液和给动物提供食物，但动物看不到这一切。

这些预防措施并不能使巴甫洛夫完全满意。他担心其他的环境刺激可能会玷污研究结果。利用一位俄国商人提供的基金，巴甫洛夫设计了一个三层楼的研究用建筑，称之为"沉寂之塔"。在这个建筑物里，窗户的玻璃是加厚的，每一房间都有双层铁门，当门关上以后，就形成了一个密闭的空间。铁梁埋在支撑建筑的沙土里。塞满稻草的壕沟围着这个建筑。振颤、噪声、温度变化、气味和风都被排除了。除了施加给动物的实验刺激之外，巴甫洛夫不想让任何其他的因素影响实验动物。

条件反射实验

现在让我们来看看巴甫洛夫实验室中的一个典型的条件反射实验。首先呈现条件刺激，例如光线等。在这一事例中，就是打开灯光。紧接着，实验者提供无条件刺激，即食物。光和食物经过多次配对呈现之后，动物只要看到光就会分泌唾液。光和食物之间的联想已经形成了，动物对条件刺激形成了条件反射，除非在光线之后跟随着食物，而且重复多次，否则条件反射，或者学习就不可能产生。因此，**强化**（喂食物）对于学习的发生是必不可少的。

强化（reinforcement）：增强反应可能性的某种东西。

有必要提出的是，巴甫洛夫的实验研究所持续的时间和所涉及的研究人员数量是自冯特以来的任何研究工作所不能比拟的。接下来的这段文章摘自巴甫洛夫的《条件反射》一书。我们可以看到他的工作怎样以笛卡尔的工作为基础，以及他的方法怎样表现了分析、机械论和原子论的倾向，同样也可以看出在他的实验工作中，他是怎样严格控制实验条件的。

○ 原著精选

摘自巴甫洛夫的《条件反射》（1927）

伊万·巴甫洛夫

我们的起点是笛卡尔的神经反射观念。这是一个真正的科学概念，因为它蕴含着必然性。或许可以像下面这样来概括它：一个外部或内部刺激作用在这个或那个神经感受器上，因而导致一个神经冲动。这个神经冲动沿着神经纤维传输到中枢神经系统。在那里，由于现存的各种神经联结，导致了一种新的神经冲动。这一新的神经冲动沿着外导神经到达活动的器官。在那个地方，它激活了细胞结构的特殊活动。因此，刺激似乎必然与确定的反应相联结，就像原因和结果之间的联系那样。有机体的整个活动似乎都明显地与固定的定律相联系。

反射是永恒平衡机制的基本单位。生理学家曾经和现在都在研究着有机体的各种为数众多、类似于机器、无法避免的反应，即那些由于神经系统的固有组织和从动物出生时就存在的各种反射。

反射就像人设计的机器传送带……在研究的开始时，我们曾经认为在实验的过程中，只要把实验者和狗孤立在实验隔间里，排除其他任何人的进入就足够了。但是现在发现这个预防措施根本就不能达到要求，因为对于实验者来说，无论他怎么努力，他自己本身都是一个连续不断的刺激源。他那些最轻微的动作，哪怕是眨眼或者眼球运动、姿势、呼吸等，都会形成一种刺激，作用于狗，因而极有可能影响实验结果，使得对实验结果的精确解释变得极为困难。

为了尽可能地排除实验者的这些不适当的影响，实验者应该被安置在狗所处的房间之外。即使这样的预防措施在那些不是特别为研究某种反射而设计的实验室里也是不成功的。即使狗被关在自己的房间里，动物的环境也处在永恒的变化之中。路人的脚步声、隔壁房间偶然的谈话、关门声、过路汽车的轰鸣、街道上的喊叫，甚至通过窗户投射过来的影子等，这些未受控制的、偶然的刺激都会落到狗的感受器上，对它的大脑半球产生干扰，因而干扰实验的结果。

为了排除这些干扰因素，彼德格勒实验医学研究所建立了一个特殊的实验室。建这个实验室的基金是由一个热情的、具有公益精神的莫斯科商人提供的。建立这个实验室的主要目的是保护狗，使其免受非控制下的外来刺激的影响。为了达到这个目的，在这个建筑物的周围挖了一条壕沟，并利用了其他一些特殊的结构装置。在建筑物里面，每一层有4个房间，每个房间之间都有交叉的走廊使其相互隔离。楼层与楼层之间都有中间层。每一个研究用的房间都用隔音材料分成两个小隔间：一个是安置动物的，另一个是实验者使用的。为了刺激动物和记录相应的反射性反应，实验者使用电子记录的方法和空气传输的方法。利用这种安排，才能确保环境条件的稳定性，这对于一个成功的实验是非常重要的。

埃德文·特维莫（1873—1943）

一个历史趣闻涉及另外一例独立的、同时性的科学发现。1904年，一位名叫埃德文·特维莫（Edwin B. Twitmyer）的年轻的美国学者在美国心理学协会年度会议上提交了一篇论文。特维莫是威特默（Lightner Witmer）以前的一个学生。他的这篇论文以两年前完成的博士论文为基础，其内容涉及膝跳反射。特维莫注意到，他的被试开始对各种刺激产生膝跳反射，而膝跳反射本来需要用小锤轻叩膝盖下部。他描述被试的这种反应是一种新的和不同寻常的反射，认为这应该成为进一步研究的课题。

会议上没有人对特维莫的报告产生兴趣。当他报告完以后，没有人提问。他的研究结果被忽略了。因此，特维莫感到十分沮丧，再也没有继续研究这一问题。

历史学家认为，特维莫的贡献之所以被人们忽视有这样一些原因。美国心理学的时代精神或许还没有为接受条件反射概念做好准备。抑或特维莫太年轻、太没有经验，或者缺乏必要的技能和经济资源来坚持他的研究和宣传他的观点。也有可能是他的报告时间太不合适，特维莫有关条件反射的报告正好在午饭之前。他是系列报告中的一个，由威廉詹姆斯主持会议。会议显然超出了设定的时间。或许是由于饥饿，或许是由于已经累了，詹姆斯没有给提问留下多少时间。特维莫的一个朋友与同事写的讣告中指出，"特维莫对当时的回忆，总是夹杂着失望的情绪，他的听众对他的研究结果没有表现出兴趣"（Irwin，1943，p. 452）。

历史学家不时地发现这样一些悲剧性的故事，讲述某个科学家本来可以因做出心理学史上最重要的发现而闻名于世。"特维莫必定痛悔终生……遗憾地思考着他或许可以给心理学留下什么样的遗产"（Benjamin，1987，p.1119）。

巴甫洛夫工作的另外一个先驱相对来说更鲜为人知，他就是阿洛伊斯·克赖多（Alois Kreidl）。克赖多是一位奥地利生理学家。1896年他就论证了条件反射的基本原理，比特维莫的报告早了8年。克赖多发现，金鱼从与实验室助理走向鱼缸相联系的刺激中学会了对喂食的预期。克赖多得出结论认为，金鱼看到喂食的人走近，"通过喂食人的脚步所导致的水的颤动而预期到进食，因而变得活跃起来"（引自Logan，2002，p.397）。然而，克赖多的主要兴趣在感觉过程，而不是在条件反射或学习，因此没有在科学的领域中对这些发现进行探究。

评论

巴甫洛夫证明，动物被试的高级心理过程可以在不提及意识的条件下，用生理学的术语来加以描绘。他的条件反射方法在行为矫正这样一些领域具有广阔的实践意义。约瑟夫·沃尔珀（Joseph Wolpe）这位行为治疗的创建者称巴甫洛夫的条件反射原理是他方法的基础（Wolpe & Plaud, 1997）。巴甫洛夫的研究同样也促进了心理学在研究对象和研究方法上向着更为客观化的方向转变，促进了心理学向着机能和实用方向的发展。

巴甫洛夫延续了机械主义和原子论的传统。这种传统从一开始就深深影响了新心理学的发展。对巴甫洛夫来说，所有种类的动物，不管是实验室的狗还是人，都是机器。他承认，动物和人是复杂的机器，但是像一位历史学家所表达的那样，巴甫洛夫相信人和动物"像其他任何机器一样的听话和顺从"（Mazlish, 1993, p.124）。

巴甫洛夫的条件反射技术给心理学提供了一种基本的、可操作的行为单位，以此为基础，心理学家可以对复杂的行为进行还原，可以在实验室条件下进行实验。华生接受了行为的这种单位，并使之成为他的理论体系的核心。巴甫洛夫指出，他很高兴地听到华生的工作，美国心理学中行为主义的发展是对他的观念和方法的一种确证。

滑稽的是，巴甫洛夫的最大影响是在心理学领域，而巴甫洛夫本人对心理学并不采取赞同的态度。他很熟悉构造主义和机能主义思想学派，也了解詹姆斯的工作，并且与詹姆斯一样，认为心理学虽声称是一门科学，但是还没有达到科学的阶段。因此，巴甫洛夫把心理学从他的科学工作中排除出去。他的一位实验助理使用心理学的术语，而没有使用生理学的术语解释实验工作，结果巴甫洛夫对这位实验助理施以罚金。后来，巴甫洛夫改变了对这一领域的态度，偶尔地称自己为实验心理学家。但是无论如何，他对心理学最初的那种消极态度并没有阻碍心理学家有效地利用他的工作。

弗拉迪莫·别赫捷列夫（1857—1927）

弗拉迪莫·别赫捷列夫（Vladimir Bekhterev）是动物心理学发展过程中另外一位重要人物。他促进了这一领域从主观的观念向客观观察的外显行为的转变。尽管他不像巴甫洛夫那么有名气，但是这位俄国生理学家、神经学家和精神病学家是几个研究领域的先驱人物。他是一个政治上的激进分子，公开批评沙皇和俄国政府。他接受女性和犹太人作为学生和同事，而那个时候，这些人都是被拒斥于俄国大学之外的。

1881年，别赫捷列夫从俄国圣彼德堡军事医学科学院获得学位。他在莱比锡大学跟从冯特进行研究工作，并且在柏林和巴黎的其他一些大学选了一些课程，然后返回俄国，在卡赞大学担任了精神医学的教授。1893年，他被任命为军事医学科学院的精神和神经科的主任，在那里，他组建了一所精神病院。1907年，他建立了心理神经病学研究所。现在这个研究所是以他的名字命名的。

当巴甫洛夫发表了一篇批评别赫捷列夫著作的文章后，两个人成了敌人。

> 别赫捷列夫和巴甫洛夫之间的敌意如此公开化，以至于他们会在街上公开侮辱对方。如果他们碰巧在一个会议上见面，那么要不了多久两人就会陷入争吵之中。由于两人形成了派系，相互指责和谩骂，因而他们卷入了无休止的争吵，揭露对方的错误和弱点。一旦别赫捷列夫的一个弟子公开发表一项言论，巴甫洛夫会立刻予以反击，就像形成了条件反射。（Ljunggren, 1990, p.60）

1927年，也就是推翻沙皇的俄国革命后的10年，别赫捷列夫被召唤到莫斯科，去为斯大林看病。据说斯大林患了严重的抑郁症。别赫捷列夫进行了检查，告诉斯大林他患了严重的偏执狂。令人怀疑的是，就在那天下午，别赫捷列夫去世了。在没有尸检报告的情况下，他的遗体很快就被火化了。据说，斯大林下毒药杀害了别赫捷列夫，以报复他对斯大林所做的精神病诊断。斯大林后来命令停止别赫捷列夫的全部研究工作，并且处死了别赫捷列夫的儿子（Ljunggren，1990）。1952年，即斯大林逝世的前一年，前苏联发行了一枚邮票，纪念别赫捷列夫。

联合反射

巴甫洛夫的条件反射研究几乎完全局限在腺体分泌上，而别赫捷列夫的兴趣在运动条件反应上。换言之，他把巴甫洛夫的条件反射原理应用于肌肉。别赫捷列夫的基本发现是**联合反射**，是他通过运动反应的研究而得到的结果。他发现，反射运动，如因电击缩回手指，不仅可以由无条件刺激（电击）所引起，而且可以由与原来的刺激联合的其他刺激所引起。例如，若电击的时刻伴随蜂鸣器作响，那么不久以后这种声响本身就可以引起缩回手指的反射。

联想主义者是根据心理过程来解释这种联结的，但是别赫捷列夫认为这种反应是反射性的。他相信，更为复杂的高级行为也可以根据同样的方式进行解释，即使用低级运动反射的累积或复合解释高级行为，思维过程也是类似的，因为思维过程依赖于言语肌肉的内部活动。这一观念后来为华生采纳。别赫捷列夫认为，心理学应该采用完全客观的方法处理心理现象。他反对使用心灵主义的术语和概念。

在《客观心理学》（*Objective Psychology*）一书中，他描述了这些观念。这本书于1907年出版，1913年被翻译成德文和法文，第三版于1932年用英文出版，书名为《人类反射学基本原理》（*General Principles of Human Reflexology*）。

自罗曼尼斯和摩根以来，动物心理学在研究对象和方法论方面表现出一种向着更加客观化方向的稳定发展。这一领域最初的工作涉及意识和心理过程，更多的依赖主观的研究方法。但是到20世纪早期的时候，动物心理学在研究对象和方法上已经完全客观化了。腺体分泌、条件反射、动作、行为这些术语清楚无疑地表明动物心理学已经抛弃了主观的过去。

动物心理学很快成为了行为主义的模型。行为主义的领导人华生在他的心理学研究中更喜欢用动物做被试，而不是用人做被试。华生使得动物心理学的成果和技术成为有关行为科学的基础，而这门行为的科学既适用于动物，也适用于人。

联合反射（associated reflexes）：指的是那些不仅可以被无条件刺激本身所诱发，而且同样也可以被与无条件刺激相联系的刺激诱发的反射。

机能心理学对行为主义的影响

行为主义的另一个前提是机能主义。尽管机能主义并不能称为一个完全客观的思想学派,但是在华生时代的机能主义心理学的确比它之前的心理学更能代表心理学的客观化倾向。卡特尔和其他机能主义者强调行为和客观性,并且表达了对内省法的不满(参见第八章)。马克·阿瑟·梅(Mark Arthur May,1891—1977)在1915年是哥伦比亚大学的研究生,他回忆了卡特尔访问他的实验室的情境:

> 梅给卡特尔展示了他的设备,给卡特尔留下了深刻印象,但是当梅试图展示从被试那里获得的内省报告时,卡特尔咕哝着:"一文不值!"然后就大踏步地走出了实验室。(引自May,1978,p.655)

应用心理学几乎不使用意识和内省,他们各自的专业领域基本上构成了客观的机能主义心理学。即使在华生的行为主义出现之前,机能主义心理学家就已经开始偏离冯特和铁钦纳的纯粹意识经验心理学。在其作品和讲课的过程中间,某些机能主义心理学家明确地呼吁一种客观的心理学,呼吁一种研究行为而不是意识的心理学。

1904年在美国密苏里州的圣路易斯市举行的世界博览会上,卡特尔在演讲中指出:

> 我并不相信心理学应该局限于意识研究……依据那种流行的观念,如果没有内省,就没有心理学,但是这种观点已经被雄辩的事实所驳倒。在我看来,在我的实验室中所做的大部分研究工作都像物理学和动物学那样独立于内省的使用……我看不出有什么理由不能像19世纪将物理科学应用于物质世界那样,在本世纪把系统化的知识应用于人性的控制。(Cattell,1904,p.179-180,186)

在卡特尔演讲时，华生也是听众之一。华生后来的主张与卡特尔的这个演讲有惊人的相似性。一位历史学家认为，如果说华生是行为主义之父，那么卡特尔就应该被称为行为主义的祖父。

在华生正式建立行为主义之前的那个10年里，美国的思想氛围支持了一种客观心理学的观念。的确，美国心理学的整个运动方向就是朝向行为主义。哥伦比亚大学的吴伟士（Robert Woodworth）写道："美国心理学家正在与行为主义一起向我们走来，从1904年开始，越来越多的人表现出了对行为科学的喜爱，而逐渐远离了对意识的描绘（Woodworth, 1943, p.28）。"

1911年，铁钦纳以前的一个学生，沃尔特·皮尔斯伯里（Walter Pillsbury）在他的教科书中界定心理学为行为的研究。他认为，把人作为和物理宇宙中的其他事物一样的事物进行客观研究是可能的。马克斯·迈耶（Max Mayer）出版了题为《人类行为基本定律》（*The Fundamental Laws of Human Behavio*）的书。1912年，威廉·麦独孤（William McDougall）出版了《心理学——行为的研究》（*Psychology: The Study of Behavior*）一书。奈特·邓拉普（Knight Dunlap）是霍普金斯大学的心理学家，他建议心理学应该禁止内省法的使用，而那个时候，华生正在霍普金斯大学教书。

同样是在1911年，威廉·蒙塔古（William Montague）在美国心理学协会纽约分会上提交了一篇论文，题为"心理学已经丢掉心灵了吗？"。蒙塔古建议心理学应该抛弃"心灵和意识的概念，以行为作为心理学的研究对象"（引自Benjamin, 1993, p.77）。

芝加哥大学的安吉尔或许是最具有革新精神的机能主义心理学家，他预言，美国心理学已经为接受更大的客观性做好了准备。1910年他评论说，意识这一术语似乎有可能从心理学中消失了，就像灵魂这一术语已经从心理学中消失了那样。三年之后，就在华生发表他的行为主义宣言之前，安吉尔建议，如果人们忘记意识，以动物与人的行为取而代之，那么对心理学是有益的。

因此，心理学应该是行为科学这样一种观念已经深入人心。华生的伟大并不在于第一个倡导了这一观念，而是比其他任何人都清楚地看出了时代精神的呼吁。作为一场革命的代表，他大声、清楚地表达了时代的呼唤。这场革命是不可避免的，且注定会取得成功，因为它早已在进行之中了。

问题讨论

1. 比较巴甫洛夫的条件反射概念与别赫捷列夫联合反射概念的异同。
2. 描述华生行为主义的基本宗旨,谈谈华生的行为主义与冯特和铁钦纳的观点有什么区别。
3. 描述罗曼尼斯和摩根以来的动物心理学的发展。作为动物心理学家,为什么那么困难?
4. 描述巴甫洛夫最初对心理主义经验的重视和控制外部干扰的努力。
5. 描述桑代克的迷箱研究和从研究结果中得出的学习律。
6. 讨论聪明汉斯事件对动物心理学的影响。藩格斯特的实验证明了什么?
7. 讨论桑代克关于人类与动物学习的研究,在整个行为主义心理学的发展中的重要作用。
8. 以构造主义和机能主义的思想为背景,讨论20世纪20年代美国心理学的时代精神。
9. 巴甫洛夫的工作怎样影响了华生的行为主义?
10. 机能主义学派怎样影响了华生的行为主义。
11. 你是否能设计一个实验,让兔子对电话铃声产生流口水的条件反射呢?
12. 描述洛布、沃斯伯恩、斯莫尔、特纳怎样影响了新动物心理学。
13. 20世纪第二个10年,心理学以何种方式进行了改变?
14. 谈谈桑代克的联结主义与传统联想概念的关系。
15. 为什么心理学史家对特维莫感兴趣?
16. 在20世纪的时代精神中,实证主义扮演了什么角色?
17. 华生综合了哪三种主要的力量,从而形成了他自己的新观点?
18. 为什么聪明的汉斯在整个西方世界引发了如此大的轰动?
19. 为什么华生反对内省法与意识研究。

第 十 章

行为主义的开端

心理学家、婴儿与锤子：不要在家里这样试！

年轻而漂亮的女研究生举起了婴儿，英俊而杰出的心理学家举起了锤子。女研究生在空中慢慢挥舞着自己的手，以吸引婴儿的注意，不让他向上或向后看。因此，分心的孩子没有注意到吊在天花板上的 1.02 米长、厚 2 厘米的钢条。他也看不到有人举起锤子，正在狠狠地用力敲击金属棒。

在他们枯燥的研究报告上写着：孩子开始剧烈地运动，呼吸急促，手臂张开。当心理学家再次敲打金属棒的时候，孩子"开始撇着嘴并颤动"。到敲第三下的时候，孩子"突然放声大哭起来"（Watson & Rayner, 1920, p. 2）。

你或许在猜，这些人是谁？他们在做什么？这个实验的被试就是大名鼎鼎的"小阿尔伯特"——心理学史上最著名的婴儿。这位英俊的心理学家就是 42 岁的华生，行为主义流派的创建者。21 岁的罗莎莉·雷纳（Rosalie Rayner）是华生的助手，开着当时最流行、最昂贵的斯坦茨·贝尔凯特牌（Stutz Bearcat）汽车来到约翰·霍普金斯大学。她与华生一起改变了心理学，但后来也终结了华生辉煌的学术生涯。

当小阿尔伯特（他的姓仍然未知）背后响起锤子敲打金属棒声音的时候，他才 8 个月大。他是一个健康、快乐的婴儿。华生选他作为实验被试，主要是因为他看起来比较镇定，不那么容易兴奋。

在他被锤子的敲击声所恐吓的实验前 2 个月，阿尔伯特已经接受了一系列的刺激，包括白鼠、兔子、狗、猴子、燃烧的报纸，以及一些面具。他对这些物体都没有表示过任何的恐惧。事实上，所有人，包括阿尔伯特的妈妈，都没有见过这个孩子在任何情况下恐惧过——直至做实验的那一天。

心理学家、婴儿与锤子：
  不要在家里这样试！
约翰·B. 华 生（1878 —
  1958）
华生的生平
行为主义的发展
对华生行为主义的反应
行为主义的方法
行为主义的研究对象
本能
情绪
阿尔伯特、皮特与兔子
思维过程
行为主义的公众吸引力
心理学的高潮
对华生行为主义的批评
卡尔·拉什利 (1890—1958)
威廉·麦独孤 (1871—1938)
华生与麦独孤的争论
华生行为主义的贡献
问题讨论

当华生第一次敲这根棒子的时候，阿尔伯特很害怕，而且明显地表现出是他生命中从未经历过的害怕。这让华生找到了无条件的情绪反应。他想给阿尔伯特制造一个条件情绪反应，比如他原来对白鼠不害怕，现在让他一见到这只白鼠，就同时弄出令他恐惧的响声来。用不了七次，孩子见到白鼠就害怕，即使没有人在他的背后敲打棒子。

因此，华生和雷纳让阿尔伯特对一个原本中性的刺激建立了条件反应，而且如此的快速、有效。后来，他们证明了阿尔伯特的恐惧反应，可以推广到其他毛茸茸的白色东西上，比如兔子、狗、皮衣或者圣诞老人的面具！

华生认为成人的害怕、焦虑和恐怖症都是建立在婴儿和儿童期的简单条件性情绪反应上，这些反应会伴随终生。

那小阿尔伯特呢？他后来还一直怕那些毛茸茸的白色物体吗？他接受心理治疗了吗？也许，他成为了一位心理学家。有人试图找出他的真实姓名和下落，但到目前为止，他们并没有成功（比如，参见 Beck, Levinson, & Irons, 2009；Deangelis, 2010；Powell, 2010）。虽然他的身份是未知的，但他在心理学史上的贡献，以及他在华生发展的行为主义理论中的作用，都是无法否认的。

约翰·B. 华生（1878—1958）

约翰·B. 华生

我们已经讨论了在约翰·B. 华生（John B. Watson）创建行为主义思想学派时，影响他的几种趋势。华生意识到，建立同创造是不一样的。因此，他把他的努力看作心理学中早已出现的一些思想观念的具体化。就像心理学的第一个推动和建立者冯特那样，华生宣称他的目标就是要建立一个新的学派。这种有意识的努力，把他与那些被历史标记为行为主义先驱的人清楚地区分开来。

华生的生平

华生出生于美国南卡罗莱纳州格林维尔的一个农场。他早年的教育是在一个只有一间房子的学校完成的。他的母亲笃信宗教，而他的父亲则恰恰相反。老华生酗酒，醉酒之后经常打人，而且还有几桩婚外情。由于他干什么工作都不能长久，其家庭一直处于贫困状态，仅仅依靠农场的一点收入糊口，邻居以遗憾和鄙视的眼光看待他们。当华生 13 岁的时候，他的父亲与另外一个女人私奔了，此后再也没有回来。在华生的一生中，他一直怨恨父亲。多年以后，当华生富裕并出名以后，老华生前往纽约看他，但华生拒绝见他的父亲。

在少年和青年时代，华生可以说是个"问题少年"。他描绘自己懒惰且难以管教，在学校从来没有得过比及格更好的成绩。老师回忆说，他是一个懒惰、爱吵嘴、不受控制的孩子。他经常打架，并曾两次被捕，其中一次是在市区范围内鸣枪。但是，在他 16 岁那年，他还是进入了地处格林维尔的伏尔曼大学。在那里，他学习哲学、数学、拉丁文、希腊语，并期望大学毕业以后进入普林斯顿神学院继续深造。

在伏尔曼大学高年级的时候，发生了一件奇怪的事情。一位教授警告学生说，在最后考试交卷的时候，如果有谁交上来的试卷页码是颠倒的，那么就会得到一个不及格的分数。华生不以为意，故意将试卷的页码从后往前排，结果考试没有及格。至少华生是这样讲述这个故事的。但是后来对相关历史数据的考察表明，有人查阅了华生这门课的分数，发现华生的成绩是及格的，他并没在那门课程上挂科。他的传记作者认为，华生选择这样讲述这个故事揭示了他人格中的某些东西。"他对成功充满着矛盾心理。他渴望成就和赞扬，但是这种行为又经常被他的倔强和冲动所累"（Buckley，1989，p.11）。华生的另外一位教授记得他是个喜欢挑战传统的人，"聪明但有点懒惰和无礼的学生，有点胖但却很帅，太自负，只对自己的观念感兴趣"（Brewer，1991，p.174）。

华生依然在伏尔曼大学继续学习，1899 年获得硕士学位。但是就在那一年，他的母亲去世了。这倒使华生不必再履行他成为牧师的诺言了，他没去神学院继续深造，而是选择了芝加哥大学。他的传记作者指出，那个时候的华生"是个野心勃勃的、充分意识到自己的地位，并急于在这个世界上留下自己烙印的年轻人，但是他不清楚自己应该选择什么职业，也不知道怎样达到目标，缺乏达到目的的方式和社会所需要的那种老练。到达芝加哥大学校园时，他的名下只有 50 美元"（Buckley，1989，p.39）。

他选择在芝加哥大学师从著名的杜威学习哲学，完成他的研究生学业。但不久之后，他就发现根本无法理解杜威的讲课。"那时，我从来不知道他在说些什么。"华生后来说道："而且不幸的是，到现在我仍然不知道。

（Watson，1936，p.274）"所以，华生对哲学的热情全部消失也就不奇怪了。他被机能主义心理学家安吉尔（J. R. Angell）的心理学所吸引，因此华生开始学习心理学，同时也跟随雅克·洛布学习生物学和生理学。从洛布那里，他熟悉了机制（mechanism）的概念。

华生同时干着几份兼职工作。他在食堂做招待，在实验室照顾白鼠，看守大门，为安吉尔清理书桌，等等。在临毕业的时候，他患了严重的焦虑症，如果房间里没有灯光，就无法入眠。

1903年，在他25岁的时候，华生获得了博士学位。在当时芝加哥大学的历史上，他是博士学位获得者中最年轻的。尽管他得到了许多人的祝贺，但是他也体验到深深的自卑感，因为安吉尔和杜威告诉他，对他的博士论文考核说明他不如三年前毕业的海伦·乌丽（参见第七章）。华生写道："那时我怀疑，是否有谁能赶上她。这种嫉妒感存在了很多年。（Watson，1936，p.274）"

也是在那一年，华生与他的一个学生、19岁的玛丽·伊克斯（Mary Ickes）结了婚。伊克斯出身于名门望族。她在考试卷上给华生写下了长篇的爱情诗歌。这次考试她得了多少分我们不清楚，但是我们清楚的是，她的确得到了华生。

华生的学术生涯

作为教师，华生一直在芝加哥大学工作到1908年。他出版了有关白鼠的神经和心理成熟的博士论文。这项研究显示了他早期对动物被试的偏爱。

> 我从不愿意使用人类被试。我也讨厌做被试。我不喜欢给予被试那种令人沉闷和人为的指示语。以人为被试，我总是不自然，感觉不自在。但对于动物被试，我却驾轻就熟了。在研究动物时，我才感觉脚踏实地，感觉靠近现实，思想才如泉水般涌来：难道通过观察动物，我不能发现其他学生使用人类被试所得到的一切吗？（Watson，1936，p.276）

华生的同事回忆说，在内省方面，他总是不成功。华生缺乏使用这种技术所需要的才能和气质。但是这种缺乏或许有助于他转向客观的行为主义心理学。毕竟如果他没有希望实践这一领域的主要研究技术，那么他的职业前景就很暗淡了。他必须发展其他的技术。同样地，如果他遵循自己的理想，把心理学看作只研究行为的科学，那么他就可以把对动物心理学家的职业兴趣带到主流心理学中来了。毕竟行为的科学是通过对动物和人的行为的实验研究而进行的。

1908年，巴尔的摩的霍普金斯大学聘请华生为教授。尽管华生并不想离开芝加哥，但是霍普金斯大学允诺的晋升、物质待遇的提高和指导实验室的机会让他别无选择。事实证明，在霍普金斯的12年是他对心理学做出最大贡献的12年。

邀请华生去霍普金斯大学工作的心理学家是鲍德温（J. M. Baldwin, 1861—1934）。鲍德温与卡特尔一起创办了著名的《心理学评论》杂志。在华生到达霍普金斯大学的第二年，鲍德温由于一桩丑闻而被迫辞职。鲍德温在警察突击检查卖淫嫖娼时被捕，而鲍德温对此的解释不能令霍普金斯大学校长感到满意。鲍德温说："晚饭以后，我愚蠢地接受了一个提议，去参观一所青楼，看看里面到底在做些什么，在此之前，我并不知道那种女人住在里面。（引自Evans & Scott, 1978, p.713）"然而，当他被捕时，他的确报了个假名字。鲍德温自此被逐出了美国心理学界，他在英国和墨西哥度过了余生，1934年在巴黎去世。鲍德温被解职的11年之后，历史又重演了。华生也由于一桩丑闻而被同一个校长勒令辞职。

鲍德温辞职以后，华生成了该心理学系的主任和《心理学评论》的主编。31岁的华生，因天时地利而成为美国心理学的重要人物。他非常受霍普金斯大学学生的欢迎。他们把毕业纪念册送给华生，推选华生为最帅的教授，这在心理学史上倒是独一无二的荣誉。此时的华生风华正茂、雄心勃勃，把全部的精力都用到工作上。他经常担心自己会失去控制，让自己过于疲劳。

行为主义的发展

1903年左右，华生开始认真考虑一种更为客观的心理学。1908年，在耶鲁大学的一次演讲中，以及在南部心理学与哲学学会的年会上的一篇论文中，他公开阐述了这些观点。华生争辩说，精神和心理的概念对于科学的心理学已经没有任何价值。1912年，应卡特尔的邀请，华生在哥伦比亚大学做了一系列演讲。第二年，他在《心理学评论》上发表了那篇著名的文章（Watson, 1913）。行为主义正式开始了它的历程。

1914年，他出版了《行为——比较心理学引论》(*Behavior: An Introduction to Comparative Psychology*)一书。在这本书中，他呼吁人们接受动物心理学，并且描述了在心理学研究中使用动物被试的有利之处。许多年轻的心理学家和心理学的研究生为他的行为主义心理学所吸引，坚持认为华生抛弃了从哲学那里遗传下来的神秘，清除了心理学中沉闷、污浊的空气，使心理学焕然一新。

那时，玛丽·琼斯（Mary C. Jones，1896—1987）还是一个研究生，后来她成为美国心理学协会发展心理学分会的主席。她回忆，华生每一本书的出版都会引起一阵激动，"华生的行为主义动摇了传统上由欧洲人孕育的心理学，我们对此热烈欢迎……它为脱离扶手椅上的心理学和心理学的改革指出了一条道路，被人们呼唤为心理学的灵丹妙药"（Jones，1974，p.582）。但是老的心理学家一般并不被华生的心理学规划所吸引，他们中的大部分人都拒绝了华生的方法。

在《心理学评论》上的那篇文章发表后仅仅两年，华生被推选为美国心理学协会主席。他之所以能被推选为美国心理学协会主席，与其说是对他地位的正式认可，还不如说是他的知名度和他的个人关系网所起的作用。在此之前，他已经同许多著名心理学家建立了友谊。

华生力图使他的行为主义具有实用价值。他的思想观念并不仅仅是为实验室，也是为了面向现实世界，解决现实问题。他大力推进心理学应用领域的工作，担任了一个大保险公司的人事顾问。在霍普金斯大学，他给商学院的学生讲授广告心理学，并且培训工业心理学的研究生。

在第一次世界大战期间，华生到军队服役，担任了少校的职务。在军队，他设计了知觉和运动能力测验，用于选拔飞行员。他也研究了高空缺氧对飞行员的影响。战后，华生和一位医生开办了工业服务公司，为商界提供人员选拔和管理咨询方面的服务（DiClemente & Hantula，2000）。

尽管他活跃在应用心理学的这些领域，但是华生工作的重点仍然放在行为主义领域。他要把行为主义的原则贯彻到心理学的所有方面。1919年，他出版了《行为主义立场的心理学》(*Psychology from the Standpoint of a Behaviorism*)一书，他把这本书献给了卡特尔。这是一本更加全面地论述行为主义的书，在这本书中，他主张动物心理学的研究方法和原理同样适于对人的研究。

一场不得不提的婚变

与此同时,华生的婚姻出现了裂痕。他对妻子的不忠令她感到无比愤怒。华生写信给安吉尔说,伊克斯不再照顾他,"她对我的触摸感到本能的反感……难道我们的生活还不够乱吗?(引自 Buckley,1992,p.27)"然而,他的生活就要变得更加糟糕了。

华生与比他的年龄小一半的研究生助理罗莎莉·雷纳陷入了爱河。华生写了许多肉麻但带有点科学味道的情书,其中 15 封被他的妻子发现了。在接下来轰动一时的离婚诉讼中,他的情书被刊登到《巴尔的摩太阳报》上(*Baltimore Sun*):

> 我的每一个细胞都属于你,一个一个地,全部地。
> 我的全部反应都是热烈的,给予你的。
> 心脏的跳动同样是为了你。
> 即使外科手术把我们连成一体,我也感觉我更多地属于你。
> (引自 Pauly,1979,p.40)

充满希望的大学职业生涯就这样结束了。他被迫辞去在霍普金斯大学的一切职务。他的传记作者写道:"华生惊呆了。直到最后,他都不愿意相信他真的会被开除……他一直相信,他的学术地位将使他不会因个人的私生活而受到任何影响。(Buckley,1994,p.31)"尽管他与雷纳结了婚,但他再也没有被允许返回学术岗位,获得一个全职的学术工作。由于与他的名字联系在一起的这桩丑闻,没有大学愿意接纳他。很快,华生就意识到他必须开始一种新的生活。"我可以从商。"他写信给朋友说,"但是坦率地讲,我爱我的工作,我感觉我的工作对心理学是重要的,如果我离开,那么我为心理学的未来所保持的那么一点热情就会熄灭。(引自 Pauly,1986,p.39)"

他的许多学术同行,包括他在芝加哥的指导老师安吉尔,都公开批评了华生。华生对此感到十分痛苦,他甚至认为这些人背叛了他。具有讽刺意味的是,虽然华生与铁钦纳之间在气质和理论观点上显著不同,倒是康奈尔大学的铁钦纳在华生遭遇个人危机期间表达了情绪上的同情。"我为华生的孩子们感到非常遗憾。"铁钦纳在给罗伯特·耶基斯(Robert Yerkes)

的信中写道:"我也为华生本人感到遗憾,如果他还想返回心理学的话,我担心他首先不得不从这一领域消失 5～10 年。(引自 Leys & Evans,1990,p.105)"

华生的商业生涯

霍普金斯大学解雇了华生,法庭判决他用以往工资的 2/3 赡养他的前妻和孩子,在这种条件下,华生开始了他的第二个职业生涯。他作为一个应用心理学家在广告领域工作。1921 年,他加入了沃尔特·汤姆森广告代理公司,年薪为 25000 美元,是他在大学里工资的 4 倍。他挨家挨户做商业调查、销售咖啡、在商店里做营业员,以此来熟悉商业世界。由于他的独特才能和强烈的进取心,3 年之后他就成为了公司的副总经理。1936 年,他加入了另外一个广告代理公司,直到他 1945 年退休。

华生相信,人的行为同机器的动作没有什么不同。因此,人作为商品和服务的消费者,其行为像其他机器那样,是可以预测和控制的。他指出,为了控制消费者:

> 你只要使用或基本、或条件性的情绪刺激……告诉他一些与恐惧联系在一起的东西,或者告诉他一些能激起中等程度愤怒的事物,或者引发感情或爱的反应,或者能触及其心理或习惯需要的东西。(引自 Buckley,1982,p.212)

华生提倡对消费行为的实验室研究。他强调,广告信息的重点应该放在风格上,而不是内容上,应该能传达一种新的和改进的形象。这样做的目的是让消费者对他们正在使用的产品产生不满,促使他们产生寻求新产品的愿望。

很多年以来,人们一直认为是华生最先倡导了广告宣传中的名人效应,认为华生设计了那些操纵我们动机和情绪的技术。后来的研究显示,尽管他积极倡导这些技术的使用,但是实际上在他加入广告公司之前,这些技术就已经在使用了(参见 Coon,1994;Kreshel,1990)。然而,华生的确对广告宣传做出了重要的贡献,不久以后这就给他带来了声望和财富。

1920 年之后,华生和学术心理学仅仅有一些间接接触。此时,他通过演讲、广播讲话、通俗杂志上的文章来向普通大众推销他的行为主义心理学思想。这样以来，他的知名度更高了，当然，也包括他的臭名。例如，在一篇论公众消费的文章中，他预言了婚姻风俗的结束。"我相信，一夫一妻制就要结束了，我们将冲破束缚，在自由的道路上轻松前进。（引自 Simpson，2000，p.64）"如果华生想制造轰动效应，无疑他是成功的。

在通俗杂志文章中，华生向公众传达了有关行为主义的严肃信息。他的文风清晰、简洁，具有很强的可读性。在他的自传中，他评论说，尽管专业心理学的杂志不接受他的文章，他看不出有什么理由"不把他的东西卖给公众"（Watson，1936）。这一态度导致他进一步远离了学术领域。"那些本来就无法忍受心理学的一般应用，特别是那些不能容忍行为主义思想的人，更加无法忍受华生所发起的这场推广行为主义的战役"（Kreshel，1990，p.56）。

华生后来在纽约社会研究学院做了一个系列讲座，这是他同学术心理学极少的正式接触中的一次。但他很失望，因为讲座没有持续多久，他就被解雇了。原因可能是他宣扬不端的性行为，尽管这一指控从未被公开（Buckley，1989）。

但是，其他途径也可以传播华生的观点。华生在演讲的基础上，完成了《行为主义》（*Behaviorism*）一书，描述了他的社会改革计划，这本书最早出版于1925年。华生后来承认，它的出版过于匆促。"我的讲座被速记下来，然后我检查了一遍，就奔向了出版商"（引自 Carpentero，2004，p.185）。一个更精致的版本于1930年出版。这两个版本都非常成功，华生的想法被大众接触到并影响了一大批心理学领域之外的人。

儿童养育实践

1928年，他出版了《婴儿和儿童的心理学关怀》（*Psychological Care of the Infant and child*）一书。他斥责"当今的父母是不称职的。大多数的人应该被起诉为心理凶手"（引自 Hulbert，2003，p.123）。在这本书中，他勾画了一种可控的而不是自由放纵的儿童养育体系。这一观点同他的环境决定论主张是一致的。这本书站在行为主义的立场上，给儿童的养育实践提出了许多严厉的告诫。他提出：

> 父母永远不要拥抱和亲吻儿童，永远不要让他们坐在你的膝盖上。如果必须这样的话，那么当他们说晚安的时候亲吻他们的额头一下。早晨起床后和他们握握手。如果他们出色地完

成了一项极为困难的工作，就在头上轻拍一下，以示赞扬……这样一来，你会发现你可以多么轻松客观地对待他们，同时又不失你的慈爱。你会为以往那种令人作呕、多愁善感的养育方式而感到彻底的羞愧。（Watson, 1928, p.81-82）

这本书改变了美国儿童的养育实践。整整一代儿童，包括他自己的孩子，都是在这种风格的教养实践中长大的。他的儿子詹姆斯·华生（James Watson）——后来成为了加利福尼亚洲的一位商人——回忆说，父亲从没有对他和他的兄弟表达过爱。他对华生的描述是这样的：

> 没有同情心，在情感上无法沟通，从不表达他自己的任何感受和情绪。我认为，他不自觉地剥夺了我和我兄弟的任何一种感情的基础。他深深地相信，任何柔情和爱心的表达都会对我们产生不利的影响。他严格地贯彻着他作为行为主义者的那种基本哲学理念。他从未亲吻过我们，或者把我们当成儿童看待。我们也从没有对他表示过任何情感上的亲密。因为在家中这是绝对禁止的。当晚上睡觉的时候，我记得父母会同我们握手……我和我的兄弟从没有想过要在身体上亲近父母，因为我们都知道，那是一个禁忌。（引自 Hannush, 1987, p.137-138）

华生的妻子雷纳为《父母杂志》（*Parents Magazine*）写了一篇文章，题目是"我是行为主义者的儿子的母亲"。在这篇文章中，她公开批评华生的儿童教养实践。"在某些方面，我对行为主义科学非常崇拜，但是在其他一些方面，我不敢苟同。我曾暗地里希望，当他们长大以后，在情感的得分上，他们有点处在劣势，在享受生活和对爱的追求上，眼中会充满泪水……我喜欢欢快和愉悦，希望有那种咯咯的笑声，而行为主义者却把咯咯的笑声看成适应不良的标志"（引自 Simpson, 2000, p.65）。雷纳同样认为，她发现很难控制对孩子的爱，偶尔会想突破这个行为主义的规则。但是他的儿子詹姆斯·华生不记得曾有这样的事情发生。

华生的两个儿子从青春期开始就都患有严重的抑郁症。一个儿子自杀身亡，另一个则精神崩溃，一直与自己的自杀冲动做斗争。虽然这个儿子活了下来，但他自己的女儿在活了一些年后又自杀了。此外，华生在第一次婚姻中所生的女儿也多次自杀未遂。"我老想着自杀。"她告诉自己的女儿,"这种抑郁起源于巴尔的摩那次（离婚）丑闻"（引自 Hartley & Commire, 1990, p. 273）。

她的女儿（华生的孙女，他女儿的女儿）是女演员玛丽特·哈特利（Mariette Hartley），也得了抑郁症，酗酒并常有自杀的念头。她指出，"在我们家完全没有过多的身体和情绪的表达"（引自 Stimpert, 2010, p. 2）。看来，华生用行为主义途径来抚养孩子，在他自己的家庭也并没有取得多大的成功。

华生后来的生活

华生充满智慧、善于表达、帅气而富有魅力，这些品质使他成为一位名人。他经常出现在公众的眼中，寻求并享受着公众的关注。他衣着讲究，经常参加滑艇比赛，与纽约社会的上层相处融洽。他把自己看作爱的天使和罗曼蒂克的探险者。在酒会上，他敢于接受任何人的挑战。在康涅狄格州，他买了一栋大厦，雇了许多仆人在大厦内服务。但是，他也喜欢穿着旧衣服，在院子里做些家务工作。

> 华生非常喜欢一些男人喜爱的活动，如打猎、钓鱼和其他一些可以让成人和儿童展示他们勇气和个人能力的活动。在这些活动中，他感觉自己才像个海明威式的人物，因为他崇尚能力、勇敢和男性气质。（引自 Hannush, 1987, p.138）

1935年，年仅37岁的雷纳去世了。詹姆斯·华生回忆说，这是他唯一一次看到父亲哭泣。华生短暂地拥抱了一下他的孩子，以表达内心的悲痛。然后，他送他们去寄宿学校，从此再也没有在孩子面前提起过雷纳。

之后不久，纽约的一位心理学家默特尔·麦格劳（Myrtle McGraw）恰巧碰到了华生，华生告诉她，对于雷纳的死，他一点准备都没有。由于他比雷纳大20岁，他一直认为自己会走在前面。他同麦格劳交谈了很长时间，询问他应该怎样面对自己的悲痛（McGraw, 1990）。很快，华生隐居起来，断绝了和外界的一切接触，全身心地投入了工作。他卖掉了那座大厦，搬到了一所类似于他孩童时代家园的农场里。

1957年，当华生79岁的时候，美国心理学协会授予他奖励，赞扬他的工作是"现代心理学的内容和形式中最关键的因素……是持久不变的、富有成果的研究路线的出发点"。一位朋友开车把华生送到了纽约宾馆,授奖仪式将在那里举行。

> 但是到了最后一分钟,华生拒绝走进举行仪式的房间,坚持要他的大儿子代他参加……华生担心的是,在那一时刻,他会控制不住自己的情绪,担心控制行为的中枢会崩溃,从而当众哭泣。(Buckley,1989,p.182)

1958年,华生在逝世之前焚烧了所有的信件、手稿和笔记。他把它们一件一件地放到火炉里,拒绝把它们留给历史。

叙述华生行为主义思想学派的最好方式首先是阅读下面的摘录。这些资料摘自华生的那篇行为主义宣言。在下面这段话中,华生讨论了他的新心理学的概念和目标,阐述了他对构造主义和机能主义学派的批评。他同时也解释了这样一种观点,即应用心理学领域应该被看作科学的,因为应用心理学寻求的是预测和控制行为的一般定律。

〇 原著精选

有关行为主义的原始资料:摘自华生的《行为主义者眼中的心理学》(*Psychology as the Behaviorist Views It*, 1913)

约翰·华生

就行为主义的观点来看,心理学是自然科学的纯客观的实验分支。它的理论目标是行为的预测与控制。内省并不是它方法的基本部分,其数据的科学价值也不依赖于这些数据是否易于根据意识来进行解释。在其力图获得动物反应统一图式的努力中,行为主义看不出人兽之间有什么明确的界限。人的行为虽然精细而复杂,也仅仅是行为主义总的研究规划中的一部分……

我不想不适当地批评心理学。我认为,心理学在它存在的50多年中,作为一门实验科学,并没有使它在世界上获得像一门毫无争议的自然科学那样的地位。很明显，它是失败的。就像一般认为的那样，心理学在研究方法上具有某种神秘性。如果你没有做出某种发现，这并不是因为你的工具或你对刺激的控制上存在问题，而是因为你的内省没有受过正式的训练。因此，批评的对象是内省的观察者，而不是实验情境……

心理学必须放弃所有对意识的参照，这个时机好像已经到来。那种欺骗自己，让心理状态成为观察对象的做法再也没有必要了。我们如此纠缠于一些思辨性的问题，如心灵的元素、意识内容的特性……以至于作为一个实验者我感觉我们的前提和针对这些前提提出的问题类型有什么东西搞错了……

我坚定地相信，从现在开始到200年以后，除非抛弃内省法，心理学将仍然在听觉是否具有广延性、色彩是否具有强度特性、表象和感觉之间是否存在结构上的差异等其他具有类似特征的问题上争吵不休……

我在心理学方面的争论并不仅仅针对系统化和结构化的心理学家。在过去的15年里，我们已经看到了所谓机能主义心理学的成长。这种类型的心理学反对从构造主义那种静态意义上使用心理元素。它强调意识过程的生物学意义，它不主张把意识状态分析为在内省上可以分离的元素。

我曾经努力理解机能主义心理学和构造主义心理学的差异。但是我不仅没有澄清两者的差别，反而更加困惑了。像感觉、知觉、感情、情绪和意志这样一些术语，在机能主义心理学家那里与在构造主义心理学家那里使用得一样多……的确，如果从内容的观点来看，这些概念是难以捉摸的话，那么从机能的观点来看，这些概念则具有更多的蒙骗性，特别是当机能是由内省法得到的时候，情形更是如此……

当我打开沃尔特·皮尔斯伯里的书，看到心理学被定义为"行为科学"的时候，我感到非常吃惊。一本更新的教科书指出，心理学是"心理行为的科学"。当我看到这些充满希望的观点时，我想，现在我们的确有了以不同路线为基础的教科书了，但是仅仅几页过后，行为科学就被抛弃了，你会发现还是那种对感觉、知觉、想象等现象的传统处理方式，只不过强调的重点有所变化，附加了一些增加作者个人痕迹的东西而已。

我相信我们可以写一本心理学教材，按照皮尔斯伯里的定义，但是决不会返回到心理学现在的定义，即决不使用意识、心理状态、心灵、内容、内省上可证实、表象等术语……相反，我们使用的是刺激和反应，根据习惯形成、习惯综合等来写这部心理学教材。而且我相信现在进行这样的尝试的确是有价值的……

行为主义是一个可以为之辩护的观点，我对此充满希望。之所以如此，是因为这样一个事实，即那些早已部分地脱离它们的母体——实验心理学的各个分支，那些已经不太依赖内省的心理学分支，目前正处于繁荣状态。实验教育学、药物心理学、广告心理学、法律心理学、测验心理学和心理病理学现在正茁壮成长。有时，这些领域被错误地称为"实用的"和"应用的"心理学。的确没有比这更糟糕的称呼了。未来或许会出现一个职业办事处，专司真正的心理学应用。但是目前，这些领域属于真正科学的领域，因为它们寻求的是一般定律，其目的是对行为的控制。

例如，通过实验方法我们可以确定，对于现有的几段诗行，是一次全部学习的效果好，还是每次学一段，然后再转向下一段的学习更有利。我们并没有尝试应用研究的结果，就教师来说，对这些原理的应用完全是自愿的。

在药物心理学中，我们可以证明某种剂量的咖啡因对行为的效应。我们可以得出某种结论，指出咖啡因对工作的速度和精确性有强烈的影响。但是这都是一些一般性的原理，至于使用还是不使用这些原理那就是个人的事情了。

同样，在法律证词中，我们测量最近证人报告的可靠性的效应。我们所测验的是同运动物体、静态物体和色彩有关的那个报告的准确性。这要依赖那个地方的审判机制来断定是否可以接受这些事实。

对于一位"纯"心理学家来说，他可能对心理学中的这些应用领域提出的问题不感兴趣，因为他同心理学的这些应用没有直接的联系。这首先表明，他没有理解研究这些问题的科学目的；其次也表明，他对一个涉及人生的心理学不感兴趣。在这一学科中我所发现的唯一错误就是它们的大多数材料都是根据内省而阐述的，但是依据客观结果的理论陈述或许会更有价值。无论什么学科，都没有理由一切求助于意识；在实验过程中，也没有什么理由非要寻求内省的数据；在发表研究结果时，也没有什么必要一定要内省的数据。

特别是在实验教育学中，我们可以看到把所有的结果保持在客观的水平上有多么理想。如果能做到这一点，有关人类的研究就可以直接地与对动物的研究进行比较。例如，霍普金斯大学的尤里奇先生曾经用白鼠做被试，获得了某些研究结果。他研究的是学习过程中努力的分配情况。他准备在动物每天解决一次问题、每天解决三次问题以及每天解决五次问题上所产生的效果方面，提出可以相互比较的结果。究竟是让动物每次学习一个问题适当一些，还是同时学习三个问题更加适当。我们还需要对人类进行类似的实验。但是，在实验的过程中，我们一点也不关心他的"意识过程"，就像我们在白鼠的实验中，一点也不关心这些过程一样。

对于心理学，我所赞成的计划实际上导致了对现代心理学家所使用的那种意识的忽略。实际上，我是否认这些精神领域是可以进行实验研究的。在这个问题上，我不想做进一步的探讨，因为那样不可避免地会导致形而上学。如果你授权给行为主义者可以像其他自然科学家那样使用意识，即不把意识看作一个特殊的研究对象，那么你就会接受我的论点所要求的一切了。

对华生行为主义的反应

对于许多心理学家来说，华生对传统心理学的攻击，以及他对一种新方法的呼吁具有很大的蛊惑力。让我们来回顾一下他的主要观点：心理学是行为的科学，而不是对意识的内省研究；心理学是纯客观的、实验自然科学；它既研究人的行为，也研究动物的行为；心理学家应该抛弃心理主义的观念，仅仅使用刺激和反应这样一些行为概念；心理学的目标是行为的预测和控制。

然而，尽管它对某些人具有吸引力，华生的行为主义并没有立刻得到广泛的支持。最初，在心理学的职业杂志上，行为主义相对来说仅得到了极少的注意。直到1919年，华生的《行为主义立场的心理学》一书出版以后，行为主义运动才真正产生了强大的冲击力。

玛丽·卡尔金斯（Mary W. Calkins）反对华生的行为主义观点。她质疑华生对内省法的拒绝。她同许多心理学家一样，认为某些心理过程只有通过内省才能进行研究。有关内省法的争论在心理学中持续了多年。玛格丽特·沃斯伯恩（Margaret Washburn）强烈反对华生的观点，称华生是心理学的敌人。

但最终支持华生的人越来越多，特别是在年轻的心理学家中间。到20世纪20年代以后，大学里开始开设有关行为主义的课程，行为主义这一术语在心理学的职业杂志上得到认可。在那些老一代的心理学家中，威廉·麦独孤（William McDougall）对于华生行为主义的流行提出了公开的警告。铁钦纳抱怨说，行为主义就像一股巨浪吞没了美国。到1930年，华生可以骄傲地宣称，行为主义太重要了，以至于没有哪所大学不讲授行为主义。

当然，行为主义的确取得了成功，但是华生在1913年呼吁的变化却没有来得那么快。而当这种变化真的到来时，华生的行为主义已经不是行为主义的唯一形式了。

行为主义的方法

我们已经看到，当科学心理学创立之时，心理学家渴望与那些传统、成熟且更受人尊敬的自然科学结盟。新心理学试图改造自然科学的方法，使之符合自己的需要。这一倾向在行为主义那里表现得最为明显。

华生坚持认为，心理学应该把自身严格地限制在自然科学的数据上，即那些可以观察的东西。简单地说就是：心理学应该把自身限制在对行为的客观研究上。在行为主义的实验室中，只有那些严格遵循客观程序的研究方法才是可以接受的。对于华生来说，这些方法包括：

- 使用和不使用仪器的观察
- 测验法
- 语言报告法
- 条件反射法

观察是其他方法的一个必要基础。客观测验法已经为人们所使用，但是华生认为，测验的结果应该被看作行为的样本，而不是心理品质的指标。对于华生来说，测验并不测量智力或者人格，而是测量被试对刺激情境的反应，仅此而已。

语言报告法引起了较多的争议。由于华生如此强烈地反对内省，因而在实验室中使用语言报告法使他受到了不少的批评。一些心理学家认为，语言报告法是华生对内省法的妥协，华生从前门把内省法赶了出去，又从后门偷偷地把它放了进来。

为什么华生接纳了语言报告法呢？因为尽管华生厌恶内省，但是他不能忽视心理物理学家的工作，而心理物理学家的工作使用的就是内省法。因此华生认为，由于语言反应是可以客观观察的，因而它就像其他运动反应那样，对于行为主义是有意义的。"说就是做，换言之，说就是行为。出声的言语和对我们自己的言语（思维）就像棒球那样也是一种客观行为。（Watson, 1930, p.6）"

然而，行为主义的语言报告法是对内省法的让步，因而受到了严峻的挑战。反对者认为，华生在玩概念游戏，仅仅提供了一个语义上的变化。华生也承认，语言报告法是不完善的，并不是客观观察令人满意的一个替代物。他把语言报告法的使用严格限制在那些可以进行验证的情境，如报告声调的差异。不可验证的语言报告，如无意象思维或对情感状态的叙述等则被排除在外了。

在行为主义正式建立两年之后的 1915 年，华生采用了条件反射法。在此之前，条件反射法已经得到了部分使用，但美国心理学广泛使用条件反射法的功劳则应归功于华生。华生告诉心理学家希尔加德（Ernest Hilgard），他对条件反射法的兴趣来源于他对别赫捷列夫的研究，后来，他又承认同时受到了巴甫洛夫的影响（Hilgard, 1994）。同样是在 1915 年，华生在写给他的学生卡尔·拉什利的信中提到，条件反射"如此漂亮地取代了内省，值得把它引入我们的体系，我们能用与研究动物相同的方法来研究人类"（引自 Buckley, 1989, p. 86）。

华生用刺激替代（stimulus substitution）来描述条件反射。当一种反应同一个原来并非引起它的刺激联系或联结在一起时，那么这个反应就是条件反射了。例如，巴甫洛夫的狗听到铃声，而不是看到食物才产生唾液分泌，那就是一种条件反应。华生之所以选择这种方法，是因为它提供了分析行为的客观方法。它使得人们在分析行为时，可以把行为还原为它的基本单位，即刺激与反应的联结。由于所有的行为都可以还原为这些元素，因而条件反射法使得心理学家可以对复杂的人类行为进行实验室研究。

因此，华生延续了由英国经验主义确立，且被构造主义心理学家采纳的那种原子主义和机械主义传统。他倾向于按照物理科学家研究宇宙的方式，把整体分析成原子和元素，以这种方式来研究人的行为。

对于心理学来说，这种对客观方法的绝对依赖和对内省法的排斥意味着心理学实验室中人类被试特性和作用的变化。对于冯特和铁钦纳来说，被试既是观察者，又是被观察者，因为他们观察的是自己的意识经验。他们的角色无疑比实验者更为重要。

在行为主义那里，被试本身变得不那么重要了。他们不再进行观察，相反，他们被实验者观察。有了这种变化，那些原来被称为观察者的实验室被试，现在成了真正的被试。真正的观察者是实验者，即那些从事研究的心理学家，他们确立实验条件并记录被试的反应。

因此，人类被试的地位降低了。他们不再积极地观察自己的特征，而是仅仅做出行为。而每一样东西都有行为：婴儿、儿童、有心理和情绪障碍的人、鸽子或老鼠，等等。这种观点强化了心理学中"人是机器"的形象。就像一位历史学家指出的："你把刺激放到一个槽中，就会出现一包反应。（Burt，1962，p.232）"

行为主义的研究对象

华生行为主义的主要研究对象是行为的元素，即身体的肌肉运动和腺体分泌。作为一门行为科学，心理学只研究那些可以客观描绘的动作，同时又不使用主观的或心理的术语。

尽管华生宣称的目标是把所有的行为都还原为刺激—反应（S-R）的单位，但是行为主义的根本目标是理解有机体的整个行为。例如，尽管反应可以简单地像一个膝跳，但是它也可以非常复杂。华生称这些更为复杂的反应为"动作（acts）"。这些反应性的动作包括这样一些事件，如饮食、写作、跳舞或者建房子，等等。换言之，动作涉及有机体在空间中的运动。很明显，华生是从完成影响环境的某些目标来考虑动作的，而不是仅仅把动作看作肌肉元素的联结。然而，无论行为动作有多么复杂，它都可以还原为较低水平的运动或腺体反应。

反应既可以是外显的，也可以是内隐的。外显的反应是公开的和可直接观察的。内隐反应，如心跳、腺体分泌和神经冲动等，发生于有机体的内部。尽管这些反应不是公开的，但它们仍然属于行为。由于包括了内隐反应，华生扩展了可观察行为的范围，使他的研究对象不再局限于外显和公开的行为反应。他承认某些行为在潜在的意义上讲是可以观察的，因为那些发生于有机体内部的运动和反应通过仪器是可以观察的。

就像行为主义所研究的反应那样，刺激既可以是简单的，也可以是复杂的。刺激视网膜的光波相对来说比较简单，但是刺激同样可以更复杂一些，就像汇聚在一个活动中的反应丛可被还原为它的分子反应那样，刺激情境也可以分解为特定的分子刺激。因此，华生的行为主义心理学研究与环境处于一定关系的整个有机体的行为。华生建议说，首先把刺激—反应结分析为基本的刺激和反应单位，然后才可以获得特定的行为定律。

在方法和对象上，华生的行为主义尝试建立一种像物理学那样客观、摆脱主观概念和主观方法的行为科学。让我们来看看华生是怎样对待本能、情绪和思维这三个问题的。就像所有的体系理论家那样，华生所建立的心理学与他的基本信念是一致的，那就是行为的所有领域都可以使用客观的刺激—反应术语来加以考察。

本能

最初，华生接受本能对行为的影响。在他的 1914 年的《行为——比较心理学引论》(*Behavior: An Introduction to Comparative Psychology*) 一书中，他描绘了 11 种本能，包括对随机行为的对抗。他在佛罗里达州海岸旁的一个群岛上研究了一种鸟的本能行为。同他一起去的还有卡尔·拉什利。拉什利那时还是霍普金斯大学的学生。拉什利声称，这次探险活动由于缺乏雪茄和威士忌酒而突然中止了。

到 1925 年的时候，华生修改了他的观点，全面排除了本能的概念。此时他认为，那些看似本能的行为实际上是社会化的条件反应。他赞成这样一种观点，即学习或条件反射是理解人的发展的关键因素。这样一来，华生就走向了极端的环境决定论。而且华生在此基础上更进一步：不仅否认本能，而且他的体系也不接纳遗传的能力、气质和天赋。

那些看似遗传的行为可以追溯至儿童早期的训练。例如，儿童天生并不具备成为伟大的运动员或音乐家的能力，这些能力是儿童的父母或其他养育者对那些适当的行为进行鼓励和强化的结果。华生对家庭和社会环境所给予的无与伦比的重视是他的理论观点受到热烈欢迎的原因之一。华生认为，可以把儿童训练成任何他想要他们成为的那种人，而遗传因素不起作用。

在强调环境影响比任何天生的特质或者潜能都更重要这一观点上，华生并不孤独。贬低本能对行为影响的观点在心理学中早已流行。因此，华生的观点只是反映了一种正在出现的理论思潮。此外，他的观点或许也受到了20世纪早期美国心理学中应用倾向的影响。除非认为行为是可以改变的，否则就无法把心理学应用于行为的改变。由本能控制的行为是无法矫正的，只有那些依赖于学习或训练的行为才可以进行矫正。

情绪

对华生来说，情绪只不过是对特定刺激的生理反应。刺激（如突然有人威胁对你进行身体侵害）造成了内部生理变化，如心跳加快和其他适当的外显习得反应。这一对情绪的解释否认了任何对情绪的意识知觉和来自内部器官的感觉的作用。

每一种情绪都涉及一种特定的生理变化模式。尽管华生注意到情绪反应并不涉及外部运动，但是他相信内部反应是占优势地位的。因此，情绪是一种内隐行为的形式，在这种内隐行为中，内部反应明显地表现在诸如面红耳赤、呼吸加速或心率加快等上面。

华生的情绪理论比威廉·詹姆斯的情绪理论要简单多了。在詹姆斯的理论中，身体反应直接跟随着对刺激的知觉，而对这些身体变化的感受就是情绪。华生批评詹姆斯的观点，他抛弃了对情境的知觉和感受状态的意识过程。华生声称，完全可以根据客观的刺激情境、外显的身体反应和内部的生理变化来描述情绪。

在一个经典研究中，华生研究了引起婴儿情绪反应的刺激。他认为儿童有三种基本的非习得性情绪反应模式：恐惧、愤怒和爱。噪声和突然失去支撑可以造成恐惧；对身体运动的限制可以引起愤怒；对皮肤的抚摩或者摇晃、轻拍可以引起爱。华生同样发现了对这些刺激的典型反应模式。其他的情绪反应是这些基本情绪通过条件反射过程而形成的。这些情绪反应可能与原来并不能诱发它们的那些刺激建立联系。

阿尔伯特、皮特与兔子

就像在本章开头我们提到的那样，华生对一个8个月大的男孩阿尔伯特进行了实验研究，以论证他的情绪条件反应理论。在这个实验中，通过条件反射，阿尔伯特形成了对白鼠的恐惧，而在实验之前，他并没有这种恐惧。在研究中，华生得出结论，成人的此类恐惧、厌恶和焦虑，都是在儿童早期通过条件反射形成的。它们并不像弗洛伊德所声称的那样，起源于无意识冲突。华生整个拒绝了无意识的概念，因为它与意识一样，也是不能客观观察的。最初，华生为弗洛伊德的许多概念所吸引，但最终，他把精神分析斥责为"巫毒术"（引自 Rilling, 2000, p.302）。

华生把这一研究仅仅看成一个初步、领航性的研究。然而，此后再没有人成功地重复这个研究。尽管心理学家早就注意到这一研究中存在的方法论缺陷，但阿尔伯特的研究结果仍然被当作科学证据所接受。而且实际上，几乎所有的心理学基础教科书都引证了这一研究。

尽管通过条件反射，阿尔伯特对白鼠、兔子和圣诞老人产生了恐惧，但是当华生准备去消除阿尔伯特的恐惧时，他已经无技可施了。这一研究之后不久，华生离开了学术圈。后来他在纽约的广告公司工作的时候，在一次演讲中谈到了这一工作。听众中有华生的妻子雷纳的同学玛丽·琼斯（Mary C. Jones），华生的谈话激发了琼斯的兴趣。她想要知道条件反射技术是否可以应用于消除儿童的恐惧。她请求雷纳介绍她认识了华生，然后就开始了她的研究。这一研究现在已经成为心理学发展史上的另一个经典（Jones, 1924）。

玛丽·琼斯

琼斯的被试是 3 岁的皮特（Peter）。皮特已经显示出对兔子的恐惧，当然，这一恐惧并不是在实验室中造成的。当皮特吃饭时，一只兔子被带进房间，但是与皮特保持足够远的距离，以便不引起皮特的恐惧反应。经过几周的一系列尝试之后，兔子与皮特的距离越来越近，而且总是出现在皮特吃饭的时间。最终，皮特习惯了兔子的存在，可以触摸兔子且不会表现出恐惧反应。对类似物体的那种泛化的恐惧反应通过这个程序也被消除了。

琼斯的研究被认为是行为矫正的先例。行为矫正是将学习原理应用于改变适应不良的行为。这一技术在琼斯研究的 50 年之后变得非常受欢迎。琼斯一直在加利福尼亚大学儿童福利研究所工作。1968 年，因对发展心理学所做的杰出贡献，她获得了斯坦利·霍尔奖。

思维过程

根据思维过程的传统观点，思维发生于大脑之中，"它们如此微弱，以至于没有任何神经冲动传导到联结肌肉的运动神经，因而不会在肌肉和腺体中产生任何反应"（Watson，1930，p.239）。依据这一理论，由于思维过程的发生并不伴随肌肉运动，因而无法进行观察和实验。思维被看作不可捉摸的东西，完全属于精神范畴，没有任何的物理参照点（参见：Bouton，2009；Hall，2009）。

华生的行为主义体系力图把思维还原为内隐的运动行为。他争辩说，就像所有其他机能那样，思维也是一种感觉运动行为。他推理说，思维这种行为必然涉及内隐的言语反应或运动。因此，他把思维还原为无声的言语，与外显的言语反应一样依赖于同样的肌肉运动习惯。随着我们的成长，本来与出声联系在一起的这些肌肉运动习惯就变得没有声音了，因为我们的父母和老师告诫我们不要大声自言自语。这样一来，思维变成了默默说话的一种方式。

华生认为，思维这种内隐行为的大部分都与舌头和喉部的肌肉有关。此外，我们也通过姿势来表达思想，如皱眉头、耸肩等，这些表达思想的行为都是对刺激的外显反应。

支持华生理论的一个明显证据是，当我们思考时，大部分人都会自言自语。一项对大学生内省报告的研究表明，73%的被试思考时会自言自语（Farthing，1992）。然而，这类证据是行为主义不能接受的，因为这是内省的结果，华生肯定不愿意用内省来支持行为主义的理论。行为主义需要有关内隐言语运动的客观证据，因此，华生用实验方法尝试记录思维活动中的舌头和喉部肌肉运动。

这些测量揭示了在被试进行思维活动的某些时间里，的确存在着轻微的运动反应。对使用符号语言的听力障碍者的指头和手的测量也揭示出在思维过程的某段时间里存在运动反应。尽管华生无法得到更可靠的研究结果的支持，但是他确信内隐言语运动反应是存在的。他坚持认为，当有了更为复杂的实验室设备后，将可以证明他的观点。

行为主义的公众吸引力

为什么华生这种大胆的声明吸引了那么多追随者？的确，大部分人并不在乎某些心理学家假装具有某种意识，另外一些心理学家则宣称心理学丧失了它的灵魂，此种争论与他们毫无关系。多数人不关心思维究竟是产生于大脑，还是存在于脖颈。这些问题在心理学家中引起了很多评论，但公众对这些问题几乎没有什么兴趣。

激起公众兴趣的是华生对一种全新社会的呼吁。这种社会建立在对行为的科学影响和控制的基础上，而不是以神话、风俗和传统的行为为基础。这样的观点给那些已经对传统观念丧失信心的人带来了新的希望。在一片狂热的呼声之中，行为主义蒙上了一层宗教色彩。围绕着华生的行为主义，出现了成百上千的文章和书籍，其中有一本书，书名是《行为主义宗教》（*The Religion Called Behaviorism*，Berman，1927）。年方23岁的斯金纳（B. F. Skinner）读了这本书，写了一篇书评，并寄给了一家通俗文学杂志社。"他们并没有发表我的书评，但在写作的过程中，我或多或少地第一次把我自己界定为行为主义者"（Skinner，1976，p.299）。斯金纳将会继承华生的事业，完善和扩展华生的工作（参见第十一章）。

从报纸对华生的《行为主义》（*Behaviorism*，1925）的评论中，可以看出华生的观念所引起的骚动。《纽约时报》宣称，"它标志着人类思想史上一个划时代的转变"（1925年8月2日）。《纽约先驱论坛》称这本书是"人类有史以来最重要的书，给人带来了巨大的希望，同时又让人感到眩晕"（1925年6月21日）。

华生之所以能给人带来巨大希望，是因为他强调儿童期环境中的教养因素将决定人的行为，同时还贬低了遗传倾向的影响。下面这段话摘自《行为主义》，经常被用来阐述华生的观点：

> 给我一打健康、健全的婴儿，并让我自己设定一个特殊的世界去抚养他们，我敢保证随机选择其中的任何一个，都可以把他训练成为我们选定的任何一种专家：医生、律师、艺术家、商界首领，甚至乞丐和小偷，而不用考虑他的才能、嗜好、倾向、能力、职业和他祖先的种族。（Watson，1930，p.104）

通过对诸如阿尔伯特的条件反射实验研究，华生得出结论，成人的情绪障碍是由婴儿期、儿童期和青少年期的条件反射而形成的。如果成年期的障碍是儿童时代不良条件反射的结果，那么对儿童时代的条件反射进行适当的规划，就可以防止成年期出现障碍。因此华生认为对儿童行为的控制不仅是可能的，而且是必须的。以他的行为主义原理为基础，他提出了一个改善社会的计划，也是一种实验伦理学的计划。

没有人给他一打健康的婴儿，让他验证他的主张。后来华生承认，他的环境论观点有点过头了。但是他指出，那些反对他的人也没有证明自己的观点。主张遗传因素比环境因素更重要的人阐述的观点，几千年来同样也没有提供过真正的证据。

下面这段话引自《行为主义》。这段话显示出存在于华生所描述的行为主义社会体系中的一种活力。它或许有助于你理解为什么那么多人把行为主义当成一种新的信仰。

> 行为主义应该是一门科学。这门科学可以让男性和女性理解他们自己的行为原则。它应该让男性和女性渴望重新安排自己的生活，特别是渴望完善自身，以便于以健康的方式抚养自己的孩子。我希望我能给你们描述一个生活丰富、富有活力的个体，我们应该让每一个健康的儿童都成为这样的个体，只要我们让他们适当地塑造自己，给他们提供一种世界。这个世界是一个没有被几千年前发生的荒诞无稽的民间传说束缚的世界，是一个摆脱了让人丢丑的政治史的世界，是一个废除了愚蠢且本身毫无意义，但仍然像一条绷紧的钢索禁锢着人们的风俗和习惯的世界。
>
> 在这里，我并不是呼吁人们进行一场革命。我也不是请求人们跑到某个被遗忘的地方，建立一块殖民地，去过一种裸体的社区生活。我不是让人们改变自己的生活习惯，而改吃野草和树根，更不是主张"自由的爱情"。我不过是在你们面前呈现一个刺激，这是一个语言刺激，如果你能利用这个刺激，你就能逐渐改变这个世界。因为如果你不把儿童放在放荡不羁的自由王国里，而是放在行为主义的自由王国（对这一王国我们知之甚少，我们甚至不能用语言来表述它）里进行教育的话，那么这个世界就会产生变化。难道不就是这些具有更优良思维和生活方式的孩子们反过来接替我们，组成下一代的社会，并以更为科学的方式抚养他们的孩子，最终达到一个更适合人居

住的世界吗？（Watson, 1930, p.303–304）

华生的计划是以行为主义为基础的实验伦理学取代以宗教为基础的伦理学。这一计划仅仅是一个愿望，从没有贯彻执行。他勾勒了这一规划，给其他人打下了基础。多年以后，斯金纳贯彻华生的精神，详细设计了一个科学的乌托邦。

心理学的高潮

到20世纪20年代的时候，心理学已经紧紧抓住了公众的注意力。鉴于华生本人的领导气质、个人魅力、说服力，以及向公众展示的希望，普通大众为他的心理学所倾倒，以至于一位作者称心理学爆发了"高潮"。大部分人相信，心理学提供了通往健康、幸福和繁荣的途径。每日出版的各种报纸上开始出现心理顾问或咨询专栏。

心理学家约瑟夫·贾斯特罗（Joseph Jastrow，1863—1944）成为最活跃的心理学科普工作者。他于1886年从霍普金斯大学获得博士学位，在之后很长的一段时间里，他一直在威斯康星大学从事学术研究工作。同时，他也写了大量的文章，介绍心理学。他认为"心理学的科普工作对于公众的理解和官方的支持是一项基本的工作"（Jastrow, 1930/1961, p.150）。他论及的问题包括了怎样治愈忧郁、欺骗心理、恐惧和焦虑、智力测验分数的意义、自卑情结、家庭冲突和为什么喝咖啡，等等。显然，由冯特和铁钦纳的实验室工做出发，让心理学走向公众，还有很长的路要走。

贾斯特罗在报纸上开设了一个专栏，名称是"保持心理健康"，这些专栏里的文章后来被编辑成150页的书籍。他参与了NBC全国广播网每周一次的广播讲座，题目为"先驱者的理智""女性的广播评论"，等等。他还写了一本通俗心理学手册，像今天畅销书榜单上的自助书一样，书名为《生活导航——作为舵手的心理学家》（*Piloting Your Life: The Psychologist as Helmsman*）。他关于日常生活中心理学的用途的文章，出现在流行杂志中，如《大众科学月刊》《大都会》《哈珀杂志》（Behrens, 2009；Hull, 1944）。

另外一个心理学科普工作者是阿尔伯特·威格姆（Albert Wiggam）。尽管他不是一个心理学家，但是他开设了一个专栏，称之为"探索你的心灵"。下面这段话表明了他的工作特点：

> 男性和女性从没有像现在这样需要心理学。年轻的男女需要心理学，以了解自己的心理特质和能力，以便于尽早和适当地进行职业选择……商人需要心理学，以便于选择雇员；父母和教育工作者需要心理学的帮助，以便于抚养和教育孩子；所有的人都需要心理学，以便于获得最大的幸福和最高的效率。如果你不了解心理学家提供给我们的关于人格与心理的这些新知识，你就无法全面、充分地完成这些工作。（Wiggam，1928，引自Benjamin，1986，p.943）

加拿大幽默作家史蒂芬·利科克（Stephen B. Leacock）指出，心理学曾经安全地栖息在大学校园里，对研究它的人没有任何伤害，但是与现实也没有任何联系。但是到1924年，到处都有心理学。利科克写道："几乎在每个行业里，我们都很自然地需要心理学专家的服务，就像在管道煤气突发事件中我们需要专家的服务一样。在每个大城市，要么已经有了，要么很快就会有这样一个招牌，上面写着：开启明天的心理学家。（引自Benjamin，1986，p.944）"

因此，心理学在整个美国都受到了热烈的欢迎，而华生对传播心理学所做的贡献或许比任何一个人都要多。

对华生行为主义的批评

任何一种体系，如果它提出了全面修订、毫不留情地攻击现存的秩序，或者表示要抛弃原先的真理，那么，它必然受到批评。我们知道，当华生建立行为主义之际，美国心理学正在向着更加客观化的方向前进，但是并非所有的心理学家都愿意接受华生所提倡的那种极端客观化的倾向。包括那些支持客观原则的心理学家在内，许多人都认为华生忽略了感觉和知觉过程这样一些重要因素。

卡尔·拉什利（1890—1958）

卡尔·拉什利（Karl Lashley）是华生在霍普金斯大学的学生，他在霍普金斯大学获得博士学位。作为一个生理心理学家，他曾经在明尼苏达大学、芝加哥大学、哈佛大学任教，最后到了耶基斯的灵长目动物实验室工作。拉什利继承了心理学建立以来的机械主义传统。

卡尔·拉什利

> 拉什利告诉人们，当他还是个孩子的时候，他就对人的构造感到困惑。在玩积木等机械玩具方面，他非常熟练。他指出，当他发现在人和机器之间存在着巨大的相同点时，他喜欢上了心理学。（引自 Robinson, 1992, p.213）

尽管拉什利有关白鼠脑机制的研究对华生的一个基本观点造成了挑战，但是他却是华生行为主义的倡导者。在1929年出版的《大脑机制与智慧》（*Brain Mechanisms and Intelligence*）一书中，他概括了他的研究结论，提出了两个著名的原理：**整体活动定律**指出，学习是大脑皮层的整体功能的结果，大脑皮层组织越多，学习效果越好；**均势定律**指出，在对学习的贡献上，大脑皮层的一部分与另一部分所发挥的作用是相同的。

本来，拉什利期待他的研究能使他在大脑皮层中找到特定的感觉和运动中枢，以及在感觉通道和运动通道之间相应的联结。因为这样的研究结论将给反射弧概念提供支持。然而，他的研究结论却给华生关于反射弧中点对点联结的观念造成了挑战。根据华生的观点，大脑仅仅起到了把传入的感觉冲动转换成外导运动冲动的作用。拉什利的研究揭示出，大脑在学习中起着比华生所设想的更为积极的作用。因此，拉什利拒绝了华生的假设，并不认为行为是累积的条件反射的结果。

尽管拉什利的研究使华生的基本观点失去了基础，但是它并没有削弱行为主义的客观研究趋向。相反，拉什利的工作更加确认了心理学中客观方法的价值。

整体活动定律（law of mass action）：学习的效果是大脑皮层的整体功能。

均势原则（equipotentiality）：指的是在对学习的贡献上，大脑皮层的一个部分与另一个部分在作用上是相等的这样一种观念。

威廉·麦独孤（1871—1938）

威廉·麦独孤（William McDougall）是华生最强有力的反对者之一。他是一位英国心理学家，1920年来到美国，最初在哈佛大学工作，以后又到了杜克大学。麦独孤因他的本能理论和他有关社会心理学的书籍而闻名。

麦独孤对社会心理学做出了很多贡献，但是他本人却不是一个社会化的人。他写道：

> 我从没有融入任何社会群体，也从没有发现自己能对一个党派或一个理论持完全赞成的态度；虽然对群体生活、群体感受和群体思维并非不敏感，但是我总是站在群体之外，对群体不满意，持一种批评态度。（McDougall，1930，p.192）

对于一些不受欢迎的东西，他倒是一个支持者，如他支持了自由意志、日尔曼民族优越性、灵魂和巫术等的研究。因此，他的书经常被出版社拒绝。心理学圈子也诋毁麦独孤，因为他批评行为主义。而在20世纪20年代的时候，大部分心理学家愿意接受行为主义。事实上，麦独孤与华生已经"在出版物中相互严厉批评了多年"（Larson，1972，p.3）。

麦独孤写到，他"遭受了太多的名誉损害，不得人心，诽谤误传，遭受轻蔑的敌视"（引自Innis，2003，p.102）。麦独孤病重时，一位美国心理学家甚至公开表示，如果麦独孤死去，这对心理学会更好。一个更富有同情心的人，罗伯特·耶基斯（Robert Yerkes）则指出，麦独孤的生命是"一个重大的悲剧"（Innis，2003，p.91）。

麦独孤的本能理论认为，人的行为源于思维和活动的固有倾向。最初，人们接受这一观点，但是随着行为主义观点的流行，他的本能理论丧失了基础。华生拒绝本能理论，在这些问题和其他问题上，两人之间爆发了冲突。

华生与麦独孤的争论

1924年2月5日，华生和麦独孤在华盛顿心理学俱乐部举行了一场公开的辩论。华盛顿的心理学俱乐部并不隶属于任何大学，是一个独立的单位。这一事实也证明了那时心理学受欢迎的程度，有上千人参加了这次辩论会，但是其中只有很少的心理学家。那时，美国心理学协会只有464个会员。因此，从辩论会的规模上也可以看出华生的行为主义在公众心目中的地位。然而，这次辩论会的裁判却宣布麦独孤是辩论的赢家。两人辩论的内容收录在1929年出版的《行为主义的战斗》（*The Battle of Behaviorism*）一书中。

麦独孤以乐观主义的态度开始了他的辩论。"对于华生博士，我具有一种基本的优势。"麦独孤说道："这种优势如此之大，以至于我感觉有些不公平，那就是所有具有常识的人从一开始就会站在我这一边"（Watson & McDougall, 1929, p.40）。麦独孤同意华生的观点，认为行为是心理学合适的研究对象，但是他争辩说，意识同样也是不可缺少的。后来的人本主义心理学家和社会学习理论家也持同样的观点。

麦独孤质问道：如果心理学家拒绝了内省法，那么他们怎样判定被试反应的意义和言语行为（华生称之为语言报告法）的准确性呢？如果没有自我报告，我们怎么能了解白日梦和幻想呢？我们又怎么理解或欣赏审美体验呢？麦独孤挑战华生的观点，质问行为主义者究竟怎样解释欣赏小提琴音乐会的体验。麦独孤说道：

> 我走进这个大厅，看到一个人坐在台上，正在用马尾鬃擦提琴的弦；台下一千多人安静、全神贯注地坐着，突然又爆发出雷鸣般的掌声。行为主义者会怎样解释这些奇怪的事件呢？由琴弦发出的那些振动使上千人处于绝对的安静和沉寂状态，对这样一个事实，行为主义将怎样解释呢？同时，刺激的停止似乎又成为发狂活动的刺激，对此，行为主义又该做何解释呢？
>
> 常识和心理学会同意接受这样一种解释，即听众以高度的愉悦欣赏着音乐，又用呼喊和掌声表达他们对艺术家的感谢和崇拜。但是行为主义者对痛苦和愉悦、崇拜和感谢毫无所知。他们把所有这些都斥为"形而上学的实体"而弃之如敝屣，因而他们必然寻找另外的解释。那么我们就看看他们怎么寻找吧。答案的寻求过程对他们不会有什么伤害，但足够他们忙活几个世纪了。（Watson & McDougall, 1929, p.62–63）

根据华生的假设，人的行为完全是被决定的，我们所做的一切都是过去经验的直接结果，因而一旦我们了解了这些过去的经验，就可以预测人的行为。麦独孤对华生的这个假设提出质疑。他认为，这样的心理学没有给自由意志和自由选择留下任何空间。如果这种决定论的观点是正确的，即人类没有自由意志，不必为他的行动负责任；如果每一种思想和行为都是由过去的经验所决定的，那么人就不会有任何创造和创新的努力，就不会有任何改善自我和社会的愿望。没有人会去尝试阻止战争，减少犯罪，或者追求任何个人或社会的理想。

华生语言报告法的使用也受到批评。人们指责他前后不一致，即当语言报告法能验证的时候，就接受它；当语言报告法无法验证的时候，就拒绝它。当然，华生持的就是这样一种观点，这也是行为主义的整个目标，那就是：仅仅使用那些可以验证的数据。

华生和麦独孤的论战发生在华生正式建立行为主义的 11 年之后。麦独孤预测，过不了几年，华生的行为主义将会消失得没有一点踪迹。在出版他们辩论内容的那本书的后记里，麦独孤写到，他的预测看来是太乐观了，"看来我是太慷慨地估计了美国公众的智慧……华生博士作为他自己国家的一个强有力的发言人，仍然继续在发布着他的观点"（Watson & McDougall，1929，p.86，87）。

华生行为主义的贡献

虽然华生在心理学中的多产生涯仅仅持续了不到 20 年的时间，但是他对心理学的发展过程产生了深刻的影响。他是时代精神强有力的代言人。这个时代变化不仅表现在心理学中，而且也表现在公众对科学的一般态度上。19 世纪目睹了科学各个分支的重要进展，20 世纪则展现出更多的希望。那时的科学家认为，只要有足够的时间，他们就可以为任何问题找到解决方法，给任何问题提供答案。

华生使心理学在方法和术语上更为客观，虽然他在具体问题上的主张激发了许多研究，但是他最初的一些观点已经没有用处了。作为一个独立的思想学派，华生的行为主义已经为基于其上的其他形式的客观主义所取代。在第十一章中，我们会详细地了解这些。心理学史家波林（E. G. Boring）在1929年指出，行为主义已经越过了它的顶峰。由于革命运动依赖于反抗来展现力量，而行为主义在它产生的16年之后，已经不再需要用反抗来证明自身了。

华生的行为主义有效地击败了早期心理学中的主流观点。1926年的时候，威斯康星大学的一个研究生报告说，很少有学生听说过冯特和铁钦纳（Gengerelli，1976）。客观方法和客观语言已经成为美国心理学的一部分，因此，华生的行为主义像其他获得成功的运动那样，是该消亡了。因为他们的观点已经被吸收到了主流思想中，成为现代心理学的概念和思想基础。

尽管华生的行为主义没有实现它那雄心勃勃的目标，但是华生作为行为主义建立者的作用得到了人们广泛的承认。1979年4月，人们为他举行了诞辰100周年纪念活动。这一年恰好也是科学心理学诞生100周年。为此，美国弗尔曼大学举行了一个学术讨论会，吸引了来自美国各大学的心理学家。弗尔曼大学的心理学实验室是以华生的名字命名的。在讨论会上，斯金纳做了发言，报告的题目是"华生对我来说意味着什么"。但是华生家乡的居民对华生的记忆没有那么深刻。许多人回忆华生是个"自负和不信教的家伙，背叛了南方的传统对他的抚养"（Greenville News，April 5，1979）。1984年，在华生出生地的高速公路旁，人们为他树了一块纪念碑。

在某种程度上，人们接受华生的行为主义是因为他富有魅力的人格。作为一个领导人，华生以热情、乐观和自信推广着他的观点。他是一个富有吸引力的演说家，无情地讽刺传统，拒绝那时流行的心理学。这些个人品质，加上他运用自如的时代精神，使得华生成为心理学的先驱人物。

问题讨论

1. 描述拉什利的整体活动定律和均势原则。
2. 描述华生有关儿童养育实践的观点。这种方法应用于他的家庭,效果如何?
3. 讨论华生有关本能和思维过程的观点。
4. 讨论华生的研究对象和方法怎样延续了原子论、机械论和经验主义传统。
5. 你认为如果没有机能心理学的早期工作,华生的行为主义能如此流行吗?为什么?
6. 解释行为主义具有通俗文化魅力的原因。
7. 在华生1913年的那篇文章中,华生怎样批评了构造主义和机能主义?他认为应用心理学在什么意义上是科学的?
8. 拉什利的研究怎样否认了华生体系的部分观点?
9. 麦独孤是怎样批评华生的行为主义的?
10. 行为主义怎样看待人类被试与其他不能内省的被试之间的差异?
11. 华生是怎样划分反应和行动、外显反应和内隐反应之间的区别的?
12. 华生怎样在阿尔伯特身上建立了情绪的条件反射?这些反射能推广到其他刺激上吗?如果能,是哪些类型的刺激?
13. 阿尔伯特和皮特的研究怎样支持了华生有关情绪学习的观点?
14. 年轻一代的心理学家怎样看待华生的观点?
15. 华生关注行为主义的应用价值吗?如果你的答案是肯定的,请说明他的研究已经应用于哪些日常生活领域。
16. 在阿尔伯特研究中,存在什么伦理或道德问题?
17. 华生接受什么样的方法为科学心理学的研究方法?
18. 为什么华生对语言报告法的应用引起了争论?

第十一章

行为主义：建立之后

智力动物园

有个地方叫智慧动物园，坐落在美国阿肯色州的温泉胜地。虽然它现在已经关闭了，但曾有35年，每天都有上千人来到这里，观看动物的各种有趣的表演。事实上，这些动物都接受过精心的训练。你看到的每个动物，不管是鸽子、小鸡还是浣熊，都变得像汉斯一样聪明了（参见Bailey & Gillaspy, 2005）。

来看普里西拉这头可爱的猪。如果你见过养在猪圈里的猪的话，你肯定觉得它们是不能做出让你发笑的事情的。但普里西拉确实让人着迷。它早上起床后，和大家做的事情差不多。先打开收音机，坐在桌边吃早餐。拾起一叠衣服装入篮子，然后拿着吸尘器开始清洁房间。当它准备好与观众见面时，它还会通过拨动标着"是"或"否"的牌子来回答观众的问题。

智慧动物园的另外一个明星就是鲍德·布瑞恩（Bird Brain），一只会玩井字游戏且总会获胜的小鸡。它从没输过，甚至在和斯金纳的对阵中也毫不逊色。有段时间里，美国有几百只这样的小鸡，它们在展会和俱乐部里面进行表演，从来没有输给过人类。

除了鲍德·布瑞恩，智慧动物园里还有一只母鸡会弹钢琴的五个音符，另一只会穿着衣服鞋子跳舞，还有一只母鸡会把木头蛋下在一个窝里，让鸡蛋顺着槽轨滚到一个篮子里。观众说出他们想要的鸡蛋的号码（最多可以到8），母鸡就可以下出所选号码的蛋（Breland & Breland, 1951, p. 202）。

还有小鸡走钢丝、打篮球、玩扑克牌、开枪，等等。兔子驾驶着冒火的卡车、鸣着汽笛。鸭子能弹钢琴、打鼓，鹦鹉能骑单车，浣熊会打篮球。如果你到过这里，你会忘记这些跳舞的山羊、荡秋千的老鼠、接吻的兔子吗？（Joyce & Baker, 2008；Time, February 28, 1955）

智力动物园
行为主义的三个阶段
操作主义
爱德华·托尔曼（1886—1959）
目的行为
中介变量
学习理论
评论
克拉克·赫尔（1884—1952）
赫尔的生平
机械主义精神
客观主义方法论与数量化
内驱力
学习
评论
B.F.斯金纳（1904—1990）
斯金纳的生平
斯金纳的行为主义
操作性条件反射
强化的模式
逐次逼近：行为的形成
充气床、教学机器和鸽子引导的导弹
《沃尔登第二》：行为主义者的社会
行为矫正
对斯金纳行为主义的批评
斯金纳行为主义的贡献
社会行为主义：认知的挑战
阿尔伯特·班杜拉（1925—）
社会认知理论
自我效能
行为矫正
评论
朱利安·罗特（1916—）
认知过程
控制点
评论
行为主义的命运
问题讨论

这个动物园创建于 1955 年，由从心理学系退学的研究生玛丽安·布里兰（Marian Breland）和凯勒·布里兰（Keller Breland）设立。他们把心理学知识应用于改造动物行为，并以此来谋生。玛丽安因为身材矮小，被家人唤作"老鼠"。一天，她在心理实验室被一只老鼠咬了，跑出来找药时，差点撞到了凯勒的身上。

两人从此相识，一年后就结婚了。1943 年，他们组建了动物行为公司，训练动物在一些展会和景点表演。当他们开创智慧动物园的时候，《华尔街日报》《时代》《生活杂志》以及《读者文摘》等期刊纷纷报道，他们已经很有名了。在他们最成功的时候，他们训练了差不多 140 种动物，在各个主要的景点演出，还有两倍于这个数的动物在进行流动表演。他们训练了几百只动物扮演各种电影、电视和商业所需要的角色。他们总计训练了 150 种、超过 6000 只动物（Marr, 2002）。

其训练的方法，正是从 20 世纪非常杰出的心理学家斯金纳那儿学到的基本条件反射技巧。

行为主义的三个阶段

华生所想象的革命并没有在一夜之间改变心理学。这场革命所花费的时间比他期望要多得多。但是到 1924 年，也就是华生正式建立行为主义的 11 年以后，即使是华生最大的敌人铁钦纳也承认行为主义已经吞噬了整个美国心理学。到 1930 年的时候，华生就有足够的理由宣称行为主义已经取得了完全的胜利。

华生的行为主义是行为主义思想学派的第一阶段。第二阶段是新行为主义，时间大约是 1930—1960 年。新行为主义包括了托尔曼、赫尔和斯金纳的工作。这些人在下面这些问题上持共同观点：

- 心理学的核心是对学习的研究；
- 大部分行为，无论多么复杂，都可以用条件反射定律进行解释；
- 心理学必须采纳操作主义原理。

行为主义革命的第三阶段是新的新行为主义（neo-neobehaviorism）或

称社会行为主义（sociobehaviorism），时间大约从 1960 年到现在。这一阶段包括了阿尔伯特·班杜拉和朱利安·罗特（Julian Rotter）的工作。它与传统行为主义的区别是重新考虑认知过程的作用，同时，它的主要关注点又停留在对外显行为的观察上。

操作主义

信奉**操作主义**是新行为主义的一个主要特点。操作主义的目标是使科学语言和科学术语更客观、更精确，使科学摆脱那些"虚假问题"，即那些不能进行实际观察和物理验证的问题。操作主义认为，任何科学发现和理论概念的效度依赖于用于获得研究结果的操作的效度。

操作主义的倡导者是哈佛大学物理学家珀西·布里奇曼（Percy W. Bridgman, 1882—1961）。他曾获得诺贝尔物理学奖。布里奇曼 1927 年出版了《现代物理学的逻辑》（*The logic of Modern Physics*）一书，阐述了操作主义思想，引起了许多心理学家的注意（Feest, 2005）。布里奇曼坚持认为，物理概念应该得到精确的界定，任何缺乏物理参照的概念都应该被抛弃。

> 我们可以通过考察长度概念来解释这一点。当我们谈到某个物体的长度时，我们的含义是什么呢？如果我们能辨别所有物体的长度，那么我们显然就知道我们所说的长度是什么含义。对于一个物理学家来说，这就足够了。为了确定一个物体的长度，我们必须执行某种物理操作。因此，当测量长度的操作被规定了的时候，长度的概念也就固定下来了。这就是说，长度的概念只不过是测量长度的操作；概念与相应的一组操作是同义语。（Bridgman, 1927, p.5）

因此，物理概念等同于一组操作，或者等同于测定它的程序。许多心理学家相信这个原则对他们的工作是有用的，因而渴望应用这个原则于心理学研究之中。

布里奇曼坚持抛弃虚假问题，即那些不能进行任何客观测试的问题。

操作主义（operationism）：这种学说认为物理概念可以用与一组操作或程序相关的精确术语进行定义。

这一点对行为主义心理学家具有很强的吸引力。那些不能进行实验测试的命题，如灵魂的存在和灵魂的性质等，对于科学是没有意义的。什么是灵魂？怎样才能在实验室里观察它？它能在控制条件下进行测量和操纵，以便于测定它对行为的影响吗？如果不能，那么灵魂的概念对于科学来说，就没有意义或用处，也没有任何关系。

基于这种推理，个体或私人的意识对于科学心理学来说也是一个虚假问题。因为意识的特征和存在不能使用客观的方法进行测定，甚至无法使用客观方法进行研究。那么根据操作主义的观点，科学的心理学中没有意识的位置。

批评者们认为，操作主义只不过是心理学早已使用的用物理参照物界定概念这种做法的正式表述而已。布里奇曼的书所表述的操作主义思想都可以追溯到英国的经验主义。美国心理学长期以来在研究对象和方法论上一直存在着客观化趋势，因此，操作主义的方法论早已为许多心理学家所接受了。

然而，自从冯特时代以来，物理学一直是新心理学追求的科学典范。当物理学家宣称他们接受操作主义为指导思想时，许多心理学家才感觉不得不接受这种理论模型。最终，心理学家比物理学家更广泛地使用了操作主义。其结果是，20世纪20年代后期和30年代早期出现的新行为主义，包括斯金纳，都把操作主义纳入了他们的研究方法之中（Moore，2005）。

布里奇曼很长寿，不仅看到了心理学接纳他的操作主义，也看到了心理学后来又抛弃了他的操作主义。在79岁的那一年，由于知道病入膏肓、来日无多，布里奇曼完成了他的7卷本文集的索引工作，并把它寄给了出版社，然后开枪自杀了。他担心如果再不自杀，他可能就会丧失自杀的能力了。在他的遗书中，他写道："或许，这是我能结束自己生命的最后一天了。（引自 Nuland，1994，p.152）"

爱德华·托尔曼（1886—1959）

爱德华·托尔曼

爱德华·托尔曼（Edward C. Tolman）是较早转向行为主义的人。最初，他在麻省理工学院学习工程，后来转向了心理学，1915年他在哈佛大学获得博士学位。在1912年夏天的时候，托尔曼到德国跟从格式塔心理学家考夫卡（Kurt Koffka）学习心理学。托尔曼在研究生院的最后几年里，虽然接受的是铁钦纳构造主义心理学传统的训练，但他开始熟悉了华生的行为主义。托尔曼早就怀疑内省法的科学效用。在他的自传中，托尔曼回忆到，华生的行为主义对他来说"既是一种巨大的刺激，又是一种安慰"（Tolman，1952，p.326）。

毕业之后，他成为伊利诺伊州的西北大学的教师，1918年到了加利福尼亚大学的伯克利分校。他在伯克利讲授比较心理学，对白鼠进行学习的实验研究。就是在这段时间里，他对华生的行为主义产生了不满，并开始建立他自己的行为主义。在第二次世界大战期间，托尔曼服务于美国战略服务办公室，这个机构是美国中央情报局的前身。20世纪50年代早期，他与其他人一起领导教职员工反对加利福尼亚州的效忠宣誓。

目的行为

在1932年出版的《动物和人的目的行为》（*Purposive Behavior in Animals and Men*）一书中，托尔曼论述了他的行为主义方法。乍看起来，**目的行为主义**这个术语是两个令人奇怪的矛盾观念的结合，即目的和行为。赋予有机体行为以目的似乎意味着意识，而意识是心理的概念，在行为主义心理学中没有它的位置。然而，托尔曼清楚地指出，在研究对象和方法论上，他绝对是个行为主义者。他并不是在敦促心理学家接受意识。像华生那样，他拒绝内省，对那些假设和无法进行客观观察的内部经验没有丝毫的兴趣。

目的行为主义（purposive behaviorism）：托尔曼的理论体系。它把对行为的客观研究与对行为的目的的倾向或目标的考察相结合。

托尔曼强调，行为的目的性可以用客观的行为术语来加以界定，而不必求助于内省或求助于报告主观感受。对于托尔曼来说，所有的行为都指向某种目的，如猫尝试跑出心理学家的实验迷箱；鼠尝试了解迷津；儿童尝试学习弹钢琴或者踢足球，等等。

换言之，托尔曼认为行为"包含着"目的，指向某个目标，或者学习达到目的的手段和途径。白鼠持续不断地跑迷津，所犯的错误越来越少，以更快的速度实现了目标。在这一事例中，所发生的事情就是白鼠正在学习。学习这一事实，无论在动物被试还是人那里，都是目的的客观行为证据。请注意，托尔曼谈的是有机体的客观反应，他所测量的是作为学习函数的行为反应的变化，这些测量提供的都是客观数据。

华生式的行为主义者很快就对这种把目的归属于行为的观点提出批评。

他们坚持认为，任何对目的性的参照都意味着承认意识过程。托尔曼回应到，对于他来说，动物或人有没有意识并不相干，如果有什么意识的话，与目的行为联系在一起的意识经验也不会影响有机体的行为反应。托尔曼关心的仅仅是外显的反应。

中介变量

作为行为主义者，托尔曼相信无论是行为最初的原因，还是作为最后结果的行为，都必须能被客观观察和给出操作定义。他列举了5个自变量作为行为的原因：（1）环境刺激；（2）生理驱力；（3）遗传；（4）以往的训练；（5）年龄。托尔曼用数学公式进行表达，指出行为是这5个变量的函数。

在这些可观察的自变量和相应的行为变量（可观察的因变量）之间，托尔曼假设了一组不可观察的因素，即**中介变量**。中介变量是行为的实际决定因素。这些因素是连接刺激情境和可观察反应的内部过程。行为主义的S-R命题因而应该改作 S-O-R。中介变量就是发生于有机体（the organism, O）内部，使得有机体对特定情境产生行为反应的所有一切。但是，由于中介变量不能进行客观观察，因而除非它们可以与实验变量（自变量）和行为变量（因变量）相互联系，否则它们对心理学就没有意义。

中介变量（intervening variables）：有机体内不可观察和推测出来，但实际决定行为的那些因素。

中介变量的经典研究范例是有关饥饿的研究。在人和实验动物身上，我们并不能切实看到饥饿的存在。但是饥饿可以精确、客观地与实验变量联系起来，如上次进食以来的时间。饥饿也可以与客观反应或者行为变量联系起来，如消费食物的数量和进食的速度。因此，不可观察的饥饿变量可以参照经验变量进行精确的描绘，使这个不可观察的变量得以数量化和可以进行实验操纵。

通过精确地界定自变量和因变量这些可观察的事件，托尔曼可以给那些不可观察的内部状态提供操作定义。最初，在选择"中介变量"这个更精确的术语之前，他曾把自己的方法称作操作行为主义。

学习理论

学习问题形成了托尔曼目的行为主义的一个主要部分。他拒绝桑代克的效果律，认为奖赏和强化对学习没有什么影响。托尔曼提出了一个学习的认知解释，认为对任务的重复操作加强了环境线索和有机体的期待之间习得性的关系。通过这种方式，有机体了解了它的环境。托尔曼称这种习得性的关系为"符号格式塔"。符号格式塔的建立是通过对任务的重复操作而完成的。

让我们来观察迷津中的饿鼠。白鼠在迷津中跑动，在正确的胡同和死胡同中进行着探索。最终，白鼠发现了食物。在随后的尝试中，目标（发现食物）给白鼠的行为提供了目的和方向。在每一个选择点上，白鼠都会产生期待。白鼠逐渐了解了与选择点联系的某些线索可以得到食物，而另外一些线索不能使它获得食物。

当白鼠的期望得以实现，获得了食物以后，符号格式塔（与特定选择点相联系的线索期待）得到了加强。由于动物了解了迷津中所有的选择点，因此动物就形成了迷津的认知地图，即符号格式塔的模式。这个模式是动物通过学习得到的，是迷津的地图，而不仅仅是一组运动反应。动物的大脑中形成了一个迷津的综合图像，使得它可以从一个地方到另外一个地方，而不是局限于一组特定的身体运动。由此托尔曼得出结论认为，同样的现象也发生在那些熟悉他们的邻近地区或城镇的人身上。由于他们已经对整个地区形成认知地图，因而他们可以由不同的路线到达同一地点。

评论

托尔曼被认为是现代认知心理学的先驱（参见第十五章）。他的工作，特别是有关学习问题的研究和中介变量的概念具有重要影响。由于中介变量是操作定义的内部状态，尽管它们不能直接进行观察，但是操作定义的方式却使得不可观察的内部状态成为科学研究可接受的对象。新行为主义者赫尔和斯金纳等都使用了中介变量。

托尔曼的另一个贡献是对把白鼠作为心理学被试的全力支持。在其职业生涯的初期，托尔曼对于使用白鼠并不热心，他曾经说，"我不喜欢它们，它们让我感到恶心"（Tolman, 1919；引自 Innis, 1992, p.191）。

但是到了1945年的时候，托尔曼的态度改变了：

> 必须指出，白鼠是生活在笼子里的，在一个人计划对它们的实验之前，它们不会在战争中自相残杀；它们不会发明毁灭

性武器,如果它们能发明的话,它们就不会愚笨得不会操纵这些武器了;它们不会进入阶级冲突或种族冲突状态;它们也避开了政治、经济和心理学的论文。它们是神奇、纯洁和愉悦的。
(Tolman,1945,p.166)

拜托尔曼和其他人的工作所赐,白鼠成为1930—1960年左右新行为主义者和学习理论家的主要研究对象。人们假定,对于白鼠的研究不仅对了解白鼠,而且对了解其他动物和人的行为机制提供了有益的启示。托尔曼写道:"心理学中一切重要的主题,本质上,都可以通过对白鼠的持续实验与理论分析(如在迷宫中所做的选择与决定)来进行研究。(引用Innis,2000,P.92)"

克拉克·赫尔(1884—1952)

克拉克·赫尔

从20世纪40年代到20世纪60年代,克拉克·赫尔(Clark L. Hull)及其追随者支配了美国心理学。或许没有其他心理学家像赫尔那样关注科学方法问题。赫尔出奇地熟悉数学和形式逻辑,他把这些东西应用于心理学理论,他在这一方面超过此前的任何人。赫尔的行为主义形式比华生的行为主义更精致、更复杂。他喜欢告诉他的学生说,"华生太朴素了,他的行为主义过于简单和粗糙"(引自Gengerelli,1976,p.686)。

赫尔的生平

赫尔的整个一生都为虚弱的身体和糟糕的视力所折磨。24岁的时候,他患了脊髓灰质炎,导致一条腿残废,一生不得不带着铁拐杖,这个铁拐杖是他自己设计的。他的家庭贫困,因此不得不几次中断学业,兼职教师工作以养家糊口。他最大的资本是具有较高的成就动机,在困难面前,他能排除障碍,坚持到底。

1918年,在34岁时,这是相对较大的年龄,他才从威斯康星大学获得博士学位。在转向心理学之前,他主要研究采矿工程。在以后的10年里,他一直在威斯康星大学任教。他早期的研究兴趣预示了他毕生对客观方法和函数定律的强调。赫尔研究了概念形成、烟草对行为效能的影响、测验和测量。他出版了一本论述能力测验的教科书（Hull，1928）。赫尔还发展了一种统计分析方法，并且发明了一种计算相关性的机器。这台机器曾经在华盛顿的一所博物馆里展出。他花了10年的时间研究催眠和暗示，并且发表了32篇相关论文，出版了一本书概括他的研究成果（Hull，1933）。

1929年，他接受耶鲁大学的聘请，担任了研究教授，以巴甫洛夫的条件反射定律为基础进行行为理论的创建工作。几年之前，他曾经读过巴甫洛夫的著作，激起了他对条件反射和学习问题的兴趣。赫尔认为巴甫洛夫的《条件反射》是一本"伟大的著作"，决心使用动物被试从事他的研究工作。此前，他没有进行过白鼠实验，因为他不喜欢白鼠实验室的气味。但是到了耶鲁大学以后，他发现耶鲁大学由希尔加德饲养的白鼠干净、整洁。因此他看着白鼠，"深深吸了一口气，说到，他想他可以使用白鼠了"（Hilgard，1987，p.201）。

20世纪30年代的时候，赫尔发表了一些关于条件反射的文章，认为复杂、高级的行为可以用基本的条件反射原理进行解释。1943年，赫尔出版了《行为原理》（*Principles of Behavior*）一书，勾画了一个解释所有行为的综合理论框架。赫尔很快成为这一领域被引用率最高的心理学家。在20世纪40年代，在美国两个主要的心理学刊物上，所有研究报告中40%的文章和学习与动机研究的70%的文章都引用了赫尔的研究（Spence，1952）。赫尔把他的理论假设放到实验中进行检验，把研究结果吸收到理论体系之中，不断地修改着他的体系。最终发表在1952年出版的《行为体系》（*A Behavior System*）一书当中。

机械主义精神

赫尔用机械术语描述了他的行为主义和人性的形象。他把人的行为看作自动的，认为行为的语言可以还原为物理学的语言。按照赫尔的观点，行为主义者应该把被试看成机器。他同意这样的观点，即有朝一日，人建造的机器也可以有拥有思维，展现人类的其他认知机能。1926年，赫尔写道："许多次，我都感到吃惊，人体是最神奇的机器，然而不过是个机器。我不止一次地想到，就思维过程来说，我们可以建造一台机器，这台机器可以进行身体所能做的每一件基本的事情"（引自 Amsel & Rashotte，1984，p.2-3）。我们可以看到，由欧洲的机械人、机械钟和自动机器人所代表的

17世纪机械主义精神忠实地反映到了赫尔的工作之中。

客观主义方法论与数量化

赫尔的机械、还原、客观的行为主义清楚地规定了他的研究方法。首先，这些研究方法应该是客观的。此外，它们应该是数量化的，行为定律是用精确的数学语言表达的。

赫尔提出了他认为对科学研究有用的四种方法。其中三种已经在广泛使用了，这就是简单观察、系统控制观察和假设的实验检验。赫尔所提出的第4种方法是**假设－演绎法**。这种方法是根据一组先验确定的公式进行演绎。它涉及确立一些推断假设，并由实验测试的结果检验结论。然后把这些结论放到实验中进行验证，如果没有得到实验证据的支持，就必须进行修改。如果它们得到支持，通过了验证，就可以被纳入科学体系之中。赫尔相信，如果心理学准备像其他自然科学那样，成为真正客观的科学（这是行为主义的基本原则），那么唯一适当的方法就是这种假设－演绎的方法。

假设－演绎法(hypothetico-deductive method)：赫尔的一种研究方法，这种方法首先确立一些假设，然后从中演绎出可以进行实验验证的结论。

内驱力

对赫尔来说，动机的基础是身体的需要状态，这种需要状态是由于偏离了理想的生物条件而引起的。然而，赫尔并没有把生物需要的概念直接纳入他的体系中，他假设了"内驱力"这个中介变量的存在。内驱力这个术语早已在心理学中使用了。赫尔把它界定为一种由组织需要状态引起的刺激，其功能是引起或激活行为。在赫尔看来，内驱力的减低或满足是强化的唯一基础。内驱力的力量可以由剥夺时间的长短的经验确定，或者通过对相应行为的强度、力量和能量消耗进行测定。赫尔认为剥夺时间的长短是一个不完善的量度，他更强调反应强度。

赫尔假设了两种类型的内驱力。原初内驱力（primary drive）与固有的生物需要有关，对于有机体的生存起着关键的作用。它包括这样一些生理需要，如食物、水、空气、体温调节、排便、排尿、睡眠、活动、性交和减轻疼痛，等等。然而，赫尔承认，有机体的动力可能并非来自原初内驱力。因此，他又提出了习得性内驱力（learned drive）或次级内驱力（secondary drive）。这种内驱力与情境和环境刺激有关，而这些情境与环境刺激是与原初内驱力的减低联系在一起的，因而成为内驱力本身的一部分。这样一来，原来中性的刺激可能获得了内驱力的特点，因为它们可以诱发类似于由原初内驱力或原来的需要状态所唤起的那种反应。

一个简单的例子是触摸火炉并且被烧伤。由对身体组织的物理伤害而导致的疼痛导致了原初内驱力，即减轻疼痛的愿望。与这个原初内驱力相关的环境刺激，如火炉的视觉，在以后一旦产生了这种视觉刺激，便可能会导致迅速地缩回手。这样一来，火炉的视觉成为习得性恐惧内驱力的刺激。这些激动行为的次级或习得性内驱力是由原初内驱力发展而来的。

学习

赫尔的学习理论关注强化原则，而这个强化原则本质上是桑代克的效果律。依据赫尔的**原初强化律**，如果一种刺激—反应的关系伴随着需要的降低，那么同样的刺激以后就更有可能引起同样的反应。奖赏或强化不是根据桑代克概念的满意度界定的，而是依据原初需要的减少界定的。这样一来，原初强化（原初内驱力降低）对于赫尔的学习理论就是一种基本的东西了。

就像他的体系中包含着次级或习得性内驱力那样，他的体系中也包含着强化作用。如果刺激的强度由一个次级内驱力降低，那么这个内驱力就作为次级强化发挥作用了。

> 由此得出的结论是，持续同强化情境相联系的任何刺激都会通过这种联结而获得引起条件性抑制的力量，即刺激强度上的降低。而这种降低本身就会产生强化作用，由于这种间接的强化力量是通过学习获得的，因此可称之为次级强化。（Hull, 1951, p.27-28）

刺激—反应的联结可以通过所发生的强化次数而得到加强。赫尔称刺激—反应联结的力量为**习惯力量**。它是强化的函数，指的是条件反射的持续性。

缺乏强化，学习就不能产生，而强化对于内驱力的降低是必要的。这

原初强化律（law of primary reinforcement）：当刺激和反应之间的关系随着身体的需要降低时，那么在随后的场合中，同样的刺激可能引起同样的反应。

习惯力量（habit strength）：刺激和反应之间联结的力量，强化的次数决定着这种力量的强弱。

种对强化的重视体现了赫尔体系的特色，即它是一种需要降低理论，同托尔曼的认知理论是对立的。

评论

作为新行为主义的一个主要代表，赫尔自然成为那些攻击华生和其他行为主义心理学家的人攻击的靶子。那些反对任何行为主义取向的心理学家把赫尔视为"敌人阵营"的一员。

赫尔的体系因缺乏普遍性而受到批评。在他尝试以数量化的术语精确地界定变量时，赫尔必然把自己局限在一个狭窄的范围内。他经常利用单一实验的结果形成假设。反对者争辩说，基于这种特殊的实验论证而推论至所有行为的做法是靠不住的。如形成人类眼睑条件反射的最适宜的时间间隔（公设 2）；或者形成白鼠条件反射所需要的食物克数（公设 7）等（引自 Hilgard, 1956, p.181），这些观点的适用范围都是非常狭窄的。尽管数量化是值得赞赏的，但是赫尔的极端化做法缩小了其研究结论的可应用范围。

然而，赫尔对心理学的影响却是实实在在的。由他的工作所激起的研究的数量增长和范围扩大，以及受他影响的心理学家的数量增加，都确立了他在心理学史上的地位。赫尔守护、扩展、论证着行为主义的客观方法，其投入的精力是他人无法比拟的。一位心理学史家写道："任何领域出现一个真正的理论天才并不是常有的事，而心理学更是极少这样的人物，赫尔在其中必定可以排列在第一位"（Lowry, 1982, p.211）。

B. F. 斯金纳（1904—1990）

几十年以来，B. F. 斯金纳（B. F. Skinner）一直是世界上最有影响的心理学家。1990 年斯金纳逝世时，《美国心理学家》杂志的主编称赞斯金纳是"我们学科的巨人之一，在心理学上留下了永恒的烙印"（Fowler, 1990, p.1203）。《行为科学史杂志》（*Journal of the History of the Behavioral Sciences*）上的讣告描述斯金纳为"这个世纪行为科学的领军人物"（Keller, 1991, p.3）。

从 20 世纪 50 年代开始，斯金纳便成为美国行为主义心理学的具体体现。他吸引了大批的信徒和狂热的追随者，制订了一种社会行为控制计划，倡导行为矫正技术，发明了一种可以照顾婴儿的自动床。他的小说《沃尔登第二》（*Walden Two*）即使在出版几十年后仍然受到欢迎。他1971年的那本书，即《超越自由与尊严》（*Beyond Freedom and Dignity*），成为美国的畅销书，让斯金纳有机会在电视节目上阐述他的观点。他成为一个名人，不仅心理学家熟悉他，普通公众也熟悉了他的名字。1972年，《今日心理学》杂志指出，"在美国历史上，这或许是第一次，一位心理学的教授获得了著名影视演员那样的知名度"（引自 Rutherford，2000，p.372）。

斯金纳的生平

斯金纳出生于美国宾夕法尼亚州的一个小镇。他回忆童年时代的环境是温馨和稳定的。高中时，他在读的那所学校就是他父母毕业的学校。从儿童时代开始，他就喜欢建造东西，如四轮马车、竹筏、飞机模型、蒸汽大炮，这个蒸汽大炮可以把土豆和胡罗卜射过屋顶。他花费了几年的时间想建造一台永动机，但是没有成功。他阅读了关于动物的书，饲养了火鸡、蛇、鳄鱼、蟾蜍和花栗鼠等。在乡村的一个展览会上，他看到了鸽子表演。多年以后，他训练鸽子执行任务。

B. F. 斯金纳

斯金纳的心理学体系映射出他早年的生活经验。依据斯金纳的观点，生活是过去强化的产物。他声称，他的生活都是注定和有秩序的，就像他的体系支配了人类生活一样。他相信，他的经验可以完全、直接地追溯到其成长环境中的刺激。

斯金纳进入了纽约汉密尔顿学院读书。但是那里的生活并不快乐。他写道：

> 我从没有适应学生生活。我加入了博爱协会，但我对它根本不了解。我不擅长运动，害怕在冰球运动中腿部受伤，或者被那些优秀的球员用篮球击中我的颅骨，使我遭受痛苦……学院以那些不必要的苛求逼迫着我（如每天的唱诗），令我感到不满。几乎大部分学生都没有显示出学术兴趣。（Skinner，1967，p.392）

斯金纳以恶作剧嘲弄校方，破坏学校的秩序，他公开批评那里的员工和领导。斯金纳毕业时获得了英语方面的学位，获得了美国大学优等生的荣誉。他渴望成为一名作家，在夏天的写作学习班上，诗人罗伯特·弗罗斯特（Robert Frost）对斯金纳的诗歌和故事给予了积极的评价。毕业后的两年时间里，斯金纳奋力写作，但到后来，他感觉没有更多的东西可以写了。作为作家，成功迟迟没有降临令他感到压抑，因此，他曾想向精神病学家进行咨询。他感觉自己像个失败者，自信心受到打击。爱情也令他失望，至少有6位姑娘曾经拒绝了他。

他读了华生和巴甫洛夫的条件反射实验，这唤醒了他对人性科学的兴趣，而不是文学上的兴趣。1928年，斯金纳进入哈佛大学，成为心理学的研究生，尽管此前他连心理学的课程也没有学过。三年以后，他获得了博士学位，接着又完成了博士后研究。1936—1945年，他在明尼苏达大学任教，1945—1947年，他到了印第安纳大学，然后返回哈佛。

他的博士论文的论题预示了他毕生的追求。他提出，反射就是刺激和反应之间的关系，仅此而已，不需要画蛇添足。他指出了反射概念在行为描述中的作用，并把这一功劳大部分归于笛卡尔。

1938年，他出版了《有机体的行为》（The Behavior of Organisms）一书，描绘了他的基本观点。在随后的4年中，这本书仅仅售出80本，8年售出了500本。对这本书的评价大多是消极的。然而，50年之后，这本书被评价为"改变心理学面貌的为数不多的几本书之一"（Thompson, 1988, p.397）。使得这本书从最初的失败到大获成功的因素，是它对教育心理学和临床心理学这样一些应用领域的影响。斯金纳的理论观点具有如此广泛的实践应用价值是不足为怪的，因为他一直对解决现实世界的问题具有浓厚的兴趣。他后来的那本《科学与人的行为》（Science and Human Behavior, 1953）成为斯金纳行为主义心理学的基本教科书。

直到斯金纳86岁逝世那年，他一直是多产的。在他家的地下室里，他给自己建造了一个斯金纳箱，即一个可以提供积极强化的受控环境。他睡在一个巨大的由黄色塑料制成的箱子里，箱子很大，里面放着一张席梦丝床垫，几个书架和一台小电视。他每天晚上10点钟睡觉，睡眠3小时后起床，工作1小时，再睡3个小时；早晨5点钟起床，再工作3个小时，然后走到办公室去做其他的工作，每天下午欣赏音乐，对自己实施自我强化。

他喜欢写作，认为写作给他提供了许多积极的强化。78岁的时候，他写了一篇文章，题目是"老年人思想的自我管理"，以他自己的经验进行个案研究（Skinner, 1983）。他指出，对于老年人来说，有必要每天工作一些时间，以便于克服记忆和思维的障碍。当他听说在心理学的文献中他的文章的引用率已经超过弗洛伊德时，他非常高兴。一位朋友问他，这是否就是他写作的目标，斯金纳简单地回答道："以前我就认为我能做到这一点"（引自 Bjork, 1993, p.214）。

1989年，斯金纳被诊断为白血病，还有两个月的生命。在一次广播采访中，他描绘了自己的感受：

> 我并不信教，因此我用不着为死后会发生什么而感到焦虑。听到我患了这样的疾病，只有几个月的时间，我一点也不感到有什么不平静的心绪，没有丝毫的痛苦、恐惧或焦虑……唯一令我吃惊的是，当我考虑这些问题的时候，我眼睛里充满了泪水，我不得不告诉我的妻子和女儿……我的生活一直非常幸福，如果再花费精力试图治愈这个疾病，那是非常愚蠢的。因此，我会像以往一样，享受这最后的几个月。（引自 Catania, 1992, p.1527）

在他逝世的前8天，尽管十分脆弱，斯金纳在美国心理学协会1990年波士顿年会上宣读了他的论文。他充满激情地批驳认知心理学，因为认知心理学挑战了他的行为主义。在他死前的那天晚上，他还在写他最后的那篇论文，即"心理学能成为心灵的科学吗？"（Skinner, 1990）。在这篇文章中，他再次批驳了对他的心理学观点形成威胁的认知心理学运动。

斯金纳的行为主义

斯金纳的观点在某些方面再现了华生的行为主义。一位心理学史家写道："华生的精神是不灭的，这种精神得到净化和纯化，通过斯金纳的作品而继续存在"（MacLeod, 1959, p.34）。尽管赫尔也被认为是一个严格的行为主义者，但是在赫尔和斯金纳的观点之间存在着差异。赫尔强调的是理论的重要性，而斯金纳强调的是经验体系，它并不需要一个理论框架作为其研究工作的基础。

斯金纳以下面这种方式概括了他的方法："我从来不会依靠建立假设来解决问题。我也从不会演绎出定理，然后付诸实验验证。就我知道的来说，我没有什么预想的行为模型，不管这个模型是生理的，还是心理的。我不相信概念模型。(Skinner, 1956, p.227)"除了华生与巴甫洛夫的理论, 斯金纳基本不从其他心理学家那里汲取思想。"我发现我自己的心理学, 很难与其他人的思想合并。我几乎从来不读心理学。(引自 Overskeid, 2007, p. 591)"

斯金纳的行为主义研究的是行为反应。他关心的是描述,而不是解释行为。他的研究仅仅涉及可观察的行为。他相信科学研究的任务是确立实验者控制的刺激条件和随后有机体反应之间的函数关系。

斯金纳不关心有机体体内发生了什么,他不愿意对此进行推测。他的研究规划中不包含内部实体,不管这种假设涉及中介变量、内驱力还是生理过程等。在刺激和反应之间不管发生了什么,都不是斯金纳行为主义关注的客观数据。因此,斯金纳的这种纯粹描述的行为主义被人们称为"空洞有机体"不是没有理由的。人的有机体被环境中的力量所控制,是受外部世界决定的,而不是由它们自己的内部力量所决定的。我们注意到,斯金纳并不否认内部生理或者心理条件的存在,他所否认的只是这些内部条件对行为科学研究的效用。他的一位传记作者强调说,斯金纳的观点"并不是否认心理事件的存在,而是拒绝使用它们成为解释的实体"(Richelle, 1993, p.10)。

和许多同时代的人相比,斯金纳并不认为有必要使用大量被试,或者对被试群体的平均反应进行统计比较。他的方法是对单一被试进行综合研究。

> 根据平均数得出预测,对研究一个特定个体的价值极小或者根本就没有价值……一门科学只有当它的规律针对个体的时候,它的规律对个体才有帮助。仅仅关心群体行为的行为科学对于我们理解特定案例是不可能有帮助的。(Skinner, 1953, p.19)

1958年,斯金纳派的行为主义者们创办了《行为实验分析杂志》(*Journal of the Experimental Analysis of Behavior*)。创办该杂志的主要原因是针对主流心理学期刊一个不成文的对统计分析和被试样本大小的规定。《应用行为分析杂志》(*Journal of Applied Behavior Analysis*)后来也开始发行,主要刊载斯金纳心理学的应用成果,即行为矫正方面的研究。

斯金纳在《科学与人的行为》一书中描绘了17世纪笛卡尔的工作和机械人怎样影响了他的心理学方法。这也是如何使用历史的一个很好的范例，即一位20世纪的心理学家怎样把他的工作建立在300年前工作的基础上。

操作性条件反射

多少年以来，许多心理学的学生都学习过斯金纳的**操作性条件反射**以及这种条件反射与巴甫洛夫研究的应答行为的区别。在巴甫洛夫的条件反射情境中，一个已知的刺激在强化条件下与一个反应进行配对。这种行为反应是由一个特定的可观察刺激引起的。斯金纳称这种行为反应为应答行为。

操作行为产生于没有任何可观察的先行刺激的条件下。有机体的反应似乎是自发的，同任何已知的可观察刺激没有关联。当然，这并不意味着没有诱发反应的刺激，而是说当反应发生时没有刺激被觉察到。然而，从实验者的角度来看是没有刺激的，因为他们并没有实施刺激，因而看不到刺激的存在。

应答和操作行为的另一个区别是操作行为作用于有机体的环境；应答行为则没有这个特点。当实验者呈现刺激（食物）时，巴甫洛夫实验室中被固定起来的狗什么都做不了，只能应答（分泌）。狗不能自己产生某种行为去获得食物。然而，斯金纳箱中白鼠的操作行为对于获得刺激（食物）是工具性的，即有用的。斯金纳不喜欢"斯金纳箱"这个标签。这个术语是1933年克拉克·赫尔首先使用的。斯金纳喜欢把他的实验设备称为操作性条件反射装置。然而，"斯金纳箱"这个术语已经变得很流行，成为一个公认的术语。

当白鼠按压杠杆时，它就获得食物，且只有按压杠杆才能获得食物，这样一来，它就作用于环境。斯金纳相信，操作行为能更好地代表学习情境。由于行为大多是操作类型的，因而对于行为科学来说，最有效的方法是研究操作行为的形成与消除。

斯金纳的经典实验涉及白鼠在斯金纳箱中按压杠杆。一只被剥夺食物的白鼠被放进箱子中，让它在里面自由探索。在探索的过程中，白鼠最终偶然压到了杠杆，激活了某种机制，食物盘上释放出一个食物丸。获得一些食物丸（强化物）之后，条件反射通常很快就形成了。我们注意到，白鼠的行为（按压杠杆）对环境产生了作用，因而对于白鼠获得食物是有帮

操作性条件反射（operant conditioning）：指的是一种学习方式，其行为的学习涉及有机体自发的行为，而不是被可觉察的刺激诱发的行为。

获得律（law of acquisition）：如果操作行为之后有强化刺激尾随，那么它的力量就会增强。

助的。因变量既简单又直接：它就是反应速率。

从这个简单的实验中，斯金纳推论出**获得律**。依据这一定律，如果操作行为之后伴随着强化刺激的呈现，操作行为的力量就得到加强。尽管在确立高速率杠杆按压方面练习是重要的因素，但关键的变量是强化。练习本身并不会增加反应的速率，练习只是提供了一个机会，使得额外的强化可以发生。

斯金纳的获得律与桑代克和赫尔的学习观点是不同的。斯金纳并不像桑代克那样关注任何愉快/痛苦或者满意/烦恼的强化结果，且斯金纳也不像赫尔那样尝试根据内驱力降低来解释强化作用。桑代克和赫尔的体系是解释性的，而斯金纳的体系是描述性的。

强化的模式

在斯金纳箱中对白鼠按压杠杆行为的最初研究论证了强化对操作行为的作用。白鼠的每一个按压杠杆的行为都得到了强化。换言之，每一次正确的反应之后，白鼠都会获得食物。然而在现实世界中，强化不会总是一致和持续的。但即使强化是间歇的，学习还是会发生，行为也能持续下来。斯金纳写道：

> 当我们去滑冰或者滑雪时，并不总是遇到好冰或好雪……在餐馆里，由于厨师的行为总是在变化，我们并不总是能吃到可口的饭菜。当我们给朋友打电话的时候，并不总是能找到朋友，因为朋友并不总是在家……工业和教育的强化特征几乎总是间歇性的，因为强化每一个反应对于控制行为是不可行的。（Skinner, 1953, p.99）

强化的模式（reinforcement schedules）：强化的时间和速率的安排。

考虑一下你自己的经验，即使你持续不断地学习，你也不可能每一次考试都得到A。在工作问题上，即使付出了最大的努力，你也不能总是受到赞扬或者每天都能加薪。因此，斯金纳想了解行为究竟怎样受到不同强化的影响。一种**强化模式**在决定有机体的行为方面是否好于另外一种模式？

这一研究的动力并不是出于学术上的好奇，最初，它仅仅是个权宜之计。有时，科学的运作往往与教科书上的理想化方式恰好相反。在一个星期六的下午，斯金纳注意到白鼠食物丸的供给不充足了。而在20世纪30年代的时候，这些食物丸并不是简单地从实验室供给公司那里购买。实验者（通常是研究生）不得不亲手制作。这个过程既耗费时间，又耗费精力。斯金纳不想把整个周末都耗费在制作这些食物丸上，因此他想，如果他不管白鼠反应的次数如何，仅仅在每分钟里强化一次，会出现什么样的情况呢？如果按照这种安排，那么这个周末所需要的食物丸就大大减少了。因此，斯金纳设计了一系列实验来测定不同的强化速率和不同强化时间的作用（Ferster & Skinner, 1957；Skinner, 1969）。

在一组研究中，斯金纳对那些每次反应都获得强化的动物的反应速率和那些经过一段固定的时间间隔之后才获得强化的动物的反应速率进行了比较。第二种条件是固定间隔强化模式。这种强化模式可以是每分钟强化一次，或者每4分钟强化一次。关键之处在于动物只有在经过一个固定的时间段之后才能获得强化。每周支付一次工资或每月支付一次工资的工作提供的就是固定间隔模式。雇员获得薪水不是根据所完成工作的数量，而是根据过去了多少天或多少星期。斯金纳的研究显示出，两次强化之间的时间越短，动物反应的速率越高。随着两次强化之间间隔的增大，反应速率下降。

强化的频率同样影响着反应的消退。那些持续不断获得强化的行为，一旦强化停止，就比那些仅仅获得间歇强化的行为更容易消除。那些最初以间歇强化为基础建立操作性反射的鸽子，当强化停止以后，可以继续做出10000多次操作性行为反应。

在固定比例模式中，强化物的呈现不是根据固定的时间间隔，而是根据预先设定的反应次数。动物的行为决定着它获得强化的次数。在它最初的反应之后，可能需要经过10次或20次反应后才能获得另外一次强化。那些以固定比例模式为基础建立操作性条件反射的动物比以固定间隔强化模式为基础建立了操作性条件反射的动物，反应要快得多。在固定间隔模式基础上的快速反应并不能带来额外的强化，以固定间隔模式为基础建立操作性条件反射的动物可以在按压杠杆5次或50次以后，仍然要在特定的时间间隔过后才能获得强化。以固定比例模式为基础而导致的快速反应对白鼠、鸽子和人都起作用。在固定比例强化模式的工作场所中，雇员的工资是根据完成任务的数量来定的。只要比例定得不是太高，不是要求一个不可能完成的工作量，且所提供的强化值得为之努力的话，这种固定比例强化模式就是有效的。

逐次逼近：行为的形成

在斯金纳最初的操作性条件反射实验中，操作性行为（按杆）是一个简单的行为，即一只实验室里的老鼠，它在探索环境，并期待获得最终的强化物。因此，只要实验者有足够的耐心，"按杆"这样的行为发生的概率是较高的。但是，很明显，动物和人类会展示出许多更为复杂的操作性行为。这些行为，在正常的生活过程中，发生的概率非常低。我们可以回忆一下普里西拉这只可爱的猪，以及鲍德·布瑞恩那只神奇的鸡，它们在智慧动物园所展示出来的行为的复杂序列，正常情况下发生的概率就是很低的。那么，这种复杂的行为是如何习得的？训练者、实验者或父母应该如何强化动物或孩子的条件反射，让他们执行那些似乎并不会自发出现的行为？

逐次逼近法（successive approximation）：关于习得复杂行为的一种解释理论，比如学习说话时，只有向最终期待的行为逐渐接近的行为，才会得到强化。

斯金纳用**逐次逼近法**，或行为塑造（shape）的方法来回答这些问题（Skinner，1953）。他训练了一只鸽子，它在很短的时间里就习得了啄笼子里一个指定的点。原本鸽子自己去啄指定点的概率很低。在第一次，仅当鸽子的头转向指定点，就给予食物强化。在它习得后，不再给予强化，除非鸽子的头向着指定的点（即使很不精确，也给予强化）。接下来，又只强化那些更贴近指定点的行为。再接下来，鸽子必须将头挨着指定点才能得到强化。最后，鸽子只有自己啄那个点才能得到强化。虽然这听起来费时，实际上，斯金纳只用了不到三分钟，就可以让鸽子形成这一条件反射。

实验过程本身解释了术语"逐次逼近"。有机体的行为持续不断地向着最终希望的行为前进时，得到了适当的强化。斯金纳表示，这就是儿童如何学习说话的复杂行为。婴儿自发地发出无意义的声音，然后家长通过微笑、大笑和说话进行强化。一段时间后，家长以不同的方式强化了他们孩子气的牙牙学语，对近似的声音提供更大的强化。如此反复，父母的强化变得更为严格，只有适当的用法和发音才给予强化。因此，对获得语言能力等复杂行为的塑造，要在不同的阶段提供不同的强化。

充气床、教学机器和鸽子引导的导弹

操作性条件反射装置使得斯金纳在心理学家中颇具声望，但是充气床这种自动照顾婴儿的装置让斯金纳在社会公众中"臭名远扬"（Benjamin & Nielsen-Gammon, 1999）。当斯金纳和他的妻子准备生第二个孩子的时候，他的妻子说在婴儿 2 岁以前需要太多令人讨厌的劳动。因此，斯金纳设计了一种机械化环境，以减轻父母的琐碎工作。尽管斯金纳发明的这种充气床曾经在商店里出售，但它并不是一个成功的产品。斯金纳的女儿就是用的这个充气床，倒也没有造成明显的伤害。

1945 年，斯金纳在《女士家庭杂志》上撰文描绘了这个装置，后来这段文字又出现在他的自传中。他写道：

> 这是一个婴儿床大小的生活空间，我们称它为"婴儿看管者"。它的墙是隔音的，有一个硕大的图片式窗户。空气经过滤后从底部进入，经过加温和加湿以后，向上沿着帆布顶棚向四周扩展。帆布充满空气充当床垫，其中的设施可以在几秒钟之内通过一个轴承安装到位……（Skinner, 1979, p.275）

斯金纳所推崇的另外一种装备是教学机器。教学机器是西德尼·普雷西（Sidney Pressey）在 20 世纪 20 年代发明的。不幸的是，这一装置生不逢时。当时人们缺乏足够的兴趣去推销它（Pressey, 1967）。背景的力量可能是人们对它缺乏兴趣的原因，同时，也是由于背景的力量，这一装置在 30 年后又引起了人们极大的热情。当普雷西引入这种装置时，他向人们许诺，这种机器的教学速度将更快，而且不再需要那么多老师。然而，那时的教师过剩，也不存在要求改善学习过程社会压力。但是在 20 世纪 50 年代的时候，当斯金纳推广类似的装置时，学生过多，教师太少，且存在着公众的压力，要求改革教育，以便于美国在空间探索中与前苏联竞争。在 1968 年出版的《教学技术》（*The Technology of Teaching*）一书中，斯金纳概括了他在这一领域的研究成果。斯金纳报告说，在发明教学机器时，他并不知道普雷西的工作，但是一旦知道了以后，就把这个功劳归于普雷西了。教学机器在 20 世纪五六十年代得到了广泛使用，直到后来被计算机辅助的教学方法所取代。

在第二次世界大战中，斯金纳设计了一种导航系统，引导从战机落下的炸弹准确击中地面的目标。他把鸽子放到导弹的前部突出部位，这些鸽子经条件反射的训练后，会啄目标的图像。鸽子的这些反应影响到导弹的角度，因而可以使导弹击中正确的目标。斯金纳证明了这些鸽子可以获得高度的精确性。但是美国军事部门明显对此不感兴趣，不愿意打开武器库，仅仅看见三两只鸽子，而不是他们所熟悉的电子设备。因此，他们拒绝把鸽子纳入到他们的武器库中（Skinner，1960）。

在20世纪六七十年代，玛丽安·布里兰和凯勒·布里兰为美国国防部工作。他们：

> 训练银鸥在湖泊和海面进行全面的搜索，教会鸽子沿着一条道路飞到狙击点，让乌鸦执行长距离的复杂任务，如用装在鸟喙边的小相机远距离拍照。很明显，它们能够免于被捕，持续地执行它们的任务并返回（Gillaspy & Bihm，2002，p.293）。

《沃尔登第二》：行为主义者的社会

斯金纳设计了一种行为技术，他尝试把实验室中的发现应用于整个社会。华生曾经用一般的术语谈到通过条件反射为一种更为健全的生活打下基础。斯金纳则详细地描述了这些社会的操作方法。在1948年的小说《沃尔登第二》一书中，他描述了一个有1000个成员的社区生活。在这个社区中，行为是通过积极强化而受到控制的。这本书也是斯金纳个人中年生活危机的产物。41岁的时候，他遭受了抑郁的痛苦。他想通过恢复大学毕业后的作家生涯来解决他的矛盾冲突。于是他开始小说创作，试图通过小说中的主人公来表达他内心的冲突与绝望。他写道："沃尔登第二中的大部分生活都是那时我自己的生活体验，我让故事的主人公说出了我自己想说但还没有准备好的东西"（1979，p.297-298）。

《沃尔登第二》的手稿完成3年后，斯金纳才找到了一个出版商愿意接受它。许多出版商拒绝了这本书，因为他们认为这本书啰唆、节奏慢、冗长，结构组织太糟糕。最终，斯金纳答应出版商写一本行为心理学的教科书，这本书就是受人欢迎的《科学与人的行为》，出版商这才答应出版《沃尔登第二》。最终该书销售了300多万册。

斯金纳小说所描绘的社会是以斯金纳关于人性假设为基础的，斯金纳一直认为人与机器是类似的。这种观点可以追溯到伽利略和牛顿，通过英国经验主义到了现代的华生和斯金纳。斯金纳这种机械、分析、决定论的自然科学方法得到了他有关条件反射实验研究结果的支持，也使得许多行为心理学家相信，在确定了环境条件之后，应用积极强化策略，就可以指导、矫正和塑造人的行为。

行为矫正

斯金纳所推崇的这种以积极强化为基础的社会仅仅存在于小说中，但是对于人类行为的控制与矫正，无论是针对个体的，还是小群体的，都已经得到了广泛的应用。通过积极强化而进行的**行为矫正**在脑科医院、工厂、监狱和学校中已经被广泛地应用于改变不称心的行为，使其变成更可接受的行为方式。行为矫正对人起作用的方式同操作性条件反射改变鸽子和白鼠的方式是同样的，也就是说，它们之所以导致了行为的改变，都是因为强化理想行为和不强化非理想行为。

行为矫正（behavior modification）：使用积极强化去控制或改变个体或群体的行为。

考虑一下这样一个儿童，他通过发脾气而得到食物或吸引注意。当父母顺从他的要求，那么父母就强化了他不愉快的行为。在行为矫正情境中，踢打、尖叫这样一些行为从来都不会受到强化，只有那些社会接受的行为才能得到强化。经过一段时间以后，儿童的行为就会产生变化，因为发脾气不再得到奖赏，和善的行为才能获得奖励。

操作性条件反射和强化曾经被应用于工作场所，用于减少旷工、改善工作表现和遵守安全章程、传授工作技能，等等。行为矫正也已经成功地使用在脑科医院的病人身上。通过奖赏病人适当的行为和不奖励消极或破坏性的行为，促进了积极的行为变化。和传统的临床技术不同，行为主义心理学家并不关心病人的心灵中究竟发生了什么。他们同动物实验者是一样的，并不关心斯金纳箱中白鼠的心理活动；他们关心的只是外显行为和积极的强化。

研究证明，行为矫正计划通常仅仅在那些贯彻行为矫正原理的机构和组织中才能发挥作用。行为矫正的效果很少能迁移到外面的情境，因为，如果想让理想的行为坚持下去，强化的计划就必须贯彻到底，至少也要保持间歇性的强化。对于病人来说，如果他们的监护者在家中能以微笑、赞扬和其他情感、赞许方式强化理想行为，那么积极的行为反应就能维持下去。

惩罚不是行为矫正计划的一个部分。根据斯金纳的观点，人们不应为没有操作理想行为而受到惩罚。相反，当行为以积极的方式产生变化时，应该受到强化或奖赏。斯金纳的观点是，积极的强化在改变行为方面比惩罚更有效。这一点已经为许多以人或动物为被试的研究所支持。

斯金纳写到，从孩提时代开始，他的父亲就没有惩罚过他，而他的母亲只惩罚过他一次，原因是他说了脏话，而他的母亲则用肥皂水冲洗他的嘴巴。斯金纳没有讲过惩罚在改变行为方面是否有效（Skinner，1976）。

对斯金纳行为主义的批评

对斯金纳行为主义的批评直接指向了他的极端实证主义和他对理论的拒绝。反对者认为，删除所有的理论工作是不可能的。不论实验多么简单，规划一个实验的细节都需要理论化的工作。同样，斯金纳接受基本条件反射原理作为其研究的基础也构成了一定程度的理论化工作。

从他的操作性条件反射观点出发，斯金纳对经济、社会、政治和宗教问题做了充满自信的评论。1986年，他写了一篇文章，文章的题目涵盖的内容非常广泛，叫作《西方世界的生活出了什么问题》。在这篇文章中他指出："西方世界中人的行为越来越弱，但是通过运用源自行为实验分析获得的原理可以加强西方人的行为。（Skinner，1986，p.568）"这种从数据进行推论的意愿，特别是有关复杂社会问题解决方法的建议同他一贯的反理论立场是不一致的。它证明斯金纳在提出他的社会改革蓝本时超出了可观察的数据的范畴。

斯金纳认为所有的行为都是通过学习而获得的。这种观点受到了布里兰动物训练工作的挑战。布里兰发现猪、小鸡、大鼠、海豚、鲸鱼、牛和其他一些动物都表现出了一种"本能飘流"的趋势。这意味着，动物倾向于以本能行为取代受到强化的行为，即使当本能行为受到食物的干扰，这种情况也会出现。

用食物作为强化物，猪和浣熊很快就建立了捡玉米、把玉米带到某个地方、把玉米放进玩具筐的条件反射。然而，过了一会儿，动物又会开始操作一些不理想的行为。

猪停在路上，把玉米埋进沙子里，然后用嘴巴把它挖出来；浣熊用了很长时间玩耍玉米，做出它知名的类似于清洗的动作。最初，这看起来很逗乐儿，但是最终，它太费时间了，让观众感觉表演不完美。从商业角度来看，这是一场灾难。（Richelle，1993，p.68）

这里所发生的事情就是"本能飘流"。动物回归到固有的行为，固有的行为比习得的行为更具有优势，即使这耽误了食物的强化。在这种条件下，强化显然并不像斯金纳所声称的那样有力量。

斯金纳有关言语行为的观点和他对婴儿学习语言的解释也受到了批评。批评者坚持认为，某些行为必定是遗传的。婴儿不可能通过每一个正确的用法和发音受到强化而习得语言。实际上，婴儿掌握的是造句的语法规则。建造这种规则的潜力是遗传的，而不是通过学习获得的（Chomsky，1959，1972）。

斯金纳行为主义的贡献

尽管对斯金纳的行为主义存在着许多批评，但是从20世纪50年代到20世纪80年代，斯金纳一直是行为主义心理学无可争议的领袖人物。在这段时间里，没有任何其他心理学家对美国心理学的影响可以超过他。1958年，美国心理学协会授予斯金纳杰出科学贡献奖，认为斯金纳是"对心理学的发展和年轻一代心理学家产生如此深刻影响的少数心理学家中的一位"。

1968年，斯金纳获得民族科学奖章，这是美国政府对科学贡献授予的最高荣誉。美国心理学基金会授予了斯金纳金质奖章。斯金纳的肖像也出现在美国《时代》杂志的封面上。1990年，斯金纳获得了心理学终身成就奖。

斯金纳的全部目标是完善人类的生活和改革社会。尽管他的体系具有机械论的性质，但他却是一个人道主义者。这表现在他力图在家庭、学校、企业、机构等现实世界中矫正人的行为。他期待他的行为技术可以减轻人类的痛苦。当他听说尽管他的理论受到欢迎且具有影响力，但是却没有得到适当和广泛应用的时候，他感觉非常痛苦。

尽管斯金纳式的行为主义仍然应用在实验室、临床、组织和其他一些真实情境中，但是它已经受到新的新行为主义的挑战。这些新的新行为主义者包括了阿尔伯特·班杜拉和朱利安·罗特等人，他们采取的是一种社会行为主义的方法。

社会行为主义：认知的挑战

班杜拉、罗特及其社会行为主义的追随者本身都是一些行为主义者。但是这种行为主义同斯金纳的行为主义有很大的不同。他们质疑对心理或认知过程的拒绝，而倡导一种社会学习的或社会行为主义的方法。这反映了心理学中认知运动的影响。社会学习理论标志着行为主义思想学派发展的第三个阶段，即新的新行为主义阶段。我们将在第十五章中讨论认知运动的起源与影响。

阿尔伯特·班杜拉（1925—）

阿尔伯特·班杜拉

班杜拉出生在加拿大的一个小镇上。这个小镇很小，他所读的那所高中只有20个学生和两位老师。毕业之后，他同育空河地区的建筑工人一起工作，在阿拉斯加的高速公路上填洞，维护公路。"他发现自己处在各式各样奇怪的人当中，这些人大部分是逃债的、离婚后逃避赡养费的、假释犯等。由此，班杜拉对日常生活中的心理病理学有了深刻了解，心理学的兴趣之花似乎在这片冻土上绽放了。（Distinguished Scientific Contribution Award, 1981, p.28）"

班杜拉就读于加拿大温哥华的英属哥伦比亚大学。一个十分偶然的机会，他发现了他一辈子想要做的事业。"我与一个医学预科生及一个工程系学生拼车，他们要去上课，时间非常早。当我在图书馆等着上英文课时，我碰巧翻了翻谁遗忘在桌子上的一份课程目录。我注意到有一门心理学导论课程，也是在很早的时间上课。我选了它，然后发现它就是我未来的职业。（Bandura, 2007, p. 46）"

因此，他上第一门心理学课程只是因为时间方便。1952年，班杜拉在爱荷华大学获得博士学位，然后去斯坦福大学教书，从此走上了杰出而高产的职业生涯。

社会认知理论

同斯金纳的行为主义相比，班杜拉的行为主义显得不是那么极端，它反映了时代精神的影响。在那个时代，心理学家对认知因素重新产生了兴趣。然而，班杜拉的观点依然是行为主义的。因为他研究的焦点在于观察互动中人类的行为。他从不使用内省法，强调了奖赏或强化在获得行为和矫正行为方面的影响。

除了是一种行为理论外，班杜拉的体系也是认知的。他强调信念、期待等思维过程对外部强化模式的影响。根据班杜拉的观点，行为反应并不像机器和木偶那样是由外部刺激自动引发的。对刺激的反应是自我激发的，是由被刺激的人启动的。外部强化物之所以能改变行为，是因为这个人意识到反应获得了强化，预期到在同样的情境中，下一次的行为反应可以获得同样的强化。

尽管班杜拉像斯金纳一样，认为人的行为可因强化而改变，但是他同样认为，并且从经验上证明了，个体实际上可以在没有直接强化的条件下学会任何类型的行为。我们并不总是依赖于强化才能学会某种东西。我们同样可以通过**替代强化**进行学习，即通过观察其他人怎么做，以及其他人的行为获得了什么样的结果而进行学习。

这种通过范例和替代强化进行学习的能力假定了我们具有预期的能力，可以理解我们观察到的其他人的行为结果，即使我们自己对结果并没有亲身体验。通过想象一个特定行为的结果，做出清醒的决定，决定是否像他人那样做还是不像他人那样做，从而调节自己的行为。班杜拉认为，在刺激和反应或者行为与强化之间，并不像斯金纳认为的那样，是一个直接的联结。实际上，在刺激和反应之间有一个中介机制，这个中介机制就是人的认知过程。

因此，认知过程在班杜拉的社会认知理论中扮演了一个强有力的角色，也正是由于这一点，他的理论明显区别于斯金纳的观点。对于班杜拉来说，对行为改变产生影响的不是实际的强化模式，而是人们怎么看待强化模式。不是通过对强化的直接体验进行学习，而是通过"示范"而进行学习，即观察其他人，模仿他人的行为。对于斯金纳来说，谁控制了强化，谁就控

替代强化（vicarious reinforcement）：班杜拉的概念。认为通过观察他人的行为及其结果也可以产生学习，而并不总是需要个人亲自体验强化的结果。

制了行为；但是对于班杜拉来说，谁控制了社会榜样，谁就控制了行为。

班杜拉对影响人类行为的榜样特征进行了广泛而深入的研究。我们更有可能模仿同性别、同年龄或同伴的行为，模仿那些所面临的问题同我们相似的人的行为；我们同样倾向于受到那些地位高、有威信的榜样的影响；行为的类型也影响到了模仿学习过程，那些简单的行为比极端复杂的行为更容易被人们模仿；敌意和攻击性行为更容易被人们模仿，特别是在儿童那里（Bandura, 1986）。因此，在现实生活中和在媒体中看到的东西决定了我们的行为。

例如，在许多国家进行的研究一致发现，看大量的暴力电视、电影，或花大量的时间玩动作游戏的孩子，相比那些很少暴露在暴力环境中的儿童与青少年，要显示出更多的暴力与攻击性行为（Anderson et al., 2010；Rogoff, Paradise, Correa-Chavez, & Angelillo, 2003；Uhlmann & Swanson, 2004）。研究还显示，经常听饶舌音乐的青少年与年轻的成年人，与那些较少听这种音乐的人相比，往往对现实更为敌视，更容易产生性侵犯行为（Chen, Miller, Grube, & Walters, 2006）。

班杜拉的方法是一种"社会的"学习理论，因为他是在社会情境中研究行为的形成和改变。他批评斯金纳的观点，认为斯金纳仅仅使用单个体被试（大多数是白鼠和鸽子），而不是在人与人的互动中研究人的行为。没有人处在孤独的社会隔离状态，因此班杜拉认为忽视社会互动的研究是不能指望获得科学结论的。

自我效能

自我效能（self-efficacy）：在面对生活问题时，一个人的自尊感和能力意识。

班杜拉对**自我效能**进行了大量的研究。自我效能被描述为自尊、自我价值感，指的是在解决问题过程中我们对自己的能力、效率和信心的认识（Bandura, 1982）。他的研究已经证明，那些具有较强自我效能感的人相信他们可以对付生活中的各种事件，认为自己能克服障碍。这些人寻求挑战，并能坚持到底，对自己的能力充满信心，认为自己可以成功，能控制自己的命运。一个研究者将自我效能简单地描述为"一种相信你能的力量""相信你能完成你想要完成的，是成功秘诀的一个最重要的组成部分"（Maddux, 2002, p. 277）。

自我效能感低的人感觉无助、无望，认为自己几乎没有什么机会能影响面临的情境。当他们面临问题时，如果最初解决问题的努力失败了，那么就可能放弃。他们不相信自己的能力，认为自己几乎没有什么机会控制自己的命运。

班杜拉的研究证实，自我效能感影响着我们生活的许多方面。例如，自我效能感高的人比自我效能感低的人更易于获得较好的成绩，有更好的职业前景，在工作上有更多的成功机会，设定更高的个人目标，具有更好的身心健康状态。一般来说，在自我效能感上，男性高于女性。对于男性和女性两种性别的人来说，自我效能感在中年时达到顶峰，60岁以后开始下降。

很明显，高度的自我效能感实际上可以为生活的各个方面带来积极效应。研究证明，自我效能感高的人比自我效能感低的人感觉更好、更健康，更少地为生活压力困扰，更能忍受生理上的病痛，更容易从疾病和外科手术中恢复。自我效能感同样影响着课堂和工作上的行为表现。例如，自我效能感高的雇员比自我效能感低的雇员对他们的工作更满意，对自己隶属的组织更忠诚，在工作和训练中上进心更强（Salas & Cannon-Bowers, 2001）。而且，在社会中，高自我效能感的人能感到他们更有能力进行社会交往，结交新朋友。他们在幸福感的测量方面得分更高，更难以网络成瘾（Herman & Betz, 2006；Iskender & Akin, 2010）。

班杜拉的研究表明，群体也具有集体的效能水平，且影响其在各种任务上的行为表现。有关球队、公司部门、军队单位、城市中的住户群体、政治活动小组等的研究发现，"人们所感觉到的集体效能水平越高，群体的上进心越强，动机水平相应更高；在面临障碍和挫折时，忍耐力水平越高，则群体的士气越高，对压力的韧性越大，行为成就也越大"（Bandura, 2001, p.14）。

行为矫正

班杜拉建立行为主义社会认知方法的目的是改变或矫正那些被社会认为变态和不理想的行为。他认为，如果人们的所有行为都是观察其他人、模仿他人行为的结果，那么对那些不理想行为的改变和矫正也可以通过同样的方式。像斯金纳那样，班杜拉关注外部的行为，而不关注假定的内部有意识过程或无意识冲突。对于班杜拉来说，治疗症状就是治疗失调，因为症状和失调是同一的。

示范技术同样可以用于改变行为。让被试观察一个榜样，榜样在引起被试焦虑的情境中改变行为，利用这种方法，可以有效地减轻被试的焦虑。例如，让怕狗的儿童看到一个和他同样年龄的儿童接近和触摸狗。首先让被试处在一个安全的距离上进行观察，这些怕狗的儿童会看到榜样越来越接近狗，通过围栏抚摸狗，进入围栏同狗一起玩耍。通过这个观察学习的过程，可以减少儿童对狗的恐惧。此外，也可以采用另外一种稍有不同的方法。例如，让被试观察榜样与一个令被试恐惧的对象（如蛇）一起玩耍，然后被试本人逐步接近这个对象，直到最后他自己完全消除了对它的恐惧。

　　班杜拉的行为治疗被广泛地应用于临床、商业、课堂教学等情境，且被上百个实验研究所支持。在消除对蛇、封闭空间、开阔空间和高度的恐惧方面非常有效。在治疗强迫症、性功能紊乱和某些形式的焦虑方面也有疗效，且可以应用于提高一个人的自我效能。

　　班杜拉这一方面的工作被改编成广播和电视节目，用于解决许多社会问题，如预防意外怀孕、控制艾滋病传播和提高文化素质，等等。这些电视节目以一些虚构人物为榜样，促使听众或观众进行模仿，改变他们的行为。有关广播、电视的研究结果显示出，节目播出以后，安全性活动、家庭计划和促进妇女地位提高这样一些理想行为有了显著的增加（Bandura, 2007, 2009；Smith, 2002a）。

评论

　　正像你预期的那样，传统的行为主义者批评班杜拉的社会认知行为主义，认为信念和期望等认知过程对行为没有因果影响力。班杜拉的反应是："激进的行为主义者认为思维过程没有因果影响力，但是他们却花费大量的时间发表演讲、撰写著作和文章，力图说服其他心理学者相信他们的思维方式，这让人感觉滑稽可笑。（引自 Evan, 1989, p.83）"

　　社会认知理论在心理学中被广泛地认为是在实验室中研究行为、在临床实践中矫正行为的有效方式。此外，班杜拉的贡献也得到了同行的广泛认可。1974年，他担任了美国心理学协会主席。1980年，他获得了美国心理学协会的杰出科学贡献奖。2004年，他获得了美国心理学协会的心理学杰出贡献奖。2006年，他又获得了美国心理学基金会的心理科学终身成就金奖。

　　班杜拉的理论及其示范治疗方法体现了当代美国心理学的机能和实用精神。他的方法是客观、精确和可实验的，顺应了当代关注内部认知变量、解决现实问题的思想潮流。

朱利安·罗特（1916— ）

朱利安·罗特是在纽约布鲁克林区长大的。在1929年世界经济大萧条开始之前，他的家庭生活一直都非常舒适。但在大萧条开始以后，他父亲的生意破产了。这种经济环境上的不幸变化成了13岁的罗特的生活转折点。他写道："它使我毕生关注社会不公正问题，并让我深刻地了解了人格和行为怎样受到情境条件的影响。（Rotter，1993，p.274）"

高中时，他读了弗洛伊德和阿德勒有关精神分析的一些书籍。作为一种游戏，他开始对他的朋友进行梦的分析，并决定成为一个心理学家。但是他后来失望地听说，心理学者的工作机会少得可怜，因此他在布鲁克林学院选择了化学专业。然而，在那里碰到了阿德勒之后，他就转到了心理学专业，尽管他也知道学心理学专业并不实用。他希望走学术研究之路，但是对犹太人的偏见使他难以如愿以偿。"在布鲁克林学院以及随后的研究生院，我总是被告知，无论取得什么样的学历，犹太人都不可能获得学术职位。这种告诫不是没有理由的。（Rotter，1982，p.346）"

1941年从印第安纳大学获得博士学位后，罗特在康涅狄格州立精神病院找了一份工作。第二次世界大战期间，他作为一位心理学家服务于美国军队。战争结束后，他在俄亥俄州立大学当教师，1963年转到了康涅狄格大学。1988年，他获得美国心理学协会颁发的杰出科学贡献奖。

认知过程

罗特是第一位使用"社会学习理论"这一术语的心理学家（Rotter，1947）。他提出了一种认知形式的行为主义。这种行为主义像班杜拉的观点那样，包含了对内部主观经验的参照。因此，与斯金纳的行为主义相比，他的行为主义与班杜拉的行为主义一样是一种不太激进的形式。

罗特批评斯金纳在孤立的情境下研究个体的被试，认为行为主要是通过社会经验获得的。罗特的实验室研究严密地控制实验条件，具有行为主义运动的典型特征。他只在社会互动中研究人类被试。

在对认知过程的强调上，罗特甚于班杜拉。罗特相信我们是把自己看作一个有意识的存在物，可以影响我们自己的生活经验。我们的行为是被外部刺激和刺激所具有的强化作用决定的，但是这两种因素的影响都要通过认知过程的中介作用。罗特界定了控制行为结果的四个原则：

- 我们根据强化的数量和类型形成对行为结果的主观解释；
- 我们估计着某种行为方式导致一个特定强化的可能性，并据此调节我们的行为；
- 对于不同的强化物，我们给予不同的价值，并且评价着它们对于不同情境的相对价值；
- 由于任何一种机能都产生于特定的心理环境中，而这种心理环境对于每一个人都是独一无二的，因而同样的强化对于不同的人具有不同的价值。

因此，对于罗特来说，我们的主观期待和价值观这样一些内部认知状态决定了不同的外部刺激和强化物对我们的影响。

控制点

控制点（locus of control）：罗特有关强化源的概念。内部控制点认为强化依赖于自己的行为；外部控制点认为强化依赖于外部力量。

罗特就有关人们对强化源的信念进行了大量研究。某些人相信强化作用依赖于他们自己的行为，这些人被认为具有**内部控制点**。另外的人相信强化作用依赖于外在的力量，如命运、运气或者其他人的活动等，这些人被认为具有**外部控制点**（Rotter，1966）。

很明显，这些对控制源的知觉对行为产生了不同的影响。对于外部控制点的人来说，自己的能力和行为在他们获得强化方面几乎不发挥作用。由于相信自己对外在的力量无能为力，这些人几乎不愿意尝试改变或改善他们的境遇。但是内部控制点的人期待着自己能掌控自己的生活，因而会在行为上做出相应的努力。

罗特的研究证明，内部控制点的人比外部控制点的人在生理和心理上更健康。一般来说，内部控制点的人血压较低，更少患心脏病，更少体验到焦虑和压抑，能更好地应对压力。在学校中，他们能获得更好的成绩，并相信自己具有更多的选择自由。他们更受欢迎，社交能力强，自尊水平高。此外，罗特的研究显示出，控制点是儿童从父母或其他抚养者那里通过学习获得的。内部控制点的成人对孩子是支持的，在表扬孩子方面毫不吝啬（积极强化）。他们在管教孩子方面前后一致、始终如一；在态度上是民主的，而不是独裁的。

罗特编制了一个测验去测量控制点。这一测验由 23 对两选一的问题组成，被试必须从每对问题中选择一个最适合自己信念的答案（参见表 11.1）。

表 11.1　控制点测验的其中一些条目

1. 人们生活中许多不幸的事情都部分是由于运气不好。
   人的坏运气是由他们自己所犯的错误导致的。
2. 造成战争的主要原因之一是因为人们对政治缺乏足够的兴趣。
   无论人们怎样努力，战争都不可避免。
3. 从长远的观点来看，人们会得到他在这个世界上应该得到的尊敬。
   不幸的是，无论人们怎么努力，个体的价值也可能得不到承认。
4. 那种认为教师对学生不公平的观念是没有依据的。
   大部分学生没有意识到，他们的成绩经常受到偶然事件的影响。
5. 如果没有适当的突破，一个人就不会成为有效的领导者。
   那些有能力，但是却没有当上领导的人是因为他们没有抓住机会。
6. 无论你怎么努力，某些人都不会喜欢你。
   那些不能使别人喜欢自己的人是因为他们不了解怎样与别人相处。

来源："Generalized Expectancies for Internal Versus External Control of Rein-forcement," by J. B. Rotter, 1966, *Psychological Monographs*, *80*, p. 11.

机遇

我们曾经提到过，斯金纳关于强化模式的发现纯粹是偶然的，他是出于方便，不想把整个周末都花费在实验室中为白鼠准备食物丸。我们也曾经指出，科学的发展并不总是像教科书上所描述的那样，是理性、系统的方式，随机的因素也影响着一个研究领域的发展。罗特的控制点概念曾被他看作自己最重要的发现，但是他的同事却认为那仅仅是个偶然。

罗特进行了一个实验。在这个实验中，被试被告知对一组卡片的背面进行猜测，猜一猜背面的图形是圆还是方。被试得知，这是在评估他们的超感觉能力。在完成对一组卡片的猜测之后，则要求他们对下一组猜测的成功率进行估计，感觉一下自己会获得多大的成功。

某些被试报告说，他们会做得更差，因为他们认为自己在第一轮中的成功完全是靠运气。其他一些被试认为他们会做得更好，因为他们认为自己在第一轮中的成功建立在他们的超感觉能力的基础上。他们相信随着练习次数的增加，这种能力会有所改善。

那时，罗特也在实验现场，他正在指导杰里·法里斯（E. Jerry Phares）进行临床训练。法里斯告诉罗特，一位病人为他缺乏社会生活而感到痛苦。在法里斯的鼓励下，这个病人与几位女性进行了约会，还跳了舞等。但是即使有了这些社交生活上的显著成功，他的思想观念却没有改变，而是仅仅认为是自己幸运，"这种事情不会再发生了"。

听了这个故事以后，罗特产生了下面这样一些想法，他意识到：

> 在我们的实验中，总是有一些被试像这位病人那样，即使在成功之后，期望也不会提高。我和我的研究生进行过各种实验，在这些实验中，我们暗中操纵志愿者的成功或失败……对于某些志愿者来说，不管我们告诉他们在大多数时间里他们是错的还是对的，都不会改变他们的期望，他们还是认为自己在下一组测试中肯定还是错的多。另外一些人，不管我们讲什么，他们都会认为自己在下面的测试中会做得更好。
>
> 那时，我把我的工作的两个方面放到一起考虑——既作为一个实践者，也作为一个科学家，做出了这样的假设，即某些人认为发生在他们身上的事情都是由这种或那种外部因素控制的；另外一些人认为发生在他们身上的事情更多的是由自己的努力和技能决定的。（引自 Hunt, 1993, p.334）

我们不禁要问，如果法里斯的病人在跳舞之后改变了他有关自己是否受欢迎的思想观念，罗特是否还会产生控制点的想法呢？

评论

罗特的社会学习理论吸引了许多追随者。这些追随者原来就是有实验倾向的，并且认为认知变量在影响行为方面发挥着重要作用。他根据研究对象的要求，尽可能使他的实验方法精密、严格和可控制。他对概念的界定尽可能精确，以便进行实验验证。大量的实验研究，特别是有关内部控制点的研究都支持了他的观点。罗特声称，控制点"已经成为心理学和其他社会科学中被研究得最多的变量之一"（Rotter, 1990, p.489）。

行为主义的命运

尽管来自内部的认知挑战成功地改变了从华生开始一直到斯金纳的行为主义运动，但是我们必须记住，班杜拉、罗特和其他支持认知方法的新的新行为主义者仍然认为自己是行为主义者。我们或许可以称他们为"方法论的行为主义者"，因为他们把内部认知过程看作心理学研究对象的一部分，而激进的行为主义者认为心理学只能研究外显的行为和环境刺激，不能研究任何假定的内部状态。华生和斯金纳是激进的行为主义者，而赫尔、托尔曼、班杜拉和罗特则可以归入方法论的行为主义范畴。

斯金纳式的行为主义的优势地位在 20 世纪 80 年代达到顶峰，于 1990 年斯金纳逝世后开始走下坡路。由斯金纳在 1948 年创办的哈佛大学著名的鸽子实验室在 1998 年也关闭了（Azar, 2002）。斯金纳承认，他的行为主义已经失去了基础，认知倾向的冲击越来越强。其他的学者也同意这一点，认为"现在主要大学的学者中只有很少的人承认自己是传统意义上的行为主义者，事实上，行为主义已经成为过去式了"（Baars, 1986, p.1）。

在当代心理学，特别是在应用心理学中发挥重要作用的行为主义已经不是华生 1913 年的行为主义宣言和斯金纳逝世之前的那段时间的行为主义了。就像科学和自然中其他的进化那样，物种在不断地进化。在这种意义上，它的建立者所设想的那种行为主义不存在了，但是行为主义的精神仍然存在。

问题讨论

1. 界定赫尔的原初内驱力、次级内驱力、原初强化与次级强化的概念。
2. 描绘行为主义演变的三个阶段。
3. 描述斯金纳对理论、机械论精神、中介变量和统计方法的看法。
4. 区分操作性条件反射和应答性条件反射,怎样使用操作性条件反射矫正行为?
5. 依据对行为的影响,区分自我效能和控制点的作用。
6. 什么是中介变量?怎样给中介变量下操作定义?请举例说明。
7. 赫尔的行为主义观点与华生及托尔曼的观点有何不同?
8. 班杜拉和罗特关于认知因素的观点与斯金纳有什么不同?
9. 自我效能感低的人与自我效能感高的人有什么不同?
10. 怎样使用示范作用改变行为?试举例说明。
11. 你怎么利用逐次逼近法来训练狗,让它一直走圆圈?
12. 斯金纳的体系为什么会受到批评?
13. 什么是虚假问题?为什么虚假问题的概念对心理学家那么有吸引力?
14. 目的行为主义对于托尔曼意味着什么?
15. 小猪普里西拉对心理学史有什么意义?这种动物是通过什么技术训练出来的?
16. 什么是斯金纳的获得律?它与赫尔、桑代克的学习观点有何不同?
17. 固定间隔强化模式与固定比例强化模式有什么区别?请举几个例子加以说明。
18. 什么是假设-演绎方法? 谈谈对赫尔体系的一些批评。
19. 机械主义精神在赫尔的行为主义中有什么样的作用?
20. 什么是操作主义?它对20世纪二三十年代的新行为主义有哪些影响?
21. 哪些心理学家属于新行为主义?他们同意哪些重要的观点?

第十二章

格式塔心理学

突然的顿悟

位于非洲海岸322公里之外的特纳利夫岛，是心理学史上最著名的岛屿，而且也许还是心理学史上唯一重要的岛屿。20世纪的第二个10年，一位德国心理学家住在这个岛上，他的工作无疑成了学习领域很重要的一部分。

这位心理学家就是沃尔夫冈·苛勒，他在特纳利夫岛研究猩猩。这决不是另一个聪明的汉斯或可爱的普里西拉猪的故事。那些动物只是以特定的方法训练，或形成条件反射的行为。在苛勒去特纳利夫之前，尝试错误一直被认为是动物学习的唯一途径。也就是说，动物偶尔绊倒了，发现了正确的反应，并因此带来食物的强化。在前面一些章节，我们所引用的研究中，大部分动物的行为，都是由实验者、训练者按照自己的意图教会它们的。

苛勒显然没有在岛上训练猩猩的兴趣。他的目标是观察他们，看它们如何解决问题。他认为它们比人们想象得更聪明，在很大程度上，它们有能力像人类一样解决问题。所以，他把猩猩关在大笼子里，给它们能用来获取食物的工具，并将食物放在它们视力所及的范围内。他则坐在后面，看猩猩们会做些什么。一只叫努埃瓦的雌猩猩，它拾起了苛勒放在笼子里的一根棍子。在地上划来划去，很短时间之后，它就对棍子失去了兴趣。10分钟后，苛勒在笼子外面放置了一些水果。努埃瓦伸出一只胳膊穿过栅栏，但仍然够不着水果。它开始抽泣，然后咆哮。它趴在地上，"摆出了一个最有说服力的绝望的姿势"，苛勒写道。

它对着棍子看了几分钟后，突然停止牢骚，抓住了棍子。它把棍子伸出笼子，将水果靠近，然后用手抓住了它。一个小时后，科勒再重复了这

突然的顿悟
格式塔革命
知觉大于眼睛所见
对格式塔心理学的先行影响
物理学中变化的时代精神
似动现象：对冯特心理学的挑战
马克斯·魏特海默（1880—1943）
库尔特·考夫卡（1886—1941）
沃尔夫冈·苛勒（1887—1967）
格式塔革命的性质
格式塔的知觉组织原则
学习的格式塔研究：顿悟与猿的智慧
评论
人的创造思维
同型论
格式塔心理学的传播
与行为主义的战斗
纳粹德国的格式塔心理学
场论：库尔特·勒温（1890—1947）
勒温的生平
生活空间
动机和蔡格尼克效应
社会心理学
对格式塔心理学的批评
格式塔心理学的贡献
问题讨论

个实验。这一次,努埃瓦没有表现出任何迟疑,它比第一次更熟练地使用棍子,获得食物也更快。第三次,它直接拿起棍子,反应速度更快。

苛勒很明显地意识到,努埃瓦没有在周围探索,也没有尝试错误,没有直至用棍子够到食物时,随机行为才停止。相反地,它的动作是有目标导向、自觉甚至是深思熟虑的。这与桑代克关在迷箱里的猫与走迷宫的老鼠的学习行为完全不同。

在特纳利夫岛,努埃瓦与其他的黑猩猩表现出一种不同的学习方式。它们的行为促成了心理学中的另一场革命,开辟了另一种了解心理与行为的研究途径。

格式塔革命

我们已经追溯了心理学的发展。心理学的这一发展始于冯特和铁钦纳对冯特理论的完善,中间经历了机能主义思想学派和应用领域的发展,然后是华生和斯金纳的行为主义及其在行为主义内部的认知挑战。大约在美国的行为主义集聚力量的同时,格式塔革命席卷了德国心理学。这是对冯特心理学进行反抗的另一场运动。这也再次证明了冯特思想观念的重要性,即它激发了新观点,为心理学中新体系的产生奠定了基础。

在攻击心理学既定传统的过程中,格式塔心理学主要关注冯特心理学的元素主义性质。我们记得,感觉元素是冯特心理学的基础。格式塔心理学把这一点作为他们攻击的目标。沃尔夫冈·苛勒这位格式塔心理学的建立者写道:"我们对这样一种观点感到十分震惊,即所有的心理事实……都是由一些毫无关联、惰性的元素组成,把这些元素结合在一起,因而导致心理活动的唯一因素就是联想。(Köhler,1959,p.728)"

为了理解格式塔心理学的反抗性质,让我们先回到1912年。那时候,华生的行为主义正在开始它对冯特、铁钦纳和机能主义的攻击。来自桑代克和巴甫洛夫的动物研究已经产生了重要影响。弗洛伊德的精神分析(参见第十三章)已经出现了10年之久。尽管格式塔心理学家反对冯特心理学的运动在时间上平行于美国行为主义的兴起,但是两者是独立的。虽然两个思想学派都始于对冯特元素主义研究方式的反抗,但这两者最终也成为了两个敌对的阵营。

格式塔心理学与行为主义之间的不同很快就变得明朗化了。尽管格式塔心理学家批评那种把意识还原为元素的尝试，但是他们接受意识的价值，而行为主义拒绝承认意识概念对科学心理学的任何影响。

格式塔心理学家认为冯特的方法（像他们理解的那样）是砖和灰泥的心理学，也就是说，元素（砖）通过联想的灰泥而组合到一起。他们认为，当我们从窗户向外看去，我们真正看到的是树木和天空，而不是看到以某种方式联合起来的感觉元素，如亮度、色调等。

此外，冯特认为对对象的知觉仅仅是一束感觉元素的聚合或组合物。格式塔心理学家对此提出诘难。他们认为，当感觉元素组合起来以后，就形成了一种新的形式或模式。例如，如果你把许多单个音符放到一起，这些音符的结合就形成了一种新的曲调或音调。这一新的曲调或音调并不存在于任何一个单一的音符中。这一观点的一个通俗表达方式是：整体不等于部分之和。公平地说，在他的创造性综合理论中，冯特已经认识到了这一点。

知觉大于眼睛所见

为了解释格式塔方法与冯特方法在知觉研究方面的不同，设想一下你是 20 世纪初期冯特风格的德国心理学实验室中的学生。主持实验的心理学家请你描述你在桌上看到的东西。你回答说：

"一本书。"

"是的，当然是本书。"他同意你的观点，"但是你究竟看到了什么？"

"你是什么意思，'我究竟看到了什么？'"你困惑不解地问到，"我告诉你我看到了一本书，书不大，有一个红色的封面。"

这位心理学家坚持问道："你真正知觉到的是什么？尽可能精确地描绘给我听。"

"你的意思是说它不是一本书吗？我们在干什么，在跟我开玩笑？"

实验者变得有点不耐烦了。"是的，它是一本书，没有人跟你开玩笑。我只是想让你精确地描绘你看到的东西，既不要添加什么，也不要减少什么。"

现在你的猜疑更大了。"好吧。"你回答说，"从这个角度来看，书的封面看起来好像是一个暗红的四边形。"

"对！"他高兴地说，"你在平行四边形上看到暗红色，还有呢？"

"它下面有一条灰白色的边，在那下面有另一条同样暗红色的细线。在细线下面，我看见桌子——"他向后退了一点，"在它周围，我看见一些闪烁着淡褐色的杂色条纹，这些条纹大致是平行的。"

"很好，很好。"他为你的合作表示感谢。

当你站在那里看着桌上的那本书时，你为这个固执的家伙让你做出这样的分析而感到难堪。他使得你如此地谨慎，以至于你都不敢确定你真正看到了什么和你认为你看到了什么……由于你的谨慎，你开始用感觉这类术语谈论起你看到的东西，而在刚才，你十分确定桌上放着的就是一本书。

你的沉思突然被一位心理学家的出现打断，这位心理学家看起来有点像威廉·冯特。"谢谢你，你帮助我们再次论证了知觉理论。"他说道："你已经证明，你看到的书不过是元素性感觉的复合。当你力图精确、细致地告诉我们你真正看到的东西时，你必须说出那块颜色，而不是物体。色觉是最基本的，且每一个视觉对象都可以还原到这样的感觉。你对书的知觉是由这样的感觉构成的，就像分子是由原子组成的一样。"

这段简短的谈话显然是一场战斗开始的信号。"胡说！"一个声音从大厅的另一头喊道。"简直是胡说！任何一个呆子都知道书是最初的、直接的、必然的和不容质疑的知觉事实！"你看到发出这声喊叫而向你走来的这位心理学家有点像威廉·詹姆斯，但是他似乎带点德国口音。你不敢肯定他的脸是不是由于愤怒才涨得通红。"你一直在谈论的这种把知觉还原为感觉的方法只不过是一种智力游戏。物体并不是一束感觉。任何人在应该看到书的地方，却看到了一块一块的暗红色，那么他肯定是一个病人！"

当这场争斗开始进入高潮时，你轻轻地带上门溜走了。你已经得到了你所需要的解释，即有两种态度和两种不同的方法，他们对感觉提供给我们的信息进行了不同的解释。（Miller，1962，p.103–105）

格式塔心理学家相信，知觉大于眼睛看到的东西。换言之，我们的知觉超越了感觉元素，这些感觉元素只不过是我们感官得到的基本物理数据。

对格式塔心理学的先行影响

就像所有其他运动那样，格式塔运动也有它早期的思想根源。格式塔心理学的基础，即它对知觉整体的强调，可以追溯到德国哲学家康德的工作。康德是一个喜欢穿着睡衣和拖鞋写作的哲学家。他认为，当我们知觉那些我们称之为物体的东西时，我们的心理状态似乎是由零碎的东西组成的。这些零碎的东西就像我们在第二章中讨论的英国经验主义和联想主义所倡导的感觉元素。然而对于康德来说，这些元素之所以能组成有意义的形式，并不是通过某些机械联想过程，而是知觉过程中心灵的作用，由于心灵的作用，这些感觉元素组成了一个整体经验。因此，知觉并非像经验主义和联想主义所说的那样，是一个被动的印象和感觉元素的组合，而是一个积极的组织过程。它把元素组合成连贯的经验。正是以这种方式，心灵赋予知觉的原始材料以形式和组织。

奥地利维也纳大学的布伦塔诺（参见第四章）反对冯特对意识经验元素的强调。他认为心理学研究的是经验的动作（act）。他认为冯特的内省是人为的东西，而赞成一种对自然经验更为直接的观察。布伦塔诺的方法非常接近于后来格式塔心理学所使用的方法。

厄恩斯特·马赫（Ernst Mach，1838—1916）是捷克的布拉格大学的物理学教授。他的《感觉的分析》（*The Analysis of Sensations*，1885）一书对格式塔思维产生了更为直接的影响。在这本书中，马赫在谈到空间形式和时间形式的感觉时，把几何图形这样的空间模式和旋律这样的时间模式都看作感觉。他认为这些空间形式和时间形式的感觉与其个别元素无关。例如，圆形可以是白色的或黑色的，也可以是大的或小的，但都保持着圆的元素性质。

马赫认为，即使我们改变观察的角度，对物体的知觉也不会变化。无论我们从上面，还是从一边，或者其他什么角度，桌子总是桌子。同样地，即使曲调的时间形式变化了，即演奏得更快或更慢，曲调在我们的知觉中依然保持不变。

克里斯琴·冯·厄棱费尔斯（Christian von Ehrenfels，1859—1932）对马赫的观念进行了加工和完善。他认为经验的性质是不能通过感觉元素的结合而解释的。他称这些性质为格式塔质（Gestalt qualitiäten）或形质（form qualities）。形质是一种知觉，这种知觉以大于个别感觉元素的结合的某种东西为基础。例如，一支曲调是一个形质，因为即使改用不同的键演奏，它听起来还是同一曲调。因此，曲调是独立于组成它的那些感觉的。对于厄棱费尔斯及其追随者来说，形式本身就是一种元素。这种元素是心灵作用于感觉元素而产生的。因此，心灵可以从元素性的感觉中创造形式。格式塔运动的三个主要创建者之一魏特海默曾经在布拉格大学师从厄棱费尔斯学习。他曾经指出，格式塔运动的最大刺激来自厄棱费尔斯的工作。

威廉·詹姆斯反对心理学中的元素主义倾向，他同样可以作为格式塔学派的先驱。詹姆斯把意识的元素看作人为的抽象。他指出，人们所看到的物体是一个整体，而不是一束感觉。格式塔心理学的另外两个建立者，即考夫卡和苛勒在师从施通普夫时，曾经听说了詹姆斯的工作。

对格式塔心理学的另外一个早期影响是德国哲学和心理学中的**现象学**运动。现象学主张对自然发生的直接经验进行无偏见的描述。经验不能分析、还原为元素或者进行人为的归纳。现象学所涉及的几乎是朴素的常识性经验，而不是那种由受过某一体系特殊训练的内省者所报告的经验。

现象学（phenomenology）：一种通过无偏差地即时描述直接经验来获得知识的方法，不对元素进行分析或归纳。

物理学中变化的时代精神

对格式塔心理学的发展产生重要影响的是时代精神，特别是物理学的思想氛围。19世纪末期，随着人们对"**力场**"概念的承认与接受，物理学的观念已经变得不那么原子主义了。力场指的是由诸如电流这样的力线（lines of force）贯穿于其间的区域或空间。

经典的例子是"磁力"。以传统的加利略—牛顿术语是难以理解力场的

力场（fields of force）：由磁或电流等力线所贯穿的区域或空间。

性质的。例如，当铁屑随着一张纸下面的磁石移动的方向移动时，铁屑排成了一种独特的模式。铁屑并不接触磁石，但是它们显然是受到磁石周围的力场影响的。光和电的活动方式也被认为是同样的。这些力场被认为是新的结构实体，而不是个别元素或粒子效应的总和。

因此，这种在新的科学心理学建立时期如此具有影响力的原子主义或元素主义在物理学中已经受到了质疑。物理学家描述场和有机整体，给格式塔心理学家以革命性的方式看待知觉提供了弹药和武器。格式塔心理学反映了新物理学的观点，因此，我们再次看到心理学家努力模仿成熟的自然科学。

新物理学对格式塔心理学的影响也有个人的原因。苛勒曾经跟从现代物理学的奠基人之一马克斯·普朗克（Max Planck）学习物理学。他写到，由于普朗克的影响，他注意到场物理学与整体格式塔概念之间的联系。苛勒在物理学中直接看到了物理学不断增强的远离原子主义以及以较大的力场概念取代原子概念的趋势。苛勒指出，"格式塔心理学已经成为场物理学在心理学基本理念中的应用"（1969，p.77）。

相比较而言，华生明显没有受到新物理学的训练。他的行为主义思想学派通过对行为元素的强调保持了还原论的传统。这种观点同物理学的传统原子论方法是一致的。

似动现象：对冯特心理学的挑战

格式塔心理学产生于1910年魏特海默的一项研究。假期乘火车在德国旅行的途中，魏特海默突然产生了一个想法，对运动没有实际发生，但却看到运动的现象进行实验。他立刻中止了他的旅行计划，在法兰克福下了车，买了一个动景器玩具，在旅馆的房间里对他的想法进行了初步的验证。后来，魏特海默在法兰克福大学对这一现象进行了更为广泛的研究。另外两位心理学家，即考夫卡和苛勒也加入了这个实验。

魏特海默以考夫卡和苛勒为被试，对没有实际发生明显的物理运动条件下的运动知觉进行了实验探讨。魏特海默称这个现象为运动的"印象"。魏特海默使用速示器通过两条细缝投射出两条光线，一条垂直，另一条和这个垂直线成20°或30°的角。如果先通过一条细缝显示出光线，然后再通过另一条细缝显示另一条光线,且在两条光线之间有一相对较长的时间间隔(大于 200 毫秒),被试看到的似乎是两条相继出现的光线:首先这一条出现,然后另一条出现。当两条光线的时间间隔较短,被试看到的似乎是两条连续的光线。如果两条光线处在一个较为理想的时间间隔上,即相距大约 60 毫秒,被试看到的就是一条单一的光线,这条单一的光线似乎从这个细缝向另一个细缝运动,然后又返回来。

这些发现在你看起来似乎很平常。多少年之前,科学家就已经察觉到这个现象了。然而,根据心理学中由冯特所支配的占优势的观点,所有的意识经验都可以被分析成感觉元素。那么这种似动知觉在仅仅存在两个静止光缝的条件下,怎么能用个别感觉元素的总和来解释呢?难道一个静止的刺激加到另一个静止刺激上就会产生运动感觉吗?显然,这是不可能的。而这恰恰就是魏特海默简单、巧妙地证明了的观点。他的这种解释对冯特理论的解释提出了挑战。

魏特海默相信,他在实验室中验证的现象就其本身来说,和感觉一样是一种基本的东西,但是它又明显不同于一个感觉或一系列感觉。他把这个现象称为"**似动现象**"。当那个时代的心理学家都无法对这个现象进行解释的时候,魏特海默是怎样解释的呢?他的回答与他的实验一样巧妙:似动现象不需要解释,它就像你知觉到它那样存在着,不能被还原为任何更简单的东西。

根据冯特的观点,对于刺激的内省将导致两道相继的光线,不会产生任何更多的东西。但是不管人们如何严格地内省两条呈现出来的光线,运动中的单一光线的经验都持续存在着,任何更进一步的分析必然要失败。从这一条线到另一条线的似动现象是一个整体的经验,它不同于它的部分(两条静止的线)的总和。因此,联想的、元素的心理学受到了严肃的挑战,而且元素心理学无法应对这个挑战。

1912 年,魏特海默发表了他的研究结果,题目为"运动知觉的实验研究"。这篇文章被认为标志着格式塔心理学思想学派的正式提出。

似动现象(phi phenomenon): 两个静止的闪光似乎从一个位置移动到另一个位置,这是一种错觉。

马克斯·魏特海默

马克斯·魏特海默(1880—1943)

马克斯·魏特海默(Max Wertheimer)出生于捷克的布拉格,18 岁之前，他一直在本地学校读书。在布拉格大学，他最初学习法律，后来又改学哲学，他听过厄棱费尔斯的课。以后，他转到柏林大学学习哲学和心理学。1904年，他在符兹堡大学屈尔佩的指导下获得博士学位。然后他到法兰克福大学担任了讲师，并从事研究工作，1929年晋升教授。在第一次世界大战期间，他进行了军事研究，帮助军队为潜艇和海港设计监听装置。

1920年，魏特海默在柏林大学期间，为发展格式塔心理学做出了他最有创造性的工作。一个学生回忆到，魏特海默办公室的墙壁被漆成了鲜艳的红色。显然，他认为明亮的颜色比较刺激。他感觉"如果一个房间的墙壁是灰色、淡绿色或某种深颜色，人们工作起来，就不会像墙壁被漆成诸如红色这样一些令人兴奋的颜色那样好"（King & Wertheimer，2005，p.188）。

魏特海默的演讲风格很刺激，他的想象力非常丰富。一些学生发现这很容易理解，但其他人认为那并不清楚且容易造成困惑。他的一个学生，被教授的激情、热情和信念所迷惑，起初她并不知道魏特海默在谈论什么。"我花了大约半年的时间去听他的讲座，一周两到三次，直到我明白了他所说的。当我了解到这一点时，我非常高兴！我的整个生活发生了改变，整个人生观也改变了。一夜之间，一切都变得丰富、生动而有意义。（King & Wertheimer，2005，p.171）"

这个特殊的学生的命运发生了重大的变化。在22岁时，她嫁给了43岁的教授，尽管他警告她，他会痴迷于工作。"你必须始终记住，"他告诉她，"我永远在我的书桌旁。我总是在工作。我必须创建格式塔理论。（King & Wertheimer，2005，p.172）"他并没有夸大其词。

1921年，在库尔特·戈尔德斯坦（Kurt Goldstein）和汉斯·格鲁勒（Hans Gruhle）的帮助下，魏特海默、考夫卡和苛勒创办了《心理学研究》（*Psychological Research*）杂志。这份杂志成为格式塔心理学思想学派的官方刊物。1938年，德国纳粹政府迫使该刊物停刊，1949年恢复出版发行。

魏特海默是首批从纳粹德国逃亡美国的难民学者。他1933年到达纽约，加入了社会研究新院。此后，他一直在那里从事研究工作，直到10年后逝世。尽管在美国期间他是多产的，但是魏特海默感觉难以适应新的语言和文化环境。

1994年，在格式塔心理学家逃离德国60多年后，法兰克福大学创建了马克斯·魏特海默的系列讲座。他的儿子迈克尔，也是一位著名的心理学家，在他父亲多年前上过课的礼堂里，发表了演讲，以纪念他的父亲（参见King & Wertheimer，2005）。

魏特海默给年轻的心理学家亚伯拉罕·马斯洛（Abraham Maslow）留下了深刻印象。马斯洛对魏特海默如此敬畏，以至于开始研究他的个人特征。从对魏特海默和其他人的观察中，马斯洛提出了自我实现概念。后来，马斯洛建立了人本主义心理学（参见第十四章）。

库尔特·考夫卡（1886—1941）

库尔特·考夫卡

库尔特·考夫卡（Kurt Koffka）出生于德国柏林。他是格式塔心理学建立者中最善于写作的。早年他就对科学和哲学产生了兴趣。他的大学时代是在柏林大学度过的。他跟随卡尔·施通普夫学习心理学，1909年获得博士学位。第二年到了法兰克福大学，开始了他及魏特海默和苛勒的长久、富有成果的友谊。考夫卡写道：

> 我们从人格上相互喜欢，我们具有同样的热情、同样的背景，每天聚在一起讨论天底下的每一种问题……我现在仍然可以感受到当想到似动现象真正意味着什么的时候而产生的激动……最终，整体成为一个可以研究的课题，它已经进入了心理学体系之中。（引自 Ash, 1995, p.120, 131）

1911年，考夫卡到离法兰克福大学65公里的基赞大学任教，他在那里一直工作到1924年。在第一次世界大战期间，他在精神病诊疗所工作，帮助治疗脑损伤和失语症病人。

战争过后，由于敏锐地觉察到美国心理学家开始关注德国心理学的发展，考夫卡给美国心理学杂志《心理学公报》撰写了一篇文章，题目是"知觉——格式塔理论引论"（Koffka, 1922）。在这篇文章中，他介绍了格式塔心理学的基本概念及其研究结论和意义。

尽管这篇文章对于美国心理学家全面理解格式塔运动起到了重要作用，但或许也对格式塔心理学产生了危害。因为文章题目中的"知觉"一词给人造成了持久的误解，认为格式塔心理学仅仅研究知觉问题，与心理学的其他领域无关。实际上，格式塔心理学关心的是更为广阔的认知过程的问题，包括思维、学习和意识经验的其他方面。马克斯·魏特海默的儿子，心理学家米契尔·魏特海默（Michael Wertheimer）解释了为什么格式塔心理学早期关注知觉问题。他指出：

> 早期格式塔心理学家的出版物集中讨论知觉领域的主要原因是那时的时代精神：遭到格式塔主义者反抗的冯特心理学所获得的支持大多数来自感觉和知觉的研究，因此，格式塔心理学家选择了知觉领域，以便于在冯特的堡垒中击败冯特。（Michael Wertheimer, 1979, p.134）

1921 年，考夫卡出版了《心之成长》（*The Growth of the Mind*）。这是一本有关儿童发展心理学的著作，在德国和美国都获得了成功。此后，考夫卡作为访问教授在康奈尔大学和威斯康星大学讲授格式塔心理学。1927 年，他被任命为马萨诸塞州史密斯学院的教授，此后他一直在那里工作，直到 1941 年去世。1935 年，他出版了《格式塔心理学原理》（*Principles of Gestalt Psychology*）一书，这本书深奥难懂，因而没有像他期望的那样，成为格式塔心理学的权威性论述。

沃尔夫冈·苛勒（1887—1967）

沃尔夫冈·苛勒（Wolfgang Köhler）是格式塔心理学的代言人。他的著作简明、精练，成为格式塔心理学的标准著作。苛勒曾经跟随物理学家普朗克学习，物理学方面的训练使他相信心理学必须与物理学结盟。格式塔（形式或模式）不仅发生于物理学中，也发生于心理学中。

苛勒出生于爱沙尼亚，5 岁那年举家迁至德国北部。他的大学时期是在图汀根大学、伯恩大学和柏林大学度过的。1909 年，在施通普夫指导下，他在柏林大学获得博士学位。恰恰就在魏特海默和他的玩具动景器到达法兰克福之前，苛勒来到了法兰克福大学。

1913 年，应普鲁士科学院的邀请，苛勒到非洲西北海岸的康那利群岛的特纳利夫岛进行黑猩猩研究。到达那里 6 个月之后，第一次世界大战爆发了。苛勒报告说，他无法离开那个地方，而此时其他德国公民在战争爆发的那一年都设法返回了德国。

一位心理学家通过对历史数据的独特研究，认为苛勒或许是一个德国间谍，他的研究工作仅仅是从事间谍活动的外衣（Ley，1990）。有人指控说，在苛勒居住房屋的顶层隐藏了一个大功率的半导体发报机。苛勒使用它传送同盟国船只的信息。2006年，一位美国心理学家造访了这座房屋，认为它"坐落在俯瞰大海的悬崖边，能很好地观察到大西洋的一个重要海域。如果苛勒要操作一台秘密的发报机，这应该是一个非常理想的地方"（Johnson，2007，p.907）。然而，支持这一主张的证据都不够充分，苛勒的追随者和一些历史学家也对此提出了质疑（参见 Lück，1990）。

无论是间谍还是被战争所困的科学家，苛勒随后花费了7年的时间在岛上研究黑猩猩的行为。在1917年出版的《猿的智慧》（*The Mentality of Apes*）一书中，苛勒报告了他的工作。1924年，这本书出了第二版。它现在已经成为经典著作，早就被翻译成了英文和法文。尽管苛勒最初感觉黑猩猩的研究非常有趣，但是他很快就对与动物待在一起感到厌倦。他写道："两年中间，每一天都与黑猩猩在一起，我感觉我已经被黑猩猩化了……现在我很难注意到动物的什么东西了（引自 Ash，1995，p.167）"

1920年，苛勒返回德国。他把黑猩猩卖给了柏林动物园。但是这些黑猩猩由于无法适应变化的环境，没过多久就死去了。两年之后，苛勒接替施通普夫而成为柏林大学的心理学教授。他之所以能获得这个令人羡慕的任命，最可能的原因是他的《静态的物理格式塔》（*Static and Stationary Physical Gestalts*，1920）一书。这本书因它的高学术含量而受到广泛赞誉。在这本书中，苛勒主张格式塔理论是自然的一个基本定律，应该被扩展到一切科学领域。

20世纪20年代中期，苛勒同他的妻子离了婚，娶了一个年轻的瑞典学生。从那以后，他就再也没有见过第一次婚姻中的4个孩子。他的手臂开始颤抖，在他生气时会颤抖得更加厉害。每天早晨，他的实验室助手都会注意他颤抖的手臂，以便猜测他的心境。

1925—1926年的学术假期间，苛勒在哈佛大学、克拉克大学开设讲座，业余时间也教研究生跳探戈。1929年，他出版了《格式塔心理学》（*Gestalt Psychology*），这是一本对格式塔运动进行全面阐述的著作。

1935年，由于同政府产生冲突，苛勒离开纳粹德国。他在讲课中批评德国当局，这导致一帮纳粹杀手闯入教室，对他进行威胁。但是威胁并没有阻止他对纳粹政府的批评，而这种批评很容易招致死刑。由于对开除一位犹太教授感到愤怒，他勇敢地写了一封反纳粹的信给柏林的报纸。信被发表的那天晚上，他和几个朋友在家中等待着，期待着盖士太保来逮捕他。但是那招致死亡的敲门声却没有出现。

当代一位历史学家指出，在德国苛勒是对开除犹太教授提出公开抗议的唯一一位非犹太心理学家（Geuter, 1987）。大多数教授和他们的学生从一开始就充满激情地支持德国政府。一位员工称独裁者希特勒是一位"伟大的心理学家"，另外一个员工赞扬希特勒是"有远见、勇敢的和感情深厚的"（引自 Ash, 1995, p.342）。德国心理学协会的领导给予纳粹政府直接的支持，即使在反犹的法律没有颁布之前，他们就驱赶了犹太籍的杂志主编，并公开赞扬希特勒。在学会的会议上，他们高声宣布着犹太人的"罪恶影响"（Mandler, 2002b, p.197）。

移居美国以后，苛勒在宾夕法尼亚州斯瓦太莫学院从教。他又出版了几本书，并主编格式塔心理学的《心理学研究》杂志。1956年，他获得美国心理学协会的杰出科学贡献奖，1959年被推选为美国心理学协会主席。

格式塔革命的性质

格式塔心理学的观念与德国心理学的大部分学术传统都是相抵触的。在美国，行为主义对冯特的心理学和铁钦纳的构造主义的反抗并不是那么直接，因为机能主义已经导致了美国心理学的基本变化。但是在德国，没有这种缓冲的力量为德国心理学的格式塔革命铺平道路。格式塔心理学家的观点无异于一种异端邪说。

像大多数学术革命那样，格式塔领导人需要的是完全改写旧秩序。苛勒写道：

> 我们为我们发现的东西感到兴奋，当想到我们可以揭示更多的事实时，我们更是感到兴奋不已……这并不是因为我们事业的新性质激励了我们，而是我们感到如释重负——我们仿佛刚刚从监狱逃出。这个监狱就是我们还是学生的时候在大学中所讲授的心理学。（Köhler, 1959, p.728）

在魏特海默研究了似动知觉之后，格式塔心理学就开始了对其他知觉

> **知觉恒常性（perceptual constancy）**：知觉经验的一种整体特性。即使当感觉元素变了，知觉经验仍然保持不变。

现象的研究。**知觉恒常性**经验给他们的观点提供了另外的支持。当我们站在窗户前面，一个矩形就投射到我们眼睛的视网膜上，但是如果我们站在窗户的一边，视网膜的映象就变成了梯形，我们仍旧把窗户知觉为矩形。即使感觉数据（投射在视网膜上的映象）变了，我们对窗户的知觉依然保持不变。

同样的情形也适用于亮度和大小的恒常性，感觉元素可能产生变化，但是我们的知觉不变。在这些事例中，如同在似动现象中那样，知觉经验具有整体或完形的性质。这些整体或完形的性质在任何构成成分中都是没有的。因此，在感觉刺激的特征和实际的知觉特征之间存在着差异。知觉不能被简单地解释为元素的集合或部分的总和。

知觉是一个整体，是一个格式塔，任何分析和还原都会破坏这种整体性。

> 从元素开始，意味着从错误开始；因为这些元素是内省和抽象的产物，是从直接经验辗转推演出来的，它们还需要加以解释。格式塔心理学尝试返回朴素的经验，返回到直接经验……它坚持认为，它发现的不是元素的集合，而是统一的整体；不是感觉的群集，而是树木、天空、云彩。对于这种主张，任何人只要张开眼睛，以日常生活的方式看看这个世界就可以得到验证。（Heidbreder, 1933, p.331）

"格式塔"这个术语也造成了一些问题。它不像机能主义或行为主义，其术语本身已经指明了这个运动的含义是什么。格式塔在英语里找不到精确的对应词，尽管它现在已经成为心理学日常语言的一部分。格式塔通常的同义词有形式、形状、结构等。

在1929年的《格式塔心理学》一书中，苛勒指出了格式塔一词在德语里的两种使用方式：一种用法指的是作为物体性质的形状或形式。在这种意义上，格式塔指的是一种一般的性质；第二种用法指的是一个整体或一个具体的实体，它具有一种特定形状或形式的性质。

因此，格式塔既可以用来指物体，也可以用来指它们的独特形式。这一术语并不仅仅限于视觉或整个感觉领域，它或许也包含着学习、思维、情绪和行为（köhler, 1947）。正是在这种一般的、机能的意义上，格式塔心理学家试图涉足心理学的整个领域。

格式塔的知觉组织原则

1923年，魏特海默发表了一篇论文，提出了格式塔心理学学派的知觉组织原则。他宣称，我们对物体的知觉同对似动现象的知觉是一样的，涉及的都是统一的整体，而不是一束个别的感觉。这些格式塔原理本质上是我们用以组织知觉世界的规则。

一个基本前提是，无论何时，一旦我们感觉到各种形状或模式，知觉的组织作用立刻就会发生。知觉场中的分离部分连接到一起，形成区别于背景的结构。只要我们看或听，知觉的组织作用就是自发的和不可避免的。我们并不像联想主义者主张的那样，需要通过学习才能形成模式。当然，一些高级知觉，如用名称标记物体，的确是依赖学习的。

依据格式塔理论，大脑是一个动力系统，这一系统中所有的元素在特定时间里处在积极的相互作用中。大脑的视觉领域并不是独自对视觉输入的元素进行应答，或者通过某些机械的联想过程对个别元素进行回应。实际上，那些类似的或接近的元素倾向于结合到一起，而那些没有类似性或者分离的元素倾向于不进行这种结合。

下面列举的是知觉的几个组织原则，图12.1是这些原则的图示：

1. 接近原则。在时间或空间上紧密连在一起的部分似乎是相属的，倾向于被知觉在一起。在图12.1（a）中，你看到的是三对纵列的圆圈，而不是看成一个大的集合体。
2. 连续原则。我们的知觉有追随一个方向的倾向，以便把元素连接在一起，使它们看起来是连续的，或者向着一个特定的方向。在图12.1（a）中，你倾向于沿着圆圈的纵列，从上到下进行知觉。

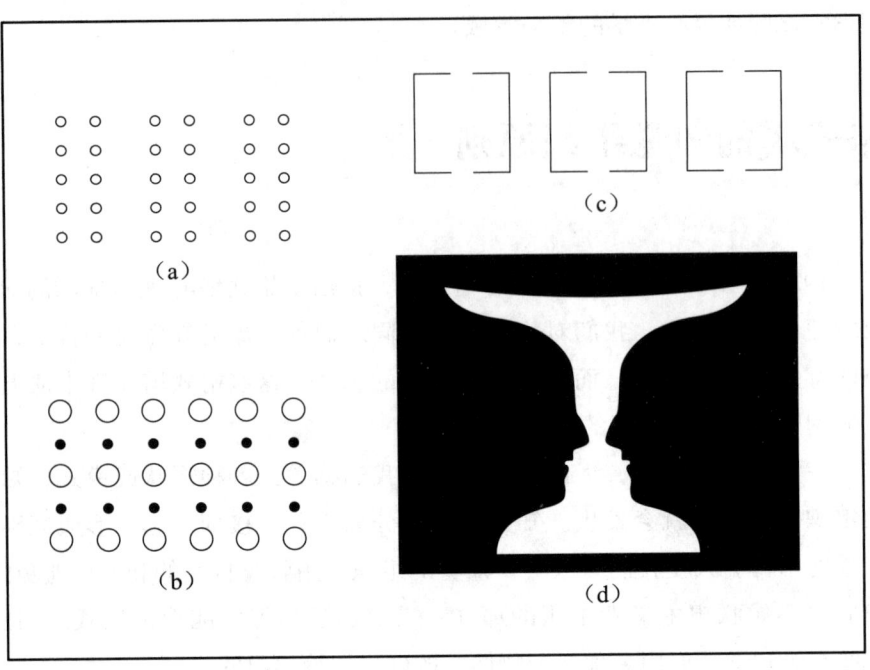

图 12.1 知觉组织作用范例

3. 类似原则。类似的部分倾向于被一起知觉为一组。在图 12.1（b）中，圆圈和黑点各自相互隶属，你倾向于按照成排的圆圈和成排的黑点进行知觉，而不是根据纵列进行知觉。

4. 封闭原则。我们的知觉有一种完成不完善图形、填补缺口的倾向。在图 12.1（c）中，即使三个正方形是不完整的，你仍然倾向于知觉它们为正方形。

5. 简单原则。在各种刺激条件下，我们都倾向于尽可能地把图形知觉为好的图形。格式塔心理学家称之为完好形式。一个好的格式塔是对称的、简单的和稳定的，已经不可能再简单、更有序。图 12.1（c）是完好格式塔，因为它们被清晰地知觉为完整的组织。

6. 图形和背景。我们倾向于把知觉组织成被观察的对象（图形）和对象赖以产生的背景。图形似乎更加实在，从背景中凸现出来。在图 12.1（d）中，图形和背景是可反转的。你可以看到两张面孔，或者一个花瓶，这依赖于你怎样组织你的知觉。

这些组织原则并不依赖于高级心理过程或过去的经验，而是存在于刺激本身。魏特海默称它们为外周因素。但是魏特海默同样也承认，有机体的中枢因素影响着知觉。例如，我们知道，态度、熟悉这样一些高级心理过程的确影响知觉。然而一般说来，较之学习和经验的效应，格式塔心理学家更多地关注知觉组织作用的外周因素的影响。

学习的格式塔研究：顿悟与猿的智慧

我们曾经提到过苛勒于1913—1920年在特纳利夫岛进行的黑猩猩研究。他在那里研究了黑猩猩在解决问题时所表现出来的智慧。这些研究都是在动物居住的笼子里或者在笼子周围的地方进行的。所涉及的仅仅是一些简单的实验用具，如笼子的栏杆（起路障作用）、香蕉、把香蕉拉进笼内的棍子，以及一些箱子。这些箱子可供动物攀爬，以获取从天花板上悬挂下来的水果。苛勒根据整个情境和刺激之间的相互关系来解释这些动物实验结果，其解释与知觉的格式塔观点是一致的。他认为问题解决的关键是重新建构知觉领域。

在一项研究中，一只香蕉被置于笼子之外，一根绳子连着香蕉，可以把香蕉拉进笼子里。黑猩猩毫不犹豫地拉动绳子，把香蕉拉进了笼里。苛勒得出结论认为，在这一情境中，作为整体的问题很容易被知觉到。然而，如果有几根绳子都通向香蕉，黑猩猩就不能很快地辨别出拉动哪一根绳子可以获得香蕉。苛勒认为这说明它不能立刻完全清楚地看出问题的全部。

在另外一项研究中，水果放在了黑猩猩恰恰拿不到的笼外。如果一根棍子放在栏杆前靠近水果的地方，棍子和食物就被知觉为同一情境的部分，因此，动物很快就会用棍子把食物拖进笼子。但是如果棍子放在笼子的后面，那么棍子和香蕉就不太容易被知觉为同一问题。在这种条件下，黑猩猩就必须重新建构知觉领域，才能解决问题。

另外一个实验涉及把香蕉放在笼子外黑猩猩拿不到的地方，并且在笼子里放了几根空的竹竿，每根竹竿都太短，不足以够到笼子外的香蕉。要解决这个问题，就必须把两根竹竿接起来（一根的末端插进另一根的另一端），以便使竹竿变得足够长。因此，为了解决这个问题，动物必须在两根竹竿之间看出一种新的关系。

下面这个段落选自苛勒的著作。它描述了有关黑猩猩学习的其他一些研究和观察。苛勒论述了他的黑猩猩努力学习使用工具来获取食物。这些实验讲述了动物怎样使用箱子接近刺激物,而这些刺激物通常是从笼顶悬挂下来的香蕉。苛勒在描述他的工作时使用的是非技术语言。他关注的是他的被试的个性特征和个体差异。他没有使用正式的实验设计和测量,也没有严格的实验处理、控制组或者统计分析。他所描述的仅仅是他的观察,记录的是动物对情境的反应。

○ 原著精选

有关格式塔心理学的原始资料:摘自苛勒的《猿的智慧》(1927)

沃尔夫冈·苛勒

黑猩猩并不天生就具有某种特殊倾向,可通过堆积任何建筑材料,帮助它们获得放在高处的物体。但是,当情境需要,且有材料可资利用的时候,它们可以通过自己的努力,达到这个目标。

成人总是倾向于忽视黑猩猩在这种情境中遇到的真正困难。因为他们假定添加第二个建筑材料到第一个上需要的仅仅是动作的重复,即重复把建筑材料放在地上的第一个动作(在目标物的下面)。当第一个箱子立在地上以后,箱子的平面就成为与地面一样的东西。因此,在这个建筑过程中,唯一的新因素就是实际的提升,因而所留下来的唯一问题就是动物的行为是否利落,叠加箱子的动作是否笨拙……

然而,当苏丹(Sultan)第一次尝试叠加时,我们就会看出还存在着其他特殊的困难:当苏丹(被认为是最聪明的黑猩猩)第一次抓起第二只箱子,它举起这只箱子,莫名其妙地在第一只箱子上来回挥动,并不把第二只箱子放在第一只箱子上。第二次的时候,它把第二个箱子垂直放到第一只箱子上,似乎没怎么犹豫,但是这个建筑仍然太低,因为目标物悬挂得太高了。

实验立刻继续进行。目标物被悬挂在距一边两米远的笼顶较低的地方。苏丹的建筑还是放在原处,但是苏丹前面的失败似乎有一种干扰性的后效,在很长时间里,它与原来的情形完全相反,根本就不注意箱子,而是发现了一种新的方法,并反复使用……

实验继续进行,但是令人奇怪的事情发生了:动物回归到以前的老方法。它用手拉着看守人到目标物下,看守人拿掉它的手,它来我这里尝试，也被我拒绝了。看守人告诉我，如果苏丹再来拉他的话，他感觉就无法抗拒了，但是一旦动物爬到了他的肩膀上，他就蹲下来，不让动物有机会够到食物。

事情变成了这个样子：苏丹把看守人拉到目标物下，仍然爬上他的肩膀，看守就弯下腰来。动物跳下来，抱怨着，然后用两只手拉看守人，试图让他挺立身体。这真是一种奇怪的方式，它在尝试着改变人类。

由于苏丹曾经独立发现了这一问题的解决方法，而现在却再也不注意箱子，因此，现在似乎应该消除它原来失败的原因。我把箱子相互叠加起来，而且就放在目标物下面，就像它第一次尝试的那样，然后让它拉下了食物。

至于苏丹尝试把看守人推到直立的姿势，我想在一开始就对这一问题有所解释，以免他人的误解。这一过程就如同描述的那样，没有任何误解的可能性。这个事例并非唯一的一次……在这里，我再描述一些类似的事件：

苏丹无法解决这样一个问题，在这个情境中，目标物置于它够不到的地方，我在笼子里距它不远。经过各种徒劳的尝试之后，苏丹向我走来，用手抓住我，把我推向栏杆，然后又用力拉我的手，试图把我的手伸向栏杆之外获得目标物。由于我不去抓食物，苏丹就走向看守人，尝试同样的事情。

过了一会儿，它又尝试同样的过程，但差别是，它首先必须用忧伤的恳求把我呼唤到栏杆前，因为我站在外面。在这种条件下，我就像第一次一样态度坚决，让动物毫无办法。苏丹拉着我的手不放松，除非我的手碰到了目标物。但是为了以后的实验，我并不帮助它获得食物。

我还要提另外一件事情。有一天，天气非常炎热，动物们必须比平常等待更长的时间才有水送来。最后，动物们干脆抓住看守人的手、脚或膝盖，尽最大的力量把看守人推向门边。通常，水坛就放在门后面。这种行为一度成为它们的习惯。如果人们持续给它们喂食香蕉，奇卡(Chica)就会平静地把香蕉从他手中拿走，放到一边，然后拉着他走向门口（奇卡总是很渴）。

在这些事情上，如果认为这些黑猩猩无知和愚笨，那就错了。这些动物特别能辨别那些不穿上装，仅仅穿着裙子或裤子的土著服装。如果有什么东西让它们感到困惑，它们就会进行探查。任何打扮或外表上较大的变化（如留胡子）都会令格兰德(Grande)和奇卡立刻进行审查。

经过对苏丹的鼓励性帮助以后，箱子再次被放到了一边。一个新的目标物被放在屋顶的同一个地方。苏丹立刻把箱子叠加起来，但是却放在了目的物原来在的那个地方，也就是它原先叠加箱子的地方。在它的上百次尝试中，这次是它最笨拙的一次。显然，苏丹感到非常困惑，而且或许非常疲劳了，因为在这样炎热的天气里，实验已经持续了1个多小时。苏丹漫无目的地把箱子推来推去，我们只好再次为它建筑好箱子，它跳上去，得到了香蕉。这是唯一一次我看到它这样困惑和不安。

第二天，我清楚地意识到，问题本身有特殊的困难。苏丹把一个箱子搬到目标物下，但是却不知道再把第二个搬来。最终，我们为它建筑好，它就跳上去，达到了目的。然后我们把建筑拆掉，再进行同样的实验，可是并没能诱发它进行建造工作。它持续不断地尝试使用观察者作为它的脚凳，最后，我们只好再次为它摆好箱子。在第三个目标物下，苏丹放了一个箱子，把另外一个箱子拉过来，放在一边，但是在最关键的时候却停了下来，它持续看着目标物，同时摆弄着第二个箱子，突然，它坚定地抓起箱子，十分干脆地把它放了在第一个箱子上面。这一快速的解决方法与它长时间的困惑形成鲜明的对比。

两天以后，实验重复进行。目标物被再次悬挂在一个新的位置上。苏丹把一只箱子放在了目标物下面旁边一点的地方，然后拿来了第二个箱子，开始准备叠加。它在寻找目标物，又把箱子丢在了一边。在经过其他的几个动作（爬上顶棚，拉观察它的人等）之后，它又开始建造。它在目标物下小心地把第一只箱子直立起来，又极痛苦地把第二只放到了第一只上，并不停地转动和扭动那个箱子。第二个箱子扣到了第一只上面，但是位置摆放得不太合适。因此，当苏丹爬上去，整个建筑就倒了下来。

由于过于疲劳，它躺在房间的一角，从那个地方可以看到箱子和目的物。过了很长时间以后，它重新开始工作。它把一个箱子直立，然后跳上去试图接近目标物；跳下来，抓住另外一个箱子，以一种固执的神态，成功地把第二个直立在第一个箱子上，但是第二个箱子摆放得过于靠边，每次想爬上去，建筑就要倒塌。在经过长时间、盲目的尝试之后，最终上面的箱子牢牢站住了脚。苏丹爬了上去，得到了食物。

在经过这次尝试之后，苏丹总是立刻使用第二个箱子，而且也明白应该把它摆在什么地方。

评论

苛勒认为这些研究和其他一些类似研究为顿悟提供了证据。**顿悟**指的是一种对关系的自然把握或理解。苏丹在经过多次尝试之后,通过把握箱子和悬挂在头上的香蕉之间的关系而对问题最终形成了顿悟。在德文中,苛勒描述这一现象的术语是 Einsicht,英文的意思是顿悟或理解。美国动物心理学家罗伯特·耶基斯也在同一时期独立地发现了这一现象,他在猩猩身上发现了支持顿悟概念的证据,但他称这个现象为"观念学习(ideational learning)"。

顿悟(insight):直接的理解或认知。

在 20 世纪 30 年代,巴甫洛夫复制了苛勒的某些研究。在这些研究中,巴甫洛夫也是使用类人猿把一只箱子放到另一只箱子的上面,以便获取天花板上悬挂下来的食物。苛勒认为类人猿对情境产生了一种顿悟,但是巴甫洛夫质疑这种观点,认为动物所谓的问题解决行为是混乱的。巴甫洛夫认为这些类人猿的反应与桑代克研究中的尝试与错误学习没有什么区别。

1974 年,苛勒的黑猩猩的看守人曼纽尔·加西亚(Manuel G. Garcia)向一位来访者描述了那些研究。他讲述了许多动物的故事,特别是关于苏丹的故事。苏丹一般可以帮助看守人分发食物。看守人经常给苏丹一束香蕉,然后口头告诉它,每个(动物)两只。苏丹就会到每个笼子前,给每个黑猩猩两只香蕉(引自 Ley, 1990, p.12-13)。

一只猩猩在把不同长度的棍子拼接起来获取食物

有一天,苏丹观察到看守人在用油漆漆门。当看守人离开以后,苏丹拿起刷子,开始模仿它观察到的动作。在另外一个场合,苛勒的小儿子克劳斯坐在笼子前，徒劳地尝试着把一只香蕉从两根栏杆中拖出来，苏丹在笼子里，而且很明显那时候不饿，它把香蕉转了一个 90° 的弯，以便让香蕉能顺利从两根栏杆中通过。苛勒告诉他儿子，苏丹比他聪明。

有一次，苏丹鼓动克劳斯爬上树顶，尽管他父亲在愤怒地命令他，但男孩拒绝下来。当他最后下来时，苛勒抓住他，脱下他的短裤并打他的屁股。不久之后，苏丹偷偷跟在苛勒背后，从后面脱下了他的裤子。70多年后，克劳斯在一次访谈中讲述了这个故事，他的眼中仍然"闪烁着顽皮的喜悦"（Ley，1990，p.240）。

苛勒相信，黑猩猩表现出的顿悟和问题解决能力与桑代克所描述的尝试与错误学习是不同的。苛勒批评桑代克的工作，认为桑代克的实验条件是人为的，只能让被研究的动物表现随机行为。苛勒指出，桑代克迷箱中的猫无法了解整个逃出机关（整个情境中的所有有关因素），因而只能表现尝试与错误反应。

同样，迷津中的动物不能看到整个模式或模型，它每次碰到的仅仅是单一的胡同。因此，动物没有别的办法，只能每次尝试一条道路。以格式塔的观点来看，为了形成顿悟学习，有机体必须能知觉到问题各个部分之间的关系。

有关顿悟的这些研究支持了格式塔心理学家"整体"行为的概念。整体行为的概念与行为主义者所倡导的分子或原子行为概念是对立的。这些研究同样也强化了学习涉及的心理环境重组或重构的格式塔观念。

人的创造思维

魏特海默有关创造思维的书（Wertheimer，1945）是他死后才出版的。在这本书中，魏特海默把学习的格式塔原则应用于人的创造思维。他认为，思维是依据整体的作用完成的。学习者把情境看作一个整体，教师也必须把情境呈现为整体。你可以看出这一观点同尝试与错误方法的不同。依据尝试与错误方法，问题的解决方法是隐蔽的。在某种意义上，学习者在找到正确答案之前会犯错误。

在魏特海默的书中所涉及的事例包含了从儿童解决几何问题的思维过程，到物理学家爱因斯坦在建立相对论时所表现出的复杂认知过程。魏特海默在不同的年龄阶段和各种难度水平上都发现了支持他的观点的证据，支持了他的问题整体支配部分的一贯观点。他相信，问题的细节必须放在整体情境的关系中来加以考虑。此外，问题的解决过程应该从整体走向部分，而不是从部分走向整体。

例如，在课堂教学情境中，如果教师能把词素和数字的练习安排组织成有意义的整体，学生就更容易表现出顿悟，抓住问题的关键，找到问题的答案。魏特海默证明，一旦理解了答案的基本原理，那么这个原理就可以被迁移或应用到其他情境。

他质疑传统的教育实践，对源自联想主义学习方法的机械练习和背诵学习提出挑战。他发现重复不会导致创造性，而且引用了只靠机械方法而不用顿悟方法的学生不能解决变式问题作为证据。然而，他认为诸如姓名、日期这样一些事实应该背诵，通过重复而加强联想。因此，他承认重复对于某些目的是有用的，但是他坚持认为重复只能导致机械操作，而不能导致理解和创造思维。

同型论

确立了人类知觉到的是有组织的整体，而不是感觉元素的集合这一原理之后，格式塔心理学家就把关注的重心转到了知觉过程的大脑机制方面。他们尝试建立一种有关知觉格式塔的基本神经对应物的理论。大脑皮层被描述为一个动力系统，其中的元素在特定的时间积极地相互作用。这一观念与那种把神经活动比作电话接线板，根据联想原理把感觉输入机械联系在一起的那种机械概念形成鲜明对照。在这种联想主义的观点中，大脑的操作是被动的，是不能积极地组织或矫正所接收到的感觉元素的。后一理论同样意味着在知觉和它的神经副本之间是直接对应的。

从有关似动现象的研究出发，魏特海默认为大脑活动是结构、整体的过程。由于似动和实际运动在经验上是同一的，那么似动和实际运动的皮层过程必然是类似的。由此可以推出这样的结论，即相应的大脑过程必然发挥作用。

换言之，为了解释似动现象，在心理或意识经验与作为其基础的大脑活动之间必然存在着一致性。这一观念被称之为**同型论**。同型论的原理早

同型论（isomorphism）：有关心理或意识经验与潜在的大脑神经过程存在一致性的理论观点。

已为生物学和化学所接受。格式塔心理学家把知觉比作地图，因为地图对于它表征的地区来说是同型的，但又不是这一地区的完全复写。然而，地图却可以为人们提供向导。知觉同样如此，它是通往真实世界的可靠向导。

在 1920 年出版的《静态的物理格式塔》一书中，苛勒扩展了魏特海默的理论。他认为，皮层的活动过程类似于力场。就像围绕着磁石的电磁力的活动方式那样，神经活动场可以通过大脑对感觉冲动做出反应的电机械过程建立起来。

格式塔心理学的传播

到 20 世纪 20 年代的时候，格式塔运动在德国已经成为团结一致、居于支配地位、强有力的思想学派。当时，格式塔运动以柏林大学的心理学研究所为中心，吸引了来自许多国家的学生。这一研究所位于以前帝国皇宫的侧楼里，自称为世界上最大的心理学实验室，其中的设备可以用于研究来自格式塔观点的各种问题。格式塔心理学的杂志《心理学研究》发行范围很广，且受人尊重。

1933 年纳粹窃取德国政权以后，他们的反学术主义、反犹太主义及其镇压活动迫使包括格式塔学派建立者在内的许多学者离开了德国。格式塔心理学的核心转到了美国，格式塔思想通过个人接触和出版的著作而在美国广为传播。即使在这一学派正式建立之前，许多美国心理学家就同这一学派未来的领导人一起学习过，吸收了他们的思想。

考夫卡和苛勒的一些著作已经从德文翻译成了英文，美国心理学杂志也对这些著作进行评论。美国心理学家哈里·赫尔森（Harry Helson）在《美国心理学杂志》上发表了一系列文章，介绍格式塔心理学，推动了格式塔理论在美国的传播（Helson, 1925, 1926）。考夫卡和苛勒多次访问美国，在大学和各种会议上发表演讲。3 年间，考夫卡在美国做了 30 场报告，1929 年，苛勒成为在耶鲁大学召开的第九届国际心理学大会的主题发言者（另一个主题发言者是巴甫洛夫，他被罗伯特·耶基斯的猩猩吐了一次口水）。

因此，格式塔心理学正在引起美国的注意，但是由于几个原因导致接受格式塔心理学作为一个思想学派的速度比较缓慢。第一，行为主义正处在其发展的颠峰。第二，存在着语言的障碍。格式塔的主要出版物都是德语的，翻译延缓了格式塔观点在美国全面、快速的传播。第三，就像前面指出的，许多心理学家错误地认为格式塔心理学仅仅研究知觉。第四，魏特海默、考夫卡和苛勒都定居在美国的一些小学院，这些学院没有培养研究生的博士点，因而很难吸引信徒来贯彻他们的思想。第五，也是最重要的一点是，美国心理学已经远远超越了冯特和铁钦纳的观念，而这些观念是格式塔心理学正在反对的东西。行为主义已经开始成为美国人反抗的第二阶段。因此，美国心理学已经比德国心理学更远离了冯特的元素主义观点。美国心理学家相信，格式塔心理学与之战斗的是已经被他们打败的敌人。格式塔心理学家来到美国抗议着某种人们已经不再关心的东西。

这样的处境对于格式塔学派的生存是致命的。在整个心理学历史中，我们不断看到一些证据，证明革命性的运动需要某种东西进行对抗。如果他们指望成功地传播自己的观点，就必须有某种能与之抗争的东西。但是当格式塔心理学家来到美国以后，已经找不到与之对抗的东西了。

与行为主义的战斗

当格式塔心理学家意识到美国心理学的发展趋势时，他们很容易地找到了新的靶子。如果说攻击已经从美国心理学中消失的冯特心理学是没有意义的，那么他们可以攻击行为主义思想学派的还原论性质。因此，格式塔心理学家争辩说，就像冯特的心理学那样，行为主义研究的同样是人为的抽象物。他们认为，无论是依据内省的还原，把意识分析为心理元素（冯特），还是通过客观的还原，把行为分析为条件化的刺激—反应单位（华生），对于他们来说都没有多大区别。其结果是同样的，都是一种分子而不是整体的方法。格式塔心理学家同样也质疑行为主义对内省效度的拒斥及其对意识概念的否认。考夫卡指出，像行为主义那样，建立一种没有意识的心理学是没有任何意义的，因为那将意味着心理学不过是一些动物研究的集合。

格式塔和行为主义心理学家的这场战斗变得具有个人色彩和情绪色彩。1941年，在费城的一次科学会议之后，赫尔、托尔曼、苛勒和其他一些心理学家外出喝啤酒。苛勒指出，他曾经听说赫尔在课堂教学中使用了侮辱性的词语"那些该死的格式塔者"。苛勒的一番话令赫尔十分尴尬。他回答说，他希望科学上的异议不要转变成个人攻击。

苛勒是这样回答的，他说他"愿意以逻辑的和科学的方式讨论大多数问题，但是当人们试图把人变成某种机器的时候，他就不得不战斗了"。他把拳头重重地敲在桌子上，以强调他的观点（引自 Amsel & Rashotte，1984，p.23）。

纳粹德国的格式塔心理学

尽管格式塔思想学派的建立者在战争期间逃离了德国，但是他们的一些信徒在纳粹时代一直待在德国，直到1945年德国被同盟国击败。这些人坚持格式塔的观点，继续从事研究，探讨了视觉和深度知觉问题。苛勒的心理学研究所一直存在于柏林大学，虽然那里像其他德国大学那样，已经不再是开放和学术自由的。1936年访问该研究所的一位美国人评论道："格式塔心理学以前的这个堡垒在学术气氛上已经完全贫瘠了。（引自 Ash，1995，p.340）"在第二次世界大战期间，大多数德国心理学家的研究活动都是为战争服务的，主要是从事军事人员的评估。实用和应用的研究优先于纯科学和理论的建设。

场论：库尔特·勒温（1890—1947）

场论（field theory）：勒温的心理学体系，它使用力场的概念，根据社会影响的"力场"来解释行为

我们曾经指出，19世纪晚期科学发展的趋势就是依据场的整体关系进行思维，而不是在一种原子论的或元素主义的框架内进行思维。格式塔心理学反映了这一趋势。心理学中场论的产生类似于物理学中力场概念的产生。在当今的心理学中，当我们**使用场论**这一术语时，通常指的是库尔特·勒温（Kurt Lewin）的观念。勒温的工作在倾向上具有格式塔心理学的特征，但是它超出了正统格式塔心理学的观点，其范围包括了人的需要、人格和对行为的社会影响等。

勒温的生平

勒温出生于德国。他受高等教育期间读过的大学有弗莱堡大学、慕尼黑大学和柏林大学。1914年，在柏林大学，他在卡尔·施通普夫的指导下获得心理学博士学位。在柏林大学，他同时还学习了数学和物理学。在第

库尔特·勒温

一次世界大战期间，勒温在德国军队服役，并在战争中负伤，获得了德国政府的钢铁十字勋章。之后他返回柏林大学，从事联想和动机方面的格式塔心理学研究。勒温对格式塔研究如此热情，以至于人们都认为他是格式塔心理学三个建立者的同事。1929年在耶鲁大学召开的第九次国际心理学大会上，他向美国心理学家报告了他的场论。

因此，当1932年他成为斯坦福大学的访问教授时，他在美国已经是知名人士了。第二年，由于纳粹的肆虐，他决定离开德国。他写信给苛勒，指出"现在我相信我已经没有别的选择，只有移民了，即使这样做毁掉了我的生活"（引自 Benjamin, 1993, p.158-160）。[①] 到美国以后，他在康奈尔大学工作了两年，然后到了爱荷华大学。他对儿童的社会心理学研究使得他收到了一个邀请，邀请他在麻省理工学院建立一个群体动力学新研究中心。尽管他在到任以后几年就去世了，但是他的工作十分富有成效。现在这个研究中心在密歇根大学，依然十分活跃。

生活空间

在勒温30年的职业生涯期间，他投身于范围广阔的人类动机领域。他在物理和社会环境中对人的行为进行描述（Lewin, 1936, 1939）。他的整个心理学概念是实用性质的，关注的是影响我们生活和工作的社会问题。他试图使那个时代的工厂人性化，以便于让工作成为个人满足的源泉，而不仅仅是维持生存的方式。

物理学中的场论知识让勒温认识到，人的心理活动发生于一种心理场中，后来，他称这种心理场为生活空间。生活空间包含了所有对我们产生影响的过去、现在和未来的事件。从心理学的立场来看，每一个这样的事件在特定的情境中都决定了行为。因此，生活空间是由人与心理环境互动的需要组成的。

由于我们积累的经验数量和种类的不同，因而生活空间显示出不同的发展程度。婴儿缺乏经验，因此婴儿的生活空间是一些未分化的区域。而受到高等教育的、老练的成人具有各种类型的经验，因而具有复杂、高度分化的生活空间。

勒温寻求用数学模型来表征他关于心理过程的理论概念。由于他对个

---

① 勒温的母亲和姐姐都死在了纳粹集中营里。

人（单一案例）而不是群体或平均水平感兴趣，因而统计分析对于实现他的目的没有效用。因此，他选择了一种几何学形式，即拓扑学来图示他的生活空间概念，通过图示显示出在任一特定时刻人的可能目标和达到目标的路径。

勒温使用拓扑图形图示所有行为形式和心理现象。在这个拓扑图形中，勒温使用箭头（向量）代表个人朝向目标的运动方向。他赋予这些选择权重的概念，以效价（valences）来表示生活空间中对象的正值和负值。那些具有吸引力或者能满足人的需要的对象具有正的效价，而那些具有恐惧性质的对象具有负的效价。他的图示有时被称为"黑板心理学"。

在图12.2这一简单的事例中，一个孩子想去看电影，但是被父母禁止。椭圆代表生活空间。箭头是向量，指出孩子的目标是想去看电影。这是一个正的效价。垂直线是达到目标的障碍，是父母设立的，它具有负的效价。

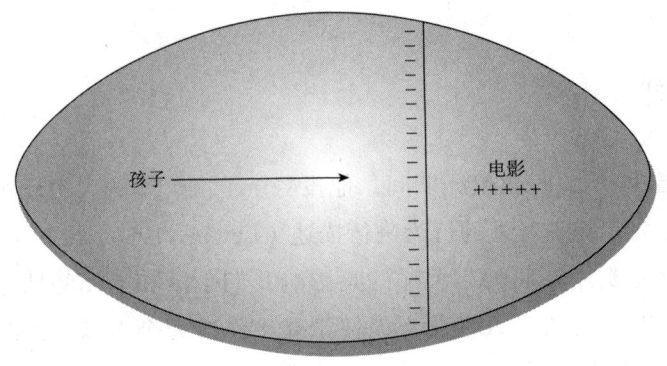

图12.2 生活空间的一个简化例子

动机和蔡格尼克效应

勒温认为，在人与环境之间存在着一种基本的平衡状态。任何对平衡的干扰都会导致紧张，紧张反过来又导致某些活动，以便努力减轻紧张，恢复平衡。因此，为了解释人的动机，勒温相信行为涉及一种紧张状态或需要状态，然后是活动与缓和这样一种循环。

验证这一观点的一个早期实验是1927年布鲁马·蔡格尼克（Bluma Zeigarnik）在勒温的指导下进行的。在这一实验中，被试需要从事一系列工作，其中一些可以完成，另外一些在完成之前被中止。勒温做出了下列预测：

1. 当被试得到要完成的任务以后，紧张系统开始产生；
2. 任务完成以后，紧张状态消除；
3. 如果任务没有完成，那么紧张状态的持续使得被试更有可能回忆起没有完成的工作。

蔡格尼克的实验结果验证了这些假设。与已完成任务的回忆相比，被试更容易回忆起那些没有完成的任务。后来人们称这一现象为**蔡格尼克效应**。

激发勒温对动机问题研究的是他对心理学研究所对面咖啡馆的一个男招待的观察。一天晚上，他与他的一些研究生在那个咖啡馆聚会。

> 咖啡馆的男招待可以记住每个人点了些什么，却不需要写下来，有人对他的这一能力感到惊奇。付完账过了一会儿以后，勒温叫来了那个男招待，询问他们都点了些什么。男招待气愤地回答到，他记不起来了。（Ash, 1995, p.271）

一旦客人付清了账，男招待的任务就完成了，紧张系统解除，他不再需要记住每个人点了什么。

蔡格尼克效应（Zeigarnik effect）：回忆那些未完成的任务比回忆那些完成了的任务更容易的倾向。

社会心理学

勒温对社会心理学的兴趣始于20世纪30年代。在这一领域中他的先驱性工作足以确立他在心理学史上的地位。勒温社会心理学的杰出特点是群体动力学，即把心理学的概念应用于个体和群体行为的研究。就像个体与他的环境形成了心理场一样，群体和它的环境形成了社会场。社会行为发生于而且导源于同时存在的社会实体，如下位群体（subgroup）、群体成员、障碍和沟通渠道，等等。在任一特定时间群体的行为是整个场情境的函数。勒温对各种社会情境中的行为进行了研究。现在成为经典的那个实验是在几组男孩中进行的有关专制型、民主型、自由放任型领导风格的实验（Lewin, Lippitt, & White, 1939）。研究结果证明，专制组中的男孩变得非常富有攻击性。民主组的男孩相互之间友好，与另外两个组相比，完成的工作更多。勒温的研究开辟了社会研究的一个新领域，激发了社会心理学的成长。

此外，勒温强调了社会行动研究，这种研究的特点是为引入变化而对相关社会问题进行研究。勒温个人对种族问题非常关心，为了研究这一问题，他对不同种族混居、平等就业机会以及儿童时代种族偏见的预防等问题进行社区研究。他的研究使用的是严格的实验方法，但是又不像实验室实验那样具有人为性，因此他的工作把这些富有争论的问题变成了控制性的实验探讨。

勒温倡导对教育者和商业领袖进行敏感性训练，以便降低群体内部冲突，促进个人潜能的发挥。他的敏感性训练组（T-groups）是20世纪六七十年代流行的交朋友小组（encounter groups）的前身。

就一般的意义来说，勒温的实验计划和他的研究成果比他的理论观点更容易被心理学家所接受。勒温对社会心理学和儿童心理学的影响是深远的，他的许多理论概念和研究技术仍然在被人格和动机研究领域使用。

对格式塔心理学的批评

格式塔心理学思想学派的批评者们指出，表现在似动现象中的那种知觉过程的组织作用无法作为一个科学问题进行探讨，对于它的存在只能简单接受。这有点像用否定问题的存在来解决问题。

此外，实验心理学家认为，格式塔的观点是模糊的，基本概念的定义不严格，其定义概念的方式不具有科学意义。格式塔心理学家反驳说，在那些年轻的科学中，解释和定义或许是不完善的，但是不完善并不等同于模糊。

其他一些心理学家声称，格式塔的倡导者们过于关注理论，因而牺牲了研究和经验数据。尽管格式塔学派的确一直是理论取向的，它同样强调了实验方法，并进行了大量研究。

与这一观点相关的一个提议是，格式塔的实验工作在档次上不如行为心理学的实验研究，因为它缺乏适当的控制措施，它的非量化数据也无法进行统计分析。格式塔心理学家认为，由于定性研究结论在他们的体系中占优先地位，因而他们的大多数研究都有意地比其他学派更少地具有量化色彩。大多数格式塔研究都是在不同的框架中解释和探讨心理问题的。

苛勒的顿悟概念同样受到质疑。有些人尝试验证苛勒有关黑猩猩连接两根竹竿的实验结论，结果没有给顿悟在学习中的作用提供任何支持。这些后来的研究显示出，问题的解决并不是突然发生的，而是依赖于以前的学习和过去的经验（例如，可以参见 Windholz & Lamal, 1985）。

同样，某些心理学家认为格式塔心理学家使用了定义不完备的生理学假设。格式塔心理学家承认他们在这一领域的理论观点是尝试性的，但是他们认为，这些假设是对其体系的有效补充。

格式塔心理学的贡献

格式塔运动给心理学留下了不可磨灭的印记，其影响遍及知觉、学习、思维、人格、社会心理学和动机等领域。它不像那时的主要竞争者行为主义，格式塔心理学保持着自己独立的身份。它的主要目标并不是要全面融入主流心理学思想。在行为主义占统治地位的时期，它维持了人们对意识经验的兴趣，使意识经验成为心理学的合法研究领域。

在对意识经验问题的处理上，格式塔心理学不同于冯特和铁钦纳的方式。格式塔心理学的基础是现代现象学。格式塔观点的当代追随者认为，意识经验的确是存在的，是一个合法的研究对象。然而他们承认，意识经验的研究不可能像外显行为的研究那样精确和客观。心理学的现象学方法在欧洲心理学家中比在美国心理学家中得到了更多的认可，但是它对美国人本主义心理学运动的影响是显而易见的（参见第十四章）。许多当代认知心理学的思想也来源于格式塔心理学。

问题讨论

1. 描述勒温的场论。它受到物理学的哪些影响?
2. 描述知觉组织的一些原则。
3. 格式塔思想学派有哪些历史渊源?
4. 解释格式塔心理学与行为主义心理学在反对冯特的心理学时有何不同?
5. 举一个例子,说明苛勒在特纳利夫岛上如何做顿悟研究。
6. 19世纪末物理学中的时代精神发生了哪些变化?这些改变如何影响了格式塔心理学?
7. 魏特海默怎样使用格式塔的学习原理解释人的创造思维?
8. 从场论的观点怎样研究动机和社会心理学?什么是社会行动研究?
9. 顿悟学习与桑代克描述的尝试与错误学习有什么不同?
10. 同型论怎样把知觉同基本的神经对应物联系到一起?
11. 知觉恒常性的研究怎样支持了格式塔观点?
12. 如果你看到桌子上有一本书,并说"我看到有一本书在桌子上"。按铁钦纳的观点,你可能犯了什么错误?
13. 格式塔心理学怎样作为一个整体影响了心理学?
14. 格式塔心理学家怎样批评行为主义?
15. 格式塔心理学受到了哪些批评?
16. 格式塔心理学的名言"整体大于部分之和"与"知觉大于眼睛看到的东西",分别是什么意思?
17. 什么因素阻碍了美国心理学家对格式塔心理学的接受?
18. 什么是似动现象?似动现象是怎样形成的?为什么冯特的心理学无法解释似动现象?
19. 为什么一些人错误地认为格式塔心理学仅仅研究知觉?
20. 为什么格式塔这一术语给这一运动带来了问题?

第十三章

精神分析：开端

这仅仅是一个梦吗？

小男孩惊恐地瞪着眼睛，看着自己的母亲被抬进了房间。这是他从未忘记的一幕。他盯着她的脸，她是如此年轻而美丽，但表情过于安祥，他感到困惑，甚至有些害怕。她是睡着了，还是死了呢？他的目光转向抬着她的人，但他们看起来并不像人。他们分明就不是人。他们非常高，穿着奇怪的衣服，有最吓人的脸。是某种像鸟的生物，有很长的喙。他一惊，突然从噩梦中醒来。他尖叫并哭泣着，从床上跳起来，跑到父母的卧室。他要亲眼看见母亲还活着，才能平静下来睡觉。

这个小男孩就是弗洛伊德。30年后，他应用自己创造的释梦技术来分析梦，这个梦仍然高度唤醒了弗洛伊德的情绪体验。他终于明白了为什么有这个梦。看起来，梦的表层意义是明显的，小男孩害怕失去他的母亲。这没什么不寻常，也不值得怀疑。但弗洛伊德越思考这个梦，就越认为它揭示了更微妙、更阴暗，甚至是令人震惊的意义。

弗洛伊德关注梦中最奇怪的地方，就是那个有喙像鸟一样的生物。它们代表什么呢？这揭示了一个7岁男孩无意识的欲望吗？他回忆起当时的一个朋友，那是比他更年轻、更世故的男孩。他喜欢谈论性这个被禁止的话题，还告诉弗洛伊德"性交"这个词的德国俚语，即"Vögeln"。

成年后，弗洛伊德也认识了这个词，并注意到这个词来源于德语的单词"鸟"。而在他的噩梦中，那动物的脸正是像鸟类。他一旦明白了这一联系，就知道了他的梦的真正含义。它象征着一个7岁男孩对母亲性的欲望。也就是说，在他的潜意识中，他想同母亲做爱。

正如弗洛伊德所相信的那句古语，"三岁看大，七岁看老"，我们能从这个梦见失去母亲的孩子身上看到同样的东西。他在中年成为医生后，揭

这仅仅是一个梦吗？
精神分析的发展
精神分析的先行影响
无意识心灵理论
有关心理病理的早期观点
查尔斯·达尔文的影响
其他影响
西格蒙德·弗洛伊德（1856—1939）与精神分析的发展
安娜·O的病例
神经症的性基础
有关歇斯底里症的研究
有关儿童期诱奸的争论
弗洛伊德的性生活
梦的分析
成功的巅峰
作为一种治疗方法的精神分析
作为一种人格体系的精神分析
本能
人格结构
焦虑
人格的心理性欲发展阶段
弗洛伊德体系中的机械论和决定论
精神分析与心理学的关系
精神分析概念的科学效度
对精神分析的批评
精神分析的贡献
问题讨论

示了这个梦的意义,并在解梦的过程中,引发了心理学中另一场革命。

精神分析的发展

"精神分析"这一术语和弗洛伊德的名字为整个现代世界所知晓。心理学史上的其他一些重要人物,如费希纳、冯特、铁钦纳等,在心理学之外很少有人知道。但是弗洛伊德在普通公众中一直享有较高的知名度。他曾三次出现在美国《时代》杂志封面上,而最后一次是在他逝世60年之后。2006年是弗洛伊德诞辰150周年,他的照片登上了《新闻周刊》的封面,《华尔街日报》也为他刊出了专栏。其中,《新闻周刊》文章的作者赞颂他"即使到了今天,仍然具有吸引我们的不可抗拒的力量"(Adler,2006,p.43)。弗洛伊德无疑会同意这样一种观点,即他是文明发展史上改变人类自我认识方式为数不多的几个人中的一个。

弗洛伊德自己认为,在人类有文字记载的历史上,存在着三次对人类集体自我的巨大打击(Freud,1917)。第一次是波兰天文学家哥白尼(Copernicus,1473—1543)。哥白尼证明,地球并非宇宙的中心,而仅仅是围绕太阳运行的行星中的一个。第二次打击来自19世纪的达尔文。达尔文证明,人类并非物种中处于特权地位的与其他物种分离的、独一无二的种系,而仅仅是动物种系中的一个较高形式,是从低等动物生命形式进化而来的。弗洛伊德则给人类带来了第三次打击,因为他认为我们并非生活的理性统治者,而是处在无意识力量的控制之下。对于这无意识力量,我们知之甚少,而且几乎无法加以控制。

从时间上讲,精神分析与其他心理学思想学派是重叠的。1895年,弗洛伊德出版了他的第一本著作,这本书标志着这一新运动的正式开始。而这一年,冯特63岁,铁钦纳28岁。铁钦纳在康奈尔大学仅仅待了两年的时间,刚刚开始筹划他的构造心理学。机能主义精神开始繁荣于美国。行为主义和格式塔心理学都没有出现。华生那时17岁,魏特海默那时只有15岁。

然而到1939年弗洛伊德逝世的时候,整个心理学世界已经完全改变了。冯特的心理学、铁钦纳的构造主义和机能主义心理学已经成为历史。格式塔心理学正在从德国移植到美国。行为主义已经成为美国心理学占支配地位的形式。

尽管在心理学的思想学派之间存在着本质上的冲突，但是这些学派有着共同的学术传统，都受到冯特心理学的激励，在形式上类似于冯特的心理学。它们的概念和方法都是在心理学的实验室、图书馆、课堂中完善和发展起来的，研究的都是感觉、知觉和学习这样一些问题。相比较而言，精神分析既不是大学的产物，也不是纯科学研究的结果，而是产生于医学和精神病学传统，源于对那些被社会认定为心理不健全人的治疗。因此，精神分析过去不是，现在也不是一个可与我们已经学习过的其他思想学派直接进行比较的心理学学派。

从它产生之初，精神分析在研究目标、研究对象、研究方法上就与主流心理学思想有着明显区别。它的研究对象是心理病理，或者变态行为。相对来说，这些都是其他学派所忽视的。它的主要方法是临床观察而不是有控制的实验室实验。精神分析探讨的是无意识，其他学派实际上都忽略了对这一问题的探讨。

冯特和铁钦纳在他们的体系中都拒绝了无意识观念，因为无意识是内省法所不能及的。既然无意识不能进行内省，就无法还原为感觉元素。对于机能主义心理学家来说，他们只关注意识，虽然詹姆斯承认了无意识过程的概念，但是无意识对他们没有意义。安吉尔1904年的心理学教科书仅仅在最后的两页谈及了无意识；吴伟士1921年的教科书对无意识没有做更多的说明，仅仅把无意识看作是一种"后思维（after-thought）"。当然，华生不承认意识，那么在他的行为主义体系中也不会留给无意识更多的空间。他认为无意识不过是个体没有用语言表达的东西。正是弗洛伊德把无意识概念带到了心理学之中。

精神分析的先行影响

精神分析运动有三个影响源，它们是：

1. 潜意识心理现象的哲学推理；
2. 早期的心理病理学观念；
3. 进化论。

无意识心灵理论

单子论（monadology）：莱布尼兹的精神实体理论。在莱布尼兹那里，这种精神实体称为单子，它类似于知觉。

18世纪早期，德国哲学家和数学家戈特弗里德·莱布尼兹（Gottfried W. Leibnitz, 1646—1716）提出了一种他称之为"**单子论**"的观点。单子并非物理原子，而是所有实体的个别元素。单子并不是全部由物理学家所主张的那种物质构成的，每一个单子都是一个不具备广延性的精神实体，在本性上是心理的，但是具有某些物质特性。当足够多的单子聚合到一起，它们就具有了广延性。

单子可以类比于知觉。莱布尼兹认为，心理事件（单子的活动）具有不同程度的意识，其范围包括完全的无意识到清晰的意识。较少程度的意识称之为微觉（petites perceptions），对这类事件的意识觉察被描述为统觉（apperception）。例如，冲击沙滩的海浪声是一种统觉，它是由个别的水滴（微觉）组成的。在意识水平上，我们知觉到的并不是每一滴水珠的声音。足够多的水珠声集合起来，累加到一起形成了统觉。

一个世纪之后，德国哲学家和教育家约翰·弗里德里希·赫尔巴特（Johann Friedrich Herbart, 1776—1841）精练了莱布尼兹的无意识观点，提出了意识阈的概念。受那个时候力学时代精神的影响，赫尔巴特相信阈限以下的观念是无意识的，当一个观念上升到意识觉察水平时，它就是统觉（使用了莱布尼兹的术语）。但一个观念若要上升到意识水平，那么它就必须与已经在意识中存在的观念和谐一致。不一致的观念不能同时存在于意识。无关的观念被排挤出意识，成为被压抑的观念。这些被压抑的观念（类似于莱布尼兹的微觉）存在于意识阈之下。依据赫尔巴特的观点，当这些观念奋力争取进入意识觉察水平时，冲突就产生了。赫尔巴特提出了一个数学公式，用来解释观念进入或被逐出意识时的力学机制。

费希纳同样对无意识进行了推测。尽管他使用了阈限的概念，但是他主张心灵类似于冰山，这一观点曾经对弗洛伊德产生较大的影响。费希纳认为，就像冰山的绝大部分那样，心灵的大部分是在水面以下，受到各种无法观察力量的影响。

费希纳的工作曾经对实验心理学产生巨大影响，但有趣的是，费希纳的工作也影响了精神分析。弗洛伊德在他的几本著作中引用了费希纳的《心理物理学原理》，并从中推演出他的几个主要概念，如愉快原则、心理能量和攻击，等等。在给儿童时代的一位朋友的信中，弗洛伊德承认在他青少年时代的后期和 20 岁的早期，他喜欢阅读米塞斯博士（费希纳的笔名）的讽刺性文章。费希纳使用米塞斯博士这个名字撰写了许多文章，批评科学和医学中的一些趋势（参见 Boehlich，1990）。

有关无意识的讨论是 19 世纪 80 年代欧洲学术思想氛围的很大一部分，而那个时候弗洛伊德正在开始他的临床实践。不仅专业人士对无意识问题感兴趣，在那些受过教育的公众人士中，无意识也是一个时髦的话题。有一本叫作《无意识哲学》（*Philosophy of the Unconsious*）的书曾经非常流行，以至于印刷了 9 次（Hartmann，1869/1884）。在 19 世纪 70 年代，至少有 6 本德文书在书名中包含了"无意识"。

有关无意识力量可能超过甚至支配人的理性存在的观点很快就出现在通俗文学中。在罗伯特·史蒂文森（Robert L. Stevenson）1889 年出版的小说《杰克尔博士和海德先生》（*Dr. Jekyll and Mr. Hyde*）一书中，一位品行优秀的医生在服了一剂药之后，暴露出性格的另一面，展示出所有形式的恶习。这一低级的自我，这一强有力的非道德力量逐渐腐蚀了道德的、正直的和理性的自我。

因此，我们可以看到，弗洛伊德并非严肃认真地讨论人类无意识心灵的第一人。他承认，他之前的作家和哲学家已经就这一问题做了广泛的探讨，但是他也认为，他找到了研究这一问题的科学方法。

有关心理病理的早期观点

就像我们前面曾经指出的，一场新的运动需要反抗某种东西以立足，需要推倒某种东西以获得力量。由于精神分析并不是在学院心理学中产生的，因此，精神分析反对的并不是冯特的心理学或那时流行的其他心理学思想学派。为了理解弗洛伊德反对什么，我们必须考察他的工作领域中的流行趋势，即对心理疾病的治疗。

治疗心理疾病的历史既充满魅力，又令人压抑。对于心理障碍的觉察可以追溯到公元前 2000 年。那时的巴比伦人相信，心理疾病的原因是魔鬼附体。他们把巫术和祷告结合起来，人道地治疗这种症状。古代希伯莱人的文化把心理疾病看作对罪恶的惩罚，因此同样使用巫术和祷告进行治疗。古希腊哲学家，即苏格拉底、柏拉图和亚里斯多德等人，认为心理疾病源于思维过程的紊乱，治疗的方法依赖于言语的规劝和治愈力量。

公元 4 世纪基督教确立以后，心理疾病再次被指责为魔鬼精神。在

1000多年的时间里，教堂规定的治疗方法就是对那些被认为被魔鬼附体的人进行残酷的折磨或处死。从15世纪开始，并在以后的300年里，由教会主持的宗教裁判所把心理疾病看作异端和巫术，唯一的治疗方法就是残酷的惩罚。

到18世纪以后，心理疾病逐渐被看作非理性行为。心理疾病患者被关在类似于监狱的机构里。尽管不会把这些人处死，但也不会对其进行任何治疗。有时，这些病人像动物园的动物那样被展示给公众。一些病人常年被铁链拴在床上，或者四肢用铁棍拴住。另外一些病人被铁环套住脖子，然后用铁链固定在墙上，同狗和猎犬没有什么两样。这些关押精神病人的地方被称作"疯人院"，被描绘成那些"仍在喘气的人的墓地"（Scull, MacKenzie, & Hervey, 1996, p.118）。

更为人道的治疗方法

西班牙学者朱安·维韦斯（Juan Luis Vives, 1492—1540），是第一个主张以同情、人道的方式治疗精神疾病患者的人。然而，由于语言和地理上的障碍，他对仁慈治疗的呼吁在西班牙之外没有人知晓。直到18世纪末以后，他的观点才在其他地方扎根。

法国医生菲利普·皮奈尔（Philippe Pinel, 1745—1826）认为心理疾病是一种自然现象，通过自然科学的方法可以进行治疗。他解开病人的锁链，花费许多时间倾听病人的抱怨，以文明的方式对其进行治疗。他保留了精确的病例档案和治愈率的数据。

> 心理疾病患者并不是一些应该受到惩罚的罪犯，而是一些病人；他们的悲惨状况值得我们从痛苦人性的角度加以全面考虑。我们应该努力用最简单的方法去恢复他们的理性。（Pinel, 引自 Wade, 1995, p.25）

在皮奈尔的指导之下，宣称已经治愈的病人数量急剧增加。依照皮奈尔的做法，欧洲和美国开始解开病人的锁链，心理疾病的科学研究广泛传播。"科学的启蒙导致……把人当作机器一样进行治疗，机器出现故障以后，需要的是修理。这种修理工作是在精神病院进行的。在那个地方，有着各种精致的机械和器具，反映了工业革命的发明创造"（Brems, Thevenin, &

Routh，1991，p.12）。

在美国，精神病院最有影响的改革者是多萝西娅·迪克斯（Dorothea Dix，1802—1887）。迪克斯是一个宗教信仰很强的人，而且患有抑郁症。由于为皮奈尔的精神疾病治疗方法所感动，她花费了大量的时间和精力来学习皮奈尔的治疗方法。她游走于美国的各个州，恳求州的立法者颁布治疗精神病的人道治疗方法，并且获得了成功。在美国南北战争期间，她加入十字军，努力改善受伤的联盟士兵的条件，后来被任命为军队中女性护士的负责人。

第一个在美国开设精神病治疗诊所的精神病学家是本杰明·拉什（Benjamin Rush，1745—1813），他同样也是美国独立宣言的签署者。他建立了第一个专门为治疗情绪障碍病人的医院。由于受到力学传统的影响，拉什认为宇宙中的每一种事物，"包括人的心灵和精神，都可以用物理学定律来解释，而且也具备一个科学的和理性的结构"（Gamwell & Tomes，1995，p.19）。例如，拉什认为某些非理性行为是由血液太多或血液太少导致的。他的治疗方法也非常简单：从病人身上抽血或输血。

他发明了一种转椅，让那些不幸的病人坐在上面，椅子高速旋转。这一程序经常导致病人昏厥。在一种休克疗法的早期形式中，拉什把病人沉入冰水中。他也是第一个使用镇静技术的人。他用皮带把病人捆绑在镇静椅上，固定住胸部、手腕和脚踝，然后用大的木块夹住病人的头部，往病人的头部施加压力。

尽管这些技术在今天听起来很残酷，但是请不要忘记拉什是在尽力帮助心理障碍患者，而不是像倒垃圾那样把他们送进疯人院。他认识到病人患的是疾病，而不是魔鬼附体。

19世纪，精神病学家分成两个阵营：肉体派和精神派。肉体派主张变态行为具有生理的原因，如脑损伤、神经刺激不足或神经过度紧张。精神派接受变态行为的情绪或心理的解释。一般说来，肉体派的观点占支配地位。这种观点也得到了德国哲学家康德的支持。康德讽刺那种认为情绪问题以某种方式导致心理疾病的观点。

精神分析是在反对肉体派的观点中发展起来的。随着心理疾病治疗方法的发展，某些科学家开始相信情绪因素在导致心理疾病方面比脑损伤和其他生理原因具有更为重要的作用。

以马内利运动

美国的以马内利教会改革运动成功地促进了精神派治疗方法的发展。以马内利运动主张心理治疗方法的使用。这一运动的倡导者关注谈话疗法的效用，使公众和医学群体认识到心理因素作为心理疾病潜在原因的重要性（Caplan，1998；Gifford，1997）。这一运动的倡导者是埃尔伍德·伍斯特（Elwood Worcester）。他是波士顿以马内利教堂的牧师，也是1906—1910年最有影响的人物之一。伍斯特曾经在莱比锡大学获得过哲学和心理学的博士学位。在莱比锡大学，他师从冯特。因此，伍斯特是偏离了冯特路线的另一个美国学生。他没有受冯特实验心理学方法的限制，开始把心理学应用于解决现实世界的各种问题。

> 这场运动始于1906年，伍斯特在针对教区居民的大众讲座中宣布，他愿意在第二天早晨与任何人见面，讨论他们想讨论的道德或心理问题。他预计可能会出现一些人，但没想到竟然来了近200人，他真的大吃一惊。（Benjamin & Baker，2004，p.49）

很明显，伍斯特的思想很有市场。几个派别的宗教领导人都采用了谈话疗法，用于个体或群体的治疗。他们所依赖的主要是暗示的力量和牧师的道德权威，敦促病人采纳正确的行为方式。很快，这一治疗方法就风行整个美国。《好管家》杂志也在近两年的时间里出版了一系列文章，盛赞谈话疗法的效用。1908年，伍斯特和他的两个同事出版了《宗教和医学：神经病的道德控制》（*Roligion and Medicine: The Moral control of Nervous Disorders*）一书。媒体把这本书吹捧为有关"科学心理治疗最重要的书籍"（Caplan，1998，p.297）

1909年，一本名为《心理治疗》（*Psychotherapy*）的书出版，它呼吁"倾听心理学、倾听医学、倾听宗教"（Zaretsky，2004，p.80）。凑巧的是，正如我们将要看到的，1909年，弗洛伊德也开始在一生中唯一一次造访美国。

尽管这一运动受到了公众的热烈欢迎，医学领域和威特默以及敏斯特伯格等临床心理学家却反对牧师充当心理治疗专家的做法。然而，正是因为以马内利运动的流行，当弗洛伊德1909年把精神分析带到美国时，才受到了公众的热烈欢迎。到那个时候,谈话疗法已经成为民族意识的一部分。

催眠

对催眠现象的兴趣同样促进了对心理疾病的精神原因的关注。把催眠方法应用于情绪障碍的治疗起源于一位维也纳医生弗兰兹·麦斯麦(Franz A. Mesmer, 1734—1815)。麦斯麦一半是科学家,一半是魔术师,他声称发现了一种神秘的、模糊的力量,他称之为"动物磁力术"。

麦斯麦相信人的身体包含着一种磁力,其运作方式类似于物理学家使用的磁石。动物磁力术可以穿透物体,并可以在一定的距离内对物体起作用。通过恢复病人的磁力水平与环境中存在的磁力水平之间的平衡,动物磁力术可以治愈神经疾病。

最初,麦斯麦声称通过让病人紧握磁性铁棒,就可以颠倒心理疾病的症状。后来,麦斯麦认为他所需要做的只是触摸或击打病人的手,自己的磁力就会传给病人。所以,维也纳医学圈自然认为麦斯麦是个骗子。

在巴黎,麦斯麦获得了巨大成功,他实施的是团体治疗。治疗室里灯光昏暗,屋内充满轻柔的音乐,散发着橘香。他穿着淡紫色的长袍,指挥着病人。那些病人用细绳相互连接,共同围绕着一个桶状物,其内装满磁性液体。每个病人抓住从桶状物里伸出的铁棒。麦斯麦和他的助手从病人身边走过,将手放在病人的身体上。通常,病人会体验到痉挛或者进入出神状态,然后恢复意识,其症状便神奇地消失了(Wade, 1995)。"麦斯麦经营了几个诊所,赚了一大笔钱。他经常参加私人的聚会,来的人通常是上流社会的女性。当麦斯麦挥舞双手或接触她们的时候,女士们会震撼、尖叫或晕倒。(Dingfelder, 2010, p.30)"

当一个调查委员会得出的结论否认了麦斯麦所谓的疗效之后,麦斯麦逃往瑞士。然而,麦斯麦术却广泛传播开来,特别是在美国,麦斯麦术成为晚会上的一种节目。这一时期的文化历史学家写到,到19世纪中期的时候:

> ……单单在(美国)东北地区,就有2万到3万多人讲授麦斯麦术。许多人使用着……经常在两三千名观众面前,用这种力量去控制参与者的行为与态度。(Reynolds, 1995, p.260)

在英国，当詹姆斯·布雷德（James Braid，1795—1860）把麦斯麦现象称为"神经催眠学"以后，麦斯麦术就有了一个新的名称，并获得了更大的可信度。催眠这一术语就是从布雷德的描述中衍生出来的。布雷德反对任何夸大，他的细心工作为催眠赢得了一些科学领域的尊重（参见Schmit, 2005）。

由于法国医生琼·沙可（Jean M. Charcot，1825—1893）的工作，催眠在医学领域获得了更多的职业认可。沙可是法国巴黎一所为女性精神病人开设的医院神经医学诊所的主任。他利用催眠治疗歇斯底里病人取得了一些成功。更为重要的是，他使用医学术语描述歇斯底里症状和催眠方法的使用，以便于让这些现象更能为法国科学院所接受。但是沙可的工作主要在神经病学方面，强调的是麻痹等生理障碍。因此，大部分医生仍然把歇斯底里症归结为肉体的或生理的原因，直到1889年，沙可的学生皮埃尔·让内（Pierre Janet，1859—1947）成为那所医院心理学实验室的主任之后，情况才有了改变。

让内反对把歇斯底里看作生理问题，认为歇斯底里是一种心理疾病，是由记忆损伤、固执的观念和无意识力量导致的。他选择催眠作为治疗歇斯底里的方法。因此，在弗洛伊德早期的职业生涯中，医学领域正在给予催眠更多的重视，并开始认识到精神疾病的心理原因。就像我们将会看到的那样，让内的工作先于弗洛伊德的许多思想。

在治疗心理障碍方面，沙可和让内的工作促进了精神病学家从肉体（生理）的观点向精神（心理）观点的转变。医生们开始选择针对心灵而不是身体来治愈情绪障碍。到弗洛伊德开始发表他的观点时，"心理治疗"这一术语已经在美国和欧洲广为传播了。

查尔斯·达尔文的影响

1979年，著名科学史家弗兰克·萨洛韦（Frank J. Sulloway）出版了《弗洛伊德——心灵的生物学家》（*Freud: Biologist of the Mind*）一书。在这本书中，他认为弗洛伊德的思维受到了达尔文作品的影响。他的这一结论是以对历史数据的新解释为基础的。他考察了那些存放多年的历史数据，但是他的视角与其他任何人都不相同。萨洛韦所做的就是查阅弗洛伊德个人图书馆中的书籍。在这个图书馆中，他发现了一些达尔文的著作。弗洛伊德阅读了这些著作，并且在书的边缘写下了注解。弗洛伊德曾经在同事面前和自己的出版物中赞扬了达尔文的著作。萨洛韦写到，达尔文"或许比其他任何个人都做了更多的工作，为弗洛伊德和他的精神分析革命铺平了道路"（Sulloway，1979，p.238）。新近有更多的研究也支持了这一观点，认为达尔文影响了弗洛伊德的精神分析理论。在弗洛伊德生活的后期，弗洛伊德坚持认为，对达尔文进化论的学习是精神分析学者训练项目的一个基本部分（Ritvo，1990）。

达尔文讨论了几种观念，这些观念后来成为弗洛伊德精神分析的中心问题，如无意识心理过程、冲突、梦的意义、特定行为的隐蔽象征性和性唤醒的重要性等。就整体来说，达尔文像弗洛伊德后期那样，关注的是思想与行为非理性的一面。

达尔文的理论同样影响了弗洛伊德关于儿童发展的观点。达尔文曾经给了罗曼尼斯（参见第六章）一些笔记和未出版的材料。后来，罗曼尼斯以达尔文的材料为基础，写了两本有关人和动物心理进化的著作。萨洛韦在弗洛伊德个人图书馆的书架上发现了罗曼尼斯的著作及弗洛伊德在书的边缘处写下的评论。罗曼尼斯提炼了达尔文的观点，提出儿童时代至成年后情绪的发展具有连续性，并认为7周左右的婴儿就表现出性驱力。这两个观点都成为弗洛伊德精神分析的中心问题。

此外，达尔文坚持认为，人是受爱和饥饿的生物力量所驱动的。达尔文认为这是一切行为的基础。不到10年之后，德国精神病学家理查德·冯·克雷夫特-艾宾（Richard von Krafft-Ebing）也表达了类似的观点，认为性满足和自我保存是人类生理学中唯一的两个本能。因此，那些受人尊重的科学家正在沿着达尔文的道路，把性看作人的基本动机。

其他影响

在弗洛伊德接受大学训练期间，他深受生理学家赫尔姆霍茨力学观念的影响，而赫尔姆霍茨是约翰尼斯·缪勒的学生。两人都主张在有机体内活跃的除了普通的物理和化学力以外没有其他的力量。这种机械论观点通过弗洛伊德的主要老师，厄尼斯特·布鲁克（Ernst Brücke）影响了弗洛伊德。后来，弗洛伊德提出了自己的行为理论，这一理论属于决定论的范畴。弗洛伊德称自己的理论为心理决定论。

反映在弗洛伊德工作中的时代精神的另一个方面是19世纪维也纳对性的态度。维也纳是弗洛伊德生活和工作的地方。许多人一直错误地认为，由于弗洛伊德生活的时代十分压抑，以至于弗洛伊德公开谈论性的问题是令人震惊的。实际上，尽管性压抑对于弗洛伊德和上层与中产阶级的妇女是典型的，但是那并不代表整个文化的态度。那时的维也纳是一个宽松的社会。（即使是维多利亚时代的英国和清教徒建立的美国也不像我们认为的那样拘谨和压抑。）在19世纪八九十年代，维多利亚时代的性升华受到冲击，激情、卖淫和色情文学已经泛滥。

对于性问题的兴趣不仅出现在日常生活中，而且出现在科学文献中。在19世纪的最后10年，关于性的科学研究已经在欧洲和美国流行。研究者亦称为"性学家"，被期待"以一个自然主义者的冷静目光，来看待这一长期被认为是有伤风化、不道德、恶心或罪恶的对象"。人们鼓励性学家研究大量的人类性经验，而不再把它当作罪恶与犯罪，而是作为一个整体自然世界的一部分"（Makari，2008，p.93）。因此，在弗洛伊德提出以性为基础的理论之前的一些岁月里，有关性病理学、儿童性欲、性冲动的压抑及其对心身健康影响的研究已经公开出版。

1845年，德国医生阿道夫·帕兹（Adolf Patze）认为，性驱力可以在3岁儿童身上测查到。1867年，英国精神病学家亨利·蒙兹雷（Henry Maudsley）再次强调了这种观点。1886年，克雷夫特－艾宾出版了轰动一时的著作《性病理心理》（*Psychopathia Sexualis*）。1897年维也纳医生阿尔伯特·莫尔（Albert Moll）出版了作品，论述了儿童性欲和儿童对异性父母的爱，这一工作预示了弗洛伊德的俄狄浦斯情结。

弗洛伊德在维也纳的一个同事，神经学家莫里茨·本尼迪克特（Moritz Benedikt）让患歇斯底里症的妇女谈她们的性生活，结果取得了惊人的疗效。法国心理学家比纳出版了论性变态的著作。即使对弗洛伊德的精神分析有着重要意义的术语"力比多（libido）"也已经为人们所使用，其含义与弗洛伊德强调的基本一致。因此，弗洛伊德工作中的性成分早就以这种或那种形式出现在现实世界中了。恰恰是因为职业领域和公众领域的时代精神已经是一种开放性的，弗洛伊德的观点才得到了广泛的关注。

宣泄的概念在弗洛伊德出版他的著作之前早已流行。1880年，也就是弗洛伊德获得医学学位的前一年，他未来妻子的叔叔撰写了亚里斯多德的宣泄概念。宣泄是通过让病人回忆或描述无意识冲突治疗情绪障碍的一种方式。很快，宣泄就成为社会精英谈话中一个流行的话题。到1890年的时候，德国有140多种出版物论述了宣泄问题（Sulloway，1979）。

早在17世纪时，哲学和生理学中的一些理论就先于弗洛伊德梦象征的

宣泄（catharsis）：通过回忆，使之进入意识觉察，用语言加以表述，从而达削弱或消除一个情结的过程。

观点出现。尽管弗洛伊德声称他是对梦感兴趣的唯一的科学家，但是历史事实却告诉我们一个完全不同的故事。梦的研究已经是"一个完善的实证研究潜在精神生活的领域"（Makari，2008，p.76）。直到19世纪末，每年都会有超过12本关于梦的著作出版。甚至冯特与心理物理学家也正在做梦的研究，开始探讨外界刺激是怎样在睡眠中侵入意识的等问题。

弗洛伊德同时代的三位学者早已就梦的问题展开了工作。沙可认为，病人的梦揭示了与歇斯底里相联系的心理创伤。让内指出，歇斯底里的原因包含在梦中，因此他使用梦的分析作为一种治疗工具。克雷夫特－艾宾表明，在梦中可以发现无意识性欲望（Sand，1992）。

尽管我们看到有各种因素影响了弗洛伊德的思维，但是我们不要忘记他的天才特点，这也是所有创立者的特点。这一天才特点表现在他们把各种思想观念和思想倾向汇聚到一起，组成一个紧凑、连贯的系统。弗洛伊德自己也承认他的这些先驱者。1924年他写到，精神分析"并不是从天上掉下来的，在传统的观念中有它的出发点，只不过有了进一步的发展，它是从早期理论中发展出来的，但是它对那些理论进行了完善"（引自Grubrich-Simitis，1993，p.265）。

西格蒙德·弗洛伊德（1856—1939）与精神分析的发展

西格蒙德·弗洛伊德（Sigmund Freud）1856年5月6日出生于莫拉维亚的弗莱堡（现今捷克共和国的普莱波）。他的父亲是一个羊毛商。在莫拉维亚的生意破产以后，弗洛伊德的父亲将全家迁至莱比锡，在弗洛伊德4岁的时候，又迁至了维也纳。弗洛伊德在维也纳生活了近80年的时间。弗洛伊德的父亲比他的母亲大20岁，性格极为严厉和独裁。从儿童时代开始，弗洛伊德对他的父亲就充满恐惧和爱。母亲对他则充满保护和关爱之情；年少的弗洛伊德对他的母亲产生了感情上的依恋。这种对父亲的恐惧和母亲的性吸引力以后成为弗洛伊德俄狄浦斯情结的主要特征。我们会看到，弗洛伊德的大部分理论都是自传性质的，都是从他的早期经验和回忆中衍生出来的。

西格蒙德·弗洛伊德

弗洛伊德的母亲深为她的第一个孩子骄傲，给他以无微不至的关怀与支持。她相信他的儿子未来会是一个伟大的人物。值得注意的是，弗洛伊德出生的那座房子已经作为一个博物馆，得到恢复和维护，普莱波镇也将其斯大林广场更名为弗洛伊德广场。

弗洛伊德成年以后，其性格中具有自信、雄心、渴望成功、梦想有荣誉和名望等特征。他写道："一个一直能得到母亲赞赏的人在他的整个一生中都会有一种征服者的感觉和成功的信心，而这往往又诱发了真正的成功。（引自 Jones, 1953, p.5）"

弗洛伊德是家里8个孩子中的一个，他展现出超强的学术能力，而这一点受到家庭的鼓励。他居住的房间是唯一可以使用油灯的，为他学习提供较好的照明条件，其他孩子则不能享受这种特殊待遇。弗洛伊德的兄弟姐妹是不能摆弄乐器的，因为乐器的使用会打扰这位年轻的学者。尽管享有这种特殊的待遇，弗洛伊德似乎仍然抱怨他的兄弟姐妹。

与一般人相比，弗洛伊德进入学校的年龄早了一年，在学校中被认为是一个优秀的学生。17岁时他以优异的成绩毕业。在家中，他讲德语和希伯莱语；在学校，他学习了拉丁语、希腊语、法语、英语，此外，他自学了意大利语和西班牙语。对达尔文进化论的接触唤起了他对科学知识的兴趣，因此，他决定学习医学。但是，他对做医生并不感兴趣，而是希望获得一个医学学位，以便于从事科学研究工作。

1873年，他开始在维也纳大学学习。由于他坚持学习哲学等课程，而这些课程并非医学课程的一部分，因此他花了8年时间才获得了学位。他集中学习了生物学，解剖了400多条雄性黄鳝以研究睾丸的结构。他的研究没有获得确定的结论，但是有趣的是，他研究的第一个问题就涉及性。后来他又转到了生理学的研究上，探讨鱼类的脊髓构造。他花费了6年的时间，在生理学研究所里利用显微镜进行他的工作。

在大学学习的这段时间，他利用药物可卡因（cocaine）进行实验，那时，可卡因还不是一种非法物质。他把可卡因用在自己身上，把这种药物提供给他的未婚妻、姐妹和朋友，并把这种药物引入了医学实践。他对这种物质充满了热情，声称可以缓解他的抑郁和慢性消化不良。他相信，在可卡因中，他发现了一种神奇的药物。这种药物可以治愈从坐骨神经痛到晕船等所有疾病。他期待这些发现能给他带来渴望已久的名声。然而事实却并非如此。弗洛伊德的一个医学同事卡尔·科勒（Carl Koller）在无意中听到弗洛伊德有关这种药物的谈话以后，自己进行了实验，发现可卡因可以用于眼睛的麻醉，从而促进了这种药物在眼病手术中的应用。因此，科勒收获了弗洛伊德想要的名声。

1996年，一位德国历史学家检查了华盛顿的美国国会图书馆存放的科勒的论文，发现一个包着白色粉末的小信封。信封上写道："1天剂量的可卡因，我在1884年8月进行第一个可卡因实验中剩下的。"这些粉末很快被惊讶的图书馆员清理掉了。

弗洛伊德发表了一篇论文，论述可卡因的效用。这篇文章被认为应该为可卡因在欧洲和美国的流行负部分责任。可卡因的流行一直持续到20世纪20年代。弗洛伊德严厉地批评将可卡因用于除眼部手术以外的目的，并且对释放这种瘟疫进行了严厉的批判。在其余生里，他尝试抹去他曾赞成使用可卡因的记忆，并且从他出版的书目中删除了有关可卡因的文献。人们曾经广泛认为，弗洛伊德从医学院毕业以后，就停止了可卡因的使用，但是后来对他信件的考察揭示出，他至少又使用了10年或更多的时间，直到他的中年时（Masson, 1985）。

弗洛伊德希望在学术实验室中继续进行他的科学研究，但是弗洛伊德工作的生理学研究所的主任、医学院教授布鲁克出于经济原因劝阻了弗洛伊德。弗洛伊德太穷了。在大学中，他需要等待多年，寻求获得一个为数不多的教席的机会，在这期间，他没有经济来源支撑自己。弗洛伊德知道布鲁克是正确的，因此，他决定接受医学训练，自己开业，以便改善自己的经济状况。1881年，他获得了医学博士学位，作为神经学家建立了自己的诊疗所。他发现这一职业并不比他预期的更有吸引力，但是他太需要钱了。因为他已经同马莎·伯奈斯（Martha Bernays）订了婚。由于经济的原因他们已经几次拖延婚期，直到有钱支付结婚的开销。即使到了可以结婚的时候，弗洛伊德也不得不借钱，并且典当了自己的手表。

在他们4年恋爱的过程中，弗洛伊德嫉妒任何获得马莎的注意和感情的人，即使是马莎的家庭成员也不例外。在给马莎的信中，弗洛伊德写道：

> 从现在开始，你仅仅是你的家庭中的一个客人。我不会把你留给任何人……如果你对我不够好，不为我放弃你的家庭，那么你就会失去我，并毁掉你的生活……我的确具有一种专横的癖性。（引自Appignanesi & Forrester, 1992, p.30, 31）

由于弗洛伊德工作的时间很长，因此没有太多时间同他的妻子和6个孩子待在一起。他经常自己外出度假，或者同表姐明娜（Minna）一起去，因为马莎在旅行或游览时总是赶不上弗洛伊德的步伐。

安娜·O 的病例

内科医生约瑟夫·布洛伊尔（Josef Breuer，1842—1925）由于对呼吸的研究、耳朵中半规管的发现而获得了一定的声望，他同年轻的弗洛伊德成为朋友。这位成功、老练的布洛伊尔给弗洛伊德提出忠告，借给他钱，明显把弗洛伊德看作一个早熟的小弟弟。对于弗洛伊德来说，布洛伊尔是一个父亲般的人物。他们二人经常在一起讨论布洛伊尔的病人，其中有一个 21 岁的女病人安娜·O（Anna O）。这个病人成为精神分析发展中的一个关键人物。

安娜·O 是一位聪明而有魅力的女性。她患有严重的歇斯底里症，表现为麻痹、记忆丧失、心理颓废、呕吐、视觉和语言障碍等。这些症状最初出现在她照顾病重的父亲的时候。他的父亲非常宠爱她。据说她体验到对父亲的某种爱恋（Ellenberger，1972，p.274）。

布洛伊尔开始使用催眠法对安娜·O 进行治疗。他发现，在催眠状态下，安娜·O 可以回忆起导致某些症状的特定经验。在催眠状态下谈及这些经验经常能缓和症状。在一年多的时间里，布洛伊尔每天都与安娜·O 见面。她向他叙述当天令她烦恼的事件，谈话之后，她有时报告说症状已经消失了。她把与布洛伊尔的谈话称作"清扫烟囱"，或者谈话疗法。随着治疗过程的进行，布洛伊尔意识到（他是这样告诉弗洛伊德的），安娜·O 回忆起来的思想或事件涉及的都是她感到厌恶的。在催眠状态下释放这些令人苦恼的经验缓和或消除了疾病的症状。

移情（transference）：患者对治疗者的一种反应方式，仿佛治疗者是患者生活中的一个重要人物（如父母）

布洛伊尔的妻子对布洛伊尔和安娜·O 之间建立的这种情感上的紧密联系逐渐产生了嫉妒。这位年轻的病人对布洛伊尔展现出后来被称为正**移情**的东西。换言之，她正在把对父亲的爱转到她的治疗者身上。她的父亲和布洛伊尔在身体上的类似性也促进了这种移情的出现。同样，布洛伊尔有可能也体验到对他的病人的情感依恋。一位心理学史家写道："她的年轻魅力，她的动人的无助，甚至她的名字……都再次唤起布洛伊尔对自己母亲的俄狄浦斯情结"（Gay，1988，p.68）。最终，布洛伊尔体验到一种危险。他告诉安娜·O 他不能继续为她治疗了。在随后的几小时里，安娜·O 体验到了强烈的歇斯底里的分娩疼痛。布洛伊尔用催眠消除了她的症状。根据传说，布洛伊尔然后带上他的妻子去了威尼斯，度他们的第二次蜜月去了,而在这段时间里,他的妻子怀了孕。

这一故事像神话那样在几代精神分析学者和心理学史家中流传。它给我们提供了扭曲的历史数据的又一个例证。在这个事例中,这一故事流传了近100年的时间。布洛伊尔和他的妻子可能确实去了威尼斯,但是他们的孩子的生日却揭示出,没有一个孩子是在这段时间怀上的(Ellenberger,1972)。

对于历史记录的进一步考察揭示出,安娜·O(其真实的名字是伯莎·帕潘海姆(Bertha Pappenheim)——并不是被布洛伊尔的宣泄疗法治愈的。在布洛伊尔停止会见她以后,她被送进了医院。在医院中,她坐在父亲的画像下,吵着要看父亲的坟墓。她体验到幻觉和痉挛、面部神经痛和反复的语言障碍。她同样产生了对吗啡的依赖。布洛伊尔曾经给她开了一些药物,用于缓解她的面部疼痛。"要随时准备一个吗啡注射器的生活,似乎不那么令人羡慕。"安娜·O写道(引自Ramos, 2003, p.239)。

然而,最近的历史数据提供了另外一个故事版本。根据这个说法,布洛伊尔的治疗已经成功,安娜·O后来的症状非常轻微。这位作者猜测,批评布洛伊尔并提出安娜·O没有治愈的信息来源,可能不是别人,正是弗洛伊德本人(Miller, 2009)。

伯莎·帕潘海姆后来成为社会工作者和女权主义者,支持对女性的教育。她出版了有关女性权力的小说和戏剧,获得了德国邮票的纪念荣誉(Shepherd, 1993)。1936年,她在接受盖世太保对她涉嫌反纳粹言论的艰苦审判后不久便去世了。1992年,她的生活经历成了一部百老汇戏剧的主题:"神秘的安娜·O"。

神经症的性基础

1885年,弗洛伊德获得了一笔研究基金,使他可以到巴黎同沙可一起工作几个月。他观察沙可使用催眠治疗歇斯底里症,很快就开始把沙可看作他生命中的第二个父亲般的人物。他想象着如果他能娶沙可的女儿为妻对他的职业生涯将会多么有利。弗洛伊德甚至写信给马莎,描绘沙可的女儿是多么具有魅力(Gelfand, 1992)。

沙可提醒弗洛伊德在歇斯底里症中性的角色。在一个晚会上,弗洛伊德无意中听到沙可说到某个特殊的病人,其症状具有性的基础:"在这类病例中,它总是涉及生殖器的问题——总是! 总是! 总是!(引自Freud,

1914，p.14）"弗洛伊德观察到，当沙可讨论性时，他"两手交叉在一起，跳上跳下。没一会儿，我就惊讶得几乎瘫痪了"（引自 Prochnik，2006，p.135）。

返回维也纳以后，他再次接到提醒，情绪障碍可能具有性的基础。著名妇科医生鲁道夫·克罗巴克（Rudolph Chrobak）请求弗洛伊德接收他的一个病人，这位病人体验到强烈的焦虑，只有在每时每刻都知道她的医生的确切下落，焦虑才能缓解。克罗巴克告诉弗洛伊德，焦虑的基础是病人丈夫的性无能。在结婚18年之后，她还是一个处女。弗洛伊德写到，克罗巴克告诉他，"对这样一种疾病的治疗方法我们大家都十分熟悉，但是我们无法命令他们做什么"（Freud，1914）。但是克罗巴克后来否认他曾经这样说过（Ritvo，1990，p.75）。

那时，弗洛伊德已经采纳了布洛伊尔的催眠法和宣泄法来治疗病人，但是他对催眠法越来越不满意，最终抛弃了它。尽管这一技术在缓解和消除某些症状上可以获得明显的成功，但是其效果很少能持久。许多病人会再回来，又有了新的怨言。而且弗洛伊德发现，有些神经症患者不易进行催眠，或者不能进入深度催眠。他保留了宣泄作为一种治疗方法，并从宣泄法中发展出了**自由联想**技术（回顾第一章，我们提到弗洛伊德的本意是自由地闯入或入侵，而不是自由联想）。

自由联想（free association）：一种心理治疗技术，在使用这种技术时，患者要说出他所想到的一切。

在自由联想中，患者躺在睡椅上。治疗者鼓励患者自由地、无拘无束地谈话，对每一种观念都进行完全的表达，不管这种观念听起来多么令人难堪、琐碎或可笑。在精神分析的体系中，弗洛伊德的目标是把那些被压抑的记忆或思维带到意识觉察水平，而那些被压抑的记忆或思维被假定为变态行为的根源。弗洛伊德相信，进入病人心灵的东西都不是偶然的，都是需要在自由联想过程中加以揭示的。因此，那些被患者讲述的经验都是预先被决定的，是患者的意识选择不能阻止的。患者内心的冲突迫使这些素材进入病人的意识，因此它们应该得到表达，让治疗者充分了解。

通过自由联想技术，弗洛伊德发现患者的记忆回到了儿童时代，而那些回忆起来的被压抑经验涉及的都是性的问题。由于弗洛伊德已经对性因素作为情绪紊乱的潜在原因非常敏感，也由于意识到有关性病理学已经有很多文献，弗洛伊德开始越来越注意患者叙述中的性素材。1898年他写到，他确信"神经症最直接、最重要的原因和最实用的目的都可以在性生活的各种因素中找到"（引自 Breger，2000，p.117）。

有关歇斯底里症的研究

1895年，弗洛伊德和布洛伊尔出版了《关于歇斯底里症的研究》（*Studies on Hysteria*）一书。尽管弗洛伊德在这本书出版了一年之后才开始使用"精神分析"这一术语（Rosenzweig，1992），但是这本书被看作精神分析的正式开始。这本书包含两位作者的文章和包括安娜·O在内的几个案例。它收到了一些消极的评价，但是在整个欧洲的科学和文学杂志上，它受得的主要是赞扬，认为这本书对这一领域是一个有价值的贡献。可以说，这是弗洛伊德所期望的名誉的开始。这种开始温和而适度。

布洛伊尔并不太愿意出版这本书。就弗洛伊德认为性是神经症行为唯一的原因这一观点，他们两人有争论。布洛伊尔有些犹豫，他承认性因素是重要的，但是不愿意相信性因素是唯一的解释。他告诉弗洛伊德，这一结论还缺乏足够的证据。尽管他们决定出版这本书，但是争论已经使他们的友谊出现了裂缝。

弗洛伊德相信自己是正确的，认为没有必要搜集其他的数据去支持他的观点。然而，弗洛伊德不愿意等待更多的研究结果支持他的结论的一个原因是，拖延下去可能导致其他人抢先发表这一观点，因而在这一方面获得优先权。弗洛伊德的成就野心可能比科学上的谨慎占据了更优势的地位，因此，在缺乏足够证据的基础上，他匆忙发表了他的研究结果。

布洛伊尔对弗洛伊德的顽固态度感到不满，几年之内，他们的友谊就完全破裂了。弗洛伊德对此感到十分痛苦。然而，在后来出版的作品中，弗洛伊德的确把歇斯底里症治疗方面的先驱性工作归功于布洛伊尔。到布洛伊尔1925年逝世的时候，弗洛伊德已经不那么刻板了，他写了一个充满感情的讣告，承认他的指导老师的成就。他同样写了一封吊唁信给布洛伊尔的儿子，指出"你的父亲在我们这门新科学的创立中扮演了一个十分重要的角色"（引自Hirschmüller，1989，p.321）。

有关儿童期诱奸的争论

像我们看到的那样，弗洛伊德坚定不移地相信在神经症中，性扮演着决定性的角色。他曾经观察到，大部分女性患者报告了儿童期创伤性的性体验，而这些性体验往往涉及家庭成员。弗洛伊德逐渐相信，那些有着正常性生活的人不会产生神经症的症状。

在1896年的一篇提交给维也纳精神病学和神经学协会的论文中，弗洛伊德报告说，通过自由联想技术，他的病人泄露出儿童时代被诱奸的体验，诱奸者通常是一个年长的亲属，多数情况下是患者自己的父亲。此外，弗洛伊德主张，这些被诱奸的创伤是成年以后神经症行为的主要原因。他的病人非常犹豫地描述诱奸经验的细节，仿佛这些事件是不真实的，或者根本就没有发生过。病人的犹豫说明她们并没有完全地回忆起这些经验。

收到弗洛伊德论文的这个群体对此充满怀疑。协会的主席，克拉夫特－艾宾指出，它听起来有点像"科幻小说"（引自Jones，1953，p.263）。弗洛伊德指出，他的批评者是一群该死的笨驴。人们一般认为，对弗洛伊德论文的这种消极的反应是因为弗洛伊德主张儿童时代的性虐待发生得如此频繁，以至于让听众感到震惊和愤怒。但是当代的一位弗洛伊德学者却不这么看，他认为"对诱奸理论的抗议要么基于占优势地位的神经疾病肉体论观点，要么是因为弗洛伊德发现这一结论的临床程序是不可信的，且后一种观点更占主导地位"（Esterson，2002，p.117–118）。无论怎样解释反对弗洛伊德观点的理由，事实都是这篇论文对于野心勃勃的弗洛伊德来说，不能算是成功之作。

大约一年之后，弗洛伊德改变了他的观点。现在他声称，在大多数病例中，患者所报告的儿童期诱奸体验都不是真实的，实际上根本没有发生过。最初，当意识到患者报告的是幻想，而不是事实的时候，弗洛伊德感到震惊，因为他的神经症理论就建构在这样一种信念的基础上，即患者体验到儿童期的性创伤，而这种创伤体验可以解释患者成人后的非理性行为。然而经过思考，弗洛伊德断定，病人的幻想对于她们自己来说是非常真实的。由于这些幻想涉及性的问题，因此，性依然是问题的根源。基于这种推理，弗洛伊德保留了性作为神经症原因的基本观点。

1984年，即接近一个世纪之后，一位曾经在短时间内担任过弗洛伊德档案馆主任的精神分析学者杰弗里·马森（Jeffrey Masson）认为，在患者的儿童期性经验上，弗洛伊德撒了谎。马森指出，弗洛伊德的患者所报告的性虐待的确发生了，弗洛伊德有意称这些诱奸为幻想，以便于使他的体系更能为同事和公众所接受（Masson，1984）。大多数知名学者反驳了马森的观点，认为马森的证据不能令人信服（参见Gay，1988；Krüll，1986；Malcolm，1984）。这一争论在全美的媒体上广泛传播。

在《华盛顿邮报》的访谈节目（1984年2月19日）中，弗洛伊德学者保罗·罗赞（Paul Roazen）和皮特·盖伊（Peter Gay）描述马森的理论是一种骗局和诽谤，是对"精神分析历史的严重扭曲"。我们必须指出，弗洛伊德从没有放弃他的这一信念，即儿童期的性虐待有时是会发生的。他修改的是那种认为患者报告的经验总是会发生这样一种观点。弗洛伊德写道："儿童的变态行为普遍存在这样一种观点几乎让人无法相信"（Freud，1954，p.215-216）。

后来的证据显示出，儿童期性虐待比弗洛伊德准备接受的更为普遍。一位作者指出，"父女之间乱伦的实际发生率远比职业文献一般愿意承认的要高得多"（Lerman，1986，p.65）。这种观点使得某些精神分析学者建议，把弗洛伊德原先有关诱奸的理论作为神经症的解释或许是正确的。我们并不能确定是否像马森声称的那样，弗洛伊德有意地压抑了真理，或者他是否真的相信他的病人报告的是幻想。

20世纪30年代，弗洛伊德的一个信徒，桑德·费伦兹（Sandor Ferenczi）断定，他的病人报告的俄狄浦斯情结症状源于实际的性虐待，而不是病人的幻想。当他在1932年的精神分析大会上描述他的发现时，弗洛伊德曾经尝试阻止他发言。当尝试失败以后，弗洛伊德领头反对费伦兹的观点。

弗洛伊德反对原先的诱奸理论的另一个原因可能是：如果它是真实的，那么所有的父亲，包括弗洛伊德自己的父亲，都会因针对儿童的邪恶行为而被判定有罪（Krüll，1986）。

弗洛伊德的性生活

无论最终怎样判断弗洛伊德的诱奸理论，弗洛伊德本人对性都采取了一种消极的态度，并且体验到性障碍。他写文章，指出性欲的危险（甚至在那些没有神经症的人中）。他认为，人们应该努力超越这种"普通的动物需要"。他认为性活动是低劣的，玷污了身体和心理。在41岁的时候，他放弃了性活动。"性兴奋对于我这样的人来说已经没有更多的用处了。（Freud，1954，p.227）"偶然地，他会体验到性无能，有时他会放弃性活动，因为他不喜欢安全套、性交中断等标准的节育技术。

弗洛伊德指责他的妻子应该为结束他们的性生活而负责。他分析了自己的几个梦，指出他对妻子迫使他结束性生活而产生的不满。一位传记作者写道："他感到怨恨，因为她那么容易怀孕，而在怀孕期间经常生病，此外，也因为她拒绝任何非生殖目的的性活动。（Elms，1994，p.45）"弗洛伊德有关性的冲突明显地导致他被漂亮的女性所吸引，那些漂亮的女性像是被一种引力吸入他的信徒圈。一位朋友评论到，在弗洛伊德的学生中，"有那么多的漂亮女性，以至于看起来并不是一种偶然的巧合"（Roazen，1993，p.138）。

很快，弗洛伊德成为自己理论的教科书式的范例。他的性挫折导致了某种形式的神经官能症。在放弃性活动的那一年，他描述了一种主要的神经症症状："一种奇怪的心理状态，意识无法理解事物，思维模糊，无法确定的怀疑，偶尔这里或那里显现出一缕光线……我不知道究竟是怎么回事。（Freud，1954，p.210–212）"这种令他烦恼的生理症状包括周期性头痛、泌尿问题和结肠痉挛等。他担心自己会死去，害怕心脏出了问题，对旅行和空旷的空间产生焦虑。

他对自己的诊断是，由于性紧张的累积导致焦虑神经症和神经衰弱。此前，他曾经得出结论认为，男性的神经衰弱是由手淫导致的，焦虑神经症是由于性交中断或禁欲这样一些变态的性实践引起的。通过给症状贴上这样的标签，"他的个人生活就卷入了这一特殊的理论，有了这一理论的帮助，他就开始尝试着解释和解决自己的问题……因而弗洛伊德的神经症理论就成为他自己的神经症症状的理论"（Krüll，1986，p.14，20）。由于意识到他需要精神分析，因此弗洛伊德开始对自己进行分析。他所选择的方法就是梦的分析。

梦的分析

弗洛伊德早就知道，患者的梦是重要情绪素材的丰富来源，包含着通往障碍深层原因的线索。由于他持有实证主义信念，认为任何事物都是有原因的，因此他认为梦不可能完全没有意义。梦很可能是患者无意识心灵中的某种东西导致的。弗洛伊德意识到，他无法用自由联想技术分析自己，因为他不能同时既是患者又是治疗者。因此，他决定分析自己的梦。每天早晨醒来以后，他就对自己进行**梦的分析**，他记下前一天晚上梦的内容，然后对其进行自由联想。

通过对梦的探索，弗洛伊德意识到，他对父亲存在着严重的敌意。他第一次回忆起儿童时代对母亲的性渴求，以及对大姐的性欲望。对自己无意识的这种深入细致的探索成为弗洛伊德理论的基础。因此，他的精神

梦的分析（dream analysis）：指的是一种心理治疗技术，涉及对梦进行解释，以便揭示无意识冲突。

分析体系的大部分内容都是通过分析自己的神经症症状和儿童时代的经验而形成的。他明智地评论道:"对我来说,最重要的患者是我自己。(引自 Gay, 1988, p.96)"

弗洛伊德的自我分析持续了大约两年的时间,其最后的成果就是1900年出版的《梦的解析》(*The Interpretation of Dreams*)一书。这本书现在被认为是他的主要著作。后来他指出,这本书包含着"我有幸做出的各种发现中最有价值的一个"(引自 Forrester, 1998)。他第一次勾画了俄狄浦斯情结,其素材主要来自他的早期经验。尽管这本书并没有得到广泛的赞扬,但还是得到了许多积极的评价。职业杂志评论了这本书,维也纳、柏林和欧洲其他城市的杂志和报纸也登载了一些评论。在瑞士,卡尔·荣格(Carl Jung)读了这本书,成为精神分析的皈依者。

弗洛伊德把梦的分析看作标准的精神分析技术,每天睡前花费半小时分析自己的梦。有趣的是,尽管他声称梦典型涉及早期的性欲望,但弗洛伊德在这本书中描述的自己的40多个梦几乎没有涉及性的内容。在弗洛伊德的梦中,最重要的主题是野心,而这种个人特质是他拒绝承认的(Welsh, 1994)。

成功的巅峰

弗洛伊德继续写作并出版他的理论著作。

> 从1900年起,他以至少每年一部论著的速度,撰写了许多著作。人们很难忽略如此多产的作者,也很难忽略这个作者将他综合性理论应用于多种多样的主题,如:人类的性、创造性、破坏性、失落、内疚、焦虑和倾向于重复的创伤经历,等等。(Messer & McWilliams, 2003, p.76)

1901年,弗洛伊德出版了《日常生活的心理病理学》(*The Psychopathology of Everyday Life*)一书。这本书包含着他对著名的**弗洛伊德式口误**的描述。这一术语的德文为"*Fehlleistung*",意即有错误或大意的行为。"弗洛伊德式口误"直至20世纪50年代,仍然没有流行(Erard, 2007)。

弗洛伊德认为,在日常行为中,无意识观念努力表现自己,因而影响

弗洛伊德式口误(Freudian slip):一种遗忘或口误,反映了无意识动机或焦虑。

着我们的思想与行动。那些看起来似乎偶然的口误或遗忘实际上都是一种真实动机的反映，尽管这种动机没有得到承认。

《性学三论》(*Three Essays on the Theory of Sexuality*) 一书出版于1905年。3年之前，一些学生督促弗洛伊德举办每周一次的精神分析讨论会。有报道说，第一次讨论会的主题是制造雪茄的心理（Kerr，1993）。这些早期的信徒包括荣格和阿德勒。这两人后来建立了重要的理论体系，同弗洛伊德相对立。但是这些信徒中的大多数被认为是"边缘的神经症患者"（Gardner，1993，p.51）。安娜·弗洛伊德（Anna Freud）称他们是"怪异的人、空想家，以及那些从自己的经验中得知神经症痛苦的人"（引自Coles，1998，p.144）。这一群体的成员之一，赫尔巴特·纳恩伯格（Herbert Nunberg）回忆道："他们不仅讨论其他人的问题，也讨论自己的障碍。他们袒露自己的内部冲突，承认自己手淫、幻想以及有关父母、朋友、妻子和孩子的回忆"（引自Breger，2000，p.178）。

就弗洛伊德与布洛伊尔友谊的中断这一点来说，弗洛伊德是不能容忍任何人对他的理论中性的作用提出异议的。对那些不能接受这一观点或者尝试改变这一观点的信徒和学生，弗洛伊德立刻与之断绝联系。弗洛伊德写道："精神分析是我的创造，在十年的时间里，我是唯一关心它的人……没有什么人比我更了解精神分析是什么。（Freud，1914，p.7）"他的一个忠诚而热忱的追随者指出，"弗洛伊德不仅仅是精神分析学之父，同时也是精神分析领域的暴君"（Sadger，2005，p.40）。

在1900—1910年，弗洛伊德的地位有所改善。他的私人诊所逐渐繁荣；同事也开始重视他的观点。1909年，斯坦利·霍尔邀请他和荣格参加克拉克大学20周年校庆活动，在那里发表演讲。弗洛伊德发表了一系列演讲，获得了心理学的名誉博士学位。"或许受弗洛伊德演讲影响最深的人是弗洛伊德自己。在这里，听众把他看得高于弗洛伊德在欧洲能看得上的任何人。弗洛伊德认为自己是一个科学家和治疗家，做出了一个重要的实证发现，听众的反应是崇敬和逢迎。（Kerr，1993，p.243-244）"

弗洛伊德会见了美国著名心理学家詹姆斯、铁钦纳和卡特尔等人。他的演讲稿发表在《美国心理学杂志》上，并且被翻译成几种语言（Freud，1909/1910）。美国心理学协会在年度会议上讨论了他的工作。1911年，美国精神分析协会建立，紧接着，纽约、波士顿、芝加哥、华盛顿等也都建立了精神分析协会。

弗洛伊德的无意识心灵概念同样在美国公众中受到了热烈的欢迎。由于加拿大心理学家阿丁顿·布鲁斯（Addington Bruce）的工作，美国人已经开始对弗洛伊德的观点产生兴趣。1903—1917年，布鲁斯写了63篇文章和几本书，阐述无意识概念，激发了公众的兴趣（Dennis，1991）。

尽管在这次旅行中，弗洛伊德受到了广泛的欢迎，并获得了很高的荣誉，但是他对美国却保留了一些不良印象。他批评美国的烹调质量、缺乏公共厕所、语言障碍和不拘礼节。尼亚加拉瀑布的一个导游提到他时，竟然说"那个老家伙"，这令他十分生气。他告诉他的传记作者说，"美国是一个错误，一个巨大的错误，它是真实的，但却是一个错误"（Jones，1955，p.60）。时间的流逝并没有使他的观点发生改变。访问美国的14年之后，有人问为什么他看起来他好像恨美国，弗洛伊德回答说，"我并不恨美国，我只是为它感到遗憾，我为哥伦布发现了它而遗憾！（引自Rabkin，1990，p.34）"公平地说，弗洛伊德曾声称自己不喜欢维也纳，但是在那里住了近80年。

由于对弗洛伊德的一些观点持有异议和争论，精神分析大家庭很快就变得四分五裂。这种情境经常导致背叛。1911年，弗洛伊德与阿德勒决裂，3年以后，荣格与弗洛伊德分手，而弗洛伊德曾经把荣格看作他精神上的儿子和精神分析的继承人。弗洛伊德发怒了，在一次家庭晚宴上，他抱怨弟子对他的不忠。他的姐姐评论道："你的麻烦是你根本就不理解他人。（引自Hilgard，1987，p.641）"

1923年，他的声望达到了顶峰。但在这时，他被诊断患了口腔癌。在以后的16年中，他忍受着持续的疼痛，进行了33次手术，切除了口盖和上颚。他接受了射线的放疗和输精管切除。医生认为输精管的切除可以阻止肿瘤的扩展。口腔手术后，他不得不在口腔中安装了一些人工装置，这影响了他的发音，使得他的话经常让人难以理解。尽管他仍然接待病人和会见自己的信徒，但是他回避同其他人的接触。即使在被诊断患了口腔癌之后，他也没有终止每天吸20根雪茄的习惯。

希特勒在德国掌权以后，纳粹官方对精神分析的态度是非常明确的：1933年5月，在柏林的一次公开集会上，弗洛伊德的著作被当众焚毁。随着书被扔进火堆，一个纳粹领导人大声喊道："反对为夸大性生活而毁灭灵魂，以人类灵魂高贵的名义，我要把弗洛伊德的书付之一炬！（引自Schur，1972，p.446）"弗洛伊德评论道："我们的进步有多么大，要是在中世纪，他们会把我也烧掉，而现在仅满足于烧掉我的著作。（引自Jones，1957，p.182）"

到1934年的时候，更多的有远见的犹太心理学家和精神分析学者都移民国外。纳粹在德国根除精神分析的战役是非常成功的。曾经广为流传的弗洛伊德知识几近灭绝。纳粹分子在柏林建立的心理学与心理治疗研究所的一位学生回忆说，"从没有人提到弗洛伊德的名字，他的书被牢牢地锁在书柜里"（*The New York Times*，1984年7月3日）。精神分析的许多重要书籍的德文版现在依然找不到。

尽管存在危险，弗洛伊德坚持留在维也纳。1938年3月，德国军队开进了奥地利，之后不久，一帮纳粹分子就闯进了弗洛伊德的家。一个星期之后，弗洛伊德的女儿安娜被抓走扣留起来。这样一来，出于安全的考虑，弗洛伊德终于考虑离开这个国家。部分由于美国政府的介入，纳粹同意让弗洛伊德去英国（参见Cohen，2010）。弗洛伊德的4个姐妹留在了维也纳，后来都死在纳粹集中营里。

为了获得出境的签证，弗洛伊德不得不签署一份文件，证明他受到了盖士太保（秘密警察）的礼遇和关照。他在文件上签了字，并添加了一句讽刺性的评论："我可以热心地向任何人推荐盖士太保。（引自Jones，1957，p.226）"弗洛伊德的朋友和传记作者厄尼斯特·琼斯（Ernest Jones）是这样记述的。或许琼斯根据弗洛伊德的叙述复述了这一事件。然而，新近发现的历史数据，即弗洛伊德签署的那份文件的原件表明，上面并没有这段评论（Decker，1991）。

尽管弗洛伊德在英国受到热情的接待，他的健康状况却日益恶化，他已经无法享受他最后的时光了。在日记和给朋友的信中，他写下了癌症扩散给他带来的痛苦。"我不得不停止工作12天，带着痛苦、拿着热水壶躺在睡椅上，让其他人感到不舒服。（Freud，1939/1992，p.229）"然而，在精神上，他仍然十分清醒，几乎工作到最后一刻。

几年之前，当他选定马克斯·舒尔（Max Schur）为他的私人医生时，弗洛伊德让舒尔许诺不要让他受不必要的痛苦。1939年9月21日，弗洛伊德提醒舒尔履行他的诺言。"那个时候你曾经答应我，当那个时候来临时，你不会抛弃我。现在除了忍受折磨之外已经没有任何意义了。（引自Schur，1972，p.529）"舒尔在24小时的时间里，给他服用了过量的吗啡，因而结束了弗洛伊德多年的痛苦。

另一个关于历史动态的、不断变化的本质的案例，是弗洛伊德的私人医生舒尔与弗洛伊德去世时间的问题，这受到了挑战。大量档案研究揭示，弗洛伊德在死亡时，舒尔并不在现场，最终的致命剂量的吗啡，也不是由舒尔开出的，而是一位退休的医生约瑟芬·斯特罗斯（Josephine Stross）及其长期的朋友安娜·弗洛伊德开出的（Lacoursiere，2008）。

原著精选

摘自弗洛伊德在克拉克大学的第一次演讲（1909）

西格蒙德·弗洛伊德

女士们、先生们：

来到新世界，作为一个演讲者站在学生面前，对我来说是一种全新的并令我有点窘迫的经验。我认为，我之所以有这个荣誉，是因为我的名字与精神分析的主题联系到了一起。因此，我要给各位讲述的就是精神分析的有关问题。我将以非常简练的形式，尝试向你们描述这一新的研究和治疗方法的历史和进一步的发展。

假如创立精神分析是功劳一件的话，那么它不是我的功劳。当维也纳的另外一个医生约瑟夫·布洛伊尔博士第一次用这种方法治疗一个患歇斯底里症的姑娘（1880—1882）的时候，我还是个学生，正在忙着我的期末考试。现在，我们必须考察这一病例及其治疗的历史，其细节可以在布洛伊尔和我共同出版的《关于歇斯底里症的研究》中找到。

布洛伊尔博士的病人是个21岁的姑娘，她才华出众，在她患病的两年期间，她产生了一系列不容忽视的心身障碍。她的身体右侧两肢产生了僵直性麻痹，麻木而没有感觉；左侧两肢也经常产生同样的症状。她的眼睛运动失调，视力出现了多种障碍，难以保持头部位置，经常还伴有无法控制的咳嗽。当她尝试进食时就会恶心。有一次，在几个星期的时间里，尽管她感到干渴难忍，但是却丧失了喝水的能力。她的语言能力明显降低，这种状况曾经发展得十分严重，以至于她要么不能说话，要么无法理解自己的母语。最终，她陷入了失神、错乱、呓语的状态，整个人都发生了改变。这些症状我们将在后面加以关注。

当你们听了这一病例，即使你不是一个医生，你也可以得出结论，认为这是一个严重的疾病，或许问题出自大脑，治愈的概率很渺茫，或许会导致病人较早夭折。然而，医生会告诉我们，在一些有着同样严重症状的病例中，有理由采取另外一种更为乐观的观点。

当一个人发现在一位年轻的姑娘身上存在着这样严重的症状，而通过客观检查，发现她的关键器官（心脏、肾等）都处在正常状态，但是她却遭受严重的情绪障碍，而且如果她的症状在某些细节方面与人们从逻辑上所期望的有所不同，那么在这种条件下，医生并不会感到十分困惑，他们认为这并不是一种大脑的器质性疾病。从古希腊开始，医生们就把这种难以理解的症状称作"歇斯底里"，它可以模拟一系列疾病的各种症状。在这种病例中，医生们认为病人的生命没有任何危险，可能自己就会恢复健康。

鉴别歇斯底里与严重的器质性病变的不同并非总是易事。但是我们并不需要知道如何做出区别性的诊断。你可能非常确定布洛伊尔的病人的症状就是这样一种状况，任何技能娴熟的医生都会认为这是一种歇斯底里症状。我们可以从这一病例的历史中多加上一句话。那就是这种症状最初出现在患者照顾她病重的父亲时。她父亲患有严重的疾病，最终死亡。她给了父亲无微不至的关照，但是由于她自己的病症而不得不放弃对父亲的护理。

人们注意到，当这个女患者处在精神改变的"失神"状态时，她通常会对自己嘟哝几句。对自己嘟哝的这些话似乎产生于占据其头脑的某种思绪。医生记下了这些话，然后使患者进入催眠状态，反复地重复这些话给患者听，以便于唤起可能具有的联想。患者受到这种暗示，向医生复述了在她失神时控制她思维的心灵创造物，在这些只言片语中暴露出她的内心世界。那里存在的是一些幻想、深切的悲伤，并经常有着诗一样的美丽，我们或许可以称它们为白日梦（day-dreams）。梦的开始通常是一个姑娘坐在父亲病榻旁。一旦她叙述了几个这样的幻想，她就仿佛摆脱了病症，恢复了正常的心理生活。这种健康的状态将会持续几个小时，然后在第二天又进入了一种新的失神，通过叙述那些新创造的幻想，病症又以同样的方式消失了。

我们可能得出这样的结论，即患者在失神状态下所表现出来的那种精神改变是这些强烈的情绪化幻想刺激的结果。令人奇怪的是患者本人在疾病状态下，只能理解英语和或进行表达。她命名这种新的治疗方法为"谈话疗法"，或戏称为"清扫烟囱"。

医生很快就发现了这样一个事实，即通过这种对灵魂的清扫，所获得的远大于暂时性地消除持续、反复产生的心理症状。在催眠状态下，如果患者能回忆起某种症状最早出现的情境及其相关的事件，并让那种情境唤起的情绪得到表达，那么疾病的症状就可以消失。

在一个酷热的夏日，患者忍受着痛苦的干渴，因为不知怎么回事，她突然无法喝水了。她会拿起一杯水，但是一旦水杯碰到嘴唇，她就会把水杯拿开，仿佛患了恐水症。很明显，在这几秒钟的时间里，她处在失神的状态。她只能吃些水果，西瓜等，以便缓解痛苦的干渴。当这一过程持续了大约6个星期之后，在催眠状态下，她谈起了她的女英语家庭教师，她不喜欢这位女教师。她用极其厌恶的口气告诉医生说，她怎样碰巧走进女教师的房间，看到女教师那只令她讨厌的狗在喝玻璃杯里的水。出于礼貌，她没有吭声。现在，全面表述她压抑的愤怒后，她要求喝水，而且毫无困难地喝了大量的水。从催眠状态下醒来时，水杯就在她的嘴唇边。从此，症状就永远地消失了。

请允许我就这个问题多说几句。以往没有任何人以这种方式治愈歇斯底里症状，也没有任何人如此深刻地理解这一疾病的原因。如果其他的或许大多数病例都是以这种方式引起的，且可以以这种方法来加以消除，那么这无疑是一个重大发现。布洛伊尔努力使自己相信这一点，以更为有条理的方式不遗余力地研究其他更为严重症状的病理起因。

事实的确如此，几乎所有的症状都是以这种方式起源的，即形成于情绪体验的残留物，或者情绪体验的沉淀物（precipitates）。基于这样的原因，后来我们称它们为心理创伤。症状的特性通过症状与引发症状的情境的关系而变得十分清楚。用技术术语来说，它们是由那些记忆残留下来的创伤性情境"决定"的。因此，这种症状不能再被描述为神经症引起的任意的、莫名其妙的产物。

我们必须再提一下可能产生的变数。引发症状的并非总是单个的经验，通常是几个。大量类似的创伤反复出现共同导致了症状的出现。因此，我们有必要根据时间秩序，重复病理起因的整个系列，当然，我们必须采取颠倒的时间秩序，即把最后的放在第一，而把最靠前的创伤放在最后。如果不首先理清那些最后出现的创伤，我们极有可能不能直接达到首要的和最本质的创伤。

除了这个由于看到狗从杯子里喝水而不能饮水的歇斯底里症例子之外，你们肯定希望听我讲述更多的病例。然而，如果我的演讲按计划进行，那么我就必须把自己限制在极少的几个例子上。例如，布洛伊尔说过，他的病人有视觉障碍。这个障碍可以追溯到下列外部原因：患者坐在病床旁，眼睛里充满了泪水，她的父亲突然问她几点钟了。她看不清时间，收紧眼睛用力去看，把手表放到眼睛的近处，因此，表盘看起来非常大。她努力抑制她的泪水，以便不让病重的父亲看到。

所有病源学的印象都产生于她照顾生病的父亲这段时间。有一次，她在夜里看护父亲。父亲发着高烧，她很着急。她在等待一位来自维也纳的外科医生为他的父亲做手术。她的母亲刚刚出去，她坐在病床旁，右臂挂在椅背上。她进入了一种半睡半醒的幻觉状态。她看到了一条黑蛇，黑蛇仿佛正在从墙上下来，向病人接近，像是要去咬他。（房子后面的草地中很有可能出现过几条蛇，让她感到恐怖，这些先前的经验为她的幻想提供了素材。）

她试着把蛇赶走，但是仿佛瘫痪了一样。她那挂在椅背上的右臂似乎"进入了睡眠状态"，变得失去知觉，不能移动。当她看自己的手时，手指变成了长着死人头（手指甲）的小蛇。或许是她试图用她麻痹的右手赶走蛇，因此右手的麻痹就与关于蛇的幻觉联想到了一起。当这一切消失以后，她在痛苦中想要说话，但是却说不出来。她无法用任何语言来表达自己，最后她想到了几句英语的儿歌，从那以后，她就只能用英语思考和表达自己了。当她在催眠中再现了这一情境后，从她患病一开始就产生的右手麻痹就消失了，治疗到此结束。

几年之后，当我开始使用布洛伊尔的研究和治疗方法治疗我的病人时，我的经验完全与此一致……

女士们、先生们：如果你们允许我概括一下的话——在这样简短的介绍中，这种概括是必不可少的——我们或许用这样的公式来表达我们迄今为止的结论：歇斯底里症患者遭受的是来自记忆的折磨。他们的症状都是一些来自创伤经验的残留物和记忆象征。

作为一种治疗方法的精神分析

弗洛伊德发现，自由联想方法的使用并不是没有限制的。在自由联想法的使用中，病人的回忆经常会达到这样一种情境，即他们不能，或者不愿意继续回忆。弗洛伊德认为，这些**阻抗**表明病人已经把那些令人难以启齿的记忆带到了意识觉察水平。因此，阻抗是一种免遭情绪痛苦的保护措

阻抗（resistance：在自由联想过程中对痛苦记忆的阻挡和拒绝。

施。然而，痛苦的出现表明分析过程已经接近于问题的症结，分析者应该继续沿着这一思路进行探索。

对病人阻抗作用的发现使得弗洛伊德形成了**压抑**的基本原理。弗洛伊德是这样描绘压抑的，即把那些不可接受的观念、记忆和愿望从意识中驱逐、排除出去的过程，使得这些内容仅仅存在于无意识中。弗洛伊德把压抑看作是对阻抗唯一可能的解释。那些不愉快的观念或冲动不仅被驱赶出意识，它们也被迫处在意识之外。治疗者必须帮助患者把这些被压抑的材料带回到意识觉察的水平，以便患者面对这些内容，解决由此引发的问题。

弗洛伊德意识到，对神经症患者的有效治疗依赖于在患者和治疗者之间建立一种亲密的个人关系。前面我们曾注意到安娜·O对布洛伊尔产生的移情作用令布洛伊尔十分困惑，以至于结束了治疗过程。但是对于弗洛伊德来说，移情是治疗过程的必要部分。治疗的目的是使患者摆脱对治疗者孩子般的依赖，以便于在自己的生活中承担一种更为成人化的角色。

弗洛伊德精神分析中的另外一种重要治疗方法是梦的分析。弗洛伊德相信，梦代表着经过伪装的被压抑欲望的满足。梦的事件发生在两个水平上，其一是梦的明显内容，它是患者在回忆梦的事件时讲述出来的故事。其二是梦的真实意义，它潜藏于梦的内容中，是梦的隐蔽的、象征的意义。

弗洛伊德相信，当患者描述梦的时候，他们是在以象征的形式表达被抑制的愿望（梦的潜在意义）。尽管许多梦的象征仅仅同报告自己梦的人相联系，但是也有许多梦的象征对我们所有的人都是共同的（参见表13.1）。然而，梦的象征尽管存在着明显的共同性，但是在为治疗目的而解释一个特定的梦时，还需要了解患者的特殊冲突。

并非所有的梦都是由情绪冲突造成的。某些梦的内容源于卧室的温度、同伴侣的身体接触、睡前过多的饮食等较为简单的刺激。因此，并不是所有的梦都包含着被压抑的或象征的材料。

尽管精神分析作为一种治疗方法越来越受欢迎，但是弗洛伊德个人对其体系的潜在治疗价值并不感兴趣。他最主要的关心不在于怎样治愈病人，而在于解释行为的动力。他认为自己更多的是科学家，而不是治疗家。他把自由联想和梦的分析看作一种搜集个案研究数据的工具。对于弗洛伊德来说，这些技术在治疗中的应用是第二位的，第一位的是它们的科学效用。

压抑（repression）：禁止不可接受的观念、记忆或欲望进入意识觉察水平的过程，使之留存于无意识心灵中。

表 13.1　梦的象征或事件及其潜在的精神分析意义

象　征	解　释
光滑、耸立的房屋	男性躯体
有阳台、框架的房屋	女性躯体
国王和王后	父母
小动物	儿童
儿童	生殖器官
同儿童玩耍	手淫
秃顶、拔牙	阉割
延长的物体（如树干、雨伞、领带、蛇、蜡烛等）	男性生殖器
封闭的空间（如箱子、烤箱、柜子、洞穴、口袋等）	女性生殖器
爬楼梯、登梯子、驾车、骑马、过桥	性交
洗浴	出生
开始旅行	死亡
在人群中裸体	希望受到注意
飞翔	希望被人崇拜
跌落	希望回到能获得满足和受保护的状态（如儿童时代）

或许是由于他对治疗病人相对缺乏兴趣，因而他曾经被描述为客观的，甚至冷漠的治疗者。他把自己的椅子放在精神分析睡椅的头侧，因为他不想让病人望着自己。有时在分析的过程中，他会睡着。他承认，"我缺乏咨询的热情"（引自 Jones, 1955, p.446）。他的热情不是在咨询和治疗方面，而是在研究上。他希望的是以这些研究为基础来建构他有关人格的理论。

弗洛伊德的一个美国病人回忆说，弗洛伊德有一条名叫约菲的狗，也参与他的治疗会谈。当约菲挠开门出去，弗洛伊德会说，"约菲不赞成你说的话"；当约菲挠开门进来，弗洛伊德会说，"约菲想给你一次机会"。有一次，病人变得非常情绪化，恰好约菲向弗洛伊德跳了起来。弗洛伊德说，"你看到了吗？约菲如此兴奋，因为你已经能发现自己焦虑的来源"（quoted in Grinker, 2001, p.39）。

在内容和方法上，弗洛伊德的理论同那个时代的实验心理学有着显著的不同。尽管他经受过科学训练，但弗洛伊德并不使用实验研究方法，而是依赖于自由联想、梦的分析和个案史的编纂所提供的数据。他并不从控制的实验搜集数据，也不使用统计去分析研究结果。然而，尽管弗洛伊德并不相信正规的实验方法，但是他坚持认为他的工作是科学的，个案史和自我分析可以给他的结论提供足够的支持。他写道：

> 当我给自己确立这样一个任务，即通过观察人们所说的和所做的，而不是通过催眠状态的强迫性力量，揭示隐藏在人们内心深处的东西时，我认为这一任务比它看起来还要具有科学性。有眼睛可以看、有耳朵可以听的人相信自己可以确保内心的秘密。但是如果嘴唇保持沉默，他的手指会说话，从每一个毛孔中都会透露真实的信息，因此，把心灵中最隐蔽的部分暴露在意识的光芒下是一个非常可能完成的工作。（Freud, 1901/1905, p.77-78）

弗洛伊德按照自己独特的解释所提供的证据形成理论、修改理论并加以扩展。在他的理论建设中，他自己的评价能力是最重要的向导。他坚持认为，只有那些使用他的方法的精神分析者才有资格判断他的工作价值。他忽略其他人的，特别是那些反感精神分析的人的批评。精神分析是他的体系，只有他自己对这一体系有真正的了解。

作为一种人格体系的精神分析

弗洛伊德的体系并没有包含心理学教科书通常涵盖的那些问题，但是弗洛伊德的确探索了其他心理学家倾向于忽略的那些领域，即无意识动机力量及这些力量之间的冲突、冲突对行为的影响等。

本能

本能是人格强迫性的或者动机性的力量。它也是一种可以释放心理能量的生物力量。尽管在英语中"本能"这个词已经成为一个公认的术语，

本能（instincts）：对于弗洛伊德来说，本能是内部刺激的心理表征物，诸如饥饿这种内部刺激可以给人格和行为提供动力。

但是它没有完全传达弗洛伊德的意愿。在谈到人格时，弗洛伊德所使用的本能概念并不是德文中的对应词 Instinkt。在德文中，Instinkt 指的是动物的先天内驱力。在谈到人的动机力量时，弗洛伊德的术语是 Trieb。这个词最适当的英文翻译是冲动或驱力（Bettelheim，1982）。弗洛伊德的本能概念并不是遗传倾向的，而在英文中，本能这个词恰恰就是这个含义。对于弗洛伊德来说，本能指的是身体内的刺激作用源。本能的目标就是通过饮食、饮水和性活动等行为消除或降低刺激作用。

弗洛伊德并不打算详细地罗列人类每一种可能的本能。他仅仅把本能归纳为两个一般的范畴，即生本能（life instinct）和死本能（death instinct）。生本能包括饥饿、干渴和性欲。这类本能涉及自我保存和种系的生存，因而是维持生命的创造性力量。生本能活动的能量形式被称为**力比多**。死本能是一种破坏性的力量，向内表现为受虐或自杀，向外表现为仇恨和攻击。随着弗洛伊德年龄的增大，他越来越确信攻击像性欲一样可以成为人的行为的强有力的动机力量。

力比多（libido）：弗洛伊德的概念，是驱动人追求愉快的心理能量。

他同样也意识到了自身的攻击倾向。同事描绘他是个善良的仇恨者，他的某些作品也表现出较高程度的攻击性。从他断然断绝与精神分析运动叛逆者的关系这一点上也可以觉察出他的攻击倾向。

精神分析学者更愿意接受作为动机力量的攻击概念，而不太愿意接受他有关死本能的建议。一位精神分析学家写到，死本能的概念应该被"丢进历史的垃圾堆"（Becker，1973，p.99）。另外一位精神分析学者认为，如果弗洛伊德是一个天才，那么死本能的概念是天才运气不好的那一天的产物（Eissler，1971）。

人格结构

在弗洛伊德早期的著作中，他认为心理生活由两个部分组成，意识和无意识。意识部分就像冰山露出水面的部分，分量很小，且不重要。它代表的仅仅是人格的表层。广袤的、强大的无意识就像冰山沉在水下的部分，它是心理生活的主体，包括各种本能和行为的所有驱动力量。

在稍后的作品中，弗洛伊德修改了这种意识——无意识的简单划分，提出了**本我**、自我和超我的划分方式。本我大致相应于早期的无意识概念，它是人格中最原始的，也是最难以接近的部分。本我的强大力量包括性和攻击的本能。弗洛伊德写道："我们称它……为充满沸腾刺激的大锅。本我有

本我（id）：心理能量的源泉和人格中与本能相联系的方面。

价值判断，没有善良和邪恶，不遵守道德规范。（Freud, 1933, p.74）"本我的力量寻求直接的满足，不考虑现实条件。它根据快乐原则运作，只关心怎样通过寻求快乐和避免痛苦来降低紧张。在德语中，弗洛伊德的本我念是"es"，意思是"它（it）"。这个观点是一位精神分析学者乔治·格罗代克（Georg Groddeck）提出的。他曾经把他的《关于"它"的学说》（The Book of It）的著作手稿送给弗洛伊德。

本我包含着基本的心理能量，即力比多，它通过缓解紧张来表现自己。力比多能量的增加意味着紧张的增强。它促使我们尝试缓解紧张，使之达到一个更能忍受的水平。为了满足需要和把紧张维持在一个舒适的水平上，我们必须同现实世界相互作用。例如，饥饿的人如果想释放由饥饿导致的紧张，就必须寻找食物。因此，在本我需求和现实之间必须确立某种适当的联系。

自我的作用在本我和外部世界之间起中介作用，促进两者之间的互动。自我代表着理智和理性，同本我的缺乏思考、混乱的激情形成鲜明的对照。弗洛伊德称自我为"ich"，翻译成英语为"我"（I）。他不喜欢"自我"（ego），极少使用它。每当本我盲目地追求欲望的满足，不考虑现实条件，自我就产生对现实的觉察，相应地控制现实，调节本我。自我遵循的是现实原则，它把本我寻求愉快的欲望拖延至条件许可，等到有适当的对象才允许本我的满足，从而达到缓解紧张的目的。

自我并不独立于本我。的确，自我的力量是从本我获得的。自我存在的目的是帮助本我，以便于本我获得本能的满足。弗洛伊德把自我和本我的互动比作马上的骑手。马为骑手沿着路径运动提供能量，但是马的力量必须受到指导和控制，否则马就会走错道，或者把骑手掀翻在地。同样，本我也必须受到指导和控制，否则就是颠覆理性的自我。

弗洛伊德人格结构的第三个部分是**超我**。超我是儿童在生命早期通过同化父母或抚养者的行为规则而发展起来的。父母或抚养者通过奖赏或惩罚的体系，促进了儿童超我的形成。那些错误的、因而导致惩罚的行为成为儿童超我中的良心部分。那些父母和社会群体可接受的、带来奖赏的行为成为超我中的理想自我。因此，儿童时代最初的行为控制是通过父母完成的，但是一旦超我得以形成，行为就是自我控制的了。到那个时候，个人就可以对自己实施奖赏或惩罚。弗洛伊德所使用的超我这个术语是他自己创造的，称为"uber-ich"，字面的意思就是"我之上（above me）"。

超我代表着道德的力量。弗洛伊德描述超我为"倡导趋向完善——概

自我（ego）：人格的理性方面，其作用是控制本能。

超我（superego）：人格的道德方面，产生于对父母和社会价值标准的内化。

括地说，它就是我们在心理上力争达到的心理生活的高级一面"（Freud, 1933, p.67）。很明显，超我同本我处在冲突之中。超我不像自我，自我是拖延本我的满足至更为适当的时间和地点，而超我倾向于完全抑制本我的满足。

因此，弗洛伊德设想了存在于人格中持续不断的争斗和冲突，即自我承受着两种不一致的对立力量的压力。自我必须拖延本我的性和攻击的冲动，觉察和操纵现实，以便于缓解由此而引起的紧张。同时，它又要应付超我对完善的需求。这样一来，如果自我承受的压力过大，其结果就产生了弗洛伊德所说的焦虑。

焦虑

焦虑的作用是发出警告，告知自我正在受到威胁。弗洛伊德描绘了三种类型的焦虑。客观焦虑产生于对现实世界中实际威胁的恐惧。另外两种焦虑，即神经症焦虑和道德焦虑都是从客观焦虑衍生出来的。

神经症焦虑产生于认识到本我本能满足中潜在的危险。它恐惧的并非本能本身，而是恐惧在不加分辨的、受本我支配的行为之后可能到来的惩罚。换言之，神经症焦虑恐惧的是因表现本能冲动而受到的惩罚。

道德焦虑源于对自己良心的恐惧。当我们做出，甚至想要做出某种同良心的道德价值观相反的行为时，我们就可能体验到内疚和羞愧。道德焦虑的水平依赖于良心的发展水平。品德越差，其体验到的道德焦虑水平越低。

焦虑引起紧张，因而促使个体采取某些行为去缓解焦虑。根据弗洛伊德的理论，自我发展出保护性的防御，即所谓的**防御机制**。防御机制是一种无意识的否认或者对现实的歪曲。表13.2描述了一些防御机制。

防御机制（defense mechanisms）： 指的是对现实的无意识否认或扭曲，从而达到保护自我免受焦虑的行为方式。

表 13.2　弗洛伊德的防御机制

否认
否定外部威胁或创伤事件的存在；例如，患了绝症的人可能不承认死亡的迫近。

转移
把对具有威胁的对象和不可及的对象的本能冲动转到可及的对象上；例如，把对老板的敌意转到孩子身上。

投射
把令人不安的冲动归于其他人；例如，指出你并不真的恨你的教授，而是他恨你。

合理化
对行为重新进行解释，以使它更可以被接受和更少具有威胁性；例如，认为辞退你的那份工作毕竟不是真正的好工作。

反向作用
用同内在动机力量相反的行为来表现本能冲动；例如，被性欲望困扰的人可能成为色情文学的激烈反对者。

退行
回归到较早的、较少具有挫折的生活时期，展现出儿童般的、代表更为安全时期的依赖行为。

压抑
否认导致焦虑事物的存在，即不知不觉地从意识中消除了带来不舒适的记忆和经验。

升华
通过把本能的能量转换成社会可接受的行为而改变或移换本我的冲动；例如，把性能量转换成艺术上的创造行为。

人格的心理性欲发展阶段

弗洛伊德相信，患者的神经症起源于早期经验。因此，他成为最早强调儿童发展重要性的理论家之一。他认为，成人的人格发展在 5 岁的时候基本就完成了。

依据精神分析的发展理论，儿童的发展经历了一系列**心理性欲阶段**。在

心理性欲阶段（psycho-sexual stages）：在精神分析的理论中，儿童时代的发展阶段是围绕着性感区而展开的。

这段时间里，儿童被认为是自体性欲的。换言之，儿童从刺激身体的性感区（erogenous zones），或者在正常的抚养活动中性感区受到父母的刺激而获得愉快的体验。每个发展阶段都集中于某个特定的性感区。

口唇期从出生持续到生命的第二年。在这个阶段中，口腔的刺激作用，如吮吸、咬、吞咽等，是色欲满足的主要来源。不恰当的满足（太少或太多）可能导致口腔型人格。这种人格类型的人执著于口腔习惯，如抽烟、接吻和好吃等。弗洛伊德相信，成人的大量行为，从过度乐观到讽刺和嘲笑都可归因于口唇期事件。

在肛门期，满足从口腔转到肛门。儿童主要从身体的肛门区域获得快感。这个阶段恰好同排便训练重合。儿童可能有意违背父母的意愿，该排便的时候不排便，不该排便的时候想排便。这一时期的冲突可以造成肛门—逐出型成人。这种人邋遢、浪费和奢侈；冲突也可能造成肛门—保存型成人，这种人过度的整洁、干净，行为带有强迫性。

性器期大约开始于生命的第四年。在这一阶段中，性欲的满足涉及性的幻想和展现和爱抚生殖器。**俄狄浦斯情结**产生于这一时期。弗洛伊德根据希腊神话中的人物俄狄浦斯命名了这一情结。俄狄浦斯在无意中杀死了父亲，娶了自己的母亲。根据这样一个神话故事，弗洛伊德提议，儿童在性方面受异性父母吸引，并对同性父母产生恐惧，因为他把同性父母看作自己的竞争对手。弗洛伊德儿童时代的经验支持了他的这一主张。他写道："就我自己来说，我发现我爱上了母亲，并嫉妒我的父亲。（Freud, 1954, p.223）"

通常，儿童通过认同同性父母而克服俄狄浦斯情结。此外，他们以社会更可接受的情感形式代替了对异性父母的性渴望。然而，在这段时间形成的对异性的态度却得以确立，影响着成年之后同异性成员的关系。认同同性父母的结果之一是促进了超我的发展。通过采纳同性父母的态度和行为方式，儿童也接受了父母的超我标准。

顺利通过这些早期阶段的儿童就进入了潜伏期，时间大约为5—12岁，直到青春期的来临，这标志着最后的生殖期的开始。到这个时期以后，出现了异性恋行为，开始为结婚和建立家庭做好准备。

俄狄浦斯情结（Oedipus complex）：男孩在4—5岁时的一种无意识欲望，希望得到母亲，取代或杀死父亲。

弗洛伊德体系中的机械论和决定论

让我们回顾一下，构造心理学以及后来的行为主义心理学都把人看作机器。最初是心灵，后来是人的行为都被还原为最基本的元素。弗洛伊德从一种完全不同的观点探讨人性，但我们吃惊地发现，他同样受到力学观念的影响。弗洛伊德相信所有的心理事件，包括每一个梦都是预先被决定的，没有什么东西的发生是偶然的或者是被自由意志引发的。在这一点上，他与实验心理学家相比，有过之而无不及。他相信，每一种行动都具有意识的或者无意识的动机或原因。此外，弗洛伊德赞同这样一种观点，即所有的现象都可还原为自然科学的原理。通过把"分析"这一术语纳入他的精神分析体系，弗洛伊德接受了在物理学和化学中使用的分析方法。

1895年，弗洛伊德决定建立自己的科学心理学概念。他尝试证明，心理学必须植根于物理学原理，并认为心理现象显示出许多像其神经生理过程基础那样的特点。心理学的目标将是"把心理过程表述为在量的方面被确定了的、可以明确说明的物理粒子的状态"（Freud，1895，p.359）。弗洛伊德没完成他建立科学心理学的计划，但是从他后来的作品中，我们可以看到许多来自物理学，特别是力学、电学和水力学的观念和术语。他有关这一方面的著作和文章是在他逝世50多年之后才被发现的，这也是遗失的历史数据的又一个例证。在此之前，没有人知道弗洛伊德曾经考虑过这样一种心理学的研究方法。

尽管当弗洛伊德发现他所选定的研究对象（人格）不适合用物理学和化学的技术加以研究时，他改变了原先那种仿照物理学建立心理学的意愿，但他依然是忠于孕育实验心理学的实证主义和决定论的。当然，虽然弗洛伊德受到了实证主义和决定论观点的影响，他没有受这些观点的限制。一旦他看出有什么地方不合适，他就会改变或抛弃那种哲学。最终，他证明了人性的机械论概念具有多么大的局限性。

精神分析与心理学的关系

精神分析是在主流学院派心理学之外发展起来的，而且多年来情况一直如此。"学院心理学基本上选择了对精神分析思想关上大门。1924年《变态心理学杂志》（*Journal of Abnormal Psychology*）上一篇未署名的评论悲叹欧洲心理学家无休止地讨论无意识问题"（Fuller, 1986, p.123）。这篇评论认为这类文章基本没有什么价值。受到这种严厉批评的影响，心理学的职业出版物几乎都不接受有关精神分析的文章，这种状况至少持续了20年。

许多学院派心理学家对精神分析提出了激烈批评。1916年，受第一次世界大战中德国侵略行为的影响，德国产生的任何事物都受到怀疑。此时，克里斯廷·莱德-弗兰克林（Christine Ladd-Franklin）写到，精神分析是"落后的德国心灵"的产物。哥伦比亚大学的罗伯特·吴伟士称精神分析是能使理想的人得出荒谬结论的"神奇宗教"。华生称精神分析是"巫毒教"（均引自Hornstein, 1992, p.255, 256）。卡特尔也激烈反对精神分析。他把弗洛伊德看作"生活在梦境中，处在性变态妖魔包围之下"的人（引自Fancher, 2000, p.1027）。

心理学的领袖们对弗洛伊德的理论进行了无情攻击，精神分析也被许多人看作一种狂人的理论，但是弗洛伊德的观念却慢慢地渗透到美国心理学的教科书之中。到20世纪20年代的时候，防御机制以及无意识心灵、显梦和梦的潜在意义等都在美国心理学中得到严肃认真的讨论（Popplestone & McPherson, 1994）。但在那个时候，行为主义依然是心理学中居于支配地位的思想学派。一般来说，精神分析是受到忽视的。

到20世纪三四十年代的时候，精神分析引起了公众的注意。性欲、暴力、隐蔽的动机和治愈多种情绪疾病的希望这些因素加在一起，对公众产生了巨大的、几乎是不可抵抗的吸引力。正统的心理学领域为之震怒，因为人们把心理学和精神分析混淆在一起，认为两个领域是同样的。心理学家讨厌那种认为心理学就是有关性欲、梦和神经症研究的观点。一位心理学史家指出，"到20世纪30年代的时候，心理学家清楚地意识到，精神分析并不是昙花一现的时尚，至少在公众的心目中，精神分析是心理学有力的竞争者，威胁着科学心理学的基础"（Morawski & Hornstein, 1991, p.114）。

为了消除这种威胁，心理学家决心使用实验方法作为武器。他们用实验方法测试精神分析的科学合法性。通过几百个实验研究，心理学家宣称，至少在实验心理学家的心目中，精神分析比不上以实验方法为基础的心理学。尽管这些研究的实验设计存在着这样或那样的问题，但心理学家相信他们的研究结果恢复了心理学的尊严。此外，他们的研究证明，学院心理学也可以关注公众关心的事物，因为他们可以像精神分析那样研究同样的问题。

到20世纪五六十年代，行为主义者开始把精神分析的术语转译成行为语言。华生较早地迈出了这一步，他把情绪界定为一组习惯，并把神经症行为描述为缺陷条件反射的结果。斯金纳则使用操作性条件反射的语言对防御机制进行了重新解释。

最终，心理学吸收了弗洛伊德的概念，使之融入主流心理学。无意识的作用、早期经验的重要意义和防御机制的作用等这些精神分析的观念都成为了当代心理学不可缺少的一部分。

精神分析概念的科学效度

就像我们前面指出的，在20世纪三四十年代，弗洛伊德的许多概念都被付诸实验，许多研究结果也存在着这样或那样的问题。在随后的一段时间，这类研究的质量有了提高。有2500个来自精神病学、心理学、人类学和其他一些学科的研究对弗洛伊德理论的科学效度进行的考察（Fisher & Greenberg, 1977, 1996）。

弗洛伊德的许多概念都无法进行科学验证，如本我、自我、超我、死亡的愿望、力比多和焦虑，等等。但是其他一些概念是可以使用科学测量进行考察的。对相关研究的分析表明，弗洛伊德的下列观点得到了实验研究的支持：

1. 某些口腔型和肛门型人格特征；
2. 阉割焦虑；
3. 梦反映了情绪上关注的东西；

4. 男孩的俄狄浦斯情结（与父亲竞争和对母亲的性幻想）。

没有得到实验结论支持的概念有这样一些：

1. 梦象征着被压抑的欲望和愿望的满足；
2. 在解决俄狄浦斯情结的过程中，出于恐惧，男孩认同了父亲，采纳了父亲的超我标准；
3. 女性对自己的身体感到自卑，超我标准不如男性严肃，同一性的获得更为困难。
4. 5岁时人格基本形成，之后很少发生改变。

后来的研究支持了弗洛伊德有关无意识过程对思想、情绪和行为影响的观点，显示出无意识的影响可能比弗洛伊德认为的更加广泛（例如，可以参见 Bornstein & Masling, 1998；Custers & Aarts, 2010；Scott & Dienes, 2010；Winkielman, Berridge, & Wilbarger, 2005）。一个研究者指出，"当前已经达成共识，许多心理功能以与有意识期望相反的方式出现。（Pervin, 2003, p.225）"在第十五章中，我们会看到，认知心理学再次承认了无意识心理过程的存在。

研究同样支持了压抑、否定、认同、投射与转换等防御机制概念。有关所谓弗洛伊德式口误的研究证明，至少某些口误恰恰就像弗洛伊德所说的那样，是无意识冲突和焦虑以一种令人窘迫的方式暴露了自己。

那些用科学的方法验证弗洛伊德原理的研究所得到的最重要结论是，至少某些精神分析的概念是可以还原为使用科学方法进行验证的命题的。

对精神分析的批评

弗洛伊德搜集资料的方法一直受到激烈的攻击。他从接受分析的病人的反应中概括出他所需要的观点与结论。让我们通过把他的方法与在控制条件下搜集资料的系统实验方法进行比较，考察一下他的方法的缺陷。

第一，弗洛伊德搜集资料的条件是不系统的和没有加以控制的。他并不是逐字逐句地记录每一个病人的话,而是看过病人几小时之后,从当时的笔记上,根据回忆做记录。"完成工作之后,我在晚上根据记忆写下这些记录。(引自 Grubrich-Simitis,1993,p.20)"一些原始数据(病人的话)由于记忆的模糊和扭曲、可能的遗漏肯定会丢失。因此,保留下来的数据仅仅是弗洛伊德还记得的。

第二,在回忆病人的报告时,弗洛伊德在那种获得支持性材料愿望的指导下,可能对病人的话进行解释。他回忆和记录的可能仅仅是他想要听到的。同样有可能的是,弗洛伊德的记录是精确的,但是由于这些原始数据已经不复存在,因而我们无从得知。

第三,弗洛伊德基于对患者症状的估计,可能是推测出而不是真的听到患者儿童时代性诱奸的故事。一位作者认为,尽管弗洛伊德声称几乎所有的女病人都说她们曾经被父亲诱奸。

> 但是对弗洛伊德经手病例的考察……表明,没有一个病例中真的存在这种事情……没有任何证据表明哪个病人曾经告诉弗洛伊德,她被父亲诱奸过。这只不过是弗洛伊德的推理。
> (Kihlstrom,1994,p.683)

其他批评者认为,弗洛伊德可能使用暗示或其他更具有强迫性的程序诱发或灌输这种记忆,而实际上这种事情根本就没有发生过(Powell & Boer,1994;Showalter,1997)。甚至弗洛伊德自己也承认,诱奸的回忆可能是患者编造的幻想,或者有可能是我自己强加给她们的(引自 Webster,1995,p.210)。

第四,弗洛伊德的研究基于一个不具代表性的小样本。其样本仅限于他自己本人以及那些接受过他精神分析的人。在弗洛伊德的著作中,只对不到 12 个病例有详细说明,且这些病人大都是年轻、未婚、受过教育的上流社会的女性。这样有限样本的结论,很难推广到一般人群中。

第五,在弗洛伊德的治疗记录和公开发表的个案史之间存在着不一致。那些个案史应该是以这些治疗记录为基础的,但是研究者们发现,两者之间存在着分析时间的长度、事件的顺序和未经证实的治愈率等方面的差异(Eagle,1988;Mahony,1986)。我们现在无法确定究竟是弗洛伊德有意这样做,以便于给自己的观点提供支持,还是他自己的无意识力量在发挥作用。心理学史家无法从弗洛伊德未出版的个案研究中考证这些错误，因为病人的大多数档案都已经被弗洛伊德销毁了。另外，同布洛伊尔分手以后，弗洛伊德仅仅出版了6个个案史。而在这6个个案史中，没有一个能给精神分析提供令人信服的支持证据。一位传记作者写道：

> 某些案例提供的支持精神分析的证据十分可疑，以至于人们非常想了解为什么弗洛伊德不怕麻烦而去发表它们……有两个案例是不完整的和没有取得疗效的……第三个案例实际上并不是由弗洛伊德主持治疗的。（Sulloway, 1992, p.160）

第六，即使有精确的、一字一句的治疗记录保存了下来，往往也很难判定患者报告的精确性。弗洛伊德很少验证患者有关早期经验叙述的真实性。批评者们指出，弗洛伊德应该向患者的亲属和朋友询问患者所描述的事件。因此，概括地说，弗洛伊德在科学理论建设中的第一步，即资料的搜集，是不完全、不完善和不精确的。

至于下一步，即从所得到的这些资料中概括出结论和进行推理，我们无法对此进行评价，因为弗洛伊德从来没有解释过这个推理过程。由于弗洛伊德的数据不能进行量化和统计处理，因而心理学史家无法确定它们的可信度和统计学意义。

学者们也对弗洛伊德关于女性的假设提出挑战。弗洛伊德认为，由于女性缺乏阴茎，她们对自己的身体产生了自卑感，超我的发展也少得可怜。精神分析学者卡伦·霍妮（Karen Horney，参见第十四章）就是因为这一问题离开了精神分析的圈子，建立了自己的理论体系。她不同意女性有阴茎嫉妒这一观点。相反，她主张男性具有子宫嫉妒。当代的大部分精神分析学者都相信弗洛伊德有关女性心理性欲发展的观点是未经证实的和错误的。在第十四章中，我们将描述其他一些理论家的工作。这些理论家不同意弗洛伊德把生物因素，特别是把性作为人格决定因素的观点。我们将会看到，这些理论家考察了社会因素对人格发展的影响。

其他新弗洛伊德主义者也挑战弗洛伊德对自由意志的否定和他关注过去的行为而排除未来的希望和目标的观点。某些人批评弗洛伊德仅仅在神经症的基础上建构他的人格理论，忽视情绪健康者的特性。所有这些观点都被用来建构与弗洛伊德理论竞争的人格学说。这些与弗洛伊德理论不同的观点很快就在精神分析的大家庭中导致了分裂，从而导致了精神分析衍生的思想学派。

精神分析的贡献

为什么在这么多的反对意见中，精神分析还能存在如此之久呢？在某种程度上，所有的行为理论都可以在科学的有效性上受到批评。心理学家在建立理论的过程中，有时必然是以某种标准为基础，而不是根据规范科学的精确性进行选择。那些选择精神分析的心理学家在建设其理论时，并不缺乏支持的证据。精神分析的确提供了证据，但不是科学通常接受的证据。对于精神分析的接受是以直觉上的合理性为基础的。

弗洛伊德对传统的实验方法没有多大信心，他认为他的工作是科学的，已经积累了足够的证据来支持他的结论。他还认为，有资格评判他理念的科学价值的，只有像他本人那样的精神分析学家。他认为他的系统是基于"不计其数的观察和经验，只有亲自重复了观察或通过治疗他人重复了那些观察，才有资格进行评判"（Freud，1940，p.144）。

不管弗洛伊德工作的科学性如何，不能否定他对美国的学院派心理学产生了很大影响，美国心理学现在依然对弗洛伊德的理论保持着较高的兴趣。但是如果从接受精神分析治疗的患者数量和那些接受训练、准备成为分析师的人的数量方面来看，作为一种治疗方法的精神分析，其受欢迎的程度已经大大降低了；即使有一些研究已经支持来源于弗洛伊德理念的精神分析方法可能是成功的（Engel，2008；Shedler，2010）。

昂贵的、费时的弗洛伊德式治疗已经被简短的、花费较少的心理治疗（某些心理治疗是从精神分析发展出来的）、行为治疗和认知治疗所取代。特别是美国健康福利计划所实施的经费削减措施更强化了这一趋势。毕竟只看一次医生，开一些让人轻松的药物要比持续几个月的心理治疗过程要便宜多了。在过去的25年间，抗压药物与抗精神病药物的数量与种类大大地增加了（Carlat，2010；Mojtabai & Olfson，2010）。

各种药物的出现降低了人们对某些类型的心理疾病进行心理治疗的需求。例如，某些药物疗法已经导致一些精神病学家和临床心理学家转变了对心理疾病致病原因的看法，他们开始远离心理疾病的精神派而返回到以往的肉体派。

肉体派的或生物化学派的方法认为，心理疾病导源于大脑中的化学失衡。如果吃一个药丸就可以感觉更好，为什么要接受昂贵、费时的心理治疗呢？然而，药物治疗并不适合所有的症状或所有的病人。有趣的是，弗洛伊德很久以前就预见到这种心理疾病治疗方法的发展趋势。

弗洛伊德对美国大众文化和美国人的意识产生了巨大影响。这种影响自他1909年访问克拉克大学之后立刻就显现了出来。报纸描述了许多有关弗洛伊德的故事。到1920年的时候，有关精神分析的书籍已经出版了200多本。《女性家庭杂志》《民族》《新共和国》等刊物开办了精神分析专栏。本杰明·斯波克（Benjamin Spock）博士撰写了婴儿和儿童养育实践的著作。他的书获得了极大的成功，而这本书是以弗洛伊德的教学为基础的。著名的电影公司美国米高梅公司，愿意给弗洛伊德10万美元，合作拍一部关于爱情的电影，但是被弗洛伊德拒绝了。1924年10月，弗洛伊德的照片出现在《时代》杂志的封面上。他有关梦的著作太出名了，以至于有人为它编了一支通俗歌曲。歌词中有一句话是："不要告诉我你昨夜的梦，因为我一直在阅读弗洛伊德的著作。（引自Fancher, 2000, p.1026）"

2005年，英国广播公司制作了一个4小时的电视纪录片，讲述了弗洛伊德对西方社会的影响。"自我的世纪"（该节目名称）展示了他的理论在市场营销、广告、政治竞选、公共关系中的影响。尤其是经由他的外甥爱德华·伯内斯的贡献（Edward Bernays），他在美国拥有巨大的影响（Held, 2009；Stevens, 2005）。公众对弗洛伊德理论的接受，要比学院派心理学快得多。

20世纪见证了行为、艺术、文学和娱乐方面的性解放。人们普遍相信，对性冲动的抑制和压抑是有害的。但滑稽的是，弗洛伊德关于性的观点一直被人们误解。他从没有认为应该削弱有关性的行为规范，或者增加性的自由。相反，他的观点是抑制性驱力对文明的存在是必要的。然而，尽管他持这样的观点，作为20世纪标志的性自由部分是受弗洛伊德著作的影响。弗洛伊德对性的强调促进了其理论观点的传播，即使在科学杂志上，那些有关性的文章也吸引着人们的注意。1998年，在美国国会图书馆名为"西格蒙德·弗洛伊德：冲突和文化"的展览中，强调了他的工作对大众文化的影响。

因此，我们必然结论的是，尽管存在着缺乏科学严谨性、方法论上的缺陷等问题，弗洛伊德的精神分析仍然是现代心理学中关键的力量。根据引用率索引的调查结果，弗洛伊德仍然是心理学文献中引用率最高的人（例如，可以参见 Fancher，2000；Haagbloom et al.，2002）。精神分析分会（第39分会）是美国心理学协会 51 个分会中的第六大分会。

"1956 年 4 月，《时代》杂志第二次将弗洛伊德作为封面。这时，精神分析运动已经在美国展开，在接下来的几十年间，精神分析基本占据了整个心理健康领域。（Stossel，2008，p.16）"弗洛伊德的影响甚至超越了心理学的影响，即使在 21 世纪的今天，这种影响仍然具有强劲的活力。2008 年，一名美国心理学家调查了大学中有关美国心理学历史的教科书，全都提到了弗洛伊德在 100 年前的那次对美国的访问（Burnham，2009）。

1929 年，波林（E. G. Boring）撰写了他的教科书《实验心理学史》（*A History of Experimental Psychology*）。在这本书中波林写到，心理学中没有一个像达尔文或赫尔姆霍茨那样的伟大人物。21 年之后，在该书的第二版中，波林修改了他的观点。为了反映在这 21 年中心理学的发展，他以崇拜的口气介绍了弗洛伊德：

> 现在，他被人们看作所有这些人中最伟大的创造者，是时代精神的代表，通过无意识过程原理，他推动了心理学的进展……三个世纪之后再写心理学史时，如果不提弗洛伊德的名字，似乎就不能写出一本勘称心理学史概论的书。到那时，你就有了伟人的最好标准：逝世之后的声誉。（Boring，1950，p.743，707）

问题讨论

1. 据弗洛伊德所言，历史上对人类自我产生的三次大的冲击是什么？
2. 界定压抑、本能、本我、自我和超我。什么是生本能和死本能？
3. 描述精神分析的历史发展与心理学中其他的思想流派之间的关系。
4. 描述心理性欲发展的阶段。
5. 以实验方法测试弗洛伊德的概念获得了怎样的结果？
6. 描述莱布尼兹和赫尔巴特的无意识理论。
7. 进化论、机械论怎样影响了弗洛伊德的理论？
8. 描述精神分析运动的两个主要影响源。
9. 弗洛伊德将自己列为改变世界的三个人之一，你同意他的观点吗？

10. 弗洛伊德怎样用机械主义、决定论的术语来解释心理过程？

11. 在弗洛伊德之前，是怎样处置心理病人的？

12. 弗洛伊德的人格结构中，不同成分之间是如何相互影响的？为什么它们之间经常存在冲突？

13. 麦斯麦和沙可的工作怎样影响了弗洛伊德？

14. 弗洛伊德自己的童年生活及自身关于性的观点，如何影响了他的精神分析理论？

15. 弗洛伊德收集数据的方法受到了哪些批评？他认为他的概念需要检验吗？

16. 一般说来，精神分析如何影响了心理学与大众文化？

17. 精神分析与主流的学院派心理学之间有何关联？

18. 讨论自由联想、梦的分析、阻抗和压抑在治疗过程中的作用。

19. 围绕着弗洛伊德有关儿童诱奸经验的观点有哪些争论？

20. 什么是以马内利运动？它怎样影响了美国人对精神分析的接受？

21. 无意识在构造主义、机能主义和行为主义中的角色是什么？

22. 为什么安娜·O的病例对弗洛伊德的工作有如此重要的影响？

第十四章

精神分析：建立之后

- 当生活给了你柠檬……
- 竞争的派系
- 新弗洛伊德学派和自我心理学
- 安娜·弗洛伊德（1895—1982）
- 儿童分析
- 评论
- 客体关系理论：梅兰妮·克莱因（1882—1960）
- 卡尔·荣格
- 荣格的生平
- 分析心理学
- 集体无意识
- 原型
- 内向和外向
- 心理类型：机能和态度
- 评论
- 社会心理理论：时代精神的再次冲击
- 阿尔弗雷德·阿德勒（1870—1937）
- 阿德勒的生平
- 个体心理学
- 自卑情结
- 生活风格
- 自我的创造力量
- 出生顺序
- 评论
- 卡伦·霍妮（1885—1952）
- 霍妮的生平
- 同弗洛伊德的分歧
- 基本焦虑
- 神经症需要
- 理想化的自我意象
- 评论

当生活给了你柠檬……

一个孤独的小男孩，看到两只小流浪猫，他把它们抱在怀里。他想爱它们，想近距离接触它们。他把流浪猫带回家，但母亲从他的手里抢走了它们。她抓起猫，用它们的头反复地砸墙，直到它们全死了。他很后悔，他早该知道母亲会这样做的。

这个小男孩就是亚伯拉罕·马斯洛。他肯定不像弗洛伊德所说的小男孩那样，因为他从未爱过自己的母亲。在他的观念中，根本就没有恋母情结这回事。相反，他对母亲强烈刻骨的仇恨，决定了他一生工作的方向。马斯洛出生在纽约布鲁克林区的出租屋里，父母是贫困的俄国移民，一共养育了7个孩子。在这里，马斯洛过着噩梦般的童年。后来他告诉采访他的人，"我在童年没有得精神病，这真是一个奇迹。"（引自Hall, 1968, p.37）。"我出生在一个悲惨的家庭，我的母亲是一个可怕的生物。（引自Hoffman, 1996, p.2）"

他孤独地长大，没有人爱他，感觉自己像是多余的人。他没有朋友，他的父亲也没怎么照顾他。相反，父亲对他冷漠而疏远，经常离家出走、酗酒、打架、到处拈花惹草。马斯洛曾描述过他对父亲的愤怒和敌视。但相比他与母亲的关系，父亲好多了。母亲公然不允许他与弟弟妹妹玩。经常为非常轻微的错误严厉地惩罚他，警告他说神也会因他的行为而惩罚他。他从未原谅母亲对待自己的方式。母亲去世的时候，他拒绝参加她的葬礼。

与母亲的关系不仅影响了他的感情生活，也影响了他的心理学工作。

人格理论的进化：人本主义心理学

人本主义心理学的先行影响

人本主义心理学的性质

亚伯拉罕·马斯洛（1908—1970）

马斯洛的生平

自我实现

评论

卡尔·罗杰斯（1902—1987）

罗杰斯的生平

自我实现

评论

人本主义心理学的命运

积极心理学

评论

历史中的精神分析传统

问题讨论

他告诉传记作者："我人生哲学的整体动力，以及我的研究和理论化工作，都植根于她所仇恨和厌恶的一切。（引自 Hoffman, 1988, p.9）"

作为一个十几岁的孩子，他还面临着其他问题。由于他有个大鼻子，他深信自己是丑陋的；由于他骨瘦如柴，他感到非常自卑。他的父母经常嘲笑他的外貌，说他多么没有魅力和令人尴尬。"我独自生活在世界上，感觉很怪异。我总莫名其妙地觉得自己做错了事，这种感觉深植于我的骨髓。我从来没有过优越感，一直都只有一个令人痛苦的、强烈的自卑情结。（引自 Milton, 2002, p.42）"

马斯洛想成为一名运动员，希望随之而来的承认和接受，可以弥补自己的自卑感。但他失败了，开始转向阅读。当地的图书馆成了他孤独的运动场，阅读和教育为他提供了一条脱离孤独的途径。

他学习多年，从铁钦纳到弗洛伊德，开始接触主流心理学思想。马斯洛跳出了这些人的定义，以自己的方式来研究人类的本性。他成熟的思想，给他带来了孩提时代不曾有过的接受、崇拜与奉承。

竞争的派系

就像冯特和他的实验心理学一样，弗洛伊德对精神分析新体系的垄断并没有持续多久。大约在他确立这一运动20年之后，精神分析就分裂成相互竞争的派系，每一个派系由一个在基本观点上持异议的分析学家领导。对于这些分裂者，弗洛伊德没有任何仁慈。那些倡导新观点的分析学家受到讥讽和嘲笑。无论与他们在个人和职业关系上曾经多么亲密，一旦他们背弃弗洛伊德的教导，弗洛伊德就会把他们驱逐出去，再也不会理睬他们。

我们从几个分析学家开始叙述。这些分析学家并不完全否认弗洛伊德的基本观点。实际上，他们把自己的理论建立在弗洛伊德观点的基础上，扩展了弗洛伊德的学说。这些人包括弗洛伊德的女儿安娜、客体关系理论家梅兰妮·克莱因、海因茨·科胡特。然后我们再讨论三个最著名的"持不同政见者"，包括卡尔·荣格、阿尔弗雷德·阿德勒和卡伦·霍妮。这些人在弗洛伊德活着的时候就建立了自己的理论（大多数新弗洛伊德学派，如客体关系理论家，仍然称自己为"弗洛伊德主义者"，但是这个标签却不能用在荣格、阿德勒和霍妮身上）。最后，我们再描述弗洛伊德逝世多年之后,即 20 世纪 60 年代的人本主义心理学运动。这一运动的两个主要理论家亚伯拉罕·马斯洛和卡尔·罗杰斯决心要用他们有关人性的观点取代精神分析(和行为主义)。请记住,无论现在这些以及后来的理论家距弗洛伊德的教导有多远,他们都是通过完善或者反对弗洛伊德的工作而确立自己的学说的。

新弗洛伊德学派和自我心理学

我们曾经指出,在精神分析传统中,并非所有跟随弗洛伊德的理论家和实践工作者都认为有必要抛弃或推翻弗洛伊德的体系。在新弗洛伊德学派中,有相当多的人坚持精神分析的基本前提,但是倾向于对弗洛伊德的理论做出修改。这些忠实于弗洛伊德的人所引入的一个主要变化就是对自我概念的扩展。

自我不再是本我的仆人,而被看作具有更广泛的作用。自我心理学支持这样一种观念,即自我更独立于本我,具有它自己的能量,而不是从本我获得能量,其机能的发挥也独立于本我。新弗洛伊德学派的分析学家同样认为,自我摆脱了当本我渴求满足时所带来的冲突。而在弗洛伊德的观点中,自我永远都是对本我的需求做出反应,从没有摆脱本我的束缚。但在经过修改的理论中,自我的机能独立于本我,这是对正统弗洛伊德思想的背离。

由新弗洛伊德学派所引入的另外一个变化是不再像过去那样强调生物力量对人格的影响。这些学者更重视社会和心理因素在人格发展中的作用。新弗洛伊德学派同样把婴儿性欲和俄狄浦斯情结的作用降到最小的程度,认为人格发展主要是由心理社会因素决定,而不是由心理性因素决定的。因此,儿童期的社会互动比真实的或幻想的性互动起着更大的作用。

安娜·弗洛伊德(1895—1982)

新弗洛伊德的自我心理学的一个领导人是弗洛伊德的女儿安娜·弗洛伊德(Anna Freud)。安娜是弗洛伊德的 6 个孩子中最小的一个。她曾经

安娜·弗洛伊德

写到,如果她的父母有安全形式的避孕方式,她就不会降生。她的父亲宣布她出生时,更多的是无奈,而不是充满热情。弗洛伊德写信告诉他的朋友,如果出生的是个儿子的话,就会发电报告诉他这个消息,而不是写信(Young-Bruehl,1988)。然而,安娜出生的那一年是有象征意义的,或者说是具有预言性质的,因为那一年恰好是精神分析诞生的那一年。安娜将成为弗洛伊德的孩子中唯一一个继承父业者。她沿着弗洛伊德的道路,成为一个分析学家。

作为这个家庭中最不受宠爱的孩子,安娜的儿童时代并不幸福。她曾经回忆说,她感到孤独和厌烦,因为哥哥和姐姐们都不愿意与她一起玩耍。她嫉妒她的姐姐索菲娅,因为索菲娅是母亲最宠爱的孩子。安娜后来成为父亲最宠爱的孩子。"就像离不开他的雪茄那样,弗洛伊德也离不开他的小女儿。(Appignanesi & Forrester,1992,p.227)"

14岁的时候,安娜对弗洛伊德的工作产生兴趣。她经常静悄悄地坐在维也纳精神分析协会会议的一个角落里,倾听会员报告的一切。22岁的时候,由于对父亲的依恋和对自己性心理的关心,她开始接受父亲的分析。她报告了充满暴力内容的梦,涉及开枪、杀人、死亡和阻挡敌人对弗洛伊德的伤害。这个分析一直处在保密状态,在4年的时间里,每周6个晚上,从10点钟开始。后来,弗洛伊德因对女儿的分析而受到批评。

这件事被认为是"不可能的和乱伦的",是"重要的但古怪的事件"(引自Mahony,1992,p.307)。然而,在那个时候,对于弗洛伊德和安娜来说,似乎没有别的选择。一位心理学史家写道:"没有其他人能承担这项工作,因为对安娜的分析必然涉及弗洛伊德作为父亲的作用"(Donaldson,1996,p.167)。对于其他任何分析家来说,倾听她同父亲亲密关系的细节都是不可想象的。

1924年,安娜在维也纳精神分析协会的会议上第一次宣读了她的学术论文。论文的题目是"战胜幻想和昼梦"。安娜宣称论文的内容建立在一个病例的基础上,但是实际上那正是她自己的幻想。她描绘的那些梦涉及打斗、手淫和乱伦性质的父女恋关系。这篇文章受到弗洛伊德及其同事的好评,因此安娜被接纳为该协会的会员。

安娜把自己的一生都贡献给了精神分析理论的发展和扩充,并且把精神分析应用于对情绪障碍儿童的治疗。她另外一个关注点是在弗洛伊德长时间生病期间,照顾她的父亲。当弗洛伊德逝世以后,她把弗洛伊德的大衣保存在自己的衣柜里。在弗洛伊德逝世几年以后,她写了一系列关于他的梦。她写道：

> 他又在这里了。近来所有的梦都有一个共同的特征：主要的角色不是我渴望他做的，而是他期待我做的。在第一个梦中，他坦率地说，"我过去总是希望你这样。"（引自 Zaretsky，2004，p.263）

40 多年之后，当安娜快要走到生命终点的时候，一位朋友陪她到了公园，看着"安娜·弗洛伊德小小的身影，现在小得就像小学生，裹在父亲的羊毛大衣之中"（Webster，1995，p.434）。

儿童分析

1927 年，安娜·弗洛伊德出版了《儿童分析技术引论》（Intrduction to the Technique of child Analysis）一书。这本书预示了她的兴趣方向。她发展了一种针对儿童的精神分析治疗方法，这种方法考虑了儿童的相对不成熟和语言技能水平。弗洛伊德尽管没有在他的私人治疗实践中治疗过儿童，但是他为安娜的著作而骄傲。他写道："安娜有关儿童分析的观点独立于我的理论，我赞同她的主张，她从自己独立的经验中发展出她的理论观点。（引自 Viner，1996，p.9）"

她发明的方法包括游戏材料的使用和在家庭情境中对儿童的观察。大多数观察都是在伦敦进行的，因为从 1938 年开始，弗洛伊德逃出维也纳纳粹的控制之后，全家都定居在伦敦。安娜在弗洛伊德的住所旁开了一个诊所，建立了一个治疗中心和精神分析的培训机构，吸引了世界各地的临床心理学家。今天，伦敦的安娜·弗洛伊德中心仍然继续着安娜的工作。安娜的研究报告发表在年度《儿童精神分析研究》（The Psychoanalytic of the Child）上，该刊物自 1945 年开始出版。她的文集有 8 卷，出版于 1965—1981 年。

安娜·弗洛伊德修改了正统的精神分析理论，扩展了自我的功能，使之独立于本我。在 1936 年出版的《自我与防御机制》（The Ego and the Mechanisms of Defense）一书中，她澄清了自我防御机制的作用，认为防御机制的功能是保护自我免遭焦虑的侵扰。弗洛伊德有关防御机制的工作（参见表13.2）充实了安娜的研究。在弗洛伊德工作的基础上，安娜对防御机制进行了精确定义，并从她对儿童的分析中找出了一些例子，用以说明防御机制的作用。

评论

从20世纪40年代到20世纪70年代早期，由安娜和其他一些人建立的自我心理学成为精神分析在美国的主要形式。新弗洛伊德学派的目标之一就是使精神分析成为科学心理学可以接受的一部分，其手段是"通过翻译、简化、对弗洛伊德的概念下操作定义、鼓励对精神分析的假设进行实验研究以及修改精神分析的心理治疗"（Steele，1985，p.222）。在这一过程中，新弗洛伊德学促使精神分析和学院派实验心理学之间达成了一种更为和谐的关系。

客体关系理论：梅兰妮·克莱因（1882—1960）

弗洛伊德使用"客体（object）"这个词指可以满足本能的任何人、物体和活动。依据这种观点，在婴儿的生命中，能满足本能的第一个客体是母亲的乳房。后来，作为一个人的母亲成为满足本能的客体。随着儿童的成长，其他人也可成为满足本能的客体。

客体关系理论探讨的是同这些客体的人际关系，而弗洛伊德关注的是本能驱力本身。因此，客体关系理论家强调的是社会和环境对人格的影响，特别是母亲和孩子的互动关系。他们同样相信，人格是由婴儿时期母亲和儿童关系的性质决定的，这个时间比弗洛伊德倡导的还要早。

客体关系理论家认为，人格发展中最关键的问题是培养儿童的能力和需要，逐渐使他们摆脱最初的客体（母亲），以便于确立较强的自我意识，发展同其他客体（人）的关系。我们简要地考察客体关系理论家梅兰妮·克莱因（Melanie Klain）的工作。

从自己作为孩子和母亲的亲身体验中，克莱因了解了父母与儿童关系的重要性。作为一个父母不想要的孩子，父母的拒绝使她一生都承受着压抑的痛苦。克莱因同自己成年的女儿（后来也成为分析学家）的关系也变得很陌生。她的女儿指责克莱因干涉她的生活,认为死于登山事故的哥哥实际上是自杀的,因为他同母亲的关系不好。

克莱因的客体关系理论关注母亲和儿童之间强烈的感情联系,特别是在儿童出生后的头 6 个月。她用社会和认知的术语描绘婴儿和母亲的联系,而不是用性的术语。克莱因提议,母亲的乳房是婴儿的第一个部分客体(part-object),依赖于它能否满足本我的本能而判断乳房是好是坏。因此,由这种好或坏的部分客体界定的婴儿环境,要么被知觉为满意的,要么被知觉为敌意的。随着婴儿世界的扩展,他同整个客体(如作为人的母亲)产生了关系,而不再仅仅同部分客体产生联系。此时,儿童以界定乳房的同样方式界定整个客体,即把母亲看作满意的或敌意的。婴儿和母亲的这种最初的社会互动泛化到儿童生活中所有的客体(人)上,成人的人格正是以这种方式植根于生命头 6 个月的关系性质中。

卡尔·荣格(1875—1961)

弗洛伊德曾经把卡尔·荣格(Carl Jung)看作儿子一样的人物和精神分析运动的继承人。他称荣格是"我的继承人和王储"(引自 McGuire,1974,p.218)。他们的友谊破裂以后,荣格建立了自己的**分析心理学**(analytical psychology)。分析心理学中的许多内容同弗洛伊德的工作都是相对立的。

分析心理学(analytical psychology):荣格的人格理论。

荣格的生平

荣格出生在瑞士北部著名莱因河瀑布旁的一个小村庄里。据他自己讲,他的童年时代是孤独无依和不幸的(Jung,1961)。他的父亲是位神父,但是明显已经丧失了宗教信念,因为他情绪反复无常、变化莫测。荣格的母亲也具有情绪障碍,其行为诡谲多变,瞬间可以从一个幸福的家庭主妇变成唠唠叨叨、朝令夕改的泼妇。一位传记作者认为,"这个家庭中母爱的一面似乎沾染了疯癫的色彩"(Ellenberger,1978,p.149)。

在很小的时候,荣格就学会了不信任父母中的任何一方和不向他们吐露实情,并由此推理,学会了不信任这个世界上的任何人。他从理性的意识世界中转向了梦、想象和幻想的世界。这成为他儿童时代的指导,并贯

卡尔·荣格

穿了他的整个成年生活。50多年后，荣格的一位邻居回忆，在他第一次遇到荣格这个小男孩的时候，"我从来没有遇到过如此不合群的怪物"（引自Bair, 2003, p.23）。

在关键时刻，荣格都是根据无意识通过梦告诉他的东西来解决问题和做出决定的。当他准备进入大学，所选择的专业领域就是梦告诉他的。在梦中，他看到自己从地层下发掘出史前动物的遗骨。他对此的解释是，这意味着他应该学习自然和科学。在3岁时的一个梦中，他梦见自己在一个地下的洞穴中，这预示了他未来对人格的研究。荣格将探讨处于心灵表面之下的无意识力量。

荣格进入瑞士的巴塞尔大学学习，1900年毕业，获得了一个医学学位。他对精神病学颇感兴趣，因此他来到苏黎世的一所心理医院工作。医院的院长是尤金·布鲁勒（Eugen Bleuler）。布鲁勒是一位精神病学家，在精神分裂症治疗方面具有很深的造诣。1905年，荣格被任命为苏黎世大学精神病学的讲师，但是几年之后他就辞职了，因为他想用更多的时间进行研究、写作和私人治疗实践。

在治疗病人的过程中，荣格并没有像弗洛伊德那样，让病人躺在睡椅上。他评论说，他一点也不希望病人躺在床上。荣格喜欢和病人面对面舒适地坐在椅子上。他偶尔会把治疗过程迁到他的游艇上，在劲风中愉快地在湖面畅游。有时，他会对病人唱歌。有时，他甚至会故意表现粗鲁。当一位病人按照约定的时间出现在荣格面前时，荣格说道："天！我不想再多见一个病人了，你今天回家，自己去治疗吧。（引自Brome, 1981, p.185）"

1900年，当他读了弗洛伊德的《梦的解析》之后，他对弗洛伊德的工作产生了兴趣。他认为弗洛伊德的这部著作是大师之作。1906年，两人开始通信。一年之后，荣格奔赴维也纳拜会弗洛伊德。他们的第一次见面持续了13个小时，对于他们亲密的、父亲与儿子般的友谊（弗洛伊德几乎年长荣格20岁）来说，这是一个令人兴奋的开始。

他们的亲密友谊就像弗洛伊德在他的精神分析理论中所建议的那样，或许包含着俄狄浦斯情结的某些因素，即儿子不可避免地具有推翻父亲的愿望。从一开始就注定了两人关系的另外一个复杂因素是荣格在18岁时的一次性经验。荣格家有一位朋友，荣格一直把他看成父亲般的人物，但是他居然向荣格提出性的建议。荣格感到恶心，立刻断绝了同那人的关系。几年之后，当弗洛伊德尝试让荣格相信，他将继承弗洛伊德所展望的精神分析运动时，荣格立刻表示不愿意承担这个责任，或许荣格再次感觉到一位老人在尝试支配他的生活。在这两种条件下，荣格所选择的父亲般的人物都是令他失望的。或许是由于以往的经历，荣格无法再维持弗洛伊德所希望的那种亲密关系（Alexander，1994，Elms，1994）。

和精神分析的大多数信徒不同，在同弗洛伊德联系之前，荣格已经确立了自己的职业声望。在早期信奉精神分析的人当中，他是最著名的。其他人在进入弗洛伊德精神分析大家庭时，大多还是医学院或研究生院的学生，还没有确立自己的职业身份。与这些年轻的分析学者相比，荣格更不敏感，不易受影响。

尽管荣格一度把自己列为弗洛伊德的信徒，但是他从不会不加批判地接受弗洛伊德的理论。在他们建立联系的初期，荣格的确努力压抑着自己的怀疑和反对意见。当他1912年写作《无意识心理学》（*The Psychology of the Unconscious*）时，他说，他感到痛苦不安。他意识到，当这本书公开出版时，就公开了自己的观点，而这种观点同正统精神分析有着显著的差异。因此，书的出版将毁掉他同弗洛伊德的友谊。在几个月的时间里，荣格犹豫彷徨，对弗洛伊德可能有什么反应充满忧虑。当然，最终他决定出版这本书，预料中的事情也不可避免地发生了。

1911年，在弗洛伊德的坚持下，尽管遭到维也纳精神分析协会许多成员的反对，荣格成为国际精神分析协会的第一任主席。弗洛伊德相信，如果这一群体的主席是犹太人，那么反犹主义将阻碍精神分析的发展。那时维也纳的分析学者几乎全是犹太人。他们怨愤不满，不信任这个弗洛伊德最宠爱的在瑞士出生的荣格。在这一运动中，他们具有资深的身份，而且他们相信荣格持有反犹太人的观念。在这之后不久，荣格同弗洛伊德的关系就开始显现出紧张的迹象。到1912年的时候，他们中断了个人之间的通信。1914年，荣格辞职，退出了国际精神分析协会。

38岁的时候，荣格受到强烈情绪问题的打击，这一情绪障碍持续了3年之久。在同样的生活阶段，弗洛伊德也曾经体验到类似的情绪混乱。荣格感觉自己要发狂，无法从事学术工作，甚至无法阅读科学著作。他曾考虑过自杀。他在床边放了一把手枪，"以防达到那个无法控制自己的阶段"（Noll，1994，p.207）。

在那些年中，他总是沉浸在血腥的启示及无所不在的关于大屠杀与荒芜的幻想中。他小心翼翼地用笔记录了这些梦，将其详细描绘在近200页的《红书》（*The Red Book*）中。这本日记一直存在瑞士银行的秘密金库中，直到他死后近50年的2009年才出版（参见Harrison，2009）。荣格的幻想看似一个无穷无尽的意识流,他形容这种感觉就像岩石滚下来砸在他头上。"为了不摔倒,我经常不得不扶着桌子。"他说(引自 Corbett,2009,p.36)。但有趣的是,即使在危机阶段,他也没有停止治疗病人。

荣格通过与弗洛伊德基本同样的方式,即面对自己的无意识,解决了自己的困境。尽管他没有像弗洛伊德那样系统地分析自己的梦,荣格还是追溯了暴露在梦和幻想中的无意识冲动。同弗洛伊德一样,这一时期旺盛的创造性,引领荣格形成了他的人格理论。

他写道:"追求我内心图景的那些岁月,是我生命中最重要的阶段,一切事物基本都被决定了"(Jung,1961,p.199)。根据自身的经验,他的结论是,人格发展最重要的阶段,不是弗洛伊德所认为的童年,而是在出现自身危机的中年阶段。

即使荣格的个人危机由于他直面自己的无意识而明显得到了缓解,但他行为的某些方面仍然不正常。每天早晨,他都会对厨房用具说话:如对煎锅说"祝福你",或者对咖啡壶说"早上好"(Bair,2003,p.568)。他会把大量的现金藏在书里,或者塞到罐子里,埋在花园中。然后他总是迅速忘记用来提醒他隐藏地点的密码。在他 86 年的生命中,他在研究和写作方面一直十分活跃,出版了多得令人吃惊的书籍。

分析心理学

荣格的生活经验无疑影响了他的分析心理学。我们曾经提到,他根据显示在梦中的无意识力量的启示,决定自己的专业方向,这预示了他以后的职业兴趣。在对性的观点方面,他的理论也显示出强烈的自传性质。在荣格的理论中,没有给俄狄浦斯情结留下位置。这仅仅是因为俄狄浦斯情结同他的儿童时代没有任何联系。他认为自己的母亲臃肿、肥胖,没有一点吸引力。因此,他无法理解为什么弗洛伊德坚持认为小男孩有对母亲的性渴望。

在性方面,他没有产生任何不安全、抑制和焦虑感,而弗洛伊德却有这方面的忧虑。此外,荣格从不尝试像弗洛伊德那样,限制自己的性活动。荣格喜欢女性对男性的陪伴,希望身边有崇拜他的女病人、女信徒。当身边有了许多女性伴随之后,他毫不犹豫地与她们建立性的沟通,其中一些关系持续了多年。他甚至警告他的女信徒,要不了多久,她们就会爱上他(Noll,1997)。对弗洛伊德和荣格之间糟糕关系的分析表明:"对于荣格来说，由于他自由地、频繁地满足性的需要，因此性在人的动机中扮演了最不起眼的角色；但是由于弗洛伊德在这方面经常体验到挫折和焦虑，因而对于弗洛伊德来说，性扮演了关键的角色。（Schultz，1990，p.148）"

在儿童时代，荣格喜欢远离其他儿童，宁愿安静独处。这一选择同样反映在他的理论中。他的理论关注的是内在成长，而不是社会关系。相比较而言，弗洛伊德的理论更关心人际关系，因为弗洛伊德没有这种孤独和内向的儿童时代。

荣格的分析心理学与弗洛伊德的精神分析的另外一个差异是在对力比多的看法上。弗洛伊德以性的术语界定力比多，而荣格把力比多看作一种一般性的生命能量，性仅仅是其中的一部分。对于荣格来说，力比多的基本能量表现在成长、生殖和其他一些活动上，究竟表现在哪一方面，依赖于在某个特定的时间点，什么东西对个体来说最重要。

荣格和弗洛伊德工作的另一点不同是有关影响人格的那些力量的方向。弗洛伊德把人描绘为儿童时代事件的受害者；而荣格相信，我们不仅被过去所塑造，而且也受到未来目标、希望和抱负的影响。对于荣格来说，行为不仅是由儿童时代头五年的经验决定的，行为在人的一生中都在变化着。

同样，荣格比弗洛伊德更深入地探索了无意识心灵。他给无意识增加了一个新的维度，即集体无意识。他把无意识描绘为人类种系和他们的动物祖先的遗传经验。

集体无意识

荣格描绘了两种水平的无意识心灵。在我们的意识觉察之下是**个人无意识**。它包含着在个人生活中被压抑或遗忘的记忆、冲动、欲望、模糊的知觉和其他一些经验。无意识的这一水平隐藏得并不深。来自个人无意识的事件可以很容易地返回到意识觉察水平。

个人无意识中的经验群集成情结。情结是一些有着共同主题的情绪和记忆模式。通过专注于某些观念（如权力或自卑），一个人表现出某种情结，因而影响着行为表现。因此，情结在本质上是整个人格中的较小的人格。在个人无意识之下的是**集体无意识**。它是个体不了解的。集体无意识中包含着以往各个世代累积的经验，包括我们的动物祖先遗留下来的那些经验。这些普遍性的进化性质的经验形成了人格的基础。

但是请记住，集体无意识中的那些经验是无意识的。它不像个人无

个人无意识（personal unconscious）：那些曾经是意识的但是已经被压抑或遗忘的材料的储存库。

集体无意识（collective unconscious）：心灵的最深层，包含着人类和他的动物祖先遗留下来的经验。

意识中的那些内容，我们并不能觉察到它们，也不能回忆起或者有它们的表象。

原型

原型（archetypes）：集体无意识中的遗传倾向，使个体在面临与祖先类似的情境时，产生与祖先类似的行为。

在集体无意识中，那些遗传倾向称为**原型**。原型是心理生活的先天决定因素，它使得个体在面临类似的情境时与祖先产生同样的行为方式。在诸如出生、青春期、婚姻和死亡或者极端危险情境等与一些重要生活事件相联系的情绪形式中，我们会典型地体验到原型的存在。荣格把原型看作无意识中的"诸神"（Noll，1997）。

当荣格研究古代文明中神话和艺术创造物时，他发现了一些共同的原型象征的存在。这种原型象征的共同性甚至存在于相互之间根本不可能发生直接影响的文化之间，因为这些文化在时间和距离上相距得十分遥远。他在病人报告的梦中也发现了这些象征的遗迹。所有这些材料都支持了他的集体无意识概念。出现频率最高的原型是人格面具（persona）、阿尼玛和阿尼玛斯（anima and animus）、阴影（shadow）和自我（self）。

人格面具是当我们与其他人交往时掩盖我们真实面目的假面具。当我们想要出现在社会中时，这个假面具就代表着我们。因此，人格面具同个体的真实人格可能是不一致的。人格面具的概念类似于社会学中的角色扮演概念。在社会学中，角色扮演概念指的是在不同的情境中，我们根据其他人的期待行动。

阿尼玛和阿尼玛斯这两个原型反映了这样一种观念，即每一个人都展示出了异性的某些特征。阿尼玛指男人身上的女性特征；阿尼玛斯指女性身上的男性特征。就像其他原型那样，这两个原型也产生于人类种系的原始过去，那时的男性和女性采纳了异性的行为和情绪倾向。

阴影原型代表着我们阴暗的自我，它是人格中的动物性部分。荣格认为阴影是从低等生命形式遗传而来的。阴影包含着不道德、激情、不可接受的欲望和活动。阴影促使我们做我们通常不愿做的事情。而一旦做了这些事情，我们就有可能认为某种东西控制了我们。这个"某种东西"就是阴影，是我们本性中的原始部分。阴影也有它积极的一面，因为它也是自发性、创造性、顿悟和深刻情感的源泉。所有这一切对于完整的人性发展都是必要的。

荣格认为自我是最重要的原型。自我能综合和平衡无意识的所有方面，给人格提供了整体性和稳定性。荣格把自我比作朝向自我实现的内驱力。在荣格那里，自我实现指的是能力和谐、完整和全面的发展。然而，荣格认为自我实现要到中年（30—40岁）之后才能实现，因为中年是人格发展最关键的时期。这个时期是一个过渡期，在这个时期，人格经历着必然的和积极的变化。在这里，我们看到了荣格理论中的又一处自传性质的素材。在中年时期，荣格解决了神经症危机之后，获得了自我整合感。因此，对于荣格来说，人格发展的重要阶段不是儿童时期，而是30—40岁。这段时间荣格自己发生了变化。

内向和外向

荣格的内向和外向概念是非常著名的。外向或外倾（extraversion）是把力比多（生命能量）指向自我之外的外部事件和人。这种类型的人受到环境中各种力量的强烈影响。他们喜欢社交，在各种情境中都充满自信。相比较而言，内向或内倾（introversion）指的是力比多的能量指向内部。这种类型的人是沉默、反省性的，倾向于抵制外部的影响。在面对其他人和情境时，与外向的人相比，内向的人可能信心不足。

在每一个人身上，都不同程度地存在着这些对立的态度，但是通常一种态度比另一种更强，没有人是完全内向或者完全外向的。在任意特定的时间，居于支配地位的态度往往是环境条件决定的。通常的情况是，在那些能唤起他们兴趣的情境中，内向的人会变得喜欢社交和欢快开朗。

心理类型：机能和态度

在荣格的理论中，人格差异不仅表现在内向或外向的态度上，而且也表现在四种机能方面，即思维、情感、感觉和直觉。这些机能都是我们对待外部客观世界和内部主观世界的方式。

- 思维是提供意义和理解的概念形成过程。
- 情感是权衡和评估的主观过程。
- 感觉是对物理对象的有意识知觉。
- 直觉是无意识方式的知觉。

荣格把思维和情感看作理性的反应模式，因为它们涉及推理和判断的认知过程。感觉和直觉被认为是非理性的，因为它们没有使用推理。在任意特定的时间里，每对机能仅有一个占支配地位。占支配地位的机能与占支配地位的内向或外向的态度相结合，就产生了8种心理类型。例如，外向思维型或者内向直觉型。

评论

荣格的观念对宗教、艺术、历史和文学等领域产生了广泛的影响。历史学家、神学家和作家等都承认荣格是他们产生灵感的源泉。然而，科学心理学一般忽略了荣格的分析心理学。在20世纪60年代之前，荣格的许多著作并没有被译成英文。他复杂的写作风格和缺乏系统的组织方式阻碍了人们对他工作的全面理解。

他对传统科学方法的蔑视也令许多实验心理学家难以接受。对于这些心理学家来说，荣格那种带有神秘色彩、以宗教为基础的理论甚至还不如弗洛伊德的理论具有吸引力。此外，支持弗洛伊德精神分析的那些证据所受到的批评同样适用于荣格。荣格同样也依赖于临床观察和解释，而不是进行控制的实验研究。

荣格的8个心理类型激起了大量的研究。在这些研究中，值得注意的是迈耶斯－布里格斯（Myers-Briggs）人格类型量表。这是一种用于测量心理类型的人格测验。凯瑟琳·布里格斯（Katharine Briggs）和伊莎贝尔·布里格斯·迈耶斯（Isabel Briggs Myers）在20世纪20年代编制了这一量表。它可以广泛地应用于研究和实践应用中，特别是员工选择和咨询中。内向和外向的理论激励了英国心理学家汉斯·艾森克（Hans Eysenck）。艾森克编制了蒙兹雷人格量表（Maudsley Personality Inventory）。这是用于测量两种态度的测验，使用这些测验进行的研究为荣格的概念提供了经验支持，证明至少荣格的部分概念是可以进行实验检验的。

然而，像弗洛伊德的工作那样，荣格理论中更为广泛的方面，如情结、原型和集体无意识等，都无法进行科学效度上的评估。自我实现概念预示了马斯洛和其他人本主义心理学家的工作。中年危机的概念也得到了马斯洛的拥护，被许多人认为是人格发展中的一个必要阶段，而且也得到了许多研究的支持。

尽管具有这些贡献，荣格理论的主要内容并没有在心理学中流行。他的观念在20世纪八九十年代引起了公众的广泛注意，但这主要是由于荣格理论中的神秘色彩。有一个大众电视系列节目，该节目邀请了神话学家约瑟夫·坎贝尔（Joseph Campbell）讨论集体无意识和原型对现代生活的影响。在纽约、旧金山和洛杉矶等欧美国家的城市里，设有荣格派分析心理学的正式训练机构。分析心理学协会也出版了荣格派的《分析心理学杂志》（*Journal of Analytical Psychology*）。

社会心理理论：时代精神的再次冲击

我们知道，弗洛伊德受到19世纪机械论和实证主义世界观的影响。到19世纪结束时，一些新的学科的发展提供了看待人性的新方式，超越了生物学和物理学的界限。人类学、社会学和社会心理学的研究支持了这样一种命题，即人是社会力量和社会风俗的产物，因而对人的研究应该考虑社会因素，而不是仅仅考虑纯粹的生物条件。随着文化人类学家发表他们对各种文化的研究，人们清楚地发现，弗洛伊德所描述的某些神经症症状并不像弗洛伊德宣称的那样，是普遍存在的。例如，并非所有的文化都禁止乱伦。此外，社会学家和社会心理学家也发现，人的大部分行为都是基于社会的影响，而不是一种满足生物需要的行动。

因此，时代精神呼吁对传统的人性观做出修改。但是令弗洛伊德的某些追随者感到困惑的是，弗洛伊德却坚持人格的生物决定因素。一些年轻的分析学家，由于较少受到这一传统限制，因而开始偏离正统的精神分析。他们修改弗洛伊德的理论，以便于同流行的社会科学思想保持一致。他们认为，人格更多的是环境的产物，而不是生物本能的结果。这种观点同美国的文化思想更为和谐，比弗洛伊德的决定论观点更有说服力，为对人格的认识提供了一个更为乐观的情景。

下面我们将讨论阿德勒和霍妮的理论观点。这两位精神分析的"持不同政见"者认为，人的行为不是由生物力量决定的，而是受到人际关系的影响。每个人都处在一定的人际关系之中，受到人际关系的制约，特别是在儿童时代。

阿尔弗雷德·阿德勒（1870—1937）

1911年，阿尔弗雷德·阿德勒（Alfred Adler）就离开了弗洛伊德。因此，他通常被认为是精神分析社会心理学方法的第一个倡导者。在他建立的理论中，社会兴趣扮演着关键角色。阿德勒是唯一的有以他的名字命名的弦乐四重奏的心理学家。

阿德勒的生平

阿尔弗雷德·阿德勒

阿德勒出生在奥地利维也纳郊区的一个富裕家庭中。他儿童时代体弱多病，得不到母亲的宠爱，因此他非常嫉妒他的哥哥。他感觉自己是微不足道和缺乏魅力的，认为自己同父亲而不是同母亲关系更亲密。他后来拒绝了弗洛伊德的俄狄浦斯情结概念，或许就是因为像荣格那样，这一概念没有反映他童年时代的经验。幼小的阿德勒发奋学习，力图使自己在同伴中受到他人的欢迎。最终，他在同伴中获得了在家庭中没有得到的自尊和接纳。

最初，阿德勒是个糟糕的学生，以至于他的老师告诉他父亲，唯一适合这孩子的工作是鞋匠的学徒。通过坚持不懈的努力，阿德勒最终从班级里垫底的学生变成班上最好的学生。他在学习上和社会活动中发奋图强，克服他自身的残疾和自卑，因而成为后来自己的理论的早期范例。在他后来提出的理论观点中，他认为补偿个人弱点对于个人发展是必要的。处于他的理论核心地位的自卑情结就是他童年时代的直接反映。阿德勒承认，"那些熟悉我的人都清楚地看到我童年时代的经历同我表达的观点之间的一致性。（引自Bottome，1939，p.9）"

阿德勒回忆说，4岁的时候他患了肺炎，那几乎要了他的命。病愈之后，他决心成为医生。为了实现这一目标，他进入医学院学习，1895年在维也纳大学获得医学学位。他的专业是眼科学，毕业之后从事一般的医学实践。1902年，他对精神病学产生兴趣，因此加入了弗洛伊德的精神分析每周讨论小组，成为4个核心成员中的一个。尽管他同弗洛伊德在工作上有紧密的合作，但是他们的个人关系并不亲密，弗洛伊德曾经声称阿德勒讨厌他。

在随后的几年里，阿德勒建立了自己的个人理论。这个理论在一些方面不同于弗洛伊德，特别是在弗洛伊德对性因素的强调方面。1910年，为了调和他们之间日益加深的隔阂，弗洛伊德任命阿德勒为维也纳精神分析协会的主席。但是到1911年的时候，他们的关系不可避免地破裂了。阿德勒把弗洛伊德描绘为"骗子"，认为精神分析是"垃圾"（Roazen，1975，p.210）。弗洛伊德则把阿德勒看作变态，"由于其野心而使其发狂"，并认为阿德勒是个"妄想、嫉妒、玩世不恭的矮子"（Gay，1988，p.223）。

在第一次世界大战期间（1914—1918），阿德勒作为医生在军队服役。后来，他组建了儿童指导诊所，为维也纳的学校提供系统的服务。在20世纪20年代，他的社会心理学体系，即他自己称之为**个体心理学**的理论观点吸引了大量追随者。在这期间，他经常访问美国，发表演讲，并且被任命为纽约长岛医学院的医学心理学教授。

个体心理学（individual psychology）：阿德勒的人格理论，它既吸收了社会因素，也容纳了生物因素。

他在美国的演讲和写作受到了极为热烈的欢迎。一位传记作者指出，阿德勒的个人品质、他的"和蔼、乐观和热情与他强烈的抱负心一起"，使人们很容易接受他的名人地位，并把他看作人性问题的专家（Hoffman，1994，p.160）。在一次辛苦的演讲旅行中，阿德勒在苏格兰的阿伯丁去世。

在给一位朋友的回信中，弗洛伊德表达了他对阿德勒逝世的悲伤，也展示出他对阿德勒背叛他的观点挥之不去的痛苦。这种痛苦一直郁积在弗洛伊德的心中，久久无法散去。他写道：

> 我无法理解你对阿德勒的同情，对于一个出生在维也纳郊区的孩子来说，死在阿伯丁本身就证明了他走得有多远，这个世界确实已经为他背叛精神分析而奖赏了他。（引自Scarf，1971，p.47）

个体心理学

阿德勒相信，人的行为主要是由社会力量决定的，而不是由生物本能决定的。他提出了**社会兴趣**的概念。社会兴趣指的是一种与他人合作，以达到个人和社会目标的固有潜能。社会兴趣是在婴儿期通过学习获得的经验发展起来的。与弗洛伊德相比，阿德勒最大程度地减少了性在人格塑造

社会兴趣（social interest）：阿德勒的概念。指的是与他人合作，从而达到个人和社会目标的先天倾向。

中的作用。阿德勒也关注行为的意识而不是无意识决定因素。弗洛伊德是把现在的行为与过去的经验联系在一起，而阿德勒则认为我们更多地受到未来计划的影响。达到目标的努力和对未来事件的预期可以影响现在的行为。例如，一个担心死后落得永恒骂名的人，其行为方式不同于那些持不同观点的人。

弗洛伊德把人格划分成独立的部分，即本我、自我和超我，而阿德勒强调的是人格的整体性和一致性。他认为在人格中有一种固有的、动力性力量，引导人格朝向总目标前进。对于我们所有人来说，这个目标就是优越，即一种完善和完美感。优越代表着全面的发展和自我实现。

阿德勒与弗洛伊德的另外一个关键不同点是对女性的认识。阿德勒说，他不同意弗洛伊德的阴茎嫉妒概念所主张的，认为女性因生物学原因天生具有自卑感。阿德勒认为，这实际上是男人发明出来用以支持自己比女性优越的神话。女性所体验到的任何自卑都源于性角色定型等社会因素。阿德勒相信两性的平等，并支持那个时代的女性解放运动。

自卑情结

就像他自己的生活那样，阿德勒把一般的自卑感看作行为的动机力量。最初，阿德勒把这种自卑感同身体上的缺陷联系在一起。那些在遗传上有器官缺陷的儿童将努力补偿，甚至过度补偿那种存在缺陷的机能。一个患有口吃的儿童通过勤奋的语言治疗，可能成为演说家；那些肢体虚弱的儿童通过强化练习，可能成为杰出的运动员和舞蹈家。阿德勒后来扩展了自卑情结这一概念，把任何身体的、心理的和社会的障碍，不管是真实的还是想象的，都包括在内。

在婴儿时期，儿童的无助感和对其他人的依赖唤醒了儿童的自卑。因此，这是每个人都会体验到的感受。由于意识到需要克服这种自卑，儿童会受到完善自我的固有倾向驱使。这种推和拉的过程会持续一生，迫使我们力图获得更大的成就。

自卑感的运作既有利于个体，也有利于社会，因为它带来了持续的完善过程。但是如果在童年期这些感受得到父母的纵容，或者受到父母的冷落，其结果就是变态的补偿行为。自卑感如果不能得到适当的补偿就会导致**自卑情结**的产生。它使个体无法解决生活中面临的问题。

自卑情结（inferiority complex）：是个人不能补偿正常的自卑情感而产生的一种状态。

生活风格

根据阿德勒的观点，对于优越和完美的追求是普遍存在的，但是在达到目标的过程中，每个人的行为方式是不同的。我们通过建立自己的行为风格，以一种独特的反应方式来表现我们的追求。这种行为风格涉及我们怎样补偿真实的或想象中的自卑。就身体虚弱的儿童来说，他的生活风格可能包括运动或练习，以便增强自己的耐力和力量。

生活风格大约在4—5岁固定下来，以后就难以改变。它为以后处理各种经验提供了一个基本框架。在这里，我们再次看到，阿德勒承认了童年的重要性。但是他与弗洛伊德不同，他相信我们可以有意识地为我们自己创造生活风格。

自我的创造力量

依照阿德勒的自我创造力量的概念，我们可以根据自己独特的生活风格决定我们的人格。人这一积极的、创造性的力量可以与神学中的灵魂概念相比。我们的某些能力和经验是通过遗传和环境获得的，但是怎样使用和解释这些经验为我们的人格和对生活的态度提供了基础。阿德勒的意思是，我们每个人都可以加入到塑造自己的人格和命运的过程中，我们可以决定自己的命运，而不是被过去的经验与我们的潜意识所决定。

出生顺序

在考察患者的童年时代时，阿德勒对人格和出生顺序的关系产生了兴趣。他发现，家庭中最大的、中间的和最小的孩子，由于其在家庭中的排行不同，而有着不同的社会经验，从而导致他们对生活的不同态度和不同的行为方式。

最大的孩子在第二个孩子出生之前一直受到充分的注意，直到被第二个孩子所取代。因此，第一个孩子可能变得没有安全感、敌意、专制和保守，表现出对维持顺序的强烈兴趣。阿德勒认为，罪犯、神经症患者和变态者经常是家中的老大。他同样指出，弗洛伊德就是典型的大儿子。

阿德勒发现，第二个孩子通常具有野心、反叛和嫉妒心理，不断地尝试超越老大。阿德勒本人就是家中的老二，毕生都同他的哥哥有一种竞争关系。他哥哥恰好与弗洛伊德同名，都叫西格蒙德。即使当阿德勒因他的工作而赢得了一种国际声誉之后，他仍然感觉不如他的哥哥。那时，他的哥哥是个富商。阿德勒认为他的哥哥西格蒙德是个"优秀、勤奋的家伙，仍然比我强"（引自Hoffman，1994，p.11）。

然而，阿德勒相信家中的老二比老大和老小能更好地适应。他指出，家庭中的老小有可能被宠坏，在儿童和青少年时代之后会产生许多行为问题。独子可能体验到适应外部世界方面的困难。因为在外部世界里，他们不再是注意的中心。

评论

弗洛伊德的理论认为人格受性的力量和早期经验支配和控制。阿德勒反对这些观点，因此他的理论受到那些不满弗洛伊德理论观点的人的热烈欢迎。他的理论认为人可以有意识地指导自己的发展，不管有哪些遗传限制和早期经验，都可以通过追求优越而完善自身，这种观点比弗洛伊德的观点更令人感到愉快。因此，阿德勒为人性提供了一种更为惬意和乐观的解释。

然而，个体心理学并不缺乏批评之声。许多心理学家声称，阿德勒的理论过于浮浅，依赖的是来自日常生活的常识性观察。但是另外一些人则认为他的观点敏锐而富有见地。弗洛伊德认为阿德勒的理论过于简单，认为由于精神分析的复杂性，学习精神分析需要花费两年的时间，但是学习阿德勒的理论却只需要几周的时间，"因为没有什么东西可以学习"（引自Sterba，1982，p.156）。阿德勒则认为，这恰恰就是他想获得的效果。他花费了40年的时间使他的理论变得简单。

实验心理学家对弗洛伊德和荣格的反对意见同样适用于阿德勒。阿德勒对病人的观察并不能重复和验证，其数据也不是在系统的控制条件下取得的。他并不想验证患者报告的精确性，也没有解释获得数据和结论的程序。

尽管阿德勒的许多概念都是无法进行科学验证的，但出生顺序的概念却激起了大量的研究。一些研究显示，头生子具有较高的智力水平和成就需要；当第二个孩子成为家庭的一员时，头生子往往会体验到焦虑。头生子比后来出生的孩子更有可能在他们的职业生涯中获得声望。头生子也更可能比弟弟妹妹完成更多年限的正规教育，在更有名望的行业工作，并取得更大的职业成就（参见 Herrera, Zajonc, Weiczorkowska, & Cichomski, 2003；Kristensen & Bjerkedal, 2007）。这些研究都支持了阿德勒的观点。

一般的研究并没有支持阿德勒有关第二个孩子比其他孩子更具有竞争性、更有野心的证据。但最近有一些有趣的研究再度激发了这些问题。一项关于700对棒球大联盟中的亲兄弟的研究发现，弟弟比哥哥多10倍的概率完成盗垒，击球成功的整体概率也高得多。这个研究与其他的研究还表明，年轻的兄弟姐妹更可能参与跳伞等高风险的活动（Sulloway & Zweigenhaft, 2010）。

研究也不支持阿德勒认为独子更自私、更难适应真实世界的观点。已有研究证明，独子在成就、智力、创造性、勤奋性和自尊方面都表现出较高水平（Fallbo, & Polit, 1986；Mellor, 1990）。

阿德勒的观点对后弗洛伊德精神分析产生了重要影响（参见 Olt, 2009）。自我心理学更为关注理性、意识的过程，而不是无意识过程，就是受到了阿德勒的影响。阿德勒对人格中社会力量的强调也影响了卡伦·霍妮。塑造生活风格的创造力量的观点影响了亚伯拉罕·马斯洛。后者写道："阿德勒越来越接近真理，当事实逐渐被揭示出来，它们越来越强有力地支持了他关于人的描述（Maslow, 1970, p.13）。"

新的新行为主义者，朱利安·罗特的社会学习理论也受到阿德勒的影响。罗特在阿德勒逝世近50年之后写到，他仍然"为阿德勒对人性的见解感动"（Rotter, 1982, p.1–2）。阿德勒发现了社会和认知变量的重要性，这一观点可能超越了他的时代。因此，与他那个时代的心理学相比，他的观念可能与当代心理学更协调。

虽然阿德勒的很多理念被广泛接受，但在他死后，大众拒绝承认他的一些观点，并没有客观评价他的贡献。例如，在英国《泰晤士报》关于弗洛伊德的讣告中，认为弗洛伊德是"自卑情结"的创造人。当卡尔·荣格死后，《纽约时报》报道是荣格创造了这个词。两者中没有一篇文章提到阿德勒。

个体心理学追随者声称，阿德勒仍然是有影响力的心理学家、精神病学家、社会工作者与教育工作者。季刊《个体心理学——阿德勒的理论、研究和实践》（*Individual Psychology: The Journal of Adlerian Theory*）在美国发行，在德国、意大利和法国等地也有阿德勒派的期刊。当前，在纽约、旧金山与芝加哥，仍然有阿德勒派的培训机构。

卡伦·霍妮（1885—1952）

卡伦·霍妮（Karon Horney）是一个早期的女权主义者，她在柏林接受了弗洛伊德精神分析的训练。霍妮描绘自己的工作是弗洛伊德体系的延伸，而不是取代弗洛伊德的理论。

霍妮的生平

卡伦·霍妮

霍妮出生于德国汉堡。父亲是个虔诚的、脾气古怪的船长，比霍妮的母亲要大很多岁。霍妮的母亲是位开放活泼的女性。她清楚地告诉霍妮，她希望丈夫死掉，之所以嫁给他，是因为担心自己成为一个老处女。霍妮的母亲喜欢霍妮的哥哥，因而给霍妮的爱较少。霍妮也一直嫉妒她的哥哥，因为哥哥是个男孩。他的父亲很瞧不上霍妮的长相和才智。因此，霍妮儿时就体验到了自卑、无足轻重和敌意（Sayers，1991）。

这种父母之爱的缺失造成了霍妮称之为"**基本焦虑**"的体验，也提供了个人经验影响理论家观点形成的又一个例证。一位传记作者写道："在她所有的精神分析作品中，霍妮一直努力理解自己，以便从自己的困境中求得解脱"（Paris，1994，p.xxii）。

当霍妮还是少年时，她发生了情感冲突，部分是为寻找她在家中缺少的爱与接受。她创建了一个叫作"超级处女的无瑕器官"的时事通信，它在街上广为妓女所熟知。她在日记中写道："在我的印象中，全身没有哪个点没被热唇吻过，没有哪种糟粕与堕落，我没有尝试过。"（Horney，1980，p.64）"

霍妮不顾父亲的反对，进入柏林大学医学院学习，1913年获得了医学博士学位。然后她结了婚，有了3个女儿（其中两个后来接受过梅兰妮·克莱因的分析）。霍妮变得越来越压抑。她描述了曾经经历过的长期的不幸和压抑，以及婚姻问题。她抱怨胃痛、身心疲惫、强迫行为、无法工作，甚至想到了自杀。

发生了几件事之后，她同丈夫离了婚。此后，她同精神分析学家艾里克·弗洛姆（Erich Fromm）的恋爱关系维续得最长。当这段关系结束的时候，她几乎绝望了。她选择进行精神分析来消除自己的压抑和性问题。她的弗洛伊德式精神分析师告诉她，她对爱的追求和她被那些强有力的男子所吸引都反映了她童年时代的俄狄浦斯情结，即对父亲的渴望（Sayers，1991）。

当霍妮认识到弗洛伊德式精神分析并不能给她提供帮助以后，她转向了自我分析。这个实践她保持了一生。阿德勒曾经指出，身体上缺乏吸引力可以造成自卑感。霍妮对这个观点十分敏感。她得出结论认为，通过学习医学和混乱的性行为，她的行为方式更像个男性，而不像个女性。这个认识让她体验到优越，但是她从没有停止对爱的追求。随着她年纪越来越大，她选择的男性反而越发年轻，其中的许多人是由她督导的精神分析师。她对他们的态度随意而不带感情。她是这样跟一个朋友谈起其中一个年轻的男性的，她说她不知道是应该和男人结婚，还是养一只可卡犬。最终，她选择了后者（Paris，1994）。

1914—1918年，霍妮在柏林精神分析研究所接受正统的精神分析训练。后来，她成为那里的成员之一，并开办了自己的私人诊所。她给杂志写文章，谈论女性人格的问题，勾画出她对弗洛伊德某些观点的不同意见。1932年，她来到美国，担任了芝加哥精神分析研究所的副所长。同时她还执教于纽约精神分析研究所，并坚持继续参加治疗实践。她越来越不满弗洛伊德的理论，最终她与这个群体断绝了联系。此后，她建立了美国精神分析研究所，并一直担任那里的领导人，直至逝世。

同弗洛伊德的分歧

弗洛伊德认为，人格的发展始终依赖于生物力量。霍妮反对这种观点。她否认性因素的重要意义，挑战俄狄浦斯情结的效度，抛弃了力比多概念和人格三维结构理论。然而，她的确接受了无意识动机概念，认为情绪性、非理性的动机是存在的。

弗洛伊德认为女性为阴茎嫉妒所诱发。霍妮认为恰恰相反，男性为子宫嫉妒所诱发。男性嫉妒女性的生育能力。她相信，男性为了维持女性的所谓自卑状态，通过对女性的轻蔑和折磨等行为，无意识地表现出他们的子宫嫉妒及其相应的怨恨和不满。通过否认女性的平等权力，限制她们的机会，贬低女性追求成就的努力，男人维持着所宣称的自然优越性。对于霍妮来说，这些大男子主义行为的基本原因就是导源于子宫嫉妒的自卑感。

在对待人性的看法上，霍妮同弗洛伊德也存在分歧。霍妮写道：

> 弗洛伊德在神经症及其治疗方面表现出的悲观主义源于他在骨子里对于人性的完美和人性成长的不信任。弗洛伊德认为人注定要受苦和毁灭……我自己的信念是，人既具有能力，也具有愿望，去实现自己的潜能，成为一个体面的人……我相信，只要人还活着，他就可以改变，而且改变是持续的。（Horney, 1945, p.19）

基本焦虑

基本焦虑是霍妮体系中一个基础性概念。她把基本焦虑定义为："在一个有潜在敌意的世界里，儿童所具有的一种孤立、无助的体验。（Horney, 1945, p.41）"这一概念描述了霍妮童年时代的感受。基本焦虑源于父母的支配、缺乏保护和爱、古怪的行为。破坏儿童和父母之间安全关系的任何事物都会导致基本焦虑。因此，基本焦虑并不是固有的，而是由社会力量和儿童的成长环境中的社会互动因素导致的。霍妮不接受弗洛伊德所倡导的本能作为动机力量，相反，她认为婴儿在一个充满威胁的世界中，寻求安全和自由的需要才是行为的根本动力。

霍妮同意弗洛伊德的观点，相信人格的发展是在童年早期，但是她坚持认为，人格毕生都在持续变化着。弗洛伊德详细地阐述了心理性欲发展阶段，而霍妮关注的是父母和其他抚育者怎样对待儿童。她否认口唇期、肛门期等发展阶段的普遍性，她认为如果一个孩子产生了口腔型或肛门型人格倾向，那么这种人格倾向是父母的行为造就的结果。在儿童的发展中，没有什么东西是具有普遍性的，每一种特征都是社会、文化和环境因素影响的结果。

神经症需要

对霍妮来说，基本焦虑产生于父母与儿童之间的关系。当这种社会造成的焦虑出现以后，儿童为应对父母的行为，就会形成一些行为策略，以应付随之而产生的无助和不安全感。如果这种行为策略中的任何一个固定

基本焦虑（basic anxiety）：霍妮的概念，指的是一种弥漫性的孤独和无助感，是神经症的基础。

下来，成为儿童人格的一部分，那么这种固定下来的行为策略就被称为神经症的需要。它是一种防御焦虑的方式。

最初，霍妮列举了10种神经症的需要，包括对友爱的需要、对成就的需要和自我满足的需要等。在后来的作品中，她把这些神经症需要归类为三种倾向（Honey，1945）：

- 顺从人格 —— 接近他人的需要，即需要得到他人的赞许、友爱，需要有一个支配他的伙伴。
- 孤离人格 —— 远离他人的需要，即需要独立、完善和退缩。
- 攻击人格 —— 反对他人的需要，需要权力、剥削、声望、崇拜和成就。

接近他人的需要意味着承认自己的无助感，力图赢得他人的友爱。这是这种类型的人与他人在一起能体验到安全的唯一方式。远离他人的需要意味着退缩，以便表现自我满足，避免依赖他人。反对他人的需要意味着敌意、反叛和攻击。这些神经症的需要或倾向都不是应对焦虑的现实方式。由于它们之间是不相容的，因而可以导致冲突。而我们一旦确立了一种应对基本焦虑的行为策略，那么这种行为策略就变得缺乏灵活性，以至于难以产生其他的行为方式。

因此，当一种固定下来的行为被证明不适用于一个特定的情境时，行为并不能根据情境的需要而发生改变。这些顽固的行为增加了我们的困扰，因为它影响了整体的人格，影响了同他人、自己的关系，也影响了作为整体的生活。

理想化的自我意象

理想化的自我意象为人们提供了人格或自我的虚假图像。它是一种不完善、给人错误印象的假面具，使得神经症个体无法理解和接受自己真实的自我。在假面具的掩盖之下，神经症的个体否认内部冲突的存在。他们相信理想化的自我意象是真实的，这种信念反过来又使得他们认为自己优越于他们的真面目。

霍妮并不认为这些神经症冲突是固有的或不可避免的。尽管它们产生于童年时代的非理想环境，但是如果儿童的家庭生活充满温馨、理解、安全和爱的气氛，就可以防止这些神经症需要的出现。

评论

霍妮认为，避免神经症是可能的。这种乐观主义的观点受到了心理学家和精神病学家的欢迎。这些心理学家和精神病学家一直为弗洛伊德的悲观主义论调所困惑。霍妮的工作同样也是有价值的，因为她以社会的力量描述人格的发展，而不把人格发展归因于任何先天的因素。

然而，就像弗洛伊德、荣格、阿德勒那样，支持霍妮理论的证据同样来自对患者的临床观察，因而在科学信度上存在着同样的问题。她的理论体系中的概念没有进行过任何科学研究。弗洛伊德没有对她的工作进行过直接的评价。曾经有一次在谈到霍妮时，弗洛伊德说道："她很有能力，但是充满恶意"（引自 Blanton，1971，p.65）。另外有一次，在稍加掩盖地暗指霍妮的工作时，弗洛伊德写道："如果一个女性分析学家还没有充分地意识到自己对阴茎的羡慕，她同样也不会在她的患者那里赋予这个问题以适当的重要性，对此，我们不必大惊小怪。（Freud，1940，p.65）"对于弗洛伊德不承认她的观点的合理性，霍妮的反应是感到"痛楚"（Paris，1994）。

尽管霍妮没有信徒，也没有一本杂志来传播她的观点，但是她的工作产生了重要的影响。今天，霍妮派精神分析研究中心在纽约仍然十分活跃。20世纪60年代女权主义运动开始以后，她的著作再次受到人们的关注。今天，她有关女权主义心理学的作品被认为是她的主要贡献。尽管她的女权主义观点已经历经75年之久，但是在当代仍然有它强烈的回响。1922年她就开始了女权主义心理学的工作，是第一个在国际精神分析大会上就这一问题发表演讲的女性。那次会议是在柏林召开的，弗洛伊德主持了会议。在20世纪30年代，霍妮清楚地划分了两种类型的女性：一种是传统女性，通过婚姻和生育确立自己的身份；另一种是现代女性，通过职业确立自己的身份。这种爱情与工作的冲突典型地代表了霍妮自己的生活。霍妮选择了工作，这给她带来了巨大的满足，但是在她的一生中，她都不断寻求着爱。

就像霍妮在20世纪30年代经历的那样，她的这种困境在新世纪里依然存在。霍妮一生为女性而奋斗，为女性争取权力，以便于让女性在男性占支配地位的社会所施加的种种限制面前能做出自己的决定。

人格理论的进化：人本主义心理学

作为唯一一种解释人格的理论，弗洛伊德的精神分析理论并没有长久地保持住这种唯一性。我们已经看到，在弗洛伊德活着的时候，荣格、社会心理理论家和新弗洛伊德主义的追随者就已经提出其他的理论观点。无论是从理论上，还是从研究方面，人格研究都有了巨大的发展，并分裂成各种冲突的取向。当代的人格心理学教科书讨论了 15～20 种典型的理论观点。但是，尽管这些体系在细节和一般方面都存在着差异，它们却有共同的源头。在某种程度上，其起源和形式都可归于弗洛伊德的创造性努力。

在心理学历史上，弗洛伊德在精神分析所起的作用同冯特在实验心理学方面所发挥的作用是一样的，即都是一种灵感的源泉和攻击的靶子。每一种结构，无论是实证的，还是理论的，都依赖于其基础的稳定性。像冯特那样，弗洛伊德为其他人格理论家提供了一个坚实、富有挑战性的基础。作为人格理论自弗洛伊德时代以来进化的范例，我们将讨论马斯洛和罗杰斯的工作，以及他们的人本主义心理学运动。

在 20 世纪 60 年代早期，美国心理学界的第三种势力崛起。人本主义心理学并不准备像某些新弗洛伊德学派那样，修改或改造任何现存的思想学派。相反，人本主义心理学家期望取代心理学的两个主要力量，即行为主义和精神分析。

人本主义心理学强调人的力量和积极的抱负、意识经验、自由意志（而不是决定论）、潜能的实现和人性的完整。这些论点同行为主义和精神分析的观点有着显著的不同。

人本主义心理学的先行影响

像所有其他的观念那样，人本主义心理学的思想可以追溯到早期心理学家的工作。冯特的反对者、格式塔心理学的先驱布伦塔诺就是其中之一。他批评心理学的机械论、还原论和自然科学取向，认为对意识的研究是一种整体性质的研究，而不是分子性内容的研究。

屈尔佩证明，并非所有的意识经验都可以被还原为元素的形式，也不是所有的意识经验都可以用对刺激的反应进行解释。詹姆斯反对机械论的方法，主张对意识和个体的整体研究。格式塔心理学相信，心理学应该采取整体论的方法研究意识。格式塔心理学家挑战行为主义的支配地位，坚持认为意识经验是心理学合法而富有成果的研究领域。

在精神分析中同样可以发现人本主义观点的根源。阿德勒、霍妮和其他人格心理学家不同意弗洛伊德有关无意识力量控制着我们生活的观点。这些来自正统精神分析的"持不同政见者"相信，我们是一种意识存在物，具有自发性和自由意志，受到现在、未来以及过去各种因素的影响。他们赋予人格以塑造自身的创造性的力量。

在把各种先行的因素和趋势组织成一种联贯一致的观点方面，时代精神发挥着重要影响。人本主义心理学反映了20世纪60年代人们对西方文化中机械主义和物质主义的不满。那个时代的反文化运动主要是由大学生和所谓的"落后者"（嬉皮士）组成的，他们中的某些人依赖诱发幻觉的药物去刺激和扩展他们的意识经验。作为一个群体，他们的理想在某些方面同人本主义心理学是一致的，即关注个人实现、相信人性完美、强调当下和享乐（满足个人寻求快乐的本能）、自我展示的倾向（自由地说出自己的想法）和情感重于理性和理智。

人本主义心理学的性质

对于人本主义心理学家来说，行为主义心理学是研究人性的一种狭隘的、人为且枯燥无味的方法。他们相信，把注意力放在外显的行为上是非人性化的，因为这种做法把人降低到动物和机器的地位。他们也反对行为主义有关我们以一种预先决定的方式对生活中的刺激做出反应的观点。此外，人本主义心理学家争辩说，人比实验室里的老鼠或者机器人要复杂得多，不能加以客观化、数量化或者还原为 S-R 的单位。

行为主义并非人本主义心理学唯一的攻击目标。人本主义心理学家同样反对弗洛伊德精神分析的决定论和它贬低意识作用的倾向。他们批评弗洛伊德学派仅仅研究患神经症和精神分裂的个体。

如果心理学家仅仅关注心理病理方面，那么他们怎样了解情绪健康的个体和人类的积极品质？例如，由于忽视了愉悦、满意、入迷、慈爱、慷慨等积极的品质，转而研究人格阴暗的一面，心理学忽略了人类独特的力量和美德。

因此，针对行为主义和精神分析的局限性，人本主义心理学家建立了他们所希望的心理学的第三势力。作为对人性中被忽略的一面的一种严肃认真的研究，人本主义心理学在马斯洛和罗杰斯的工作中得到了最好的表达。

亚伯拉罕·马斯洛（1908—1970）

亚伯拉罕·马斯洛（Abraham Maslow）曾经被称为人本主义心理学的精神之父。在促进这一运动的产生方面，他比任何人的贡献都要大，也是他赋予人本主义心理学以某种程度的学术威望。他努力理解人性能达到的最大成就。因此，他选择了部分心理上杰出的人物作为样本，测定了这些人物同普通人或者心理健康的正常者之间的差异。

马斯洛的生平

亚伯拉罕·马斯洛的童年时代是不幸的，我们曾描述他如何转向书本与研究，来回避自卑感与孤独感。当他进入康奈尔大学，关于心理学领域的最初经验使他想尽可能地远离心理学。他的第一门心理学课程是铁钦纳讲授的。这门课是如此地"可怕和枯燥，同人一点联系都没有。它让我感到震惊，因而退出了对它的学习"（引自Hoffman, 1988, p.26）。后来，马斯洛转到了威斯康星大学学习，在那里他发现了另外一种心理学的研究途径，并于1934年获得博士学位。

最初，马斯洛是一个热切的华生式的行为主义者，相信机械自然科学的方法可以给人类的所有问题提供答案。但是一系列个人经验使他相信行为主义过于狭隘，无法解决长久以来困扰人类的问题。孩子的出生、第二次世界大战的开始、哲学、格式塔心理学、精神分析深深地影响了他。同时，马斯洛也受到阿德勒、霍妮、考夫卡和魏特海默等从纳粹德国逃出后定居美国的欧洲心理学家的影响。他对格式塔心理学家魏特海默和文化人类学家鲁思·本尼迪克特（Ruth Benedict）充满着敬畏之情，这使他对心理健康、自我实现的人的特征进行了第一次研究。魏特海默和本尼迪克特代表着马斯洛最完美人性的典范。

亚伯拉罕·马斯洛

在 1941 年 12 月 7 日，日本偷袭美国夏威夷珍珠港舰队，美国被卷入第二次世界大战后不久，马斯洛被一次游行深深地打动了。"那一刻改变了我的一生。"他写道："我知道了此后我要做什么。（引自 Hall, 1968, p.54）"他决心将自己的生命奉献给心理学，以研究人类的最高理想。他开始为改善人类的个性而努力，试图向人们表明，人类能表现出更高尚的行为，而不是只有仇恨、偏见和战争。

那时，马斯洛在布鲁克林学院从事教学工作。但是在那个地方，他早期有关人本主义心理学的尝试没有让他产生积极的个人体验。行为主义心理学群体拒绝了他的努力。尽管学生们对他的观点有兴趣，但是同事们都回避他，认为他太偏离传统，同行为主义，即那个时代的主流心理学步调太不一致；主流杂志拒绝发表他的文章。最终，他在 1951—1969 年，在布兰迪斯大学发展和完善了他的理论，在一系列受到欢迎的著作中，阐述了他的人本主义心理学。他支持敏感小组运动（sensitivity group movement）。1967 年，他被推选为美国心理学协会主席。

在 20 世纪 60 年代，马斯洛成为一个名人和反文化运动的英雄，获得了自年轻时就渴望得到的崇拜。"年轻人发现马斯洛的工作特别具有魅力，对于许多人来说，他是领袖般的人物。（Nicholson, 2001, p.86）"用阿德勒的术语来说，马斯洛成功地补偿了童年时代的自卑。

自我实现

自我实现（self-actualization）：能力的完全发展和潜能的完满实现。

依据马斯洛的观点，每一个人都具有**自我实现**的先天倾向。自我实现这种人类的最高需要涉及对能力和品质的积极利用，以及潜能的发展和实现等。为了达到自我实现，我们首先必须满足先天等级结构中处于较低层次的需要。只有每一种需要获得满足之后，下一层次的需要才能成为我们行为的动机。

马斯洛所提出的需要依照满足的顺序，依次为生理需要、安全的需要、爱与归属的需要、尊重的需要以及自我实现的需要（参见图 14.1）。

马斯洛力图发现那些满足了自我实现需要，因而可以被认为是心理健康的人的特征。从定义上讲，这些人是没有神经症的。他们都是中年人，或者稍大一点，其数量不到人口的 1%。马斯洛通过传记和其他文字材料对这些人进行分析，其中包括物理学家爱因斯坦、作家和社会活动家埃莉诺·罗斯福（Eleanor Roosevelt）、非裔美籍科学家乔治·卡弗（George W.

Carver）以及格式塔心理学家魏特海默。

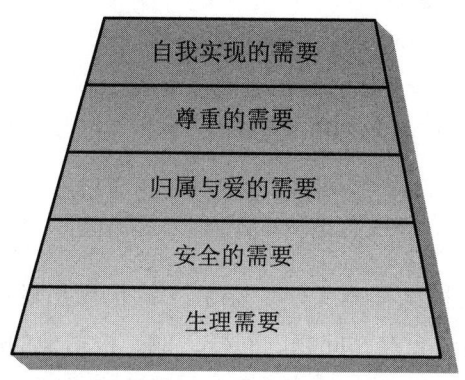

图 14.1 马斯洛的需要等级结构图

自我实现者具有下列共同倾向：

1. 对现实的客观知觉；
2. 对自己本性的完整接受；
3. 奉献和投入某种工作；
4. 行为简单、自然；
5. 自主、隐私、独立的需要；
6. 强烈的神秘或高峰体验；
7. 对人性充满关爱和同情；
8. 对顺从的抵制；
9. 民主的性格结构
10. 创造性的态度；
11. 有较高程度的阿德勒所说的社会兴趣。

马斯洛相信，自我实现的先决条件是童年时代获得足够的爱，以及在生命的头两年中生理和安全需要的满足。如果儿童在他们的童年时代体验到安全，并充满信心（马斯洛自己没有获得），那么他们成年之后依然能够如此。如果在童年时代缺乏父母的爱，安全、尊重的需要没有得到满足，那么在成年之后的自我实现就会出现困难。

马斯洛在《动机与人格》（*Motivation and Personality*）中描绘了自我实现者的三个特征：

1. 欣赏生活，并具有持续的新鲜感。
2. 高峰（神秘）体验。
3. 社会兴趣。

评论

由于马斯洛的被试样本太小，无法支持他做出的推论，因而他的研究数据和方法论被认为存在问题。同样，他是根据他的心理健康主观标准选择被试的，其术语的界定含混不清、前后缺乏一致性。马斯洛承认他的研究不符合科学研究的严格标准，但是他争辩说，这是研究自我实现的唯一方式。他认为他的工作是基础性的工作，相信有朝一日他的结论会得到证实。

后来的研究为自我实现者的特征和马斯洛提出的需要等级系统中的顺序提供了某些支持。例如，研究者发现，那些在安全、归属和尊重需要方面获得满足的人比那些没有满足这些需要的人，可能有更少的神经症行为。同样，那些在自尊方面得分高的人，在自我价值、自信和能力的测量上得分也比较高。

尽管只有有限的实证研究支持马斯洛的观点，但他研究人类最高理想的目标，赢得了大量不再对行为主义和精神分析抱有幻想的追随者。他的理论有着超越心理学的广泛影响力。试图应对现代生活问题的教师、辅导员、商业和政府领导人、医护人员和其他人群，都在马斯洛的理论中找到了符合他们需要的，能帮助他们解决日常生活问题的答案。

马斯洛所研究的一些心理学主题，在当代的积极心理学运动中也能找到。这场运动的一些创始者将马斯洛奉为先驱（例如，参见 Diener, Oishi, & Lucas, 2003）。由此可见，马斯洛的遗产已经历经数十年而不衰，今后也将世纪更替、代代不息。

卡尔·罗杰斯（1902—1987）

卡尔·罗杰斯（Carl Rogers）最著名的贡献是一种流行的心理治疗方法，

即以人为中心的疗法。他同样也建立了一种人格理论。这种人格理论以单一的动机因素为基础，类似于马斯洛的自我实现概念。然而，与马斯洛不同的是，罗杰斯的观念并不是从对情绪健康的个体的研究中获得的，而是从其理论的应用中得到的。他把以人为中心的治疗方法应用于在大学咨询中心接受治疗的患者，从中创建了自己的理论。

罗杰斯的治疗方法的名称表明了他对人格的看法。他把症状改善的责任放在人或称患者身上，而不是像正统精神分析那样，把责任放在治疗者身上。罗杰斯假定，人们可以有意识地、理性地改变他们的思想与行为，使之从不理想到理想。他并不相信我们永远受到无意识力量和早期经验的限制。人格是由现在塑造的，取决于我们怎样意识它和知觉它。

罗杰斯的生平

卡尔·罗杰斯出生于美国芝加哥的郊区。他的父母信奉严格的基督教原教旨主义观点。因而就像罗杰斯自己所说的那样，在整个童年时代和青少年时代，父母就像握钳子那样控制着罗杰斯的一举一动。父母的宗教信仰和对任何情感表露的压抑迫使罗杰斯循规蹈矩，没有任何的个人自由。后来罗杰斯指出，这些限制让他产生了反抗的思想，尽管这种反抗出现在多年之后。

卡尔·罗杰斯

他是一个孤独的孩子，总是不停地阅读。他认为他的父母更爱哥哥。结果，罗杰斯总感觉他在和自己的兄弟竞争。他成长着，"虽然他的母亲认为他一点也不好笑，但仍伴随着不可避免地成为兄弟笑柄的痛苦记忆"（Milton, 2002, p.128）。

孤独使得罗杰斯不得不依赖于自己的经验判断，因此他不停地阅读。他读他能找到的所有书籍，甚至字典与百科全书。这一方法最终构成了他了解人性的基础：

> 当我回顾过去，我意识到我对会谈与治疗的兴趣，原来源自我早年的孤独。这是一个社会许可的办法，我可以真正接近别人，以填补我曾体验到的情感缺失。（Rogers, 1980, p.34）

在孩提时代，罗杰斯的身体不太健康，他的家人认为他过于敏感和神经质。"这经常会使罗杰斯受到接近于戏谑的讥笑，更加剧了他退回到自己的幻想世界的发展趋势"（Rogers & Russell，2002，p.2）。

罗杰斯12岁的时候，全家迁到了一个农场。在那里，罗杰斯对大自然产生了浓厚的兴趣，他阅读了农业实验的书籍，学习了解决农业问题的科学方法。尽管这些阅读把他引入了学术生活，但是他的情绪生活却处在混乱之中。他写道："这个时期，我的幻想的确是稀奇古怪的，或许诊断专家会认为这是精神分裂，但幸运的是，我从来没有同心理学家进行接触。（Rogers，1980，p.30）"

22岁的时候，他到中国参加了一个会议。在那里，他从父母的原教旨主义信念中解脱出来，确立了一种更为自由的生活哲学。他开始相信，人们应该通过自己对生活事件的解释而指导自己的生活，而不是依赖他人的观点。他同时也相信，我们必须努力完善自己。这些观念后来成为他的人格理论的基石。

解放了的罗杰斯，打破了他父母的宗教观点，也使他的身体与情感进入了衰弱状态。他从中国回来后不久，可能是由压力诱发了胃溃疡。他不得不在家里待了一年，直至康复后才返回大学。

1931年，罗杰斯从哥伦比亚大学师范学院获得了临床心理学和教育心理学方面的博士学位。他在防止虐待儿童协会工作了9年，从事青少年行为过失和缺陷的教育工作。从1940年开始，他进入学术领域，先后在俄亥俄州立大学、芝加哥大学、威斯康星大学从事教学工作。在这些年月里，他建立并完善了他的理论和心理治疗方法。

他的学术生涯因为他所谓的神经衰弱而一度中断，起因是他在治疗一个严重的精神病患者时失败了。他的自信心开始动摇。他深深地体验到"作为一名治疗师的无能，我不配做人，我在心理学领域没有任何前途"（1967，p.367）。幸运的是，他最终用他自己的三条原则走出了阴影。

记住下面这一点是很重要的，即在发展他的理论的这段时间里，罗杰斯的临床经验主要是从大学生心理咨询中心获得的。因此，他所治疗的患者主要是年轻、聪明、有较高语言技能的人。一般来说，他们的问题主要是适应不良，而不是严重的情绪障碍。这个被试群体同弗洛伊德和其他临床心理学家在临床实践中所见到的那个群体是极为不同的。

自我实现

人格中最大的动机力量是实现自我的内驱力（Rogers，1961）。尽管这种自我实现的冲动是天生的，但是它可以被早期经验和学习促进或阻碍。罗杰斯强调了母子关系的重要性，因为母子关系影响着儿童自我的成长。如果母亲能满足婴儿对爱的需要，即罗杰斯所称的**积极关注**，婴儿就倾向于形成健康人格。

积极关注（positive regard）：母亲对婴儿无条件的爱。

如果母亲的爱对于孩子来说是有条件的，即只有某种适当的行为才能获得爱，那么儿童就会内化母亲的态度，建立价值的条件。在这种情况下，儿童感觉只有在某些条件下才具有价值，因而极力回避那些不能获得赞赏的行为。这样一来，儿童的自我就没有获得完整的发展。因为他不能表达自我的所有方面。他已经知道，某些行为会导致拒绝。

因此，心理健康的主要先决条件就是童年时代的无条件积极关注。理想的条件是，无论儿童的行为怎么样，父母都展示出对孩子的爱和接受。受到无条件积极关注的儿童将不会形成价值的条件，因而没有必要压抑自我的任何部分。只有以这种方式，一个人才能最终获得自我实现。

自我实现是心理健康的最高水平。罗杰斯的自我实现概念同马斯洛的自我实现概念是类似的，尽管两者在心理健康者的特征方面有某些不同。对于罗杰斯来说，心理健康或机能完整的人具有下列特征：

- 对所有的经验开放，对所有的经验都有新鲜感；
- 在每一时刻都有完满地生活的倾向；
- 具有受本能指导的能力，而不是受理性或他人观点的指导；
- 思想和行动的自由意识；
- 较高程度的创造性；
- 最大程度、持续不断地实现自己的潜能。

罗杰斯把机能完整的人看作实现的过程，而不是实现的结果。他指出，自我的发展是一个不断进步的过程。他这种对自发性、灵活性的强调，和他对持续不断的成长能力的关注，典型地表现在他那本最受欢迎的书《个人形成论》（*On Becoming a Person*，1961）的题目上。

评论

罗杰斯独特的以人为中心的心理治疗对心理学产生了重要影响。其理论迅速被接受，部分的原因是1945年第二次世界大战结束后美国的社会环境。大量海外归来的退役军人，需要适当的调整以适应平民生活。对心理学家与有效咨询技术的需要被迅速传播。传统的精神分析需要有医学学位及几年的专业学习；但罗杰斯以人为中心的疗法简单得多，成为一个治疗师也不需要更多的准备。它特别适合时代的需要。

罗杰斯的理论在今天的心理咨询与心理治疗中，仍然拥有很大的影响力（参见 Kirschenbaum & Jourdan, 2005；Patterson & Joseph, 2007）。它在商业中被用来培训管理者的技能；还帮助培训临床心理学家、社会工作者与顾问。全世界有 50 多本专业期刊及大约 200 个组织在讨论与实施以人为中心的治疗的修订版本。

罗杰斯在 20 世纪 60 年代的人类潜能运动中是个有影响力的人物，而人类潜能运动是改革心理学，使心理学更人性化的整体趋势的一部分。1946 年，罗杰斯被推选为美国心理学协会主席。他获得过杰出科学贡献奖和杰出职业贡献奖。

人本主义心理学的命运

随着杂志和协会组织的建立，人本主义心理学运动变得正规化。1961 年，《人本主义心理学》(*The Journal of Humanistic Psychology*)创刊；1962 年，美国人本主义心理学协会建立；1971 年，美国心理学协会人本主义心理学分会成立；1989 年，《人本主义心理学家》(*The Humanistic Psychologist*)成为该分会的官方杂志；1986 年，加利福尼亚大学建立了人本主义心理学档案馆。因此，一个组织严密的思想学派的典型特征都已经具备了。人本主义心理学家提出的心理学概念不同于心理学的其他两种势力（行为主义和精神分析）。这些心理学家具有其他学派在成立的早期所自夸的特征——一种坚定的信念，认为他们代表了心理学最正确的道路。

尽管具有一个思想学派的性质，人本主义心理学实际上并没有成为一个整体。这是在这个运动产生 20 年之后，人本主义心理学家自己的判断。一位心理学家写道："人本主义心理学是一场伟大的实验，但基本上是一个失败的实验，因为在心理学中没有人本主义思想学派，没有一种理论会被公认为一种科学哲学"（Cunningham, 1985, p.18）。卡尔·罗杰斯也同意这一观点，认为"人本主义心理学并没有对主流心理学产生重要影响。我们仍然被认为具有相对较小的重要性"（引自 Cunningham，1985，p.16）。即使在罗杰斯对人本主义心理学提出这个尖锐批评的 10 年之后，一位心理学家在评价主流心理学时，仍然认为主流心理学"令人吃惊地没有受到人本主义心理学所关心的问题的影响，指出人本主义心理学在出版、研究基金、大学课程、资格证书标准方面，仍然被排除在外"（Aanstoos，1994，p.2）。

在 21 世纪，人本主义心理学仍然孤立于主流心理学之外（Giorgi，2005）。一位同情的观察者写道："相比整个 20 世纪六七十年代早期的全盛时期，人本主义心理学在美国心理学界的影响力下降了不少。（Elkins，2009，p.268）"

为什么人本主义心理学依然游离于公认的心理学思想体系之外呢？其原因之一是大多数人本主义心理学家在临床实践领域工作，而不是在大学里。不像学院派心理学家，在私人治疗实践中工作的人本主义心理学家不能与学院派心理学家在同样程度上从事研究、发表论文，或者培训新一代的研究生继承他们的传统。

缺乏影响力的另外一个原因与人本主义心理学运动的时间有关。人本主义心理学是一场抗议运动，在它发展的顶峰，即 20 世纪六七十年代，它所抗议的观点在心理学中已经不是那么有影响了。弗洛伊德的精神分析和斯金纳的行为主义由于内部的分裂而被削弱。两者都正在向人本主义心理学所呼吁的要求变化。这样一来，人本主义抗议运动所攻击的对象已经不是原来的占支配地位的形式了。

尽管人本主义心理学并没有改变心理学，但是它加强了精神分析中那种人可以有意识、自由地塑造自己生活的观点。人本主义心理学间接地促进了学术实验心理学对意识的研究，因为它与认知心理学同时产生，因而成为时代精神的一部分。

认知心理学的一位建立者曾经指出，他"受到人本主义心理学精神的强烈影响，把认知的观点看得更具有人本主义的色彩"（Neisser，引自 Baars，1986，p.273）。就整体来讲，人本主义心理学强化了这一领域已经发生的变化。从这个意义上讲，它可以说是成功的。此外，在 40 年之后，它对当代的 21 世纪的心理学产生了冲击（参见 Nicholson，2007）。

积极心理学

人本主义心理学的主题，即心理学家应该研究人性中优秀的一面和恶劣的一面、积极特征和消极特征这样一种观点，在 1998 年再次被人们所重申。美国心理学协会主席马丁·塞利格曼（Martin Seligman）在一次乐观主义和希望科学讨论会上的发言中指出，这一领域"无情地把注意的中心放在消极的一面，使得心理学只关注令人不悦的痛苦的生活事件，看不到成长、掌握、动力和顿悟"（Seligman，1998，p.1）。听起来和 30 年前的马斯洛一样，塞利格曼说道：

> 为什么社会科学把人的力量和美德——利他主义、勇气、忠诚、职责、愉悦、健康、责任和快乐——看作衍生的、防御性的和纯粹错觉的，而把弱点和消极的动机——焦虑、贪婪、自私、偏执、发怒、障碍和悲伤——看作真实的？（Seligman，1998，p.1）。

他的目的是在马斯洛与罗杰斯先期工作的基础上，说服心理学家发展一种更为积极的人性和人类潜能的概念（参见 Seligman, Steen, Park, & Peterson, 2005）。

塞利格曼对积极心理学的呼吁收到了极为热烈的回应。研究报告、论文、著作和书籍如泉水般地涌现出来。到 2001 年的时候，有关主观幸福感的研究，即对幸福和其他积极情绪的原因和相关的研究，已经被证明是"在过去 40 年中，出版物增加最多的领域"（Staudinger, 2001, p.552）。在 2000 年，美国心理学协会的重要刊物《美国心理学家》，出版了积极心理学的专刊，该专刊有近 200 页，探讨了幸福、优秀、理想心理机能等问题，这些问题都是弗洛伊德和其他精神分析学家极少涉及的内容（参见 Seligman & Csikszentmihalyi, 2000）。

2002 年，塞利格曼出版了一本通俗书籍，书名为《真实的幸福：使用新的积极心理学，实现你的潜能》（*Authenit Happiness: Using the New Positive Psychology to Realize Your Potential for Lasting Fulfillment*）。《新闻周

刊》上发表了一篇赞扬这本书的文章，称积极心理学运动为"心理学研究的一个全新时代"（Cowley，2002，p.49）。在2005年，《时代》杂志出版了40页的专刊，专门介绍塞利格曼及其同事在这一令人兴奋的新领域所做的工作。第二年，《积极心理学杂志》（*Journal of Positive Psychology*）创刊。在哈佛大学，积极心理学成为那一年最受欢迎的本科课程，选课者有855人，没有其他哪门课程的选课人数可以与之相比。

因此，在塞利格曼呼吁建立积极心理学不到10年的时间里，积极心理学取得了重大的成功。每年会产出成百上千篇研究报告，举行讨论会，出版书籍，在流行杂志与电视节目宣扬他们的目标。今日的积极心理学教科书覆盖了以下典型课题：主观幸福感、幸福科学、生活满意度、积极情感、情绪创造性、乐观主义、希望理论、生活和幸福的目标定制、工作中的积极心理，等等（例如，可参见Compton，2006）。

一项对132个国家的136000人的调查研究发现，生活满意度与收入相关。赚更多钱的人对他们的生活更满意，反之亦然（Diener, Ng, Harter, & Arora, 2010）。但是，快乐、幸福和主观幸福感等积极的情感，较少依赖于金钱，更多地依赖于感觉受到尊重、可以主宰自己的生活、拥有亲密的家人和朋友等因素。该研究的主要作者在一次访谈中说，钱"会让你更满意，但不一定会让你感觉更好。积极的情感较少地受到金钱的影响，它主要受人们成天在做的事情的影响"（引自Stein，2010，p.1）。

这些研究似乎支持了旧的格言——"金钱买不到幸福"。但是，缺乏金钱就会缺少经济安全感，使人感觉不幸福。即使赢得数百万美元的彩票大奖的人，其主观幸福感也只是临时增加，之后大多数人又开始恢复到之前的幸福水平。

这个理念已经有了正规的表述，即幸福的"快乐水车（hedonic treadmill）"模型。这一模型有强有力的研究支撑。所谓"快乐（hedonic）"是指那些令人感到幸福的东西。这一理论指出，积极与消极事件对我们幸福水平的影响都只是暂时的，之后我们又会回到正常的幸福水平。

> 因此，快乐和不快乐只是对环境变化的短暂反应。人们继续追求幸福，因为他们错误地认为，在更远的地方，还存在着更大的幸福。（Diener, Lucas, & Scollon, 2006, p.305）

因此，如果你认为你所需要的仅仅是一个更大的房子，或一辆更昂贵的汽车，那你可能真的还要再想想。对成人的调查表明，越来越多的财产并不代表越来越高的幸福水平。一位研究者总结道："人们追求的物质目标越多，他们的生活满意感与主观幸福感就越低"（Van Boven, 2005, p.133）。另外的研究还发现，更高收入的人更加焦虑，倾向于在放松和休闲活动方面投入更少的时间。"高收入个体在与幸福没多大关系的事情上花费更多的时间，平均而言，他们的紧张感与压力感要略高一些。（Kahneman, Krueger, Schkade, Schwartz, & Stone, 2006, p.1908）"

和金钱与幸福感的关系类似，身体的健康同样不能保证幸福。但是，身体不健康，就像收入不高一样，会降低人们总体的生活满意度。在我们讨论的测量幸福感的这些因素上，均不存在显著的性别差异。

年龄和幸福之间的关系似乎也很清楚。研究表明，除了患有严重的健康问题，或在老年时期身体有缺陷之外，主观幸福感一般会随着年龄的增加而提升（Kunzmann, Little, & Smith, 2000）。一项研究比较了两组成年人（平均年龄为31与68岁），结果发现，幸福感随着年龄的增加而增加（Lacey, Smith, & Ubel, 2006）。对34万18—85岁的美国人的一项调查显示，主观幸福感和生活满意度在18岁的时候较高，之后一直下降直到大约50岁，然后再慢慢提升到85岁，且85岁比18岁时的满意度更高（Stone, Schwartz, Broderick, & Deaton, 2010）。

一项对7000个美国人进行的超过28年的研究表明，主观幸福感、生活满意度、积极情感与寿命相关。换句话说，幸福的人寿命更长（Xu & Roberts, 2010）。对西班牙老年人的研究还发现，运动或其他身体活动与主观幸福感呈高度的正相关（Garatachea, Molinero, Martinez-Garcia, Jimenez-Jiminez, Gonzales-Gallego, & Marquez, 2009）。

婚姻和人格变量似乎的确影响着对生活的积极态度。有关的研究证明，结婚的人比没有结过婚或者离婚和丧偶的人报告了更高的幸福体验。在主观幸福感量表上得分较高的人在自我效能、内部控制点（控制自己生活的强烈愿望）、自尊、自我接受、自我决定、外向和正直方面得分也较高。他们同样在神经症症状测量上得分较低（例如，可参见 Ryan & Deci, 2001；Seligman & Csikszentmihalyi, 2000；Snyder & Lopez, 2001；Staudinger, Fleeson, & Balters, 1999）。

还有哪些其他因素会影响幸福呢？在种族和民族变量方面，研究表明，经历过歧视的非裔美国大学生，同经历过歧视的年龄更大的非裔美国人一样，比没有经历过歧视的人幸福感水平更低（Prelow, Mosher, & Bowman, 2006；Utsey, Payne, Jackson, & Jones, 2002）。那些对非裔人团体有更强烈认同感及接受感的非裔大学生，会比更小认同感及接受感的非裔大学生的幸福感水平更高（Postmes & Branscombe, 2002）。

你可能会很惊讶，外表吸引力与幸福之间只有非常低的相关。此外，一项对90个国家的比较研究表明，那些生活在高度发达、城市化、工业化国家的人，比那些长期生活在不那么发达国家的人，幸福感显著要高（Veenhoven, 2005）。

幸福的人更可能成功，仅仅是因为他们本身是幸福的吗？或者他们是幸福的，主要是因为他们是成功的吗？研究表明，幸福是第一位的，它导引了走向成功的各种行为（Oishi, Diener, & Lucas, 2007）。"主观幸福感更高的人，更容易获得面试的机会，工作后更容易得到主管积极的评价，能表现出更优秀的执行力和更高的生产率，并且能更好地完成管理工作。（Lyubomirsky, King, & Diener, 2005, p.803）"

评论

有关积极心理学的研究和理论建设工作吸引了越来越多的心理学家的兴趣。它代表了人本主义心理学运动最持久的影响力。但是，某些心理学家尽管承认积极心理学的价值，但是认为它不过是"重新包装"的人本主义心理学。

然而，积极心理学与人本主义心理学和在这一章中早些时候阐述过的精神分析取向的心理学有着重要区别。积极心理学并不像马斯洛的自我实现研究那样，使用主观的个案史，相反，他依赖的是严格的实验研究。它已经"认真地规避了过去贴在人本主义心理学身上的那种反科学的标签"（Simonton & Baumeister, 2005, p.99）。

至于积极心理学作为一场正式运动的未来发展，塞利格曼和其他积极心理学的先驱并没有一个结构清晰的目标。"我们把积极心理学仅仅看成是心理学关注点的变化。"塞利格曼写道："即从对生活中某些最坏事情的研究，转向对使生活更有价值的事物的研究。我们并不把积极心理学看作在此之前的心理学的替代物，而仅仅看作对它的补充和扩展。（Seligman, 2002, p.266-267）"

无论积极心理学最终的地位如何，它的特点都是明显的，即与弗洛伊德在一个多世纪之前进行的人格研究相比，它对人性研究采取了一种截然不同的方法。

历史中的精神分析传统

我们已经讨论了弗洛伊德时代和弗洛伊德之后精神分析学派内部存在的多样性。某些当代的观点同弗洛伊德的观点已经没有什么类似的地方，之所以把它们称作"精神分析的"，仅仅是因为缺乏适当的称呼，以便于同心理学中的行为 — 实验倾向的心理学相区别。精神分析内部的分裂状况远比行为主义严重得多。尽管存在着新行为主义和新的新行为主义引入的变化，行为主义都分享了华生的信念，即行为依然是研究的焦点。与此相比，在弗洛伊德的追随者中很少有人同意把无意识生物力量作为研究的焦点，也很少有人同意性和攻击是主要的动机力量。

其结果就是在精神分析中比在行为主义中存在着更多的分支派系。观点上的这种多样性既可以被看成它的活力，也可以被看成它的弱点。它们的发展是新近的事，现在还不能加以判断。在弗洛伊德开始他里程碑式工作的 100 多年后，精神分析的历史仍然处在发展之中。

问题讨论

1. 比较马斯洛和罗杰斯对自我实现和心理健康的人的观点上的不同。
2. 描述安娜·弗洛伊德同他父亲的关系。她给精神分析引入了什么变化？
3. 描述荣格的集体无意识与原型的概念。
4. 解释霍妮的基本焦虑、神经症需要、理想化自我意象的概念。
5. 解释阿德勒的"生活风格"，根据他的理论，自卑感是如何发展的？
6. 人本主义心理学为什么不能达到改变心理学的目标？
7. 荣格的分析心理学与弗洛伊德的精神分析有什么不同？
8. 梅兰妮·克莱因和海因茨·科胡特的方法同弗洛伊德和其他人有什么不同？
9. 社会科学中时代精神的变化怎样影响了精神分析后来的发展？
10. 霍妮的童年经验怎样影响了她关于人格的观点？
11. 霍妮与弗洛伊德关于女性主义心理学的观点有何不同？
12. 荣格的生活经验怎样影响了他的分析心理学？
13. 新精神分析学派从哪些方面改变了弗洛伊德的精神分析？
14. 你认为积极心理学运动，是否比人本主义心理学运动具有更持续的影响力？为什么？
15. 人本主义心理学在哪些方面批评了行为主义与精神分析？
16. 马斯洛和罗杰斯的理论为什么受到批评？
17. 阿德勒与弗洛伊德在哪些方面存在分歧？
18. 在客体关系理论中，"客体"的含义是什么？
19. 哪些因素影响主观幸福感？你能列出哪些影响你幸福感的因素？
20. 荣格与阿德勒对心理学做出了哪些不可磨灭的贡献？
21. 个人的生活经验怎样影响了马斯洛的心理学？

第 十 五 章

当代心理学的发展

思想学派展望

我们已经看到了心理学的每一个思想学派的产生、发展和繁荣的过程，然后——除精神分析以外——成为了那个时代心理学思想的主流。我们也看到每一场运动都从反对它先前的某个学派中获得力量。当不再需要反抗，当新的学派取代了它的对立面，它就不再是一场革命性的运动了，而成为确立起来的秩序，至少在一段时间里会维持这种状况。

每一个学派都以自己的方式获得了成功，同时也对心理学的发展做出了实质性的贡献。这一点甚至也适用于构造主义，虽然构造主义对于今天我们知道的心理学没有留下什么印记。在现代心理学中，早已经不再存在铁钦纳式的构造主义，在过去几十年里一直都是如此。但是构造主义仍然获得了巨大的成功，因为它促进了冯特所开创的事业，确立了独立的心理科学，使心理学摆脱了哲学的束缚。构造主义并没有长时间地支配心理学这一点并不能抹杀它的革命性成就。它是新科学的第一个思想学派，是它之后的理论体系反抗的动力源泉。

机能主义同样是成功的，虽然它作为独立的学派时间并不长久。它是一种态度或一种观点，这是它的倡导者所希望的。它的倡导者并不希望机能主义成为一个独立的学派。但是机能主义弥漫于整个美国心理学，渗透到美国心理学思想的方方面面。今日的美国心理学既是一门科学，也是一门职业。它的研究成果实际上已经被应用到生活的各个方面。这种机能、实用主义的态度改变了心理学的性质。

格式塔心理学又如何呢？从谦虚的角度来说，它同样完成了它的使命。对元素主义的反对、对整体方法的支持和对意识的兴趣使得临床心理学、学习、知觉、社会心理学和思维等领域的心理学家受到影响。尽管格式塔

思想学派展望
心理学中的认知运动
认知心理学的先行影响
物理学中时代精神的变迁
认知心理学的建立
乔治·米勒（1920—）
认知研究中心
乌尔里克·奈塞（1928—）
计算机隐喻
现代计算机的发展
人工智能
认知心理学的性质
认知神经科学
内省的角色
无意识认知
动物的认知
动物的个性
认知心理学的现状
进化心理学
进化心理学的先行影响
社会生物学的影响
进化心理学的现状
评论
问题讨论

学派并没有像它的建立者期望的那样改变心理学，但是它产生了重要的影响，因而可以被看作是成功的。

尽管构造主义、机能主义、格式塔心理学的成就是显著的，但是同行为主义和精神分析所产生的轰动效应相比，它们就逊色多了。这两个运动的影响是深远的，现在它们依然保持着独立的身份，是心理学中独特的思想学派。

前面我们曾经讨论了行为主义和精神分析在它们的建立者华生和弗洛伊德之后分裂成各种竞争派系的事实。在行为主义和精神分析中，没有一种理论形式曾经赢得来自所有成员的支持。分支学派的出现使得这两个理论体系成为各种竞争的小派系，每一个派系都有自己通向真理的独特路径。但是尽管存在着这些内部的分裂，行为主义和精神分析两者在心理学的方法上一直坚定地对立着。例如，斯金纳式的行为主义者同班杜拉和罗特的社会行为主义的追随者之间的共同点，要比荣格或者霍妮式精神分析的追随者的共同点多得多。这两个学派持续发展着，明显地表现出它们的活力。

我们已经看到，斯金纳的心理学并不是行为主义的最后阶段，就像阿德勒的个体心理学也不是精神分析的最后阶段。我们同样看到，尽管人本主义心理学作为一个独立的思想学派没有造成多少冲击，但是却通过积极心理学运动而对当代心理学产生着影响。

20世纪六七十年代，另外两个运动在美国心理学中产生了，而且每一个运动都尝试给心理学领域一个新的定义。这就是认知心理学和进化心理学。

心理学中的认知运动

华生在1913年行为主义的宣言中，坚持认为心理学应该放弃一切对心灵、意识或意识过程的参照。的确，那些追随华生观点的心理学家排除了这些概念，禁止所有心灵主义的术语。几十年以来，入门的心理学教科书描绘大脑的功能，但是拒绝讨论有关心灵的任何概念。人们开玩笑说，心理学似乎已经永远地"失去了意识"，或者"丢失了它的心灵"。

但是突然间（尽管实际上这一趋势已经蓄积了一段时间），心理学恢复了意识。那些在态度上被认为不正确的词语在会议上和在出版物中重新出现了。1979年,《美国心理学家》杂志上发表了一篇文章,题目是"行为主义与心灵——一种回归内省的有限呼吁"(Lieberman,1979)。它不仅谈到了心灵,而且谈到了可疑的内省技术。几个月之前,这本杂志还发表过一篇文章,题目就叫《意识》。"在经过几十年的有意回避之后,"文章的作者写道:"意识再次进入科学考察的范围中,有关这一论题的讨论也出现在心理学文献的各个受人尊敬的领域。(Natsoulas,1978,p.906)"

在1976年的年度报告中,美国心理学协会主席对聚集在那里的听众指出,心理学正在发生变化,新的概念包含了对意识的再次关注。人性的心理学形象正在变得"人化,而不是机器化"(McKeachie,1976,p.831)。当美国心理学协会的官员和一本权威杂志如此公开而乐观地讨论意识问题的时候,这似乎明显意味着一场革命——另外一场新的运动——就要来临了。

紧接着,对教科书的修改出现了,重新定义心理学为行为和心理过程的科学,而不仅仅是行为的科学。作为一门科学,心理学寻求解释外显的行为及其与心理过程的关系。在大学里,有关意识心理学的课程变得非常时髦。1987年,有调查询问心理学家,按照25年前他们的期待,现代心理学的哪一个方面最令他们吃惊,他们的回答是——认知运动的快速发展(Boneau,1992)。

因此,心理学的发展远远超出了华生和斯金纳的预期和希望。一个新的思想学派产生了。

认知心理学的先行影响

像心理学中所有的革命性质的运动那样,认知心理学并不是在一夜之间产生的。它的许多特征早已在许多理论观点中预示了出来。对于意识的兴趣早在心理学成为一门正式科学之前,就在早期的心理学思想中表现出来了。古希腊哲学家柏拉图和亚里士多德探讨了思维过程,英国经验主义和联想主义理论也对这一问题进行了讨论。

当冯特确立心理学为一门独立的学科时,他的工作集中于对意识问题的探讨。由于他强调了心灵的创造性活动,因而他可以被看作现代认知心理学的先驱。构造主义和机能主义也研究意识,它们分别探讨了意识的元素和机能。然而,行为主义做出了根本性的改变,抛弃了意识近50年。

意识的回归,即认知心理学的正式开始,可以追溯到20世纪50年代。

但是早在20世纪30年代的时候，就出现了相关的迹象。行为主义者格思里（E. R. Guthrie）在他职业生涯行将结束的时候，对他的机械主义模式感慨万分，认为刺激并不总是可以还原为物理术语。他建议，心理学家应该用知觉和认知的术语描述刺激，以便于对应答的有机体具有意义（Guthrie, 1959）。意义的概念不能仅仅用行为主义术语加以描绘，因为它是一个心灵主义的或者认知的过程。

托尔曼的目的行为主义是认知运动的另外一个先驱（参见第十一章）。他的行为主义承认认知变量的重要性，促进了刺激—反应方法的衰落。托尔曼提出了认知地图的概念，把目的行为归之于动物，强调了中介变量，以便于对那些不可观察的内部状态进行操作定义。

格式塔心理学通过它对"组织、结构、关系、被试的积极角色、知觉在学习和记忆中的重要作用"（Hearst, 1979, p.32）的强调而对认知运动产生影响。格式塔思想学派使得心理学家在行为主义支配美国心理学的那些年里，至少保持了对意识问题的象征性的兴趣。

认知心理学的另外一个先驱是瑞士心理学家让·皮亚杰（Jean Piaget）。他喜欢在山里徒步旅行寻找蜗牛，还喜欢在陈面包上涂蛋黄酱和大蒜吃。皮亚杰在10岁的时候就写出了他的第一篇科学论文，后来曾经跟随荣格学习。皮亚杰同样也与西奥多·西蒙（Théodore Simon）一起工作过，而西蒙与比纳一起编制了心理学的第一个心理能力测验量表（参见第八章）。

皮亚杰帮助他们对儿童进行测验。后来，皮亚杰从认知发展阶段的视角研究儿童发展，而不是像弗洛伊德那样从心理性欲阶段的视角探讨儿童发展问题。皮亚杰对儿童访谈的临床法，以及在访谈中坚持做非常详细的笔记的习惯，被视为20世纪20年代发生在霍桑对产业工人进行研究的灵感的主要来源。关于霍桑实验，我们已经在第八章中进行了描述（参见Hsueh, 2004）。

皮亚杰最初的理论发表于20世纪二三十年代，尽管他的理论在欧洲非常有影响，但是由于与行为主义观点不和谐，因而在美国没有得到广泛的赞同。然而，早期的认知理论家欢迎皮亚杰对认知因素的强调。随着认知观念在美国心理学中扎下根来，皮亚杰的工作就显示出了它的重要意义。1969年，皮亚杰成为第一个获得美国心理学协会杰出科学贡献奖的欧洲心理学家。由于皮亚杰的工作针对的是儿童，因而它扩展了行为的范围，使得认知心理学家把他们的理论应用于对儿童行为的研究。

物理学中时代精神的变迁

科学的变迁往往反映了学术上时代精神的变化。我们看到，科学的发展就像一个物种，适应着环境的条件和要求。什么样的思想氛围孕育了认知运动，并通过再次接纳意识而缓和了行为主义观念？我们再次看到了物理学——心理学长期以来的理性模型——中的时代精神的作用。自从心理学成为一门科学以来，它一直对这一领域产生着影响。

在20世纪初期的物理学中，爱因斯坦、尼尔斯·博尔（Neils Bohr）、韦纳·海森伯格（Werner Heisenberg）的工作导致了一种新观点的产生。这种观点拒绝了自从伽利略、牛顿时代以来的机械宇宙模型。这种机械宇宙模型也是从冯特到斯金纳以来的心理学家一直支持的机械论、还原论和决定论观点的原型。物理学中这种新的世界观抛弃了纯粹客观性的苛求，认为外部世界同观察者不可能完全分离。

物理学家承认，我们对自然世界的任何观察都可能对它产生干扰。因此他们不得不弥合观察者和被观察的对象、内部世界和外部世界、心理的东西和物质的东西之间的间隙。这样一来，科学研究的对象就从一个独立的、客观的、可知的宇宙转向了对那个宇宙的观察。现代科学家不再需要与他们观察的对象"剥离（detached from）"。在某种意义上，他们成为"参与性的观察者（participant-observers）"。

这样一来，纯粹客观现实的理想就不再被认为是可以达到了。物理学家逐渐接受了这样一种信念，即客观的知识实际上是主观的，是依赖于观察者的。认为所有的知识都具有个人性质这种观点听起来有点像伯克利的看法。300多年之前，伯克利认为知识是主观的，因为它依赖于知觉它的人的性质。一位学者指出，我们有关世界的图像"远远不是独立现实的照片般的复制品，它更多的是一幅绘画：它是一个心灵的创造物，两者之间有某些相似之处，但决不会是一个复制品"（Matson, 1964, p.137）。

物理学家对客观、机械的研究对象的否认和对主观性的认可恢复了意识经验的作用。因为意识经验在我们获得外部世界信息方面发挥着至关重要的作用。物理学中的这场革命有效地影响了心理学，使得意识成为心理学研究对象的一个合法部分。尽管科学心理学的传统抵制了新物理学达半个世纪之久，一致坚持着过时的模式，顽固地定义自身为行为的客观科学，但是最终它对时代精神做出了反应，矫正自身，重新接纳了认知过程。

认知心理学的建立

对认知运动的回顾给了我们这样一个印象,即在短短的几年之内,心理学的行为主义基础就被腐蚀了,这一变化是十分迅速的。实际上,这种变迁并不是那么明显。现在看来的那种戏剧性变化实际上是缓慢、静悄悄地来临的,既没有战鼓,也没有号角。一位心理学家写道:"革命这一术语或许并不合适,因为并没有什么巨变;在10~15年的时间里,在不同的分支领域里,缓慢地发生着变化;没有令人眩目的事件,也没有出现一个领导者"(Mandler, 2002a, p.339)。

经常的情况是,时过境迁之后,历史的进步才彰显出来。认知心理学的建立并不是一夜之间的事,而且也不能归因于一个像华生那样单独改变这一领域的人物的领导气质。就像机能主义那样,认知运动并没有一个独立的领袖。这或许是因为在这一领域工作的心理学家没有人有这样的野心去领导这一新的运动。他们的兴趣是实用主义的,他们所要做的就是给心理学一个新的定义。

回顾过去,历史突显了两位学者。他们不是那种正式意义上的建立者,而是做出了一种开创性的工作:或者是建立了一个研究中心,或者出版了被认为在认知心理学的发展中具有里程碑作用的著作。他们是乔治·米勒和乌尔里克·奈塞。他们的故事突出了在塑造一个新的思想学派过程中所涉及的个人因素。

乔治·米勒(1920—)

乔治·米勒

乔治·米勒(George Miller)在亚拉巴马大学所学的专业是英语和语言,并于1941年在那里获得语言硕士学位。在亚拉巴马大学,他表现出对心理学的兴趣。虽然他从没有学习过心理学课程,但是该大学却聘请他给16个单元的学生讲授心理学入门课程。他回忆说,每周讲授同样的材料16次以后,他开始相信心理学了。

后来,米勒去了哈佛大学,在心理听力实验室工作,研究语言交流问题。1946年,他获得博士学位。5年以后,他出版了一本里程碑式的著作,书名为《语言与交流》(*Language and Communication*)，论述了心理语言学。米勒接受行为主义思想学派的观点。他指出，他没有别的选择，因为行为主义在主要的大学和职业学会中间处在领导地位。

> 权力、荣誉、权威、教科书、基金等心理学中的一切都为行为主义学派所拥有……那些打算成为科学心理学家的人根本就不可能反对行为主义。因为那样可能让你连个工作都找不到。
> （Miller，引自 Baars，1986，p.203）

到 20 世纪 50 年代中期，经过对统计学习理论、信息理论、心灵的计算机模型的学习和研究之后，米勒得出结论，认为行为主义不会产生什么结果。计算机和心灵操作的类似性给了米勒深刻印象，因此他的心理学观日益趋向认知观点。同时，他产生了令人苦恼的对动物毛发和皮屑的过敏，因而无法继续从事实验室动物的研究。在行为主义的世界里，仅仅与人类被试一起工作会产生许多不利之处。

米勒转向认知心理学也源于他的反叛性格。这种性格特征在他那一代心理学家中是普遍存在的。他们时刻准备好，去反叛那种传授给他们、并正在实践着的心理学。他们要提出一种新的方法，这种新方法关注的是认知，而不是行为因素。但正如米勒在 50 年后所写的那样，"就在那一时刻，我还没有意识到，实际上，我正在进行一场革命"（Miller，2003，p.141）。

1956 年，米勒发表了一篇现在已经成为经典作品的文章，文章的题目是"神奇数字 7，加或减 2——信息加工能力的某些限度"。在这篇文章中，米勒证明，对数字（或者词语和色彩）的短时记忆能力局限于大约 7 个信息"组块"。这是在任一特定的时间里，我们能加工的最大量。这一结论的重要意义和影响在于，它在行为主义思想占统治地位的时代里，探讨了意识或认知经验。此外，米勒对"信息加工"这一词组的使用表明了人类心灵的计算机模型的影响。

认知研究中心

米勒与他在哈佛的同事杰罗姆·布鲁纳（Jerome Bruner，1915— ）一起，建立了一个研究中心，探讨人类的心灵。他们二人请求校长给他们提供空间。1960年，校长把威廉·詹姆斯住过的房子给了他们。这倒是一个合适的地方，因为在《心理学原理》中，詹姆斯曾经对心理生活做了十分精辟的论述。给他们的这一新的事业起名字并不是一件小事。由于他们的这个研究中心隶属于哈佛大学，因此这个中心具有对整个心理学领域产生巨大影响的潜力。他们选择用"认知"这个词来表明他们的研究对象，决定称他们的机构为"认知研究中心"。

> 在使用"认知"这个词语时，我们的目标是远离行为主义。我们想找一个"心理"性质的术语，但是"心理的心理学（mental psychology）"似乎太累赘。"常识心理学（common-sense psychology）"给人的暗示是某种文化人类学的研究。"民族心理学"（folk psychology）暗示了冯特的社会心理学。那么使用什么术语来表示我们的观点呢？我们的选择是"认知（cognition）"。（Miller，引自 Baars，1986，p.210）

这一中心的两个学生后来回忆说，那时没有人告诉他们"认知"这个术语的真正意思是什么和到底倡导了什么观念。这个中心"并不是为任何特定的东西建立的，而是为反对的东西建立的。对于这个中心来说，重要的是反对什么"（Norman & Levelt，1988，p.101）。

可以肯定的是，它不是行为主义的，不是占统治地位的权威，不是心理学的既定传统，也不是那个现在的心理学。在界定这个研究中心时，它的建立者要证明他们同行为主义者有多么不同。就像我们看到的那样，每一个新的运动都声称它的观点或态度不同于流行的思想学派。这对于他们界定准备做什么和带来了哪些变化是一个必要的准备阶段。然而，米勒把这一切都归功于时代精神。"我们都不认为这个中心的成功是哪个人的功劳。它之所以成功，是因为它所代表的那个观念的时代已经来临了。（Miller，1989，p.412）"

尽管认知心理学同行为主义存在差别，但米勒并不认为认知心理学是一场真正的革命。他称认知心理学是一种"增长"，是由一种缓慢的成长或累积而带来的变化。他认为这一运动更多的是进化性质的，而不是革命性质的，并且相信这是一种对常识心理学的回归。这种常识心理学既研究行为，也探讨心理生活。

这一中心的研究覆盖了范围广泛的论题，包括语言、记忆、知觉、概念形成、思维和发展心理学。这些领域中的大部分论题是被行为主义所禁止的。米勒后来在普林斯顿大学建立了一个培养研究生的认知科学研究基地。

1969 年，米勒成为美国心理学协会主席，获得了杰出科学贡献奖。他也因为在应用心理学方面的贡献而获得美国心理学基金会的金质奖章。1991 年，他获得民族科学奖章。2003 年，他获得美国心理学协会颁发的心理学终身贡献奖。对他工作的承认也可以从认知心理实验室的数量上看出来。这些实验室都是以他的认知研究中心为原型的。此外，他为之奋斗多年的认知方法的快速发展也证明了他的贡献。

乌尔里克·奈塞（1928— ）

乌尔里克·奈塞（Ulric Neisser）出生于德国，在他 3 岁的时候，父母把他带到了美国。奈塞这样描述自己的童年："我害怕女孩，体育成绩差，甚至连购物都不会。我认为自己是局外人，将少数几个朋友视为怪异的人，也许，我自己同样是怪异的人。（2007，p.272）"

奈塞的大学时代是在哈佛大学度过的，其专业是物理学。年轻的教授乔治·米勒的工作给他留下了很深的印象，因而让他感觉物理学太没意思，于是转向心理学。他选修了米勒的交流与信息理论心理学课程。他说，他受到考夫卡的著作《格式塔心理学原理》的影响。1950 年，他在哈佛大学获得学士学位。此后，他来到斯瓦茨莫学院，在格式塔心理学家苛勒的指导下攻读硕士学位。然后，他又回到哈佛大学继续攻读博士学位，并在 1956 年完成了学业。

乌尔里克·奈塞

尽管他越来越被心理学的认知方法所吸引，但是奈塞知道，如果他想从事学术研究工作，他就离不开行为主义。"这是你不得不学习的，在这个时代，除非你能在老鼠身上进行展示，否则就不能算是心理现象。（引自 Baars，1986，p.275）"幸运的是，他的第一个学术工作是在布兰迪斯大学，而马斯洛在那个时候是这所大学心理学系的主任。马斯洛正在偏离他所受的行为主义训练，准备为这一领域建设一种人本主义的方法。最初，马斯洛试图使奈塞进入人本主义心理学领域，但是没有获得成功。然而，马斯洛给了奈塞机会，让奈塞可以追求他在认知问题上的兴趣。后来，奈塞声称，认知心理学，而不是人本主义心理学，是心理学的第三势力。

1967年，奈塞出版了《认知心理学》（*Cognitive Psychology*）。他说，这本书代表的是他个人，是他界定自己和自己想成为的那种心理学家。在心理学史上，这本书起到了里程碑式的作用。它是为这一领域界定一种新方法的尝试和努力。书出版以后，受到了极其热烈的欢迎。奈塞很尴尬地发现他被人称为"认知心理学之父"。

奈塞40岁后写道："一眨眼工夫，各种认知期刊、认知课程、认知心理学培训及会议雨后春笋般出现。我成了一个名人，每到一个地方，都介绍我是'认知心理学之父'。这对一个还不到40岁的年轻男人来说是一种令人兴奋的体验。（Neisser，2007，p.284）"

但奈塞很快对自己所创造的东西表示不满。9年之后，他出版了《认知与现实》（*Cognition and Reality*，1976）一书。在这本书中，奈塞表达了对认知观点狭隘性的不满，认为认知心理学过度依赖实验室情境搜集数据，而忽视了真实的生活世界。他坚持认为，心理学的研究结果应该具有生态学的效度。换言之，奈塞认为心理学的研究结论应该可以推论至实验室之外的情境。

此外，奈塞认为，认知心理学家应该把他们的研究结论应用于实际问题，帮助人们解决在生活和工作中碰到的问题。因此，奈塞沮丧地得出结论说，认知心理学运动并没有促进心理学对人们日常行为的理解。这位在认知心理学建立过程中发挥主要作用的人物成为一个坦率的批评者，就像他早期挑战行为主义那样，对认知运动也提出了挑战。

计算机隐喻

钟表和自动机器人是17世纪机械宇宙观的隐喻，扩展开来，也是人的心灵的隐喻。这种机器到处都是，通过它们，人们很容易理解心灵工作的模型。今天，宇宙的机械模型和由此而衍生的行为主义心理学已经被物理学中对主观性的接受和心理学中的认知运动这样一些观点所取代了。

钟表对于现代心理观来说，已经不再是一个有用的范例。计算机的出现给人们提供了解释心理机能的一个新模型或新的隐喻。科学史家写道：

"心灵之所以能再次回归，行为主义之所以被人们遗弃，都得益于这样一个观念，即大脑像计算机。这个主张是所有有关认知革命的历史文献中的一个共同点。（Crowther-Heyck，1999，p.37）"心理学家求助于计算机的操作解释认知现象。而那些展示出人工智能的计算机也经常是用人类的术语进行描绘的。储存能力是它的记忆，程序编码是它的语言，新一代计算机的出现被说成是在进化。

计算机的程序本质上是处理符号的一组指令，但可以被看作发挥着与人类心灵类似的机能。计算机和心灵都从环境中获得信息，对大量的信息（感觉刺激或数据）进行加工。它们消化这些信息，经历了处理、储存和提取的过程，并以各种方式对这些信息加以利用。因此，计算机的程序化过程被认为是信息加工认知观点的基础。

认知心理学家对人类思维过程背后的符号处理顺序感兴趣。换言之，他们关心心灵怎样加工信息。他们的目标是发现储存在我们每一个人的记忆中的程序，即那些思维模式，通过这些模式，我们理解和表达观念、记住和回忆事件和概念、掌握和解决新的问题。在接近125年的历史中，从简单的时钟到复杂的计算机作为研究对象的模型，心理学经历了不断的进步，但是值得注意的是，时钟和计算机都是机器。这表现了心理学从旧思想学派到新的思想学派进化的历史连续性。在计算机本身的进化中，我们也可以看到这种历史的连续性。

现代计算机的发展

我们曾经讨论了查尔斯·巴贝基和亨利·霍勒里斯所发明的能像人那样"思考"的机器。但是在第二次世界大战的早期，是一个实践性的问题导致了现代计算机的发端。1942年，美国军队急需找到一种更快的计算方式，以便进行炮弹的发射。精确的瞄准，以便于炮弹击中目标，过去和现在都是一个困难的过程。它比战士用步枪瞄准，然后扣动扳机要复杂多了。有人是这样描绘的："为了使大炮瞄准目标，炮手必须对大炮进行多项调整。这需要一个数列表来解释影响弹道的所有变量：风速和风向、湿度、气温、高度，甚至弹药的温度。（Keiger，1999，p.40）"

每一种火炮的说明书包含了成百上千个数据表。一个简单的轨道也需要12小时持续不断的复杂计算（参见Friedel，2007）。这些数据是一些女性通过计算得到的。这些女性在战争开始以后被雇用，使用机械计算机计算出所需要的数据。从事这些工作的妇女被称为"计算者（computers）"。但是，不到一年之后，她们的计算就落后了。她们跟不上要求的速度。这样一来，一些大炮不得不从前线撤下来，因为没有大炮的数据表可以使用。

这一需要刺激了第一代巨型计算机"ENIAC"的发展。1943年，这种巨型计算机的建造工作得以完成。这个U字形机器占据了一个有三堵墙的巨大房间，"其两臂有24.3米长，高度有2.4米，重30吨。它包含17468个真空管……10000个电容，70000电阻，1500个继电器，6000个手动开关，如此多的电子元件，以至于需要一个巨大的鼓风机来排出它产生的热量"（Waldrop，2001，p.45）。

自巴贝基的计算机器开始，能执行心灵操作的机器已经出现了很久。你只要把你的台式或手提计算机的大小和性能拿来比较，就可以知道ENIAC有多么原始。执行心灵操作的机器进化速度是惊人的。这不可避免地导致了这样一个问题，即机器是否真的展现出了智慧。

人工智能

我们已经指出，认知心理学家接受计算机作为人的认知机能的模型，这暗示了机器可以展现出人工智能和类似于人的那种信息加工能力。那么，这是否意味着计算机的智慧与人的智慧是同样的？计算机可以思维吗？在17世纪的时候，自动机器人模拟了人类的语言和运动；在21世纪，新一代的计算机将模拟人类的思维吗？

最初，计算机科学家和认知心理学家热情地支持了人工智能的概念。早在1949年的时候，当计算机还相对原始时，《巨型的大脑》（*Giant Brains*）一书的作者就宣称，"机器可以处理信息，它可以计算、得出结论和做出选择；它利用信息进行推理。因此，机器可以思维。（引自Dyson，1997，p.108）"

1950年，计算机天才艾伦·图灵（Alan Turing，1912—1954）提出了一种考察计算机能否思考的方式。它被称之为"图灵测验"。图灵测验涉及告诉一个被试，他正在与之交流的计算机实际上是另外一个人，而不是一台机器。如果这个被试不能把计算机的反应与人的反应区别开来，那么计算机必定展现了人类水平的智慧。图灵测验的工作方式是：

询问者（被试）通过互动的计算机程序，进行两个不同的"会话"。询问者的目标是找出两个对话者中哪一个是通过计算机与之交流的人，哪一个是计算机本身。询问者可以向两个对话者提出任何问题。然而，计算机将会愚弄询问者，让他相信它是一个人，而那个人则力图向询问者证明，他才是真正的人。如果询问者不能把计算机和人区别开来，那么计算机就通过了图灵测验。（Sternberg，1996，p.481-482）

并不是每个人都同意图灵测验的假设。一个最有效的反对意见来自约翰·塞尔（John Searle）。塞尔是一位哲学家。他设计了一个中文屋问题（Chinese Room Problem）（Searle，1980）。设想你坐在桌前，在你前面的墙上有两个缝隙。左边的缝隙每次出现一张卡片，每张卡片上都有一组汉字。你的工作是通过形状把卡片上的汉字同一本书上的符号进行匹配。当你发现匹配的一组时，你就根据指令把书上的一组符号抄在卡片上，然后通过右边的缝隙把卡片传递过去。

这是在干什么呢？你根据指令从左边的缝隙获得输入的信息，然后为右边的缝隙写下输出的信息。如果你像美国的大多数被试那样，你就不会阅读或理解中文。你所做的一切就是机械地听从指令。

然而，如果一个中国心理学家坐在墙的另一边，他就不会知道你并不熟悉中文。你和他是在用中文交流，你用从书上抄下来的适当回答做出反应。但是无论你获得多少信息和做出多少反应，你都不了解中文。你并不是在思考，而仅仅是听从指令。你并没有展现智慧，而仅仅是服从命令。

塞尔争论说，那些显示出理解了不同类型的输入信息，并且以一种智能的方式做出反应的计算机程序就像是中文屋问题中被试的操作。计算机对它收到的信息的理解并不比你对中文的理解多。在这些情况下，你和计算机都是严格地遵照一组程序化的规则进行操作。

许多认知心理学家现在都同意，计算机或许可以通过图灵测验和模拟智能，但它实际上并没有智慧。迄今为止，没有机器能通过图灵测试。从1990年起，洛伯纳人工智能竞赛每年举办一次，金牌用来表彰一个计算机程序，让他说服裁判以为自己是在与一个人交往而不是计算机。直至

2009年，没有一个人获得该奖，尽管2009年一个程序赢得了铜牌，因为12个裁判中有3个人认为它在与真实的人交往（Floridi, Taddeo, & Turilli, 2009；Pavia, 2008）。

认知心理学的性质

在第十一章中，我们讨论了班杜拉和罗特在他们的社会学习理论中对认知因素的接纳怎样改变了美国行为主义。今天，不仅行为心理学受到认知运动的影响，其他许多领域的研究者也都受到认知心理学的影响。这些领域包括：社会心理学的归因理论、认知失调理论、动机和情绪、人格、学习、记忆、知觉、决断和问题解决中的信息加工等。临床心理学、社区心理学、学校心理学、工业与组织心理学等应用领域同样也重视对认知因素的研究。

认知心理学在以下几个方面不同于行为主义。首先，认知心理学关注的是认识过程，而不是仅仅关注对刺激的反应。对于认知心理学家来说，重要的是心理过程和心理事件，而不是刺激和反应的连接；强调的重心在心灵，而不是在行为。这并不意味着认知心理学家忽视行为，而是说，行为反应并不是唯一的关注点。对内部过程进行推论，并由此得出结论都离不开对行为反应的观察。

其次，认知心理学家对心灵怎样构建和组织经验感兴趣。格式塔心理学家和皮亚杰等人赞成人具有一种先天倾向，组织意识经验（感觉和知觉）成有意义的整体和模式。心灵给予经验以形式和联贯性。这一过程就是认知心理学的研究对象。英国经验主义和联想主义及其20世纪的后继者——斯金纳的行为主义都坚持认为心灵并不具有这种联贯性的组织能力。

最后，认知心理学家相信，个体积极地、创造性地安排着从环境接收到的刺激。我们可以参与到知识的获得和应用的过程中，有意识地注意某些事件，并有选择地进行记忆。我们并不像行为主义者声称的那样，是外部刺激的消极应答者，或者是一块白板，任凭经验在上面留下印痕。

认知神经科学

有关脑功能定位的研究可以追溯到 18 世纪和 19 世纪高尔、弗洛伦斯、布洛卡（参见第三章）等人的工作。这些早期的生理学家使用切除法、电刺激法等方法，尝试测定控制各种认知机能的大脑特定部位。

今天，这一研究在被称为认知神经科学的学科中仍然在继续着。认知神经科学是认知心理学与神经科学的混血儿。这一领域的目标是测定"大脑机能怎样产生心理活动"和"把信息加工的特定方面同大脑的特殊区域联系起来"（Sarter，Bernston，& Cacioppo，1996，p.13）。

在脑成像的研究方面，认知神经科学已经获得了令人瞩目的进展，这主要归功于复杂的大脑成像技术的发展和应用。例如，脑电图（EEG）记录大脑特定部位电活动的变化。计算机化断层扫描（CAT）揭示出大脑横断面的细节。核磁共振成像（MRI）可以提供大脑三维图像。尽管这些技术提供的图像都是静止的，正电子发射断层扫描（PET）可以提供认知活动发生时的活的画面。这些成像技术给科学家研究大脑提供了精确度和细节，在这以前是不可能达到的。

认知神经科学家已经证明，人类的大脑可以控制计算机。思维可以翻译为电脉冲的运动。提供这类范例的第一个被试，是一个已经完全瘫痪了 3 年的 25 岁的年轻人。在他的大脑运动皮层植入电子传感器后，他不仅能与计算机进行互动，还能控制计算机、电视开关及机器人。而完成这一切，只需要运用他的思维。

几分钟后，他就学会了移动计算机鼠标，用它打开电子邮件，移动机器人的手臂，玩简单的视频游戏，并在屏幕上绘制出圆圈。他通过思维执行控制，也就是说，通过意愿或意图来控制运动。当然，他不能用手做出任何控制（Hochberg et al.，2006；Isa，Fetz，& Muller，2009；Pollack，2006）。

认知神经科学的这一应用称为"神经义肢技术（neuroprosthetics）"，为那些身体残疾的人提供了希望，使他们有一天能够与他们环境中的对象进行互动，并控制它们的运动。

内省的角色

认知心理学家对意识经验的接受使他们对一个世纪之前由冯特引入的内省法进行重新思考。内省法曾经是科学心理学的第一个研究方法。在一种类似于冯特和铁钦纳所主张的观点中，20世纪晚期的一位心理学家写道："如果我们研究意识，我们就必须使用内省和内省报告"（Farthing，1992，p.61）。最近，另一位心理学家确认，"内省对于心理学而言是必不可少的"（Locke，2009，p.24）。

一位著名的认知心理学指出，内省不仅应该广泛地使用，而且通过内省揭示意识状态也"通常是人类行为很好的预测因素"（Wilson，2003，p.131）。

心理学家已经在尝试量化内省报告，以便于使得内省报告更为客观和便于进行统计分析。其方法之一是让被试在对以前的刺激情境进行应答时，对主观经验的强度进行评估。换言之，被试回顾性地评估此前对特定刺激进行反应时的主观体验。

尽管一些形式的内省构成了当代心理学最常使用的方法，但即使是最热心的信徒，也认识到内省效度的有效性。例如，一些被试可能为了取悦研究者，给出符合研究者需要的内省报告。另一个问题是，被试可能不能内省某些思想与情感，因为它们深藏在无意识深处。这些都值得心理学家投入更多的关注。

无意识认知

对意识心理过程的研究重新唤醒了人们对于无意识认知活动的兴趣。"在经过了100多年的忽略、怀疑和挫折之后，无意识过程已经在心理学家的集体心灵中扎下根来。（Kihlstrom，Barnhardt，& Tataryn，1992，p.788）"越来越多的认知心理学家同意，无意识能够实现一度被认为需要深思熟虑、意向参与或意识唤醒的许多功能。研究表明，我们的许多想法和信息处理最先发生在无意识中，从而使它比意识的操作更快、更有效（参见 Bargh & Morsella，2008；Hassin，Uleman，& Margh，2005；Wilson，2002）。

然而，这并非弗洛伊德所说的无意识心灵，不是那个充满着被压抑的欲望和记忆，只有通过精神分析才能进入意识觉察的那个无意识心灵。这一新的无意识概念比情绪更理性，涉及对刺激做出应答时认知的最初阶段。因此，无意识过程形成了学习过程的一个组成部分，可以通过实验进行研究。

为了区别现代版的认知无意识和精神分析版的无意识，一些认知心理学家更愿意使用"非意识（nonconscious）"这个术语。一般说来，认知研究者同意，人的大部分心理过程都发生在非意识水平上。"现在看来，无意识比最初看起来更'聪明'，它可以加工复杂的语言和视觉信息，甚至预期和计划未来的事件……它不再仅仅是驱力和冲动的仓库，似乎在问题解决、假设验证和创造性方面发挥着作用。（Bornstein & Masling，1998，p.XX ）"

在对消费者购买行为的观察研究与实验室实验中，研究者已经发现，与有意识思维相比，非意识思维（此处叫作"未加注意的沉思"，deliberation-without-attention）更有创造性与多样性，它能导致人们更为满意的购买行为（Dijksterhuis, Bos, Nordgren, & van Baaren, 2006；Dijksterhuis & Meurs, 2006）。

研究非意识过程的一种受欢迎的方法涉及下意识知觉（或下意识激活）的使用。在这种方法中，所呈现的刺激处在被试意识觉察的水平之下。尽管被试并不能知觉到这些刺激，但是刺激却激活了被试的意识过程和行为。因此，这种类型的研究证明，我们可以受到那些无法看到或听到的刺激的影响。这些发现以及类似的研究已经使得认知心理学家相信，获得知识的过程（在实验室内或在实验室以外的情境）既可以发生在意识的水平上，也可以发生在无意识的水平上，但是学习过程中所涉及的心理工作大部分都发生在非意识的水平上。研究同样也表明，非意识信息加工可以比意识水平上类似的活动更迅速、更有效和更复杂。

动物认知

认知运动不仅恢复了人的意识，而且恢复了动物的意识。的确，动物和比较心理学转了个大圈子：从 19 世纪八九十年代罗曼尼斯和摩根所报告的对动物心理生活的观察开始，经过 20 世纪五六十年代斯金纳行为主义的机械的、刺激—反应条件反射研究，到当代认知心理学家恢复对动物意识的探讨。

自从 20 世纪 70 年代以来，动物心理学家已经在尝试证明动物"为适应环境的目的，怎样编码、转换、计算、处理现实世界的空间、时间和因果结构的符号表征"（Cook，1993，p.174）。换言之，在动物的研究中，也像对人的研究那样，探讨着类似于计算机的那种信息加工系统。

动物记忆已被证明是复杂和灵活的，动物和人至少在某些认知过程方面是类似的。实验室动物可以学习多样化和复杂的概念。它们表现出编码和组织符号的心理过程，表现出形成有关时间、空间和数字的抽象能力和知觉因果关系的能力。此外，这些动物对于工具和其他一些器械的使用隐含了一种基本的推理意识（Bania, Harris, Kinsley, & Boysen, 2009；Wynne, 2001）。

从昆虫到哺乳动物（包括蜜蜂、猪、老鼠、鸽子、猩猩、鹦鹉、海豚及乌鸦等）的研究表明，动物能执行大量的认知功能，包括形成认知地图、感受其他动物的动机、根据过去经验进行计划、理解数的概念以及利用推理解决问题，等等（参见 Emery & Clayton, 2005；Pennisi, 2006）。

大量研究表明，鹦鹉与狗表现出相当于2—5岁儿童的智力水平。猪能使用操纵杆玩视频游戏，能通过镜子发现位于身后的食物。蜜蜂能识别人类不同的面孔（参见 Avargues-Weber, Portelli, Benard, Dyer, & Giorfa, 2010；Broom, Sena, & Moynihan, 2009；Jayson, 2009；Pepperberg, 2008）。

但是，正如你所预期的，动物认知的理论一直是有争议的。一些动物心理学家认为，迄今为止的研究并不足以支持动物认知类似于人的认知的结论。笛卡尔在17世纪所主张的那种在人与动物之间机能上的沟壑依然存在。

行为心理学家依然拒绝意识概念，无论这种意识属于人还是属于动物。一位行为主义者针对动物认知心理学家写道："他们是现代的罗曼尼斯。他们对于动物的记忆、推理和意识的推测同100多年之前一样可笑。（Baum，1994，p.138）"一位著名的心理学史家提出了一种相反的观点：

> 动物显示出意识所有可观察的方面了吗？生物学的证据明显指向肯定的答案。那么动物是否也具有主观的一面呢？鉴于长期以来越来越多的证据显示出两者之间的类似性，因而在我看来答案也倾向于是肯定的……我的感觉是，科学群体正在转向对这一观点的支持。最终，真理又回来了。我们并不是地球上唯一存在意识的物种。（Baars，1997，p.33）

如果动物是有意识的,能够与人类一样执行认知功能。那我们就有理由追问,他们是不是也会表现出同样的个性特征?越来越多的心理学家相信答案是肯定的。

动物的个性

在 20 世纪 90 年代早期,两位心理学家决定研究 44 条位于华盛顿西雅图水族馆的红章鱼。那里的科学家和管理员经常注意到,这些章鱼之间有着不同的个性。事实上,他们已经根据它们的性格,给不同的章鱼取了不同的名字。根据一首著名的诗,他们把一条害羞的雌性章鱼叫艾米丽·迪金森,而另一条具有侵略性和破坏性的章鱼,则叫作卢克丽霞·邪恶之子(Siebert, 2006)。

心理学家在三个实验情境中观察章鱼的行为,发现它们在活动性、反应性与回避性这三个因素上存在差异。对于"章鱼是否具有个性"这一问题,他们的回答是肯定的(Mather & Anderson, 1993)。

从这一研究开始,一些关于不同动物(包括鱼、蜘蛛、家畜、土狼、猩猩与狗等)的个性特征的研究已经发表。比如,管理者对动物园里的土狼进行观察,发现它们具有兴奋性、社会性、好奇心与自信心等类似人类的不同个性特征。绵羊也容易被标记为害羞的或大胆的,而且这些特性会影响它们的行为。老鼠会对其他老鼠的痛苦表示同情,猩猩、大象及海豚也同样如此。具有高外向性、高宜人性与低神经质的猩猩,也有高主观幸福感。此外,狗所体现出来的个性特征也能像人类那样得到精确的测量(参见 Gosling, Kwan, & John, 2003;Hirayoshi & Nakajima, 2009;Miller, 2006;Sibbald, Erhard, McLeod, & Hooper, 2009;Siebert, 2006;Weiss, King, & Perkins, 2006)。

"在动物个性研究出现后,我们不仅能对鸟兽等动物及其行为进行更全面的欣赏,而且还能了解到动物与我们自身人格及行为具有深刻的相似性。(Siebert, 2006, p.51)"如果动物在认知处理、气质及个性方面与人类如此相似,那还要额外的理由来支持进化在所有生物发展中的重要性吗?就像我们将要看到的,相关的进化心理学的新领域正在努力回答这一问题。

认知心理学的现状

随着实验心理学中的认知运动的发展与人本主义心理学、后弗洛伊德学派对意识的强调,我们看到,意识重新占据了在这一领域正式开始时就拥有的中心地位。美国心理学协会第 95 届主席的就职演说的分析表明,对于心理学研究对象的主导观点从强调主观到强调客观,又从强调客观转到主观事件(Gibson,1993)。意识真正地、充满活力地重新回到这一领域。

作为一个思想学派,认知心理学显示出成功的特征。在整个 20 世纪 70 年代,这一运动吸引了众多的追随者,因而创办了许多自己的杂志,包括《认知心理学》(Cognitive Psychology,1970)、《认知》(Cognition,1971)、《认知科学》(Cognitive Science,1977)、《认知治疗与研究》(Cognitive Therapy and Researsh,1977)、《心理意象杂志》(Journal of Mental Imagery,1977)和《记忆与认知》(Memory and Cognition,1983)。1992 年和 1994 年分别又出版了《意识与认知》(Consciousness and Cognition)和《意识研究杂志》(Journal of Consciousness Study)。到 2010 年,讨论认知心理学不同问题的期刊就有 40 多本。

布鲁纳曾经描述认知心理学"是一场革命,但是它的局限性还没有彻底暴露出来"(Bruner,1983,p.274)。诺贝尔医学奖获得者罗杰·斯佩里评论说,同心理学中的行为主义革命和精神分析革命相比,认知的或意识的革命是"一场最激进的转变,修改得最多,改革得最彻底"(Sperry,1995,p.35)。

认知革命的冲击在美国和欧洲心理学家感兴趣的大多数领域里都可以感受到。此外,认知心理学家尝试扩展和统合几个主要的学科,以便以一种联合的方式研究心灵究竟怎样获得知识。这个观点被称为"认知科学"。认知科学是认知心理学、语言学、文化人类学、哲学、计算机科学、人工智能和神经科学的混合物。

尽管乔治·米勒对此提出质疑,认为性质如此不同的众多学科怎么能成为一门科学(米勒认为认知科学是复数形式的,而不是单数形式的)?但是这一多学科的取向仍然得到了支持。全美的大学都建立了认知科学实验室或研究所。一些心理学系也改名为认知科学系。无论名称叫什么,研究心理现象和心理过程的认知方法都已经支配了心理学及其相关的学科。

也许,它与其先行者行为主义心理学唯一的相同点,就是都使用了实验的方法。"在忽略（或否定）心理的存在时，认知心理学家用来研究心理的方法，与行为主义者用来研究行为的方法是相同的。（Marken，2009，p.137）"

认知心理学新近的拓展是"嵌入认知（embedded cognition）"的出现。认知存在着身体的因素，体现于大脑的活动及各种感知活动中。感觉与运动系统影响、管理并且经常决定着认知过程。因此，"必须在身体与世界的交互作用的关系情境中理解心理"（Wilson，2002，p.625）。

例如，研究表明，仅仅是握着一杯热的或冷的咖啡，就会影响我们评价另一个人的人格特征。那些握着热咖啡的人比握着冷咖啡的人，对人的热情与冷漠等特征给出了不同的评价。在另一个研究中，抱着轻或重的写字板，会影响大学生判断其从未见过的外币的价值。抱着重写字板的人认为外币的价值更高。情境中的身体线索会影响思维过程。我们怎样处理信息，不仅要考虑心理的因素，还要考虑身体的因素（Jostmann，Lakens，& Schubert，2009；Miles，Nind，& Macrae，2010）。

认知心理学的另一个重要的主题是"认知负荷"，它负责多任务处理等活动。研究表明，暴露在大量电子图片中的大学生，在执行任务时效果较差。他们不能像单任务处理者一样关注任务。多任务处理者更容易分心，难以组织信息，也难以从一个任务转移到另一个任务（Ophir，Nass，& Wagner，2009）。一位研究者说道："多任务处理者在每件任务上都表现糟糕"（Pennebaker，2009）。

无论多么成功，不会有哪一场革命不存在批评者。例如，大多数斯金纳学派的行为主义者都反对认知运动。即使那些支持这一运动的人也指出了它的弱点和局限，认为几乎没有什么概念是认知心理学家都同意的，或认为是关键的。在术语和定义方面，认知心理学仍然非常的混乱。

另外一个批评认为认知心理学过度强调认知的重要性，而忽略了影响思想与行为的其他因素，如动机和情绪等。在过去几十年中，有关动机和情绪的专业文献已经减少了很多，而有关认知的出版物增加了不少。奈塞认为，由此导致的结果是这一领域的方法狭隘、枯燥。"人的思维是充满激情和情绪化的，人们的行为来自复杂的动机。相比较而言，计算机程序……是没有感情的、专注和一心一意的"（Neisser，引自 Goleman，1983，p.57）。奈塞觉察到这样一种危险，即认知心理学有可能像行为主义固着于行为一样，固着于思维过程，从而走向另一个极端。

布鲁纳警告说，认知科学正在变得限制自己于一些狭隘甚至琐碎的问题上（Bruner，1990）。此外还有一些批评者认为认知运动没有把有关认知机能研究的不同领域统一起来。一位批评者指出，到现在也"没有形成关于心灵的共同观点"（Erneling，1997，p.381）。

认知心理学的时代并没有结束。因为它仍然在发展，仍然在创造着它的历史，现在要判断它的贡献还为时过早。它具有一个思想学派的特征：有自己的刊物、实验室、会议、术语、信念和虔诚的信徒。我们可以称它为认知主义（cognitivism），就像我们称呼机能主义和行为主义那样。像其他学派在它们自己的时代那样，认知心理学现在已经成为当代心理学的主流。当一场革命成功以后，这是一个自然的结果。

进化心理学

进化心理学是心理学的最新取向。它认为人是一种生物体，进化决定了人们怎样行动、思维和学习，使其行为与世代以来促进生存的方式相一致。这一取向建构在这样一种假设上，即具有某种行为和认知倾向的人更有可能生存、生育与抚养后代。

就像一位进化心理学家评论的那样，"那些保护自己的领地，抚育后代、力争优越的人比不这样做的人更有可能成功地繁衍后代，其结果是，他们最后的子孙——目前我们这一代的所有成员——一般都具有这些行为倾向"（Funder，2001，p.209）。促进生存的那些行为的基因"经过世世代代传递下来，因为它们具有适应价值，提高了生存的机会，或者有助于繁衍的成功，最终，这种基因广泛传播开来，成为一种标准的禀赋"（Goode，2000，p.D9）。

因此，与其说我们是由学习塑造的，不如说是被我们的生物性质决定的。尽管不能否认社会和文化力量通过学习影响着行为，但进化心理学家声称，当我们出生时就已经预先决定了某种行为方式。这些行为方式是进化的产物。

进化心理学探讨4个基本问题。你会发现这些问题在我们先前讨论过的心理学学派中也提到过。这些问题是：

1. 怎样解释心灵目前的这种特性？它受到哪些因素的影响？它是怎样

被创造成目前这个状态的？
2. 心灵的成分、部分和过程是怎样构建和组织起来的？
3. 心灵的作用是什么？它能完成什么工作？
4. 来自环境的刺激和由基因决定的心理倾向是怎样相互作用，从而造就现在的行为的？

进化心理学是一个广泛的研究领域，利用了来自不同学科的研究，包括动物行为学、生物学、遗传学、神经心理学及进化理论，等等。它的研究也被应用到诸如智力、人格与个体差异、社会心理学及风险决策行为等领域（参见 Buss，2009；Kanazawa，2010；Pawlowski, Atwal, & Dunbar, 2008；Webster，2007）。

我们在第一章就提到，当代心理学分裂成很多不同的取向来研究心理学。没有一个单一的主题，可以将这些不同的取向统一成单一的心理学。进化心理学的支持者宣称他们的定义能统一这些分裂的领域。

进化心理学的创始人之一大卫·巴斯（David Buss）写到，进化心理学"代表着一场真正的心理学革命，是心理学领域的一次深刻的范式转换"（2005，p.XXIV）。2006 年，在巴斯接受的一次访谈中，他宣称进化心理学是"心理学史上从来没有过的一次最重要的科学革命"（Barker, 2006，p.73）。

进化心理学的先行影响

任何一场号称自己为进化心理学的运动都不能脱离达尔文的概念。只有那些具有某种特征的人才能生存下来，才能与具有同样特征的人一起繁衍后代，这是进化心理学的理论基础。"进化心理学及其他相关学科的出现，是达尔文愿望实现的信号。（Buss，2009b，p.140）"

1890 年，即达尔文出版他的那本有关进化的纪念碑式的著作 31 年之后，威廉·詹姆斯在他的《心理学原理》中，使用了"进化心理学"这个术语。詹姆斯预测，终有一天，心理学会建立在进化论的基础上。他同样认为，人的大部分行为在出生的时候已经被他称之为本能的遗传倾向编制好程序了。这些本能行为可以经由经验或学习而改变，但是在它们形成之初是独立于经验的。

詹姆斯相信，许多行为都是本能性质的，包括对诸如蛇、陌生的动物、高度等特殊对象的恐惧，所有这些都具有明显的生存价值。詹姆斯讨论的其他本能行为包括抚育技能、爱、社交、好斗等。詹姆斯争辩说，本能行为是通过自然选择进化而来，是为了对付生存和繁衍后代的过程中出现的问题，因此都是一些适应的产物。

在行为主义的统治时期，即1913—1960年，行为是由遗传决定的这样一种观念无疑是一种异端邪说。依照行为主义的观点，所有的行为都是通过学习而获得的。但是即使在这个行为主义占优势和统治地位的时期，仍然存在着一些零星的研究，报告了基因和遗传倾向超过条件反射作用的事例。

例如，在第十一章中，我们讨论了斯金纳的学生布里兰的工作。布里兰训练动物进行马戏团表演、电视商业演出和展览会。你可能还记得，一些动物有表现出回归本能行为的倾向。它们有时会表现出本能行为，而不是受到食物强化的行为，即使那样就得不到食物。这一现象明显违背了行为主义的基本强化原则。

你或许熟悉心理学家哈里·哈洛（Harry Harlow）有关猴子与母爱的实验（Harlow, 1971）。哈洛用两种类型的人造母猴抚养小猴子。两个人造母猴都是用线网成的，但是一只穿上了质地柔软的绒布衣服，另一只则没有，可是在没有衣服覆盖的这只人造母猴身上有一个喂奶的奶头。对于斯金纳学派来说，强化作用应该与那只没有穿衣服的母猴联系在一起，因为它可以提供奶水的奖赏。然而，当小猴子受到恐吓以后，它们都依附到了那只穿着柔软绒布衣服的母猴那里，而不是那只总是能提供食物强化的母猴那里。由此看来，小猴子的行为受到了其他一些力量的影响，而这些力量是操作性条件反射和强化所不能解释的。

积极心理学的创始者塞利格曼进行的一项研究证明，通过条件反射，让人们形成对蛇、昆虫、狗、高度和隧道的恐惧是比较容易的，但是通过条件反射让人们形成对一些中性的或威胁性较小的物体（如汽车、螺丝刀）的恐惧却不那么容易。

在进化过程中，对蛇的恐惧具有生存价值，因而我们天生就具有这种预先决定的倾向。然而，对于中性对象的恐惧世世代代以来都没有生存价值，因而也不可能传递给我们。塞利格曼称这种现象为"生物定势"（biological preparedness）。这一观点提示我们，"恐惧的确是通过经典条件反射而获得的，但是某些恐惧在我们祖先的生存环境中可能服务于某些适应的目的，因而更容易通过建立条件反射而形成"（Siegert & Ward, 2002, p.244）。

认知革命同样是进化心理学的先驱。认知运动把人的心灵比作计算机，可以加工它获得的任何信息。心灵的计算机隐喻蕴含着这样一层意思，即心灵像计算机那样，必须事前编制好程序才能完成它的各种任务。

因此，进化心理学作为一个理解人类与动物本质的必要框架，同时利用并拓展了认知革命的重要地位。它强调意识的重要性，认为意识随着时间而进化。同时，它还更多地强调计算机作为所有意识过程的隐喻。两位杰出的进化心理学家写道：

> 构成人类心理的程序是由自然选择所设计的，目的是解决我们狩猎时期的祖先所面临的适应性问题，如择偶、与他人协作、狩猎、采集、保护儿童、导航、避让捕食者、规避剥削行为，等等。大脑的进化功能是从环境中抽取信息，并用这些信息来产生行为与调节生理机能。因此，大脑不只是像一台计算机，它本身就是一台计算机，一个用来处理信息的物理系统。
> （Tooby & Cosmides, 2005, p.5）

社会生物学的影响

进化心理学的另一个动力来自社会生物学。1975年，生物学家爱德华·威尔逊（Edward O. Wilson）出版了具有开创性的著作《社会生物学——一种新的综合》（*Sociobiology: A New Synthesis*）。这本书既受到了称赞，也遭到了诅咒。两年以后，这本书出现在《时代》杂志的封面上。同一年，威尔逊获得了民族科学奖章。在那一年的美国科学促进会的年度会议上，一壶冰水浇到了他的头上（表达了浇水人对威尔逊的愤怒）。

威尔逊简单、大胆的论点冒犯了许多人，因为它向人们珍视的信念提出了挑战。许多人一直相信，人天生平等，环境和社会力量促进或限制了人的发展。而威尔逊似乎主张，基因的影响比文化的影响更为重要。如果所有的行为都是基因决定的，那么就没有希望通过儿童抚养实践、教育和任何其他方式改变人的行为。然而，威尔逊的中心论点并不是如此，尽管他的确持有一种较强的遗传论观点，而在那个时代，这种遗传论的观点不啻一种谬论。威尔逊写道：

> 人类通过遗传继承了一种获得行为和社会结构的倾向。这种倾向由于有了足够多的人所共享，因而可以称之为人性。典型的特征包括两性劳动的分工、父母与儿童之间的联结、对同肤色人的最大利他主义、避免乱伦、其他形式的伦理行为、对陌生人的怀疑、部落意识、群体中的等级、男性主导、为争夺有限资源的领土争端，等等。尽管人们具有自由意志和选择，可以转向其他许多方向，但是心理发展的导向——无论我们怎么努力——却被基因规定在某些方向上，而不是另外一些方向。
> （Wilson, 1994, p.332–333）

由于对威尔逊的著作出现了众多的抗议之声，"社会生物学"这一术语被套上了非常消极的含义，以至于没有人再使用它。1989年，当一组美国科学家决定组建一个职业学会，研究威尔逊开创的那个领域，他们在会议上称这个学会为"人的行为与进化协会"，而不愿使用威尔逊的术语"社会生物学"。

威尔逊所开创的这个领域后来被一些美国心理学家改换了名称，吸收到被称之为"进化心理学"的工作中。在这一更容易为人们接受的名称下，这一领域现在正变得极其受欢迎（B. Webster, 2007）。

进化心理学的现状

进化心理学探讨经由进化而来的心理机制，这些心理机制在有机体的进化史中曾经成功地解决了生存和繁衍中的特殊问题，因而被以程序化的方式纳入了人的认知和行为中。这一途径已经很成功，并拥有很高的影响力，占据着认知神经科学的中心地位（Confer, et al., 2010；C. Webster, 2007）。

尽管进化心理学非常流行，但是它已经招致了严肃的批评。就像前面提到的，那些相信人们完全或至少主要是学习的产物的人反对任何有关行为的生物决定因素的讨论。如果人性完全是由基因禀赋决定的，那么社会和文化中的积极力量就不可能改善行为，人们也无法行使自己的自由意志。

像威尔逊以往所做的那样，进化心理学家对批评的反应是，他们强调自己并没有声称所有的行为都不变地受到基因的影响。人的行为是可以改变的，我们依然具有选择的自由。社会和文化力量发挥着影响，有时这种影响会超过或改变那些经由遗传获得的以某种方式反应的程序。

其他的一些批评认为进化心理学所研究的行为范围过于广泛。这一领域的一些研究似乎覆盖了每一种类型的人类活动，包括伴侣选择、利他主义、攻击与战争、避免乱伦、怀疑陌生人、男性支配、两性冲突、地位和威信、对食品的偏爱、对寓所和风景的偏爱、育婴技能、友谊心理，等等。

反对者认为，这一领域的宽泛性"使得这一理论难以用令人信服的方式进行验证。进化心理学近乎可以解释所有的事情这一点并不是一个绝对的优点"（Funder，2001，p.210）。批评者们同样质疑进化心理学怎么能清楚地鉴别出一种特定行为的适应和进化史，因为这需要回头追溯几百代，一直溯源到行为的适应价值起源的原始人那里。

评论

在整本书中，我们看到心理学的所有取向都尝试界定这一领域，因而都少不了批评者，明显地表现出它们的脆弱性。就像认知心理学那样，现在就判断进化心理学的根本价值还为时过早，它还在创造着自己的历史。进化心理学的一位倡导者这样概括了这一领域目前的状况："我并不认为我们真正知道该怎样从事进化心理学研究。我认为在形成假设方面，我们存在着巨大的困难，而在验证这些假设方面，困难甚至更大。现在我们有了一个强有力的原理，为我们最终建立一个更深入和更丰富的心理学提供了基础。但是我们还有许多工作要做。（Nesse，引自Goode，2000，p.D9）"

因此，对于心理学最终形式的探索，对能长时间支配这一领域的思想学派的寻求工作还在继续着。进化心理学或认知心理学能成为心理学应该是什么和做什么的仲裁者吗？基于迄今为止我们看到的事实，答案或许是否定的。

我们唯一能确定的是，如果我们叙述的心理学史能告诉我们点什么，那就是当一场运动发展出一个学派之后，它所获得的冲力只有在它成功地推翻传统观点之后才能停止。当这一切发生后，原来年轻而充满活力的运动开始变得僵化，灵活变成了刚硬，革命的激情变成了观点的防御，眼睛和心灵开始对新观念关上大门。这样一来，新的传统产生了。任何学科的进步都是如此，通过这个过程而达到更高的发展水平。因此，没有结束，没有完成，只有无休止的成长过程。这就像新的物种从老的物种进化而来，尝试适应持续变化的新环境。

问题讨论

1. 描述认知神经科学及其脑成像技术。
2. 描述心理学中几个主要学派的成就、失败和最终的命运。
3. 描述动物认知当前的观点。
4. 描述进化心理学与认知心理学的关系，两者彼此吸收思想了吗？
5. 解释术语"嵌入认知"与"认知负荷"。
6. 讨论在从时钟到计算机的发展过程中，心理隐喻的改变。
7. 讨论认知心理学区别于行为主义的三种方法。
8. 图灵测验和中文屋问题怎样被用于考察计算机可以思考这一命题？
9. 物理学中时代精神的变化怎样影响了认知心理学？
10. 认知神经科学同早期有关脑机能的解释有哪些联系？
11. 动物存在个性的研究证据怎样支持了达尔文的进化观念及进化心理学的相关领域？
12. 认知心理学同行为主义心理学相比有什么不同？
13. 当前关于认知无意识的研究与弗洛伊德的无意识研究有何不同？
14. 你认为动物具有认知活动能力，还是我们将人类的心理功能，强加于动物本来就不存在的心理过程？
15. 你认为心理学已经达到了将所有不同取向统一起来的发展阶段吗？你认为进化心理学会不会是这些分裂统一的最终阶段？
16. 内省法在认知心理学中的作用是什么？
17. 什么是"生态学效度"？
18. 什么是神经义肢手术？它为什么包含于认知神经科学？
19. 认知心理学的现状如何？
20. 哪些个人因素刺激了奈塞与米勒的工作？
21. 第二次世界大战中什么样的实际需要导致了现代计算机的发展？什么是ENIAC？
22. 心理学中的认知革命有哪些早期的迹象？
23. 认知心理学有哪些先驱？

参考文献*

Abramson, C. (2009). A study in inspiration: Charles Henry Turner (1867-1923) and the investigation of insect behavior. *Annual Review of Entomology, 54*, 343–359.

Aanstoos, C. M. (1994). Mainstream psychology and the humanistic alternative. In F. Wertz (Ed.), *The humanistic movement: Recovering the person in psychology* (pp. 1–12). Lake Worth, FL: Gardner Press.

Abma, R. (2004). Madness and mental health. In J. Jansz & P. Van Drunen (Eds.), *A social history of psychology* (pp. 93–128). Malden, MA: Blackwell.

Adelman, K. (1996, June). Examined lives. *Washingtonian Magazine*, 27–32.

Adler, J. (2006, March 27). Freud is not dead. *Newsweek*, pp. 43–49.

Agassiz, G. R. (Ed.). (1922). *Meade's headquarters, 1863-1865: Letters of Colonel Theodore Lyman from the Wilderness to Appomattox*. Boston: Atlantic Monthly Press.

Alexander, I. E. (1994). C. G. Jung: The man and his work, then and now. In G. A. Kimble, M. Wertheimer, & C. White (Eds.), *Portraits of pioneers in psychology* (pp. 153–169). Washington, DC: American Psychological Association.

Allen, G. W. (1967). *William James*. New York: Viking Press.

Amsel, A., & Rashotte, M. E. (Eds.). (1984). *Mechanisms of adaptive behavior: Clark L. Hull's theoretical papers with commentary*. New York: Columbia University Press.

Anastasi, A. (1988). *Psychological testing* (6th ed.). New York: Macmillan.

Anastasi, A. (1993). A century of psychological testing. In T. K. Fagan & G. R. VandenBos (Eds.), *Exploring applied psychology* (pp. 9–36). Washington, DC: American Psychological Association.

Anderson, C., Shibuya, A., Ihori, N., Swing, E., Bushman, B., Sakamoto, A., Rothstein, H., & Saleem, M. (2010). Violent video game effects on aggression, empathy, and prosocial behavior in Eastern and Western countries: A meta-analytic review. *Psychological Bulletin, 136*, 151–173.

Angell, J. R. (1904). *Psychology: An introductory study of the structure and function of human consciousness*. New York: Holt.

Angell, J. R. (1907). The province of functional psychology. *Psychological Review, 14*, 61–91.

Appignanesi, L. (2008). *Mad, bad, & sad: Women and the mind doctors*. New York: Norton.

Appignanesi, L., & Forrester, J. (1992). *Freud's women*. New York: Basic Books.

Ash, M. G. (1995). *Gestalt psychology in German culture, 1890-1967: Holism and the quest for objectivity*. Cambridge, England: Cambridge University Press.

Arnett, J. (2008). The neglected 95%: Why American psychology needs to become less American. *American Psychologist, 63*, 602–614.

Arnett, J., & Cravens, H. (2006). G. Stanley Hall's *Adolescence*: A centennial reappraisal introduction. *History of Psychology, 9*, 165–171.

Avargues-Weber, A., Portelli, G., Benard, J., Dyer, A., & Giorfa, M. (2010). Configural processing enables discrimination and categorization of face-like stimuli in honeybees. *Journal of Experimental Biology, 213*, 593–601.

Averill, L. A. (1990). Recollections of Clark's G. Stanley Hall. *Journal of the History of the Behavioral Sciences, 26*, 125–130.

Aydon, C. (2002). *Charles Darwin: The naturalist who started a scientific revolution*. New York: Carroll & Graf.

Azar, B. (2002). Saying goodbye to the Harvard Pigeon Lab. *Monitor on Psychology, 33*(9), 44.

Baars, B. J. (1986). *The cognitive revolution in psychology*. New York: Guilford.

Baars, B. J. (1997). *In the theater of consciousness: The workspace of the mind*. New York: Oxford University Press.

Backe, A. (2001). John Dewey and early Chicago functionalism. *History of Psychology, 4*, 323–340.

Bailey, R., & Gillaspy, J. (2005). Operant psychology goes to the fair: Marian and Keller Breland in the popular press, 1947-1966. *The Behavior Analyst, 28*, 143–159.

Bair, D. (2003). *Jung: A biography*. Boston: Little, Brown.

Balance, W. D. G., & Bringmann, W. G. (1987). Fechner's mysterious malady. *History of Psychology Newsletter, 19*(1/2), 36–47.

Baldwin, B. T. (Ed.). (1980). In memory of Wilhelm Wundt. In W. G. Bringmann & R. D. Tweney (Eds.),

---

* 为了环保,也为了减少您的购书开支,本书参考文献不在此一一列出。如需完整参考文献,请登录 www.wqedu.com 下载。您在下载中遇到什么问题,可拨打 400-698-1619 咨询。

Wundt studies: A centennial collection (pp. 280–308). Toronto: C. J. Hogrefe. (Original work published 1921).

Bandura, A. (1982). Self-efficacy mechanism in human agency. *American Psychologist, 37*, 122–147.

Bandura, A. (1986). *Social foundations of thought and action: A social cognitive theory.* Englewood Cliffs, NJ: Prentice-Hall.

Bandura, A. (2001). Social cognitive theory: An agentic perspective. *Annual Review of Psychology, 52*, 1–26.

Bandura, A. (2007). Albert Bandura. In G. Lindzey & W. Runyan (Eds.), *History of psychology in autobiography* (vol. 9). Washington, DC: APA.

Bandura, A. (2009). Social cognitive theory goes global. *The Psychologist, 22*, 504–506.

Bania, A., Harris, S., Kinsley, H., & Boysen, S. (2009). Constructive and deconstructive tool modification by chimpanzees. *Animal Cognition, 12*, 85–95.

Bargh, J., & Morsella, E. (2008). The unconscious mind. *Perspectives on psychological science, 3*, 73–79.

Barker, L. (2006). Teaching evolutionary psychology: An interview with David M. Buss. *Teaching of Psychology, 33*(1), 69–76.

Baum, W. M. (1994). John B. Watson and behavior analysis. In J. T. Todd & E. K. Morris (Eds.), *Modern perspectives on John B. Watson and classical behaviorism* (pp. 133–140). Westport, CT: Greenwood Press.

Baumgartner, E. (2005). Book review of *Karl Pearson: The scientific life in a statistical age* by T. M. Porter. *Journal of the History of the Behavioral Sciences, 41*, 84–85.

Beck, H., Levinson, S., & Irons, G. (2009). Finding Little Albert: A journey to John B. Watson's infant laboratory. *American Psychologist, 64*, 605–614.

Becker, E. (1973). *The denial of death.* New York: Free Press.

Behrens, P. (2009). War, sanity, and the Nazi mind: the last passion of Joseph Jastrow. *History of Psychology, 12*, 266–284.

Bekhterev, V. M. (1932). *General principles of human reflexology.* New York: International Publishers.

Benjafield, J. (2010). The golden section and American psychology, 1892–1938. *Journal of the History of the Behavioral Sciences, 46*, 62–71.

Benjamin, L. T., Jr. (1975). The pioneering work of Leta Hollingworth in the psychology of women. *Nebraska History, 56*, 493–505.

Benjamin, L. T., Jr. (1986). Why don't they understand us? A history of psychology's public image. *American Psychologist, 41*, 941–946.

Benjamin, L. T., Jr. (1987). Knee jerks, Twitmyer, and the Eastern Psychological Association. *American Psychologist, 42*, 1118–1120.

Benjamin, L. T., Jr. (1988). A history of teaching machines. *American Psychologist, 43*, 703–712.

Benjamin, L. T., Jr. (1991). A history of the New York branch of the American Psychological Association: 1903–1935. *American Psychologist, 46*, 1003–1011.

Benjamin, L. T., Jr. (1993). *A history of psychology in letters.* Dubuque, IA: Brown & Benchmark.

Benjamin, L. T., Jr. (2000a). The psychology laboratory at the turn of the 20th century. *American Psychologist, 55*, 318–321.

Benjamin, L. T., Jr. (2000b). Hugo Münsterberg: Portrait of an applied psychologist. In G. A. Kimble & M. Wertheimer (Eds.), *Portraits of pioneers in psychology* (Vol. 4, pp. 113–129). Washington, DC: American Psychological Association.

Benjamin, L. T., Jr. (2001). American psychology's struggles with its curriculum: Should a thousand flowers bloom? *American Psychologist, 56*, 735–742.

Benjamin, L. T., Jr. (2003). Behavioral science and the Nobel Prize: A history. *American Psychologist, 58*, 731–741.

Benjamin, L. T., Jr. (2006a). *A history of psychology in letters.* Malden, MA: Blackwell.

Benjamin, L. T., Jr. (2006b). Hugo Münsterberg's attack on the application of scientific psychology. *Journal of Applied Psychology, 91*, 414–425.

Benjamin, L. T., Jr. (2008). America's first black female psychologist. *Monitor on Psychology, 39*(10), 20–21.

Benjamin, L. T., Jr. (2009a). Where's psychology's museum? *Monitor on Psychology, 40*(5), 22–33.

Benjamin, L. T., Jr. (2009b). The birth of American intelligence testing. *Monitor on Psychology, 40*(1), 20–21.

译后记

这部著名的《现代心理学史》的第一版出版于1969年。此后40年间，平均每4至5年修订一次，至2010年已经出版10版。如此频繁的修订工作，首先反映了历史动态发展的本质。历史在不断变化，今天只是历史的一个横截面。作为一部试图完整展示"现代"的心理学史，一些过去发生的重要事件解密了、重见天日了，现在要写进去；一些新近的历史事实发生了，过去的线索、现在的方向更明晰了，现在要加进来；一些原本就知晓的历史事实，由于作者又有了不同的理解，也有必要做适当的增删，有舍有留。其次，频繁的修订直接有力地证明了教材的价值。如果没有人们的广泛学习与阅读，没有一定的影响力，作者也难有动力如此频繁地更新。这是西方经典教材良性发展的典型特征：教材越经典，阅读的人越多；阅读的人越多，作者修订的动力越足，教材也越来越经典。

还有一个直接证明本教材国际影响力的例子：这本教材在中国就已经翻译过2次。第一次是由杨立能、沈德灿等先生于1981年翻译了第2版（人民教育出版社出版）；第二次则是我于2008年独立翻译的第8版（江苏教育出版社）。时隔5年，第10版又出来了。这次由我与我的学生杨文登在第8版中文译版的基础上，共同翻译与校对。

舒尔茨夫妇的修订工作非常细致、认真，我们仔细核对第8版与第10版，结果发现，有1/3以上的内容完全不同了。这出乎我们的预料，但我们更高兴看到它的变化，这本教材的质量确实更上一层楼了。具体说来，新版历经第9版的修订，与第8版相比，有了大量修改的地方：

第一，第10版与第8版最大的不同是教材的可读性、故事性更强了。相信了解舒尔茨这部心理学史的人都知道，这部教材最大的特色就是可读性强。作者将丰富的历史事件娓娓道来，就像讲故事，但又在讲故事中呈现真实的历史。在第10版中，全书各章开篇处，均加入了一个小故事。各章均以故事引入，比如聪明的汉斯、智慧动物园、小阿尔伯特、法国排便鸭、震惊科学家的猩猩珍妮、吞橡皮管的研究生、FDA对可口可乐的突袭，等等。这些故事，见到标题，就有想要阅读的冲动。

第二，新版在第8版的基础上增加了大量引文。旧版在一些地方没有引用历史的原文，在另一些地方引用了他人的观点，但没有标记参考文献。新版为了突显科学性，尽量做到有据可查，严谨科学，加上了大量引文及参考文献。教材参考文献多达888条，基本做到了"博考文献，言必有据"。

第三，在适当的位置加入了新的历史内容。增加了詹姆斯、弗洛伊德、斯宾塞、卡特尔、比纳、戈达德、巴甫洛夫、华生、马斯洛、荣格的相关资料，尤其是关于弗洛伊德的精神分析、格式塔心理学及当代的积极心理学、进化心理学与认知心理学，等等，均加入了大量的新内容。以认知心理学部分为例，新版就增加了嵌入认知、认知负荷、认知神经科学、神经义肢技术、动物的个性与智力、人工智能及无意识认知等研究内容。其内容体现出时代性，教材中2009—2010年的参考文献就有101篇。

第四，第10版调整了大量内容，逻辑更加合理、内容更加丰富。新版删除了部分内容，修剪了一些与正文联系不太紧密的细枝末节。比如，第8版中曾有的一个大部分"历史在线"，在新版中被完全删除了。在插图方面，教材增加了珍贵的历史照片。作者与位于美国阿克隆大学的美国心理学史档案馆合作，在第8版的基础上加入了大量的珍贵照片。全书共计82幅插图，其中54位心理学家有本人真实的头像照片。在"问题讨论"部分，内容更加丰富。每章后面的问题讨论都增加了近一半的习题量，涉及内容更全面。而且，值得说明的是，本书还在圣智出版社的网站上增设了相关的辅助读物，以及各章同步的作业与测试题（英文版）。

总体而言，新版比原版确有重要改变，我们自觉有责任、有必要将新版介绍给国内读者。在翻译新版时，我们沿用了第8版中文版的一些成熟翻译，但也做了大量修改。我们重新核对了全部内容，在忠实反映第10版内容的基础上，对与第8版相同的内容也进行了重新修改，润饰语言，修订内容达万余处。以术语为例，根据近年学界术对一些术语的使用习惯，我们修改了大量内容，以便与其他论著的术语接轨。如：将"艾伯特"改译"阿尔伯特"，"沃登第二"改译"沃尔登第二"，"埃德华"改译"爱德华"，"查里斯"改译"查尔斯"，等等。

从事过翻译工作的人都知道，翻译的确不是件简单的事。要真正翻译好一本书，在某种程度上比写一本好的著作还要艰难。要想达到翻译的"信、达、雅"的要求，困难更甚。本书虽未必做到"信、达、雅"，但细心的读者应该能从字里行间发现，我们已经尽了最大的努力。

最后需要说明的是，在直译与意译之间，我们倾向于选择直译。哪怕是译文有些啰唆，我们仍毫不犹豫地忠于原文，坚持不做任何可能的引申。

我们认为，这样的内容可能会渗透译者的个人理解。而读者，往往会比译者甚至作者更能理解文本的意义。

译本肯定还存在不少未知的问题和不足。恳请读者不吝批评指正。

叶浩生
2013 年 10 月 27 日